Os Heróis da Revolução

Steven Levy
Articulista da revista Wired

Os Heróis da Revolução

Como Steve Jobs, Steve Wozniak, Bill Gates, Mark Zuckerberg e outros mudaram para sempre as nossas vidas

Tradução:
Maria Cristina Sant'Anna

Presidente
Henrique José Branco Brazão Farinha
Publisher
Eduardo Viegas Meirelles Villela
Editora
Cláudia Elissa Rondelli Ramos
Preparação de Texto
Luciane Gomide/Know-how Editorial
Projeto Gráfico
Juliana Midori Horie/Know-how Editorial
Editoração
Catia Yamamura/Know-how Editorial
Capa
Listo Comunicação
Tradução
Maria Cristina Sant'Anna
Revisão
Angela dos Santos Neves/Know-how Editorial
Revisão Técnica
Fábio Luis Correia da Silva
Impressão
Prol Editora Gráfica

Título original: *Hackers: heroes of the computer revolution*

Copyright © 2012 by Editora Évora

Tradução autorizada para o português da edição inglesa de Hackers, First Edition ISBN 9781449388393 © 2010 Steven Levy. Esta tradução é publicada e vendida sob a permissão de O'Reilly Media, Inc., proprietária de todos os direitos de publicação e venda da mesma.

Copyright © 2010 by O'Reilly Media, Inc.

Todos os direitos reservados. Nenhuma parte deste livro pode ser reproduzido ou transmitido em nenhuma forma ou meio, eletrônico ou mecânico, incluindo fotocópia, gravação ou por qualquer sistema de armazenagem e recuperação, sem permissão por escrito da editora.

Rua Sergipe, 401 – conj. 1310 – Consolação
São Paulo, SP – CEP 01243-906
Telefone: (11) 3562-7814 / 3562-7815
Site: http://www.editoraevora.com.br
E-mail: contato@editoraevora.com.br

Dados Internacionais para Catalogação na Publicação (CIP)

L65h

Levy, Steven
[Hackers. Português]
Os heróis da revolução: como Steve Jobs, Steve Wozniak, Bill Gates, Mark Zuckerberg e outros mudaram para sempre as nossas vidas / Steven Levy ; [tradução: Maria Cristina Sant'Anna]. – São Paulo: Évora, 2012.

464p.

Tradução de: Hackers: heroes of the computer revolution

ISBN 978-85-63993-32-8

1. Hackers. 2. Programação (Computadores). I. Título.

CDD 001.6420922

José Carlos dos Santos Macedo   Bibliotecário CRB7 n. 3575

Agradecimentos

Eu me sinto em débito com muita gente que me ajudou de diferentes maneiras, enquanto escrevia *Hackers*. Primeiro, agradeço às pessoas que concordaram em dar entrevistas para este livro. Algumas são veteranas nesse tipo de intercâmbio jornalístico; outras estão mais habituadas a colaborar em questões técnicas sem entrar em aspectos pessoais ou filosóficos sobre as atividades hackers; e, finalmente, outras nunca haviam falado com profissionais como eu. A maioria conversou comigo aberta e francamente; e eu não considero coincidência que os hackers mantenham um diálogo tão livre, já que iniciaram o compartilhamento de códigos de linguagem computacional. Muitos deles me concederam múltiplas entrevistas e ainda retornaram meus telefonemas para confirmar fatos e esclarecer detalhes técnicos. Minhas conversas com eles são a espinha dorsal deste livro, e eu gostaria de agradecer, em ordem alfabética, para:

Adam Osborne, Al Tommervik, Alan Baum, Alan Kotok, Arthur Abraham, Bill Bennett, Bill Budge, Bill Gates, Bill Godbout, Bill Gosper, Bill Pearson, Bob Albrecht, Bob Clements, Bob Davis, Bob e Carolyn Box, Bob Frankston, Bob Leff, Bob Marsh, Bob Saunders, Brian Harvey, Chris Espinosa, Chris Iden, Chuck Benton, Chuck Bueche, Dan Drew, Dan Gorlin, Dan Sokol, Dan Thompson, Dave Gordon, David Bunnell, David Crane, David Kidwell, David Lubar, David Silver, Dennis Allison, Dick Sunderland, Dick Taylor, Don Eastlake, Donald Woods, Dorothy Bender, Doug Carlston, Doug Englebart, Ed Fredkin, Ed Roberts, Edward Currie, Efrem Lipkin, Eric Hammond, Fred Moore, Fred Wright, Gary Carlston, Gary Kildall, Gerry Sussman, Gil Segal, Gordon French, Harry Garland, Howard Franklin, Howard Warshaw, Ivan Strand, Jack Dennis, Jay Sullivan, Jeff Stephenson, Jerry Jewell, Jim Nitchals, Jim

Warren, Joanne Koltnow, John Draper, John Harris, John McCarthy, John McKenzie, John Williams, Joseph Weizenbaum, Jude Milhon, Keith Britton, Ken Williams, Kenneth Nussbacher, Kevin Hunt, Larry Bain, Larry Press, Lee Felsenstein, LeRoy Finkel, Les Earnest, Les Solomon, Lois Britton, Lou Gary, Malcolm Rayfield, Marc LeBrun, Margaret Hamilton, Margot Tommervik, Marie Cavin, Mark Duchaineau, Mark Turmell, Martin Garetz, Marty Spergel, Marvin Minsky, Mary Ann Cleary, Mike Beeler, Mike Levitt, Olaf Lubeck, Patricia Mariott, Peter Deutsch, Peter Olyphant, Peter Samson, Ralph Gorin, Randy Rissman, Randy Wigginton, Richard Garriott, Richard Greenblatt, Richard Stallman, Rick Davidson, Rob O'Neal, Robert Kahn, Robert Maas, Robert Reiling, Robert Taylor, Robert Wagner, Roberta Williams, Roe Adams, Roger Melen, Russ Noftsker, Steve Dompier, Steve Russell, Steve Wozniak, Stewart Nelson, Ted Hoff, Ted Nelson, Terry Winograd, Tom Knight, Tom Pittman, Tom Tatum, Tracy Coats, Vic Sepulveda, Vincent Golden e Warren Schwader.

Entre as pessoas citadas, gostaria de fazer um agradecimento particular àquelas que me ofereceram doses extraordinárias de atenção, entre elas (mas não somente a elas), Lee Felsenstein, Bill Gosper, Richard Greenblatt, Peter Samson, Ken Williams e Roberta Williams.

Durante a pesquisa para o livro, beneficiei-me também da hospitalidade de diversas instituições, entre elas, as bibliotecas do MIT Computer Science e de Stanford, o Computer Museum, o Lawrence Hall of Science e a biblioteca da Universidade da Califórnia.

Nas minhas viagens à Califórnia e a Cambridge, desfrutei ainda da hospitalidade de Phyllis Coven, Art Kleiner, Bill Mandel e John Williams. Lori Carney e outras pessoas da equipe digitaram milhares de páginas de transcrições, e a edição precisa de Viera Morse me manteve linguisticamente correto. Os editores de revistas David Rosenthal e Rich Friedman ofereceram-me trabalho para que eu pudesse seguir adiante. Recebi boas orientações dos colegas escribas da computação Doug Garr, John Markoff, Deborah Wise e dos integrantes do Grupo do Almoço. Apoio e torcida vieram de meus pais, da irmã, Diane Levy, dos amigos: Larry Barth, Bruce Buschel, Ed Kaplan, William Mooney, Randall Rothenberg, David Weinberg e de muitos outros — eles sabem quem são — que devem aceitar essa menção insuficiente.

Este livro também é resultado do entusiasmo e paciência de meu agente, Pat Berens, e do meu editor, James Raimes, que me encorajou poderosamente. O mesmo se aplica a Teresa Carpenter, que lutou com sucesso por este livro e seu autor durante o processo de pesquisa e redação. Finalmente, agradeço a Steve Wozniak pelo design do Apple II no qual eu escrevi este livro. Se não fosse pela revolução que eu descrevo em *Hackers*, minha labuta poderia ter durado mais um ano somente para conseguir um rascunho limpo na máquina de escrever.

Prefácio

Eu me motivei a escrever sobre os hackers — aqueles programadores e designers que consideram a computação o tema mais importante do mundo —, a princípio, porque eles são pessoas fascinantes. Então, alguém da área usou a palavra "hacker" de modo pejorativo, querendo dizer que eles são pessoas antissociais ou programadores "não profissionais" que escrevem códigos sujos, "sem padrão"; e eu os vejo de maneira bem diferente. Por baixo da aparência, eles são aventureiros, visionários, gente que assume riscos, artistas... as pessoas que viram mais claramente porque o computador é uma ferramenta realmente revolucionária. Eles sabem o quão longe alguém pode chegar imerso na profunda concentração da mentalidade hacker: essa pessoa pode ir infinitamente longe. Eu consegui entender por que os hackers consideram essa palavra mais um título de honra do que um apelido de desaprovação.

Eu disse a esses exploradores digitais, desde aqueles pioneiros que domesticaram máquinas milionárias na década de 1950 até os jovens magos contemporâneos que criaram computadores em seus quartos suburbanos, que descobri um elemento comum entre eles, uma filosofia que parece estar atrelada ao elegante fluxo lógico da computação. É uma filosofia de compartilhamento, abertura, descentralização e do prazer de colocar as mãos sobre as máquinas a qualquer custo — desde que seja para aprimorá-las e também ao mundo. Essa Ética Hacker é o legado deles para nós: algo de valor até mesmo para aqueles que não têm o menor interesse por computadores.

É uma ética raramente codificada, mas que está incorporada ao comportamento dos hackers. Eu gostaria de apresentar a vocês essas pessoas que não apenas viram, mas também viveram a mágica da computação e trabalharam para libertá-la para que pudesse beneficiar todos nós. Essas pessoas incluem os pioneiros do Laboratório de Inteligência Artificial do MIT nas décadas de 1950 e 1960; os menos reclusos e mais populares hackers de hardware da Califórnia dos anos 1970; e os jovens hackers de games que deixaram sua marca na computação pessoal na década de 1980.

De maneira alguma, essa não é uma história formal da era da computação ou de qualquer outro tema que eu tenha abordado neste livro. De fato, a maioria das pessoas apresentadas aqui não está entre os nomes mais famosos (e, certamente, tampouco entre as mais ricas) dos anais da computação. Ao contrário: esses são os gênios dos bastidores, capazes de entender as máquinas em seus níveis mais profundos e de nos apresentar um novo estilo de vida e um novo tipo de herói.

Hackers como Richard Greenblatt, Bill Gosper, Lee Felsenstein e John Harris são o corpo e a alma da computação. Eu acredito que a história deles — sua visão, sua intimidade com as máquinas, sua experiência naquele mundo interior peculiar e em suas "interfaces" com o mundo exterior, às vezes dramáticas, às vezes até absurdas — é a *verdadeira* história da revolução computacional.

Sumário

Parte I — Os verdadeiros hackers   Cambridge: os anos 1950 e 1960

Capítulo 1   O clube de ferreomodelismo   3

Capítulo 2   A ética hacker   25

Capítulo 3   A guerra espacial.....................................   37

Capítulo 4   Greenblatt e Gosper   57

Capítulo 5   A sociedade dos hackers da meia-noite   79

Capítulo 6   Vencedores e perdedores   97

Capítulo 7   O jogo da vida..   119

Parte II — Os hackers do hardware   Norte da Califórnia: a década de 1970

Capítulo 8   Revolta em 2100   145

Capítulo 9   Todo homem é Deus....................................   173

Capítulo 10   Clube do computador feito em casa   193

Capítulo 11   A linguagem Tiny Basic   215

| Capítulo 12 | Woz | 237 |
| Capítulo 13 | Segredos | 261 |

Parte III — Os hackers de jogos
Os Sierras: a década de 1980

Capítulo 14	O mago e a princesa	275
Capítulo 15	A fraternidade	297
Capítulo 16	A terceira geração	307
Capítulo 17	Acampamento de verão	325
Capítulo 18	A rã	343
Capítulo 19	A festa da maçã	365
Capítulo 20	Mago contra Mago	387

Parte IV — O último dos verdadeiros hackers
Cambridge: 1983

| Capítulo 21 | O último dos verdadeiros hackers | 409 |

Pósfacio: Dez anos depois 425

Pósfacio: 2010 433

Quem é quem: os magos e suas máquinas 447

Parte I

Os verdadeiros hackers

Cambridge: os anos 1950 e 1960

Capítulo 1
O CLUBE DE FERREOMODELISMO

A razão para Peter Samson estar circulando pelo Prédio 26 no meio da noite é uma questão que ele acharia difícil de explicar. Algumas coisas não são ditas. Se você for o tipo de pessoa que Peter Samson acabara de conhecer e de se tornar amigo em seu ano como calouro do Massachusetts Institute of Technology (MIT) no inverno de 1958-1959, nenhuma explicação é necessária. Circular pelo labirinto de laboratórios e depósitos à procura dos segredos de sistemas de telefonia, dos atalhos para acessar redes de transmissão ou de conexões de relés em túneis subterrâneos enevoados — para alguns, esse é um comportamento comum e não há necessidade de justificar o impulso: não há como se deter diante de uma porta fechada que limita o acesso a uma máquina barulhenta e intrigante. Mesmo sem ser convidado a entrar. E então, quando não há ninguém para barrar fisicamente o acesso àquilo que faz aquele ruído tão interessante... será bom tocar a máquina, começar a apertar botões e observar a resposta e, finalmente, soltar um parafuso, puxar umas ligações, afrouxar uns diodos e refazer umas conexões. Peter Samson e seus amigos cresceram com uma relação muito especial com o mundo — as coisas só têm sentido e significado se você souber como elas funcionam por dentro. E como você consegue descobrir isso se não puser as mãos em tudo?

Foi no porão do Prédio 26 que Samson e seus amigos descobriram a sala EAM. O Prédio 26 era uma grande estrutura de vidro e aço, um dos novos edifícios do MIT, bem diferentes dos veneráveis prédios com pilares que dão frente para a avenida principal do campus. No porão desse edifício sem personalidade, estava a sala Electronic Accounting Machinery (EAM), uma sala que abrigava máquinas que funcionavam como computadores.

Em 1959, pouca gente havia visto um computador, muito menos tocado em um deles. Samson, um rapaz ruivo, magro e de cabelos encaracolados que pronunciava as vogais como se procurasse o significado das palavras em meio às frases, tinha visto computadores na visita que fizera ao MIT, quando ainda morava em sua cidade natal, Lowell, a poucos quilômetros do instituto. Isso o tornou um dos "diabretes de Cambridge" — garotos de colégios do ensino médio da região que se sentem atraídos pelo campus de Cambridge como se a força gravitacional os empurrasse. Ele havia tentando montar seu próprio computador com partes descartadas de máquinas de pinball: essas eram as melhores fontes de elementos lógicos de que se dispunha na época.

Elementos lógicos: o termo parece englobar o que levava Peter Samson, filho de um mecânico de máquinas de moinhos, à eletrônica. A questão faz sentido. Quando você cresce com uma curiosidade insaciável para saber como as coisas funcionam, o deleite que experimenta ao descobrir algo elegante como um circuito lógico, onde todas as conexões completam o seu ciclo, é profundamente marcante. Peter Samson, que desde cedo apreciou a simplicidade matemática das coisas, lembra-se de um programa que viu na televisão pública de Boston, canal WGBH, com uma introdução rudimentar de programação de computadores. Aquilo pôs fogo em sua imaginação; para Peter Samson, um computador era certamente como a lâmpada de Aladim — basta esfregá-lo para ter os desejos atendidos. Então, ele tentou aprender mais sobre a área, construiu máquinas sozinho, participou de competições científicas e torneios e foi para o lugar mais almejado por rapazes como ele: o MIT. O repositório desses garotos estranhos e brilhantes do colegial com óculos de coruja e músculos subdesenvolvidos, que fascinam os professores de matemática, que fracassam em educação física e que não sonham com o baile de formatura, mas, sim, com a vitória na feira de ciência patrocinada pela General Electric. O MIT, lugar no qual ele circularia pelos corredores às 2 horas, procurando por alguma coisa interessante, e onde realmente descobriria algo para ajudá-lo a mergulhar fundo em uma nova forma de processo criativo e um novo estilo de vida, capaz de colocá-lo na linha de frente de uma sociedade prevista somente por alguns escritores de ficção científica sem grande credibilidade. No MIT, ele descobriria um computador com o qual podia "brincar".

A sala EAM, que Samson encontrou por acaso na madrugada, estava repleta com grandes máquinas de perfurar cartões do tamanho de armários de arquivos. Ninguém as protegia: a sala só tinha equipe durante o dia, quando um grupo seleto, que contava com autorização oficial, podia submeter questões aos operadores que, então, usando aquelas máquinas, perfuravam os cartões com diferentes furos, de acordo com os dados desejados como resposta por aqueles acadêmicos privilegiados. Cada furo no cartão representava uma instrução para o computador: dizer para que a máquina pegasse apenas parte de uma informação ou trocasse um dado de lugar ou que mudasse uma informação de um lugar para outro. Um conjunto inteiro desses cartões formava um programa de computador, sendo um programa uma série de instruções que objetiva determinado resultado; exatamente como as instruções de uma receita, quando seguidas corretamente, resultam em um bolo. Os cartões perfurados eram levados ainda a outro operador em uma sala no alto da escada, que os colocava em um "leitor", que identificava a localização dos furos e disparava as informações para o computador IBM 704 no primeiro andar do prédio 26: apelidado de O Gigante Monstruoso.

O IBM 704 custava vários milhões de dólares, ocupava uma sala inteira, precisava da atenção constante de uma equipe de operadores profissionais e exigia um sistema especial de ar-condicionado para evitar que seus componentes atingissem temperaturas nas quais os dados poderiam ser destruídos — essa sala era chamada de Seminário. Quando o ar-condicionado parava — uma ocorrência bastante comum —, soava um gongo bem alto e três engenheiros saltavam de um escritório nas proximidades. Freneticamente, eles tiravam as tampas da máquina para evitar que suas entranhas derretessem. Todas aquelas pessoas encarregadas de perfurar os cartões, de colocá-los nos leitores, apertar botões e virar chaves na máquina eram comumente chamados de sacerdotes, e aquelas com bastante privilégio para submeter dados ao computador eram os acólitos oficiais. Era quase um intercâmbio ritualístico:

"Acólito: Oh, máquina, você aceitaria minha oferta de informação? Você rodaria o programa e quem sabe me entrega um resultado?

Sacerdote (em nome da máquina): Nós tentaremos, mas não podemos prometer nada."

Como regra, nem menos o mais privilegiado dos acólitos tinha permissão para acessar diretamente o computador e passavam horas, às vezes até dias, aguardando o resultado da ingestão pela máquina de seu punhado de cartões perfurados.

Isso era algo que Samson sabia e certamente o frustrava, pois ele queria colocar as mãos diretamente naquela maldita máquina. Afinal, a vida é isso.

O que Samson não sabia, e estava se deliciando ao descobrir, era que a sala EAM também abrigava uma máquina, chamada de 407, o último modelo da IBM que ainda era eletromecânico. Era capaz de perfurar cartões, lê-los, distribuir os dados e imprimir listas. Ninguém parecia tomar conta dessas máquinas, que eram computadores — ou um tipo deles. Certamente, usar uma máquina daquelas não era um piquenique: a pessoa precisava fazer as conexões no painel de controle, um quadrado plástico com uma porção de furos. Se você pusesse centenas de fios nos buracos em determinada ordem, além de ter algo que se parecia com um ninho de ratos, podia dar ordens e alterar a personalidade daquela máquina eletromecânica. Ela passaria a fazer aquilo que você queria que ela fizesse.

Então, sem contar com nenhum tipo de autorização, foi isso que Peter Samson fez junto com um grupo de amigos de uma organização especial do MIT que reúne os estudantes com um interesse especial em modelismo ferroviário. Foi por acaso, um passo irrefletido no futuro da ficção científica, mas foi também típico de uma subcultura que emergia, libertando-se por seus próprios esforços e subindo dos subterrâneos para se tornar a alma indelicada e não sancionada do reino da computação. Essa foi a primeira escapada hacker da turma do Tech Model Railroad Club ou TMRC.

Peter Samson fez parte do Tech Model Railroad Club desde sua primeira semana no MIT no outono de 1958. O primeiro evento a que os calouros do MIT assistem é uma tradicional palestra de boas-vindas, a mesma (re)apresentada até onde alcança a memória dos ex-alunos do instituto. Olhe para a pessoa à sua esquerda... olhe para pessoa à sua direita... um de vocês três não será graduado neste instituto. O efeito pretendido pela palestra é criar aquela sensação horrorosa na garganta dos calouros, que precede o sufocamento. Por toda a vida, esses rapazes estiveram livres das pressões acadêmicas. Essa exceção foi conquistada pela virtude do brilho de suas inteligências. Agora cada um deles tem uma pessoa à direita e outra à esquerda que são tão inteligentes quanto eles. Ou quem sabe até mais inteligentes.

No entanto, para alguns estudantes, nem isso era um desafio. Para esses jovens calouros, os colegas eram percebidos em meio a uma névoa amigável: quem sabe pudessem ser usados para descobrir como as coisas funcionavam por ali e depois ser tutorados. Já havia muitos obstáculos ao aprendizado — por que se aborrecer com professores obsequiosos e se esforçar por notas? Para estudantes como Peter Samson, a vitória era mais do que a formatura.

Algumas vezes, depois da palestra, ocorria a Feira de Calouros. Todas as organizações do campus — grupos de interesse e fraternidades, entre outras — reuniam-se em um grande ginásio para tentar recrutar novos integrantes. O grupo que chamou a atenção de Peter Samson foi o Tech Model Railroad Club. Seus membros, com olhos brilhantes e cabelo escovinha, que conversavam com a cadência espasmódica de quem quer tirar logo as palavras da frente, ostentavam uma espetacular maquete de trens com bitola HO em exposição permanente na sala do clube no Prédio 20. Peter Samson era há muito tempo fascinado por trens, especialmente metrôs. E foi com o grupo conhecer a exposição no Prédio 20, uma estrutura temporária de pedras construída durante a Segunda Guerra Mundial. Os corredores eram cavernosos e, apesar de o clube ficar no segundo andar, tinha o aspecto e o cheiro de um porão.

O clube era dominado pela maquete dos trens, que recheava a sala. De pé, na chamada área de controle, podia-se ver uma pequena cidade, com uma área industrial, uma montanha de papel machê e, claro, uma porção de trens e trilhos. Os trens eram meticulosamente construídos para reproduzir os modelos originais em grande escala e circulavam pelas voltas e curvas dos trilhos com perfeição fotográfica.

E, então, Peter Samson olhou as placas de controle que ficavam abaixo e perdeu a respiração. Era a maior matriz de fios, relés e interruptores que ele já havia visto na vida e nem sonhava que pudesse existir. Havia filas ordenadas de interruptores cercados por relés de bronze escuro e uma longa e emaranhada confusão de fios amarelos, vermelhos e azuis, que parecia uma explosão de arco-íris ou os cabelos despenteados de Einstein. Era um sistema incrivelmente complicado, e Peter Samson queria saber como aquilo funcionava.

O Tech Model Railroad Club oferecia uma chave da sala depois que seus novos integrantes cumpriam quarenta horas de trabalho na maquete. A Feira de Calouros foi em uma sexta-feira. Na segunda, Peter Samson tinha sua chave.

Havia duas facções no TMRC. Alguns de seus membros gostavam de passar horas construindo e pintando réplicas de certos modelos de trens com valor histórico ou emocional ou ainda criando cenários realistas para a maquete. Esse era o contingente do estilete-e-pincel, que assinava as revistas de ferreomodelismo e participava de viagens para conhecer trens antigos. A outra facção era o subcomitê dos sinais e da energia, que estava mais preocupada com o que acontecia debaixo da maquete. Era O Sistema, o qual era aprimorado como se fosse a colaboração entre Rube Goldberg e Wernher von Braun; estava constantemente sendo melhorado, refeito, aperfeiçoado e, algumas vezes, destruído — no jargão do clube, "ferrado". O pessoal dos sinais e energia (S&E) era obcecado pela operação do Sistema, sua complexidade crescente, como qualquer mudança feita afetava outras partes e como essas relações poderiam ser usadas para otimizá-lo.

Muitos componentes do Sistema eram doados diretamente pela companhia telefônica Western Electric. Não por acaso o professor conselheiro do clube era também responsável pelo sistema de telefonia do campus e percebeu que alguns equipamentos sofisticados poderiam ser aplicados também no ferreomodelismo. Aplicando os componentes como ponto de partida, os estudantes montaram um sistema que permitia que várias pessoas controlassem os trens simultaneamente, mesmo que estivessem em diferentes partes dos trilhos. Usando o dial apropriado dos telefones, os "engenheiros" conseguiam determinar que trecho dos trilhos queriam controlar e fazer o trem circular por ali. Isso foi feito com diversos tipos de relés telefônicos,

O clube de ferreomodelismo

incluindo painéis conectores e interruptores fásicos que, quando a energia era transferida de um bloco para outro, faziam um ruído que parecia de outro mundo — chunka-chunka-chunka.

Foi o grupo S&E que criou esse Sistema diabolicamente engenhoso e era o grupo S&E que tinha aquela curiosidade incansável que os levava aos corredores dos prédios do campus de madrugada para colocar as mãos em computadores. Eles eram discípulos antigos do imperativo "Mãos à Obra". O líder do grupo S&E era o veterano Bob Saunders, ruivo, com o rosto bulboso, uma risada contagiante e um grande talento para a eletricidade. Quando criança em Chicago, ele construiu um transformador de alta frequência em um projeto na escola; uma versão de bobina Tesla com quase dois metros de altura — algo inventado por um engenheiro no século XIX, capaz de emitir ondas furiosas de energia. Saunders disse que sua bobina foi projetada para propagar o sinal de televisão por quarteirões afora. Outra pessoa que gravitava no grupo S&E era Alan Kotok, um rapaz de Nova Jersey, gordo, sem queixo e com óculos grossos, que estava na mesma classe de Samson. A família de Kotok lembra-se dele aos 3 anos, tirando uma tomada da parede com uma chave de fenda e causando uma erupção de faíscas. Quando estava com seis, construía lâmpadas e circuitos elétricos. No ginásio, fez uma excursão ao laboratório de pesquisa da Mobil, perto de Haddonfield, e viu pela primeira vez um computador — a fruição desse momento o fez decidir ir para o MIT. Em seu ano como calouro, conquistou a reputação de ser um dos mais capazes no grupo S&E.

Os rapazes do S&E eram aquele pessoal que passava os sábados na loja Eli Heffron & Sons, em Sommerville, procurando componentes para o Sistema; eles gastavam horas de descanso deitados em carrinhos com rodas sob a bancada da maquete para instalar novas peças; e também eram os que trabalhavam nas madrugadas para fazer conexões não autorizadas entre o telefone do TMRC e a parte leste do campus. A tecnologia era o parque de diversões desses rapazes.

Os principais integrantes do TMRC ficavam horas por dia no clube, constantemente aprimorando o Sistema; debatendo sobre a próxima etapa de melhorias; e criando um jargão deles próprios, incompreensível para quem estivesse de fora e conhecesse aqueles garotos fanáticos, com camisas de mangas curtas, lápis no bolso, calças de sarja e sempre com uma garrafa de Coca-Cola por perto (o TMRC adquiriu sua própria máquina de vender Coca-Cola pela então proibitiva quantia de 165 dólares; cobrando cinco centavos pela garrafa, o investimento estava recuperado em três meses; para facilitar as vendas, Saunders criou uma máquina de troco para os compradores de Coca que ainda estava em funcionamento uma década depois). Quando uma peça do equipamento não estava funcionando bem, eles diziam que ela estava "losing" (perdendo); quando estava arruinada, usavam a expressão

8   **PARTE I   Os verdadeiros hackers**

"munged" (*mashed until no good*); as duas escrivaninhas no canto da sala não eram chamadas de "office" (escritório), mas, sim, de "orifice" (orifício); alguém que insistisse em estudar para as provas era chamado de "tool" (ferramenta); as partes que sobravam de uma peça adaptada ou algo no gênero eram chamadas de "cruft" (resíduo); e um projeto empreendido ou produto criado, não somente para atender a uma meta, mas por uma grande dose de prazer, era chamado de "hack".[1]

Essa última palavra talvez tenha surgido do antigo dialeto do MIT — o termo "hack" era usado há bastante tempo para descrever as elaboradas travessuras que os estudantes sempre inventavam, como cobrir uma cúpula do campus com folhas de alumínio reflexivo. No entanto, como o pessoal do TMRC empregava a palavra, havia uma dose extra de seriedade e respeito. Uma mera conexão inteligente entre dois relés poderia ser chamada de "hack", mas estava subentendido que, para ser qualificada assim, tinha que estar imbuída de inovação, estilo e virtuosismo técnico. Mesmo que alguém se autodepreciasse, dizendo que estava dando uma "de hacker no Sistema" (assim como um bom lenhador lida com toras com grande facilidade), era reconhecido o seu considerável talento artístico.

Os estudantes mais produtivos do grupo S&E autodenominavam-se "hackers" com grande orgulho. Nos confins do clube no Prédio 20 e na sala de ferramentas (onde muitos estudos e conferências técnicas ocorreram), eles assumiram unilateralmente os atributos dos heróis lendários. Eis como Peter Samson via a si mesmo e aos amigos em um poema publicado no jornal do clube:[2]

> "Lançador de interruptores para o mundo,
> Testador de fusíveis, criador de estradas,
> Jogador nas estradas de ferro, piloto dos sistemas avançados;
> Esquálido, descabelado, desleixado,
> Máquina das válvulas e parafusos:
> Eles me dizem que você é perversa e eu acredito; eu vi suas luzes de plástico colorido atraindo os sistemas de refrigeração...
> Sob a torre, poeira de todos os lugares, faço hack em sistemas bifurcados,
> Faço hack como um calouro ignorante, que esteve sempre ocupado e acabou não se formando,
> Faço hack nas placas de controle sob as quais estão os interruptores e sob seu controle avançamos com o sistema,
> Sou um hacker!
> Esquálido, descabelado e desleixado, faço hack na minha juventude; sem cabos, fritando diodos, tenho orgulho de ser o lançador de interruptores, o testador de fusíveis, o criador de estradas, jogador das estradas de ferro e piloto dos sistemas avançados."

O clube de ferreomodelismo

Sempre que podiam, Samson e os outros escapavam para a sala EAM com seus painéis de controle, tentando usar a máquina para manter em ordem os interruptores sob a maquete. Tão importante quanto isso, eles estavam tentando verificar o que a eletromecânica poderia fazer, levando-a a seus limites.

Na primavera de 1959, um novo curso foi oferecido no MIT. Foi o primeiro em programação de computadores em que os calouros podiam se matricular. O professor era um homem distante — com uma cabeleira rebelde e uma barba também desalinhada —, chamado John McCarthy. Mestre em matemática, McCarthy era um caso clássico de professor com mente ausente; havia muitas histórias sobre seu hábito de responder perguntas muitas horas, às vezes até muitos dias, depois que a pergunta havia sido feita a ele[3]. Sem dizer bom-dia, McCarthy podia parar você no corredor e começar a falar com sua dicção precisa de robô como se a pausa na conversa tivesse sido de alguns segundos, e não de uma semana. Na maioria das vezes, no entanto, a sua resposta atrasada era brilhante.

McCarthy era uma das poucas pessoas trabalhando em um novo tipo de pesquisa científica com computadores. A natureza volátil e controversa de seus estudos derivava, obviamente, da arrogância do nome que ele próprio dera à área: Inteligência Artificial. Aquele homem realmente achava que os computadores poderiam ser inteligentes. Mesmo em um lugar bastante focado nas ciências como o MIT, a maioria das pessoas considerava essa ideia ridícula: achavam que os computadores podiam ser úteis, embora muito caros, ferramentas para manipular e calcular uma enorme quantidade de números e para estruturar sistemas de defesa de mísseis (como o maior computador do MIT, o Whirlwind, fez para o sistema SAGE), mas zombavam do pensamento de que os computadores pudessem ser até mesmo uma área reconhecida de estudos científicos. A Ciência Computacional não existia oficialmente no MIT no final da década de 1950, e McCarthy e sua equipe trabalhavam no departamento de engenharia elétrica, que passou a oferecer o curso, número 641, no qual Kotok, Samson e outros colegas do TRMC se matricularam naquela primavera.

O professor tinha iniciado um programa enorme no IBM 704 — o Gigante Monstruoso — que daria à máquina a habilidade extraordinária de jogar xadrez. Para os críticos da incipiente área da Inteligência Artificial, essa era apenas uma amostra do otimismo estúpido de gente como John McCarthy. Contudo, McCarthy tinha uma grande visão sobre o que os computadores poderiam fazer, e jogar xadrez era apenas o começo.

O que motivava Kotok, Samson e os outros eram as máquinas fascinantes, e não a visão. Eles queriam aprender como fazer funcionar aquelas malditas máquinas e, embora a nova linguagem de programação chamada LISP que McCarthy tanto falava no curso 641 fosse interessante, não era mais interessante do que a ação de programar ou do que o fantástico momento de buscar de volta seu resultado impresso no Seminário — palavra vinda direta da fonte! — e depois gastar horas analisando os dados, o que houve de errado e como aquilo tudo poderia ser aperfeiçoado. Os hackers do TMRC estavam buscando a maneira de entrar em contato mais próximo com o IBM 704, que logo foi substituído pelo mais avançado 709. Por sair do Centro de Computação nas primeiras horas da manhã, por se fazer conhecido de alguns dos sacerdotes e por trabalhar quantas vezes fosse necessário nas tarefas mais árduas, estudantes como Kotok acabavam sendo autorizados a apertar alguns botões e ver quais as luzes que acendiam.

Havia segredos naquelas máquinas IBM que deviam ser meticulosamente aprendidos com aquelas pessoas mais velhas no MIT com acesso ao 704 e com amigos entre os sacerdotes. Surpreendentemente, alguns desses profissionais, alunos formados que trabalhavam com McCarthy, haviam escrito um programa que utilizava uma fila de pequenas lâmpadas: as luzes se acendiam em sequência de forma a parecer que uma pequena bola cruzava a área da esquerda para a direita e vice-versa. Quando o operador virava o interruptor na hora certa, o movimento das luzes se invertia — ping-pong no computador! Esse obviamente era o tipo de coisa que se mostrava para impressionar os colegas, que então davam uma olhada no programa que você escrevera para ver como aquilo havia sido feito.

Para melhorar o programa, alguém mais devia tentar fazer o mesmo com menos instruções — um desafio valioso, pois havia tão pouco espaço de "memória" nos computadores daquela época que cabiam poucas instruções dentro deles. John McCarthy havia observado uma vez que os estudantes de graduação que ciscavam em volta do 704 poderiam trabalhar nos programas para tirar o melhor de menos instruções e comprimi-los para que menos cartões perfurados tivessem que alimentar a máquina. McCarthy comparou esses estudantes a esquiadores radicais (ski bums). Eles sentiam o mesmo tipo de arrepio primal ao "maximizar códigos" que aqueles esquiadores fanáticos ao descer freneticamente uma montanha nevada. Portanto, a prática de pegar um programa e tentar reduzir as instruções sem afetar negativamente o resultado esperado passou a ser chamada de "program bumming", ou seja, assumir a experiência radical de cortar linhas de programação sem deixar "crufts" (resíduos). Era comum ouvir alguém sussurrando: "Talvez eu possa cortar algumas instruções e obter a correção, diminuindo a programação de quatro para três cartões".

Em 1959, McCarthy estava mudando seu interesse do xadrez para uma nova forma de conversar com os computadores, a nova e completa "linguagem" LISP. Alan

Kotok e seus amigos estavam mais do que ansiosos para assumir o projeto do xadrez. Trabalhando com o processamento não interativo da IBM, eles embarcaram nesse projeto grandioso de ensinar o 704, depois o 709 e ainda mais tarde o seu substituto, o 7090, a praticar o jogo dos reis. De fato, o grupo de Kotok acabou por se tornar o maior utilizador de tempo do computador do Centro de Computação do MIT inteiro.

Ainda assim, o trabalho com a máquina da IBM era frustrante. Não havia nada pior do que a espera entre o momento em que você alimentava a máquina com cartões perfurados e o momento em que os resultados eram devolvidos. Caso você tivesse errado a colocação de uma única letra nas instruções, o programa não funcionava, e era preciso começar todo o processo do início novamente. Essa frustração estava de mãos dadas com a rápida proliferação das regras *que-se-dane* que permeavam a atmosfera do Centro de Computação. A maioria das regras era criada para manter fisicamente longe das máquinas os jovens fãs amalucados da computação, como Kotok, Samson e Saunders. A regra mais rígida era que ninguém estava capacitado e/ou autorizado a tocar ou alterar a máquina. Isso, com certeza, era o que o pessoal do grupo S&E mais queria no mundo, e essas restrições deixavam os rapazes loucos.

Um sacerdote — na verdade, um do baixo clero — em uma virada de noite estava especialmente exigente em relação a essa regra e, então, Samson teve a ideia de se vingar. Um dia, enquanto circulava pela loja de eletrônicos Eli Heffron, ele topou com uma placa elétrica exatamente do mesmo tipo em que se encaixavam as válvulas dentro do IBM. Uma noite, pouco antes das 4 horas, o subsacerdote saiu da sala um minuto; quando retornou, Samson contou a ele que a máquina não estava funcionando, mas que encontrara o problema — e mostrou a placa de válvulas totalmente destruída que havia comprado na loja.

O subsacerdote mal podia pronunciar as palavras: "O-on-onde você conseguiu isso?".

Samson, que tinha grandes olhos verdes que podiam facilmente parecer malucos, apontou vagarosamente para uma porta aberta no gabinete da máquina onde, com certeza, nenhuma placa havia estado antes, mas o espaço realmente parecia desesperadoramente vazio.

O subsacerdote engasgou e fez cara de que suas entranhas iam explodir. Ele enviou exortações aos deuses da computação. Não há dúvida de que os descontos de 1 milhão de dólares em seus salários mensais corriam em flash diante dele. Somente depois que um supervisor, um sacerdote mais graduado que entendia a mentalidade daqueles garotos espertos do TMRC, veio e explicou a situação, o subsacerdote conseguiu se acalmar.

Ele não foi o último administrador a sentir a ira de um hacker frustrado na busca por acesso às máquinas.

Um dia um ex-integrante do TMRC, que estava agora no corpo docente do MIT, fez uma visita ao clube. Seu nome era Jack Dennis. Até se graduar no início da década de 1950, ele trabalhou furiosamente sob a maquete dos trens. Recentemente, Dennis estava trabalhando em um computador que o MIT havia acabado de receber do Lincoln Lab, um laboratório de desenvolvimento militar afiliado ao instituto. O computador era chamado de TX-0 e era um dos primeiros transistorizados do mundo. O Lincoln Lab o havia utilizado para testar o gigante TX-2, com uma memória tão complexa que as falhas só podiam ser diagnosticadas com o apoio daquele seu irmão menor, o TX-0. Agora que seu trabalho original tinha acabado, o TX-0, no valor de 3 milhões de dólares, havia sido embarcado do Lincoln Lab para o MIT em um "empréstimo de longo prazo" e, aparentemente, ninguém havia marcado data para seu retorno. Dennis perguntou ao pessoal do grupo S&E do TMRC se os rapazes gostariam de ver a máquina.

Alô!? Você está maluco? Você quer conhecer o papa?

O TX-0 estava no Prédio 26 no Laboratório de Pesquisa Eletrônica (LPE) no segundo andar, diretamente acima do Centro de Computação no primeiro, que já abrigava o IBM 704 — o Gigante Monstruoso. O LPE parecia a sala de controle de uma antiga nave espacial. O TX-0, ou Tixo como às vezes era chamado, era nesse tempo um computador anão, já que era um dos primeiros a utilizar transistores do tamanho de um dedo em vez válvulas do tamanho de uma mão. Ainda assim, ele ocupava boa parte da sala junto com seu sistema de ar-condicionado com quinze toneladas. Os componentes funcionais do TX-0 eram montados sobre diversos chassis altos e finos com estantes de metal resistente, fios emaranhados e pequenas fileiras de minúsculos recipientes parecidos com garrafas nos quais os transistores estavam inseridos. Outro gabinete tinha uma frente de metal sólido salpicado com botões de aparência pouco amigável. Diante das prateleiras, havia um console em "L", o painel de controle da nave de H. G. Wells, e uma bancada azul para os cotovelos e os papéis. No braço curto do "L", havia uma Flexowriter, que se assemelhava a uma máquina de escrever convertida em tanque de guerra com seu fundo ancorado em um alojamento militar cinza. Acima de tudo estavam os painéis de controle e protuberâncias em forma de caixas, pintadas naquele amarelo institucional. Ao lado das caixas que encaravam o operador, havia várias linhas de luzes piscando, uma matriz de botões do tamanho de grandes grãos de arroz e, o melhor de tudo, um verdadeiro tubo de raios catódicos, redondo e cinza escuro.

O clube de ferreomodelismo

O grupo do TMRC estava boquiaberto. Essa máquina não usa cartões. O operador deveria primeiro perfurar o programa em uma longa e fina fita de papel com a Flexowriter (havia mais Flexowriters disponíveis em uma sala próxima), então, sentar no console, alimentar a máquina com o programa colocando a fita no leitor e ser capaz de esperar, enquanto rodavam as instruções. Se algo desse errado com o programa, você ficava sabendo imediatamente e podia diagnosticar a falha usando os botões ou verificando quais lâmpadas estavam acesas ou piscando. O computador tinha até uma saída de áudio: enquanto o programa rodava, um alto-falante sob a bancada emitia uma espécie de música, como um órgão elétrico cujas notas vibrassem num ruído etéreo e dissonante. Os acordes desse "órgão" podiam mudar, dependendo de qual dado a máquina estava lendo em cada microssegundo; depois que você se familiarizava com esses tons, podia "ouvir" que parte do programa o computador estava rodando. Você aprendia a discernir esses sons em meio ao claque-claque da Flexowriter, o que poderia fazer com que se sentisse em uma batalha de metralhadoras.

Ainda mais fantástico do que isso: por causa de suas capacidades "interativas" e também porque os operadores podiam reservar períodos de tempo para utilizar o TX-0 sozinhos, você poderia até modificar um programa *enquanto estava sentado diante do computador.* Um milagre!

Não havia jeito — nem no céu, nem no inferno — de manter Kotok, Saunders, Samson e os outros com as mãos longe dessa máquina. Por sorte, parecia não haver em torno do TX-0 o mesmo tipo de burocracia que cercava o IBM 704. Nada do séquito de sacerdotes oficiais. O técnico encarregado era um escocês sagaz e grisalho chamado John McKenzie. Ao mesmo tempo em que ele se assegurava de que os estudantes e os projetos oficiais — Usuários Oficialmente Sancionados (UOS) — tinham acesso à máquina, também tolerava que a turma de malucos do TMRC circulasse pelo laboratório onde estava o TX-0. Samson, Kotok, Saunders e um calouro chamado Bob Wagner logo descobriram que o melhor horário para entrar no Prédio 26 era à noite, quando ninguém com a cabeça certinha tinha reservado uma longa sessão de trabalho na folha de papel que era dependurada toda sexta-feira ao lado do ar-condicionado do laboratório de LPE. Como regra, o TX-0 funcionava 24 horas por dia — os computadores daquela época eram muito caros para que se desperdiçasse tempo, deixando-os ociosos durante a noite e, além disso, era um processo demorado colocá-los para funcionar novamente depois de desligados. Portanto, os hackers do TMRC, que logo se autodenominavam hackers do TX-0, mudaram de estilo de vida para acomodar o trabalho no computador. Eles reservavam todos os períodos que conseguiam e "ganhavam tempo" com visitas noturnas ao laboratório na esperança de que alguém que havia feito reserva para as 3 horas não aparecesse.

"Oh!", Samson dizia deleitado, um minuto e pouco depois que alguém não aparecia na hora marcada na folha de reservas, "tenho certeza de que não vai ser um desperdício!"

Nunca era tempo perdido, porque os hackers estavam quase sempre por ali. Se não estavam no laboratório de LPE esperando por uma brecha na agenda; estavam na sala perto do clube TMRC, jogando um tipo de *Forca* (jogo de palavras), que Samson havia criado e denominado *Bata na Porta ao Lado*, aguardando o chamado de alguém na sala do TX-0 que monitorava se alguém faltasse a uma sessão marcada. Os hackers recrutaram uma rede de informantes para avisar depressa sobre potenciais brechas na agenda do computador — se um projeto de pesquisa não estava no cronograma ou um professor ficava doente, a senha era passada aos hackers do TMRC, que logo estavam diante do TX-0 para improvisar no espaço atrás do console.

Embora Jack Dennis estivesse teoricamente encarregado da operação, ele estava ministrando cursos na época e preferia investir seu tempo livre escrevendo códigos para a máquina. Então, ele desempenhava o papel de padrinho benevolente dos hackers: dava algumas informações práticas sobre a máquina, apontava em determinadas direções e ia se divertir com suas aventuras selvagens em programação. Ele era pouco afeito às tarefas administrativas e, então, ficava até feliz por deixar John McKenzie cuidar daquela parte. McKenzie percebeu depressa que a natureza interativa do TX-0 estava inspirando um novo modelo de programação computacional, e os hackers eram os pioneiros nela. Dessa forma, ele não impôs muitos éditos.

Em 1959, a atmosfera estava rarefeita o suficiente para acomodar os hereges — cientistas ensandecidos cuja curiosidade queimava como fome, aqueles como Peter Samson que queriam explorar os labirintos desconhecidos do MIT. O barulho do ar-condicionado, a saída de áudio e o martelar da Flexowriter atraíam esses andarilhos, que dedicavam suas mentes ao laboratório, como gatinhos se prendem a uma cesta com novelos.

Um desses andarilhos era de fora do MIT e se chamava Peter Deutsch. Antes mesmo de descobrir o TX-0, ele desenvolveu uma fascinação por computadores. Tudo começou no dia em que ele encontrou um manual descartado por alguém — um manual de uma forma obscura de linguagem de computador para a execução de cálculos. Algo no ordenamento daquelas linhas teve um apelo forte sobre ele: mais tarde, ele descreveu esse sentimento como o mesmo tipo de estranhamento transcendente que um artista experimenta ao descobrir o suporte certo para sua arte. *É aqui o meu mundo.* Deutsch tentou escrever um pequeno programa e, assinando em nome de um dos sacerdotes, rodou-o em um computador. Em poucas semanas, ele conquistou uma proficiência impressionante em programação — e estava apenas com 12 anos.

O clube de ferreomodelismo

Ele era um garoto tímido, forte em matemática e inseguro em tudo mais. Estava inadequadamente acima do peso, era fraco em esportes, mas uma estrela intelectual. Seu pai era professor no MIT, e ele aproveitou isso para explorar os laboratórios.

Era inevitável que Deutsch fosse atraído pelo TX-0. Sua primeira aventura foi na pequena Sala Kluge (um "kluge" é uma parte mal desenhada e construída com deselegância de um equipamento que parece carecer de lógica, mas que funciona adequadamente) onde três Flexowriters off-line estavam disponíveis para a perfuração de programas em fitas de papel que depois iriam alimentar o TX-0. Alguém estava ocupado perfurando uma fita. Deutsch observou um pouco e depois começou a bombardear a pobre alma com perguntas sobre o pequeno computador na outra sala. Então, foi examinar sozinho o TX-0 e percebeu que aquele era muito diferente dos outros computadores: tinha um monitor CRT e outros brinquedos que pareciam legais. Ele imediatamente decidiu agir como se tivesse o pleno direito de estar ali. Conseguiu pegar um manual e logo estava surpreendendo as pessoas com uma conversa lógica sobre computadores. De fato, em breve, foi autorizado a se inscrever nas sessões noturnas e nos finais de semana para escrever seus próprios programas.

McKenzie ficou preocupado que alguém o acusasse de gerenciar um acampamento de verão por causa daquele garoto de calças curtas circulando no laboratório. Baixo a ponto de ser difícil espichar o pescoço sobre o console do TX-0 para ler o código que um Usuário Oficialmente Sancionado (UOS), talvez um autoconfiante aluno da graduação, estava martelando na Flexowriter, Deutsch era capaz de dizer com sua voz esganiçada de pré-adolescente: "Seu problema é que o código está errado aqui... você precisa dar outra instrução logo ali". E, quem sabe, o arrogante estudante podia ficar maluco de raiva — *quem é esse vermezinho?* — e começar a gritar, mandando o garoto ir brincar em outro lugar. Invariavelmente, porém, os comentários do garoto estavam corretos. Audaciosamente, um dia, Deutsch anunciou que iria escrever programas melhores dos que existiam e foi em frente.

Samson, Kotok e os outros hackers aceitaram Peter Deutsch: graças à virtude de seu conhecimento sobre computadores, ele recebia tratamento de igual para igual entre eles. No entanto, o menino não era um dos favoritos entre os Usuários Oficialmente Sancionados, especialmente quando se sentava atrás deles, pronto para entrar em ação, quando cometiam um erro na Flexowriter. Os UOSs apareciam nas sessões do TX-0 com a regularidade de um comutador. Eles rodavam programas para fazer análises estatísticas, correlações cruzadas, simulações do interior do núcleo de uma célula. Aplicações. Isso era ótimo para os UOSs, mas era um tipo de desperdício para a mente dos hackers. O que eles tinham em mente era estar atrás do console do TX-0, assim como os pilotos desejam estar diante do manche de um avião. Ou, como Peter Samson, um fã de música clássica, colocou: fazer computação em um

16 PARTE I Os verdadeiros hackers

TX-0 era como tocar um instrumento musical. Um instrumento absurdamente caro com o qual se podia improvisar, compor e, como os beatniks da Harvard Square, a pouco menos de dois quilômetros dali, gemer como uma alma penada em total abandono criativo.

Um fator que possibilitava que eles fizessem isso era o sistema de programação criado por Jack Dennis e outro professor, Tom Stockman. Quando o TX-0 chegou ao MIT, havia sido despojado: em seus dias no Lincoln Lab, a memória fora reduzida consideravelmente para 4.096 "palavras" com dezoito bits cada (um "bit" é um dígito binário, seja um 1 ou um 0. Esses números binários são a única coisa que os computadores entendem. Uma série de números binários é chamada de "palavra"). E o TX-0 quase não tinha software. Então Jack Dennis, mesmo antes de apresentar o TX-0 para a turma do TMRC, vinha escrevendo "sistemas de programas" — o software para ajudar o usuário a utilizar a máquina.

O primeiro programa em que Dennis trabalhou era um compilador. Isso faz a tradução da linguagem de montagem* — a qual utiliza abreviações simbólicas para representar as instruções para a máquina — para a linguagem da máquina, que consiste nos números binários 0 e 1. O TX-0 tinha uma linguagem de montagem bastante limitada: como seu design possibilitava apenas que fossem usados dois bits para cada palavra de 18-bits para dar as instruções ao computador, somente quatro instruções podiam ser empregadas (cada possível variação de 2-bits — 00, 01, 10 e 11 — representava uma instrução). Tudo o que o computador fazia podia ser quebrado para a execução de uma dessas quatro instruções: era necessária uma instrução para adicionar dois números, mas uma série de talvez vinte instruções para multiplicar dois números. Olhar fixamente para uma longa lista de comandos de computador escrita em números binários — por exemplo, 1001100110001 — pode criar um caso de gagueira mental em questão de minutos. Porém, o mesmo comando em linguagem de montagem pode se parecer com o seguinte: ADD Y. Depois de carregar o computador com o compilador que Dennis escreveu, você podia redigir programas nessa forma simbólica simplificada e aguardar presunçosamente, enquanto o computador fazia a tradução para você para a linguagem binária. E, então, você realimentava o computador com esse "objeto" de código binário. O valor do compilador era incalculável: o programa capacitava os programadores a escrever em uma linguagem que mais parecia um código do que uma série confusa e interminável de 1s e 0s.

---

* Linguagem de montagem (*assembly language*) é uma notação legível por humanos para o código de máquina usado em uma arquitetura de computador específica. A linguagem de máquina, que é um mero padrão de bits, torna-se legível pela substituição dos valores (0 e 1) por símbolos mais fáceis de memorizar (mnemônicos). Disponível em: <http://pt.wikipedia. org/wiki/Linguagem_assembly>. Acessado em: 19/02/2011. (N.T.)

O outro programa a que Dennis se dedicou com Stockman era algo ainda mais novo — um depurador de linguagem. O TX-0 viera com um programa de depuração chamado UT-3, que possibilitava que você conversasse com o computador, enquanto ele rodava, apenas digitando direto na Flexowriter. Todavia, aquilo tinha problemas terríveis — por um motivo — só aceitava códigos digitados no sistema numérico octogonal. O octogonal é um sistema numérico baseado em oito números (diferente do binário, que é baseado em dois; e do arábico, o nosso mais comum, que tem base dez) muito difícil de ser usado. Então, Dennis e Stockman decidiram escrever algo melhor que o UT-3, que permitisse aos usuários usar a linguagem simbólica de montagem muito mais simples e amigável. O nome dado foi FLIT e possibilitava que o usuário encontrasse falhas durante um trabalho, consertasse-as e mantivesse o computador rodando (Dennis explicaria que "FLIT" deriva da expressão Flexowriter Interrogation Tape, mas está claro que a origem verdadeira foi a marca registrada de um spray contra insetos muito famoso naquela época). O FLIT foi um enorme salto qualitativo porque liberava os programadores para realmente compor na máquina assim como os músicos podiam compor em seus instrumentos. Com o uso do depurador, que ampliou a memória do TX-0 em um terço — os hackers estavam livres para criar um novo e mais elegante estilo de programação.

E o que faziam os programas dos hackers? Bem, algumas vezes, não importava muito a ninguém o que eles faziam. Peter Samson trabalhou toda uma noite em um programa que convertia instantaneamente números arábicos em romanos, e Jack Dennis, depois de admirar a habilidade de Samson para realizar o feito, disse: "Meu deus, por que alguém precisaria de algo assim?". Mas Dennis sabia a razão. Havia plena justificativa para o sentimento de poder e realização que Samson teve ao colocar a fita de papel no computador, monitorar as luzes e botões e ver pela primeira vez uma lista de números arábicos ser convertida automaticamente em romanos.

Na verdade, foi Jack Dennis quem sugeriu a Samson que deveria haver usos consideráveis para a capacidade do TX-0 de enviar ruídos para os alto-falantes. Embora não houvesse controles prontos para transmitir, amplificar e modular o som, existia uma maneira de controlar o alto-falante — os sons seriam emitidos dependendo do bit da décima-quarta posição na palavra de dezoito bits que o TX-0 acumulava em dado microssegundo. O som ligava ou desligava dependendo se a décima--quarta posição fosse 0 ou 1. Então, Samson começou a escrever programas que variavam os números binários nessa posição para produzir diferentes sons.

Naquela época, poucas pessoas nos Estados Unidos faziam experimentações usando computadores para emitir algum tipo de som e os métodos aplicados até então exigiam computação massiva para a máquina solfejar no máximo uma nota. Samson, que reagia com impaciência quando os outros o alertavam de que ele estava tentando o impossível, queria que os computadores tocassem música imediatamente. Então, ele aprendeu a controlar tão bem aquela décima-quarta posição de bit, que podia tocar o computador com a mesma autoridade de Charlie Parker no seu saxofone. Em uma versão posterior de seu compilador de música, Samson o transformou em um alerta de erro na sintaxe da programação: diante de uma falha, a Flexowriter mudava a cor da fita e imprimia — "errar é humano; perdoar, divino".

Quando as pessoas de fora do MIT ouviram a música de Johann Sebastian Bach executada em uma só voz, sem som estéreo, sem harmonia, elas se mantiveram imperturbáveis. Grande coisa! Três milhões de dólares por essa máquina gigantesca, e ela não consegue tocar nem como um piano de 5 dólares? Era inútil explicar para essas pessoas que Peter Samson havia realmente ultrapassado o processo pelo qual a música vinha sendo feita há milênios. A música sempre foi feita por vibrações diretamente criadas, que são os sons. O que acontecia no programa de Samson era que uma carga de números, bits de informação colocados em um computador, formara um código no qual a música residia. Você poderia passar horas olhando o código com atenção e não seria capaz de adivinhar onde estava a música. Aquilo só se transformava em som quando milhões de mudanças imperceptíveis de dados ocorriam dentro da montanha de metal, fios e silício do TX-0. Samson pedira ao computador, que não tinha conhecimento aparente de como usar a voz, para que se transformasse em música, e o TX-0 obedeceu.

Portanto, foi assim que os programas de computador deixaram de ser somente uma metáfora das composições musicais — eram literalmente uma composição musical! Aquilo se parecia — e era — o mesmo tipo de programa que fazia aritmética computacional complexa e análise estatística. Aqueles dígitos que Samson improvisou no computador eram uma linguagem universal que poderia produzir qualquer coisa — uma fuga de Bach ou um sistema antiaéreo.

Samson não disse nada disso às pessoas de fora do MIT que não ficaram impressionadas com seu feito. Nem tampouco os hackers discutiram o assunto — não está claro se eles analisaram o fenômeno nesses termos cósmicos. Peter Samson fez aquilo e seus colegas apreciaram o feito porque era obviamente um hacker de primeira classe. E isso já era justificativa suficiente.

Para hackers como Bob Saunders — careca, gordo, feliz discípulo do TX-0, presidente do grupo S&E do TMRC e estudante de sistemas —, aquela era uma existência perfeita. Ele crescera nos subúrbios de Chicago e, desde que tinha memória, os trabalhos com eletricidade e circuitos telefônicos sempre o fascinaram. Antes de entrar para o MIT, Saunders estava em um emprego dos sonhos, instalando centrais telefônicas para uma grande empresa. Ele passava oito bem-aventuradas horas com a solda e o alicate nas mãos, suando nas entranhas de diferentes sistemas, e o idílio só se quebrava nas horas de almoço, quando ele estudava profundamente os manuais da companhia telefônica. Foi o equipamento telefônico instalado sob a maquete dos trens que convenceu Saunders a se tornar ativo no TMRC.

Sendo um veterano, Saunders conheceu o TX-0 em sua carreira acadêmica do que Kotok e Samson: por isso, teve fôlego para lançar a fundação de sua vida social, o que incluiu fazer a corte e casar com Marge French, que chegou a trabalhar — sem ser hacker — em um de seus projetos de pesquisa. Ainda assim, o TX-0 foi o centro de sua carreira acadêmica e ele também sofreu a experiência de todos os hackers de ver suas notas despencarem por causa das aulas perdidas. Isso não o chateava muito porque ele sabia que sua verdadeira educação estava acontecendo na sala 240 do Prédio 26, atrás do console do Tixo. Anos mais tarde, Saunders descreveria a si mesmo e os outros hackers como "um grupo de elite. Outras pessoas faltavam às aulas para fazer vapores desagradáveis no quarto andar dos prédios do MIT ou estavam nos laboratórios atirando partículas em outras coisas ou o que quer que estivessem fazendo. E nós não prestávamos atenção ao que os outros faziam porque simplesmente não nos interessava. Eles estudavam o que queriam e nós estudávamos o que queríamos. E o fato de muito daquilo não estar nos currículos aprovados oficialmente é grandemente imaterial".

Os hackers circulavam à noite. Era a única forma de tirar vantagem das cruciais horas vagas do TX-0. Durante o dia, Saunders se esforçava para comparecer em uma ou duas aulas. Então investia algum tempo na "manutenção básica", coisas como comer e ir ao banheiro. Ele também gostava de ver Marge por uns momentos. Entretanto, no fim, acabava escapando para o Prédio 26. Ele voltava a trabalhar sobre o programa escrito na noite passada e impresso na fita perfurada do Flexowriter. Anotava e modificava a linguagem para adaptar o código ao que ele considerava o próximo passo da operação. Talvez fosse até o TMRC para trocar seu programa com alguém, verificando simultaneamente boas ideias novas e também possíveis falhas. Aí, retornava ao Prédio 26 para a Sala Kluge perto do TX-0 para procurar uma Flexowriter off-line na qual atualizaria seu código. Todo o tempo, checaria para ver se alguém cancelara a sessão de uma hora no computador; sua própria sessão estava marcada para horários como 2 ou 3 horas. Ele esperava na Sala Kluge ou ia jogar bridge no clube até que chegasse a sua vez.

Sentado no console do TX-0, diante das estantes de metal e dos componentes que abrigavam os transistores (cada transistor representando um local com ou sem um

20   PARTE I   Os verdadeiros hackers

bit de memória), Saunders preparava a Flexowriter e a máquina o saudava com a palavra WALRUS. Era algo que Samson criara em homenagem a Lewis Carroll que tinha um poema com o verso "Chegou o momento, Walrus disse...". Saunders ria daquilo, enquanto se dirigia à gaveta com a fita perfurada, contendo o programa compilador e alimentava o leitor. Agora, o computador estava pronto para traduzir o programa que ele tinha perfurado e atualizado na Flexowriter. Observava as luzes acenderem, enquanto a máquina transformava seu código-fonte (a linguagem simbólica de montagem) em "objeto" (binário), que o computador perfurava em outra fita. Assim que a fita estava em código-objeto que o TX-0 entendia, ele realimentava o processo com ela, esperando que o programa rodasse magnificamente.

Provavelmente, havia alguns colegas hackers atrás dele, fazendo piadas, brincando, rindo e tomando Coca-Cola, além de comer coisas pouco saudáveis extraídas das máquinas no andar abaixo. Saunders preferia as geleias de limão em pedacinhos que os outros chamavam de "melecas de limão". No entanto, por volta das 4 horas, nada tinha bom sabor. Todos viram o programa começar a rodar, as luzes acenderem, o som de áudio mais alto ou mais baixo, dependendo do bit na décima-quarta posição e a primeira coisa que viram no monitor CRT, depois que o programa foi compilado e começou a rodar, foi que havia algo errado. Então, ele voltou à gaveta com a fita do depurador FLIT e alimentou o computador com ela. A máquina iria se tornar uma depuradora do programa que seria recolocado para rodar. Agora ele poderia descobrir onde as coisas deram errado e, se talvez tivesse sorte, conseguiria descobrir como mudar alguns comandos, apertar os botões do console na ordem precisa ou recodificar algumas linhas na Flexowriter. Quando tudo dava certo — e era sempre incrivelmente satisfatório quando tudo funcionava, quando ele conseguia fazer esse armário de transistores, fios, metal e eletricidade trabalhar em conjunto para lhe dar a resposta precisa como ele imaginara — Saunders já começava a tentar criar o próximo aprimoramento. Ao fim de sua sessão — alguém certamente já se coçava para ocupar o lugar dele no console — estava pronto para investir horas tentando entender o que diabos fizera o programa falhar.

A hora de pico diante do console do TX-0 era intensa, mas o período depois e até mesmo bem antes da sessão do dia seguinte eram um estado de pura concentração para os hackers. Quando se faz a programação de um computador, você tem que estar atento para onde vão os milhares de bits de informação de uma instrução para outra e ser capaz de predizer — e se beneficiar — dos efeitos de toda essa movimentação. Quando todas essas informações estão coladas na sua mente, é quase como se você fizesse parte do ambiente computacional. Às vezes, a cabeça demora horas para chegar a visualizar o contexto integral e, ao atingir esse ponto, seria uma vergonha desperdiçar tudo que você buscou em maratonas de trabalho, suando sobre o código em uma das Flexowriters off-line na Sala Kluge. Você vai manter esse estado de concentração até estar em ação no dia seguinte de madrugada.

Inevitavelmente, esse estado mental transbordava para os fragmentos aleatórios de vida social dos hackers fora das salas de computação. A turma do estilete e pincel do TMRC não estava satisfeita com toda aquela infiltração da Tixomania no clube: eles viam tudo aquilo como um tipo de Cavalo de Troia que mudava o foco do clube do ferreomodelismo para os computadores. E, se você participasse de uma das reuniões de todas as quintas-feiras às 5h15, veria essa preocupação: os hackers exploravam todo tipo possível de procedimento parlamentar para tornar o encontro tão conflagrado quanto os programas que criavam para o TX-0. Eram feitas moções para gerar moções, que geravam moções e novas moções e as objeções eram excluídas como se fossem erros do computador. A ata da reunião de 24 de novembro de 1959 sugere que "nós desaprovamos certos membros que querem fazer um clube melhor com mais atividades de S&E e menos consideração pelos procedimentos parlamentares propostos nas Robert's Rules of Order".* Samson era um dos piores xingadores e a uma dada altura um membro do TMRC fez uma moção "para a compra de uma rolha para conter a diarreia oral de Samson".

Praticar hackerismo nos procedimentos parlamentares é uma coisa, mas o estado mental de alta concentração resultante da atividade noturna de programação extrapolava para fatos mais corriqueiros da vida dessa turma. Você podia fazer uma pergunta para um hacker e sentir os bits de seu processamento mental até que ele retornasse com uma resposta precisa. Marge Saunders ia ao supermercado todo sábado pela manhã em seu Volkswagen e na volta perguntava ao marido: "Você gostaria de me ajudar a descarregar as compras?". E Bob Saunders respondia: "Não". Indignada, Marge fazia tudo sozinha. Depois que isso aconteceu várias vezes, ela explodiu, praguejando contra ele e querendo saber como ele tinha coragem de responder "não" à sua pergunta.

"Porque é uma pergunta estúpida de se fazer", ele disse. "Com certeza, eu não gostaria de descarregar as compras com você. Porém, se você me perguntar se eu o ajudaria a descarregá-las, isso é outra questão."

Era como se Marge tivesse submetido um programa ao TX-0 e, por causa da sintaxe imprópria, a operação falhasse. Só quando ela conseguiu depurar a linguagem é que Bob Saunders conseguiu rodar com sucesso o próprio computador mental.

---

* Para mais informações, acesse <http://www.robertsrules.org/>. (N.T.)

* Notas *

A principal fonte de informação do livro *Hackers* foi mais de uma centena de entrevistas pessoais realizadas pelo autor entre 1982 e 1983. Além dessas entrevistas, são feitas também referências a fontes impressas e eletrônicas que estão citadas no rodapé das páginas desta edição.

[1] Algumas das gírias usadas pelos membros do clube TMRC foram codificadas por Peter Samson em 1959 no volume *An Abridged Dictionary of the TMRC Language*, nunca publicado. Aparentemente, esse material serviu de base para o glossário hacker que o MIT manteve on-line por anos e que originou a obra *The Hacker Dictionary*, de Gus Steele (New York: Harper & Row, 1983).

[2] Poema de Samson publicado no *F.O.B.*, jornal do clube TMRC (vol. VI, n. 1, set. 1960).

[3] Veja HILTS, Philip J. *Scientific Temperaments: Three Lives in Contemporary Science*. New York: Simon & Schuster, 1982.

Capítulo 2
A ÉTICA HACKER

Alguma coisa nova estava em coalescência em torno do TX-0: um novo estilo de vida com sua filosofia, sua ética e com um sonho próprio.

Não houve um momento preciso para seu surgimento entre os hackers do TX-0, que, ao devotar suas habilidades técnicas à computação com um fervor raramente visto fora dos monastérios, tornavam-se a vanguarda na ousada simbiose entre homem e máquina. Com uma devoção semelhante àquela dedicada pelos jovens pilotos à afinação de motores, eles chegaram para assumir uma posição única. Enquanto os elementos de uma nova cultura estavam em formação e surgiam as lendas porque a maestria deles em programação ultrapassava os limites já conhecidos, aqueles hackers relutavam em admitir que sua pequena sociedade, em relação íntima com o TX-0, estava vagarosa e implicitamente estruturando um conjunto de conceitos, crenças e costumes.

Os preceitos dessa revolucionária Ética Hacker não foram muito debatidos nem discutidos, mas se tornaram silenciosamente consensuais entre o grupo. Não foram publicados manifestos. Nenhum missionário tentou converter ninguém. O computador realizava a conversão, e aqueles que pareciam seguir mais piamente a Ética Hacker eram pessoas como Samson, Saunders e Kotok, cujas vidas antes do MIT pareciam ser meros prelúdios daquele momento em que se compraziam atrás do console do TX-0. Mais tarde, surgiram hackers que levaram a implícita Ética mais a sério do que esses pioneiros do TX-0, gente como os legendários Greenblatt e Gosper; portanto, levou ainda alguns anos para os pilares do hackerismo serem explicitamente delineados.

Ainda assim, mesmo nos dias do TX-0, os fundamentos da plataforma estavam lançados. A Ética Hacker:

> O acesso aos computadores — e a tudo que possa ensinar algo sobre o funcionamento do mundo — deve ser ilimitado e total. Siga sempre o imperativo do Mãos à Obra!

Os hackers acreditam que lições essenciais podem ser aprendidas sobre os sistemas — sobre o mundo — pela separação do todo em partes, vendo como elas funcionam e usando esse conhecimento para criar coisas novas e até mais interessantes. Eles rejeitam qualquer pessoa, barreira física ou lei que tente mantê-los longe desse tipo de aprendizado.

Isso é especialmente verdadeiro quando um hacker quer consertar algo que (sob o ponto de vista dele) está quebrado ou precisa de aperfeiçoamento. Sistemas imperfeitos enfurecem os hackers, cujo instinto primal é depurá-los. Essa é uma das razões pelas quais os hackers em geral detestam dirigir carros — o sistema randômico de programação dos semáforos e as estranhas ruas com mão dupla causam atrasos tão malditamente desnecessários que o impulso deles é rearranjar os sinais, abrir as caixas dos controladores de tráfego... e redesenhar todo o sistema.

No mundo ideal para um hacker, qualquer pessoa, chateada o bastante para abrir uma caixa de controle de trânsito, separar os componentes e fazer tudo funcionar melhor depois, deveria ser muito bem-vinda em sua tentativa de aperfeiçoar sistemas. Regras que impeçam uma pessoa de adotar providências como essa com suas próprias mãos são muito ridículas para serem respeitadas. Essa atitude levou o Tech Model Railroad Club (TMRC) a lançar, em bases extremamente informais, algo que foi chamado de Comitê de Requisição da Meia-Noite. Quando o TMRC precisava de um conjunto de diodos ou de alguns relés extras para fazer uma melhoria no Sistema, alguns membros do grupo S&E esperavam anoitecer e achavam o caminho para os locais onde esses componentes eram guardados. Nenhum dos hackers, que em outras questões cotidianas eram escrupulosamente honestos, considerava isso como "roubo". Uma cegueira intencional.

> Toda informação deve ser aberta e gratuita.

Se você não tem acesso às informações de que precisa para melhorar as coisas, como poderia consertá-las? O livre intercâmbio de informações, particularmente quando se trata de programas de computadores, garante e amplia a criatividade de todos. Quando se está trabalhando em uma máquina como o TX-0, que quase não tinha software, todo mundo precisa escrever furiosamente programas para tornar mais fácil a programação — Ferramentas para Fazer Ferramentas, que ficavam na gaveta do console para estarem acessíveis a todos que usassem a máquina. Isso evitava a temida perda de tempo para reinventar a roda, em vez de cada um escrever sua própria versão do mesmo programa, a melhor versão ficava disponível para todos e todos eram livres para mergulhar nas linhas do código e melhorá-lo. Um mundo repleto de programas completos, com o mínimo de chateação, e aprimorados ao máximo.

A crença, às vezes tomada incondicionalmente, de que a informação deve ser livre foi um tributo direto à forma de funcionamento de um esplêndido computador ou de seus programas — os bits binários movendo-se na trajetória mais simples e lógica necessária para a realização de tarefas complexas. O que é um computador se não algo que se beneficia do livre fluxo de informações? Todo o sistema entraria em colapso se o acumulador não fosse capaz de buscar informações no leitor de fitas perfuradas. Sob o ponto de vista dos hackers, qualquer sistema se beneficia com esse simples fluxo de dados.

>   Desconfie da autoridade — promova a descentralização.

A melhor maneira de promover esse livre intercâmbio de informações é contar com um sistema aberto, algo sem fronteiras entre o hacker e uma parte de informação ou um item de equipamento de que ele necessita em sua busca por conhecimento, aperfeiçoamento e progresso. A última coisa de que você precisa é burocracia. As burocracias, seja corporativa, governamental ou acadêmica, são um sistema defeituoso, um perigo, já que não conseguem acomodar o impulso exploratório dos verdadeiros hackers. Os burocratas se escondem atrás de regras arbitrárias (que se opõem à lógica dos algoritmos com os quais operam as máquinas e os programas): eles invocam suas normas para consolidar poder e consideram o impulso construtivo dos hackers como uma ameaça.

O epítome do mundo burocrático era representado por uma grande companhia chamada International Business Machines — IBM.[1] A razão para seus computadores serem não interativos, Gigantes Monstruosos, era apenas parcialmente a tecnologia de válvulas. A razão real era que a IBM era uma enorme e desajeitada companhia que não entendia o impulso dos hackers. Se a IBM fosse deixada no controle (assim pensavam os hackers do TMRC), o mundo se tornaria não interativo, deitado sobre cartões perfurados e somente alguns privilegiados sacerdotes teriam permissão para lidar com os computadores.

Para ter certeza disso, bastava olhar para alguém do mundo da IBM com sua camisa branca toda abotoadinha, a gravata preta desmaiada em torno do pescoço, o

A ética hacker · 27

cabelo impecavelmente penteado e um punhado de cartões perfurados nas mãos. Você podia circular no Centro de Computação, onde o 704, o 709 e depois o 7090 estavam instalados — o melhor que a IBM tinha a oferecer — para ver a ordem sufocante e as áreas restritas nas quais ninguém sem autorização podia se aventurar. E você poderia, então, comparar com a atmosfera extremamente informal em torno do TX-0, onde as roupas confortáveis e joviais eram a norma e quase todo mundo circulava à vontade.

No entanto, a IBM fez e continuaria a fazer muitas coisas em favor da evolução da computação. Graças a seu tamanho e poderosa influência, a empresa tornou os computadores parte da vida cotidiana nos Estados Unidos. Para muitas pessoas, as palavras "IBM" e "computadores" são realmente sinônimos. As máquinas da IBM são uma força de trabalho confiável, valiosas pela confiança que empresários e cientistas depositam nelas. Em parte, isso se deve à abordagem conservadora da empresa: a IBM não teria feito as máquinas mais avançadas tecnologicamente sem confiar em conceitos consagrados, sem ser cuidadosa e ter um marketing agressivo. Quando o domínio da IBM no campo da computação estava estabelecido, a empresa tornou-se seu próprio império, secreto e presunçoso.

O que realmente incomodava os hackers era a atitude dos sacerdotes e coroinhas da IBM, que pareciam acreditar que os computadores da IBM eram os únicos de verdade, considerando lixo todos os outros. Não se consegue conversar com gente assim — eles estão acima do convencimento. Eles eram pessoas não interativas, e isso aparecia não apenas em sua preferência pelas máquinas da IBM, mas também em suas ideias sobre como um centro de computação — e o mundo — deve funcionar. Eles nunca compreenderiam a superioridade evidente de um sistema descentralizado, sem ninguém para dar ordens — um sistema onde as pessoas possam seguir seus próprios interesses e, se na trajetória encontrarem uma falha, podem dar início a uma ambiciosa cirurgia reparadora. Sem necessidade de preencher nenhum formulário de requisição. Apenas a necessidade de realizar algo.

Esse conceito antiburocrático coincidia com a personalidade de muitos dos hackers, que desde a infância estavam acostumados a conduzir projetos científicos, enquanto o resto de seus colegas chacoalhava a cabeça juntos ou aprendia habilidades sociais nas práticas esportivas. Esses jovens adultos, que antes foram párias, encontraram no computador um fantástico equalizador, experimentando um sentimento que, de acordo com Samson, "parecia que você havia aberto a porta e estava passeando por esse grande e novo universo...". Quando eles abriram aquela porta e sentaram atrás do console de um computador de 1 milhão de dólares, eles conquistaram o poder. Então, era natural desconfiar de qualquer força que quisesse tentar limitar a extensão daquele poder.

Os hackers devem ser avaliados por seus resultados práticos, e não por falsos critérios como formação acadêmica, idade, raça ou posição social.

A pronta aceitação de Peter Deutsch, com 12 anos, na comunidade do TX-0 (mas não pelos estudantes de graduação que não eram hackers) é um bom exemplo. Da mesma forma, pessoas que tivessem credenciais acadêmicas consistentes não eram levadas a sério até que comprovassem conhecimento atrás do console do computador. Esse acordo meritocrático não estava necessariamente enraizado na bondade inerente do coração dos hackers — existia principalmente porque os hackers se importavam menos com as características superficiais de uma pessoa e muito mais com seu potencial para fazer avançar a atividade como um todo, criando novos programas para serem admirados ou conversando sobre os novos diferenciais de um sistema.

Você pode criar arte e beleza em um computador.

O programa de música de Samson era um exemplo disso. Porém, para os hackers, a arte do programa não residia nos sons agradáveis que emanavam dos alto-falantes on-line. O código do programa tinha beleza própria (Samson, porém, foi particularmente obscuro e se recusava a adicionar comentários ao seu código-fonte, explicando o que estava fazendo em determinado momento. Em um programa bastante divulgado escrito por Samson com centenas de instruções em linguagem de montagem, o único comentário estava ao lado de uma linha com o número 1750. O comentário era DEPJSB.* As pessoas quebraram a cabeça para descobrir o significado daquilo até que alguém percebeu que 1750 era o ano da morte de Bach e que Samson havia escrito a abreviatura de Descanse Em Paz Johann Sebastian Bach).

Uma espécie de estilo estético de programação havia surgido. Por causa do espaço limitado de memória do TX-0 (uma desvantagem extensível a todos os computadores daquela época), os hackers tornaram-se grandes apreciadores de técnicas inovadoras que possibilitasse que os programas fossem escritos para realizar tarefas complexas com cada vez menos instruções. Quanto mais curto um programa, mais espaço restante na memória e mais depressa o processamento. Algumas vezes, quando não havia necessidade de muito espaço e velocidade e ninguém estava pensando em arte e beleza, era possível escrever um programa usando "força bruta". "Bem, podemos fazer isso com a adição de vinte números", Samson podia dizer a si mesmo, "e é mais rápido escrever instruções para fazer isso do que pensar em uma

---

* No original em inglês, RIPJSB, abreviatura de Rest In Peace Johann Sebastian Bach. (N.T.)

sequência no começo e no final para conseguir o mesmo resultado em sete ou oito instruções." Porém, o resultado final deveria ser admirado pelos outros hackers. Alguns programas eram reduzidos ao máximo tão artisticamente, que, quando a obra ficava pronta, os colegas quase derretiam de respeito.

De vez em quando, o programa era reduzido por competição, um torneio de machos para provar que o hacker estava no comando do sistema. Os outros podiam reconhecer a elegância dos atalhos para aparar uma ou duas linhas ou, ainda melhor, repensar todo o problema e criar um novo algoritmo para economizar um bloco inteiro de instruções (um algoritmo é um procedimento específico que pode ser aplicado para resolver um complexo problema computacional; é um tipo de chave matemática). Isso deveria ser feito em especial a partir de uma perspectiva inovadora, um ângulo do problema que ninguém tinha visto antes, mas que em retrospectiva fazia todo sentido. Definitivamente, havia um impulso artístico residindo naqueles que conseguiam utilizar essas técnicas geniais — uma magia especial, uma qualidade visionária que os capacitava a descartar a perspectiva obsoleta das melhores cabeças da Terra para surgir com um novo algoritmo totalmente insuspeitado.

Isso aconteceu com o programa de impressão decimal. Era uma sub-rotina — um programa dentro de um programa que às vezes pode ser integrado a outros — para traduzir os números binários da linguagem de máquina para números decimais. Nas palavras de Saunders, esse problema de tornou "a bunda da mosca da programação — se você conseguir escrever um programa de impressão decimal que funcione, sabe o bastante de computação para se considerar um programador de sorte". E se você escreveu um ótimo programa de conversão binária para decimal, pode se considerar um hacker. Mais do que uma competição, a versão final desse programa tornara-se uma espécie do Santo Graal dos hackers.

Diversas versões do programa de impressão decimal circularam durante meses. Se você fosse deliberadamente estúpido ou um genuíno tolo — um perdedor completo —, precisaria de uma centena de instruções para fazer o computador converter a linguagem da máquina para decimais. No entanto, qualquer hacker que valesse o sal que comia podia fazer isso com menos instruções. E depois, com um bom programa em mãos, lapidando umas linhas daqui e dali, chegaria a cerca de cinquenta instruções.

A partir daí, tudo ficava sério para valer. As pessoas passavam horas trabalhando para fazer o mesmo com menos linhas de código. Aquilo já se tornara mais do que uma competição; era uma saga. Apesar de todos os esforços despendidos, ninguém parecia conseguir quebrar a barreira das cinquenta instruções. A questão que surgia era se seria realmente possível fazer o programa com menos: havia um ponto a partir do qual um programa não podia mais ser reduzido?

PARTE I   Os verdadeiros hackers

Entre as pessoas que quebravam a cabeça com esse dilema, estava um colega chamado Jensen, um hacker do Maine, alto e silencioso, capaz de se sentar quietamente na Sala Kluge e rabiscar em folhas impressas com a calma de um caipira tirando cavacos de madeira. Jensen estava sempre procurando um jeito de melhorar seus programas em espaço e velocidade — seu código era uma sequência completamente bizarra que entremeava Boolean e funções aritméticas, sempre gerando diversos cálculos em diferentes seções da mesma "palavra" de dezoito bits. Coisas fantásticas, performances mágicas.

Antes de Jensen, havia um consenso geral de que o único algoritmo para uma rotina de impressão decimal era fazer a máquina subtrair repetidamente, usando a tabela de potências de dez para manter os números na coluna digital correta. Jensen percebeu de algum modo que a tabela de potências de dez não era necessária; ele criou um algoritmo capaz de converter os dígitos na ordem reversa, mas, por algum passe de mágica digital, imprimi-los na ordem certa. Havia uma complexa justificativa matemática para isso, que só ficou clara para os outros quando viram o programa de Jensen publicado no quadro de notícias — seu jeito de contar que havia conseguido ultrapassar os limites no programa de impressão decimal: 46 instruções. As pessoas olhavam para o código e o queixo caía. Marge Saunders lembra que os hackers mantiveram um pouco usual silêncio durante vários dias.

"Nós sabíamos que aquilo era a meta", Bob Saunders disse depois, "era o nirvana."

> Computadores podem mudar sua vida para melhor.

A convicção era manifestada com sutileza. Raramente, um hacker tentaria impor sua visão da miríade de vantagens do conhecimento proporcionado pelos computadores a um estranho. Essa premissa norteou o comportamento dos hackers do TX-0, assim como das gerações que vieram a seguir.

Com certeza, o computador havia mudado a vida deles, enriquecido seus dias, dado foco a eles e transformado tudo de um modo mais venturoso. Eles se tornaram os mestres de uma fatia do destino. Peter Samson comentou anos depois: "Fizemos isso cerca de 30% porque era algo que podíamos fazer e fazer benfeito e 60% porque era uma forma de nos sentirmos vivos, nossa frutificação. Quando terminávamos, o computador fazia coisas por conta própria. Essa é a maravilha da programação, seu apelo mágico... Quando você conserta um problema comportamental (um computador, um programa), está consertado para sempre e é a imagem perfeita do que você queria".

> Como a Lâmpada de Aladim, pode começar a apostar.

Certamente, todo mundo poderia se beneficiar ao experimentar esse poder. Certamente, todo mundo se beneficiaria em um mundo com a Ética Hacker. Essa era a convicção implícita dos hackers, e eles expandiram o ponto de vista convencional sobre o que os computadores poderiam e deveriam fazer — conduzindo as pessoas a olhar e interagir com os computadores de um modo novo.

Não foi fácil. Mesmo em uma instituição avançada como o MIT, alguns professores consideravam a afinidade maníaca com computadores como frívola e até demente. Bob Wagner, hacker do TMRC, uma vez teve que explicar a um professor de engenharia o que era um computador. Ele experimentou essa cisão dos computadores versus os anticomputadores de modo mais vívido quando se matriculou no curso de Análise Numérica, e o professor exigiu que cada aluno fizesse o dever de casa usando barulhentas e desajeitadas calculadoras eletromecânicas. Kotok estava na mesma aula e os dois ficaram horrorizados de ter que mexer em máquinas de baixa tecnologia: "Por que deveríamos usar as velhas calculadoras se temos o computador?".

Então Wagner começou a trabalhar em um programa que emulasse o comportamento de uma calculadora. A ideia era estranha. Para alguns, era um desperdício do valioso tempo do computador. Segundo o pensamento padrão do pessoal da computação, o tempo deles era tão precioso que alguém só deveria usá-lo para tirar a máxima vantagem do computador, coisas que, de outra forma, exigiriam dias inteiros de cálculos ensandecidos. Todavia, os hackers pensavam diferente: qualquer coisa que parecesse interessante ou divertida era alimento para o computador — e, usando um computador interativo, sem ninguém olhando sobre seu ombro e exigindo autorização para seus projetos, era possível agir com essa convicção. Depois de dois ou três meses se digladiando com a aritmética de ponto flutuante (necessária para fazer o programa saber onde colocar o ponto decimal) em uma máquina que não tinha método nem para fazer multiplicações, Wagner escreveu três mil linhas de código para concluir a tarefa. Ele fizera um computador ridiculamente caro desempenhar a função de uma calculadora, cujo preço era mil vezes menor. Para fazer honra à ironia, chamou o programa "Calculadora Muito Cara" e orgulhosamente apresentou o trabalho para a classe.

Sua nota foi — zero! "Você usou um computador! Isso não pode estar certo", sentenciou o professor.

Wagner nem tentou explicar. Como ele poderia convencer seu professor de que aquele computador estava tornando realidade o que por enquanto eram possibilidades inacreditáveis? Ou que outro hacker havia escrito um programa chamado "Máquina de Escrever Muito Cara" que convertia o TX em alguma coisa com a qual se podia escrever, podia processar o texto em linhas de caracteres e depois imprimir na Flexowriter — você imaginar um professor aceitando um trabalho de casa escrito em um computador? Como o professor poderia entender — como poderia, de fato, qualquer pessoa que não estivesse imersa nesse desconhecido universo homem-máquina — como os hackers usavam rotineiramente o computador para simular, segundo Wagner, "estranhas situações que ninguém nem poderia imaginar antes"? O professor, no entanto, aprendeu depressa — assim como todos nós — que o mundo descortinado pelo computador não tinha limites.

Se alguém precisa de mais provas, podemos citar o projeto no qual Kotok estava trabalhando no Centro Computacional, o programa de xadrez que o barbudo professor de Inteligência Artificial, "Tio" John McCarthy, como passou a ser chamado, começara no IBM 704. Embora Kotok e outros hackers que trabalhavam no programa só tivessem desprezo pela mentalidade não interativa que contaminava aquela máquina e todas as pessoas em torno dela, eles deram um jeito de se esgueirar tarde da noite para usá-la interativamente. Eles estavam empenhados em uma batalha informal para ver qual dos dois grupos ficaria conhecido por ser o maior consumidor de tempo de consumidor. Em meio ao chumbo trocado, o pessoal de terno e gravata da IBM estava tão impressionado que realmente permitiu que Kotok e seus amigos tocassem os botões e chaves do 704: em raros contatos sensuais com aquela alardeada besta da IBM.

A ação de Kotok para trazer à vida o programa de xadrez foi paradigmática daquilo que se tornaria o papel dos hackers na Inteligência Artificial: gênios como McCarthy ou seu colega Marvin Minsky começavam um projeto ou imaginavam em voz alta se algo seria possível e, se interessasse aos hackers, eles punham mãos à obra para realizar.

O programa de xadrez havia sido iniciado em Fortran,* uma das primeiras linguagens de computação. Linguagens de computação parecem mais com a humana do que a linguagem de montagem, por isso, são mais fáceis de escrever e fazem mais coisas com menos instruções. No entanto, cada vez que uma instrução é dada em uma linguagem como a Fortran, o computador precisa primeiro traduzir o comando para a sua própria linguagem binária. Um programa chamado "compilador" faz

---

* Fortran — foi a primeira linguagem de programação imperativa. O primeiro compilador de Fortran foi desenvolvido para o IBM 704 em 1954/57 por uma equipe chefiada por John W. Backus. A linguagem Fortran é principalmente usada em Ciência da Computação e Análise Numérica. Apesar de ter sido inicialmente uma linguagem de programação procedural, versões recentes de Fortran possuem características que permitem suportar programação orientada por objetos. Disponível em <http://pt.wikipedia.org/wiki/Fortran>. Acessado em: 19/02/2011. (N.T.)

isso e o computador toma tempo para cumprir sua tarefa, assim como ocupa um valioso espaço. Como resultado, usar uma linguagem de computação coloca o programador um passo atrás do contato direto com a máquina. Os hackers geralmente preferiam a linguagem assembler ou, como eles as chamavam, as linguagens menos elegantes de "máquina", àquelas de "alto nível" como a Fortran.

Kotok, mesmo assim, reconheceu que, por causa da enorme quantidade de números que tinham que ser batucados em um programa de xadrez, parte do trabalho devia ser feita em Fortran e parte em linguagem assembler. Eles criaram "geradores de movimento", estrutura básica de dados e todo tipo de algoritmo inovador para estratégias de jogo. Depois de alimentar a máquina com as regras para mover as peças, deram a ela os parâmetros para avaliar a posição no tabuleiro, considerar as várias possibilidades de movimento e decidir pela estratégia mais vantajosa. Kotok trabalhou nisso por anos, enquanto o MIT aprimorava seus computadores IBM, até uma noite memorável em que alguns hackers reuniram-se para ver o programa fazer seus primeiros movimentos em um jogo real. Sua abertura foi bastante respeitável, mas depois de uns oito movimentos houve um problema verdadeiro com o computador que recebeu xeque-mate. Todo mundo imaginava como a máquina iria reagir. Levou um tempo (eles sabiam que naqueles instantes de pausa o computador estava realmente "pensando", se a sua ideia de pensamento inclui considerar mecanicamente vários movimentos, avaliá-los, rejeitar a maioria e aplicar um conjunto predefinido de parâmetros para fazer a escolha final). Finalmente, o computador moveu um peão duas casas avante, comendo ilegalmente outra peça. Aquilo era um bug! Mas um bug inteligente — afinal, fez o computador sair do xeque-mate. Talvez o programa estivesse tentando descobrir um novo algoritmo que o fizesse vencer no xadrez.

Em outras universidades, os professores estavam fazendo proclamações públicas de que os computadores nunca seriam capazes de derrotar um ser humano no xadrez. Os hackers sabiam mais. Eles eram aqueles que conduziriam os computadores a alturas que ninguém esperava. E os hackers por sua associação significativa e frutífera com as máquinas estariam entre os principais beneficiários.

No entanto, eles não seriam os únicos beneficiários. Todo mundo ganharia algo por usar computadores capazes de pensar em um mundo intelectualmente automatizado. E todos não se beneficiariam ainda mais ao olhar o mundo com aquela mesma intensidade inquiridora, ceticismo em relação à burocracia, abertura para a criatividade, falta de egoísmo no compartilhamento de conquistas, urgência por aprimoramentos e desejo de realizar como dos seguidores da Ética Hacker? Ao aceitar os outros na mesma base livre de preconceitos com a qual os computadores aceitavam que entrassem com um código na Flexowriter? Nós não nos beneficiaríamos ao aprender com os computadores como criar sistemas perfeitos e incorporar essa perfeição aos sistemas humanos? Se *todo mundo* pudesse interagir com os computadores com o mesmo impulso inocente, produtivo e criativo dos hackers, a Ética Hacker poderia se disseminar pela sociedade como uma onda benevolente e os computadores, de fato, mudariam o mundo para melhor.

Nos confins monásticos do MIT, as pessoas tinham a liberdade de viver esse sonho — o sonho dos hackers. Ninguém ousava sugerir que o sonho deveria se espalhar pelo mundo. Em vez disso, as pessoas construíam, ali mesmo no MIT, o paraíso dos hackers, que nunca seria repetido.

* Notas *

A principal fonte de informação do livro *Hackers* foi mais de uma centena de entrevistas pessoais realizadas pelo autor entre 1982 e 1983. Além dessas entrevistas, são feitas também referências a fontes impressas e eletrônicas que estão citadas no rodapé das páginas desta edição.

[1]   Para um cenário a respeito da IBM, FISHMAN, Katharine Davis. *The Computer Establishment*. New York: Harper & Row, 1981.

Capítulo 3
A GUERRA ESPACIAL

No verão de 1961, Alan Kotok e outros hackers do TMRC descobriram que uma nova empresa iria em breve entregar ao MIT, totalmente de graça, o próximo passo em computação, uma máquina que elevaria os princípios interativos do TX-0 vários degraus acima. Uma máquina que poderia ser melhor para os hackers do que o TX-0.

O PDP-1. Isso mudaria a computação para sempre. Faria o ainda nebuloso sonho dos hackers chegar mais perto da realidade.

Alan Kotok havia se destacado como um verdadeiro mago no TX-0, tanto que ele, com Saunders, Samson, Wagner e alguns outros, tinham sido contratados por Jack Dennis para formarem o Grupo de Programação do TX-0.

O pagamento era a magnânima quantia de 1,60 dólar por hora. Para alguns hackers, o emprego representava mais uma desculpa para não ir às aulas e se estabelecer como um hacker canônico. Em torno do TX-0 e do TMRC, ele estava conquistando um status lendário. Um hacker que acabara de entrar no MIT naquele ano lembra Kotok demonstrando o funcionamento do TX-0 para os calouros: "Parecia que ele tinha um problema na tireoide", contou Bill Gosper, que também viria a ser um hacker canônico, "Kotok falava devagar, era gordo e mantinha os olhos meio fechados. Porém, essa impressão era completamente errada. Em torno do TX-0, ele tinha uma autoridade moral infinita. Ele havia escrito o programa de xadrez e entendia de hardware" (esse último ponto era um elogio considerável, já que "entender de hardware" era como penetrar no Tao da natureza física).

No verão em que circulou a notícia sobre o PDP-1, Kotok estava trabalhando para a Western Electric, uma espécie de emprego dos sonhos, já que, entre todos os sistemas possíveis, os telefônicos eram para ele os mais admiráveis. O pessoal do TMRC ia visitar frequentemente companhias telefônicas em busca de intercâmbio, assim como quem gosta de pintura vai a museus. Kotok achava interessante que na companhia telefônica, que se tornara gigante em décadas de desenvolvimento, somente alguns poucos engenheiros tivessem um amplo conhecimento sobre a inter-relação interna de sistemas. Apesar disso, os engenheiros podiam fornecer detalhes sobre funções específicas de sistemas, como quadros de comutação e relés de impulso. Kotok e os outros farejavam esses experts em busca de informação, e os engenheiros envaidecidos, que provavelmente nem imaginavam que os ultrapolidos jovens colegas queriam usar o novo conhecimento, atendiam-nos prontamente.

Kotok fazia questão de participar dessas excursões para ler todo o material técnico que caísse em suas mãos e verificar o que podia conseguir discando diferentes números no complexo e pouco conhecido sistema telefônico do MIT. Isso era exploração básica, o mesmo que explorar as alamedas digitais do TX-0. Durante o inverno de 1960/1961, os hackers engajaram-se em uma complexa rede de rastreamento telefônico, mapeando todos os pontos alcançáveis a partir das linhas do MIT. Apesar de não ser conectado às linhas telefônicas gerais, o sistema poderia levá-los ao Lincoln Lab e, de lá, para todos os agentes de defesa do país. Era uma questão de mapear e testar. Começava-se por um código de acesso, alguns dígitos eram acrescentados para ver quem respondia e de onde e, então, adicionavam-se novos dígitos àquele número para carregar a ligação para o próximo lugar. Algumas vezes, podia-se chegar a linhas externas nos subúrbios, uma cortesia da insuspeita companhia telefônica. E, como Kotok admitiu depois: "Se havia alguma falha de design no sistema telefônico pela qual se podia receber ligações indevidas, eu não estava fazendo nada além disso. Contudo, esse era um problema deles, não meu".

Ainda que a motivação fosse a exploração do sistema, e não fraude, aquilo era considerado uma forma ilegal de se aproveitar dessas estranhas interconexões do sistema. Algumas vezes, as pessoas de fora pareceriam não compreender isso. Os colegas de quarto de Samson no dormitório Burton Hall, por exemplo, eram não hackers que não viam problema em se beneficiar dos bugs do sistema sem a sagrada justificativa da exploração científica. Eles pressionaram Samson por vários dias, até que ele entregou a eles um número com vinte dígitos, dizendo que lhes daria acesso a um lugar exótico. "Vocês podem discar do telefone do hall do nosso andar", ele explicou, "mas não quero estar nem por perto". Assim que eles começaram a discar, Samson foi para outro telefone no andar inferior, que tocou assim que ele chegou. "Pentágono!", ele entoou com seu tom de voz mais oficialesco, "qual sua autorização de segurança?". Do telefone de cima, Samson ouviu gaguejares horrorizados e o clique do telefone sendo desligado.

O rastreamento telefônico da rede era obviamente uma caçada sem limites para os hackers, cujo desejo de aprender o sistema sobrepujava qualquer medo de ser apanhado.

No entanto, por mais que a companhia telefônica e seus sistemas fascinassem Kotok, o projeto do PDP-1 acabou prevalecendo. Talvez ele já sentisse que nada, nem mesmo o rastreamento telefônico, seria igual depois. As pessoas que fizeram o design e comercializavam essa nova máquina não eram iguais aos abotoadinhos das outras empresas de computadores. A companhia era recente e usava a marca DEC, abreviatura para Digital Equipment Corporation. Algumas de suas primeiras máquinas foram interfaces especiais desenvolvidas especificamente para o TX-0. Era bastante excitante que alguns dos fundadores da DEC tivessem uma visão da computação diferente daquela mentalidade cinza e não interativa da IBM; era positivamente de tirar o fôlego que o pessoal da DEC parecesse ter olhado para o estilo independente, interativo, improvisador e mãos à obra da comunidade do TX-0 para desenhar um computador que reforçava esse tipo de comportamento. O PDP-1 (as iniciais de Processador de Dados Programado, termo considerado menos ameaçador do que "computador", que tinha todo tipo de conotação para gigante e monstruoso) viria a se tornar conhecido como o primeiro minicomputador, projetado não para tarefas devoradoras de grandes massas de números, mas para inquisição científica, formulação matemática... e para os hackers. Era tão compacto, que todo o conjunto não era maior do que três refrigeradores — não exigia grande infraestrutura de ar-condicionado e até podia ser ligado sem a necessidade de uma equipe de subsacerdotes para acionar diversos geradores de energia na ordem certa, entre outras tarefas tão precisas. O preço de varejo do computador era assombrosamente apenas 120 mil dólares — barato o bastante para fazer as pessoas pararem de reclamar sobre o valor precioso de cada segundo no computador PDP. Porém, a máquina, que era a segunda que havia sido manufaturada pela DEC (a primeira foi vendida para a empresa Bolt Beranek and Newman, ou BBN, que ficava nas proximidades), não custara nada para o MIT: era uma doação da DEC para o laboratório.

Portanto, era claro que os hackers poderiam dispor de mais tempo no PDP-1 do que no TX-0.

O PDP-1 era entregue com uma coleção simples de sistemas de software que os hackers consideraram completamente inadequada. Eles estavam acostumados a contar com o mais interativo e avançado software, um fantástico conjunto de programas, escritos por eles mesmos e implicitamente criados para atender suas demandas incansáveis por controle da máquina. O jovem Peter Deutsch, aquele que aos 12 anos descobriu o TX-0, tinha avançado em sua promessa de desenvolver um compilador estiloso, e Bob Saunders tinha trabalhado em uma versão mais rápida e menor do depurador FLIT chamada de Micro-FLIT. Esses programas tinham se beneficiado de uma ampliação das instruções. Um dia, depois de um considerável esforço de planejamento e concepção por parte de Saunders e Jack Dennis, o TX-0 foi desligado, e um bando de engenheiros expôs as entranhas do computador e começou a tarefa de ampliar as possibilidades de instruções. Quando os alicates e chaves de fenda foram postos de lado e o computador foi cuidadosamente religado, loucamente, todo mundo passou a aprimorar e lapidar programas com as novas instruções.

O conjunto de instruções do PDP-1, Kotok logo entendeu, não era muito diferente daquele expandido do TX-0, então, ele começou a escrever software de sistemas para o PDP-1 naquele mesmo verão, usando todo tempo disponível que conseguia arranjar. Assumindo que todo mundo deveria pular e começar a escrever programas assim que a máquina chegasse no laboratório do MIT, ele trabalhou na tradução do depurador Micro-FLIT. O objetivo era deixar mais fácil a criação do software para o "UM". Prontamente, Samson apelidou o depurador de Kotok do "DDT": o nome ficaria, embora o programa tenha sido modificado incontáveis vezes pelos hackers que queriam acrescentar diferenciais e aprimorar suas instruções.

Kotok não era o único que estava se preparando para a chegada do PDP-1. Como uma coleção multifacetada de pais "grávidos", outros hackers estavam tricotando botinhas e cobertores de software para o novo bebê que ia chegar à família, então, o heráldico herdeiro do trono da computação seria bem-vindo assim que fosse entregue no laboratório.

Os hackers ajudaram a trazer o PDP-1 para sua nova casa, na Sala Kluge na porta ao lado do TX-0. Era uma beleza: sentado atrás de seu console, que era metade daquele do Tixo, via-se um painel compacto cravejado com botões e luzes; ao lado estava a tela do monitor, encaixada em um móvel azul brilhante quase *art déco*; atrás estavam os gabinetes altos, da altura de um refrigerador e três vezes mais profundos, onde ficavam os fios, quadros, botões e transistores — entrar ali, com certeza, era proibido. Havia uma Flexowriter conectada para inputs on-line (as pessoas reclamavam que era muito barulhenta e foi substituída por uma máquina de escrever IBM modificada, que nunca funcionou tão bem) e um leitor de fita de alta velocidade. Feitas as contas, aquilo era um brinquedo divino.

Jack Dennis gostava de alguns softwares escritos pela BBN para o protótipo do PDP-1, particularmente o montador. Parecia que Kotok estava com ânsia de vômito quando viu o montador rodar — o modo da operação não combinava com o que

40 **PARTE I   Os verdadeiros hackers**

ele considerava o seu estilo de voo. Então, ele e outros hackers disseram a Dennis que queriam escrever o próprio montador. "É má ideia", respondeu Dennis, que queria um montador em operação imediatamente e sabia que eles demorariam semanas para escrever outro.

Kotok e os outros estavam inflexíveis. Era um programa com o qual conviveriam muito tempo. Tinha que ser perfeito (claro, nenhum programa jamais foi perfeito, mas isso nunca deteve um hacker).

"Vou lhe fazer uma proposta", disse Kotok, aquele mago em forma de Buda de 20 anos, para um Jack Dennis cético, embora simpático, "se nós escrevermos o programa durante o final de semana e funcionar, você nos pagaria pelo tempo gasto?"

A escala de pagamento naquela época previa um total em torno de 500 dólares para eles. "Parece justo", respondeu Dennis finalmente.

Kotok, Samson, Saunders, Wagner e alguns outros começaram a trabalhar em uma sexta-feira à noite de setembro. Eles decidiram que iriam trabalhar a partir do montador original do TX-0 que Dennis havia escrito e da versão que o garoto Peter Deutsch, entre outros, havia aprimorado. Eles não mudariam entradas e saídas de dados e nem redesenhariam algoritmos; cada hacker pegou uma parte do programa do TX-0 e a converteu para o código do PDP-1. Eles não dormiriam. Seis hackers trabalharam cerca de 250 horas-homem naquele final de semana, escrevendo código, depurando-o e lavando* comida chinesa com quantidades maciças de Coca-Cola enviadas para o clube TMRC. Foi uma orgia de programação, e, quando Jack Dennis chegou na segunda-feira, ficou boquiaberto ao encontrar o montador carregado no PDP-1, que, como demonstração, estava traduzindo seu próprio código para linguagem binária.

Com a energia extraordinária dos hackers do TX-0, não do PDP-1, um programa foi desenvolvido em um final de semana, quando tomaria várias semanas ou até meses dos profissionais da indústria de computadores. Era um projeto que provavelmente não seria empreendido oficialmente na indústria sem um longo e tedioso processo de requisições, estudos, reuniões e vacilações corporativas, com consideráveis atrasos e comprometimentos pelo caminho. Isso não teria sido feito. O projeto era um triunfo da Ética Hacker.

Os hackers receberam mais acesso a essa nova máquina do que obtinham com o TX-0, e quase todos eles se mudaram para a Sala Kluge. Estupidamente, alguns

---

* A expressão original é "wash down", que significa usar líquidos para ajudar na ingestão de grande quantidade de comida. (N.R.T.)

quiseram ficar com o Tixo, e, entre os hackers, isso foi motivo para darem-se ao ridículo. Para se sintonizarem ao PDP-1, os hackers criaram uma pequena demonstração baseada nos mnemônicos do conjunto de instruções dessa nova e ousada máquina, o qual inclui algumas expressões estranhas, como DAC (Deposit Accumulator), LIO (Load Input-Output), DPY (Deplay) e JMP. O grupo do PDP-1 ficou em pé em uma linha e gritou em uníssono:

LAC,
DAC,
DIPPY DAP,
LIO,
DIO
JUMP!

Quando disseram a palavra "Jump!" (saltar), eles pularam para a direita. O que faltava em coreografia era mais do que compensado pelo entusiasmo: eles estavam superenergizados pela beleza da máquina, pela beleza dos computadores.

O mesmo tipo de entusiasmo evidenciava-se nas atividades ainda mais espontâneas de programação para o PDP-1, variando desde os sérios programas de sistemas e programas para controlar um braço robótico primitivo até as ideias mais extravagantes. Uma das ideias do último tipo beneficiou-se de uma gambiarra: um hacker fez a conexão entre o PDP-1 e o TX-0 — um cabo pelo qual a informação podia passar, um bit de cada vez, entre as duas máquinas. Segundo Samson, os hackers chamaram o venerável pioneiro da Inteligência Artificial, John McCarthy, e o convidaram para sentar no PDP-1. "Professor McCarthy, veja nosso novo programa de xadrez!" E chamaram outro professor para se sentar diante do TX-0. "Eis o programa de xadrez! Datilografe o seu movimento!" Depois que McCarthy escreveu seu primeiro movimento e ele apareceu na Flexowriter do TX-0, os hackers contaram ao outro professor que ele acabara de testemunhar o movimento de abertura da partida. "Agora, faça o seu!" Depois de alguns movimentos, McCarthy notou que o computador estava dando saída nas respostas uma letra por vez, às vezes, com uma pausa suspeita entre elas. Então, McCarthy seguiu o cabo até seu oponente de carne e osso. Os hackers riram muito. Porém, não demoraria muito para que eles criassem programas de computador — sem piada — que realmente disputassem torneios de xadrez.

O PDP-1 mobilizava os hackers em torno da programação sem limites. Samson trabalhava em projetos aleatórios como o calendário maia (que operava em um sistema de números com base-20) e fazia horas extras em uma versão de seu programa de música para o TX-0, tirando vantagem das capacidades de áudio ampliadas do

PDP-1 para criar sons em três vozes — as fugas de Bach com as melodias interagindo... a música emergia da Sala Kluge! O pessoal da DEC ouviu falar desse projeto e pediu a ele que completasse oficialmente o programa no PDP-1. No final, Samson desenvolvera um programa capaz de possibilitar que qualquer pessoa fizesse música na máquina com a simples tradução das notas em letras e dígitos. E o computador respondia com uma sonata tocada em órgão em três vozes. Outro grupo codificou as operetas de Gilbert e Sullivan.

Orgulhosamente, Samson apresentou o compilador de música para que a DEC distribuísse a quem quisesse ou precisasse dele. Ele estava satisfeito por outras pessoas usarem seu programa. A equipe que trabalhara no montador sentia-se do mesmo jeito. Por exemplo, eles ficavam muito felizes por deixar as fitas perfuradas dos programas na gaveta em que todos pudessem acessá-las para tentar melhorá-los, reduzir o número de instruções ou adicionar um diferencial neles. Eles ficaram honrados pela DEC ter solicitado o programa, pois assim outros proprietários de PDPs-1 poderiam usá-lo. A questão sobre royalties nunca veio à tona. Para Samson e os outros, usar o computador era tão gratificante que eles deveriam pagar para fazer isso. O fato de receberem a vultosa quantia de 1,60 dólar por hora para trabalhar já era um bônus. E, quanto aos royalties, os softwares já não eram uma dádiva para o mundo, uma recompensa? A ideia era tornar o computador mais utilizável, fazer com que fosse mais excitante para os usuários a ponto de eles terem vontade de brincar com eles, explorá-los e realmente trabalhar neles como hackers. Quando você escreve um bom programa, está, na verdade, construindo uma comunidade, não lançando um produto.

De qualquer forma, as pessoas não deveriam pagar por software — a informação é livre e gratuita!

Os hackers do TMRC não eram os únicos que estavam fazendo planos para o PDP-1. Durante o verão de 1961, um plano mais elaborado ainda — uma demonstração virtual do que pode resultar da rigorosa aplicação da Ética Hacker — estava sendo traçado. A cena das discussões era um edifício mal cuidado na Higham Street em Cambridge, e os perpetradores do plano eram três programadores itinerantes com seus vinte e poucos anos, que haviam zanzado por vários centros de computação nos últimos anos. Dois dos três moravam no prédio em frangalhos; e, em homenagem às pomposas proclamações que emanavam da Universidade de Harvard, que ficava nas proximidades, o trio apelidou o local de Higham Institute.[*]

---

[*] Leia mais e veja imagens em <http://www.zorg.org/spacewar/origins.php>. (N.T.)

Um dos integrantes desse "falso" instituto era Steve Russell, apelidado, por razões desconhecidas, de Slug (lesma). Ele tinha aquele jeito de falar que parecia um esquilo, um padrão comum entre os hackers, óculos grossos, pouca altura e um paladar fanático por computadores, filmes ruins e ficção científica de quinta categoria. Todos esses três interesses eram compartilhados pelos participantes das conferências no pardieiro da Higham Street.

Russell era há tempos um dos seguidores do Tio John McCarthy, que vinha tentando desenhar e implementar um linguagem de programação de alto nível capaz de servir a projetos de Inteligência Artificial. Ele achava que havia encontrado essa característica na LISP, cuja denominação deriva de List Processing.[*] Com simples, ainda que poderosos comandos, a LISP podia fazer muitas coisas com poucas linhas de código; também podia performar recursos valiosos — referentes à própria linguagem — os quais possibilitavam que os programas escritos com ela realmente "aprendessem" com o que acontecia, enquanto o programa rodava. O problema com a LISP nessa época era que precisava de uma enorme quantidade de espaço do computador, rodava muito devagar e gerava uma volumosa quantidade de códigos extras, enquanto o programa rodava: tanto que precisava ter seu próprio programa "coletor de lixo" para limpar periodicamente a memória do computador.[**]

Steve Russell estava ajudando tio John a escrever um intérprete da LISP para o gigante monstruoso IBM 704. Em suas próprias palavras, esse era "um horrível trabalho de engenharia", devido principalmente ao tédio da operação não interativa daquela máquina.

Comparado com o 704, o PDP-1 parecia a Terra Prometida para Slug. Mais acessível do que o TX-0 e com processamento mais interativo. Embora não parecesse suficiente para rodar a LISP, tinha outras capacidades maravilhosas, algumas das quais andavam em discussão no Higham Institute. O que intrigava particularmente Russell e seus amigos era a possibilidade de realizar algum tipo de avanço mais elaborado com o PDP-1, usando seu monitor CRT (Cathode Ray Tubes). Depois de muitas conversas na madrugada, os três homens do Instituto Higham fizeram constar das atas que a demonstração mais efetiva da mágica do computador seria criar um jogo visualmente impressionante.

---

[*] LISP — a denominação deriva de LISt Processing (a lista é a estrutura de dados fundamental dessa linguagem). Tanto os dados como o programa são representados como listas, o que permite que a linguagem manipule o código-fonte como qualquer outro tipo de dados. Disponível em: <http://programacao.wikia.com/wiki/Lisp>. Acessado em: 21/02/2011. (N.T.)

[**] Leia mais em <http://pt.wikipedia.org/wiki/coleta_de_lixo>. Acessado em: 30/11/2011. (N.T.)

Já haviam sido feitas várias tentativas desse tipo no TX-0. Em uma delas, chamada de *Mouse in the Maze* (*Rato no Labirinto*), o usuário construía um labirinto e um ponto luminoso na tela, representando um rato, que, por tentativa, seguia seu percurso no labirinto em busca de pequenos pedaços de queijo. Existia também uma "versão VIP" do jogo no qual o rato seguia atrás de copos de martíni. Depois que tomava o primeiro, ia atrás de outro, até que ficava sem energia, isto é, muito bêbado para seguir adiante. Quando você acionava os botões para fazer o rato percorrer o labirinto pela segunda vez, então, o ponto de luz "lembrava" o trajeto até os copos de martíni e, como um bêbado experiente, o rato ia sem hesitação até a bebida. Esse era o patamar que os hackers haviam atingido com o monitor do TX-0.

Contudo, mesmo com o PDP-1, cuja tela era mais fácil de programar do que a do TX-0, os hackers já tinham feito algumas tentativas de avanço. O esforço mais admirado havia sido realizado por um dos dois gurus da Inteligência Artificial do MIT, Marvin Minsky (o outro, é claro, era McCarthy). Minsky era mais amigável do que McCarthy e tinha mais vontade de aderir ao modelo de trabalho dos hackers. Ele era um homem com grandes ideias sobre o futuro da computação — ele realmente acreditava que um dia as máquinas seriam capazes de pensar e sempre criava celeumas públicas chamando o cérebro humano de "máquina de carne", sugerindo que um dia as máquinas, que não eram feitas de carne, poderiam ter desempenho tão eficiente quanto os homens. Um homem com jeito de elfo, olhos brilhantes por trás de óculos grossos, uma careca reluzente e um onipresente pulôver de gola olímpica, Misnky dizia isso em seu jeito seco, com dois objetivos simultâneos: maximizar a provocação e deixar no ar a sugestão de que se tratava de uma brincadeira cósmica — *com certeza as máquinas não podem pensar, hahahahha!* Minsky era para valer: os hackers do PDP-1 sempre frequentavam seu curso de *Introdução à Inteligência Artificial* não só porque ele era um grande teórico, mas porque também fazia acontecer. No começo da década de 1960, Minsky estava começando a organizar o que se tornaria o primeiro Laboratório de Inteligência Artificial; e ele sabia do que precisava — gênios da programação como soldados. E, por isso, encorajava os hackers de todas as formas possíveis.

Uma das contribuições de Minsky para os cânones dos hackers foi um programa para o monitor do PDP-1, chamado de algoritmo do círculo. Foi uma descoberta por acaso — de fato —, enquanto tentava reduzir um programa para transformar linhas retas em curvas e espirais, Minsky inadvertidamente trocou o caractere "Y" por um "Y primo" e, em vez de o monitor rabiscar espirais incipientes como esperado, fez aparecer um círculo na tela: uma descoberta inacreditável, que, depois se descobriu, tinha implicações matemáticas profundas. Trabalhando mais, Minsky

---

* Algumas traduções de "Y prime" levam a crer que se trata de y' (y linha), usado em matemática. (N.R.)

A guerra espacial

usou o algoritmo do círculo como ponto de partida para desenvolver um monitor mais elaborado no qual três partículas influenciavam-se entre si e faziam um fascinante padrão de turbilhão na tela, autogerando rosas com um número variável de pétalas. "As forças que as partículas exerciam umas sobre as outras eram extraordinárias. Nós estamos simulando uma violação das leis naturais", relembrou Bob Wagner. Minsky chamou a descoberta de Tri-Pos: Three Position Display,[*] mas carinhosamente os hackers a renomearam de Minskytron.

Slug Russell inspirou-se nisso. Nas sessões do Higham Institute alguns meses antes, ele e seus amigos discutiram os critérios para o que deveria ser a última palavra em monitores. Já que eles eram fãs de ficção científica de quinta, particularmente das novelas de E. E. "Doc" Smith,[**] decidiram que o PDP-1 seria a máquina perfeita para uma combinação entre filmes "B" e um brinquedo de 120 mil dólares. Um jogo no qual duas pessoas iriam se confrontar em uma batalha espacial. O Instituto Higham prontamente organizou um grupo de estudos sobre guerra espacial, que chegou à conclusão de que Slug Russell deveria ficar responsável pela criação do jogo.

Porém, meses depois, ele não havia nem sequer começado. Queria ver os padrões do Minskytron, apertava botões para desenvolver outros e, muitas vezes, quando ia operar outros comandos o programa entrava em inatividade. Ele estava fascinado, mas considerava a atividade de hacker muito abstrata e matemática. "Essa demo é um engodo", ele declarou finalmente — apenas umas 32 instruções e já entrava em inatividade.

Russell sabia que seu jogo de guerra espacial mudaria alguma coisa. Mesmo brega, em seus termos de ficção científica, o jogo teria que ser atraente como nenhuma outra descoberta havia sido antes. O que leva Slug aos computadores, a princípio, foi o sentimento de poder que se tem ao fazer as coisas acontecerem. Você pode dizer ao computador o que quer que ele faça, a máquina pode lutar muito, mas acaba obedecendo. Evidentemente, a máquina pode refletir nossa própria estupidez e com frequência os comandos resultam em algo desagradável. No entanto, finalmente, depois de atribulações e torturas, fará exatamente o que você quer. O sentimento, então, é diferente de tudo o que já existiu. Tem o poder de viciar! Esse sentimento viciou Slug Russell, e ele podia ver que o mesmo havia acontecido com os hackers que ficavam na Sala Kluge durante toda a madrugada. A responsabilidade era desse sentimento, e Slug desconfiava que ele se chamava poder.

---

[*] Veja imagem do monitor em <http://www.flickr.com/photos/joi/494396034/>. Acessado em: 22/02/2011. (N.T.)

[**] Edward Elmer Smith (02/05/1890-31/08/1965) foi um engenheiro alimentar e autor pioneiro no gênero ficção científica nos Estados Unidos. (N.E.)

PARTE I   Os verdadeiros hackers

Ele alcançava um sentimento semelhante, porém menos intenso, ao ler as novelas de Doc Smith. Soltando a imaginação, via-se cruzando o espaço em uma nave espacial branca... e acreditava que essa sensação e excitação poderiam ser reproduzidas sentado atrás do console do PDP-1. Isso seria o *Spacewar* (*Guerra no Espaço*),[1] o jogo com o qual ele andava sonhando. Mais uma vez, ele prometeu que criaria o jogo.

Mais tarde.

Slug não era tão focado quanto os outros hackers. Às vezes, ele precisava de um empurrão. Depois que ele cometera a bobagem de abrir a sua grande boca para falar sobre o programa que ele ia escrever, os hackers do PDP-1, sempre ávidos por ver a pilha de fitas de programação aumentando na gaveta, começaram a pressioná-lo para que desenvolvesse o jogo. Depois de balbuciar desculpas por algum tempo, ele disse que faria, mas que tinha antes que entender como escrever as rotinas seno--cosseno necessárias para coordenar o movimento das naves.

Kotok sabia que esse obstáculo podia ser facilmente resolvido, pois àquela altura estava muito familiarizado com o pessoal da DEC, que ficava a algumas milhas de distância na cidade de Maynard. A DEC era informal, como se tornaram depois os fabricantes de computadores, e não parecia olhar para os hackers do MIT como se fossem frívolos e maltrapilhos ladrões de computadores, imagem que a IBM parecia ter deles. Por exemplo, um dia, quando uma peça do computador quebrou, Kotok ligou para Maynard e contou a DEC o que havia ocorrido; e a resposta foi "venha aqui e pegue a peça para substituir". No entanto, Kotok só conseguiu chegar lá depois das 17 horas e a DEC já estava fechada. Só que o guarda da noite deixou que ele entrasse, encontrasse a mesa do engenheiro com quem conversada por telefone e procurasse a peça de que precisava. Informal, do jeito que os hackers gostavam. Assim, não havia problema para Kotok ir a Maynard, onde ele sabia que alguém teria uma rotina seno--cosseno capaz de rodar no PDP-1. Como previsto, alguém tinha e, como a informação era livre e gratuita, Kotok trouxe a rotina pronta para o Prédio 26 do MIT.

"Aqui está Russell", Kotok disse com as fitas perfuradas nas mãos, "agora qual vai ser sua desculpa?"

Russell não tinha mais desculpas. Ele passou a investir suas horas extras para escrever o jogo da sua imaginação para o PDP-1, algo que ninguém havia visto antes. Logo ele estava passando "todo" seu tempo trabalhando no jogo. Ele começou no início de dezembro e, quando o Natal chegou, ainda estava trabalhando. Quando o calendário virou para 1962, ele ainda estava trabalhando. Porém, àquela altura, já conseguia gerar um ponto na tela que podia ser manipulado: mexendo alternadamente nos minúsculos botões do painel de controle, os pontos podiam ser acelerados ou mudados de direção.

A guerra espacial

Ele então definiu a forma das duas naves espaciais: as duas eram clássicos das histórias em quadrinhos, pontiagudas na frente e adornadas com um conjunto de aletas atrás. Para distinguir uma da outra, uma delas era grossa no formato de um charuto com um bojo no meio e a segunda mais fina, como um tubo. Russell usou as rotinas seno-cosseno para fazer com que as naves pudessem ser movidas em diferentes direções. Então, ele escreveu uma sub-rotina para lançar um "torpedo" (um ponto) do nariz das naves, apertando um botão do computador, que conseguia digitalizar a posição do tiro e do foguete inimigo. Se o torpedo e a nave ocupassem a mesma área, o programa acionava uma sub-rotina que substituía o foguete atingido por uma ondulação randômica de pontos, representando uma explosão (esse processo foi chamado de "detecção de colisão").

Tudo isso era realmente um significativo passo conceitual em direção da programação em "tempo real" muito mais sofisticada, na qual o que acontece no computador combina com um quadro de referência que as pessoas têm em mente. Porém, Russell estava também incentivando o estilo depurador interativo e on-line do qual os hackers eram pioneiros — a liberdade de ver em que instrução o programa parou de responder e usar os botões do painel ou a Flexowriter para enviar outra diferente, tudo enquanto o programa roda junto com o depurador DDT. O jogo *Spacewar*, um programa de computador em si mesmo, ajudava a mostrar como todos os jogos — e talvez tudo mais — funcionavam como programas de computadores. Quando se está meio perdido, você modifica os parâmetros e corrige o rumo. Ou seja, dá novas instruções. O mesmo princípio aplica-se para acertar torpedos, estratégias de xadrez e aulas no MIT. A programação de computador não é simplesmente uma busca técnica, mas uma abordagem para os problemas da vida.

Nos estágios mais avançados da programação do jogo, Saunders ajudou Russell, e eles fizeram plantões mais intensos de trabalho. Lá por fevereiro, o jogo básico foi anunciado: havia duas naves, cada uma com 31 torpedos e pontos luminosos randômicos na tela que representavam estrelas no campo de batalha celestial. Era possível manobrar os foguetes mexendo em botões no console do PDP-1, cada um com sua função — sentido horário, anti-horário, acelerador e detonador de torpedos.

Slug Russell sabia que, ao entregar uma versão de rascunho do jogo e colocar a fita perfurada junto com os outros programas do PDP-1, estava dando as boas-vindas a aprimoramentos dos outros hackers, sem nem mesmo ter que pedir. O *Spacewar* não era uma simulação computacional qualquer — você podia realmente se tornar um piloto de espaçonave. Dar vida aos personagens de Doc Smith. Contudo, o mesmo poder concedido a Russell para criar o programa — o poder emprestado pelo PDP-1 para que um programador crie seu próprio universo — também estava disponível

48   **PARTE I   Os verdadeiros hackers**

para os outros hackers, que naturalmente sentiram-se livres para aprimorar o mundo de Slug. E foi o que eles fizeram instantaneamente.

A natureza desses aperfeiçoamentos pode ser resumida na reação geral dos hackers diante da rotina original que Slug Russell utilizou para os torpedos. Sabendo que na vida real as armas militares não são perfeitas, Russel achou que devia fazer o comportamento dos torpedos ser realista. Em vez de programar uma trajetória linear até a explosão, ele acrescentou algumas variações randômicas de direção e velocidade. Ao contrário de apreciar essa verossimilhança, os hackers reclamaram. Eles adoravam sistemas quase perfeitos e ferramentas confiáveis, então, o fato de que podiam ser surpreendidos por algo que *não funcionava direito*, deixou-os malucos. Russell mais tarde admitiu que "armas e ferramentas que não são muito confiáveis não são valorizadas — as pessoas realmente gostam de ser capazes de confiar em suas armas e ferramentas. E isso ficou claro naquele caso".

Com certeza aquilo podia ser facilmente corrigido. A vantagem que um mundo criado por um programa de computador tinha sobre o mundo real é que qualquer problema terrível, como torpedos com falhas, podia ser consertado com apenas algumas mudanças nas instruções. Essa era a principal razão para algumas pessoas viciarem no hackerismo! E, portanto, os torpedos foram corrigidos, e muita gente gastou horas e horas em duelos espaciais. E mais horas ainda tentando fazer o mundo de *Spacewar* cada vez melhor.

Peter Samson, por exemplo, adorava o conceito de *Spacewar*, mas não conseguia tolerar os pontos luminosos randômicos que simulavam o céu. O verdadeiro espaço tinha estrelas em lugares específicos. "Vamos ter o céu como ele é", prometeu. Samson obteve um grosso atlas do universo e começou a entrar com os dados por uma rotina que ele escreveu para gerar as verdadeiras constelações como se fossem vistas por alguém parado na Linha do Equador em uma noite clara. Todas as estrelas até a quinta magnitude foram representadas; Samson reproduziu o brilho relativo de cada uma, controlando com que frequência o computador acendia o ponto na tela. Ele também manipulou o programa para que, conforme o jogo se desenrolava, o céu mudasse magnificamente, mostrando de cada vez 45% do espaço. Além de acrescentar verossimilhança, esse "Planetário Caro" dava aos soldados espaciais um cenário mapeável de suas posições. O jogo realmente podia ser chamado, como dizia Samson, *Tiroteio em El Cassiopeia*.

Outro programador, Dan Edwards, estava insatisfeito com o movimento desancorado das duas naves durante as batalhas. Isso tornava o jogo um mero teste de habilidades motoras. Ele achava que, se acrescentasse o fator gravidade, poderia dar ao jogo um componente estratégico. Então, ele programou uma estrela central

— um sol — no meio da tela; era possível usar o impulso gravitacional do sol para ganhar velocidade ao circundá-lo, mas, se não tivesse cuidado e chegasse próximo demais, a nave seria tragada pela estrela, o que era morte certa.

Antes que todas as implicações estratégicas dessa variação pudessem ser empregadas, Shag Garetz, outro integrante do trio do Instituto Higham, dotou o programa de uma característica coringa. Ele havia lido nas novelas de Doc Smith como os bólidos espaciais podiam sugar-se para fora de uma galáxia e entrar em outra, usando as virtudes do "tubo hiperespacial",* para se lançar dentro "daquele altamente enigmático enésimo espaço". Assim, ele adicionou ao jogo um "hiperespaço", que permitia ao jogador evitar uma situação terrível, apertando um botão de pânico diretamente para aquele espaço desconhecido. Era permitido escapar para o hiperespaço três vezes durante uma partida; a contrapartida era que você nunca sabia direito por onde sairia de lá. Algumas vezes, a nave reaparecia bem próxima do sol e só dava tempo para ver o seu foguete espatifar-se na superfície da estrela. Como tributo a Marvin Misnky, Garetz programou que as naves, quando entrassem no hiperespaço, deixassem para trás na tela "uma assinatura fotônica" — um resquício de luz no formato do que aparecia no monitor do Minskytron.

As variações eram infindáveis. Trocando alguns parâmetros, você podia fazer com que o jogo se tornasse uma "guerra hidráulica", no qual os torpedos eram lançados por um fluxo ejaculatório, e não um por um. Ou, conforme a madrugada avançava e as pessoas ficavam ainda mais imersas no mundo interestelar, alguém podia gritar: "Vamos mudar os ventos espaciais!". De imediato, outro criaria um "fator distorção", que forçava os jogadores a fazer ajustes antes de cada novo movimento. Apesar de todo aperfeiçoamento ser bem-vindo, essa era uma forma extrema de realizar algumas mudanças não anunciadas. No entanto, a efetiva pressão social que impunha a Ética Hacker — urgência nos aprimoramentos sem causar dano — preveniu que houvesse reais prejuízos. De qualquer forma, os hackers já estavam engajados em incríveis ajustes do sistema — eles estavam usando um computador caríssimo para disputar o jogo mais glorioso!

O *Spacewar* foi jogado incansavelmente. Para alguns, era um vício. Embora ninguém pudesse reservar uma sessão no PDP-1 para oficialmente disputar uma partida, todo momento livre da máquina tinha alguma versão do jogo rodando. Com garrafas de Coca-Cola na mão (e, às vezes, alguma aposta em dinheiro), os hackers disputavam torneios-maratona. Russell chegou a escrever uma sub-rotina para

---

* Leia mais em <http://www.gamasutra.com/view/feature/1433/down_the_hyperspatial_tube_.php?print=1>. Acessado em: 22/02/2011. (N.T.)

guardar as pontuações, publicadas em octal (naquela época todo mundo podia entender esse sistema) com o total de vitórias de cada um. Por um momento, o principal contratempo parecia ser que o uso dos botões no console do PDP-1 era pouco confortável — todo mundo ficava com os cotovelos doloridos por manter os braços naquele ângulo particular. Então, um dia, Kotok e Saunders foram para o clube TMRC e encontraram as peças para montar o que se tornaria o primeiro *joystick* (controle) para computador. Totalmente montado com partes que estavam largadas no clube e uma hora de inspiração construtora, as caixas de controle foram feitas de madeira com topo em painel de masonite. Tinham botões para rotação e pressão, assim como um puxador para o hiperespaço. Todos os controles, com certeza, eram silenciosos e, assim, era possível sorrateiramente circular em torno de seu oponente no enésimo espaço, se você quisesse.

Enquanto alguns hackers perderam o interesse pelo *Spacewar* assim que a fase de programação furiosa acabou, outros desenvolveram um instinto matador para estabelecer estratégias e arrasar os oponentes. A maioria dos jogos acaba em vitória ou derrota logo nos primeiros segundos. Wagner tornou-se adepto da estratégia de "deitar e esperar" com a qual ele permanecia em silêncio, deixando que a gravidade o chicoteasse em torno do sol e, então, movia-se rapidamente mandando torpedos contra a outra nave. Havia também uma variação chamada de "Abertura CBS" na qual o jogador fazia ângulo para atirar e deixava-se girar em torno da estrela: essa estratégia recebeu esse nome porque, quando os dois jogadores a usavam simultaneamente, eles deixavam um padrão na tela bastante parecido com a logomarca da rede de tevê CBS, que se assemelha a um olho.* Saunders, que levava o *Spacewar* a sério, usava uma estratégia CBS modificada para manter a liderança nos torneios — houve um momento em que não era possível derrotá-lo. No entanto, depois de vinte minutos protegendo sua posição de líder dos líderes, até o melhor jogador ficava com o olhar embaçado e os movimentos mais lentos, e todo mundo acabava tendo a oportunidade de jogar o *Spacewar* mais do que era sensato. Peter Samson, o segundo colocado nos torneios, deu-se conta disso uma noite quando voltava para casa em Lowell. Ao sair do trem, ele olhou para o céu claro e estrelado e viu um meteoro cair. *Onde está minha nave?* Ele instantaneamente girou para trás em busca de uma caixa de controle que não estava lá.

Em maio de 1962, no evento anual do MIT, os hackers alimentaram o PDP-1 com a fita perfurada com 27 páginas de código de linguagem de montagem, ligaram uma

---

* Veja a imagem em <http://www.google.com.br/images?hl=pt-br&q=spacewar%20CBS%20strategy&wrapid=tlif129840452929611&um=1&ie=UTF-8&source=og&sa=N&tab=wi&biw=1659&bih=805>. Acessado em: 22/02/2011. (N.T.)

tela extra de monitor — na verdade, um osciloscópio gigante — e puseram para rodar o *Spacewar*. Durante todo o dia, o público que entrava não podia acreditar no que estava vendo. A visão daquilo — um jogo de ficção científica escrito por estudantes e controlado por computador — ainda estava no domínio da fantasia, e ninguém ousaria predizer o universo de entretenimento que se abria naquele momento.

Somente vários anos mais tarde, quando Slug Russell estava na Universidade de Stanford, ele percebeu que aquele jogo não era mais do que uma aberração dos hackers. Depois de trabalhar até tarde, ele e alguns amigos foram até um bar onde havia várias máquinas de pinball. Jogaram até a hora de o bar fechar e, então, em vez de ir para casa, voltaram para seus computadores. A primeira coisa que fizeram foi disputar uma partida de *Spacewar*. Isso chocou Russell: "Essas pessoas acabaram de brincar em máquinas de pinball e começaram a jogar *Spacewar*, por deus, isso é uma máquina de pinball!". A mais avançada, criativa e cara máquina de pinball que o mundo já vira.

Como os programas de montagem e de música, o *Spacewar* não foi comercializado. Como os outros programas, ele ficava na gaveta, acessível a todos, para que olhassem, reescrevessem e aprimorassem da melhor forma possível. Os esforços do grupo que, etapa a etapa, aperfeiçoaram o programa, são um argumento em favor da Ética Hacker: a urgência de se engajar nos projetos e de fazer melhor conduziu a melhorias mensuráveis. E, com certeza, tudo aquilo também foi uma enorme diversão. Não há dúvida de que outros compradores do PDP-1 começaram a ouvir falar sobre o jogo; e as fitas perfuradas com o *Spacewar* foram gratuitamente distribuídas. A essa dada altura, passou pela cabeça de Slug Russell que alguém deveria estar ganhando dinheiro com aquilo, mas já existiam dúzias de cópias em circulação. A DEC ficou satisfeita por obter uma delas; os engenheiros da empresa usavam o programa como um diagnóstico final do sistema antes de entregar novos PDPs-1. Então, sem limpar a memória do computador, eles desligavam a máquina. Os vendedores da DEC sabiam disso e, quase sempre, quando as máquinas eram entregues para novos clientes, eles a ligavam na energia, checavam para ter certeza de que não saía fumaça da parte de trás do computador e, então, acionavam o *Spacewar,* que ficara residente. Se o computador tivesse sido embalado e transportado cuidadosamente, o pequeno sol apareceria na tela e também as duas naves estariam prontas para uma batalha cósmica. O voo inaugural daquela mágica máquina.

O *Spacewar*, da forma como foi distribuído, foi o último legado dos hackers pioneiros do MIT. Nos dois anos seguintes, muitos dos cavaleiros andantes do TX-0 e do PDP-1 deixaram o instituto. Saunders empregou-se em uma indústria em Santa

Mônica (onde depois escreveu um *Spacewar* para o PDP-7 com que trabalhava). Bob Wagner foi para a Rand Corporation. Peter Deutsch ingressou em Berkeley para ter seu primeiro ano como calouro na faculdade. Kotok aceitou um emprego de meio expediente em uma importante posição de design na DEC (embora tenha conseguido circular por anos ainda em torno do clube TMRC e do PDP-1). Em um desenrolar com grande impacto sobre a disseminação do estilo hacker do MIT para outras universidades fora de Cambridge, John McCarthy deixou o instituto e começou um novo laboratório de Inteligência Artificial na Costa Oeste, na Universidade de Stanford. Slug Russell, o programador LISP que sempre o seguia, foi junto novamente.

Novas faces e outras atividades de alto nível na área da computação asseguraram que a cultura hacker do MIT não apenas continuasse, mas também que avançasse e se desenvolvesse mais do que nunca. As novas faces pertenciam a hackers ousados, destinados a se tornar populares lendas vivas. No entanto, os fatos que possibilitariam que essas pessoas assumissem seus lugares para viver o sonho hacker já estavam em andamento. Tudo teve início com pessoas cujos nomes ficaram bastante conhecidos, mas usavam meios mais convencionais: artigos acadêmicos, premiações e, em alguns casos, notoriedade na comunidade científica.

Essas pessoas eram os planejadores. Entre eles, havia cientistas que ocasionalmente engajavam-se nas atividades dos hackers — Jack Dennis, McCarthy e Minsky —, mas que, no final das contas, estavam mais absortos pelas metas da computação do que em seus processos. Eles viam os computadores como um meio para melhorar a vida dos seres humanos, mas não achavam necessariamente que trabalhar em um computador poderia ser um elemento-chave para atingir esse objetivo.

Alguns desses planejadores vislumbravam o dia em que os computadores com Inteligência Artificial aliviariam os encargos mentais, assim como os maquinários já haviam ampliado a capacidade física dos homens. McCarthy e Minsky eram a vanguarda dessa escola de pensamento e os dois haviam participado em 1956 de uma conferência em Dartmouth na qual foi estabelecida a fundação para a pesquisa nessa área. O trabalho de McCarthy em uma linguagem LISP de alto nível tinha exatamente esse fim e era suficientemente intrigante para atrair hackers, como Slug Russell, Peter Deutsch, Peter Samson e tantos outros. Minsky parecia mais interessado na Inteligência Artificial (IA) em bases teóricas: como um alegre e careca Johnny Appleseed,* ele espalhava suas sementes pela área; cada pensamento capaz de se tornar produtivas macieiras de técnicas e projetos de IA.

---

* Johnny Appleseed — apelido de John Chapman (1774/1845), que se tornou lendário na cultura popular norte-americana por ter assumido a missão de plantar macieiras pelo campo. Leia mais em <http://en.wikipedia.org/wiki/Johnny_Appleseed>. Acessado em: 23/02/2011. (N.T.)

Os planejadores também se mostravam extremamente focados em colocar o poder dos computadores nas mãos de mais pesquisadores, cientistas, estatísticos e estudantes. Alguns deles trabalhavam para tornar os computadores mais fáceis de usar; John Kemeny, da Universidade de Dartmouth, mostrou como isso poderia ser feito escrevendo uma linguagem de computador mais fácil de operar chamada Basic. Os programas escritos em Basic rodavam muito mais devagar do que aqueles em linguagem de montagem e requeriam grande espaço de memória, mas não exigiam dos programadores um comprometimento quase monástico para dominá-la. Os planejadores do MIT estavam concentrados em ampliar o acesso aos computadores para mais gente. Havia todo tipo de justificativas para isso, e a menos importante não era o projetado ganho de escala — essa era uma das preferidas do sistema econômico então vigente, já que até os segundos de uso dos computadores eram commodities valiosas (embora não se acreditasse nisso, quando se tratava do *Spacewar* do PDP-1). Se mais pessoas usassem os computadores, mais especialistas em programação e teóricos surgiriam e a ciência da computação — sim, esses agressivos planejadores já tratavam aquilo como ciência — só se beneficiaria com esses novos talentos. Porém, havia algo mais envolvido. Era algo que todo hacker podia compreender — a crença de que a computação por si mesma era positiva. John McCarthy ilustrou essa convicção ao dizer que o estado natural do ser humano seria estar on-line todo o tempo: "O que os usuários querem é um computador que esteja continuamente ao alcance e possa ser usado por longos períodos".[2]

O homem do futuro. Mãos no teclado, olhos no monitor CRT e em contato direto com o corpo de informações e pensamentos que o mundo tem estocado desde o início da história. Tudo isso estaria acessível ao Homem Computacional.

Nada disso ocorreria com o não interativo IBM 704. Nem tampouco com o TX-0 ou o PDP-1 com suas folhas de agendamento de sessões de trabalho semanalmente dependuradas na parede. Não, para atingir esse objetivo, era preciso ter diversas pessoas trabalhando no computador simultaneamente (a ideia de que cada pessoa tivesse seu próprio computador era algo que somente os hackers poderiam considerar valiosa). Esse conceito multiusuário foi chamado de tempo compartilhado, e, em 1960, os melhores planejadores do MIT formaram o Long-Range Computer Study Group. Entre seus integrantes, estavam pessoas que viram o surgimento do movimento hacker do MIT com satisfação e prazer, como Jack Dennis, Marvin Minsky e Tio John McCarthy. Eles sabiam como era importante para as pessoas realmente colocar as mãos nas máquinas. Para eles, não havia dúvida da necessidade do compartilhamento de tempo, a questão era como fazer isso.

Os fabricantes de computadores, particularmente a IBM, não eram entusiastas da ideia. Estava claro para os planejadores do MIT que teriam que assumir esse conceito

54   PARTE I   Os verdadeiros hackers

e seu desenvolvimento praticamente sozinhos (a empresa de pesquisa Bolt Beranek e Newman também estava trabalhando sobre a ideia). De fato, dois projetos tiveram início no MIT: um era o enorme esforço solitário de Jack Dennis para escrever um sistema de tempo compartilhado para o PDP-1; o outro foi assumido pelo professor F. J. Corbató, que buscaria alguma ajuda do Golias relutante, IBM, para escrever um sistema para o 7090.

O Departamento de Defesa dos Estados Unidos, especialmente por meio do ARPA — Advanced Research Projects Agency,* vinha patrocinando projetos computacionais desde a guerra, ciente de suas possíveis aplicações na área militar. Então pelo início da década de 1960, o MIT obteve um financiamento de longo prazo para seu projeto de compartilhamento de tempo, que se chamaria Projeto MAC** (o nome derivou de duas siglas: Multiple Access Computing e Machine Aided Cognition).*** O Tio Sam tossiu 3 milhões de dólares por ano. Dennis responsabilizou-se pelo projeto. Marvin Minsky seria outra presença marcante, particularmente aplicando um terço do patrocínio anual em projetos que não se relacionavam diretamente com o compartilhamento de tempo, mas com o ainda efêmero campo da Inteligência Artificial. Minsky estava maravilhado, já que 1 milhão de dólares era dez vezes mais do que o orçamento que ele previra para a área de IA, e ele percebeu que boa parte do que restaria dos outros dois terços também acabaria destinada para seus projetos. Era sua oportunidade para estruturar instalações ideais onde as pessoas poderiam planejar a realização do sonho hacker em máquinas sofisticadas, protegidas da lunática burocracia do mundo externo. Enquanto isso, o sonho hacker era vivido dia a dia pelos devotados estudantes das máquinas.

Os planejadores sabiam que necessitavam de gente especial para trabalhar nesse laboratório. Marvin Minsky e Jack Dennis sabiam que o entusiasmo de hackers brilhantes era essencial para fazer aflorar Grandes Ideias. Como Minsky falou mais tarde a respeito desse laboratório:**** "Naquele ambiente havia várias coisas acontecendo simultaneamente. Havia as mais abstratas teorias de Inteligência Artificial sobre as quais se trabalhava. Alguns dos hackers estavam com foco nisso; a maioria, não. Mas havia a questão: como fazer os programas para viabilizar aquilo e como colocá-los para funcionar".

---

* Para saber mais, acesse <http://en.wikipedia.org/wiki/Advanced_Research_Projects_Agency>. (N.T.)

** Leia mais em <http://www.economicexpert.com/a/MIT:Laboratory:for:Computer:Science.htm>. (N.T.)

*** Acesse o histórico no site <http://www.crn.com/news/channel-programs/18805525/mit-laboratory-for-computer-science.htm>. (N.T.)

**** Veja o cronograma histórico de atividades do laboratório em <http://www.csail.mit.edu/timeline/timeline.php>. (N.T.)

A guerra espacial

Misnky estava bem satisfeito de resolver essa questão deixando-a para os hackers, aquelas pessoas para quem "os computadores eram a coisa mais interessante do mundo". O tipo de gente que, por uma ninharia, seria capaz de programar algo melhor do que o *Spacewar* e, em vez de se divertir com o jogo pelas madrugadas (como às vezes acontecia na Sala Kluge), resolvia trabalhar um pouco mais. No lugar de simulações espaciais, as pessoas que realizavam o trabalho trivial no Projeto MAC batalhavam diante de grandes sistemas — braços robóticos, projetos de visão, dilemas matemáticos e labirínticos projetos de compartilhamento de tempo — que excitavam a imaginação. Felizmente, as turmas que ingressaram no MIT no início dos anos 1960 proporcionaram alguns dos mais devotados e brilhantes hackers que se sentaram diante de um console de computador. E nenhum deles merece mais o título de "hacker" do que Richard Greenblatt.

* Notas *

A principal fonte de informação do livro *Hackers* foi mais de uma centena de entrevistas pessoais realizadas pelo autor entre 1982 e 1983. Além dessas entrevistas, são feitas também referências a fontes impressas e eletrônicas que estão citadas no rodapé das páginas desta edição.

[1] Além das entrevistas pessoais, algumas informações sobre o jogo *Spacewar* (*Guerra no Espaço*) foram obtidas no artigo de J. M. Garetz, "The Origin of Spacewar!", publicado em *Creative Computing Video and Arcade Games*, assim como no texto do mesmo autor, "Spacewar: Real-time Capability of the PDP-1", apresentado em 1962 diante da Digital Equipment Computer Users' Society e na reportagem de Stewart Brand, "Spacewar: Fanatic Life and Symbolic Death Among the Computer Bums", publicada na *Rolling Stone*, de 7 de dezembro de 1972.

[2] MCCARTHY, J. *Time Sharing Computer Systems*. Massachusetts: MIT Press, 1962.

Capítulo 4
GREENBLATT E GOSPER

Ricky Greenblatt era um hacker em latência. Anos mais tarde, quando ele era conhecido em todos os centros de computação dos Estados Unidos como o hacker arquetípico, quando as lendas sobre sua fantástica concentração eram tão prolíficas quanto suas linhas de código de linguagem de montagem, alguém lhe perguntou como tudo aquilo começou. Recostado na cadeira, parecendo menos amarfanhado do que nos tempos de estudante, quando tinha rosto de querubim, cabelos escuros e uma enorme inabilidade para falar; a pergunta lhe pareceu querer saber se os hackers nascem prontos ou são feitos, e a resposta dada por ele se tornou um dos notórios *non sequiturs* que ficaram conhecidos como blattismos: "Se os hackers nascem hackers, então, eles não terão que se fazer; mas, se eles são feitos, eles nasceram prontos".

Mas Greenblatt acabaria admitindo que nasceu hacker.

O seu primeiro encontro com o PDP-1 não mudou sua vida. Ele ficou interessado, é verdade. Foi na primeira semana de correria como calouro do MIT, quando Ricky Greenblatt tinha algum tempo disponível antes de começar a batalhar nas aulas, pronto para a glória acadêmica. Ele visitou os lugares que mais lhe interessavam: a estação de rádio do campus WTBS (o MIT talvez tivesse a única estação de rádio universitária do país com abundância de estudantes de engenharia de áudio e escassez de *disc jockey*), o Tech Model Railroad Club (TMRC) e a Sala Kluge, no Prédio 26, que abrigava o PDP-1.

Alguns hackers estavam jogando *Spacewar*.

Era regra jogar o *Spacewar* com todas as luzes da sala apagadas, e as pessoas em volta do console ficavam com os rostos estranhamente iluminados pela tela do monitor com suas espaçonaves e constelações. Faces fascinadas com o brilho do computador. Ricky Greenblatt ficou impressionado. Observou as batalhas cósmicas por alguns momentos e seguiu para a porta ao lado onde estava o TX-0 com suas estantes de tubos e transistores, seus fantásticos geradores de energia, seus botões e luzes. Ele havia visitado com o clube de matemática da escola o campus da Universidade Estadual do Missouri, onde conheceu um computador não interativo e a gigantesca máquina de uma companhia seguradora que também operava por blocos de dados. Mas nada se parecia com aquilo. Mesmo assim, apesar de impressionado com a estação de rádio, com o clube TMRC e especialmente com os computadores, ele foi fazer sua matrícula nas aulas.

Essa virtude acadêmica duraria pouco. Greenblatt, bem mais do que os estudantes normais do MIT, era um ávido recruta do imperativo mãos à obra. Sua vida mudou profundamente no dia, em 1954, em que seu pai, visitando o filho com o qual não morava por causa de um divórcio precoce, levou-o ao Memorial Student Union na Universidade do Missouri, não muito longe de sua casa em Colúmbia. Ricky Greenblatt aderiu ao lugar imediatamente. E não foi por causa das salas confortáveis, do aparelho de televisão ou do bar com refrigerantes... Foi por causa dos estudantes, que eram melhor companhia para o Ricky de 9 anos do que seus colegas de escola. Ele voltava lá para jogar xadrez e quase sempre vencia com facilidade os universitários. Era um excelente jogador de xadrez.

Uma das vítimas de seu talento no xadrez era um estudante de engenharia que recebia uma bolsa do programa GI Bill.[*] Seu nome era Lester, e o rapaz deu de presente ao garoto de 9 anos um manual de introdução ao mundo da eletrônica. Um universo onde não havia ambiguidades. A lógica prevalecia. É possível ter um grau de controle sobre as coisas, que podem ser construídas de acordo com nossos próprios planos. Para um menino de 9 anos cuja inteligência devia fazê-lo sentir-se desconfortável com seus pares etários, para uma criança atingida pela separação dos pais, que era típica do mundo das relações humanas fora de nosso controle, a eletrônica era a válvula de escape perfeita.

Lester e Ricky trabalharam juntos em projetos de radioamador. Eles desmontavam velhos aparelhos de televisão. Antes de terminar a faculdade, Lester apresentou Ricky

---

[*] GI Bill — assinado em 22 de junho de 1944 pelo presidente Franklin Delano Roosevelt, o programa tinha o nome oficial de Servicemen's Readjustment Act of 1944 e ofereceu educação, treinamento e financiamentos para os veteranos da Segunda Guerra Mundial (1939-1945) que retornaram aos Estados Unidos. (N.T.)

para o sr. Houghton, que tinha uma oficina de rádios, local que se tornou o segundo lar do garoto durante o ginásio. Com um colega de classe, Greenblatt fez uma série de projetos eletrônicos. Amplificadores, moduladores e todo tipo de diabólicas engenhocas com válvulas. Um osciloscópio. Um radioamador. Uma câmera de televisão. Uma câmara de televisão! Pareceu uma boa ideia, então, ele construiu. E, certamente, quando chegou a hora de escolher uma faculdade, Richard Greenblatt foi para o MIT. Ele entrou no outono de 1962.

Os estudos eram puxados durante o primeiro semestre, mas Greenblatt conseguiu acompanhar sem muito problema. Ele desenvolveu seu relacionamento com alguns computadores do campus. Por sorte, ele havia escolhido a disciplina eletiva EE 641 — *Introdução à Programação Computacional* — e com frequência descia para as máquinas com processamento em blocos de dados do laboratório para fazer programas para o gigante monstruoso 7090.[*] Seu colega de quarto, Mike Beeler, estava cursando algo que se chamava Nomografia.[**] Os estudantes desse curso tinham acesso direto a um IBM 1620 — cercado ainda por um enclave de sacerdotes desorientados cujas mentes haviam sido enevoadas pela neblina da ignorância das forças de venda da IBM. Greenblatt sempre acompanhava Beeler ao 1620, onde você pegava o baralho e esperava em fila. Quando chegava sua vez, você despejava seus cartões de dados e obtinha uma impressão imediata em um plotter. "Era uma espécie de programa divertido para se fazer à tarde. Fazíamos isso como os outros veem esportes ou saem para tomar uma cerveja", lembra Beeler. Era limitado, mas gratificante. E fez Greenblatt querer mais.

Na época do Natal, ele se sentiu confortável o bastante para circular no TMRC. Lá, em torno de gente como Peter Samson, era natural entrar no modo hacker (os computadores têm vários estados chamados de "modos", e os hackers sempre usam esse termo para descrever condições da vida real). Samson estava trabalhando em um enorme cronograma para as sessões de aperfeiçoamento da gigantesca maquete de trens do TMRC; como o volume de dados era muito grande, ele fez isso na linguagem Fortran do 7090. Greenblatt decidiu escrever a primeira linguagem Fortran para o PDP-1. Por que decidiu fazer isso, Greenblatt nunca explicou, e é provável que ninguém tenha perguntado. Era comum: se você queria realizar uma tarefa e a máquina não tinha o software para aquilo, o programa específico era escrito para

---

[*] Leia mais e veja fotos em <http://www.zdnet.com/blog/perlow/to-the-moon-the-integra tors/10587>. (N.T.)

[**] Segundo as definições do Dicionário *Aurélio Eletrônico versão 7.0, nomografia* é a "parte da matemática aplicada em que se investigam os processos de resolução de equações mediante os nomogramas", que são "gráficos, com curvas apropriadas, mediante o qual se podem obter as soluções de uma equação determinada pelo simples traçado de uma reta". (N.T.)

viabilizar a operação do computador. Era um impulso que mais tarde Greenblatt elevaria a uma forma de arte.

E ele fez. Escreveu um programa que possibilitava que você trabalhasse em Fortran; o que você escrevia era compilado em código de linguagem de máquina e as respostas do computador em linguagem de máquina eram transformadas novamente em Fortran. Greenblatt fez a maior parte de seu compilador Fortran no próprio quarto, já que ele tinha dificuldade para trabalhar on-line no PDP-1. Além disso, ele se envolveu com a construção de um novo sistema de relés sob a maquete do TMRC. Parecia que o gesso da sala (que estava sempre aos pedaços de qualquer forma, porque o pessoal da manutenção era impedido de entrar) continuava caindo, e parte da poeira sujou os contatos do sistema que Jack Dennis havia concebido em meados da década de 1950. Também havia um novo tipo de relé que parecia melhor do que os antigos. Então, Greenblatt investiu um bom tempo da primavera fazendo a mudança do sistema de relés. Junto com a atividade de hacker no PDP-1.

É engraçado como tudo acontece. Você começa conscientemente a estudar, faz as matrículas e então descobre algo que coloca as aulas dentro da correta perspectiva: as aulas eram totalmente irrelevantes para os projetos que ele tinha em mãos. O ponto em questão era ser hacker, e parecia óbvio — pelo menos tão óbvio que ninguém em torno do TMRC ou do PDP-1 achava que isso fosse um tema de discussão — que essa atividade era tão satisfatória que se tornava possível construir uma vida em cima dela. Embora um computador seja muito complexo, não é quase nada comparado à complexidade das idas e vindas e dos inter-relacionamentos do zoológico humano; mas, diferente dos estudos formais e informais das ciências sociais, a atividade hacker oferece não somente a compreensão do sistema, como também uma sensação viciosa de controle, junto com a ilusão de que o controle total está a apenas a alguns passos adiante. Naturalmente, você vai trabalhar nos aspectos do sistema para parecem mais necessários para que tudo opere adequadamente. Também naturalmente, trabalhar nesses sistemas improvisados faz com que você descubra novos aspectos necessários para atingir o objetivo. Então, alguém como Marvin Minsky pode aparecer e dizer: "Eis um braço robótico. Eu quero instalá-lo em uma máquina". Imediatamente, nada no mundo era mais essencial do que construir a adequada interface entre a máquina e o braço robótico, colocá-lo sob seu controle e imaginar um modo de criar um sistema pelo qual aquele membro artificial soubesse o que estava fazendo. E nesse momento você via o seu desabrochar para a vida. Como comparar isso com uma constrita aula de engenharia? As chances são de que seu professor de engenharia nunca tenha feito nada nem um pouco semelhante aos problemas interessantes que você está solucionando no PDP-1. Quem está certo?

60   **PARTE I   Os verdadeiros hackers**

No segundo ano de Greenblatt, o cenário em torno do PDP-1 estava mudando consideravelmente. Embora mais alguns dos hackers pioneiros estivessem de partida, havia novos talentos chegando, e as novas e ambiciosas instalações, patrocinadas pelo Departamento de Defesa, acomodavam a atividade dos hackers. Um segundo PDP-1 havia chegado; sua casa era o histórico prédio retangular na rua principal do campus — um edifício de arquitetura insossa e aborrecida, sem protuberâncias e janelas sem parapeito, pintadas em um branco sujo. O prédio era chamado de Tech Square* e, entre os projetos desenvolvidos lá para o MIT e para os clientes corporativos, estava o MAC. O nono andar, onde ficavam os computadores, seria o lar de uma geração de hackers, e ninguém gastaria mais tempo lá do que Greenblatt.

Ele estava sendo pago (com salários abaixo do mínimo) para trabalhar como um funcionário-estudante, da mesma forma que outros hackers que trabalhavam no sistema ou estavam começando a desenvolver grandes programas para a Inteligência Artificial. Eles começaram a perceber que aquele desajeitado e educado segundanista tinha potencial para ser uma estrela do PDP-1.

Greenblatt produzia uma quantidade inacreditável de código, atuando como hacker tanto quanto podia, ou se sentava diante de uma pilha de folhas impressas, fazendo marcas nas margens. Ele surfava entre o PDP-1 e o TMRC, com sua cabeça sintonizada fantasticamente entre as estruturas do programa que estava escrevendo e o novo sistema de relés que estava fazendo para a maquete de trens. Para manter essa concentração por longos períodos, ele vivia — como faziam muitos de seus colegas hackers — um dia com trinta horas. Isso levava a uma intensa atividade de hacker, já que dispunha de um bloco de horas a mais para trabalhar em um programa e, uma vez estando lá com mãos à obra, coisas desimportantes como dormir não pareciam aborrecê-lo. A ideia era "queimar" por trinta horas, chegar à completa exaustão e ir para casa para entrar em colapso por doze horas. Uma alternativa era entrar em colapso ali mesmo no laboratório. Um inconveniente menor desse tipo de estilo de vida era estar em desalinho com as rotinas que o resto do mundo conseguia cumprir — manter horários, reuniões, comer e ir às aulas. Entre os hackers, isso era compreensível — alguém podia perguntar algo como: "Em que fase está Greenblatt agora?" e o outro responderia: "Acho que está na fase noturna, vai chegar aqui por volta das nove". Os professores, porém, não se ajustavam tão facilmente a essas fases, e Greenblatt "detonava" suas aulas.

Ele foi posto em avaliação acadêmica, e sua mãe foi a Massachusetts conversar com o reitor. Havia algumas explicações a dar e receber. "Sua mãe estava preocupada",

---

*   Leia mais em <http://www.xconomy.com/boston/2007/07/10/how-kendall-square-became-hip-mit-pioneered-university-linked-business-parks/>. (N.T.)

recorda Beeler, seu colega de quarto. "A ideia dela era que o filho estava no MIT para se graduar. Mas o que ele estava fazendo no computador era realmente o estado da arte — e ninguém tinha feito ainda. Ele via que havia coisas adicionais a fazer. Era muito difícil ficar excitado com as aulas." Para Greenblatt, não era realmente importante que ele estivesse correndo o risco de fracassar na faculdade. A atividade hacker era o bem supremo: era o que ele fazia melhor e o que o fazia mais feliz.

Havia outro hacker com desempenho tão impressionante no PDP-1, mas de maneira diferente. Mais falante do que Greenblatt, ele era capaz de articular melhor sua visão de como o computador mudou sua vida e como poderia mudar a vida dos outros. Esse estudante era Bill Gosper. Ele entrou no MIT um ano antes que Greenblatt, mas foi um pouco mais demorado para se tornar um *habitué* do PDP-1. Gosper era magro, com uma cara de passarinho coberta por óculos grossos e uma cabeça coberta por rebeldes e encaracolados cabelos castanhos. Mas até uma reunião curta era suficiente para convencer você de que o brilhantismo dele colocava a aparência física em sua adequada e trivial perspectiva. Ele era um gênio matemático. Era realmente a ideia de ser hacker da matemática, mais do que de sistemas, o que atraía Gosper para os computadores. Mas ele iria servir por longo tempo nas trincheiras de Greenblatt e de outros hackers orientados para sistemas, a brilhante sociedade de soldados que se formava em torno do novo Projeto MAC.

Gosper era de Pennsauken, em Nova Jersey, do outro lado do rio da Filadélfia, e sua experiência com computadores antes do MIT limitava-se, como Greenblatt, à observação de Gigantes Monstruosos, operados por trás de um painel de vidro. Ele recordava-se vividamente de ver o Univac, no Instituto Franklin da Filadélfia, expelir imagens de Benjamin Franklin de sua impressora. Gosper não tinha a menor ideia do que estava acontecendo, mas parecia bastante divertido.

Ele experimentou essa diversão por si mesmo pela primeira vez durante o seu segundo semestre no MIT. Ele estava fazendo um curso com Tio John McCarthy — aberto somente aos calouros que tiveram médias suficientemente altas no semestre anterior. O curso começava com Fortran, seguia para a linguagem de máquina da IBM e fechava com o PDP-1. Os problemas não eram triviais como traçar raios em sistemas ópticos com o 709 ou trabalhar rotinas com o novo interpretador de ponto flutuante para o PDP-1.

O desafio da programação seduzia Gosper. Especialmente no PDP-1, o qual, depois de sessões de tortura com o processamento em bloco de dados dos IBM, parecia um elixir desintoxicante. Ou fazer sexo pela primeira vez. Anos mais tarde, Gosper

62   PARTE I   Os verdadeiros hackers

ainda falava com excitamento sobre "o impacto de ter sob as mãos aquele teclado vívido e obter respostas da máquina ao que você comandava em milissegundos...".

Ainda assim, Gosper ficou relutante de continuar em volta do PDP-1, quando o curso de McCarthy acabou. Ele estava envolvido com o Departamento de Matemática, onde as pessoas continuavam dizendo a ele que seria sábio manter-se longe dos computadores — eles queriam transformá-lo em um burocrata. O slogan não oficial do Departamento de Matemática, ele descobriu, era: "Não existe a Ciência da Computação — é bruxaria!". Bem, então, Gosper ia se tornar um bruxo! Ele se matriculou no curso de Minsky sobre Inteligência Artificial. O trabalho era novamente no PDP-1, e dessa vez Gosper mergulhou diretamente na atividade hacker. Em algum ponto daquele semestre, ele escreveu um programa para representar graficamente funções na tela, seu primeiro projeto, e uma das sub-rotinas tinha as linhas tão elegantes e bem reduzidas que ele ousou mostrá-la a Kotok. Naquela altura, Kotok, aos olhos de Gosper, tinha o status de uma divindade, não somente por seus feitos no PDP-1 e no TMRC, mas porque também era bem-sabido que seu emprego na DEC incluía um papel protagonista no design de um novo computador — uma versão bastante aprimorada do PDP-1. Gosper ficou arrebatado, quando Kotok não só olhou para as linhas do programa, como na verdade as achou bastante inteligentes para serem apresentadas a mais alguém. *Kotok realmente pensa que eu posso fazer algo muito bom!* E Gosper correu para fazer mais programação.

O seu grande projeto nesse curso foi uma tentativa de "resolver" o jogo Solitário,* no qual existe um tabuleiro em formato de "mais" (+) com trinta e três buracos. Todos os buracos, menos um, têm uma bola de gude: você pula as bolinhas umas sobre as outras e remove do tabuleiro aquelas que foram saltadas. A ideia é ficar com apenas uma bola de gude no centro. Quando Gosper e mais dois colegas propuseram a Minsky solucionar o problema no PDP-1, ele duvidou que os rapazes conseguissem, mas deu boas-vindas à tentativa[1]. Gosper e seus amigos não apenas resolveram o jogo — "Nós o demolimos", ele diria depois[2], como também eles criaram um programa que capacitou o PDP-1 a solucionar o jogo em uma hora e meia.

Gosper admirava a maneira pela qual o computador solucionava o jogo, porque a abordagem era contraintuitiva. Ele tinha uma profunda admiração por programas que usavam uma técnica que, na superfície, parecia improvável, mas de fato tiravam vantagem da inegável verdade matemática. As soluções contraintuitivas surgiam da compreensão das mágicas conexões entre as coisas na vasta mandala das relações

---

* Em inglês, o jogo Solitário é chamado de Peg Solitaire ou Hi-Q. Para mais informações, acesse <http://www.cut-the-knot.org/proofs/pegsolitaire.shtml>. (N.T.)

numéricas nas quais a atividade hacker, por fim, estava baseada. Descobrir essas relações — fazendo matemática no computador — era a busca de Gosper; e, conforme ele circulava mais e mais em torno do PDP-1 e do TMRC, ele foi se tornando o indispensável líder matemático dos hackers. Não tão interessado em sistemas de programação, mas capaz de aparecer com estonteantes e claros (não intuitivos!) algoritmos com os quais um hackers de sistemas conseguia eliminar algumas instruções das sub-rotinas ou destruir um dilema mental para fazer o programa rodar.

Gosper e Greenblatt representavam os dois tipos de hackers que circulavam pelo TMRC e em volta do PDP-1: Greenblatt com foco na construção pragmática de sistemas, e Gosper, na exploração matemática. Cada um respeitava a especialidade do outro, e os dois participavam de projetos, quase sempre colaborativos, que exploravam as melhores habilidades de ambos. Mais do que isso, eles estavam entre os principais contribuintes para uma ainda nascente cultura, que começava a florescer no nono andar do Tech Square. Por várias razões, foi nessa estufa tecnológica que a cultura se desenvolveu em plenitude, levando a Ética Hacker ao extremo.

A ação aconteceu em vários locais. A Sala Kluge, com o PDP-1 agora operando um sistema de tempo compartilhado, que Jack Dennis passou um ano escrevendo, ainda era uma opção para os hackers da madrugada, especialmente para aqueles que queriam disputar torneios de *Spacewar*. Mas, mais e mais, os hackers verdadeiros preferiam o computador do Projeto MAC. A máquina ficava em meio de outras no nono andar do Tech Square sempre mal iluminado e com uma decoração asséptica, onde era fácil escapar do barulho contínuo do ar-condicionado enfiando-se em um dos pequenos escritórios. Finalmente, havia o TMRC, com a sua sempre cheia máquina de Coca-Cola e a caixa de troca de Saunders, onde a qualquer hora da noite alguém podia chegar, sentar e debater, o que para gente de fora deveria parecer questões misteriosas.

Essas discussões eram o sangue que dava vida à comunidade hacker. Às vezes, alguém gritava com o outro, insistindo em determinado esquema de código para um montador ou em um específico tipo de interface ou em uma característica particular para uma linguagem. Essas diferenças faziam os hackers baterem no quadro negro ou atirarem giz uns nos outros. Era menos uma batalha de egos e mais uma tentativa de descobrir qual era "A Coisa Certa". O termo tinha um significado especial para os hackers. A Coisa Certa implicava que para todo problema, seja um dilema de programação, uma falha de interface com o hardware ou uma questão de arquitetura de software, existia uma solução que era apenas... aquilo. O algoritmo perfeito. Você havia chegado ao ponto ideal e qualquer pessoa com metade do

64   PARTE I   Os verdadeiros hackers

cérebro veria que estava traçada a linha para unir os pontos — não adiantava tentar superar aquela solução. "A Coisa Certa", Gosper explicou, "significava especificamente a solução única, correta e elegante... a coisa capaz de satisfazer todas as restrições ao mesmo tempo, que todos pareciam acreditar que existia para a maioria dos problemas".

Greenblatt e Gosper tinham opiniões fortes, mas com frequência Greenblatt se cansava da corrosiva interface humana e zanzava atrás de algo para realmente implementar. Elegante, ou não. No seu pensamento, as coisas têm que ser feitas. E se ninguém mais estivesse trabalhando em uma ideia, ele seria *o* hacker. Ele sentava com papel e lápis ou diante do console do PDP-1 e trabalhava no código. Os programas de Greenblatt eram robustos, ou seja, suas fundações eram firmes, e ele previa checadores internos para evitar que tudo desmoronasse por causa de um único erro. Enquanto Greenblatt trabalhava em um programa, a linguagem ia sendo completamente depurada. Gosper achava que Greenblatt gostava de encontrar e consertar bugs mais do que qualquer outro hacker que ele conhecia e também suspeitava de que, às vezes, ele escrevia códigos com erro só para poder depurá-los.

Gosper tinha um estilo mais público. Ele gostava de trabalhar com audiência, os hackers noviços podiam puxar uma cadeira atrás dele no console para observá-lo em ação, o que sempre incluía pontos lapidares de interesse matemático. Ele estava em sua melhor forma diante do monitor onde um algoritmo pouco usual podia provocar uma imprevisível série de pirotecnias na tela. Conforme progrediu, Gosper atuava como monitor, às vezes enfatizando que até equívocos poderiam significar fenômenos numéricos interessantes. Tinha uma fascinação contínua pelo modo que o computador podia responder com algo inesperado e sentia um infinito respeito por esses pronunciamentos da máquina. Às vezes, um evento aparentemente aleatório poderia atraí-lo para uma tangente fascinante nas implicações dessa irracionalidade quadrática ou para uma função transcendental. Certas sub-rotinas enfeitiçadas em um programa de Gosper ocasionalmente evoluíam para um memorando acadêmico, como aquele que começava assim:

"Na teoria de que as frações contínuas são pouco utilizadas, provavelmente porque são desconhecidas, eu ofereço a seguinte sessão de propaganda sobre os méritos relativos das frações contínuas versus outras representações numéricas."

As discussões na sala de ferramentas não eram meros debates universitários. Kotok costumava estar sempre por lá, e foi nessas sessões que decisões significativas foram tomadas a respeito do design do computador que ele estava fazendo para a DEC, o PDP-6. Mesmo ainda na fase do design, o PDP-6 era considerada a absoluta "Coisa

Certa" pelos integrantes do TMRC. Kotok às vezes convidava Gosper para um retorno a South Jersey nos feriados e, quanto dirigia o carro, contava que aquele novo computador teria dezesseis registradores independentes (um registrador, ou acumulador, é o local interno da máquina onde a computação realmente acontece. Dezesseis acumuladores dariam ao computador uma versatilidade inusitada até então). Gosper engasgava. *Esse vai ser*, ele pensava, *o maior computador da história mundial!*

Quando a DEC efetivamente construiu o PDP-6[*] e entregou o primeiro protótipo para o Projeto MAC, todo mundo pôde perceber que, embora o computador tivesse todos os "sops" (standard operating procedures) necessários para os usuários comerciais, era no fundo a máquina para os hackers. Kotok e seu chefe, Gordon Bell,[**] lembrando seus dias diante do TX-0, usaram o PDP-6 para demolir as limitações que os aborreciam naquela máquina. Além disso, Kotok havia ouvido as sugestões do pessoal do TMRC, notavelmente de Peter Samson que ganhou crédito pelos dezesseis acumuladores. O conjunto de instruções tinha tudo de que se precisava, e a arquitetura como um todo era simetricamente perfeita. Os dezesseis acumuladores podiam ser acessados por três diferentes caminhos cada um, o que poderia ser feito em combinações para realizar muita coisa com apenas uma instrução. O PDP-6 também usava uma "estrutura" que possibilitava a mistura e a combinação de sub-rotinas, programas e atividades de um modo simples. Para os hackers, a introdução do PDP-6 e seu maravilhoso conjunto de instruções significavam que eles dispunham de um poderoso vocabulário novo com o qual expressar sentimentos que antes só podiam ser transmitidos nos termos mais precários.

Minsky reuniu os hackers para escreverem novos sistemas de software para o PDP-6, uma máquina linda azul-marinho com três grandes gabinetes, um painel de controle mais racional do que o do PDP-1, filas de botões brilhantes e um quadro de luzes piscantes. Logo eles estavam dentro da psicologia dessa máquina, assim como estiveram na do PDP-1. Mas podia-se ir mais longe no Seis. Um dia na sala de ferramentas do TMRC, os hackers estavam brincando em torno das diferentes maneiras de chegar a rotinas de impressão decimal, pequenos programas para fazer o computador imprimir em números arábicos. Alguém teve a ideia de tentar colocar aquelas instruções no PDP-6, as que usavam a "estrutura". Dificilmente alguém

---

[*] Veja fotos em <http://www.google.com/images?q=PDP-6&oe=utf-8&rls=org.mozilla:en-US:official&client=firefox-a&um=1&ie=UTF-8&source=univ&ei=SDD4S9K9GJK4NsD GrIQI&sa=X&oi=image_result_group&ct=title&resnum=4&ved=0CDAQsAQwAw&biw =1676&bih=805>. (N.T.)

[**] Saiba mais sobre Gordon Bell em <http://research.microsoft.com/en-us/um/people/gbell/>. (N.T.)

teria integrado essas novas instruções ao código da máquina; mas, como o programa usava a chamada instrução Push-J, para maravilhamento de todos, a rotina inteira de impressão decimal, que normalmente teria uma página completa de código, surgiu com apenas seis instruções. Depois disso, todos no TMRC concordaram que, com certeza, a Push-J era a "Coisa Certa" para usar no PDP-6.

As discussões e debates na sala de ferramentas ultrapassavam o horário do jantar, e o cardápio escolhido quase sempre era de comida chinesa. Era barata, satisfatória e — melhor de tudo — estava acessível bem tarde da noite (uma segunda opção pior era a lanchonete engordurada das proximidades, que ficava na rua principal de Cambridge, um antigo vagão de trem chamado F&T Diner, mas que os hackers apelidaram de "Red Death" (morte vermelha). Na maior parte dos sábados ou ocasionalmente durante a semana depois das dez horas da noite, um grupo de hackers seguia para Chinatown* (Boston) — às vezes, no Chevy azul conversível, ano 1954,** que pertencia a Greenblatt.

A comida chinesa era também um sistema, e a curiosidade dos hackers era aplicada a ela com a mesma assiduidade com que discutiam e trabalhavam no compilador LISP. Samson tornou-se um aficionado desde sua primeira experiência, quando foi ao restaurante Joy Fong com a turma do TMRC. No início da década de 1960, ele havia aprendido o bastante sobre os caracteres chineses para ler os cardápios e pedir pratos bem estranhos. Gosper gostava daquela culinária até com mais vigor; ele perambulava por Chinatown atrás de restaurantes abertos depois da meia-noite e uma vez encontrou um bem pequeno gerenciado por uma família chinesa. Os pratos pareceram comuns, mas ele notou alguns chineses deliciando-se com refeições de aparência fantástica. Gosper achou que devia voltar lá com Samson.

Eles voltaram carregados com dicionários de chinês e pediram um cardápio. O chef, sr. Wong, atendeu relutantemente, e Gosper, Samson e os outros debruçaram-se sobre o menu como se fosse um novo conjunto de instruções de uma nova máquina. Samson fornecia as traduções, as quais eram positivamente reveladoras. O que era chamado de "Bife com Tomate", no cardápio em inglês, tinha o sentido literal no dicionário de "Berinjela Bárbara Vaca e Porco". O "Wonton" (típica trouxinha de massa recheada) tinha o equivalente em chinês como "Gole de Nuvem". Havia coisas inacreditáveis para descobrir naquele sistema! Então, depois de decidir

---

* Saiba mais sobre Chinatown em <http://en.wikipedia.org/wiki/Chinatown_(Boston)>. (N.T.)

** Veja imagens do carro em <http://www.limohire.com/profile.asp?i=177>. (N.T.)

os pratos mais interessantes para pedir ("Asas de Hibisco? Melhor pedir para ver o que é"), eles chamaram o sr. Wong, que tagarelou freneticamente em chinês, desaprovando as escolhas deles. Ele relutava em servir a comida chinesa mais típica, considerando que norte-americanos não gostariam dela. O sr. Wong os confundira com pessoas tímidas, mas eles eram exploradores! Eles entraram na máquina e viveram para contar a história (deveriam contá-la em linguagem de montagem). O sr. Wong desistiu. O resultado foi a melhor comida chinesa que os hackers haviam experimentado até então.

Os rapazes do TMRC ficaram tão especialistas em comida chinesa que, de fato, podiam explorar melhor o cardápio dos restaurantes. Em uma excursão feita no Dia dos Bobos, Gosper teve o desejo de experimentar um prato pouco conhecido chamado Bitter Mellon (Melão Amargo, da mesma família da abóbora, melão, melancia, abobrinha e pepino). Parecia um tipo de pepino, pontilhado por fora com verrugas, um forte gosto de quinino e capaz de dar náuseas em qualquer um que não tivesse aprendido dolorosamente a apreciar seu paladar.* Por razões só por ele compreensíveis, Gosper resolveu experimentar o Melão Amargo em uma preparação com molho agridoce e escreveu o pedido em chinês. A filha do proprietário veio rindo falar com ele: "Acho que você cometeu um engano — meu pai diz que isso quer dizer 'Melão amargo em molho agridoce'". Gosper tomou aquilo como um desafio. Além disso, ele estava ofendido porque a garota nem sabia ler chinês — o que ia contra a lógica do eficiente Sistema do Restaurante Chinês, uma lógica que ele aprendera a respeitar. Então, mesmo sabendo que o pedido era absurdo, ele reagiu indignado, respondendo para a garota: "Com certeza isso quer dizer 'Melão amargo com molho agridoce' — nós norte-americanos sempre pedimos esse prato no dia 1º de abril". Finalmente, o próprio dono veio falar com ele. "Não pode comer isso", ele gritou, "não é paladar para você!". Os hackers teimaram no pedido, e o dono retornou à cozinha.

O melão amargo com molho agridoce revelou-se tão hediondo quanto o dono do restaurante prometera. O molho do prato era perversamente forte, tanto que, se você o inalasse enquanto estivesse colocando um pedaço na boca, sentia-se estrangular. Combinado com a vilania do melão amargo, criava uma reação química que parecia derreter seus dentes, e nem um balde de Coca-Cola ou de chá diluiria aquele sabor. Para a quase totalidade das pessoas, aquela experiência teria sido um

---

* Veja imagens e mais informações em <http://www.google.com.br/search?hl=en&client= firefox-a&hs=Pes&rls=org.mozilla%3Aen-US%3Aofficial&q=Bitter+Melon&aq=f&aqi= g10&aql=&oq=&gs_rfai=>. (N.T.)

pesadelo. Mas, para os hackers, tudo fazia parte do sistema. Humanamente, não fazia sentido, mas tinha sua lógica. Era a Coisa Certa; dali em diante, em todo Dia dos Bobos, eles voltavam ao restaurante e insistiam que a refeição tivesse melão amargo com molho agridoce.

Era durante essas refeições que os hackers se mostravam mais sociáveis. Os restaurantes chineses ofereciam um fascinante sistema culinário e um ambiente físico previsível. Para tornar tudo ainda mais confortável, Gosper, um dos muitos hackers que detestavam fumaça no ar e que desprezavam quem fumava, levou uma vez um pequeno ventilador a bateria. O ventilador havia sido montando por um hacker adolescente que zanzava pelo laboratório de Inteligência Artificial — o aparelho parecia uma pequena bomba e fora construído com as peças de ventilação de um computador quebrado. Gosper ia colocá-lo sobre a mesa para que soprasse a fumaça de volta no rosto dos ofensores fumantes. Em uma ocasião, no restaurante Lucky Garden, em Cambridge, um brutamontes sentado na mesa ao lado sentiu-se ofendido quando a fumaça do cigarro de sua namorada voltava em direção da própria mesa, tocada pelo pequeno ventilador. Ele olhou para aqueles hackers típicos do MIT e seu ventiladorzinho e pediu para que desligassem o aparelho. "Ok, se ela parar de fumar", eles responderam. A essa altura, o brutamontes virou a mesa, quebrou pratos, espalhou chá por toda parte e até jogou os pauzinhos nas lâminas do ventilador. Os hackers, que consideravam o combate físico uma das interfaces humanas mais idiotas, olharam espantados. Mas o incidente acabou assim que o brutamontes percebeu um policial sentado do outro lado do salão do restaurante.

Foi uma exceção nos encontros usuais. A conversa girava sempre em torno de temas de interesse dos hackers. Em geral, eles levavam códigos impressos e, nas pausas da conversa, enfiavam o nariz em páginas com linguagem de montagem. De vez em quando, os hackers podiam até falar sobre assuntos do "mundo real", mas a Ética Hacker era identificada nos termos da discussão. Poderiam conversar sobre falhas em algum sistema. Ou um assunto entrava em pauta, trazido pela natural curiosidade hacker de saber como tudo funciona.

Um tema comum era o medonho reino da IBM, o desagradável imperador nu que dominava os computadores. Greenblatt podia "pegar fogo" — num longo e agitado discurso — contra os zilhões de dólares desperdiçados nos computadores da IBM. Ele voltou em férias para casa e viu que o Departamento de Ciências da Universidade do Missouri, que alegava não ter recursos financeiros, estava gastando 4 milhões de dólares por ano para cuidar e alimentar um dos Gigantes Monstruosos da IBM, que não tinha nem a metade do estilo do PDP-6. E, falando em coisas muitíssimo superestimadas, o que dizer do sistema de compartilhamento de tempo da IBM para o MIT, com aquele IBM 7094* logo ali no nono andar? Que grande desperdício!

A conversa podia seguir por uma refeição inteira. É preciso contar também sobre os temas de que os hackers não falavam. Eles não investiam muito tempo conversando sobre as implicações sociais e políticas dos computadores na sociedade (com exceção, talvez, para mencionar quão errada e ingênua era a concepção popular sobre o que era, de fato, um computador). Não falavam sobre esportes. Também mantinham a vida pessoal e emocional — se é que tinham uma — reservada. E, para um grupo de universitários saudáveis, havia pouquíssimas conversas sobre um tópico que comumente deixa os rapazes nessa idade obcecados: mulheres.

Embora alguns hackers tivessem um pouco de vida social ativa, as figuras-chave em torno do TMRC e do PDP haviam se trancado no que chamaram de "modo solteiro". Era fácil entender — muitos dos hackers eram solitários porque se sentiam socialmente desconfortáveis. Eram a previsibilidade e a controlabilidade de um sistema de computador — em oposição à desesperança dos randômicos problemas de relacionamento humano — que tornavam a atividade hacker tão atraente. Mas um fator mais forte era que os hackers consideravam a computação muito mais importante do que o envolvimento romântico. Era uma questão de prioridade.

A atividade hacker substituiu o sexo na vida deles.

"As pessoas estavam tão interessadas em computadores e nesse tipo de assunto que realmente apenas não tinham tempo (para mulheres)", Kotok observou mais tarde, "e, conforme ficavam mais velhos, formaram a ideia de que um dia uma mulher chegaria e diria: 'é você!'". Foi mais ou menos o que aconteceu para Kotok no final dos 30 anos. Enquanto isso, os hackers agiam como se sexo não existisse. Eles nem viam "a mulher maravilhosa" na mesa ao lado no restaurante chinês, porque "o conceito de mulher maravilhosa não constava do dicionário hacker", explicou David Silver, ele mesmo um hacker. Quando uma mulher entrava na vida de um hacker sério, havia alguma conversa do tipo: "O que anda acontecendo... os rapazes estão se separando...". Mas, em geral, esse tipo de questão era minimizada. Você não podia distrair-se com aqueles que ficavam pelo caminho porque estava envolvido naquilo que era o mais importante do mundo — ser hacker. Não somente uma obsessão ou um prazer luxuriante, ser hacker era uma missão. Você era hacker, vivia a Ética Hacker e sabia que aquelas coisas terríveis e ineficientes, como as mulheres, queimavam muitos ciclos e ocupavam muito espaço de memória. "As mulheres,

---

* Para mais informações sobre o IBM 7094, acesse <http://www-03.ibm.com/ibm/history/exhibits/mainframe/mainframe_PP7094.html>. (N.T.)

mesmo hoje em dia, são consideradas bastante imprevisíveis. Como um hacker pode tolerar um ser tão imperfeito?", comentou um hacker do PDP-6 quase duas décadas mais tarde.

Talvez fosse diferente se houvesse mais mulheres circulando pelo TMRC e pelo nono andar — as poucas que existiam formavam par com os hackers ("Elas nos acharam", um deles disse anos depois). Não havia muitas dessas mulheres, já que gente de fora — homem ou mulher — ficava à margem do grupo: os hackers falavam estranho, tinham hábitos esquisitos, comiam coisas desconhecidas e gastavam todo o tempo pensando em computadores.

E eles formavam uma cultura exclusivamente masculina. O fato triste é que não houve nenhuma mulher com categoria estelar entre os hackers. Ninguém sabe a razão. Houve mulheres programadores e algumas delas eram boas, mas nenhuma pareceu assumir a atividade hacker como um chamado sagrado, como Greenblatt, Gosper e os outros. Mesmo o substancial viés cultural contra as mulheres na área de computação consegue explicar a falta delas entre os hackers. "Os vieses culturais são fortes, mas não tão fortes assim", concluiu Gosper, atribuindo o fenômeno a diferenças genéticas ou de "hardware".

Depois que abandonou a faculdade, Greenblatt arrumou um emprego em uma empresa chamada Charles Adams Associates, que estava em processo de compra e instalação de um PDP-1. Greenblatt trabalhava o dia inteiro no escritório em Boston e voltava 48 quilômetros para o MIT para mergulhar na atividade hacker noturna habitual. De início, ele mudou do dormitório para a Associação Cristã de Moços de Cambridge, mas foi expulso porque não conseguia manter o quarto limpo. Depois desse período na Adams, ele voltou a ser contratado pelo laboratório de Inteligência Artificial e, embora tivesse agora uma situação de vida mais estável como pensionista em uma casa em Belmont de propriedade de um dentista aposentado e sua esposa, sempre era possível arrumar um berço no nono andar. Aparentemente, a limpeza não era prioridade, pois abundavam histórias sobre a sua falta de cuidados pessoais (anos depois, Greenblatt garantiu que ele não era pior do que muitos dos outros). Alguns hackers lembravam que as horas seguidas de trabalho impediam Greenblatt de tomar banho, e o resultado era um odor poderoso. A piada que circulava no laboratório de IA era que existia uma nova medida científica para o olfato, chamada miliblatt. Um ou dois miliblatts indicavam um odor desagradavelmente poderoso, mas um blatt referia-se a um cheiro absolutamente inconcebível. Para diminuir o poder dos miliblatts — a história prossegue —, os hackers levaram Greenblatt até um dos corredores do Prédio 20 onde havia um chuveiro para o caso de emergências químicas e deixaram a água rolar sobre ele.

Greenblatt e Gosper

Algumas vezes, Gosper cutucava Greenblatt por causa de seus hábitos pessoais e ficava particularmente aborrecido com a mania dele de esfregar fortemente as mãos, o que resultava em pequenas bolinhas de sujeira e pele. Gosper chamava aquilo de "blatties". Quando Greenblatt trabalhava na mesa de Gosper e deixava para trás alguns "blatties", o dono da mesa fazia questão de limpá-la depois com amônia para marcar sua posição. Gosper, às vezes, também provocava Greenblatt por causa de seu jeito horroroso de falar, tossir com frequência, pronunciar mal as palavras e balbuciar — embora muitas das expressões de Greenblatt tenham se incorporado ao vernáculo específico dos hackers. Por exemplo, provavelmente foi Greenblatt que popularizou a prática de dobrar as palavras para dar ênfase — como nas ocasiões em que ele tentava explicar algo para Gosper, Kotok e Samson e as palavras ficavam enroscadas, mas Greenblatt suspirava e começava tudo de novo. Gosper e os outros riam — mas, como a família faz com o padrão de fala das crianças ou com o tatibitate dos bebês, a comunidade adotou muitos "greenblattismos".

Apesar desses estranhos traços pessoais, a comunidade hacker tinha Greenblatt em alta consideração. Afinal, ele era daquele jeito por suas prioridades conscientes: ele era um hacker, não um socialite, e não havia nada mais importante do que isso. Ele ficava tão absorto em sua missão que podia passar seis meses sem retirar o cheque do salário no MIT. "Se ele tentasse sentar e articular sobre o que estava pensando, não teria feito nada. Se ele se preocupasse com seu jeito de falar, não teria escrito nada. Ele fazia o que sabia fazer melhor. Era totalmente pragmático. Não dava a mínima sobre o que pensavam dele. Se alguém achasse que era estúpido, não era problema dele. Algumas pessoas achavam isso e elas estavam erradas", comentou Gosper.

Ele apreciava o foco e a concentração de Greenblatt especialmente porque sua insistência em se formar lhe causou problemas (ele se formou em 1965). O último ano no MIT foi um desastre acadêmico porque ele fracassou por uma margem muito pequena. Porém, esse não foi o principal motivo: o pior era o pacto que ele havia assinado com a Marinha dos Estados Unidos. Antes de entrar no MIT, ele fez um exame para um serviço civil e foi muito bem classificado, ingressando em um programa exclusivo de desenvolvimento de estudantes de engenharia. Nas férias de verão, ele tinha que trabalhar para a Marinha, que lhe pagava metade da anuidade da universidade, e, depois de formado, serviria mais três anos como profissional civil. Quando Gosper assinou esse acordo, havia uma cláusula de escape que permitia que o compromisso fosse adiado se o estudante fosse fazer uma pós-graduação; ou até suspenso, se uma corporação devolvesse o valor da bolsa para a Marinha. Mas, durante o último ano de Gosper, a escola de pós-graduação fechou misteriosamente suas portas. Portanto, somente a devolução do dinheiro poderia salvá-lo; e ele não dispunha da quantia.

A perspectiva de ir para a Marinha era hedionda. Durante o período das férias de verão, ele era exposto a um sistema patético que ia contra todos os princípios da Ética Hacker. Os programadores eram mantidos em uma sala totalmente afastada da máquina; algumas vezes, como uma recompensa por bom comportamento, um dos programadores mais obedientes podia entrar na sala do computador e ver um programa rodar (certa vez uma mulher foi autorizada a entrar na sala, e a visão das luzes piscando e dos discos girando a fizera passar mal). Além disso, o gestor de Gosper na Marinha era um homem que não conseguia entender por que o logaritmo das somas em uma equação não era a soma dos logaritmos. Não havia jeito no mundo para fazer Bill Gosper trabalhar sob a direção de um homem que não reconhecia essa diferença.

E havia ainda a percepção de Gosper de que a Marinha tinha um caso de amor com o Univac,* que ele considerava uma paródia grotesca de um computador. Ele pensava que a Marinha devia saber que aquilo era um horror, mas continuava a usar a máquina — um exemplo clássico dos resultados emanados da burocracia do mundo exterior. Viver ao lado daquela máquina era fazer uma imersão no inferno. Gosper utilizava os computadores para descobrir coisas novas, e era essencial que o computador fosse uma máquina excelente para o trabalho do dia a dia. O PDP-6 era o melhor que ele já havia encontrado até então e estava disposto a não abandoná-lo, especialmente por um cão fedorento como o Univac. "Quando eu via algo incrivelmente estúpido em um computador, algum erro de design ou o que fosse, era como acionar o inferno dentro de mim. Além disso, o PDP-6 sempre pareceu uma máquina perfectível. Quando algo estava errado, era possível mudar. De algum modo, nós vivíamos dentro daquela maldita máquina; era parte de nosso ambiente. Havia quase uma sociedade dentro dela... Eu não podia imaginar viver sem um PDP-6", contou depois Gosper.

Ele estava determinado a conseguir o dinheiro para devolver a bolsa à Marinha, juntando-o ao trabalhar para uma empresa com um PDP-6. Ele atingiu esse objetivo conseguindo um emprego na companhia em que Greenblatt já havia trabalhado no ano passado, a Charles Adams.** O fato de que a empresa nunca conseguiu fazer o seu PDP-6 rodar a contento (Greenblatt insistia que havia preparado a máquina adequadamente) não parecia incomodá-lo: o que o deixava maluco era que a Charles Adams desmontou o projeto inicial e havia comprado uma cópia carbono do Gigante Monstruoso Univac, que a Marinha já tinha.

---

* Mais informações em <http://en.wikipedia.org/wiki/UNIVAC>. (N.T.)

** Saiba mais em <http://en.wikipedia.org/wiki/Keydata_Corporation>. (N.T.)

A essa altura, mais recursos desembarcavam no Projeto MAC, e Bill Gosper encontrou a trilha para chegar à folha de pagamento. Mas teve que mudar seus hábitos a duras penas, porque, durante todo o período na Charles Adams, continuou a atividade hacker todas as noites no nono andar.

Nessa época, Greenblatt estava completamente mergulhado na onda hacker. Um dos primeiros projetos que ele executou no PDP-6 foi um compilador LISP para permitir que John McCarthy rodasse a mais recente e sofisticada versão de sua linguagem de Inteligência Artificial. O jovem Peter Deutsch havia escrito um para a LISP do PDP-1, mas não era muito eficiente, já que o UM tinha menos memória; e a LISP, que operava com símbolos, não com números, mais facilmente traduzíveis para a linguagem binária, consumia uma quantidade incrível de memória.

Algumas pessoas, especialmente Gosper, achavam que a LISP era uma perda de tempo no PDP-6. Ele estava sempre preocupado com o que considerava a atroz falta de poder de memória dos computadores da época e, mais tarde, ia se mostrar indignado com a ignorância de todos no laboratório de IA, tentando realizar tarefas impossíveis e se culpando em vez de responsabilizar as falhas das máquinas então disponíveis. No ano de sua formatura, Gosper foi colocado para trabalhar para Minsky em um monitor que testaria se um fenômeno visual era binocular ou monocular. Gosper conseguiu chegar perto com uma solução inteligente, com superposição de imagens, que pelo menos mostrava o fenômeno no monitor, mas vivia quebrando a cabeça na parede ao tentar fazer a máquina realizar algo que ainda não podia. Uma das tarefas que Gosper considerava impossível era uma LISP útil para o PDP-6 — isso poderia ser bom como avaliador de símbolo, mas não para *fazer* coisas. Ele considerava uma tolice de Minsky fazer Greenblatt e os outros ficarem presos a essa implementação.

No entanto, Greenblatt via além. Como ele percebeu que a LISP para o PDP-6 não seria totalmente pragmática, sentiu a necessidade de avançar. Queria uma linguagem poderosa que pudesse ajudar o campo da Inteligência Artificial a evoluir; seria a linguagem com a qual os computadores realizariam tarefas extremamente difíceis e com a qual realmente aprenderiam. Na época, Greenblatt começava a ter uma visão de futuro, uma suspeita sobre a implementação técnica do sonho hacker. Então, ele e alguns outros — inclusive Kotok que veio da DEC — começaram a trabalhar na LISP para o PDP-6. Eles encheram o quadro-negro do clube TMRC com linhas e linhas de código e, finalmente, conseguiram fazer rodar na máquina.

As partes cruciais foram escritas por Greenblatt e outro hacker. Duas ou três pessoas dedicadas a um projeto eram consideradas como a "Coisa Certa" — muito menos gente do que o estilo que a IBM chamava de "onda humana": a empresa colocava dúzias de programadores para resolver um problema e acabava gerando muito lixo. Em contrapartida, era melhor confiar em duas ou três pessoas do que em um navegante solitário — então, quando alguém chegava ao final da fase de trinta horas, outro hacker podia chegar e dar continuidade à atividade. Um tipo de projeto de colaboração em revezamento.

Com a MacLISP para o PDP-6 (chamada assim por causa do Projeto MAC), os hackers começaram a integrar essa linguagem em seus programas e até mesmo em suas conversas. A convenção LISP de usar a letra "p" como termo lógico, por exemplo, inspirou o estilo hacker de fazer perguntas. Quando alguém dizia "comida-p?", todo hacker sabia que a pergunta era se gostaria de algo para comer. Os termos da LISP "T" e "nil" acabaram por se tornar, respectivamente, "sim" e "não". A aceitação da LISP não diminuiu o amor dos hackers pela linguagem de montagem, principalmente o conjunto de instruções do PDP-6. Porém, como Greenblatt e até mesmo Gosper perceberam mais tarde, a LISP era um sistema poderoso que se encaixou muito bem no princípio de mãos à obra da Ética Hacker.

A DEC mostrou-se interessada na MacLISP, e Kotok arranjou para que Greenblatt e os outros fossem a Maynard nas madrugadas para trabalhar no programa, digitar seu código e depurá-lo. Tudo fazia parte do acordo sem burocracia entre o MIT e a DEC, e ninguém questionou nada. A Coisa Certa a fazer era se certificar de que todo bom programa tivesse a máxima exposição possível, porque a *informação era livre* e o mundo seria aperfeiçoado pela aceleração de seu fluxo.

Depois de trabalhar na MacLISP,* Greenblatt tornou-se, talvez, a mais alta autoridade hacker em sistemas para o PDP-6. O novo administrador do Laboratório de Inteligência Artificial, um jovem senhor do Sudoeste dos Estados Unidos, chamado Russell Noftsker, havia contratado Greenblatt para manter e aprimorar o que era a criação orgânica de um sistema operacional de computador. Entretanto, a visão de Greenblatt não se detinha em sistemas; ele estava profundamente atraído pelos conceitos da Inteligência Artificial. Ele decidira usar o computador para realmente fazer alguma coisa naquela área, e, já que ele era um jogador de xadrez desde criança, nada mais lógico do que se dedicar a um programa que fosse além dos esforços de Kotok e de outros projetos já tentados em todos os Estados Unidos.

Como todo bom hacker, assim que ele decidiu trabalhar em algo, colocou mãos à obra. Ninguém perguntou a ele o propósito. Ele não se incomodou em notificar seus superiores. Minsky não teve que ponderar sobre as virtudes relativas do projeto. Não

---

* Acesse <http://en.wikipedia.org/wiki/Maclisp> para mais detalhes. (N.T.)

havia canais a percorrer porque, naquela época, em meados da década de 1960, naqueles dias iniciais do laboratório de Inteligência Artificial, os hackers eram os canais. Era a Ética Hacker colocada para funcionar, e Greenblatt fez o melhor por ela.

Ele viu uma partida ser disputada com o programa de Kotok e considerou um lixo. Basicamente, os rapazes não sabiam jogar xadrez: embalados por fazer o computador mover as peças sobre o tabuleiro, eles se esqueceram de que o nome do jogo é tomar as peças do adversário. O programa de Greenblatt usava técnicas sofisticadas de Inteligência Artificial para que os movimentos do computador estivessem de acordo com os critérios considerados por ele um "bom xadrez". Trabalhando com uma dupla de hackers, Greenblatt fez uma blitz de programação. Ele trabalhava cerca de quatro horas por dia no PDP-6 e depois continuava a escrever código fora da máquina. Ele conseguiu fazer o programa começar a rodar em uma semana. O jogo foi depurado, ganhou diferenciais e se tornou mais atraente nos seis meses seguintes (Greenblatt chegou a receber uma oferta do MIT de certificação acadêmica, se ele escrevesse uma tese sobre o seu programa de xadrez; mas ele nunca fez isso).

Circulando no MIT por volta de 1965, estava um notório documento da Rand Corporation,* denominado *Alquimia e Inteligência Artificial*. Seu autor, um acadêmico chamado Hubert Dreyfus,** deixou atônitos o campo e seus praticantes. Para os hackers, suas críticas eram particularmente nocivas, já que o computador era seu modelo implícito de comportamento, pelo menos, no que se referia a suas teorias sobre informação, justiça e ação. Dreyfus tinha foco na estrutura ridiculamente limitada dos computadores, quando comparada à do cérebro humano. Seu golpe de misericórdia foi a precipitada assertiva de que nenhum programa de computador seria capaz de jogar xadrez bem o bastante para ganhar de uma criança de 10 anos de idade.

Depois que Greenblatt terminou seu programa, chamado de MacHack,*** o MIT convidou Dreyfus para jogar com o PDP-6. Os hackers se juntaram para ver a máquina, substituindo Richard Greenblatt, enfrentar aquele arrogante, magro e ruivo adversário dos computadores. Herbert Simon,**** um dos pioneiros da Inteligência Artificial, resumiu a partida da seguinte forma:

---

*   Conheça mais, acessando <http://www.rand.org/>. (N.T.)
**   Leia sobre em <http://en.wikipedia.org/wiki/Hubert_Dreyfus#Dreyfus.27s_criticism_of_AI>. (N.T.)
***   Mais informações sobre o programa em <http://en.wikipedia.org/wiki/Mac_Hack>. (N.T.)
**** Para saber mais sobre Herbert Simon, acesse <http://www.psy.cmu.edu/psy/faculty/hsimon/hsimon.html>. (N.T.)

PARTE I   **Os verdadeiros hackers**

"... um duelo real. Eram dois lutadores... brigando duramente entre si. Dreyfus estava em dificuldades, mas não era fácil derrotá-lo. Então, ele encontrou um movimento com o qual poderia capturar a rainha do oponente. E a única forma de o computador sair da situação era manter Dreyfus em xeque com sua própria rainha até que pudesse ameaçar a rainha e o rei dele e fazer a troca. E o programa fez exatamente isso. Assim que conseguiu mover-se daquele modo, o jogo de Dreyfys desfez-se em pedaços e, então, recebeu xeque-mate no meio do tabuleiro[3]."

Peter Samson lembra a cena imediatamente após a derrota de Dreyfus: o crítico derrotado olhou em volta a assembleia de professores e hackers, incluindo o vitorioso Greenblatt, com a mente confusa. Por que eles não estavam felizes, aplaudindo, gritando? Porque eles sabiam. Dreyfus fazia parte daquele "mundo real", que possivelmente não conseguia compreender a fantástica natureza dos computadores muito menos imaginar o que era trabalhar tão próximo do PDP-6, aquele que se tornava o seu próprio ambiente. Isso é algo que Dreyfus jamais saberia. Nem mesmo Minsky, que nunca se converteu ao batistério de ser hacker da linguagem de montagem durante trinta horas seguidas por sete dias da semana, jamais vivenciou essa experiência. Os hackers, os Greenblatts e os Gospers, estavam certos de que tinham estado lá, sabiam do que se tratava e voltavam sempre — com o objetivo de produzir, encontrar novas descobertas e tornar o mundo diferente e melhor. Para convencer os céticos, levar o segredo ao mundo exterior era o proselitismo da Ética Hacker — nada que pudesse ser comparado à sua prática.

* Notas *

A principal fonte de informação do livro *Hackers* foi mais de uma centena de entrevistas pessoais realizadas pelo autor entre 1982 e 1983. Além dessas entrevistas, são feitas também referências a fontes impressas e eletrônicas que estão citadas no rodapé das páginas desta edição.

[1] O funcionamento do Solitário no computador está descrito em Beeler M. et al. "Hakmem". *AI Lab Memo do MIT*, n. 239, fevereiro de 1972.

[2] A frase de Gosper faz parte do artigo "Hakmem", mencionado na nota anterior.

[3] A frase de Simon é mencionada por Pamela McCorduck em *Machines Who Think: A Personal Inquiry into the History and Prospects of Artificial Intelligence* (Editora W. H. Freeman & Co., 1979), um livro que considero extremamente relevante para traçar o cenário em que atuaram os planejadores do Laboratório de Inteligência Artificial do MIT.

Capítulo 5
A SOCIEDADE DOS HACKERS DA MEIA-NOITE

Greenblatt era um hacker de sistema e um visionário das aplicações; Gosper era um explorador metafísico e artesão do esotérico. Juntos, eles eram as duas pernas de um triângulo tecnocultural que serviu de base para a fundação da Ética Hacker que se tornou suprema no MIT nos anos seguintes. A terceira perna do triângulo chegou no outono de 1963, e seu nome era Stewart Nelson.

Logo depois de sua chegada, Stew Nelson demonstrou sua curiosidade e habilidade para avançar em domínios eletrônicos ainda inexplorados. E também mostrou logo de início as características indicativas de seu potencial para se tornar um mestre mágico a serviço da Ética Hacker. Como era costume, Nelson chegou uns dias antes para a semana dos calouros. Ele era baixinho, dentuço, geralmente taciturno, com cabelos encaracolados e olhos castanhos penetrantes, o que lhe dava aparência de um pequeno roedor com curiosidade incansável. De fato, Stewart Nelson estava farejando equipamentos eletrônicos sofisticados com os quais pudesse brincar, e não demorou muito para que ele encontrasse o que queria no MIT.

Começou na WTBS, a estação de rádio do campus. Bob Clements, um estudante que trabalhava na rádio e que depois desenvolveria alguma atividade hacker no PDP-6, estava mostrando a um grupo de calouros as salas de controle, quando abriu uma porta que dava para um complexo de equipamentos — e encontrou lá dentro Stew Nelson, "um rapazinho maligno, que estava com os dedos na alma de nossas linhas telefônicas e no nosso radiotransmissor", como ele descreveu depois.

Realmente, ele encontrou o caminho para o PDP-1 na Sala Kluge. A máquina deixou Nelson muito excitado. Ele viu aquele computador amigável no qual era possível colocar as mãos e, com uma confiança que Greenblatt chamaria de hacker, começou a trabalhar. Ele notou imediatamente como o alto-falante estava conectado ao computador e como o programa de música de Peter Samson podia controlá-lo. Então, em uma noite bem tarde, quando John McKenzie e o pessoal em volta do TX-0 da outra sala estavam em casa dormindo, Nelson aprendeu a programar no PDP-1 e não demorou nada para que ensinasse a máquina a fazer novos truques. Ele programou alguns sons apropriados para serem reproduzidos pelo alto-falante e pelo receptor aberto do telefone do campus que ficava na Sala Kluge. Esses tons faziam o sistema telefônico entrar em alerta, falar e dançar. Dançar, linhas telefônicas dançando!

E os sinais realmente dançavam de uma parte do sistema telefônico em rede do MIT para o Haystack Observatory* (conectado ao sistema do instituto) de onde seguiam para uma linha aberta — e, então, liberados, dançavam mundo afora. Não havia o que os detivesse, porque os tons específicos gerados por Nelson no PDP-1 eram exatamente aqueles usados pela companhia telefônica para enviar suas chamadas internas em torno do mundo. E Nelson sabia que os tons poderiam levá-lo por todo aquele maravilhoso sistema da companhia telefônica — sem pagar um tostão.

Esse alquimista analógico, o novo rei dos hackers, estava mostrando a um grupo muito impressionado de programadores do PDP-1 como um calouro solitário podia assumir o controle sobre o quase centenário sistema telefônico, usando isso não para se aproveitar, mas pela pura alegria da exploração tecnológica. O rumor sobre esses feitos espalharam-se, e Nelson começou a conquistar o status de herói no TMRC e na Sala Kluge; logo alguns dos mais tímidos hackers do PDP-1 estavam conjecturando se ele tinha ido longe demais. Greenblatt não achava isso tampouco nenhum dos hackers verdadeiros; as pessoas do TMRC fizeram coisas semelhantes durante anos; e, se Nelson levou tudo um passo além, essa era uma consequência da Ética Hacker. Mas, quando John McKenzie soube, mandou que Nelson parasse, provavelmente porque percebeu que poderia fazer muito pouco para diminuir a eterna busca de Nelson por conhecimento sobre sistemas. "Como você detém um talento como aquele?", refletiu anos depois. E tudo foi muito mais longe, e, de algum modo, nunca mais pararam.

As pirotecnias de Nelson como calouro nem pareciam tão luminosas quanto as que ele fazia antes do MIT. Nascido no Bronx, Nelson era filho de um físico que se tornou

---

* Saiba mais sobre o observatório do MIT em <http://www.haystack.mit.edu/>. (N.T.)

engenheiro e fez alguns trabalhos pioneiros para o desenvolvimento da televisão colorida. Portanto, o interesse do garoto pelos equipamentos eletrônicos não chamava a atenção dos pais. Era tão natural quanto caminhar. Aos 5 anos, ele montava rádios de galena. Aos 8 anos, trabalhou em um alarme contra furtos com relés duplos. Ele tinha pouco interesse na escola, social e educacionalmente falando, mas gravitava na oficina de eletrônica onde se engajou em incansáveis experiências. Não demorou muito para que as mães das outras crianças proibissem seus filhos de brincar com Nelson — elas tinham medo que sua prole fosse tostada por uma dose de eletricidade. Havia perigos inevitáveis de zanzar por aí com poderosos circuitos de válvulas e transistores modernos alimentados por linhas de 110 volts. Em uma ocasião, ele tomou um choque tão severo que foi dolorosamente arremessado contra a parede. Depois, ele contava histórias sobre o equipamento voando pelos ares e explodindo em pedacinhos. Quando tomou um choque particularmente forte, ele jurou não brincar mais com eletricidade. Mas, dois dias depois, estava de volta; o jovem trabalhador solitário dos fantásticos projetos.

Ele amava telefones. Sua família mudara para Haddonfield (Nova Jersey), e logo Nelson descobriu que, clicando o botão sobre o qual o fone repousava, era possível realmente discar um número. Alguém do outro lado da linha respondia: "Alô... sim? Alô?". Ele percebeu que não se tratava de um efeito randômico, mas de algo conectado a um sistema que podia ser indefinidamente explorado. Stewart Nelson em breve passou a construir coisas que, em meados da década de 1950, nenhum de seus vizinhos jamais havia visto antes, como discadores automáticos e equipamentos que podiam conectar várias linhas simultaneamente, receber uma ligação e automaticamente chamar outro número. Ele aprendeu a manejar equipamentos telefônicos com a destreza com que um artista maneja suas ferramentas. Anos mais tarde, testemunhas contaram como Nelson, colocado diante de um aparelho telefônico, o desmantelava imediatamente; primeiro, removendo o filtro que impedia quem fazia a ligação de ouvir os sinais de discagem; e, depois, fazendo alguns ajustes para que o telefone discasse muito mais depressa. No fundo, ele estava reprogramando o aparelho, depurando unilateralmente o equipamento da Western Electric.

O pai de Stew morreu quando ele fez 14 anos, e sua mãe mudou com as crianças para Poughkeepsie (Nova York). Lá, ele fez um acordo com os professores do ginásio, segundo o qual consertaria os aparelhos de rádio e tevê desde que não tivesse que ir às aulas. Em vez disso, passava o tempo em uma pequena estação de rádio que estava começando a operar na cidade. Na verdade, Nelson relembra que "colocou a rádio para funcionar", conectando os elementos, sintonizando o transmissor, encontrando fontes de ruídos e murmúrios no sistema. Quando a rádio começou a operar, ele era o principal engenheiro e, algumas vezes, foi até o *disc jockey*. Cada falha no sistema era uma nova aventura, um novo convite à exploração, a tentar algo novo e ver o que acontecia. Para Stewart Nelson, buscar e descobrir o que podia acontecer era a principal justificativa, muito mais do que a defesa própria ou a insanidade temporária.

Com essa atitude, ele se encaixou confortavelmente na turma do TMRC e do PDP-1. Já havia um ávido interesse naqueles rapazes sobre o funcionamento dos sistemas telefônicos, e, com Nelson por perto, essa era a oportunidade para o seu forte florescimento. Além de ser um gênio técnico, ele enfrentava os problemas com uma perseverança canina. Donald Eastlake, um colega de turma recorda: "Ele abordava as questões com ações. Era muito persistente. Se você tenta algumas vezes e desiste, não vai chegar lá. Mas se mantém o foco... Existem muitos problemas no mundo que realmente são resolvidos porque algumas pessoas aplicam duas ou três vezes mais persistência do que outras".

Nelson estava usando uma Ética Hacker ampliada — se nós agirmos por nossa própria iniciativa para trabalhar, vamos descobrir mais, produzir mais e estar mais no controle. Naturalmente, o sistema telefônico foi o seu objeto inicial de exploração no MIT. Primeiro o PDP-1 e depois o PDP-6 eram as ferramentas ideais para usar nessas incursões. Mas, assim que estabeleceu essas jornadas, aderiu à moralidade não oficial dos hackers: você pode ligar para onde quiser, tentar qualquer coisa e fazer experiências intermináveis, mas não pode fazer isso para obter ganhos financeiros. Ele não aprovava aqueles estudantes do MIT que construíam "caixas azuis" — equipamentos de hardware para fazer ligações ilegais — com o propósito de lesar a companhia telefônica. Nelson e os outros acreditavam que eles estavam ajudando a empresa. Eles assumiam o controle das linhas prioritárias em diversas regiões do país e as testavam. Se não estivessem funcionando adequadamente, reportavam ao apropriado serviço de reparo da companhia.

Para fazer isso, certamente, você tinha que incorporar com sucesso a função de funcionários técnicos da Bell Telephone System, mas os hackers estavam bastante preparados para isso, especialmente depois de contrabandear e ler os clássicos *Princípios da eletricidade e da eletrônica aplicados ao trabalho no telefone e no telégrafo* ou *Notas sobre a discagem a distância** ou exemplares mais recentes do *Bell System Technical Journal*.

Armado com essas informações, você pode viajar pelo mundo, dizendo a uma telefonista: "Estou chamando do quadro de testes em Hackensack e gostaria que você

---

*   Originais disponíveis em <http://long-lines.net/sources/ATT_tech_books.html>. (N.T.)

me conectasse com Roma. Estamos tentando testar o circuito". Ela discaria o número de conexão com o outro número, e logo você perguntava a uma operadora na Itália como estava o tempo por lá. Ou poderia usar o PDP-1 no modo "caixa azul", deixando a máquina rotear e (re)rotear novamente as ligações até que você estivesse conectado a um número telefônico na Inglaterra, no qual as crianças podem ouvir histórias antes de dormir, um serviço inacessível nos Estados Unidos.

Em meados da década de 1960, a companhia telefônica estava implantando o sistema 0800 de ligações gratuitas. Naturalmente, os hackers souberam disso. Com precisão científica, eles tentaram adentrar aqueles domínios desconhecidos: as excursões à terra do 0800 podiam conduzir a lugares bizarros, das Ilhas Virgens para Nova York. De vez em quando, alguém da companhia telefônica fazia uma ligação para a linha ao lado do computador, perguntando o que eram aquelas quatrocentas chamadas — ou mais — para números que, de acordo com os técnicos da empresa, não existiam. A desafortunada filial de Cambridge da companhia telefônica já tinha enfrentado a turma do MIT e enfrentaria novamente — até que os técnicos decidiram entrar no nono andar do Tech Square e pediram aos rapazes que lhes entregassem a caixa azul. Quando os hackers apontaram o PDP-6, os técnicos frustrados tentaram levar a máquina inteira, até que os rapazes decidiram desconectar a interface telefônica para lhe entregar.

Apesar de o interesse inicial de Nelson ter sido pela entrada no sistema telefônico, logo ele estava versátil no PDP-1 e começara a programar todo tipo de coisas. Quanto mais ele programava, melhor ficava; quanto melhor ficava, mais tinha vontade de programar. Nelson se sentava perto do console da máquina, enquanto estudantes de pós-graduação lidavam com um programa; e circulava pelas costas deles deixando os outros enlouquecidos, até que explodia: "Se eu resolver o problema, vocês me deixam usar o computador?". Os estudantes de pós, que provavelmente estavam há semanas procurando a solução, concordavam, mas sem acreditar muito que aquele colega mais jovem fosse dar conta do problema. Mas Nelson já os tinha tirado do console, chamado o programa de edição TECO* e logo estava trabalhando. Em cinco minutos, tudo estava pronto e sendo impresso na máquina de perfuração ao lado do computador. Em mais alguns instantes, Nelson cortava a fita e a recolocava no computador, fazendo rodar o programa dos outros estudantes. Resolvido o problema, ele podia se dedicar à sua própria atividade.

Ele desconhecia fronteiras. Ele usava tanto o PDP-1 na Sala Kluge quanto a nova máquina do Projeto MAC. Quando os outros usavam o PDP-1 com seu limitado

---

* Mais informações em <http://en.wikipedia.org/wiki/Text_Editor_and_Corrector>. (N.T.)

conjunto de instruções, eles reclamavam porque tinham que usar diversas instruções para uma simples operação e, então, utilizar as sub-rotinas para fazer os programas. Nelson gerava código com a melhor das máquinas, mas queria dispor de mais poder para dar instruções. Inscrever uma instrução no computador — ou seja, no hardware — poderia ser um avanço poderoso. Quando o TX-0 recebeu essas novas instruções, teve que ser desligado por um tempo, enquanto os sacerdotes oficiais, treinados para se tornar papas, realizaram nele a cirurgia cerebral. Parecia bem lógico — quem esperaria que uma universidade permitisse que um calouro pusesse as mãos nas partes mais delicadas de um computador fantasticamente caro?

Ninguém. De fato, Dan Edwards, um dos estudantes de pós de Minsky que realizou alguma atividade hacker para o jogo *Spacewar*, nomeou-se o protetor do hardware. Segundo Gosper, Edwards declarou que "qualquer um que fizesse a mínima alteração na perfuradora de fitas seria permanentemente banido daquele lugar!". Mas os hackers não ligavam para o que a universidade permitia, ou não. A opinião de Dan Edwards era ainda menos relevante: sua posição de autoridade, como a de qualquer outro burocrata, era um mero acidente.

Nelson acreditava que adicionar memória de instrução à máquina a melhoraria. Levariam meses, talvez, para seguir os canais competentes e fazer isso. Mas, se ele mesmo o fizesse, aprenderia algo mais sobre como o mundo funciona. Então, uma noite, Nelson espontaneamente criou a Midnight Computer Wiring Society (Sociedade dos Hackers da Meia-Noite — MCWS, em tradução livre). Era uma organização com fins totalmente específicos, que, quando o fluxo da história exigia, burlava os regulamentos do MIT contra mudanças não autorizadas em computadores caros. A MCWS naquela noite era formada por Nelson, um estudante funcionário, e mais alguns hackers que andavam por ali. Eles abriram o gabinete da máquina e começaram a mexer internamente no PDP-1. Nelson inseriu um par de diodos entre a linha "adicional" e a de armazenamento do decodificador de instruções e obteve o novo código de operação (op-code), o qual — presumivelmente — suportaria todas as instruções prévias. Ele rearranjou a máquina para que ficasse com a aparência habitual — pelo menos, por fora.

O computador foi testado pelos hackers naquela noite e operou sem problemas. Mas, no dia seguinte, um Usuário Oficialmente Sancionado, com nome de Margaret Hamilton, apareceu no nono andar para trabalhar em algo chamado Modelo Vortex para um projeto de simulação meteorológica no qual ela trabalhava. Margaret estava começando uma carreira de programadora, que a tornaria, de fato, encarregada dos computadores no projeto Apolo, e o Vortex era muito importante. Ela sabia das atividades noturnas dos hackers no nono andar e era razoavelmente amigável com alguns deles, embora em sua memória todos parecessem ter a mesma personalidade: um jovem desajeitado, embora educado, cujo amor pelos computadores o fazia perder toda a razão.

O assembler que Margaret usava em seu programa Vortex não era o MIDAS,* que fora escrito pelos hackers. Em vez disso, ela optara pelo assembler DEC fornecido pelo sistema DECAL,** que os hackers consideravam absolutamente horrível. Então, ao testar a máquina na noite anterior, Nelson e a turma do MCWS não experimentaram o assembler da DECAL, nem consideraram que ele pudesse acessar o código de instruções de modo diferente que o do MIDAS, uma maneira que era fortemente afetada por pequenas quedas de voltagem criadas pelo acréscimo de dois diodos entre a linha adicional e a de armazenamento. O que Margaret não sabia era que o PDP-1 havia passado por uma cirurgia na noite passada. Então, ela não entendeu imediatamente por que seu programa Vortex, assim que o colocou no computador com o assembler da DECAL... quebrou. Parou de funcionar. Morreu. Misteriosamente, um programa perfeito havia sido detonado. Embora os programas sempre apresentem problemas por várias razões, dessa vez, Margaret reclamou disso; e alguém olhou dentro da máquina e outro alguém mais apontou o dedo para os integrantes do MCWS. Então, houve repercussões. Reprimendas.

Esse não foi o fim da Sociedade dos Hackers da Meia-Noite. Edward e sua turma não poderiam passar todas as noites apenas tomando conta das máquinas. Além disso, Minsky e os outros responsáveis pelo projeto MAC sabiam que a atividade noturna dos hackers estava se transformando em um curso de pós-graduação prático sobre design lógico e competência em hardware. Um pouco também porque os hackers foram se tornando ainda melhores para evitar desastres como o caso Margaret Hamilton; o banimento oficial da atividade em hardware no laboratório de Inteligência Artificial foi sendo relegado ao passado, como aquelas leis antiquadas que ninguém se preocupa em apagar dos livros, por exemplo a que proíbe bater em cavalos publicamente aos domingos nos Estados Unidos. De fato, a MCWS sentia-se livre o bastante para mudar instruções, fazer novas conexões de hardware e até mesmo coordenar o computador e as luzes do nono andar: quando alguém colocava o

---

* Mais detalhes em <http://www.computerhistory.org/collections/accession/102657907>. (N.T.)
** Informações e imagens em <http://docs.google.com/viewer?a=v&q=cache:rSxScNP8ESAJ: archive.computerhistory.org/resources/text/dec/pdp-1/dec.pdp-1.pdp-1_programmed_ data_processor-1.1961.102664957.pdf+%22DECAL+assembler%22&hl=en&gl=us&pid=b l&srcid=ADGEESjSJnACcRG7sm8CT09_HGJie-EMhkPtDi09KhcV3VOHQbXJElo0vjYD9 EZ5a7aTIqq1w1Agh3_fhSTYPMaur-sFdo4S3az5BGEpddfUO1KWuwW1rwAJYGeys_ VvV4yJA6DqBYI-&sig=AHIEtbRTooyS0Uk8F4ToELjXCmniMJBgvw>. (N.T.)

programa de edição TECO para rodar, as luzes do ambiente diminuíam automaticamente para melhorar a leitura do monitor CRT.

Esta última ideia teve uma consequência inesperada. O editor TECO tocava um sino no teletipo para indicar quando o usuário havia cometido um erro. Normalmente, isso não era um problema, mas em certos dias a máquina fraquejava e se tornava extremamente sensível às variações de energia — como aquelas causadas pelo sino no teletipo. Nesses momentos, quando alguém cometia um erro com o TECO, o sino soava e a máquina entrava em estado randômico. O computador ficava fora de controle; perfurava espasmodicamente, tocava o sininho e, mais impressionante, acendia e apagava as luzes do nono andar. O computador estava enfeitiçado! Ficção científica, o fim do mundo!

Os hackers achavam tudo aquilo muito engraçado.

O pessoal encarregado do laboratório, particularmente Marvin Minsky, era muito compreensivo com esse comportamento dos rapazes. Marvin, como os hackers o chamavam, sabia que a Ética Hacker era o que mantinha o laboratório produtivo e ele não mexeria com um dos princípios cruciais do hackerismo. No entanto, havia Stew Nelson, constantemente em choque com as regras, uma batata quente que ficava ainda mais quente quando ele era pego com as mãos ainda vermelhas no sistema telefônico. Algo tinha que ser feito. Então, Minsky chamou seu amigo Ed Fredkin e lhe disse que tinha esse problema com um inacreditavelmente brilhante rapaz de 19 anos, que tinha um pendor para se enroscar em complicações sofisticadas. Será que Fredkin poderia contratá-lo?

Além de ser um amigo próximo de Marvin Minsky e fundador da Information International Incorporated (Triple-I), Ed Fredkin considerava-se o maior programador do mundo.

Homem de cabelos escuros e olhos calorosos por trás de um par de óculos que repousava sobre um nariz ligeiramente intelectual, Fredkin nunca concluiu a faculdade. Ele aprendeu sobre computadores na Força Aérea em 1956, como um dos primeiros a trabalhar no sistema de defesa computadorizado SAGE, que na época tinha a reputação de ser o mais complicado sistema concebido pela humanidade. Fredkin e mais dezenove rapazes começaram um curso intensivo no incipiente campo da computação — dispositivos de armazenamento de dados, lógica, comunicações e programação. Ele se recorda daquele tempo com sua voz suave de contador de histórias: "Depois de uma semana, todos haviam desistido, menos eu".

Ed Fredkin não mergulhou nos computadores de cabeça como Kotok, Samson, Greenblatt ou Gosper — de algum modo, ele era um homem bastante equilibrado e um intelectual poliglota para se fixar somente em computadores. Mas era muito curioso a respeito do assunto, então, depois de deixar a Força Aérea, ele arrumou um emprego no Lincoln Lab, afiliado do MIT, onde logo conquistou a fama de ser o melhor programador. Ele conseguia trazer à tona algoritmos originais, alguns dos quais se tornaram conhecidos protocolos padrão de programação. Também foi um dos primeiros a entender o significado do PDP-1 — ele soube do projeto antes de o primeiro protótipo ficar pronto e já encomendou um. Fredkin conversou sobre a aquisição com a Bolt Beranek e Newman (BBN), que o contratou para programar a máquina e escrever um montador. Ele fez exatamente isso e, modestamente, considerava o trabalho uma obra de arte da programação. Além de fazer o sistema funcionar, engajou-se em um projeto matemático do tipo que seria mais tarde o forte de Bill Gosper e realizou teorizações pioneiras em automação. Mas como não era um hacker puro — tinha instintos empreendedores e uma família para sustentar —, ele deixou a BBN para iniciar seu próprio negócio, a Information International, para entregar soluções digitais e consultoria especial em computadores. A empresa ficava realmente em Los Angeles, mas por um longo tempo teve também instalações no Tech Square, dois andares abaixo do PDP-6.

Fredkin deliciava-se com a comunidade de Hackers do Tech Square; eles haviam levado o hackerismo a um nível superior, além do melhor encontrado somente às vezes em poucos lugares do mundo, como MIT, DEC, o Exército e a BBN, nos quais as máquinas ficavam acessíveis a todas as pessoas que consideravam a computação um fim em si mesmo. Em algumas partes do MIT, o hackerismo era de tempo integral. Fredkin apaixonou-se pelos hackers — falava a língua deles e admirava o que faziam. Algumas vezes, ele integrava as excursões aos restaurantes de Chinatown, e nessas ocasiões as discussões podiam parecer fora de controle. Muitos dos hackers eram fãs de ficção científica (lembre-se da origem do jogo *Spacewar*), mas Fredkin era capaz de vincular as maravilhas de Heinlein[*] e Asimov[**] ao que os rapazes estavam desenvolvendo — tornar os computadores sistemas poderosos e criar um alicerce de software para a Inteligência Artificial. Ele tinha também um talento especial para divulgar suas ideias, como quando previu que um dia as pessoas teriam pequenos robôs na cabeça capazes de cortar cabelo até que o corte estivesse no

---

[*] Referência ao escritor Robert Heinlein, mais informações e resenhas disponíveis em <http://www.wegrokit.com/>. (N.T.)

[**] Referência ao escritor Isaac Asimov, mais informações em seu site oficial em <http://www.asimovonline.com/asimov_home_page.html>. (N.T.)

comprimento desejado (Fredkin causou uma comoção nacional quando repetiu essa predição em um programa de entrevistas na televisão).

Embora Fredkin admirasse muito os hackers, ainda assim, ele se considerava o melhor programador de todos. A Ética Hacker encoraja o esforço em grupo para o aprimoramento geral, mas todo hacker quer ser reconhecido como um mago, melhorar programas e realizar aprimoramentos em códigos que serão avidamente disponibilizados e discutidos. Era um enorme prazer para o ego estar no alto da montanha dos hackers, onde Fredkin considerava estar. Para ele, a atividade hacker era acima de tudo um orgulho para a habilidade com arte que os humanos têm.

"Eu nunca havia competido com alguém que pudesse me superar, em qualquer sentido. Mas era claro que Nelson podia", ele comentou depois. Nelson era genial em termos de conhecimento sobre computadores, tinha abordagem inovadora e uma fantástica energia para atacar os problemas, além de uma capacidade sobre-humana de concentração. Não demorou muito para Fredkin perceber que, mesmo onde uma capacidade excepcional de programação era lugar-comum, Nelson era algo especial, uma onda humana de programadores dentro de um homem só. Certamente, já que a Triple-I tinha instalações no Tech Square, Nelson podia continuar circulando pelo laboratório de IA no nono andar e trabalhar por vários programadores como sempre. Não havia motivo para queixas; quando Fredkin precisava dele, Nelson quase sempre aparecia com mágica.

Havia um projeto de programação em particular, uma tarefa para o PDP-7 da DEC, que Fredkin queria que Nelson trabalhasse nela, mas por alguma razão o rapaz não ficava motivado. A empresa de Fredkin, ao mesmo tempo, precisava do design de uma interface entre um computador e um disk drive para armazenamento de dados. Fredkin acreditava que esse projeto fosse mais demorado e queria que o outro fosse realizado primeiro. Nelson lhe prometeu que tentaria evoluir um pouco no problema durante o fim de semana. Na segunda-feira seguinte, Nelson apareceu com um enorme pedaço de papel completamente coberto com pequenas letras, com longas linhas de garranchos fazendo a conexão com blocos de rabiscos, além de sinais evidentes do uso frenético da borracha para apagar e reescrever em cima. Não era o programa para o PDP-7 que Fredkin lhe pedira, mas a interface completa para o disk drive. Nelson realizou aquilo como uma fuga construtiva da tarefa prometida. A empresa de Fredkin construiu a interface diretamente a partir daquele pedaço de papel, e tudo funcionou.

Fredkin ficou encantado, mas ainda queria que o problema do PDP-7 fosse resolvido. Então, ele propôs: "Nelson, você e eu vamos sentar e fazer o programa juntos. Você escreve uma rotina, e eu escrevo outra". Como eles não tinham um PDP-7 por

88   **PARTE I   Os verdadeiros hackers**

perto, sentaram às suas mesas para escrever o código assembly — ainda sem depuração. Eles começaram a trabalhar. Talvez tenha sido ali que Fredkin percebeu, de uma vez por todas, que ele não era o melhor programador do mundo. Nelson estava correndo sozinho como se tudo fosse apenas uma questão da velocidade com que conseguiria colocar seus garranchos no papel. Fredkin foi finalmente derrotado pela curiosidade e deu uma olhada no programa de Nelson — não podia acreditar no que via! Era bizarro e nada óbvio, um xadrez maluco de sub-rotinas entrelaçadas. E estava claro que aquilo funcionaria. "Stew", Fredkin não aguentou, "por que razão do mundo você está escrevendo isso desse jeito?". Nelson explicou que uma vez ele já havia escrito algo semelhante para o PDP-6 e, em vez de pensar sobre isso, estava simplesmente transcrevendo as rotinas prévias, de memória, para o código do PDP-7. Um exemplo perfeito do funcionamento da mente de Nelson. Ele tinha capacidade mental para armazenar informações e minimizar o próprio trabalho.

Certamente essa era uma abordagem mais eficiente para trabalhar com máquinas do que com as interações humanas. Nelson era extremamente tímido, e Fredkin provavelmente atuou como uma figura paterna para o jovem hacker. Ele lembra que um dia Nelson irrompeu em seu escritório, olhou em sua direção e disse: "Adivinhe, eu vou me casar!".

Fredkin achava que Nelson não sabia como convidar uma garota para sair e, muito menos, como fazer a ela uma suave proposta de casamento. "Fantástico! E quem é a garota de sorte?"

"Oh, ainda não sei", respondeu Nelson. "Eu só decidi que deve ser uma boa coisa a fazer."

Quinze anos mais tarde, Nelson ainda estava no Modo Solteiro.

Embora as mulheres talvez não tivessem muita presença em sua vida, Nelson com certeza contava com o companheirismo de seus colegas hackers. Ele se mudou para uma casa com Gosper e outros dois. Embora a "Casa dos Hackers" fosse perto de Belmont e depois em Brighton, Nelson resistia a comprar um carro. Ele não suportava dirigir. "Exigia muito processamento para lidar com a estrada", explicara depois. Usava transporte público, pegava carona com outro hacker ou até mesmo tomava um táxi. Assim que chegava ao Tech Square, sentia-se bem: Nelson estava entre os hackers que haviam assumido uma rotina de 28 horas, seis dias por semana. Não se preocupava com as aulas — ele acreditava que poderia ter qualquer emprego que quisesse, com a graduação ou não, então, nunca se rematriculou.

Nelson era a completa criatura da Ética Hacker, e a influência de seu comportamento contribuiu com o crescimento cultural e científico do laboratório de Inteligência

Artificial. Se Minsky precisava de alguém para mostrar por que uma sub-rotina não estava funcionando, ele chamava Nelson. Enquanto isso, ele se espalhava pelo ambiente. Trabalhando para Fredkin, fazendo sistemas funcionarem com Greenblatt, desenvolvendo atividade hacker com Gosper e criando todo tipo de coisas estranhas. Ele inventou uma conexão esquisita entre o computador do Triple-I* no sétimo andar e o PDP-6 no nono, que transmitia sinais entre um osciloscópio em uma linha e uma câmera de televisão em outra. Ele realizou uma enorme variedade de atividade hacker em telefonia. E, novamente, mais por exemplo do que por sua capacidade organizadora, ele era o líder na magia negra de abrir cadeados.

"Quebrar segredos" era a solução mais hábil para obstáculos físicos, fossem portas, armários de arquivos ou cofres. De algum modo, a prática já era uma tradição no MIT, especialmente entre os integrantes do TMRC. Mas, uma vez que esse talento se combinou com a Ética Hacker, a magia de abrir cadeados tornou-se mais uma cruzada do que um jogo prazeroso de superar obstáculos artificiais, o que contribuiu para sua popularidade.

Para um hacker, uma porta fechada é um insulto; e uma porta com cadeado é uma ofensa. Da mesma forma que a informação deveria estar clara e elegantemente integrada a um computador e que os softwares deveriam ser livremente distribuídos, os hackers acreditavam que as pessoas deveriam permitir acesso a arquivos ou ferramentas que incentivam a busca dos hackers para encontrar e aprimorar o sistema operacional do mundo. Quando um hacker precisava de algo para ajudá-lo a criar, explorar ou aprimorar, ele não se importava com coisas ridículas como propriedade de direitos.

Vamos dizer que você estivesse trabalhando no PDP-6 uma daquelas noites e a máquina parasse. Você verificaria o computador internamente e perceberia que uma peça tinha de ser trocada. Ou que precisava de uma ferramenta para instalar uma peça. Aí, você descobriria que aquilo de que precisava — um disco, uma fita, uma chave de fenda, um ferro de soldar, um circuito integrado substituto — estava trancado em algum lugar. Um milhão de dólares desperdiçados e ociosos porque o mago do hardware que sabia como fazer o conserto não tinha acesso a um circuito de 75 centavos ou ao osciloscópio fechado em um cofre. Então, os hackers mobilizavam-se para ter acesso a esses cadeados e cofres. Assim, eles podiam pegar

---

* Mais informações sobre a Triple-I em <http://en.wikipedia.org/wiki/Information_International,_Inc>. (N.T.)

as peças, fazer os computadores funcionarem, cuidadosamente repor o que pegaram e voltar ao trabalho.

Como um hacker chamado David Silver descreveu:

> "Era uma tática de guerra muito inteligente... havia administradores que tinham cadeados superseguros em compartimentos para guardar as chaves e assinavam protocolos para pegá-las. E eles se sentiam seguros, como se trancassem tudo, controlassem as coisas e evitassem que a informação seguisse o fluxo errado e que algo fosse roubado. Havia outro lado do mundo no qual as pessoas acreditavam que tudo deveria estar disponível para todo mundo e esses hackers tinham quilos, quilos e mais quilos de chaves que os colocavam dentro dos lugares mais protegidos. As pessoas que agiam assim eram muito honestas e éticas e não usavam esse poder para roubar ou estragar nada. Era uma espécie de jogo; em parte por necessidade; em parte por vaidade ou diversão... No final das contas, se você estava do lado certo, conseguia a combinação de qualquer cofre e podia acessar qualquer coisa."

A aquisição básica de todo hacker era uma chave mestra. A escolha correta possibilitava que o hacker abrisse as portas de um prédio inteiro ou de um andar pelo menos. Melhor do que isso só a mestra das chaves mestras; uma daquelas belezinhas podia abrir cerca de dois terços das portas do campus. Como desvendar sistemas telefônicos, a magia de abrir cadeados exigia paciência e perseverança. Então, os hackers faziam excursões na madrugada para xeretar e remover cadeados e portas. Eles desmontavam cuidadosamente todos os segredos. A maioria dos cadeados podia ser aberta com diferentes combinações; assim, os hackers rastreavam as portas de um corredor para verificar e classificar com quais combinações cada uma abria. Então, saíam a campo para tentar fazer a chave com aquela combinação.

Às vezes, a chave mestra tinha de ser feita com ranhuras especiais — não disponíveis para o público em geral (era o caso das chaves mestras de alta segurança, como as usadas na área de defesa). Isso não era capaz de deter os hackers porque vários deles haviam feito curso por correspondência para ter certificado como chaveiros; tinham, portanto, permissão oficial para comprar essas chaves com ranhuras especiais. Algumas delas eram tão altamente seguras que nem os chaveiros licenciados podiam comprá-las; para fazer duplicações dessas chaves, os hackers visitavam à noite a oficina de metalurgia — um espaço de trabalho no nono andar no qual reinava um habilidoso artesão em metais, chamado Bill Bennett, que trabalhava durante o dia em peças para um braço robótico. Usando esboços, vários hackers fundiram suas próprias chaves mestras de ultrassegurança naquela oficina de metalurgia.

A chave mestra era mais do que um meio para um fim; era um símbolo do amor dos hackers pelo livre acesso. Houve um momento em que os hackers do TMRC consideraram a possibilidade de enviar uma chave mestra para cada calouro do MIT como forma de incentivo recrutador. A chave mestra era a espada mágica para afastar o demônio. O demônio, com certeza, era uma porta trancada. Mesmo que não houvesse ferramentas por trás da porta, os cadeados simbolizavam o poder da burocracia, um poder que realmente podia ser usado para impedir a completa implementação da Ética Hacker. As burocracias são sempre ameaçadas pelas pessoas que querem saber como as coisas funcionam. Os burocratas sabem que a sobrevivência deles depende de manter os outros na ignorância, utilizando meios artificiais — como cadeados — para manter as pessoas sob controle. Então, quando um administrador erguia uma nova barreira ao instalar um cadeado ou comprar um cofre Classe Dois (a certificação governamental para material sigiloso), os hackers imediatamente começavam a trabalhar para quebrar o cadeado e abrir o cofre. Na segunda possibilidade, eles se dirigiam para a super-hipermegafornecedora em Tauton, encontravam um cofre de alta segurança Classe Dois semelhante, desmontavam tudo com tochas de acetileno e descobriam como as trancas e combinações funcionavam.

Com toda essa atividade mágica de abrir cadeados, o laboratório de Inteligência Artificial era o pesadelo dos administradores. Russ Noftsker sabia; era o administrador. Ele chegou ao Tech Square em 1965, formado em engenharia pela Universidade do México, um interessado em Inteligência Artificial, que tinha um amigo trabalhando no Projeto MAC. Ele conhecia Minsky, cujo primeiro administrador, Dan Edwards, acabara de sair do laboratório. Minsky, notoriamente desinteressado em administração, precisava de alguém para lidar com a papelada do laboratório de Inteligência Artificial, que viria, de fato, por se separar do projeto MAC para se tornar uma entidade autônoma com patrocínio próprio do governo. Portanto, Minsky contratou Noftsker, que como recompensa contratou Greenblatt, Nelson e Gosper como hackers em tempo integral. De algum modo, Noftsker tinha que manter aquele circo eletrônico alinhado com os valores e políticas do instituto.

Noftsker, um loiro de compleição compacta e olhos azuis que podiam alternadamente parecer sonhadores ou turbulentos, não era estranho a explorações tecnológicas esquisitas: quando estava no colégio, ele pesquisava explosivos com um amigo. Eles trabalhavam para uma empresa de alta tecnologia e usavam o salário para comprar primacord* (um material altamente inflamável) ou dinamite. Eles faziam

---

* Primacord é marca registrada de um explosivo fabricado originalmente pela Ensign--Bickford Company, que a vendeu em 2003 para a Dyno Nobel Inc. (N.T.)

explosões em cavernas para ver quantas aranhas podiam detonar ou verificar quanto explosivo era necessário para partir um galão ao meio. Uma noite, o amigo de Noftsker estava tentando derreter TNT no forno da mãe, quando tudo pegou fogo — o forno e o refrigerador derreteram, e o garoto ganhou a estranha missão de visitar os vizinhos mais próximos para explicar tudo: "Desculpem-me, hum!... Eu achei que era uma boa ideia, quem sabe, hum!... mover a nossa rua um pouco mais para lá!". Noftsker sabia que havia tido sorte por sobreviver àqueles dias; mas, como contaria Gosper, Noftsker muitos anos depois estava cozinhando um plano para tirar a neve da calçada em frente de casa com explosivos e só foi detido pela esposa. Noftsker também nutria a aversão dos hackers por fumaça de cigarro e, às vezes, manifestava esse desprazer atirando um jato de oxigênio puro no oponente; o espantado fumante via seu cigarro queimar em um halo laranja de fogo. Obviamente, Noftsker compreendia o conceito de extremismo tecnológico para manter um ambiente de convívio.

Contudo, ele era o responsável, e — maldito seja! — parte de seu trabalho era manter as pessoas fora dos locais trancados e as informações confidenciais entre quatro paredes. Ele podia surtar, podia ameaçar, podia aumentar os cadeados e encomendar cofres mais seguros, mas sabia também que sua vontade não prevaleceria pela força. Ingênuo como era o pensamento no mundo exterior, os hackers acreditavam que os direitos de propriedade não existiam. Tanto quanto o nono andar podia se concentrar nesse assunto, era exatamente esse o caso. Os hackers conseguiam entrar em qualquer lugar, como Noftsker viu com seus próprios olhos uma vez que um novíssimo cofre com segredo ultramoderno e abertura programada a cada 24 horas foi fechado inadvertidamente antes que ele conseguisse a senha com o fabricante. Imediatamente, um dos hackers que tinha licença de chaveiro voluntariou-se para ajudar, e em vinte minutos o ultrassupercofre estava aberto.

Então, o que cabia a Noftsker fazer?

"Elevar as barreiras era o mesmo que aumentar o grau de desafio", ele explicou anos depois.

> "Portanto, a saída foi criar uma espécie de acordo tácito — ou seja, algo como 'essa linha imaginária, como quer que seja, delimita a fronteira' — para dar a quem precisava sentir que tinha direito à privacidade e segurança. E se alguém violasse os limites, a violação seria tolerada desde que ninguém soubesse a respeito. Dessa forma, se você ganhava alguma coisa por escalar as paredes do meu escritório, nunca poderia contar sobre isso a alguém."

Desarmamento unilateral. Dar aos hackers o livre reinado de ir aonde quisessem em suas explorações, pegar o que precisavam para ajudá-los em suas traquitanas eletrônicas e sessões de improviso computacional... desde que eles jamais saíssem por aí gabando-se de que os imperadores burocratas estavam nus. Dessa forma, Noftsker e a administração que ele representava conseguiram manter certa dignidade, enquanto os hackers fingiam que a administração simplesmente não existia. Iam aonde queriam, entrando nos escritórios pelo vão entre a laje e o teto rebaixado, removiam uma das placas e caíam direto no destino almejado. Um hacker uma vez machucou as costas porque as placas do teto rebaixado cederam com o peso do corpo. Com bastante frequência, a única evidência que Noftsker achava eram pegadas ocasionais na parede de sua sala. E, com certeza, de vez em quando ele entrava em seu escritório trancado e encontrava um hacker cochilando no sofá.

Mesmo assim, algumas pessoas não conseguiam tolerar a Ética Hacker. Aparentemente, uma dessas pessoas era o artesão da oficina de metalurgia, Bill Bennett. Embora ele tenha feito parte do TMRC, não era da turma dos hackers. Segundo Gosper, sua facção era da "subcultura do vamos fazer precisas miniaturas". Ele era um cara legal de Marietta, na Geórgia, e tinha um respeito quase religioso pelas ferramentas. A tradição em sua terra natal via as ferramentas como objetos santificados; coisas que deviam ser cuidadas e preservadas até que, no final, pudessem ser passadas aos netos. "Eu sou um fanático", ele admitiu. "Uma ferramenta deve estar no lugar certo, limpa e pronta para ser usada." Então, ele não só trancava suas ferramentas, como também proibia os hackers de entrarem em seu espaço de trabalho, no qual colocou cordas cercando e pintou faixas no chão.

Bennett não conseguia impedir o resultado inevitável de pintar linhas no chão e dizer aos hackers que eles não podiam cruzá-las. Ele chegava pela manhã, via que suas ferramentas tinham sido usadas e reclamava com Minsky. Ele ameaçava pedir demissão; Noftsker lembra que ele chegou a dizer que montaria armadilhas mortais. Bennett pedia a Minsky vingança especialmente contra Nelson, que entendia ser seu pior agressor. Minsky e Noftsker faziam movimentos de punição a Nelson, mas, em particular, consideravam aquele drama bem engraçado. Uma vez, Noftsker chegou a pensar em dar a cada hacker uma caixa de ferramentas sobre a qual teriam toda responsabilidade, mas a ideia não vingou. Quando um hacker quer que algo seja ajustado em uma máquina ou pretende criar algo novo em um hardware vai usar o que estiver disponível, seja a ferramenta de um amigo ou uma das possessões sagradas de Bennett. Uma vez, Nelson usou uma chave de fenda de Bennett e, por algum motivo, deixou-a marcada. Quando Bennett chegou no dia seguinte e viu a chave de fenda com a marca, foi direto a Nelson.

94   PARTE I   Os verdadeiros hackers

Normalmente, Nelson era bem quieto, mas de vez em quando explodia. Gosper mais tarde descreveu o comportamento do amigo: "Nelson era um argumentador inacreditável. Se você o encostava na parede, ele deixava de ser o garoto pequeno e tímido e se transformava em um selvagem". Então, Gosper, ao relembrar o episódio entre Gosper e Bennett, conta que foi uma disputa de berros. A certa altura, Nelson gritou que, de qualquer forma, nada mais importava porque a chave de fenda "foi usada" por ele.

Foi usada? Era uma ofensiva terrível contra a filosofia de Bennett. "Isso fez fumaça sair das orelhas de Bennett. Ele simplesmente explodiu", contou Gosper. Para gente como Bennett, as coisas são passadas adiante para os outros só quando perdem a utilidade. Não são como programas de computadores que você escreve e lapida e, então, deixa por aí para que os outros — sem pedir sua permissão — possam trabalhar neles, adicionar diferenciais e refazê-los à sua imagem e semelhança e, então, deixá-los novamente por aí para que mais alguém os aperfeiçoe, com o ciclo se repetindo até que uma pessoa resolva começar tudo de novo do zero para criar um programa maravilhoso que faça a mesma coisa muito melhor. Essa pode ser a crença dos hackers, mas Bill Bennett acreditava que as ferramentas são algo que lhe pertence, são algo privativo. Na verdade, os hackers pensavam que uma pessoa tinha o direito de usar uma ferramenta apenas porque pretendia fazer algo útil com ela e, quando terminava a tarefa, simplesmente descartava aquilo, dizendo... foi usada!

Considerando essas duas filosofias diametralmente opostas, não foi surpresa o fato de Bennett estourar com Nelson. Bennett contou depois que suas explosões eram passageiras, seguidas da costumeira boa vontade que havia entre ele e os hackers. No entanto, Nelson comentou que, naquela época, teve medo de que Bennett pudesse agredi-lo fisicamente.

Algumas noites depois, Nelson quis fazer um ajuste completamente não autorizado na fonte de energia de um computador do sétimo andar do Tech Square e precisava de uma chave de fenda grande. Naturalmente, foi buscá-la na oficina trancafiada de Bennett. Por alguma razão desconhecida, os disjuntores da fonte estavam em estado precário, e Nelson tomou um enorme choque elétrico. Nelson sobreviveu muito bem, mas o choque derreteu a ponta da chave de fenda.

No dia seguinte, Bill Bennett entrou em sua oficina e encontrou a chave de fenda danificada sobre a bancada com um bilhete que dizia: FOI USADA.

A sociedade dos hackers da meia-noite

Capítulo 6
VENCEDORES E PERDEDORES

Em 1966, quando David Silver subiu de elevador pela primeira vez para o nono andar do Tech Square, o laboratório de Inteligência Artificial era uma comunidade em exibição, que trabalhava sob os preceitos sagrados da Ética Hacker. Depois de um bom jantar chinês, os hackers ficavam por lá até amanhecer, congregando em torno do PDP-6 para fazer o que consideravam a atividade mais importante do mundo. Iam para lá e para cá com as fitas perfuradas e os manuais em mãos e arrulhavam em volta de qualquer um que estivesse usando o terminal, apreciando a elegância com que o programador escrevia seu código. Obviamente, as palavras-chave para o laboratório eram a cooperação e a crença compartilhada de que a atividade hacker era uma missão. Aquelas pessoas estavam apaixonadamente envolvidas com a tecnologia, e, tão logo as conheceu, David Silver quis passar todo o seu tempo no laboratório.

David Silver tinha 14 anos e estava na sexta série, porque repetiu dois anos. Ele mal podia ler, e seus colegas de classe sempre o insultavam por isso. Mais tarde, diriam que seu problema era dislexia; Silver simplesmente alegava que "não estava interessado" nos professores, nos alunos nem em nada que se referia à escola. Estava interessado em construir sistemas.

Desde que tinha 6 anos e pouco, costumava ir à loja de eletrônicos Eli Heffron em Cambridge (onde os hackers do TMRC também descolavam peças) e descobria coisas fascinantes. Uma vez, quando estava com uns 10 anos, ele conseguiu um prato de radar, desmontou tudo e remontou com a capacidade de captar e reproduzir sons — ele fez daquilo um refletor parabólico, espetado em um microfone, que era capaz de captar conversas a centenas de metros de distância. Na maioria das vezes, ele usava o aparelho para ouvir carros a distância, ou pássaros, ou insetos. Também construiu uma porção de equipamentos de áudio e de fotografia em câmera lenta. E, então, interessou-se por computadores.

Seu pai era um cientista, amigo de Minsky e professor no MIT. Ele tinha um terminal em seu escritório conectado ao sistema compatível com compartilhamento de tempo do IBM 7094.* David começou a trabalhar nele — seu primeiro programa foi escrito em LISP e traduzia frases em inglês para um dialeto de brincadeira. Então, ele passou a trabalhar em um programa que controlava um pequeno robô — o qual ele chamava de "bug" (inseto) — que construíra em casa com relés de um telefone que trouxera da loja do Eli. Ele conectava o "bug" ao terminal e, trabalhando em linguagem de máquina, escreveu um programa que fazia o robozinho de duas rodas rastejar. David decidiu que a robótica era a melhor de todas as missões — o que poderia ser mais interessante do que fazer máquinas que podiam mover-se por si próprias, ver por si próprias e... pensar por si próprias?

Portanto, a sua visita ao laboratório de Inteligência Artificial, arranjada por Minsky, foi uma revelação. Não apenas porque aquelas pessoas estavam tão excitadas com a computação quanto ele, mas porque também uma das principais atividades do laboratório era a robótica. Minsky estava extremamente interessado nessa área. A robótica era crucial para o progresso da Inteligência Artificial; ela mostrava quão longe os homens poderiam ir, construindo máquinas inteligentes para trabalhar para eles. Muitos dos alunos de graduação de Minsky concentravam-se na teoria da robótica, redigindo teses sobre as relativas dificuldades de fazer um robô agir de um modo ou de outro. Os hackers também estavam bastante engajados nessa área — não tanto em teorizar, mas, principalmente, em construir e testar. Os hackers amavam os robôs pelas mesmas razões que David Silver. Ter o controle sobre um robô era um passo além da programação para controlar um sistema, que era o mundo real. Como Gosper costumava dizer: "Por que nós deveríamos limitar os computadores às mentiras que as pessoas dizem a eles nos teclados?". Os robôs poderiam sair desses limites e descobrir por eles mesmos como é o mundo.

Quando você programa um robô para fazer algo, Gosper explicou mais tarde, sente "uma espécie de gratificação, um impacto emocional, que é totalmente indescritível. E supera de longe o tipo de gratificação resultante de um programa que funciona. Você tem a confirmação física da correção de sua construção. Talvez seja um pouco como ter um filho".

---

* Saiba mais sobre o sistema de compartilhamento de tempo em <http://en.wikipedia.org/ wiki/Compatible_Time-Sharing_System>. (N.T.)

Um dos grandes projetos que os hackers concluíram foi um robô capaz de pegar uma bola. Usando um braço mecânico controlado pelo PDP-6, assim como uma câmera de televisão, Nelson, Greenblatt e Gosper trabalharam durante meses até que o braço finalmente conseguiu pegar uma bola de pingue-pongue jogada em sua direção. O braço era capaz de determinar a posição da bola ao tempo de se mover para pegá-la. Os hackers ficaram tremendamente orgulhosos daquilo. Gosper, especialmente, quis ir mais longe e começou a trabalhar em um robô com mais mobilidade, que pudesse realmente jogar pingue-pongue.

"Pingue-pongue no Natal?", Minsky perguntou a Gosper, enquanto observavam o robô pegar as bolas.

Pingue-pongue, como restaurantes chineses, era um sistema que Gosper respeitava. Ele brincava de jogar no porão de casa, quando criança, e seu estilo no pingue-pongue tinha muito em comum com o da sua atividade hacker: ambos eram baseados em seu amor pelo fisicamente improvável. Quando Gosper batia em uma bola de pingue-pongue, o resultado podia ser tão maluco quanto uma modificação proposital no monitor do PDP-6 — ele punha tanta energia na bola que forças complexas e contraintuitivas somavam-se e ninguém entendia aonde ela cairia. Gosper amava fazer a bola entrar em rotação; era a negação da gravidade possibilitada por uma batida tão violenta que a bola, em vez de quicar na ponta oposta da mesa, de repente, fazia uma curva. Quando o adversário tentava pegá-la, a bola rodava furiosamente e poderia voar para o teto. Ou ele podia dar uma cortada, incrementando a rotação a tal ponto que a bola quase explodia no meio de sua trajetória por causa da força centrífuga. "Algumas vezes no meio de uma partida, a bola fazia algo em sua trajetória, algo contra a física, que deixava os espectadores de boca aberta. Eu vi coisas inexplicáveis acontecerem no pingue-pongue. Foram momentos interessantes", Gosper contou.

Por um instante, Gosper ficou obcecado com a ideia de um robô capaz de jogar pingue-pongue. Os hackers conseguiram fazer a máquina segurar uma raquete e responder bem a uma bola lançada em sua direção. Bill Bennett se lembra de uma vez em que Minsky entrou na área do braço robótico e a máquina confundiu sua careca brilhante com uma grande bola atirada em sua direção. Ele quase foi decapitado pela raquete.

Gosper queria seguir adiante a qualquer preço; tinha a máquina programada para se mover e fazer lances espertos, quem sabe, com seu próprio talento para fazer as bolinhas assumirem trajetórias extraordinárias. Mas Minsky, que, de fato, havia feito o design do hardware para a máquina de pegar bolas, já não achava que aquele fosse um problema interessante. Considerava que não era diferente do projeto de destruir mísseis em trajetória com o lançamento de outros mísseis, uma tarefa que parecia sob o controle do Departamento de Defesa. Minsky dissuadiu Gosper de ir adiante com a ideia, mas este mais tarde insistiria em dizer que aquela máquina de pingue-pongue poderia ter mudado a história da robótica.

Com certeza, apenas a ideia de que um projeto como aquele podia estar sendo considerado, já fascinava David Silver. Minsky o havia autorizado a circular pelo nono andar, e logo o garoto havia deixado de vez a escola para investir mais tempo construtivamente no Tech Square. Como os hackers levavam mais em consideração o potencial de contribuição do que a idade da pessoa, com 14 anos, Silver foi aceito pelo grupo, de início, como um tipo de mascote.

Imediatamente, ele provou seu valor ao se voluntariar para realizar tarefas relacionadas à abertura de cadeados. Era uma época em que a administração acabara de instalar um novo sistema de alta segurança. Algumas vezes, ele passou noites circulando pelos tetos falsos dos andares do Tech Square, reunindo novos cadeados. Ele desmontava tudo, entendia como funcionava e remontava penosamente antes que o administrador chegasse pela manhã. Silver era muito bom com máquinas- -ferramenta e conseguiu forjar uma chave para abrir um cofre particularmente difícil e importante. O cofre ficava em uma sala protegida e fechada com cadeado de alta segurança, pois guardava... as chaves. Assim que os hackers conseguiram entrar e abrir o cofre, o novo sistema de segurança "revelou-se", nas palavras de Silver.

David via os hackers como professores — ele podia perguntar tudo sobre computadores ou máquinas, e eles o inundavam com informações e conhecimento. A conversa, em geral, era no dialeto hacker, repleto de expressões curtas e que somente eles entendiam — uma maneira simples e rápida para gente sem muita habilidade verbal comunicar exatamente o que passava pela cabeça.

Silver fazia todo tipo de pergunta. Algumas delas eram bem básicas: Quais eram as peças essenciais de um computador? Como era feito o controle de sistemas? Mas, à medida que se aprofundava em robótica, percebia que cada questão tinha várias dimensões. Era preciso considerar cada ponto quase em termos cósmicos antes de criar uma realidade para um robô. O que é um ponto? O que é velocidade? O que é aceleração? Questões sobre física, sobre números, sobre informação, sobre a representação das coisas... Chegou um momento em que — Silver percebeu mais tarde — estava "perguntando basicamente questões filosóficas: Quem eu sou?; O que é o universo?; O que são os computadores?; Para que podemos usá-los?; e Como tudo isso está relacionado? Naquela época, esses perguntas eram interessantes porque eu estava começando a contemplar o mundo pela primeira vez. Sabia o bastante sobre computadores e estava relacionando funções biológicas, animais e humanas à ciência, à tecnologia e

100   PARTE I   Os verdadeiros hackers

aos computadores. Eu me dei conta de que existia a ideia de que era possível realizar com os computadores funções similares às dos seres inteligentes".

O guru de Silver era Bill Gosper. Eles saíam para um dos dormitórios para jogar pingue-pongue, iam a restaurantes chineses ou conversavam sobre computadores e matemática. Todo o tempo, Silver estava cavando conhecimento naquele paraíso em Cambridge. Era uma escola da qual ninguém sabia, e, pela primeira vez na vida, ele se sentia feliz.

O computador e a comunidade em torno dele o haviam libertado, e logo David Silver sentiu-se pronto para realizar um trabalho sério no PDP-6. Ele queria trabalhar em um grande e complicado programa: modificar seu robozinho, "bug", para que, usando uma câmera de televisão, a máquina pudesse realmente "pegar" objetos jogados no chão. Os hackers não se sentiram embaraçados porque ninguém, com mais experiência e acesso a todo tipo de equipamentos sofisticados, havia tentado fazer isso antes. Silver levou adiante a ideia com seu estilo habitualmente inquiridor, conversando com dez ou vinte hackers sobre partes específicas do sistema de "visão" do robô. Ele parecia um Tom Sawyer* high-tech, pintando cercas com código de montagem. Diante de problemas de hardware, ele perguntava a Nelson. Problema de sistema, era a vez de Greenblatt responder. Para fórmulas matemáticas, Gosper. E depois ele pedia ao grupo para ajudá-lo com a sub-rotina daquele problema. Quanto chegou a todas as sub-rotinas, escreveu o programa para fazê-las operar em conjunto e tinha em mãos seu sistema de visão para o robô.

O robozinho, Bug, tinha 30 centímetros de altura, 17 de largura e funcionava com dois motores pequenos presos com plástico. Tinha rodinhas embaixo, barras em cima, tiradas de jogos de montar, e outras peças soldadas em cobre na parte da frente que pareciam chifres. Francamente, parecia um pedaço de lixo. Silver usou uma técnica denominada "subtração de imagem" para fazer com que o computador soubesse a localização do Bug a qualquer momento — a câmera escaneava o ambiente para detectar o que se movera e registrava a mudança. O robô movimentava-se randomicamente até que a câmera detectava a alteração na imagem e o computador direcionava a máquina para o alvo, que poderia ser a carteira de alguém atirada ao chão.

Enquanto isso, algo indicava uma luta contínua no santuário dos hackers. David Silver estava sendo muito criticado. E as críticas vinham dos vingadores da Ética Hacker: os teóricos e pós-graduandos em Inteligência Artificial que ficavam no

---

*   Tom Sawyer — personagem de uma série de livros juvenis de Mark Twain (1835-1910), que, com seu melhor amigo, Huckleberry Finn, viveu muitas aventuras e estripulias. (N.T.)

Vencedores e perdedores

oitavo andar. Eram pessoas que não viam necessariamente o progresso da computação como um fim meritório em si mesmo. Estavam mais preocupados com tirar diplomas, receber reconhecimento profissional e também, claro, com o avanço da ciência da computação. Eles consideravam a atividade hacker como não científica. Exigiam sempre que os rapazes deixassem os computadores para que pudessem realizar "Programas Oficialmente Sancionados" e ficavam abismados com o aparente uso frívolo que os hackers davam para as máquinas. Todos os estudantes de pós estavam em meio a artigos, teses e dissertações acadêmicas que pontificavam as dificuldades de fazer coisas como aquelas que David Silver tentava. Eles jamais considerariam a hipótese de iniciar um projeto de visão para computadores sem muito planejamento, sem fazer a revisão dos experimentos prévios e providenciar arquitetura cuidadosa, além de um conjunto de outros requisitos a mais que incluiriam os mais límpidos cubos brancos sobre veludo negro em uma sala imaculada e livre de pó. Ficaram furiosos porque o valioso tempo do PDP-6 estava sendo usado para esse... brinquedo! Usado por um adolescente imaturo como se o PDP-6 fosse seu carrinho pessoal.

Enquanto os estudantes de pós reclamavam que David Silver nunca chegaria a nada, que David Silver não praticava adequadamente os cânones da Inteligência Artificial e que David Silver jamais compreenderia questões como a teoria da função recursiva, David Silver seguia em frente com seu Bug e o PDP-6. Alguém jogava uma carteira no chão sujo e trincado, e o Bug seguia em frente a 12 centímetros por segundo, buscando o objeto. Aquela coisinha estúpida virava para direita, depois para a esquerda e, então, ajeitava solidamente a carteira entre seus chifres (que pareciam para todo mundo pedaços de cabides) e a levava para o compartimento de destino. Missão cumprida.

Os estudantes de pós ficaram absolutamente enlouquecidos e tentaram fazer com que Silver fosse chutado de lá. Eles até alegaram que havia questões de segurança envolvidas com a presença de um garoto de 14 anos durante a madrugada no laboratório. Minsky teve que bater pé pelo garoto. "Tudo aquilo os deixou meio loucos", Silver refletiu muitos anos depois,

> "porque aquele menino circulou por ali algumas semanas e o computador começou a fazer coisas nas quais eles estavam trabalhando duramente havia bastante tempo e com as quais tinham dificuldades, e sabiam que não conseguiriam resolver o problema e implementar a solução no mundo real. E, de repente, eu os superei. Eles estavam teorizando havia muito tempo, enquanto eu arregacei as mangas e fui trabalhar... você encontra muito disso em torno dos hackers em geral. Minha abordagem não partia de um ponto de vista teórico nem de uma perspectiva de engenharia, mas

de uma espécie de diversão. Vamos fazer o robô mover-se de forma interessante e divertida. E, então, o que eu construí e os programas que escrevi realmente fizeram algo. E, em muitos casos, eram as coisas que aqueles pós-graduandos estavam tentando fazer."

Os alunos da pós sossegaram em relação a Silver, mas a cisma era constante. Os mais velhos viam os hackers como necessários, mas os consideravam como técnicos imaturos. Os hackers, por sua vez, achavam que os rapazes da pós eram grandes iletrados com os dedos em riste e o traseiro colado no oitavo andar, onde teorizavam cegamente sobre o que eram as máquinas. Eles não reconheceriam a Coisa Certa a fazer nem se tropeçassem nela. Era ofensivo que esses incompetentes trabalhassem em Programas Oficialmente Sancionados, que eram tema de teses, e depois abandonados (ao contrário dos programas dos hackers, que assim que ficavam prontos eram utilizados e constantemente aprimorados). Alguns daqueles estudantes receberam suas sanções de professores relapsos, que também quase nada sabiam sobre as máquinas. Os hackers viam essas pessoas espernear no PDP-6 e achavam que era um desperdício de tempo de uma boa máquina.

Um desses estudantes de pós, em particular, fez com que os hackers se tornassem selvagens — ele cometia determinados erros em seus programas que invariavelmente faziam a máquina tentar executar instruções falhas, então chamadas de "códigos de operação (op-code)* inusuais". Ele fazia isso por horas e até dias seguidos. A máquina tinha uma maneira de lidar com códigos de operação inusuais — armazenava aquilo em um lugar e, assumindo que você queria definir um novo op-code, ficava pronta para retornar ali depois. Se você não quisesse, de fato, redefinir essa instrução ilegal, mas, sim, continuar os procedimentos ignorando o que havia feito, o programa entrava em pane. Nesse ponto, era preciso parar, revisar o código e perceber o que havia sido feito errado. Porém, esse estudante, que nós chamaremos de Fubar,** em lugar de seu nome verdadeiro tão longamente esquecido, não conseguia entender isso e seguia colocando instruções ilegais no computador. O que fazia a máquina entrar em panes selvagens, executando constantemente instruções que não existiam, esperando que Fubar a parasse. Só que Fubar sentava e olhava. Quando pegava a impressão de seu programa, olhava fixamente para aquilo. Mais tarde, talvez, depois de levar a impressão para casa, ele percebia o erro e voltava para rodar o programa de novo. Então, ele cometia o mesmo erro. E os hackers ficavam enfurecidos porque, ao levar a impressão para casa e fazer o conserto lá,

---

* Leia mais em <http://en.wikipedia.org/wiki/Opcode>. (N.T.)
** Veja o significado de Fubar em detalhes em <http://en.wikipedia.org/wiki/FUBAR>. (N.T.)

Vencedores e perdedores

Fubar estava desperdiçando o PDP-6 — como um chupador de dados, ele usava a máquina ao estilo da IBM por processamento de dados em blocos em vez de fazer programação interativa. Era o equivalente a um pecado capital.

Portanto, um dia, Nelson sentou ao computador e programou uma resposta diferente para aquele erro específico. Todo mundo fez questão de estar por perto quando Fubar reservou novamente horário na máquina. Ele sentou ao console, demorando o seu enorme tempo habitual para ficar pronto para trabalhar e, em mais meia hora, com certeza, ele havia cometido o mesmo erro estúpido de sempre. Somente dessa vez, na tela do monitor, ele viu que o programa não estava em pane, mas mostrava a parte do código em que havia errado. Bem no meio da tela, apontando para a instrução ilegal que ele havia dado, estava uma enorme, faiscante e fosforescente seta. E piscando na tela havia ainda uma legenda: "Fubar, você errou de novo!".

Fubar não reagiu elegantemente. Ele protestou em alto e bom som que seu programa estava sendo vandalizado. Estava tão insano que ignorou completamente a informação que o computador lhe oferecia, graças a Nelson: não entendeu o que estava fazendo errado e não consertou o equívoco. Ele não ficou, como os hackers tinham esperança, grato por aquele diferencial maravilhoso que Nelson havia criado para indicar os erros de sua programação. O brilhantismo da solução lhe escapou completamente.

Os hackers tinham uma palavra para descrever estudantes como Fubar. Era a mesma palavra que usavam para descrever quase todo mundo que fingia saber algo sobre computadores, mas não conseguia trabalhar na máquina com a mesma expertise dos hackers. A palavra era "perdedor". Os hackers eram "vencedores". Era uma distinção binária: as pessoas que faziam parte do laboratório de Inteligência Artificial eram de um tipo ou de outro. O único critério que as distinguia era a habilidade como hacker. A busca pelo aperfeiçoamento do mundo com a compreensão e a construção de sistemas melhores era tão intensa que quase todas as demais características humanas eram ignoradas. Você podia ter 14 anos e ser disléxico e ainda assim estaria entre os vencedores. Ou você poderia ser brilhante, sensível e manifestar o desejo de aprender e ser visto como um perdedor.

Para um recém-chegado, o nono andar era um palácio intimidador e impenetrável da paixão pela ciência. Só de ficar perto de gente como Greenblatt, Gosper ou Nelson seu cabelo ficava em pé; eles pareciam as pessoas mais inteligentes do mundo. E, como somente uma pessoa por vez podia usar o PDP-6, era preciso muita coragem para sentar-se na frente deles e aprender interativamente diante daquela plateia. Dessa forma, só quem tinha o espírito de um hacker conseguia ser tão focado a ponto de não temer as próprias dúvidas, sentar e começar a escrever programas.

Tom Knight, que surgiu no nono andar em 1965 como um calouro assustadoramente alto e magro de 17 anos, passou por esse processo e acabou recebendo o status de vencedor. Para conseguir isso, ele recorda: "Você tinha que se embrenhar naquela cultura. Longas noites, olhando sobre os ombros de gente que fazia coisas interessantes, mas não compreensíveis". O que o levou adiante foi sua fascinação pelas máquinas; como eram capazes de possibilitar que você construísse sistemas complicados completamente sob seu controle. Nesse sentido, ele concluiu depois, você dispunha do mesmo tipo de controle que um ditador exercia em seu sistema político. Mas Knight também sentia que os computadores eram um suporte artístico infinitamente flexível com o qual era possível expressar-se, criando seu pequeno universo. Um dia, ele explicou esse sentimento: "Estava ali um objeto para o qual você dizia o que fazer e, sem nenhuma pergunta, ele fazia o que era pedido. Existem poucas instituições onde um jovem de 17 anos consegue fazer acontecer apenas o que deseja".

Knight e Silver trabalhavam com tanta intensidade e eram tão hábeis como hackers que logo se tornaram vencedores. Outros fizeram uma longa escalada até o topo, porque, assim que os hackers sentiam que você era um obstáculo ao aprimoramento do sistema como um todo, já o qualificavam de perdedor no pior sentido e achavam que podiam lhe dar um gelo ou mandá-lo embora de uma vez por todas.

Para alguns, isso parecia cruel. Um hacker mais sensível chamado Brian Harvey, ficou particularmente chateado com esses padrões rigorosos, mas teve sucesso ao reunir as próprias tropas. Ao trabalhar no computador, ele descobriu algumas falhas no editor TECO e, quando as apontou, os hackers disseram: "Ótimo, pode consertá-las". Ele fez isso e percebeu que o processo de depurar um programa é mais divertido do que usar um programa já aperfeiçoado. Com isso, ganhou a mania de encontrar falhas para consertar. Um dia, enquanto depurava o TECO, Greenblatt parou atrás dele, coçando o queixo. Harvey martelava novas linhas de código e Greenblatt sentenciou: "Desconfio de que esteja na hora de começar a lhe pagar pelo trabalho". Esse era o jeito de contratar as pessoas no laboratório. E só os vencedores eram contratados.

No entanto, Harvey não gostava quando as pessoas eram apontadas como perdedoras e tratadas como párias simplesmente porque não eram brilhantes. Ele achava que Marvin Minsky tinha muita responsabilidade na disseminação dessa atitude (depois, Minsky argumentou que tudo o que fazia era deixar que os hackers conduzissem as coisas à moda deles — "o sistema era aberto e literalmente encorajava as pessoas a experimentá-lo e, se fossem incompetentes ou danosos, eram também encorajados a ir embora"). Harvey reconheceu que, por um lado, impulsionado pela Ética Hacker, o laboratório de Inteligência Artificial era um "grande jardim intelectual", mas, por outro, era enfraquecido pelo fato de que não importava quem você era, importava somente o tipo de hacker que você era capaz de ser.

Algumas pessoas caíam em uma armadilha ao tentar tão intensamente tornar-se um vencedor diante da máquina, que instantaneamente eram avaliadas como perdedores: por exemplo, Gerry Sussman, que chegou ao MIT como um arrogante jovem de 17 anos. Tendo sido um adepto da eletrônica na escola fundamental e um fã dos computadores no ensino médio, ele chegou ao MIT procurando por um deles. Alguém lhe indicou o Tech Square. Ele perguntou a uma pessoa que parecia fazer parte da equipe se podia mexer no computador. Richard Greenblatt respondeu: "Vá em frente, experimente".

Então, Sussman começou a trabalhar em um programa. Logo depois, um homem careca com aparência estranha entrou na sala e ele achou que seria mandado embora. Em vez disso, o homem perguntou: "Olá, o que você está fazendo?". Sussman falou sobre seu programa com aquele homem. A um ponto da conversa, o rapaz contou a Marvin Minsky que estava usando uma técnica randômica em seu programa porque não queria que a máquina tivesse noções preconcebidas. Minsky respondeu: "A máquina já as tem, é apenas você que não sabe quais são elas". Foi a frase mais profunda que Gerry Sussman tinha ouvido na vida. E Minsky prosseguiu, explicando a ele que o mundo é estruturado de uma maneira e que o mais importante a fazer é evitar a aleatoriedade, descobrindo o melhor modo de planejar tudo. Uma sabedoria como essa costuma causar efeito em calouros de 17 anos, e dali em diante Sussman estava fisgado.

Mas ele entrou com o pé errado entre os hackers. Sussman tentava compensar sua insegurança com bravatas excessivas, e todo mundo percebia isso. Ele também era, de acordo com vários depoimentos, terrivelmente desajeitado e quase ficou achatado com um golpe do braço robótico — com o qual tinha enorme dificuldade para lidar e controlar. Outra vez, ele amassou acidentalmente as bolas de pingue-pongue de uma marca especial importada que Gosper havia trazido para o laboratório. Em outra ocasião, durante uma das aventuras da Sociedade do Computador da Meia-Noite, Sussman deixou cair uma gota de solda no olho. Ele estava perdendo a torto e a direito.

Talvez para cultivar uma imagem mais agradável, Sussman fumava um cachimbo, o pior vício que poderia ter no ambiente fóbico de fumaça do nono andar. Um dia,

106   PARTE I   Os verdadeiros hackers

os hackers trocaram o fumo de seu cachimbo por pedacinhos de borracha com a mesma cor amarronzada.

Unilateralmente, ele se nomeou aprendiz de Gosper, o mais falante dos hackers. Àquela altura, Gosper podia não achar que Sussman fosse um vencedor, mas adorava ter audiência e tolerava o calouro com sua indisfarçada arrogância. Algumas vezes, as observações irônicas de seu guru colocavam a cabeça de Sussman para rodar, como da vez em que Gosper, sem constrangimentos, afirmou: "Bem, os dados são apenas uma espécie silenciosa de programação". Para Sussman, isso respondia à eterna questão da existência, "O que somos nós?". Nós somos dados, partes do programa cósmico do computador que é o universo. Olhando para os programas de Gosper, Sussman adivinhou que essa filosofia estava incorporada ao código. Sussman depois explicou que "Gosper imaginava o mundo como se fosse feito desses pequenos pedaços, cada um deles sendo uma pequena máquina como um pequeno estado independente. E cada estado poderia comunicar-se com seus vizinhos".

Observando os programas de Gosper, Sussman percebeu um importante pressuposto do hackerismo: todos os programas sérios de computador eram expressões de indivíduos. "É incidental que os computadores executem programas", ele explicou muito depois. "O mais importante em relação a um programa é que você pode mostrá-lo às pessoas e elas podem lê-lo e aprender algo com aquilo. O programa transporta informação. É uma parte de sua mente que você pode escrever e apresentar a outra pessoa exatamente como um livro." Sussman aprendeu a ler programas com a mesma sensibilidade que um expert em literatura lê poemas. Existem programas engraçados com piadas incorporadas; há os programas que fazem a Coisa Certa; e outros ainda são tristes porque fazem tentativas valentes, mas não decolam.

Esses eram pontos relevantes de aprendizado, mas não o tornavam um hacker. E foi a atividade hacker que acabou dando esse status a Sussman. Ele se aferrou a isso, circulava em torno de Gosper, pôs por terra sua atitude de sabichão e, acima de tudo, tornou-se um excelente programador. Ele foi um dos poucos perdedores que conseguiram reverter o veredicto e se tornar um vencedor. Ele escreveu um programa muito complicado e muito laureado com o qual o computador tornou-se capaz de mover blocos com um braço robótico; e, por um processo bastante parecido com depuração, o programa descobria quais blocos remover para chegar ao que fora solicitado. Foi um passo significativo em direção da Inteligência Artificial, e Sussman, depois dele, tornou-se mais conhecido como um cientista, um planejador. Ele denominou seu famoso programa de HACKER.

Um ponto relevante na virada de Sussman de perdedor a vencedor foi uma forte percepção do que era a Coisa Certa. O maior perdedor de todos, aos olhos dos hackers, tinha tamanha falta de habilidade que se tornava incapaz de perceber a melhor verdade da máquina, a melhor verdade da linguagem de programação ou a melhor verdade sobre o uso dos computadores. E nenhum outro sistema de uso de computadores foi tão aclamado pelos hackers quanto o de compartilhamento de tempo, que, já que eles eram grande parte do Projeto MAC, era também implantado no nono andar. O primeiro deles, que estava em operação desde meados da década de 1960, era o Compatible Time-Sharing System (CTSS). O outro, demorado na preparação e extremamente caro, chamava-se Multics,* e sua mera existência já era um ultraje.

Diferente da colcha de retalhos resultante do constante aprimoramento dos programas operacionais do PDP-6, o CTSS havia sido escrito por um único homem, o professor do MIT F. J. Corbató. Foi um trabalho virtuoso em muitos sentidos, tudo cuidadosamente codificado e pronto para operar no IBM 7094, que daria suporte a uma série de terminais para serem usados simultaneamente. Mas, para os hackers, o CTSS representava burocracia e a tendência ao modo de fazer da IBM. "Uma das coisas mais divertidas dos computadores era ter controle sobre eles", comentou Tom Knight, um dos inimigos do CTSS.

> "Quando existe burocracia em torno de um computador, você perde o controle. O CTSS era um programa 'sério'. As pessoas têm que ter contas e devem estar atentas à segurança. É uma burocracia benigna, mas, de qualquer forma, uma burocracia, boa para gente que está aqui das 9 às 17 horas. Se houver uma razão para que você queira mudar o comportamento do sistema, o modo de operar ou aprimorar um programa que só funcione de vez em quando — nada disso era encorajado pelo CTSS. Queríamos um sistema no qual esses equívocos não merecessem castigo; um ambiente em que as pessoas dizem: 'Oops! Cometi um erro!'".

Em outras palavras, o CTSS desencorajava o hackerismo. Em acréscimo a esse fato, o sistema rodava em uma máquina da IBM de 2 milhões de dólares que os hackers consideravam muito inferior ao PDP-6 — e o sistema era perdedor. Ninguém estava pedindo aos hackers para utilizar o CTSS, mas aquilo estava lá, e algumas vezes era preciso praticar o hackerismo na máquina que estivesse disponível. Quando um hacker tentou usá-lo e entrou na tela a mensagem afirmando que não era possível operar sem a senha apropriada, ele sentiu o impulso da vingança. Porque, para os

---

* Leia mais sobre o Multics em <http://en.wikipedia.org/wiki/Multics>. (N.T.)

hackers, senhas eram ainda mais odiosas do que portas trancadas. O que poderia ser pior do que alguém lhe dizer que não está autorizado a usar o computador?

Conforme foi implementado, os hackers aprenderam tão bem o sistema CTSS que podiam contornar a exigência de senhas. E, como conseguiam entrar, deixavam mensagens especiais para o administrador — o equivalente high-tech a "Fulano esteve aqui". Uma vez, fizeram o computador imprimir a lista de senhas mais usadas e deixaram as folhas sob a porta do escritório do administrador. Os técnicos do projeto MAC-CTSS* não viram isso com bons olhos, segundo Greenblatt, e inseriram um registro de identificação do usuário, que denominaram MAC memo. Cada vez que alguém se logava ao sistema, era identificado imediatamente. Basicamente, sua senha endossava sua santidade. Na opinião dos hackers, somente a mais baixa forma humana assumiria a identidade alheia. Por isso, a vingança de Tom Knight foi entrar no sistema e mudar o cabeçalho do memo de MAC para HAC.

No entanto, por mais detestável que fosse o CTSS, os hackers consideravam o Multics muito pior. Multics era o nome do extremamente caro sistema de compartilhamento de tempo que estava sendo construído e depurado no nono andar. Embora fosse desenhado para ser multiusuário, os hackers avaliavam a estrutura de um sistema sob um ponto de vista muito pessoal, especialmente um que estivesse sendo desenvolvido no mesmo local em que praticavam o hackerismo. Portanto, o MULTICS era sempre um grande tópico de conversa entre eles.

Originalmente, o Multics era criado em conjunto com a General Electric, e a Honeywell entrou posteriormente no projeto. Havia todo tipo de problema com ele. Tão logo os hackers souberam que "aquilo" rodaria em terminais de teleimpressão Modelo 33,** em vez de contar com monitores CRT mais rápidos e interativos, eles decretaram que o sistema era perdedor. Era terrível também o fato de que fosse escrito em uma linguagem da IBM chamada PL/I no lugar de uma elegante linguagem de máquina. Quando o sistema rodou pela primeira vez, era tremendamente lento. Tão devagar que os hackers chegaram à conclusão de que todo o sistema tinha

---

* Mais informações sobre o MAC-CTSS em <http://docs.google.com/viewer?a=v&q=cache: vaGflnFYEikJ:www.bitsavers.org/pdf/mit/lcs/tr/MIT-LCS-TR-012.pdf+Project+MAC-CT SS&hl=en&gl=us&pid=bl&srcid=ADGEESjxG_YmKrSXIwUyMiMnoIJXx0wbrzd8KsA MkDaodekOSmVLsYcFtELH65pZGRRBACUt-pI1KH_Jut4JgdTFDbCcIG26OHvbsTLX AgBvv4x4NRHKi6qCLOqiwacqdTvHZAE9BEFL&sig=AHIEtbRaP6BlorFui6I76Hc-buKO RnGotQ>. (N.T.)

** Veja imagens do terminal Modelo 33 em <http://www.google.com/images?q=teletype%20 Model%2033%20terminals&oe=utf-8&rls=org.mozilla:en-US:official&client=firefox-a& um=1&ie=UTF-8&source=og&sa=N&hl=en&tab=wi&biw=787&bih=377>. (N.T.)

o cérebro danificado. Essa expressão foi tão utilizada para descrever o Multics que "cérebro danificado" tornou-se comum entre os hackers para se referir a algo de modo pejorativo.

Porém, o pior do Multics era seu forte esquema de segurança e o sistema de cobrança pelo tempo de uso. O Multics achava que o usuário deveria pagar até o último centavo; havia cobrança pelo espaço ocupado de memória, mais um pouco pelo espaço de disco e mais ainda pelo tempo. Enquanto isso, os planejadores do Multics, segundo os hackers, proclamavam que essa era a única forma de fazer com que as utilidades dos computadores pudessem ser compartilhadas. Esse sistema virava ao avesso a Ética Hacker — em vez de estimular o uso dos computadores por mais tempo (o único ponto positivo do compartilhamento de tempo na opinião deles), pressionava com cobranças para que o uso fosse reduzido e que as facilidades proporcionadas pelos computadores fossem menos desfrutadas por todos. A filosofia do Multics era desastrosa.

Os hackers inundaram o sistema Multics com truques e pegadinhas. Era quase uma obrigação fazer isso. Como observou Minsky uma vez: "Havia gente realizando projetos dos quais algumas pessoas não gostavam. Então, pregavam tantas peças nelas que era impossível evoluir com o trabalho... Acho que os hackers nos ajudaram a avançar, minando os professores com planos estúpidos".

Diante da tendência à guerrilha dos hackers, os planejadores do laboratório de Inteligência Artificial tinham que lidar com eles delicadamente, dando sugestões, induzindo-os a participar de projetos. Por volta de 1967, os planejadores queriam implementar uma mudança enorme: converter o tão amado PDP-6 dos hackers em uma máquina com sistema de compartilhamento de tempo.

Nessa época, Minsky delega boa parte de suas responsabilidades de administração do Laboratório de Inteligência Artificial para seu amigo Ed Fredkin, que era chefe de Nelson na Triple-I. Porém, o próprio Fredkin estava se livrando de suas obrigações em tempo integral em busca de uma cadeira de professor no MIT (ele foi um dos mais jovens professores em tempo integral do MIT e o único a não exibir uma certificação de pós). Como era um ótimo programador, Fredkin era muito próximo dos hackers: apreciava o modo *laissez-faire* deles que possibilitava uma confusão criativa e produtiva. No entanto, Fredkin achava também que os hackers poderiam, eventualmente, beneficiar-se caso fossem orientados de cima para baixo, isto é, tivessem que respeitar alguma hierarquia. Uma de suas primeiras tentativas de criar uma "onda humana", dividindo tarefas entre os hackers, para fazer com que resolvessem um problema de robótica, foi um total fracasso. "Todo mundo achou que eu estava louco", ele avalia atualmente. Por fim, Fredkin aceitou o fato de que o melhor modo de lidar com os hackers é dando-lhes sugestões e torcer para que se interessem pela ideia. Se a sugestão der certo, haverá uma produtividade jamais vista na indústria ou na academia.

O compartilhamento de tempo era algo que Minsky e Fredkin consideravam essencial. Entre os hackers e os Usuários Oficialmente Sancionados, o PDP-6 estava em demanda constante; as pessoas ficavam frustradas com as longas esperas para usar a máquina. Porém, os hackers não achavam aceitável o compartilhamento de tempo. Apontavam para o CTSS, para o Multics e até para o mais amigável sistema de Jack Dennis como exemplos de acesso mais lento e menos poderoso por causa do uso simultâneo do computador.

Eles observaram que certos programas maiores não rodavam de jeito nenhum em sistemas de compartilhamento. Um deles era um enorme programa de Peter Samson, um aprimoramento de outro que ele já criara para o TX-0: ao entrar com os nomes de duas estações de metrô de Nova York, o computador indicava que linhas tomar e em quais estações desembarcar para fazer a conexão com outras até chegar ao destino desejado. Agora, Samson digladiava-se com o sistema inteiro do metrô nova-iorquino... ele queria colocar o sistema completo na memória do computador e a tabela de horários dos trens em um disco acessível pela máquina. Um dia, ele rodou o programa para descobrir como alguém poderia circular por todo o sistema de metrô de Nova York com um único bilhete. A iniciativa chamou a atenção da mídia, e alguém sugeriu que eles usassem o programa para realmente *fazer isso*, quebrando o recorde de um estudante de Harvard.

Depois de alguns meses de trabalho, Samson chegou a um esquema, e dois hackers realizaram a empreitada. Uma teleimpressora foi instalada no Clube de Ex-Alunos do MIT em Manhattan, conectada ao PDP-6. Cerca de duas dúzias de mensageiros espalhavam-se pela rota a ser seguida e, periodicamente, transmitiam boletins por telefone: atualizavam o cronograma de informações, avisavam sobre trens em atraso, relatavam demoras e registravam conexões perdidas. Os hackers colocavam as informações transmitidas e o PDP-6 calculava as mudanças na rota. Conforme os viajantes passavam por uma estação, Samson registrava tudo no roteiro, como se fosse um mapa de guerra. A ideia desses malucos de cabelo escovinha — um enorme contraste com os cabeludos que protestavam e se tornavam notícia com outro tipo de atividade — capturou a imaginação da mídia por um dia, e a Grande Jornada de Metrô foi considerada um dos usos memoráveis do PDP-6.

Isso evidenciou algo que Greenblatt, Gosper e os demais hackers consideravam crucial — a mágica que advinha somente dos programas criados com o uso de *todas* as

Vencedores e perdedores   111

facilidades e capacidades do computador. Os hackers trabalhavam no PDP-6 um a um, como se a máquina fosse seu computador pessoal. Costumavam usar programas de monitor que rodavam em "tempo real" e exigiam que o computador atualizasse constantemente a tela; o compartilhamento de tempo faria com que o monitor ficasse muito mais lento. E também criaram pequenos truques que somente eram viáveis com o controle completo do PDP-6, entre eles: acompanhar um programa rodando pelas luzes que se acendiam no painel, indicando quais registros da máquina estavam em ação. Esses benefícios se perderiam com o compartilhamento de tempo.

No fundo, portanto, o tema do compartilhamento de tempo era uma questão estética. A simples ideia de que não haveria mais o controle total da máquina era perturbadora. Mesmo que o sistema de compartilhamento permitisse a resposta do computador exatamente como se usasse a máquina sozinho, ainda assim, você sabia que ela não era toda sua. Era como tentar fazer amor com sua mulher, sabendo que ela está simultaneamente com outras seis pessoas!

A obstinação dos hackers nessa questão ilustra o comprometimento deles com a qualidade da computação; eles não estavam preparados para usar um sistema inferior que poderia servir a mais pessoas e talvez disseminar o encantamento do hackerismo. Sob o ponto de vista deles, a atividade hacker estaria bem servida com o uso do melhor sistema possível. Não com um sistema de tempo compartilhado.

Fredkin estava diante de uma árdua luta política. Sua estratégia foi converter o mais veemente hacker anticompartilhamento de tempo, Greenblatt. Havia certa afeição entre eles; Fredkin era a única pessoa no nono andar que o chamava de "Ricky". Portanto, ele o cortejou e bajulou. Contou a Greenblatt como o poder do PDP-6 aumentaria com um novo componente de hardware, capaz de expandir a memória da máquina a um ponto jamais alcançado no mundo. Prometeu que o sistema de compartilhamento de tempo do PDP-6 seria o melhor de todos os desenvolvidos até então — e que os hackers teriam controle sobre o sistema. Fredkin trabalhou para convencê-lo por semanas e, finalmente, Ricky Greenblatt concordou que o sistema de compartilhamento de tempo fosse implementado no PDP-6.

Logo depois disso, Fredkin estava em seu escritório quando Bill Gosper avançou porta adentro, liderando um grupo de hackers. Eles se perfilaram diante da mesa de Fredkin e lhe lançaram um olhar gelado coletivo.

"O que houve?", Fredkin perguntou.

Eles continuaram a olhar fixamente para ele por mais algum tempo. E, finalmente, falaram.

112   PARTE I   Os verdadeiros hackers

"Nós queremos saber o que você fez com Greenblatt", disseram. "Temos razões para acreditar que você o hipnotizou."

Gosper, em particular, teve dificuldade para aceitar o controle conjunto do PDP-6. Para Fredkin, o comportamento dele lembrava o de Rourke, jovem arquiteto de *The Fountainhead.*[*] Ele planejou um belo edifício, mas, quando seus patrões assumiram o controle do projeto e comprometeram sua beleza, Rourke decidiu explodir a construção. Fredkin lembra-se de Gosper dizendo-lhe que, como o sistema de compartilhamento de tempo fora implementado no PDP-6, ele se sentia compelido a destruir a máquina: "Exatamente como Rourke, ele sentia como se essa ação terrível tivesse que ser feita, destruir a máquina. Eu entendia esse sentimento e, então, procurei chegar a um acordo". O resultado foi que o computador continuou a rodar durante todas as noites e madrugadas para os hackers e sob o total controle deles no modo de usuário único. O compartilhamento funcionava apenas durante o dia.

A experiência com o compartilhamento de tempo, por fim, não foi totalmente ruim. O fato é que foi criado um sistema novo e especial que tinha a Ética Hacker incorporada em sua própria alma.

A parte central do sistema foi escrita por Greenblatt e Nelson em algumas semanas de atividade frenética. Assim que o software estava parcialmente pronto, Tom Knight e os outros começaram a fazer ajustes necessários no PDP-6 para o acréscimo de memória — um grande gabinete com o tamanho de duas máquinas de lavar roupa que foi apelidado de Moby Memory. A administração aprovou o trabalho de Greenblatt e dos demais no sistema, mas eles tinham total autonomia no projeto. Uma mostra de como esse sistema era diferente dos outros (como o Compatible Time-Sharing System — CTSS) era o nome que Tom Knight deu ao programa: *In*compatible Time-Sharing System (ITS).[**]

A denominação era particularmente irônica porque, em termos de compatibilidade, o ITS era muito mais amigável do que os outros sistemas, como o CTSS. Fiel à Ética Hacker, o ITS podia ser facilmente conectado a outros equipamentos — dessa forma, podia ser infinitamente expandido para que os usuários explorassem o mundo com mais eficiência. Como em todo sistema de compartilhamento de tempo,

---

[*] *The Fountainhead*, no Brasil, *Vontade Indômita* — livro da escritora Ayn Rand transformado em filme em 1949 com direção de King Vidor e Gary Cooper no papel do arquiteto Rourke. Saiba mais sobre o livro e o filme em, <http://en.wikipedia.org/wiki/The_Fountainhead>. (N.T.)

[**] Mais sobre o ITS em <http://en.wikipedia.org/wiki/TOPS-20>. (N.R.T.)

vários usuários podiam rodar programas simultaneamente no ITS. Mas, no ITS, um usuário também podia rodar vários programas ao mesmo tempo. O ITS também possibilitava um uso expandido do monitor e tinha, para a época, um sistema de edição bastante avançado que utilizava a tela inteira ("muitos anos antes do que o resto do mundo", Greenblatt observou). Como os hackers queriam que o computador rodasse com a velocidade de usuário único, Greenblatt e Nelson escreveram um código de linguagem de máquina que viabilizava um controle sem precedentes em sistemas de compartilhamento.

O ITS havia incorporado mais um elemento da Ética Hacker. Diferente de quase todos os demais sistemas de compartilhamento de tempo, o ITS não usava senhas. De fato, fora desenhado para permitir o máximo acesso a qualquer arquivo dos usuários. A antiga prática de guardar as fitas perfuradas em uma gaveta, uma biblioteca coletiva de programas onde as pessoas podiam usar e aperfeiçoar cada uma das obras, fora também incorporada ao ITS; cada usuário podia abrir um conjunto de arquivos pessoais, gravado em um disco. A arquitetura aberta do ITS incentivava as pessoas a olharem nesses arquivos, ver no que as pessoas estavam trabalhando, procurar por falhas nos programas e ajudar a consertá-las. Caso você precisasse de um programa para calcular a função seno, por exemplo, podia olhar nos arquivos de Gosper e encontrar o que precisava. Podia também "passear" pelos arquivos dos hackers mais experientes para procurar ideias, admirar o código e buscar inspiração. A ideia era de que os programas de computador pertencem ao universo dos usuários, e não aos indivíduos.

O programa ITS também ajudou a preservar o sentimento de comunidade que os hackers tinham quando somente uma pessoa estava no console da máquina e os outros rondavam e olhavam sobre seus ombros para admirar o código. Com um inteligente quadro de conexões, no ITS, qualquer usuário podia dar um comando para encontrar outro operando simultaneamente no sistema e também conectar-se ao terminal de alguém com o objetivo de acompanhar suas atividades. Era possível até mesmo a prática hacker em conjunto: por exemplo, Knight entrava e se logava, encontrava Gosper no sistema e os dois podiam trabalhar ao mesmo tempo nas linhas de um programa.

Essa característica podia ser aplicada de várias maneiras. Mais tarde, quando Knight desenvolveu terminais gráficos mais sofisticados, um usuário podia estar suando em cima de um programa e, de repente, aparecer na tela aquele inseto de seis pernas... O bug rodaria pela tela e talvez alterasse as linhas de código, espalhando sujeirinhas fosforescentes por toda parte. Em outro terminal, rindo histericamente, estava o hacker que, do seu jeito imperscrutável, comunicava a você que seu

114   **PARTE I   Os verdadeiros hackers**

terminal estava infestado por bugs. Embora os hackers tivessem o poder para fazer esse tipo de brincadeiras, podiam ir também até qualquer arquivo e apagá-lo (em inglês, os hackers usavam o verbo "reap", que entrou para o jargão da informática). Tinham também o poder para apagar seu trabalho mais árduo ou suas anotações mais valiosas, mas isso não acontecia. Havia honra entre os hackers no ITS.

A confiança nos usuários do ITS é melhor demonstrada pela forma com que os hackers lidavam com a possibilidade de paradas provocadas intencionalmente no sistema. Antigamente, um rito de passagem dos hackers era entrar em um sistema de tempo compartilhado e causar esse tipo de mutilação digital — quem sabe, sobrecarregando os registros com cálculos tresloucados — para parar o computador. Fazê-lo morrer completamente. Depois de uns instantes, o hacker consegue resolver o problema, mas isso acontecia com muita frequência para quem tem que trabalhar em um sistema de compartilhamento de tempo. Quanto mais proteção o sistema tiver contra paradas provocadas, maior é o desafio de entrar nele e fazê-lo cair de joelhos. Multics, por exemplo, exigia instruções não triviais de um hacker antes de entrar em surto. Portanto, sempre havia hackers machões dispostos a tentar derrubar o Multics.

O ITS, em contraste, tinha um comando com a função específica de parar o sistema. Tudo o que precisava ser feito era digitar KILL SYSTEM (matar o sistema), e o PDP-6 seguia para o abismo. A ideia era tirar toda a graça de parar o sistema, tornando a instrução a mais trivial possível. Em raras ocasiões, algum perdedor olhava para o comando disponível e dizia: "Imagina, o que é MATAR o sistema?", e derrubava a casa. Mas o ITS provou e comprovou que a melhor segurança é não ter nenhuma segurança.

Com certeza, tão logo o ITS foi implementado no PDP-6, ocorreu um fluxo furioso de depurações que, de alguma forma, prosseguiu por cerca de uma década. Greenblatt foi um dos mais proeminentes, investindo dias inteiros na prática hacker do sistema — procurando bugs, adicionando diferenciais ou reescrevendo partes para que rodassem mais depressa... trabalhando tão intensamente que o ambiente do ITS, de fato, tornou-se um lar para os hackers do sistema.

No mundo do laboratório de Inteligência Artificial, o papel desempenhado pelos hackers era central. A Ética Hacker possibilitou que todo mundo usasse o ITS, mas as consequências públicas do constante trabalho no sistema jogaram um violento holofote sobre a qualidade do trabalho deles. Se um hacker tentasse aperfeiçoar o montador MIDAS ou o depurador ITS-DDT e cometesse um erro hediondo, os programas de todos os usuários entravam em pane e as pessoas saíam em busca do perdedor que fez aquilo. No entanto, não havia chamado mais forte entre os hackers do que o aperfeiçoamento do sistema.

Os planejadores não consideravam o aperfeiçoamento do sistema assim tão relevante. Para eles, o que importavam eram as aplicações — usar os computadores para avançar, criar conceitos úteis e ferramentas para beneficiar a humanidade. Para os hackers, o sistema era um fim em si mesmo. A maioria dos hackers, no final das contas, era fascinada por sistemas desde a infância. Eles colocaram tudo o mais na vida em segundo plano a partir do momento em que reconheceram que a melhor ferramenta para criar sistemas é o computador: você não só usa o computador para gerar um sistema incrivelmente complicado, ao mesmo tempo bizantino e elegantemente eficiente, mas, ainda, com um "Moby" no sistema como o ITS, aquele mesmo computador pode *ser* o sistema. A beleza do ITS é que ele era aberto, tornava mais fácil escrever programas para rodar nele, implorava por novas funcionalidades, tocava sininhos e assobiava. O ITS era a sala de estar dos hackers, e todo mundo era bem-vindo para colaborar e torná-la mais confortável; para encontrar e decorar o seu cantinho. O ITS era o sistema perfeito para construir... sistemas!

Era uma espiral lógica infinita. Conforme as pessoas usavam o ITS, podiam admirar essa ou aquela funcionalidade, mas a maioria delas começava a pensar em formas de aprimorá-lo. Era natural, porque um importante corolário do hackerismo afirma que não existe sistema ou programa que esteja completo ou pronto. Sempre é possível torná-lo melhor. Os sistemas são orgânicos, criações vivas: se as pessoas param de trabalhar nelas e de aperfeiçoá-las, tais criações morrem.

Quando você completa um sistema de programa, seja um grande esforço como um montador, ou um depurador, ou algo mais rápido e (você espera) elegante como um multiplexador de interface de saída, está ao mesmo tempo criando uma ferramenta, revelando uma criação e modelando o futuro de sua próxima atividade como hacker. É um processo circular, quase espiritual, no qual o programador de sistemas é um usuário habitual dos sistemas que ele está aprimorando. Muitos virtuosos de sistemas revelaram-se ao solucionar os obstáculos aborrecidos que encontravam para fazer programação (a verdadeira condição ótima para a programação, com certeza, só é alcançada quando todos os obstáculos entre você e o computador em estado puro foram eliminados — um ideal que provavelmente não será atingido, enquanto os hackers não estiverem biologicamente fundidos aos computadores). Os programas que os hackers do ITS escreveram ajudavam-nos a programar mais facilmente, fazer os programas rodarem mais depressa e aproveitarem o poder resultante do uso integral da máquina. Então, um hacker não fica apenas satisfeito por escrever um brilhante sistema de programa — uma ferramenta que todos

116   **PARTE I   Os verdadeiros hackers**

podem usar e admirar — como também porque no futuro ele escreverá o próximo programa de sistema.

A seguir um comentário escrito pelo hacker Don Eastlake em um relatório cinco anos antes de o ITS rodar pela primeira vez:[1]

> "O sistema ITS não é resultado de uma onda humana ou de um esforço concentrado. O sistema tem sido desenvolvido de forma incremental quase continuamente desde que foi concebido. É também verdade que grandes sistemas nunca estão 'prontos' .... De modo geral, pode-se dizer que o sistema ITS foi implementado por seus designers e desenhado por seus usuários. Os problemas irrealísticos de design de software são bastante reduzidos quando o designer é o implementador. A facilidade de programação e a satisfação com os resultados pelo implementador aumentam quando ele, em um sentido essencial, é o designer. As funcionalidades tendem a ser mais úteis quando os usuários são os designers e são mais fáceis de usar se os designers são os usuários."

A prosa é densa, mas o ponto está claro — o ITS era a mais forte expressão da Ética Hacker. Muitos consideraram que o ITS deveria se tornar um padrão norte-americano para todo sistema de compartilhamento de tempo. Deixar que todos os sistemas computacionais sobre a Terra disseminassem aquela oração, eliminando o odioso conceito de senhas, urgenciando a prática das mãos à obra na depuração de programas e demonstrando o poder sinérgico que deriva do software compartilhado, no qual o programa pertence não ao autor, mas a todos os usuários da máquina.

Em 1968, as principais instituições da área computacional realizaram um encontro na Universidade de Utah para entrar em acordo a respeito de um padrão de sistema de compartilhamento de tempo que seria usado na mais nova máquina da DEC, o PDP-10.* O Dez era muito semelhante ao PDP-6, e um dos sistemas que estavam em consideração era o ITS. O outro era o TENEX,** um sistema escrito pela Bolt Beranek e Newman, que ainda não havia sido implementado. Greenblatt e Knight representaram o MIT na conferência, eles pintaram um quadro estranho — dois hackers tentando convencer os burocratas de doze grandes instituições a comprometer os milhões de dólares investidos em seus equipamentos por causa de um sistema que, para os iniciantes, não tinha estrutura incorporada de segurança.

---

* Mais informações e imagens do PDP-10 em <http://www.columbia.edu/acis/history/pdp10.html>. (N.T.)

** Saiba mais sobre o TENEX em <http://en.wikipedia.org/wiki/TOPS-20>. (N.T.)

Eles fracassaram.

Knight veio a dizer que foi a ingenuidade política que fez os hackers perderem. Ele achava que a negociação poderia ter sido realizada até mesmo antes da conferência — um sistema baseado na Ética Hacker era um passo muito drástico para aquelas instituições tão conservadoras. Mas Greenblatt depois insistiu que "nós poderíamos ter ganhado o dia, se nós realmente quiséssemos". No entanto, "dar a descarga elétrica", como ele colocou, foi mais importante. Simplesmente não era uma prioridade para Greenblatt a disseminação da Ética Hacker muito além das fronteiras de Cambridge. Ele achava mais importante concentrar o foco na sociedade do Tech Square, a Utopia* Hacker que atordoaria o mundo ao aplicar a Ética Hacker para criar sistemas cada vez mais perfeitos.

* Notas *

A principal fonte de informação do livro *Hackers* foi mais de uma centena de entrevistas pessoais realizadas pelo autor entre 1982 e 1983. Além dessas entrevistas, são feitas também referências a fontes impressas e eletrônicas que estão citadas no rodapé das páginas desta edição.

[1] O relatório de Donald Eastlake chama-se *ITS Status Report* e foi publicado no Massachusetts Institute of Technology, AI Lab Memo, n. 238, abril de 1972.

---

* Leia mais em <http://en.wikipedia.org/wiki/Utopia>. (N.T.)

Capítulo 7
O JOGO DA VIDA

Mais tarde, eles chamariam aqueles anos de a Época Dourada da prática hacker, aquela existência maravilhosa no nono andar do Tech Square. Eles passavam o tempo em salas monótonas e em escritórios bagunçados, reunidos em torno de terminais nos quais linhas e linhas de código em caracteres verdes rolavam nas telas dos monitores, marcando páginas de impressão com os lápis tirados do bolso da camisa e conversando em sua gíria tão particular sobre essa guinada infinita ou sobre uma sub-rotina perdida; o ninho de monges tecnológicos que populava o laboratório estava tão próximo do paraíso quanto jamais poderia estar. Um estilo de vida benevolentemente anarquista e dedicado à produtividade e à paixão pelo PDP-6. Arte, ciência e diversão emergiam da mágica atividade da programação; e todo hacker era um mestre onipotente do fluxo de informação dentro da máquina. A vida depurada em toda sua glória.

Porém, por mais que os hackers tentassem viver aquele sonho sem a patética interferência dos sistemas distorcidos do "mundo real", era impossível torná-lo realidade. O fracasso de Greenblatt e Knight ao tentar convencer o mundo exterior da natural superioridade do ITS (Incompatible Time-sharing System) era apenas uma demonstração de que a total dedicação de um pequeno grupo ao hackerismo não traria a mudança em escala massiva, que todos assumiam como inevitável. Era verdade que, naquela década desde que o TX-0 fora entregue pioneiramente ao MIT, o público em geral e certamente os outros estudantes no campus estavam mais alertas às possibilidades da computação. Mas eles não tinham pela área o mesmo respeito e fascinação dos hackers. E muitos menos olhavam para as intenções dos hackers a partir de uma perspectiva benigna e idealista.

Ao contrário, muitos dos jovens do final da década de 1960 viam os computadores como algo diabólico, como parte de uma conspiração tecnológica na qual os ricos e poderosos usavam a força dos computadores *contra* os pobres e oprimidos. Essa atitude não se limitava aos protestos estudantis, mas envolvia, entre outros fatores, a explosiva Guerra do Vietnã (um conflito disputado parcialmente também pelos computadores norte-americanos). As mesmas máquinas idolatradas pelos hackers eram acusadas por milhões de cidadãos patriotas como um fator de desumanização da sociedade. Cada vez que uma notificação imprecisa chegava à casa de um cidadão, ele tentava averiguar as causas da morte do soldado com uma rodada frustrante de telefonemas. No final, ouvia que "o computador fizera aquilo" e, assim, crescia a rejeição contra a máquina — somente um esforço hercúleo seria capaz de apagar aquela reputação danosa. Os hackers, com certeza, atribuíam aqueles enganos aos cérebros danificados, burocráticos, e à mentalidade do processamento sem interatividade da IBM. As pessoas não entendiam que a Ética Hacker eliminaria esses abusos incentivando cada um a corrigir, por exemplo, as centenas de milhares de dólares equivocadas nas contas de luz? Mas, na opinião pública, não havia distinção entre os programadores dos Gigantes Monstruosos da IBM e os cidadãos em torno do lustroso e interativo PDP-6. Na mentalidade pública, todos os programadores, hackers ou não, eram vistos como cientistas tresloucados planejando a destruição do mundo ou como autômatos de pele pastosa e olhos vidrados pensando na próxima incursão tecnológica do Big Brother.[*]

A maioria dos hackers preferiu não embarcar nessas impressões. Mas, entre 1968 e 1969, eles tiveram que enfrentar essa imagem pública — quisessem ou não.

Uma marcha de protesto que culminou no Tech Square indicou dramaticamente quão distante os hackers estavam de seus pares. Muitos dos hackers simpatizavam com a causa antibelicista. Greenblatt, por exemplo, foi a uma passeata em New Haven e fez ligações para os principais líderes do movimento National Strike Information Center[**] na Universidade de Brandeis. E o hacker Brian Harvey era muito proativo nas manifestações; ele trouxe ao grupo informação sobre a baixa estima do Laboratório de Inteligência Artificial entre os jovens manifestantes. Havia até alguns rumores nas reuniões pacifistas de que os computadores do Tech Square

---

[*] Big Brother — referência ao romance *1984*, de George Orwell, publicado em 1949 nos Estados Unidos. Leia mais em: <http://pt.wikipedia.org/wiki/1984_(livro)>. (N.T.)

[**] Leia mais em <http://lts.brandeis.edu/research/archives-speccoll/findingguides/archives/faculty/fellman.html>. (N.T.)

eram usados para ajudar na guerra. Harvey tentou explicar que não era verdade, mas os radicais não acreditaram e ainda ficaram bravos, alegando que ele queria enganá-los.

Os hackers balançaram a cabeça, desolados, quando ouviram falar sobre esse equívoco infeliz. Era mais uma prova de que as pessoas não entendiam nada! No entanto, uma responsabilidade atribuída ao laboratório de Inteligência Artificial era verdadeira: todas as atividades do laboratório, desde a mais tola até a mais anarquista, eram financiadas pelo Departamento de Defesa. Tudo, do ITS ao programa do metrô de Nova York, era sustentado pelo mesmo Departamento de Defesa que estava matando vietnamitas e enviando garotos norte-americanos para morrer do outro lado do mundo.

A resposta habitual do laboratório de Inteligência Artificial para essa acusação era que o projeto ARPA (Advanced Research Projects Agency) do Departamento de Defesa, que financiava o laboratório, nunca solicitou a planejadores ou hackers que se engajassem em atividades com aplicações militares específicas. O ARPA era administrado por cientistas da computação, e sua meta era o avanço da pesquisa básica. No final da década de 1960, um planejador chamado Robert Taylor estava encarregado da administração dos fundos do ARPA e, muitos anos mais tarde, admitiu que desviou recursos de projetos com orientação militar para outros com objetivo na ciência da computação mais pura. Foi um dos poucos hackers que chamou o financiamento do ARPA de "dinheiro sujo".

Quase todos os outros, até mesmo os que se opunham à guerra, reconheciam que o dinheiro do ARPA era fundamental para o estilo de vida dos hackers. Quando alguém apontava o óbvio — que o Departamento de Defesa nunca pediu uma aplicação militar específica para o laboratório de Inteligência Artificial tampouco dos sistemas que eram criados, mas ainda assim esperava uma colheita de soluções belicistas daquele trabalho (quem seria capaz de afirmar que tudo que lhes "interessava" em programas ópticos e robóticos não resultaria em bombardeios mais eficientes?) —, os hackers negavam o óbvio. Greenblatt alegava: "Embora nosso dinheiro venha do Departamento de Defesa, nossa atividade não é militar"; e Marvin Minsky concluía: "Não há nada ilegal em ser patrocinado pelo Departamento de Defesa. É certamente melhor do que o Departamento de Comércio ou o Departamento de Educação... porque haveria controle sobre o pensamento. É muito melhor estar com os militares, porque eles não fazem segredo do que pretendem e não há pressões sutis. Tudo fica claro e transparente. O caso do ARPA é único porque eles sabem que o país precisa de especialistas em tecnologia de defesa. No caso de haver necessidade, podemos contar com eles".

O jogo da vida

Os planejadores acreditavam que eles estavam progredindo na ciência pura. Já os hackers formulavam sua filosofia ingênua da nova era baseados no livre fluxo das informações, descentralização e democracia computacional, enquanto os militantes antibelicistas consideravam tudo aquilo uma farsa, já que aquele suposto idealismo acabava por beneficiar a Máquina de Guerra do Departamento de Defesa. Os manifestantes antibelicistas queriam demonstrar seu descontentamento e organizaram uma marcha, que terminou exatamente no nono andar do Tech Square. Lá, os antibelicistas reuniram-se para demonstrar claramente a todos — hackers, planejadores e usuários — que eram marionetes nas mãos do Departamento de Defesa.

Russ Noftsker, o administrador de porcas e parafusos do laboratório de Inteligência Artificial, levou a ameaça dos manifestantes muito a sério. Eram tempos do Weather Underground,* e ele temia que os radicais de esquerda estivessem tramando a destruição do computador. Ele se sentiu compelido a adotar algumas medidas de segurança para proteger o laboratório.

Algumas das medidas eram tão secretas — talvez envolvendo as agências governamentais, como a CIA, que tinha um escritório no Tech Square — que Noftsker jamais as revelou, mesmo após uma década do término da guerra. No entanto, outras medidas eram óbvias e pouco confortáveis. Ele tirou o vidro das portas que iam desde o hall dos elevadores até a sala em que os hackers trabalhavam nos computadores. Trocou o vidro por aço e cobriu com placas de madeira para não parecer que aquilo se tornara uma barricada, como realmente se tornara. Os painéis de vidro ao lado das portas foram substituídos por placas transparentes à prova de balas com meia polegada de espessura — portanto, era possível ver quem pedia para entrar antes de abrir os cadeados e remover as travas. Noftsker também se certificou de que as portas estavam bem fixadas às paredes, para que os manifestantes não tivessem a ideia de removê-las inteiras para atacar os computadores.

Nos dias que precederam a manifestação, somente o pessoal com os nomes em uma lista de autorizados estava oficialmente autorizado a entrar naquela fortaleza de cadeados. No dia do evento, ele foi tão longe que distribuiu quarenta câmeras fotográficas automáticas, pedindo que as pessoas tirassem fotos dos manifestantes quando eles avançassem na área protegida. Se os manifestantes decidissem ficar violentos, pelo menos, haveria documentação do que fizeram de errado.

As barricadas funcionaram, já que os manifestantes — cerca de vinte ou trinta na estimativa de Noftsker — caminharam até o Tech Square, ficaram um pouco do

---

* Weather Undergroung — organização radical de esquerda criada nos Estados Unidos em 1969. Leia mais em <http://en.wikipedia.org/wiki/Weather_Underground_(organization)>. (N.T.)

PARTE I   Os verdadeiros hackers

lado de fora e foram embora sem nem pensar em arranhar o PDP-6 com marretas. Mas o suspiro coletivo de alívio dos hackers estava misturado a muito pesar. Embora eles tenham criado um sistema democrático e livre de cadeados, os hackers eram tão alienados do mundo exterior que tiveram que usar trancas, barricadas e burocráticas listas de autorização para controlar o acesso àquele ambiente idealista. Enquanto alguns lamentaram a imposição das trancas, o fervor da guerrilha do livre acesso parecia não se aplicar nesse caso. Outros, abalados pela possibilidade de um ataque, chegaram a programar o sistema de elevadores para não parar diretamente no nono andar. Embora alguns deles tivessem dito: "Nunca trabalharei em um lugar com cadeados"; depois das manifestações, depois que as listas de autorização já tinham sido perdidas, as trancas permaneceram. Em geral, os hackers preferiam não ver as fechaduras como símbolo da distância a que eles estavam ficando da opinião pública.

O reinado do solipsismo instaurara-se no nono andar, um solipsismo que se mantinha em pé mesmo quando o hackerismo sofria ataques diretos — mesmo que não fossem físicos — em publicações e jornais. No entanto, era muito difícil ignorar o mais duro deles, já que vinha de dentro do MIT, de um professor de Ciências da Computação (sim, o MIT conseguira fundar um departamento na área), chamado Joseph Weizenbaum.* Ele próprio fora um programador. Magro, de bigode e com um estranho sotaque do Leste da Europa, Weizenbaum estava no MIT desde 1963, mas raramente interagia com os hackers. Sua maior contribuição para a Inteligência Artificial foi um programa chamado ELIZA,** capaz de conversar com o usuário fazendo o papel de terapeuta. Weizenbaum reconhecia o poder do computador e estava perturbado por observar quão a sério os usuários podiam interagir com o ELIZA. Embora as pessoas soubessem se tratar "somente" de um programa de computador, elas contavam à máquina seus segredos mais pessoais. Para Weizenbaum, essa era uma demonstração de como o poder dos computadores podia levar a comportamentos irracionais e quase viciosos com consequências desumanizadoras. E Weizenbaum considerava que os hackers — ou "os programadores compulsivos" — eram o máximo da desumanização computacional. Em uma passagem que se tornou notória, ele escreveu em *Computer Power and Human Reason*[1]:

> "... jovens homens brilhantes com aparência desgrenhada, sempre com olhos fundos e febris, podem ser vistos sentados no console dos computadores; os braços tensos, esperando para disparar seus dedos, já prontos para a guerra, sobre teclas e botões

---

* Saiba mais sobre Weizenbaum em <http://en.wikipedia.org/wiki/Joseph_Weizenbaum>. (N.T.)
** Leia mais sobre o programa em <http://en.wikipedia.org/wiki/ELIZA>. (N.T.)

nos quais sua atenção parece estar concentrada como o jogador nos dados que rolam. Quando não estão tão magnetizados, eles se sentam à mesa diante das folhas de impressão do computador sobre as quais trabalham arduamente como se estivessem estudando textos cabalísticos. Trabalham quase até cair, vinte, trinta horas de uma vez. A comida, quando eles se lembram de pedir, é levada até eles: café, refrigerante e sanduíches. Se possível, dormem em catres perto das máquinas. As roupas amarrotadas, o rosto sujo e barbudo e o cabelo despenteado são todos testemunhas de que eles esqueceram de seus corpos e do mundo em que vivem. Eles são os vagabundos da computação, os programadores compulsivos...".

Weizenbaum mais tarde diria que essa vívida descrição derivava de sua própria experiência como programador, e não da observação direta da cultura do nono andar. Mas muitos hackers sentiram-se atingidos. Vários deles acharam que Weizenbaum os identificara pessoalmente — e até invadira a privacidades deles com sua descrição. Alguns disseram que Greenblatt havia sido injustamente apontado; de fato, Greenblatt enviou a Weizenbaum algumas mensagens discordando da arenga.

Mesmo assim, não havia muitos questionamentos resultantes desse ou de outros ataques ao estilo de vida dos hackers. Não era o jeito do laboratório. Os hackers geralmente não se aprofundavam nos disfarces psicológicos de cada um. "Havia um conjunto de metas compartilhadas", Tom Knight justificou, "um excitamento intelectual compartilhado e até um bom grau de vida social, mas havia também um limite que as pessoas não gostavam de ultrapassar".

Era aquele limite tácito que incomodava David Silver. Ele se integrou ao laboratório quando era adolescente e literalmente amadureceu lá dentro. Apesar de ser um hacker produtivo, ele também investia tempo refletindo sobre o relacionamento do grupo com os computadores. Silver ficou fascinado com a percepção de que todos eles se uniram intimamente em torno do PDP-6. Era quase assustador: essa percepção fez David Silver imaginar como as pessoas se conectam, o que as une, como se encontram e por quê... quando algo tão simples como o PDP-6 é capaz de tornar os hackers tão próximos entre si. Toda essa questão fez com que ele pensasse, por um lado, se as pessoas eram apenas um tipo sofisticado de computador ou, por outro, se eram imagens do espírito de Deus.

Essas introspecções não eram necessariamente compartilhadas com seus mentores, entre eles, Greenblatt e Gosper. "Não acho que as pessoas estivessem interessadas nessas conversas mais calorosas", ele avaliou anos mais tarde. "Não era esse o foco. O foco era o poder da mente." Não era diferente com Gosper: a ação como tutor de

Silver não era uma calorosa relação humana, mas um "relacionamento hacker", muito próximo em termos de compartilhamento de conhecimento sobre computadores, mas não imbuída da riqueza de uma amizade do mundo real.

"Durante muitos e muitos anos, tudo que eu fiz foi praticar hackerismo nos computadores e nunca me senti solitário, como se estivesse perdendo alguma coisa", Silver avaliou.

> "Mas acho que, quando comecei a crescer, mudar e me tornar de certa forma menos excêntrico, eu comecei a precisar de mais interação com as outras pessoas. (Como não frequentei normalmente o ensino médio)... eu deixei para trás todos os ritos sociais e entrei direto nesse paraíso do pensamento... Eu passei minha vida andando e falando como um robô, conversando com um punhado de outros robôs."

Algumas vezes, o fracasso dos hackers para aprofundar as relações pessoais tinha consequências nefastas. O laboratório era o lugar ideal para os mestres hackers, mas, para alguns, a pressão era muito forte. Até mesmo o layout físico do lugar provocava um sentimento de alta pressão — os terminais abertos, a constante presença intimidatória dos melhores programadores do mundo, o ar muito frio e o incansável murmúrio dos aparelhos de ar-condicionado. A certa altura, foi contratada uma empresa de consultoria para estudar aquele excessivo e inescapável ruído, e eles concluíram que o ar-condicionado só era percebido porque não havia outros sons competindo com aquele — então, eles programaram um assobio mais alto e contínuo. Nas palavras de Greenblatt, essa mudança "não foi uma vitória", porque o assobio constante tornou as longas horas no nono andar uma tarefa enervante. Somem-se outros fatores — falta de sono, refeições perdidas provocando uma semi desnutrição e uma infinita paixão para terminar aquilo — e ficava claro por que alguns hackers chegavam à beira do precipício.

Greenblatt era o melhor para apontar "a síndrome clássica de perdas", ele lembra. "De certa forma, eu estava preocupado com o fato de que não podíamos ter gente caindo morta pelo nono andar." Às vezes, Greenblatt dizia para alguém voltar para casa a fim de descansar, levar a tarefa mais devagar. Outras atitudes estavam além de seus limites. As drogas, por exemplo. Uma noite, enquanto dirigia de volta depois de um jantar em um restaurante chinês, um hacker mais jovem perguntou seriamente se ele "Queria uma seringa". Greenblatt ficou estupefato. O mundo real estava invadindo novamente o paraíso hacker e havia pouco que pudesse ser feito. Um noite logo depois desse episódio, esse mesmo hacker jogou-se da ponte sobre o rio Charles congelado e ficou gravemente ferido. Não foi a única tentativa de suicídio cometida pelos hackers do laboratório de Inteligência Artificial.

O jogo da vida

125

Analisando essas evidências isoladamente, pode parecer que a perspectiva de Weizenbaum fora adequada. Mas havia mais do que isso. Weizenbaum não percebeu a beleza da devoção dos hackers... ou o enorme idealismo da Ética Hacker. Ele não tinha visto, como Ed Fredkin vira, Stew Nelson compondo código no editor TECO, enquanto Greenblatt e Gosper observavam: sem que nenhum dos três dissesse uma palavra, Nelson estava entretendo os demais, codificando truques em linguagem de montagem, o que, para eles, com sua absoluta maestria na linguagem do PDP-6, tinha o mesmo efeito das mais hilárias e incisivas piadas. E, depois de cada bloco de instruções, havia sempre uma linha de resposta naquela forma sublime de comunicação... A cena era uma demonstração de compartilhamento que Fredkin jamais esqueceu.

Embora conceda que o relacionamento dos hackers era pouco usual, especialmente porque a maioria tinha uma vida assexuada, Fredkin disse que "eles viviam o futuro dos computadores... Estavam só se divertindo. Sabiam que eram uma elite, algo muito especial. E acho que eles se gostavam entre si. Eram todos uns diferentes dos outros, mas cada um sabia algo de bom sobre o outro e se respeitavam. Não sei se algo como (a cultura hacker) já havia acontecido no mundo. Mas diria que eles se amavam entre si".

Os hackers focavam a mágica dos computadores em vez das emoções humanas, mas podiam ser tocados pelas outras pessoas. Um excelente exemplo foi o caso de Louis Merton (um pseudônimo). Merton estudava no MIT, era um tanto reservado e um ótimo jogador de xadrez. A não ser por esta última característica, Greenblatt de início achou que ele era mais aquele tipo de gente que vagueava randomicamente pelo laboratório.

O fato de Merton jogar xadrez tão bem agradou Greenblatt, que, naquela época, trabalhava em uma versão ainda mais sofisticada do jogo. Merton aprendeu um pouco de programação e se juntou a ele no projeto. Mais tarde, ele criou seu próprio programa de xadrez no pouco usado PDP-7 do nono andar. Merton era um entusiasta do xadrez e dos computadores, e quase nada indicava o que aconteceria durante os feriados do Dia de Ação de Graças em 1966. No pequeno anfiteatro do oitavo andar, onde o professor Seymour Papert e um grupo de alunos trabalhavam na linguagem LOGO, Merton transformou-se temporariamente em um vegetal. Assumiu a posição clássica dos catatônicos, rigidamente sentado com as mãos fortemente fechadas ao lado. Ele não respondia a perguntas e não se dava conta de nada no mundo exterior. As pessoas não sabiam o que fazer. Chamaram a enfermaria do MIT e foram aconselhadas a contatar a polícia de Cambridge, que carregou o pobre Merton para fora. O incidente chocou muito os hackers, incluindo Greenblatt, que soube do caso quando retornou do feriado.

126   **PARTE I   Os verdadeiros hackers**

Merton não era um dos melhores hackers, tampouco Greenblatt tinha muita intimidade com ele. Mesmo assim, Greenblatt dirigiu até o Westboro State Hospital para resgatar o rapaz. Foi uma longa viagem, e o destino trouxe a Idade Média à memória de Greenblatt — era menos um hospital e mais uma prisão. Greenblatt decidiu que não ia embora sem levar Merton. A última etapa nesse tortuoso processo foi conseguir a assinatura de um médico idoso, aparentemente senil. "Parecia que ele havia saído exatamente de um filme de terror. Era incapaz de ler. A sua assistente lhe dizia, 'assine aqui, assine aqui'", recorda Greenblatt.

O fato era que Merton tinha um histórico desse problema. Diferente da maioria dos catatônicos, Merton melhorava depois de alguns dias, especialmente quando tomava remédio. Sempre que ele entrava em catatonia em algum lugar, quem o encontrava pedia para que fosse levado embora e os médicos diagnosticavam que o estado era permanente, mesmo quando o rapaz voltava à vida. Agora, ele podia chamar o laboratório de Inteligência Artificial e pedir ajuda. Em geral, quem ia buscá-lo era Greenblatt.

Mais tarde, alguém descobriu nos registros do MIT uma carta da mãe de Merton que já falecera. Ela explicava que o rapaz tinha um comportamento estranho e que, de vez em quando, ficava paralisado. Nesse caso, bastava perguntar a ele: "Louis, você gostaria de jogar xadrez?". Fredkin, que também havia se interessado muito por Merton, tentou. Um dia, Merton estancou na beirada da cadeira, literalmente como uma estátua. Fredkin perguntou se ele queria jogar xadrez e o rapaz marchou com passo duro para o tabuleiro. O jogo foi acontecendo com Fredkin tentando entabular também uma conversa até que Merton ficou novamente paralisado. Fredkin perguntou: "Louis, por que você não se mexe?". Depois de uma longa pausa, Merton respondeu em uma voz lenta e gutural: "Seu rei... está... em... xeque!". Fredkin inadvertidamente possibilitara o xeque com seu último movimento.

A condição de Merton podia ser mitigada com um remédio, mas por alguma razão ele nunca o tomava. Greenblatt implorava, mas Merton se recusava. Uma vez, Greenblatt pediu a Fredkin que o ajudasse; e os dois encontraram o rapaz paralisado e silente.

"Louis, por que você não está tomando seu remédio?", ele perguntou. Merton estava lá, apenas parado com um sorriso estranho congelado nos lábios. "Por que não toma o remédio?", Fredkin repetiu.

De repente, Merton recuou e virou um soco no queixo de Fredkin. Esse tipo de comportamento era uma das características desafortunadas de Merton, mas os hackers tinham uma notável tolerância. Eles não o descartaram como um perdedor.

O jogo da vida   127

Fredkin considerava o caso de Merton um bom exemplo da essencial humanidade do grupo de rapazes que Weizenbaum tinha, de fato, classificado como androides sem emoções. "Ele era apenas um maluco", Minsky disse sobre Weizenbaum. "Esses hackers são as mais sensíveis e honrosas pessoas que já existiram." Uma hipérbole, talvez, mas era verdade que por trás daquelas mentes altamente focadas havia calor humano na realização coletiva da Ética Hacker. Como em muitas ordens religiosas devotas, os hackers sacrificaram o que as pessoas de fora consideravam o comportamento emocional básico em nome do amor pelo hackerismo.

Muitos anos depois, David Silver, que acabou deixando a ordem, ainda era reverente a esse bonito sacrifício: "Era uma espécie de necessidade para eles ser extremamente brilhantes e, de algum modo, ser também deficientes socialmente, então, podiam concentrar-se exclusivamente em uma coisa". A prática hacker — o mais importante do mundo para eles.

O mundo do lado de fora de Cambridge não ficava parado, enquanto a Ética Hacker florescia no nono andar do Tech Square. No final da década de 1960, o hackerismo disseminava-se em parte por causa da proliferação das máquinas interativas, como o PDP-10* ou o XDS-940;** em parte por causa de ambientes de programação mais amigáveis (como aqueles que os hackers haviam criado no MIT); e em parte porque os veteranos do MIT estavam deixando o laboratório e levando sua cultura para outros lugares. Mas o coração do movimento era este: as pessoas que queriam praticar o hackerismo estavam encontrando computadores nos quais praticá-lo.

Esses computadores não estavam mais necessariamente no MIT. Centros da cultura hacker se desenvolviam em várias instituições pelo país, desde Stanford até a Carnegie-Mellon.*** E, assim que esses outros centros alcançavam massa crítica — gente o suficiente para trabalhar em um grande sistema e fazer excursões noturnas a restaurantes chineses —, sentiam-se bastante atraentes para contratar os hackers do laboratório de Inteligência Artificial do MIT no Tech Square. O estilo intenso do hackerismo do MIT foi exportado por esses emissários.

Algumas vezes, podia não se tratar de uma instituição que convidava os hackers, mas de um negócio. Um programador chamado Mike Levitt começou em São Francisco uma empresa de tecnologia de ponta chamada System Concepts. Ele foi

---

* Leia mais e veja imagens em <http://en.wikipedia.org/wiki/PDP-10>. (N.T.)
** Leia mais em <http://en.wikipedia.org/wiki/XDS_940>. (N.T.)
*** Leia mais em <http://www.cs.cmu.edu/about/index.html>. (N.T.)

128   PARTE I   Os verdadeiros hackers

inteligente o bastante para convidar o hacker da telefonia e do PDP-1, Stew Nelson, como um dos sócios; e o mestre da música no TX-0, Peter Samson, também se juntou a esse negócio de design e manufatura de hardware de alta tecnologia. Somando tudo, a pequena empresa conseguiu concentrar muitos dos talentos do Tech Square em São Francisco. Não foi pouco, já que os hackers não eram afeitos ao estilo de vida da Califórnia, particularmente no que se referia à diversão e exposição ao sol. Porém, Nelson já havia aprendido essa lição antes — apesar dos repetidos pedidos de Fredkin em meados da década de 1960, ele se recusava a ir para a nova sede da Triple-I em Los Angeles até o dia em que, depois de enfaticamente reiterar suas negativas, saiu do Tech Square sem casaco. Era o dia mais frio do inverno de Cambridge naquele ano e, assim que saiu do prédio, os óculos de Nelson partiram-se por causa da repentina mudança de temperatura. Ele voltou direto para o escritório de Fredkin, com suas sobrancelhas cobertas de gelo, e disse: "Eu vou para Los Angeles".

Em alguns casos, a partida de um hacker podia ser apressada pelo que Minsky e Ed Fredkin chamaram de "engenharia social". Algumas vezes, os planejadores achavam que um hacker assumira uma rotina, talvez preso em problemas de sistema ou obcecado por atividades extracurriculares como a abertura de cadeados ou equipamentos telefônicos, que eles não consideravam mais interessante. Fredkin lembra que os hackers entravam às vezes em um estado mental em que agiam "como âncoras, puxando tudo para baixo. De alguma forma, eles iam embora por eles mesmos. Precisavam sair do laboratório e o laboratório precisava que eles saíssem. Portanto, um convite surpresa chegava a eles ou uma visita era arranjada, sempre para uma instituição bem longe dali. Essas pessoas começaram a se infiltrar pelo mundo em empresas ou outros laboratórios. Não era destino — eu arranjava isso".

Minsky diria, "Bravo!, Fredkin!", agradecendo a natureza clandestina daquela atividade, que tinha que ser realizada sem o conhecimento da comunidade hacker; eles não tolerariam uma estrutura organizacional que ditasse onde as pessoas deveriam trabalhar.

Embora o destino deles pudesse ser uma empresa — além da Systems Concepts, a Information International (Triple-I) de Fredkin contratou muitos hackers do MIT —, em geral, eram outros centros de computação. O mais desejado por eles era o Laboratório de Inteligência Artificial de Stanford (SAIL), que foi criado pelo "Tio" John McCarthy em 1962, quando saiu do MIT.

Em muitos aspectos, o SAIL era espelho da operação do MIT; a imagem só ficava distorcida quando a brisa do Oceano Pacífico refrescava a península. Essa distorção era significativa porque demonstrava que a melhor reprodução da comunidade de hackers do MIT era somente uma aproximação do ideal; o estilo de hackerismo do

MIT estava destinado a viajar pelo mundo, mas quando exposto à luz do sol da Califórnia perdia um pouco de sua intensidade.

A diferença começava no cenário: um antigo centro de conferências em forma de semicírculo, construído em vidro e madeira no alto de uma colina com vista para o campus de Stanford. Dentro do prédio, os hackers podiam trabalhar em qualquer um dos 64 terminais espalhados em diversos escritórios. O ambiente não era claustrofóbico como o do Tech Square. Nada de elevadores, nada do assobio ensurdecedor do ar-condicionado. Aquele estilo descontraído mostrava que muito da acrimônia, às vezes construtiva, do MIT — as discussões em voz alta no TMRC ou as guerras religiosas entre os hackers e os estudantes de pós-graduação — era desnecessária. No lugar dos campos de batalhas espaciais da ficção científica que invadiram o MIT, o imaginário em Stanford estava tomado pela multidão gentil de elfos, hobbits e magos descritos na trilogia de J. R. R. Tolkien.[*] As salas do departamento de Inteligência Artificial tinham nomes que homenageavam os lugares da Terra Média de Tolkien; e a impressora do SAIL rodava três fontes de letras inspiradas naquelas histórias.[**]

O ambiente da Califórnia também se refletia nos jogos criados em Stanford, depois que passou o entusiasmo com o *Spacewar* do MIT. Um hacker de Stanford chamado Donald Wood descobriu uma espécie de jogo em um computador de pesquisa da Xerox que envolvia um espeleólogo em busca de um tesouro nas profundezas de um labirinto de cavernas. Woods contatou o programador Will Crowther, conversou com ele sobre o jogo e decidiu expandi-lo para o *Adventure (Aventura)*,[***] em que a pessoa usava o computador para assumir o papel de um viajante em um cenário tolkieniano. O viajante lutava contra inimigos, superava obstáculos com truques inteligentes e, no final, recuperava o tesouro. O jogador dava comandos com duas palavras (verbo e substantivo) para o programa, que respondia de acordo com as mudanças causadas pelo comando no universo criado pela imaginação de Don Wood. Por exemplo, o computador começava com a descrição do cenário de abertura da aventura:

> VOCÊ ESTÁ EM PÉ NO FINAL DE UMA RUA DIANTE DE UM PEQUENO PRÉDIO DE TIJOLOS. EM VOLTA DE VOCÊ EXISTE UMA FLORESTA. UM PEQUENO RIACHO PASSA POR ALI E DESCE PARA O VALE.

---

[*] Conheça a Sociedade Tolkien em <http://www.tolkiensociety.org/>. (N.T.)
[**] Leia mais sobre a trilogia em <http://en.wikipedia.org/wiki/The_Lord_of_the_Rings>. (N.T.)
[***] Saiba mais sobre o jogo em <http://www.rickadams.org/adventure/a_history.html>. (N.T.)

Se você escrevesse VOU SUL, o computador responderia:

VOCÊ ESTÁ EM UM VALE AO LADO DE UMA FLORESTA POR ONDE CORRE UM RIACHO EM UM LEITO PEDREGOSO.

Depois, você tinha que usar os mais diferentes truques para sobreviver. A cobra que você encontrava pela frente, por exemplo, só poderia ser detida com a libertação do pássaro que você capturou pelo caminho. O pássaro atacava a cobra e você estava livre para seguir. Cada "sala" da aventura era como uma sub-rotina de computador; apresentava um problema lógico que você tinha que resolver.

De algum modo, o *Adventure* era uma metáfora da programação de computadores — os corredores profundos explorados no mundo do jogo eram similares aos níveis obscuros da máquina por onde o hacker viajava durante dias na linguagem de montagem. Nas duas atividades, você realmente podia ficar confuso ao tentar lembrar onde estava. De fato, o jogo era tão viciante quanto a programação — Woods instalou o programa no PDP-10 do SAIL em uma sexta-feira, e alguns hackers (e também "turistas" da vida real) passaram o fim de semana inteiro tentando resolvê-lo. Como todo bom sistema ou programa, o *Adventure* nunca ficou pronto — Woods e seus amigos estavam sempre melhorando, depurando e adicionando novas funcionalidades e truques. E como todo programa significativo, o *Adventure* expressava a personalidade e o ambiente dos autores. Por exemplo, a ideia de uma ponte enevoada protegida por um troll teimoso surgiu para Woods à noite em uma pausa no trabalho no laboratório. Os hackers decidiram fazer uma viagem de carro para ver o sol nascer no enevoado Mount Diablo. Woods transformou a descrição do que viu em uma cena para o jogo durante o café da manhã daquele mesmo dia.

Foi em Stanford que os gurus podiam ser hackers ou qualquer outra pessoa da faculdade (entre os professores de Stanford, estava o notável cientista da computação Donald Knuth,[*] autor do clássico multivolume *The Art of Computer Programming* — sem tradução no Brasil).[**] Foi em Stanford que, com a mania do *Adventure*, os prazeres fortuitos do *Spacewar* foram transformados em arte (Slug Russell tinha vindo com McCarthy para o SAIL, mas foram hackers mais jovens que criaram versões para cinco jogadores simultâneos, opções de reencarnações, e que disputaram torneios durante longas noites). Foi em Stanford que os hackers saíam de seus terminais para jogar uma partida de vôlei durante o dia. Foi em Stanford que um

---

[*]   Saiba mais em <http://www-cs-faculty.stanford.edu/~knuth/>. (N.T.)

[**]   Mais informações sobre a obra em <http://en.wikipedia.org/wiki/The_Art_of_Computer_Programming>. (N.T.)

esforço adicional de financiamento foi obtido para adicionar espaço ao laboratório: uma sauna — algo inconcebível no MIT. Foi em Stanford que os computadores passaram a receber imagens de vídeo, possibilitando que os usuários trocassem o programa de computador por um programa de televisão na tela. A aplicação mais famosa para isso, de acordo com alguns frequentadores constantes do laboratório, ocorreu quando um grupo de hackers do SAIL colocou um anúncio no jornal do campus, procurando por duas jovens ardentes. As mulheres que responderam ao anúncio tornaram-se estrelas de uma orgia sexual no laboratório de Inteligência Artificial que foi gravada em vídeo e assistida nos terminais por hackers atentos. Algo que jamais teria acontecido no MIT.

Não era que os hackers do SAIL fossem menos devotados do que os do MIT. Em um documento sintetizando a história do laboratório de Stanford, o professor Bruce Buchanan[2] refere-se ao "estranho ambiente social criado pela intensidade daqueles jovens que amavam acima de tudo a prática hacker", e o limite que eles atingiram na Califórnia não foi menos extremo do que no Tech Square. Por exemplo, não demorou muito para os hackers perceberem que o espaço entre o teto e o forro falso do laboratório poderia ser um bom local para dormir. De fato, alguns deles dormiram ali por anos. Um hacker de sistemas passou o início da década de 1970 morando em seu carro parado no estacionamento do lado de fora do prédio — uma vez por semana, ele ia de bicicleta até Palo Alto para comprar alimento. A alternativa para comida era a Prancing Pony,* apelidada em homenagem a uma taverna na Terra Média de Tolkien, a máquina de venda do SAIL, abastecida com alimentos saudáveis e bolinhos fornecidos por um restaurante chinês local. Cada hacker mantinha uma conta na Prancing Pony, que era controlada pelo computador. Ao terminar a compra, era possível fazer uma aposta do tipo o dobro ou nada e o computador dava o resultado imediatamente. Com essas funcionalidades, a atividade hacker no SAIL ao longo das madrugadas era muito mais agradável do que no MIT. Havia gente trabalhando em aplicações e outros que preferiam os sistemas. O laboratório era aberto a pessoas de fora, que podiam sentar e começar a trabalhar; se parecessem promissoras, tio John McCarthy poderia contratá-las.

Os hackers do SAIL também viviam sob os princípios da Ética Hacker. O sistema de compartilhamento de tempo nas máquinas do laboratório, como o ITS, não exigia senhas. Mas, por insistência de John McCarthy, um usuário podia manter seus arquivos em privacidade. Os hackers do SAIL escreveram um programa para identificar os usuários que optavam por manter arquivos privados e deram um jeito para abri-los para ler cada um com interesse especial. "Qualquer pessoa que sentisse

---

* Leia mais em <http://en.wikipedia.org/wiki/List_of_Middle-earth_inns>. (N.T.)

132   PARTE I   Os verdadeiros hackers

necessidade de privacidade devia estar trabalhando em algo interessante", explicou anos mais tarde o hacker Don Woods.

Da mesma forma, o SAIL não era inferior ao MIT no desenvolvimento de projetos importantes. Exatamente como seus colegas do laboratório de Inteligência Artificial do MIT, os hackers do SAIL eram fãs da robótica, como indicava a placa do lado de fora do laboratório: CUIDADO, VEÍCULO-ROBÔ. Era o sonho de John McCarthy construir um robô capaz de sair daquele laboratório maluco e percorrer os cerca de 4 quilômetros do campus com sua própria força física e mental. Um dia, presumivelmente por engano, um robô se perdeu e já estava descendo a ladeira fora do laboratório, quando, felizmente, um funcionário passou de carro, viu a máquina e a resgatou. Diversos hackers e acadêmicos trabalhavam no SAIL em importantes campos básicos, como a compreensão da fala e projetos em linguagens naturais. Alguns dos hackers estavam profundamente envolvidos em um projeto de música que viria a quebrar parâmetros nessa área da computação.

O laboratório de Stanford e os outros, seja em universidades como Carnegie-Mellon ou centros de pesquisa como o Stanford Research Institute, aproximaram-se quando a ARPA conectou seus sistemas de computadores com uma rede de comunicação. A "ARPAnet"[*] era muito influenciada pela Ética Hacker, que tinha entre seus valores a convicção de que os sistemas deveriam ser descentralizados, encorajar o espírito explorador e incentivar o livre fluxo das informações. De um computador em qualquer "nó" da ARPAnet era possível trabalhar como se estivesse sentado em um terminal de um distante sistema de computadores. Hackers de todo o país podiam trabalhar no sistema ITS do Tech Square e, com isso, os valores implícitos da Ética Hacker eram disseminados. As pessoas enviavam enormes volumes de dados por meio eletrônico, trocavam novidades técnicas, colaboravam em projetos, jogavam *Adventure*, formavam relacionamentos próximos com gente que jamais haviam visto e entravam em contato com pessoas em locais nos quais jamais haviam estado antes. O contato ajudou a normatizar o hackerismo e se tornou possível encontrar hackers em Utah usando o jargão peculiar desenvolvido na sala de ferramentas ao lado do clube TMRC no MIT.

Por mais que a Ética Hacker estivesse ganhando adeptos, os hackers do MIT consideravam que do lado de fora de Cambridge sua prática não era a mesma de antes. O hackerismo de Greenblatt, Gosper e Nelson era bastante direcionado à criação de uma utopia, e até as iniciativas mais semelhantes eram, por comparação, perdedoras em vários aspectos. "Como você podia ir para a Califórnia, sair do foco da

---

[*] Saiba mais sobre a ARPAnet, a rede considerada o embrião da internet em <http://www. livinginternet.com/i/ii_arpanet.htm>. (N.T.)

ação?", as pessoas perguntavam àqueles que decidiam ir para Stanford. Alguns foram embora porque se cansaram da dicotomia vencedor–perdedor do nono andar, embora reconhecessem que a intensidade do MIT não estava presente na Califórnia. Tom Knight, que foi hacker em Stanford por um período, reconheceu que lá não era possível fazer *realmente* um bom trabalho.

David Silver também esteve em Stanford e concluiu que "lá as pessoas eram um pouco perdedoras em seu pensamento. Não eram tão rigorosas em alguns aspectos e gostavam mais de se divertir. Um cara estava construindo um carro de corrida e outro construía um avião no porão...". Silver aderiu ao hackerismo em hardware em Stanford, quando criou um sistema de áudio que possibilitou que as pessoas trabalhando nos terminais pudessem acessar e ouvir qualquer um dos dezesseis canais — desde estações de rádio até a programação dedicada do SAIL. Todos os canais, com certeza, estavam armazenados no PDP-6 do SAIL. Silver acha que a exposição ao estilo de vida dos hackers da Califórnia ajudou-a a libertar-se, preparando-o para viver fora da fechada sociedade do nono andar.

A defecção de Silver e de outros hackers do MIT não abalou o laboratório. Novos rapazes chegaram para substituí-los. Greenblatt e Gosper prosseguiam, assim como Knight e outros hackers canônicos. Mas aquela energia fantasticamente otimista que havia no início explosivo da pesquisa em Inteligência Artificial, para o desenvolvimento de um novo conjunto de software, parecia haver se dissipado. Alguns cientistas reclamavam que as promessas dos planejadores da Inteligência Artificial não se cumpriram. Dentro da comunidade hacker, os hábitos férvidos e os estranhos padrões estabelecidos na década anterior pareciam estar solidificados. Será que *eles* também estavam ossificados? Era possível envelhecer como um hacker e continuar trabalhando trinta horas por dia? Gosper avaliou sua posição: "Eu estava realmente orgulhoso por ser capaz de continuar a praticar o hackerismo sem olhar para o relógio e sem me importar em que fase estava o Sol ou a Lua. Acordar no crepúsculo sem ter a menor ideia de se era o amanhecer ou o anoitecer". Ele sabia, porém, que aquilo não poderia durar para sempre. E como seria quando não houvesse mais Gosper ou Greenblatt trabalhando por trinta horas, quão longe o sonho hacker poderia prosseguir? Será que a Era Dourada, agora chegando ao fim, tinha realmente algum significado?

Foi em 1970 que Bill Gosper começou a aprimorar o *LIFE** (Vida). Era mais um sistema que continha um mundo dentro de si, um mundo no qual o comportamento

---

* Para saber mais sobre o jogo, leia em <http://encyclopedia.thefreedictionary.com/glider+gun>. (N.T.)

"era excessivamente rico, mas não rico a ponto de se tornar incompreensível". Gosper ficou obcecado por ele durante anos.

LIFE era um jogo, uma simulação computacional sem jogadores desenvolvida por John Conway, um reconhecido matemático britânico. Foi inicialmente descrito por Martin Gardner,* na sua coluna *Jogos Matemáticos* (*Mathematical Games*), publicada em outubro de 1970 na *Scientific American*.[3] O jogo consiste de marcadores em um campo quadriculado, cada marcador representando uma "célula". O padrão das células muda em cada etapa do jogo (chamado de "geração"). Dependendo de algumas regras simples, as células morrem, nascem ou sobrevivem, de acordo com o estado das adjacentes. O princípio é que as células pouco relacionadas às outras morrem de isolamento e que as células muito relacionadas morrem de superpopulação; as condições favoráveis geram novas células e mantêm vivas as células mais antigas. A coluna de Gardner tratava das complexidades tornadas possíveis por esse jogo simples e postulava que alguns estranhos resultados ainda não haviam sido explicados por Conway ou por seus colaboradores.

Gosper viu o jogo pela primeira vez quando entrou no laboratório e encontrou dois hackers no PDP-6 observando o *LIFE*. Ele parou para olhar por um instante, e sua primeira reação foi descartar o assunto por não considerá-lo interessante. Então, ele observou os padrões assumirem novas formas na tela por mais um instante. Gosper sempre apreciara como a visão humana conseguia interpretar padrões; ele usava estranhos algoritmos para gerar matemática computacional nos monitores. Números que pareciam randômicos em uma folha de papel ganhavam vida na tela do computador. Alguma ordem passava a ser discernida e ela mudava de modo interessante se você fizesse novas iterações ou alterasse os padrões de x e y. Logo, ficou claro para Gosper que o *LIFE* apresentava essas e outras possibilidades. Ele começou a trabalhar com mais alguns funcionários do laboratório de Inteligência Artificial para aprimorar o *LIFE* — e não fez nada além nos dezoito meses seguintes.

O primeiro esforço do grupo foi tentar encontrar uma configuração no universo do *LIFE*, o que era teoricamente possível, mas ainda não havia sido feito. Com frequência, não importava com qual padrão começasse, depois de algumas gerações, o jogo acabava em nada ou retornava a uma das formas padrão, apelidadas de acordo com a forma que assumiam — colmeia, fazenda de mel (quatro colmeias), nave espacial, barril de pólvora, farol, cruz latina, anfíbio, cata-vento e suástica. Certas vezes, depois de algumas gerações, o padrão alternava, piscando entre uma e outra: essas eram chamadas de osciladores, semáforos ou pulsares. O que Gosper e os hackers

---

* Leia mais em <http://en.wikipedia.org/wiki/Martin_Gardner>. (N.T.)

buscavam era chamado de arma planadora (*glider gun*): o planador era um dos menores padrões que se movia diagonalmente na tela. Se você conseguisse criar um padrão no *LIFE*, que lançasse formas pontiagudas, enquanto trocava seu próprio formato, teria criado uma arma. O inventor do *LIFE* havia oferecido 50 dólares para a primeira pessoa que conseguisse criar a "arma".

Os hackers passavam as noites sentados diante do monitor 340 de alta qualidade do PDP-6 (um monitor especial de alta velocidade criado pela DEC), experimentando diferentes padrões. Eles registravam cada "descoberta" feita naquele universo artificial em um grande caderno de capa preta, apelidado por Gosper de rascunho do *LIFE*. Eles olhavam para a tela enquanto, geração após geração, o padrão se alterava. Algumas vezes, aquilo lembrava um verme mordendo a própria cauda e se revertia rapidamente, como se estivesse alternando entre a própria figura e sua imagem no espelho. Outras vezes, a tela escurecia como se as células morressem por excesso de contato entre si ou por isolamento. Um padrão podia acabar com a tela em branco. Em algumas ocasiões, a tela parecia congelar momentaneamente em um padrão. Ou tudo parecia ir bem quando uma pequena célula atirada por uma "colônia" à beira da morte atingia outro padrão, que explodia novamente em atividade. "As coisas aconteciam e podiam tornar-se incrivelmente randômicas", recorda-se Gosper, "nós não conseguíamos parar de observar. Apenas sentávamos, imaginando se o jogo continuaria para sempre."

Enquanto "jogavam", o mundo em torno deles parecia conectado aos padrões de simulação do *LIFE*. Eles experimentavam padrões arbitrários como os que tinham visto em uma estampa ou percebido em um quadro ou em livro. De modo geral, não acontecia nada muito interessante. Mas, às vezes, eles detectavam um comportamento não usual em uma pequena parte de um padrão. Nessas horas, tentavam isolar essa parte, como fizeram quando perceberam um padrão que chamaram de "ponte aérea"; o padrão se movia até um ponto da tela e então iniciava sozinho o retorno ao ponto de partida. Mas a nave da ponte aérea deixava para trás algumas células em sua trajetória, que os hackers chamaram de "pingos". Os pingos eram "veneno", porque sua presença causava estragos nas outras populações estáveis do *LIFE*.

Gosper pensava sobre o que aconteceria se duas "ponte aéreas" se chocassem e imaginava pelos menos umas trezentas possibilidades. Ele experimentou cada uma delas e, de fato, chegou a um padrão que realmente atirava "planadores". Movia-se pela tela do monitor como um chicote dançante, expelindo bumerangues de fósforo. Era uma visão maravilhosa. Não era à toa que o jogo se chamava *LIFE* — o programa criava vida. Para Gosper, a simulação de Conway era uma forma de criação genética, sem as secreções vis e as complicações emocionais associadas ao

136 **PARTE I Os verdadeiros hackers**

mundo real para a geração de novas vidas. Parabéns — eles haviam dado à luz uma arma planadora!

No dia seguinte pela manhã, Gosper fez questão de imprimir as coordenadas do padrão que resultaram na arma planadora e correu para o escritório da Western Union para enviar um telegrama a Martin Gardner com a notícia. Os hackers conseguiram os 50 dólares.

De forma alguma, isso acabou com a loucura do *LIFE* no nono andar. A cada noite, Gosper e seus amigos monopolizavam o monitor 340, rodando diferentes padrões do *LIFE*, um entretenimento contínuo de exploração e uma jornada na existência alternativa. Mas alguns como Greenblatt não compartilham essa fascinação. No início da década de 1970, Greenblatt assumira um papel de maior liderança no laboratório. Ele parecia pensar mais naquilo que *precisava ser feito* e, além de ser o verdadeiro cuidador do sistema ITS, tentava ativamente transformar o sonho hacker em uma máquina que pudesse incorporá-lo. Já havia dado os primeiros passos no projeto de sua "máquina de xadrez", que respondia com uma rapidez jamais vista antes em computadores. Também estava tentando certificar-se de que o laboratório seguia adiante suavemente de modo a favorecer que a prática hacker avançasse e continuasse a ser interessante.

Greenblatt não fora seduzido pelo *LIFE*. Ao contrário, ele estava descontente com o fato de que Gosper e os outros "gastassem inacreditáveis horas no console, observando a sopa de padrões do *LIFE*" e monopolizando o único terminal 340. Pior de tudo; ele considerava o programa que eles estavam usando "claramente sem excelência". Esse foi um ponto que os hackers do *LIFE* rapidamente admitiram, mas aquele era o único caso em que toleravam algum nível de ineficiência. Estavam tão fascinados pelas formas mutantes do *LIFE* que não queriam parar de observá-las nem por alguns dias para desenvolver um programa melhor. Greenblatt uivava de raiva — "o nível de calor do ambiente estava ficando moderadamente alto", ele reconheceu depois — e não parou enquanto os hackers do *LIFE* não escreveram um programa mais rápido e repleto de funcionalidades que possibilitassem que você fosse para frente ou para trás por algumas gerações e outras características que facilitavam a exploração.

Mesmo assim, Greenblatt nunca entendeu aquilo. Mas, para Gosper, o *LIFE* era muito mais do que a atividade hacker normal. Ele via aquilo "basicamente como a possibilidade de fazer ciência em um novo universo onde nenhum cara muito esperto esteve lá duzentos ou trezentos anos antes do que você. Se você é um matemático, essa é a história da sua vida: toda vez que descobre algo legal, descobre também que Gauss ou Newton já sabiam daquilo desde o berço. No *LIFE*, você era

O jogo da vida

a primeira pessoa por lá e sempre estava acontecendo algo divertido. Você podia aplicá-lo no que quisesse desde a teoria da função recursiva até a criação de animais. Havia uma comunidade de pessoas compartilhando essas experiências. E havia também um sentido de conexão entre você e o ambiente. Onde o computador sai de cena e o ambiente começa?".

Obviamente, Gosper era um hacker do *LIFE* com uma intensidade quase religiosa. A metáfora implícita na simulação — população, gerações, nascimento, morte, sobrevivência — estava se tornando real para ele. Gosper começou a imaginar que consequências haveria se um supercomputador gigante estivesse dedicado ao *LIFE*... e considerou que alguns objetos improváveis poderiam ser criados a partir do padrão. O mais persistente deles sobreviveria contra probabilidades que Gosper, como matemático, sabia ser quase impossíveis. Não seria a aleatoriedade que determinaria a sobrevivência, mas uma espécie de darwinismo computacional. Nesse jogo que é uma luta contra a decadência e o desaparecimento, os sobreviventes seriam "os estados da matéria maximamente persistentes". Gosper considerava que essas formas do *LIFE* eram planejadas para existir — e poderiam de fato evoluir para entidades inteligentes.

"As rochas desgastam-se em alguns bilhões de anos, mas o DNA permanece. Esse comportamento inteligente seria outro desses fenômenos organizacionais, como o DNA, que colaboram para aumentar a probabilidade de sobrevivência de algumas entidades. Portanto, a gente tende a suspeitar, se não for um criacionista, que formas muito, muito grandes de configurações do *LIFE* poderiam realmente exibir características de inteligência. Especular o que aquilo poderia saber ou descobrir é muito intrigante... e talvez tivesse implicações em nossa própria existência", analisou Gosper posteriormente.

Gosper estava bastante estimulado pela teoria de Ed Fredkin de que é impossível afirmar se o universo não é uma simulação computacional, talvez operada por algum hacker em outra dimensão. Gosper chegou a imaginar que uma máquina de *LIFE* muito sofisticada formaria gerações durante bilhões de anos, as quais poderiam gerar entidades inteligentes que um dia especulariam sobre o mesmo assunto. De acordo com nossa compreensão da matéria, é impossível construir um computador perfeitamente confiável. Assim, quando uma falha inevitável ocorresse na ultrassofisticada máquina de *LIFE*, as entidades inteligentes da simulação estariam repentinamente diante de uma janela metafísica, que determinaria sua própria existência. Elas teriam uma pista de como foram realmente implementadas. Nesse caso, Fredkin conjecturava que as entidades poderiam concluir acertadamente que eram parte de uma gigantesca simulação. E rezariam para que seus implementadores as arranjassem em padrões reconhecíveis e pediriam em código inteligível para que eles dessem pistas sobre o que elas eram. Gosper se lembra de "ficar ofendido por essa noção, completamente incapaz de engajar a mente nela por vários dias, antes de aceitá-la".

Ele a aceitou.

Talvez isso não seja tão surpreendente. De algum modo, aquela vasta conjectura já era realidade. O que eram os hackers se não deuses da informação, movendo bits de conhecimento em torno dos padrões cosmicamente complexos do PDP-6? O que os satisfazia mais do que esse poder? E se concordamos que o poder corrompe, então, temos que identificar a corrupção na falha dos hackers na distribuição desse poder — e o próprio sonho hacker em si mesmo — além das fronteiras do laboratório. Aquele poder estava reservado para os vencedores, um pequeno círculo interno que vivia sob a Ética Hacker, mas que fez poucas tentativas para disseminá-lo além das fronteiras das pessoas movidas pela curiosidade, pela genialidade e pelo imperativo do mãos à obra.

Logo depois dessa imersão no *LIFE*, Gosper deu-se conta dos limites do círculo restrito que os hackers haviam formado. Aconteceu em 1972 no dia do lançamento da Apolo 17 à Lua.* Ele era um dos passageiros de um cruzeiro especial pelo Caribe, um "cruzeiro científico" programado para o lançamento e a embarcação estava repleta de escritores de ficção científica, futuristas, cientistas de várias facções, comentaristas culturais e, segundo Gosper, "uma inacreditável quantidade de gente de cabeça vazia".

Gosper estava lá como um dos convidados de Marvin Minsky. Ele conversou com Norman Mailer, Katherine Anne Porter, Isaac Asimov e Carl Sagan, que o impressionou com seu jogo de pingue-pongue. Para competições verdadeiras, Gosper arriscou-se em algumas partidas com um grupo de tripulantes indonésios, que eram de longe os melhores jogadores naquele barco.

A Apolo 17 foi o primeiro lançamento realizado à noite, e a embarcação estava a uns 5 quilômetros do Cabo Kennedy para contar com uma visão vantajosa do lançamento. Gosper ouvira uma porção de argumentos contra sua participação naquele cruzeiro — por que não ver pela televisão já que estaria em um barco a quilômetros de distância? Porém, quando viu aquela maldita coisa ser lançada, ele apreciou a

---

* Veja fotos em <http://www.google.com/images?q=1972%20Apollo%2017%20moon%20shot &oe=utf-8&rls=org.mozilla:en-US:official&client=firefox-a&um=1&ie=UTF-8&source =og&sa=N&hl=en&tab=wi&biw=1676&bih=805>. (N.T.)

distância. A noite foi incendiada, e ele sentiu o auge do calor no próprio corpo. A camisa colou no peito, as moedas tilintaram no bolso e os alto-falantes do sistema de som do barco ficaram dependurados pelos fios. O foguete, que jamais entraria em curso sem a ajuda de computadores, saltou para o céu, dirigindo-se para o cosmos como um vingador infernal e flamejante, um pesadelo do *Spacewar*; os cabeças vazias do cruzeiro estavam estupefatos com o poder e a glória daquela visão. Os tripulantes indonésios ficaram enlouquecidos. Gosper lembra-se deles correndo em círculos em pânico e jogando ao mar o equipamento de pingue-pongue, "como um tipo de sacrifício".

Aquela visão afetou Gosper profundamente. Antes daquela noite, ele desprezava a abordagem de onda humana da Nasa sobre os projetos. Era inflexível na defesa da abordagem mais individualista do Laboratório de Inteligência Artificial que possibilitava que os hackers tivessem elegância na programação e na computação de um modo geral. Mas agora ele entendia que o mundo real, quando conta com uma decisão tomada, tinha um efeito de grande impacto. A Nasa não aplicou a Ética Hacker, mas fez algo que o laboratório nunca realizou, apesar de todo seu pioneirismo. Gosper percebeu que os hackers do nono andar estavam de alguma forma se iludindo, trabalhando em máquinas de poder relativamente pequeno, quando comparadas com os computadores do futuro. E como a computação ainda não havia desenvolvido máquinas com o poder de mudar o mundo naquela magnitude — certamente, nada capaz de fazer o peito bater como aquela operação da Nasa —, tudo o que os hackers estavam fazendo era construir ferramentas para fazer ferramentas. Era embaraçoso.

A revelação de Gosper o fez acreditar que os hackers poderiam mudar as coisas — era só fazer computadores maiores, mais poderosos, sem barganhar despesas. No entanto, o problema era maior. Enquanto a maestria dos hackers fez da programação uma busca espiritual, uma arte mágica e, embora a cultura do laboratório tenha sido desenvolvida a ponto de se tornar um paraíso tecnológico, havia algo faltando em sua essência.

O mundo.

Por mais que os hackers tenham tentado construir seu próprio mundo no nono andar, não era possível. A movimentação de gente-chave era inevitável. E a dura realidade dos financiamentos atingiu o Tech Square na década de 1970: o ARPA, aderindo às restrições impostas pela Emenda Mansfield aprovada pelo Congresso, solicitava justificativas específicas para cada projeto. Os fundos ilimitados para pesquisa básica estavam secando; o ARPA estava incentivando seus projetos prediletos como o reconhecimento de fala (que ampliou significativamente a capacidade do governo de monitorar massivamente conversas telefônicas no país e no exterior). Minsky considerou aquela política "perdedora" e afastou o laboratório dela. Porém, logo não havia mais dinheiro para contratar quem mostrava um talento especial para o hackerismo. Devagar, enquanto o MIT tornava-se mais propenso a capacitar estudantes para os estudos mais convencionais de computação, a atitude do instituto diante da computação também mudava. O laboratório de Inteligência Artificial começou a procurar professores e pesquisadores, e os hackers tinham pouco interesse em aborrecimentos burocráticos, demandas sociais e falta de tempo em máquinas interativas.

Greenblatt ainda praticava o hackerismo, assim como Knight, além de alguns que provavam ser mestres no trabalho em sistemas... mas outros estavam parando ou se mudando. Agora, Bill Gosper fora para o Oeste. Ele deu um jeito para permanecer na folha de pagamento do laboratório, porque podia praticar hacker no PDP-6 do nono andar por meio da ARPAnet. Entretanto, ele se mudara para a Califórnia para estudar a arte da programação com o professor Donald Knuth em Stanford. Lá, tornou-se um aficionado do Louie's, o melhor restaurante chinês de Palo Alto, mas estava perdendo a ação no Tech Square. Ele era uma presença catalisadora nos terminais, não mais um centro de atenção, jogado sobre a cadeira, sussurrando: "Veja *isso*!", enquanto o monitor 340 pulsava insanamente com novas formas do *LIFE*. Gosper estava na Califórnia e havia comprado um carro.

Com todas essas mudanças, alguns dos hackers sentiam que uma era estava acabando. "Antes, na década de 1960, a atitude era 'Aqui estão as novas máquinas, vamos ver o que elas podem fazer'", lembra o hacker Mike Beeler. "Então, fizemos braços robóticos, escrevemos linguagens, fizemos o *Spacewar*... agora é preciso justificar-se de acordo com as metas do país. E algumas pessoas afirmam que fizemos coisas curiosas, mas não relevantes... Percebemos que havia certo isolamento e a falta de divulgação de levar a palavra. Eu me preocupei, achando que tudo seria perdido."

Nada seria perdido. Porque houve uma segunda onda de hackers, um tipo de hacker que não só vivia sob os princípios da Ética Hacker, como também via a necessidade de divulgar essa benção tanto quanto possível. O modo mais natural para fazer isso era pelo poder dos computadores, e o momento era agora. Os computadores para a missão tinham que ser pequenos e baratos — por comparação, fazendo os minicomputadores da DEC parecerem os gigantes monstruosos da IBM. Computadores pequenos e poderosos podiam realmente mudar o mundo. Havia gente com visões como essa, e não eram pessoas como Gosper e Greenblatt: eram um tipo diferente de hacker, a segunda geração, mais interessada na proliferação dos computadores

O jogo da vida   141

do que em desenvolver místicas aplicações de Inteligência Artificial. Essa segunda geração era formada por hackers de hardware, e a mágica que fizeram na Califórnia foi construída sobre a fundação dos hackers do MIT, espalhando o sonho dos hackers por toda a terra.

* Notas *

A principal fonte de informação do livro *Hackers* foi mais de uma centena de entrevistas pessoais realizadas pelo autor entre 1982 e 1983. Além dessas entrevistas, são feitas também referências a fontes impressas e eletrônicas que estão citadas no rodapé das páginas desta edição.

[1] WEIZENBAUM, Joseph. *Computer Power and Human Reason*. New York: W. H. Freeman & Co., 1976.

[2] Bruce Buchanan é citado em *Introduction to the Memo Series of the Stanford Artificial Intelligence Laboratory*, publicado no Stanford University Heuristic Programming Project, relatório n. HPP-83-25.

[3] Além da coluna *Jogos Matemáticos* (*Mathematical Games*) em outubro e novembro de 1970 na *Scientific American*, Martin Gardner escreveu sobre o *LIFE* de Conway no seu *Wheels, Life, and Other Mathematical Amusements* (W. H. Freeman & Co., 1983), no qual faz diversas referências a Gosper. Leia mais também em <http://www.ibiblio.org/lifepatterns/october1970.html>.

Parte II

Os hackers do hardware

Norte da Califórnia: a década de 1970

Capítulo 8
REVOLTA EM 2100

O primeiro terminal público do projeto Community Memory* era uma máquina horrível colocada na recepção do segundo andar de um edifício maltratado na mais excêntrica cidade dos Estados Unidos da América: Berkeley, na Califórnia. Era inevitável que os computadores se aproximassem "das pessoas" em Berkeley. Tudo mais se aproximava das pessoas naquela cidade, da comida gourmet ao governo local. E se, em agosto de 1973, os computadores eram vistos como inumanos, inflexíveis, belicistas e inorgânicos, a imposição de um terminal conectado a um desses monstros orwellianos** em uma área com boas vibrações como o hall diante da Leopold's Records na Durant Avenue não era necessariamente uma ameaça ao bem-estar de ninguém. Era apenas mais um fluxo a seguir.

Ultrajante, de certo modo. Parecia um piano amassado, da altura de um órgão eletromecânico Fender Rhodes, com um teclado de máquina de escrever no lugar das teclas musicais. O teclado era protegido por um invólucro duro coberto na frente por uma placa de vidro. Para tocar as teclas, era preciso enfiar as mãos em pequenos buracos como se você se oferecesse para ser detido em uma prisão eletrônica. Mas as pessoas em pé diante da máquina eram tipos familiares em Berkeley, com cabelos longos e pegajosos, jeans, camisetas e um brilho demente nos olhos, que podia ser confundido com uma reação às drogas se você não os conhecesse direito.

---

 *   Saiba mais sobre o projeto Community Memory em <http://www.well.com/~szpak/cm/>. (N.T.)

** Veja imagem de monstros orwellianos em <http://www.bmovienation.com/wp-content/uploads/2009/07/destroymonsters.jpg>. (N.T.)

Quem os conhecia bem sabia que eram ligados à alta tecnologia. Eles estavam fazendo acontecer, lidando com o sonho hacker como se fosse a melhor maconha da Bay Area de Berkeley.

O nome do grupo era Community Memory e, de acordo com um folheto que distribuíram, o terminal era "um sistema de comunicação que possibilita que as pessoas entrem em contato umas com as outras com base em interesses mutuamente expressos, sem ligar para o julgamento de ninguém". A ideia era aumentar a velocidade do fluxo de informações com um sistema descentralizado e não burocrático. Uma ideia nascida com os computadores e só viabilizada com o uso dessas máquinas; nesse caso, um mainframe XDS-940 com tempo compartilhado que ficava no porão de um armazém em São Francisco. Ao instalar e dar acesso a um terminal de computador para que as pessoas pudessem se encontrar, estava sendo criada uma metáfora viva, um legado para o modo que o computador podia ser usado como arma de guerrilha pelas pessoas *contra* as burocracias.

Ironicamente, o hall do segundo andar, do lado de fora da Leopold's, a mais hippie das lojas de discos da região de East Bay, era também o local onde já funcionava o mural dos músicos. As paredes eram completamente cobertas por anúncios de cantores vegetarianos, bandas de garagem que procuravam um tocador de banjo, flautistas buscando compositores no estilo do Jethro Tull. Aquele era o velho jeito de encontrar pessoas. O projeto Community Memory estimulava o novo. Você postava seu anúncio no computador e esperava para ser instantânea e precisamente acessado pela pessoa certa. Mas não demorou muito para o pessoal de Berkeley encontrar outros usos para o terminal:

ENCONTRAR 1984, VOCÊ DIZ

HE, HE, HE... PEGUE NO PÉ DE OUTRO

DEZ ANOS

OUÇA ALVIN LEE

MUDE O REPARTIDO DO CABELO

TOME ASPIRINA

FAÇA UM ESFORÇO CONJUNTO

EM SEPARADO

MANTENHA O NARIZ LIMPO

EM CASA (NO INTERVALO)

DESTRUINDO CORAÇÕES, VEJA-ME, SINTA-ME

U.S. FORA DE WASHINGTON

LIBERTE A INDIANÁPOLIS 500
LEVANTE E SE VIRE
CAIU NO ESQUECIMENTO
EXCITADO
MAIS FIRME
DEIXE UM SORRISO PROTEGER VOCÊ
... E ...
ANTES QUE VOCÊ DESCUBRA {}{}{}{}{}
1984
VAI
PEGAR
VOCÊ!
E VAI SER DURO...
PALAVRAS-CHAVE: 1894 BENWAY TLALCLATAN INTERZONE
20/02/74

Era uma explosão, uma revolução, um golpe duro na ordem estabelecida, liderada por um usuário demente — um uso levado às pessoas — que se autodenominava doutor Benway, em tributo a um personagem sadicamente pervertido de *Almoço Nu*,[*] de Burroughs. Esse Benway[1] estava levando tudo mais longe até do que os radicais da computação da Community Memory podiam suspeitar, e eles estavam deliciados.

Ninguém estava mais satisfeito do que Lee Felsenstein. Ele foi um dos fundadores da Community Memory e, embora não fosse necessariamente seu integrante mais influente, ele era o símbolo do movimento que estava levando a Ética Hacker para as ruas. Na próxima década, Lee Felsenstein promoveria uma versão do sonho hacker, que, se eles soubessem, empalideceria Greenblatt e outros funcionários do laboratório de Inteligência Artificial em sua ingenuidade tecnológica, fundação política e desejo de disseminar a benção dos computadores, acima de tudo, para o mercado. Mas Lee Felsenstein não achava que devia alguma coisa à primeira geração dos hackers. Ele pertencia a uma nova linhagem, os hackers de hardware mais lutadores e populistas. Sua meta era libertar os computadores das torres protegidas da Inteligência Artificial, direto das profundezas das masmorras dos departamentos de contabilidade das empresas e deixar que as pessoas descobrissem o poder das

---

[*] Título original em inglês *Naked Lunch*, leia mais em <http://en.wikipedia.org/wiki/Naked_Lunch>. (N.T.)

máquinas pelo imperativo do Mãos à Obra.* Ele poderia ter sido levado a essa luta pelas mãos de outros que simplesmente praticavam o hackerismo em hardware, sem outra proposição política que não fosse o próprio prazer obtido com a atividade. Essas pessoas desenvolveram as máquinas e seus acessórios para disseminar a prática da computação e tornar mais fácil para todo mundo sentir a mágica. Mais do que ninguém, Lee Felsenstein aproximou-se da figura de um general de campo diante dessas incontroláveis tropas anarquistas. Mas, agora, como integrante da Community Memory, ele era parte de um esforço coletivo para que os primeiros passos fossem dados na grande luta que os hackers do MIT nunca acharam que valeria a pena: disseminar a Ética Hacker levando o computador às pessoas.

Essa era a visão de Lee Felsenstein sobre o sonho hacker, e ele achava que havia quitado as dívidas ao se contagiar com ela.

A infância de Lee Felsenstein bem que o qualificaria para uma posição entre a elite dos hackers no nono andar do Tech Square. Havia a mesma fixação por eletrônicos, algo que começou tão cedo que desafia explicações racionais. Lee Felsenstein, mesmo assim, tentou mais tarde dar uma explicação racional para esse amor. Em suas reconstruções da infância (reconstruções estruturadas em anos de terapia), ele atribuiu sua fascinação tecnológica por um complexo amálgama de impulsos psicológicos, emocionais e de sobrevivência — assim como o imperativo do mãos à obra. Suas circunstâncias peculiares asseguraram que ele se tornasse um hacker de uma estirpe diferente de Kotok, Silver, Gosper ou Greenblatt.

Nascido em 1945, Lee cresceu na Filadélfia em Strawberry Mansion, um bairro com filas de casas habitadas por judeus imigrantes de primeira e segunda gerações. Sua mãe era filha de um engenheiro que havia inventado um importante injetor de diesel, e seu pai, um artista comercial, que trabalhou em uma fábrica de locomotivas. Mais tarde, no rascunho de uma autobiografia não publicada,[2] Lee escreveu que seu pai, Jake, "era um modernista que acreditava na 'perfectibilidade' do homem e na máquina como modelo para a sociedade humana. Brincando com os filhos, ele sempre imitava uma locomotiva a vapor em vez de imitar animais como os outros homens".

A vida familiar de Lee não era feliz. A tensão era alta; havia uma guerra entre Lee, seu irmão Joe (três anos mais velho) e uma prima da mesma idade de Lee que foi

---

* Leia mais sobre o Imperativo do Mãos à Obra em <http://nixedblog.thenixedreport.com/?m=200705>. (N.T.)

adotada como irmã dele. As aventuras políticas do pai como integrante do Partido Comunista acabaram em meados da década de 1950, quando suas lutas o fizeram perder o emprego. Porém, a política era uma questão central na família. Lee participou em marchas em Washington aos 12, 13 anos e fez piquete em Woolworth nas primeiras manifestações em favor dos direitos civis. Quando o ambiente ficava muito tenso em casa, ele se recolhia ao porão onde havia uma oficina repleta de partes eletrônicas de televisões e rádios abandonados. Mais tarde, ele chamou essa oficina de seu Monastério, o refúgio onde ele fez o voto pela tecnologia.

Era um lugar onde seu irmão, com sua superioridade física e acadêmica, não o atingia. Lee Felsenstein tinha uma habilidade com eletrônicos que lhe possibilitava superar o irmão pela primeira vez. Era um poder que ele tinha até um pouco de medo de mostrar — ele construía aparelhos, mas não ousava ligá-los, temendo que uma falha desse razão ao irmão de que "aquelas coisas nunca vão funcionar". Então, em vez disso, ele começava a montar outro aparelho.

Ele amava a ideia dos eletrônicos. Encheu a capa de seu caderno escolar com diagramas elétricos. Ia à biblioteca do bairro e mergulhava nas páginas do Guia do Radioamador.* Ficou todo arrepiado quando encontrou um manual da Heath Company** para construir um receptor de ondas curtas. A Heath Company era uma empresa especializada na linha faça-você-mesmo de projetos eletrônicos e aquele manual era bastante detalhado em diagramas e conexões. Comparando as partes reais do projeto de cinco válvulas com aquele diagrama perfeito, com seus octógonos ligados a outros octógonos, Lee entendeu a conexão... *esta* linha do esquema representa *aquele* pino no soquete da válvula. Aquilo deu nele um arrepio quase sensual, era a ligação entre seu mundo de fantasia na eletrônica e a realidade. Ele levava o manual aonde fosse; era um pastor carregando seu livro de orações. Logo ele estava fazendo projetos completos e com 13 anos de idade foi vingado ao receber um prêmio por seu modelo de satélite espacial — chamado de Felsnik, em homenagem à Rússia.

No entanto, mesmo se realizando muito mais do que antes, cada novo projeto de Lee era uma aventura paranoica, porque ele tinha medo de não conseguir as peças para concretizar o trabalho e fazê-lo funcionar: "Eu sempre lia aqueles artigos populares que diziam: 'Xi, se você tivesse esse transistor, poderia fazer um rádio como sempre quis, falar com seus amigos e conhecer novas pessoas'... mas eu nunca conseguia aquela peça e realmente não sabia como consegui-la nem tinha dinheiro para comprá-la". Então, imaginava a voz provocativa do irmão dizendo que ele era um fracasso.

---

* Veja imagem do manual em <http://www.n4mw.com/ARRL/arrl06.htm>. (N.T.)
** Mais informações em <http://en.wikipedia.org/wiki/Heathkit>. (N.T.)

Quando Lee entrou no ensino médio, em uma escola especial para rapazes, seu irmão, que já era veterano, fez com que se tornasse engenheiro do Clube de Computação de alunos, entregou a ele uns diagramas de circuitos obsoletos e o desafio a construí-los. Lee ficou aterrorizado e tentou sem sucesso concluir o projeto. O esforço fez com que ele tivesse cautela com computadores por mais de uma década.

Porém, o ensino médio fez bem para Lee — ele se envolveu em grupos políticos, colaborou no ciclotron (acelerador de campo variável)* da escola e fez leituras importantes — especialmente, algumas novelas de Robert Heinlein.**

Aquele adolescente judeu, magro e de óculos identificou-se com os protagonistas futuristas, particularmente com o jovem soldado virginal de *Revolt 2100*.*** O cenário da novela era uma ditadura do século XXI, em que um movimento devotado e idealista está tramando secretamente para lutar contra as forças do Profeta, um ditador orwelliano onipotente apoiado pelas massas inconscientes que o adoravam. O protagonista se depara com evidências da hipocrisia do Profeta e, forçado a escolher entre o bem e o mal, faz a drástica opção de se unir aos revolucionários, o que lhe oferece ensinamentos preciosos para a imaginação:

> "Pela primeira vez em minha vida, estava lendo algo que não havia sido aprovado pelos censores do Profeta e o impacto sobre minha mente foi devastador. Às vezes, eu olhava sobre os meus ombros para ver se alguém me observava, assustado com minha coragem. Eu começava a entender que o segredo é um pilar em todas as tiranias (citação de Revolt 2100)."[3]

Ao ler essa novela e depois *Stranger in a Strange Land*,**** na qual o protagonista de Heinlein é um extraterrestre que se torna líder de um grupo espiritual causador de um profundo efeito na sociedade, Lee Felsenstein começou a ver sua própria vida como uma espécie de ficção científica. Os livros, ele contou depois, deram-lhe a coragem de sonhar alto, tentar projetos arriscados e superar seus próprios conflitos emocionais. A grande luta não era mais uma questão íntima — era a escolha entre o bem e o mal. Com essa noção romântica no coração, Lee viu-se como uma pessoa comum, cujo potencial era impulsionado pelas circunstâncias, e fez a difícil escolha de trilhar o caminho do bem, embarcando em uma longa odisseia contra o mal.

---

* Definição mais detalhada em <http://www.thefreedictionary.com/cyclotron>. (N.T.)
** Mais informações em <http://en.wikipedia.org/wiki/Robert_A._Heinlein>. (N.T.)
*** Mais informações em <http://en.wikipedia.org/wiki/Revolt_in_2100>. (N.T.)
**** Mais informações em <http://en.wikipedia.org/wiki/Stranger_in_a_Strange_Land>. (N.T.)

Não demoraria muito para que Lee pudesse aplicar essa metáfora na realidade. Depois do ensino médio, ele foi para a Universidade da Califórnia, em Berkeley, para se matricular em Engenharia Elétrica. Ele não conseguiu uma bolsa. Seu ano como calouro não se compara ao de um hacker típico do MIT: foi como se ele tivesse pisado na bola, ao fracassar na conquista da bolsa por uma fração de ponto. Em compensação, conseguiu um estágio no Flight Research Center da Nasa, na Base Aérea de Edwards, no deserto de Mohave. Para Lee, era a entrada para o paraíso — as pessoas falavam a língua da eletrônica, dos foguetes eletrônicos e os esquemas todos que ele havia estudado seriam agora metamorfoseados em realidade. Ele se encontrou ali na fraternidade entre os engenheiros, adorou usar gravata, sair de uma porta e ver as fileiras de escritórios e os bebedouros. Heinlein estava esquecido — Lee estava pronto, um engenheiro saído da fôrma. Delirantemente feliz por servir o Profeta. Então, depois de dois meses no "sétimo céu", como disse depois, ele foi convocado para uma reunião com um agente de segurança.

O oficial parecia pouco à vontade. Os procedimentos foram acompanhados por uma testemunha. O agente tomou notas e Lee assinou cada página depois que terminava. Também tinha em mãos o formulário que Lee assinara ao ingressar em Edwards, o formulário de segurança 398. O agente perguntou várias vezes se Lee conhecia alguém filiado ao Partido Comunista. E Lee dizia sempre "não". Finalmente, perguntou com voz gentil: "Você compreende que seus pais são comunistas?".

Ele nunca soubera disso. Assumira que "comunista" era apenas uma expressão — acusadora — que as pessoas pregavam a ativistas liberais como seus pais. Seu irmão sabia — o nome dele era uma homenagem a Stalin! —, mas Lee nunca fora informado. Fora completamente honesto quando informou no formulário 398 — com um claro "não" — que não conhecia nenhum comunista.

"Então, lá estava eu, ejetado do paraíso", Lee se recorda, "e o chefe de segurança disse: 'Não se meta em encrencas nos próximos dois anos, e não terá nenhum problema em voltar para cá!'. Eu sempre achei que seria abandonado, sempre esperei isso. E, de repente, eu *estava* abandonado. Literalmente jogado às feras. Só havia o deserto de Mohave lá fora, pelo amor de deus!"

Na noite de 14 de outubro de 1964, o engenheiro fracassado Lee Felsenstein tomou o trem de volta para Berkeley. Ele havia escutado no rádio as notícias sobre as manifestações estudantis que haviam começado por lá havia duas semanas; na hora, considerou apenas que fossem a versão moderna das lendárias ações juvenis de 1952. No entanto, assim que voltou, encontrou toda a comunidade mobilizada em torno do

Movimento pela Liberdade de Expressão (Free Speech Movement).* "O segredo é o pilar de todas as tiranias", disse o protagonista de *Revolt 2100*, dando voz não somente ao grito revolucionário de Berkeley, mas também à Ética Hacker. Lee Felsenstein fez a conversão — e se juntou aos revolucionários. Porém, ele aplicou seu fervor com seu talento particular — usando a tecnologia para impulsionar a revolução.

Como ele tinha um gravador, foi para a central de imprensa do movimento e ofereceu seus dotes como técnico de som. Fazia um pouco de tudo: mimeografava, fazia trabalho miúdo, mas a estrutura descentralizada do Movimento pela Liberdade de Expressão era inspiradora. Em 2 de dezembro, quando mais de oitocentos estudantes ocuparam o Sproul Hall, Lee estava lá com seu gravador. Ele foi preso, claro, mas depois a administração retirou as queixas. A batalha estava vencida. Mas a guerra apenas começava.

Nos anos seguintes, Lee equilibrou-se em uma existência aparentemente incompatível, aliando as ações políticas e as atividades de um engenheiro recluso. Não havia muita gente no movimento com aquela inclinação técnica; a tecnologia e especialmente os computadores eram vistos como forças demoníacas. Lee trabalhava furiosamente para organizar as pessoas em seu prédio dormitório, o Oxford Hall — o mais politizado do campus. Ele editava o jornal político do dormitório, mas com isso estava aprendendo cada vez mais sobre eletrônica, mergulhando no ambiente lógico dos circuitos e diodos. Tanto quanto podia, participava das duas atividades — ele criou, por exemplo, um equipamento que era uma combinação de megafone e porrete para os estudantes se defenderem dos policiais. No entanto, ao contrário de muita gente do movimento que estava aproveitando a liberdade e as atividades sociais de Berkeley, Lee mantinha-se longe do contato humano, especialmente das mulheres. Um maltrapilho em roupas de trabalho, Lee conscientemente comportava-se como o estereótipo de um engenheiro. Ele não tomava banho com frequência e lavava o cabelo curto e fora de moda uma vez por mês. Não usava drogas. Não se envolvia com sexo; deixava para lá o sexo livre que vinha junto com a liberdade de expressão. "Eu tinha medo das mulheres e não conseguia lidar com elas", ele explicou, "havia uma proscrição em minha personalidade contra a diversão. Eu não tinha autorização para me divertir. A graça estava no trabalho... era meu jeito de reafirmar minha potência, ser capaz de construir coisas que funcionavam e que os outros gostavam."

Lee abandonou Berkeley em 1967 e alternava entre empregos na área eletrônica e o trabalho no movimento. Em 1968, ingressou no jornal underground,** *Berkeley Barb*,

---

* Leia mais em <http://en.wikipedia.org/wiki/Free_Speech_Movement>. (N.T.)

** Nas décadas de 1960 e 1970, o termo *underground* era usado em inglês no Brasil, e a versão 7.0 do *Dicionário Aurélio* o define como: "Movimento, organização ou atividade subterrânea como editor de "questões militares". Na companhia de outros escritores como Sergeant Pepper e Jefferson Fuck Poland, escreveu uma série de artigos avaliando as manifestações — não o conteúdo político, mas a organização e a estrutura em comparação com um sistema elegante. Em um desses artigos, em março de 1968, falou sobre uma futura manifestação contra a Semana da Bandeira, observando que o resultado não seria positivo diante da falta de planejamento dos organizadores: "A atividade não terá impacto, será caótica, como todas as outras manifestações. Os políticos do movimento parecem não perceber que as ações no mundo real não se concretizam pelas virtudes ideológicas, mas com tempo e recursos físicos... como técnico, é minha responsabilidade não simplesmente criticar, mas apresentar sugestões...".

E ele deu sugestões. Insistia que as manifestações deviam ser executadas de forma lógica e clara, como um preciso circuito eletrônico, que ele ainda reverenciava. Elogiava os manifestantes quando destruíam as vitrines certas (as dos bancos, não as das pequenas lojas). Propunha que os ataques fossem apenas para se defender do inimigo. Chamou o bombardeio de uma junta de alistamento de "refrescante". Sua coluna, chamada Dicas do Editor Militar, alertava: "Lembre de colocar seu estoque de dinamite em local quente a cada duas semanas. Isso evita que a nitroglicerina grude".

O protagonista de Heinlein em *Revolt 2100* dizia: "A revolução não é conduzida por um punhado de conspiradores sussurrando em volta de uma vela bruxuleante em meio a ruínas desertas. Ela requer suprimentos infindáveis, equipamentos modernos e armas poderosas... e tem que haver lealdade... e uma organização superlativa da equipe". Em 1968, Lee Felsenstein escreveu: "A revolução é muito mais do que lutas de rua aleatórias. Demanda organização, dinheiro, determinação canina e a vontade de aceitar e construir sobre os desastres do passado".

As palavras de Felsenstein tiveram seus efeitos. Durante o julgamento do caso que ficou conhecido como Oakland Seven,[*] o advogado de defesa, Malcolm Burnstein, alegou: "Não são esses os réus que deveriam estar aqui... o acusado deveria ser Lee Felsenstein".

No verão de 1968, Lee Felsenstein publicou um anúncio no *Barb*, que era bem pouco explícito: "Homem culto, engenheiro e revolucionário procura alguém para conversar". Logo depois, uma mulher chamada Jude Milhon encontrou o anúncio.

---

que funciona secretamente, e em geral tem por fim solapar ou destruir autoridade estabelecida ou forças inimigas que ocupam um território". (N.T.)

[*] Saiba mais sobre o caso em <http://www.ep.tc/realist/85/>. (N.T.)

Comparado aos outros publicados no *Barb* ("SÓ GAROTAS! Tenho fetiche por pés"), parecia que aquele era de um homem digno, ela pensou. Era o que Jude precisava naquele ano turbulento — veterana do movimento pelos direitos civis e ativista de longa data, ela estava aturdida com os eventos políticos e sociais de 1968. O próprio mundo parecia estar se esfacelando.

Milhon não era apenas uma ativista, mas também uma programadora. Ela era namorada de um homem chamado Efrem Lipkin, que também estava no movimento e era um mago do computador que enviava quebra-cabeças como diversão — ela não conseguia dormir enquanto não os resolvia. Jude aprendeu programação e adorava aquilo, mas nunca entendeu por que os hackers eram obsessivamente consumidos pela atividade. Efrem estava para vir do Leste para se juntar a ela na Costa Oeste em alguns meses, mas enquanto isso ela se sentia solitária o bastante para responder ao homem que pôs o anúncio no *Barb*.

Jude, uma loira magra e corajosa com calmos olhos azuis, logo classificou Lee como "a quinta-essência do tecnocrata", mas só entre eles. Quase sem perceber, por sua companhia e principalmente por sua maneira direta, lapidada em incontáveis sessões de autoavaliação, Jude começou o longo processo de trazer à tona a personalidade de Felsenstein. A amizade deles era mais profunda do que um namoro e continuou sem problemas mesmo depois da chegada de Efrem. Lee fez amizade também com ele, que, além de ativista, era um hacker. Efrem não compartilhava com Lee a convicção de que a tecnologia podia ajudar o mundo; enquanto isso a desconfiança de Lee com os computadores, que durara quase uma década, estava chegando ao fim. Na verdade, em 1971, Lee tinha um novo colega de quarto — um computador XDS-940.

A máquina pertencia a um grupo chamado Resource One, parte do Project One, o principal projeto que reunia os grupos de ativistas da Bay Area desenvolvendo ações comunitárias e humanistas. O "One" teve início com um arquiteto-engenheiro que queria oferecer a profissionais desempregados algo útil para fazer com suas habilidades e começar a dissipar a "aura de elitismo, e até de misticismo, em torno do mundo da tecnologia". Entre os projetos desenvolvidos pelo One em um armazém velho e amarelo no distrito industrial de São Francisco, estava o Resource One, formado por "gente que acredita que as ferramentas tecnológicas podem ser usadas em favor da mudança social, quando as pessoas têm controle sobre elas". Eles conseguiram convencer a Transamerica Corporation a emprestar um XDS-940 sem uso para o grupo e, assim, o One pôde começar a estruturar bancos de dados alternativos para seguir com o programa de educação computacional, projetos de pesquisa econômica e a "desmistificação da máquina para o público em geral".

O computador era um Gigante Monstruoso, uma máquina de 800 mil dólares, que já estava obsoleta. Ocupava uma sala inteira, exigia um sistema de ar-condicionado de 23 toneladas e precisava de uma pessoa em tempo integral para cuidar dela. O Resource One tinha que contratar um hacker, e Lee Felsenstein foi a escolha lógica.

O sistema de software fora desenvolvido por um hacker do Palo Alto Research Center da Xerox (Xerox PARC),* que tinha escrito o sistema original de compartilhamento de tempo para o 940 em Berkeley. Era um rapaz barbudo e de cabelos compridos, chamado Peter Deutsch, o mesmo que aos 12 anos repartia o console no TX-0 no MIT. Formado em Berkeley, ele tinha conseguido conciliar o estilo de vida californiano com a atividade intensa de hacker no PARC.

Mas era Lee quem cuidava da máquina. Em sua contínua transformação mitológica da vida como uma novela de ficção científica, ele via essa fase como um retorno ao papel de uma pessoa antissocial cujo melhor amigo era uma máquina, um esteta tecnológico sacrificando-se em serviço da revolução. O monastério, dessa vez, era o porão do armazém onde funcionava o Project One; por 30 dólares por mês ele alugou um quarto. Era um porãozinho sujo, escuro e sem água encanada. Para Lee, estava perfeito — "Eu era um servo invisível, parte daquela máquina".

Porém, o Resource One fracassou aos olhos de Lee, que estava muito à frente do grupo ao perceber que os usos sociais da tecnologia dependiam do exercício de algo semelhante à Ética Hacker. Os outros do grupo não cresceram desejando pôr as mãos à obra nas máquinas... a conexão deles com a tecnologia era intelectual, e não visceral. Como resultado, discutiam como a máquina podia ser usada em vez de jogar a papelada para o alto e *usá-la*. Isso deixou Lee maluco.

Mais tarde, ele explicou: "Éramos pedantes, estetas intoleráveis. Qualquer um que quisesse usar o computador tinha que vir defender seu projeto em nossas reuniões. Tinha que implorar para usar a máquina". Lee queria mudar a perspectiva do grupo para uma abordagem mais parecida com a dos hackers, aberta e mãos à obra, mas não tinha energia para fazer esse esforço social — sua autoestima estava muito baixa. Raramente ele tinha coragem para se aventurar fora do porão — e, quando saía, notava sorumbático que o bairro antes desprezível estava se tornando mais limpo e próspero do que ele. Outras pessoas do movimento tentaram abri-lo para o mundo; uma vez, em um evento em que emprestaram uma câmera de vídeo, toda vez que havia risadas no auditório, davam um *zoom* em Lee que, invariavelmente, estava com cara de jogador de pôquer. Olhando a gravação depois, ele viu que estava se

---

* Mais informações em <http://www.parc.com/about/milestones.html>. (N.T.)

tornando uma pessoa sem sentimentos: "Era como se eu não pudesse ter um coração, sentimentos. Podia ver isso acontecendo, mas eu os empurrava para longe".

Depois dessa experiência, ele tentou se tornar mais ativo para influenciar o grupo. Um dia, ele confrontou um garoto que havia passado o dia tomando café. "O que você anda fazendo?" O garoto começou a falar sobre ideias vagas e Lee interrompeu: "Eu não perguntei o que você *quer fazer*, eu perguntei o que você *fez* até agora". Mas logo percebeu que tentar trazer as pessoas à realidade era inútil: como uma máquina ineficiente, a arquitetura do grupo é que tinha falhas. Era uma burocracia. E o hacker que morava dentro dele não podia admitir isso. Felizmente, nessa época, no verão de 1973, Efrem Lipkin foi ao Resource One para resgatar Lee Felsenstein e ajudá-lo a erguer o Community Memory.

Efrem Lipkin era o tipo de pessoa que podia olhar para você com suas pálpebras caídas e o rosto semítico e, sem dizer uma palavra, fazê-lo entender que o mundo estava tristemente errado e não havia exceções. Era o olhar de um purista que jamais atingiu seus próprios padrões. Efrem acabara de voltar de Boston onde passara um tempo na folha de pagamento de uma consultoria de computação. A empresa estava prestando serviços na área militar, e Efrem parou de ir ao escritório. O programador idealista não informou à empresa — ele apenas parou de ir, imaginando talvez que o projeto daria em nada sem a sua participação. Depois de nove meses, durante os quais a empresa considerou que ele andava trabalhando em casa, ficou claro que não havia programa algum em desenvolvimento. O presidente da consultoria foi ao seu apartamento infestado de baratas e perguntou: "Por que você fez isso?". Ele contou a Efrem que havia começado a empresa depois do assassinato de Martin Luther King — para fazer *o bem*. Insistiu que os projetos que estava assumindo ajudariam os Estados Unidos a se manterem forte diante da ameaça tecnológica do Japão. Efrem via apenas que o cliente estivera envolvido no desenvolvimento de armas mortais durante a guerra. Como aquele presidente podia trabalhar para um cliente como esse? Como esperava que Efrem pudesse trabalhar nas aplicações mais nocivas dos computadores?

Essa foi uma pergunta que rondou a mente de Efrem por anos.

Lipkin era um hacker desde o ensino médio. Sua afinidade com a máquina foi instantânea, e ele achava que programar era "a mais sofisticada e 'descorporificada' atividade — eu esqueceria como falar inglês. Minha mente trabalhava no modo computador". Porém, diferente de seus colegas do curso municipal de computação para estudantes de ensino médio em Nova York, ele achava seu enorme talento para a computação quase uma maldição. Como Lee, ele também vinha de uma virulenta família de esquerdistas e, além de perturbar os professores de matemática, foi tirado da aula de história por chamar o professor de mentiroso e foi expulso da classe por não saudar a bandeira. Diferente de Lee, que procurou combinar tecnologia e política, Efrem via as duas em oposição — uma atitude que o manteve em constante turbulência.

"Eu amava os computadores, mas odiava o que as máquinas podiam fazer", ele avalia. Quando foi para o ensino médio, considerava que as aplicações dos grandes computadores — como enviar contas, por exemplo — eram simplesmente pouco interessantes. No entanto, quando começou a Guerra do Vietnã, começou a achar que seus brinquedos prediletos eram instrumentos de destruição. Ele morou em Cambridge por algum tempo e um dia se aventurou no nono andar do Tech Square. Ele viu o PDP-6, viu o pequeno paraíso sob a Ética Hacker e viu a concentração de virtuosismo e paixão, mas só podia pensar na fonte de financiamento e nas aplicações reais daquela magia descuidada. "Fiquei tão chateado que comecei a chorar porque as pessoas tinham roubado minha profissão. Tornaram impossível ser um profissional da computação. Eles se venderam. Venderam-se às aplicações militares, aos usos diabólicos da tecnologia. Aquilo era uma subsidiária controlada pelo Departamento de Defesa", afirmou.

Então, Efrem mudou para a Califórnia, voltou para a Costa Leste e em seguida retornou à Califórnia. Demorou um tempo para ele perceber como os computadores poderiam ter uso social, e, cada vez que ele enxergava algumas possibilidades, suspeitava de traição. Um dos projetos interessantes com que se envolveu foi o jogo *World* (*Mundo*). Um grupo de programadores da Califórnia, filósofos e engenheiros construíram uma simulação do mundo. O jogo era baseado em uma ideia de Buckminster Fuller: você podia experimentar fazer todo tipo de mudanças e ver seus efeitos sobre o mundo. Durante alguns dias, as pessoas rodaram o programa e deram sugestões. Não surgiram muitas propostas para cuidar melhor do mundo, mas muitas pessoas tiveram a oportunidade de conhecer outras com uma perspectiva semelhante.

Pouco tempo depois, Efrem tropeçou no Resource One e encontrou Lee em suas entranhas. Ele achou aquilo um fracasso. Havia uma ótima instalação com um computador, alguns softwares para banco de dados comunitários e painéis de controle, mas o grupo não estava fazendo tudo que podia. Por que não levar essas instalações para as ruas? Efrem começou a ficar excitado com a ideia e talvez pela primeira vez na vida viu como os computadores podiam ser usados para o bem social. Ele procurou Lee para falar sobre isso e levou outras pessoas que havia conhecido no projeto do jogo *World*.

A ideia era formar uma extensão do Resource One chamada de Community Memory. Computadores nas ruas, liberando as pessoas para fazer suas próprias conexões. Felsenstein manobrou com o pessoal do Resource One para pagar um escritório em Berkeley, que também serviu de apartamento para ele. Assim, a facção da Community Memory cruzou a baía para Berkeley para fazer o sistema funcionar. E Lee se libertou de sua institucionalização autoimposta. Ele era agora parte de um grupo imbuído pelo espírito hacker, pronto para fazer algo com os computadores, tudo embalado na ideia de que dar acesso aos terminais conectaria as pessoas com uma eficiência inusitada e, por fim, poderia mudar o mundo.

A Community Memory não era a única tentativa em desenvolvimento para levar os computadores a todas as pessoas. Por toda a Bay Area, os engenheiros e os programadores que amavam os computadores e se tornaram politizados durante o movimento antibelicista estavam pensando em combinar as duas atividades. Um lugar em particular parecia reunir a facilitação e a irreverência da contracultura ao foco evangélico de expor as pessoas, especialmente as crianças, aos computadores. Era a *People's Computer Company (PCC)*. A organização, um termo impróprio se houvesse outro, publicava um periódico com o mesmo nome, mas produzia apenas um forte sentimento de que a computação era para nosso próprio bem. Lee Felsenstein sempre comparecia aos jantares colaborativos das quartas-feiras. Era uma oportunidade para os contraculturistas da computação encontrarem-se e também para verem Bob Albrecht tentar pela enésima vez ensinar dança folclórica grega para todo mundo.

Bob Albrecht era o visionário por trás da People's Computer Company. Era um homem, como diria mais tarde Lee Felsenstein, para quem "apresentar uma criança ao computador era um desejo obsessivo".

Na primavera de 1962, Bob Albrecht[4] entrou em uma sala de aula e teve uma experiência que mudou sua vida. Na época, ele trabalhava para a Control Data Company (CD)** como analista sênior de aplicativos e foi convidado a falar no clube de matemática da George Washington High School, em Denver, a um punhado de jovens judeus bem-educados e empreendedores. Albrecht, um homem alto, usando gravata de nó pronto, narigão e um par de olhos azuis que podia brilhar com força criativa ou eclipsar como os de um bassê por trás das lentes quadradonas, fez a palestra e casualmente perguntou se alguém entre os 32 estudantes presentes gostaria de aprender programação. Trinta e duas mãos se ergueram.

Albrecht nunca vira esse tipo de resposta quando dava aula de recuperação em Fortran, seu "curso de um dia para quem havia estado na escola da IBM e não tinha

---

* Mais informações em \<http://en.wikipedia.org/wiki/People's_Computer_Company\>. (N.T.)

** Mais informações em \<http://en.wikipedia.org/wiki/Control_Data_Corporation\>. (N.T.)

aprendido nada", como disse ele mesmo. Albrecht não entendia como a IBM podia ter dado aulas para aquelas pessoas sem deixá-las *fazer* nada. Ele já sabia desde aquela época que o nome do jogo era mãos à obra e sempre fora, mesmo quando ele começou a trabalhar com computadores em 1955 na divisão de aeronáutica da Honeywell. Ao longo de sua carreira e de seus vários empregos, ele sempre se frustrou com a burocracia. Bob Albrecht preferia um ambiente flexível; era um estudante da magia da vida e de novas perspectivas. Seu cabelo era curto, a camisa toda abotoada e o perfil familiar — esposa, três filhos e cachorro — bem normal. Por baixo da aparência, porém, Albrecht era um dançarino de música grega e amante do ouzo (bebida de anis) e do bouzouki (espécie de banjo típico). Dança grega, bebida e computadores — esses eram os elementos-chave da vida para ele. E Albrecht estava descobrindo naquele momento quão famintos os estudantes do ensino médio podiam estar para aprender um de seus prazeres, o mais sedutor.

Ele começou a dar aulas à noitinha para estudantes no escritório da CD. Albrecht descobriu como os mais jovens ficam deliciados ao assumir o controle do computador 160A da Control Data* — era intenso, visceral e viciante. Ele estava mostrando um novo estilo de vida para a garotada. Estava distribuindo poder.

Albrecht não percebeu na hora, mas estava disseminando a benção da Ética Hacker, enquanto os estudantes trocavam programas e compartilhavam técnicas. Ele começou a ter a visão de um mundo onde os computadores levariam a um novo e libertador estilo de vida. Se ao menos estivessem acessíveis... Devagar, Albrecht enxergou a missão de sua vida: espalhar essa mágica sobre a terra.

Quatro de seus melhores estudantes foram contratados por Albert para programar, pagando cerca de 1 dólar por hora. Eles se sentavam a suas mesas e animadamente escreviam programas para resolver funções quadráticas. A máquina aceitava os cartões deles e trabalhava, enquanto eles olhavam encantados. Então, Albrecht pediu a esses estudantes excepcionais que ensinassem seus colegas. "Sua ideia era fazer com que nós multiplicássemos o aprendizado o mais depressa possível", disse um dos integrantes do grupo chamado Bob Kahn.

Albrecht usou os quatro garotos como organizadores de um "show de cura" no colégio deles. Vinte classes de matemática estavam envolvidas no programa, e Albrecht convenceu seus empregadores a emprestar um 160A e uma Flexowriter por uma semana. Depois de mostrar aos colegas alguns truques de matemática, perguntaram a Kahn se o computador podia resolver exercícios na parte de trás de uma folha. Ele começou a fazer a lição de casa daquele dia e usou a Flexowriter para

---

*   Mais informações em <http://en.wikipedia.org/wiki/CDC_160A>. (N.T.)

tirar uma matriz de mimeógrafo para que cada estudante pudesse ter uma cópia. Sessenta estudantes foram motivados pelo "show de cura" a se matricular nas aulas de computação; e, quando Albrecht levou o evento para outras escolas, a resposta também foi entusiasmada. Logo Albrecht apresentou seu "show de cura" na National Computer Conference, onde os seus pequenos magos deixaram boquiabertos os mais altos sacerdotes da indústria. *Nós não fazemos isso*, eles disseram a Albrecht. Ele se balançava feliz e pensava — *eu farei*.

Ele convenceu a CD a deixá-lo levar o "show de cura" pelo país e mudou sua base para a matriz da empresa em Minnesota. Foi lá que alguém lhe apresentou à Basic (Beginners All-Purpose Symbolic Instruction Code), a linguagem de computador desenvolvida por John Kemeny para atender, de acordo com ele mesmo, "a possibilidade de que milhões de pessoas possam escrever seus próprios programas... Beneficiando-se de anos de experiência com a Fortran, nós estruturamos uma linguagem particularmente fácil para os leigos aprenderem, facilitando a comunicação entre homem e máquina".[5] Albrecht imediatamente decidiu que a Basic era a melhor, e a Fortran estava morta. A Basic era interativa, então, as pessoas famintas para usar o computador podiam ter respostas imediatas (a Fortran ainda era orientada para processamento por blocos). Usava expressões semelhantes ao inglês, como Input, Then e Goto, portanto, era mais fácil de aprender. Tinha um gerador de números aleatórios na arquitetura interna; dessa forma, a garotada podia escrever jogos rapidamente. Albrecht já sabia que os jogos seriam o toque de sedução para atrair as crianças para a programação — e para o hackerismo. Ele se tornou o profeta da Basic e chegou, inclusive, a ser cofundador de um grupo chamado Shaft (Society to Help Abolish Fortran Teaching — Sociedade para Ajudar a Abolir o Ensino de Fortran).

Conforme se envolvia com os aspectos missionários de seu trabalho, o Bob Albrecht, que fermentava sob sua aparência abotoada e corriqueira, começou a se revelar. No balanço da década de 1960, Albrecht foi dançar na Califórnia — divorciado, com cabelos longos, olhos em chamas e a cabeça repleta de ideias radicais para expor as crianças aos computadores. Morava no alto da Lombard Street (a mais alta e sinuosa montanha de São Francisco) e implorava ou emprestava computadores para sua prática evangélica. Nas noites de quinta, ele abria seu apartamento para sessões que combinavam degustação de vinhos, dança grega e programação de computadores. Estava envolvido com a influente Universidade Livre da Midpeninsula* e incorporava na área a atitude do faça-você-mesmo, o que atraía pessoas como Baba Ram Dass,** Timothy Leary e o ex-sábio do laboratório de Inteligência Artificial Tio John

---

*　Mais informações em <http://en.wikipedia.org/wiki/Midpeninsula_Free_University>. (N.T.)
**　Mais informações em <http://en.wikipedia.org/wiki/Ram_Dass>. (N.T.)

160　　　**PARTE II　Os hackers do hardware**

McCarthy. Albrecht também estava engajado nas atividades iniciais da "divisão de ensino de computação", uma fundação sem fins lucrativos chamada Portola Institute, que mais tarde deu origem ao *Whole Earth Catalog.** Ele conheceu um professor da Woodside High School chamado LeRoy Finkel, que compartilhava seu entusiasmo sobre o ensino de computação para crianças. Com Finkel, ele começou uma editora de livros didáticos infantis sobre computação denominada Dymax, em homenagem à marca registrada de Buckminster Fuller, que é a expressão "dymaxion",[6] combinando as palavras "dinamismo" e "maximização". A empresa — com fins lucrativos — foi criada com recursos financeiros de Albrecht (ele foi sortudo o bastante para comprar ações da DEC quando a companhia abriu capital na Bolsa) e logo fechou um contrato para editar uma série de livros educativos sobre a linguagem Basic.

A equipe da Dymax e Albert foram seduzidos por um minicomputador PDP-8. Para abrigar essa máquina maravilhosa, mudaram a empresa para uma nova sede em Menlo Park. Segundo seu acordo com a DEC, Albrecht receberia um computador e alguns terminais em troca de escrever um livro chamado *My Computer Likes Me* (*Meu computador gosta de mim*), mantendo para si, espertamente, os direitos autorais (foram vendidos cerca de 250 mil exemplares). O equipamento foi colocado em um caminhão e Albrecht ressuscitou os "shows de cura", levando o PDP-8 para as escolas. Mais equipamento chegou e, em 1971, a Dymax tornou-se a morada mais popular para os jovens interessados em computadores, colegas de hackerismo, futuros gurus do ensino da computação e todo tipo descontente tecnossocial. Enquanto isso, Albrecht mudava-se para um barco de 40 pés atracado em Beach Harbor a cerca de 50 quilômetros da cidade. "Eu nunca tinha navegado na vida. Apenas decidi que era hora de morar em um barco", ele se recorda.

Albrecht fora sempre criticado pela turma da moda em Palo Alto, que considerava a tecnologia diabólica por forçar a aceitação dos computadores. Então, seus métodos de doutrinação tornaram-se mais sutis, como a abordagem de um traficante de drogas malicioso: "Dê só uma olhada nesse jogo... é bom, não é?... Você pode programar essa coisa, você sabia...". Anos depois, ele explicou: "Nós estávamos protegidos. Sem perceber, tínhamos a visão de longo prazo, encorajando todo mundo a usar o computador, escrevendo livros para ensinar programação e abrindo lugares onde as pessoas podiam usar os computadores e se divertir".

No entanto, a Dymax está repleta de contracultura. O lugar estava cheio de rapazes de cabelos compridos, malucos populistas da computação, muitos dos quais em idade

---

* Detalhes sobre a publicação e imagens estão disponíveis em <http://wholeearth.com/issue-electronic-edition.php?iss=1010#>. (N.T.)

escolar. Bob Albrecht assumiu o papel de guru barbudo, espalhando ideias e conceitos mais depressa do que podiam ser assimilados. Alguns deles eram geniais, outros, lixo, mas todos eles estavam embebidos no carisma de sua personalidade, que era quase sempre charmosa, mas que podia também se tornar arrogante. Ele levava a turma em excursões para pianos-bares, onde ele assumia o microfone e liderava a cantoria da festa. Ele decorava parte dos escritórios da Dymax como uma taverna grega com luzes piscando para reunir todos em aulas de dança nas sextas-feiras à noite. A sua ideia mais demoníaca, no entanto, era a popularização dos computadores.

Albrecht acreditava que algum tipo de publicação devia fazer a crônica desse movimento, como um farol a guiar novos desenvolvimentos. Então, o grupo iniciou a publicação de um tabloide chamado *People's Computer Company*,[7] em homenagem ao grupo de rock que acompanhava a cantora Janis Joplin, que se chamava Big Brother and the Holding Company. Na capa da primeira edição, datada de outubro de 1972, havia uma embarcação a vela indo em direção do pôr do sol — de alguma forma, simbolizando a era dourada em que entrava a humanidade — e uma legenda parecendo escrita à mão:

COMPUTADORES SÃO PRINCIPALMENTE
USADOS CONTRA AS PESSOAS EM VEZ DE A FAVOR DAS PESSOAS
USADOS PARA CONTROLAR AS PESSOAS EM VEZ DE
LIBERTÁ-LAS
É HORA DE MUDAR TUDO ISSO!
NÓS PRECISAMOS DE UMA...
FÁBRICA DE COMPUTADORES A FAVOR DAS PESSOAS

Era diagramado de modo semelhante ao *Whole Earth Catalog*, mas mais improvisado e negligente. Podia haver quatro ou cinco diferentes fontes em uma mesma página, e quase sempre os textos eram rabiscados diretamente no espaço — uma mensagem tão urgente que não havia tempo para esperar pelo diagramador. Era a expressão perfeita do estilo de Albrecht sem tempo a perder para fazer tudo ao mesmo tempo. Os leitores tinham a impressão de que não havia tempo para desperdiçar na missão de disseminar o uso dos computadores entre as pessoas — e, certamente, muito menos tempo ainda para gastar diagramando margens precisas, desenhando páginas mais limpas ou planejando tudo um pouco melhor. Cada edição vinha carregada com notícias sobre pessoas convertidas à religião dos computadores, algumas delas dando início a operações parecidas em diversas partes do país. Essa informação era passada em mensagens lunáticas, despachadas da linha de frente da revolução dos computadores dedicados às pessoas. Quase não havia

162 **PARTE II Os hackers do hardware**

reação das torres de marfim da academia ou dos céus azulados dos centros de pesquisa. Os hackers como os do MIT não davam a mínima para a *PCC*, que, afinal de contas, imprimia listas de programas em Basic, e não, pelo amor de deus!, na amada linguagem assembler. No entanto, a nova geração de hackers de hardware, como os do tipo de Lee Felsenstein, que tentavam descobrir maneiras para ter mais acesso aos computadores — para eles e talvez para os outros —, descobriu o tabloide e queria escrever nele. Queria oferecer programas, sugerir onde comprar componentes de computadores ou apenas encorajar o movimento. Felsenstein, de fato, escreveu uma coluna sobre hardware para a *PCC*.

O sucesso da publicação levou a Dymax a ampliar a operação em uma empresa sem fins lucrativos, chamada *PCC*, que incluiu não apenas o tabloide, mas também um centro de incentivo ao uso dos computadores, que tinha cursos e oferecia nas ruas o acesso a máquinas por 50 centavos a hora.

A *PCC* e a Dymax estavam localizadas em um pequeno shopping center na Menalto Avenue, no espaço previamente ocupado por uma lanchonete de esquina. O espaço era mobiliado com sofás e mesas uns de frente para os outros, como os bares da década de 1960. "Toda vez que alguém queria conversar conosco, saíamos, trazíamos uma embalagem com seis garrafas e falávamos em nossos sofás diante das mesas", recorda Albrecht. Na área do computador da porta ao lado, estava o PDP-8, que parecia um receptor estéreo com luzes brilhantes no lugar do sintonizador de FM e uma fila de botões na parte da frente. A maior parte da mobília, a não ser as cadeiras diante dos terminais, era de grandes almofadas que as pessoas usavam como colchão, cama ou divertidas armas de guerra. Um tapete verde descorado cobria o chão e contra a parede havia uma estante lotada com as melhores e mais lidas brochuras de ficção científica — a melhor coleção da região.

O ar estava sempre cheio de ruído dos terminais, um ligado ao PDP-8 e outro conectado às linhas telefônicas, dando acesso a um computador da Hewlett-Packard, que havia doado horas de processamento para a *PCC*. Mais do que nunca, todos se divertiam com os jogos que alguém do crescente grupo da *PCC* havia escrito. De vez em quando, donas de casa traziam suas crianças para conhecer o local e experimentar os computadores. E, então, ficavam tão ligadas em programação que seus maridos preocupavam-se se aquelas leais matriarcas não abandonariam as crianças e a cozinha pela glória da Basic. Alguns homens de negócios tentaram usar o computador para prever o preço das ações e investiram infinitas horas nessa quimera. Quando você tem um centro de computadores com a porta da frente realmente aberta, tudo pode acontecer. O *Saturday Review** menciona a seguinte frase de

---

* Leia mais em <http://en.wikipedia.org/wiki/Saturday_Review_(US_magazine)>. (N.T.)

Albrecht: "Nós queremos ter centros amigáveis nos bairros nos quais as pessoas possam circular como se estivessem em pistas de boliche ou em fliperamas para descobrir como podem se divertir com os computadores".

Parecia estar dando certo. Uma indicação da sedução das máquinas foi o caso de um repórter que, para escrever uma matéria, entrou na *PCC* às 17h30 e as pessoas o colocaram em um terminal para jogar o *Star Trek*. "A próxima coisa de que me lembro foi alguém batendo no meu ombro às 12h30 do dia seguinte para dizer que estava na hora de ir embora", ele escreveu em uma carta para a *PCC*. Depois de mais alguns dias circulando por lá, o repórter concluiu: "Eu ainda não tinha nada além para contar ao meu editor do que afirmar que eu havia passado um total de 28 horas brincando com os jogos daquelas máquinas sedutoras".

Toda quarta-feira à noite, a *PCC* fazia o seu jantar colaborativo. Depois de uma típica reunião desorganizada de equipe — Albrecht, cujas ideias tinham a velocidade dos torpedos do *Spacewar*, tinha dificuldade em seguir uma agenda — as longas mesas eram cobertas com toalhas e pouco a pouco a sala tornava-se um evento virtual do "quem é quem" na computação alternativa na região Norte da Califórnia.

Entre os distintos visitantes, ninguém era mais bem-vindo do que Ted Nelson, que publicara de modo independente o livro *Computer Lib*,[*] o épico da revolução dos computadores, a bíblia do sonho hacker. Ele estava estupefato o bastante para publicar o livro em um momento em que ninguém achava que fosse uma boa ideia.

Ted Nelson sofria da doença autodiagnosticada de estar anos a frente de seu tempo. Filho da atriz Celeste Holm[**] e do diretor Ralph Nelson[***] (*Lilies of the Field*;[****] no Brasil, *Uma voz nas sombras*), produto de escolas particulares, aluno de sofisticadas escolas de arte, Nelson era um irascível perfeccionista, sendo o seu principal talento a "inovação". Ele escreveu um musical de rock — em 1957. Trabalhou para John Lilly[*****] no projeto Dolphin e também realizou alguma coisa no cinema. Porém, sua cabeça estava, conforme ele explicou, inevitavelmente "surfando ideias" até que entrou em contato com computadores e aprendeu um pouco de programação.

Isso foi em 1960. Pelos próximos catorze anos, ele vagaria entre um emprego e outro. Ele saía de sua sala em uma empresa de alta tecnologia e via "a incrível frieza de seus corredores". Ele começava a descobrir como a mentalidade de processamento

---

[*] Mais informações em <http://en.wikipedia.org/wiki/Computer_Lib>. (N.T.)

[**] Mais em <http://www.reelclassics.com/Actresses/Holm/holm-bio.htm>. (N.T.)

[***] Leia mais sobre Ralph Nelson em <http://www.imdb.com/name/nm0625680/bio>. (N.T.)

[****] Resenha do filme em <http://www.movie-page.com/reviews/l/lilies_of_the_field.htm>. (N.T.)

[*****] Mais informações em <http://deoxy.org/lilly.htm>. (N.T.)

de dados não interativo da IBM cegava as pessoas para as fantásticas possibilidades dos computadores. Suas observações a esse respeito foram solenemente ignoradas. Será que ninguém queria ouvir?

Finalmente, sem raiva ou desespero, ele decidiu escrever um livro sobre "a contracultura dos computadores". Nenhum editor ficou interessado, especialmente por causa das demandas dele em relação ao formato — uma diagramação parecida com o *Whole Earth Catalog* ou com a *PCC*, porém ainda mais improvisado: páginas grandes lotadas de letras tão pequenas que eram difíceis de ler, junto com anotações rabiscadas e desenhos feitos à mão por amadores. O livro tinha duas partes: uma chamada *Computer Lib*, que tratava do mundo dos computadores, segundo Ted Nelson; e outra, a *Dream Machines*,[8] que indicava o futuro da computação, também nas palavras dele. Tirando 2 mil dólares do próprio bolso — "muito dinheiro para mim", ele garantiu —, mandou imprimir algumas centenas de cópias daquilo que era o manual virtual da Ética Hacker. As páginas de abertura gritavam com urgência como ele lamentava a imagem negativa dos computadores (ele responsabilizava as mentiras que os poderosos contavam sobre os computadores, que Nelson passou a chamar de "cybercrud")* e proclamava em letras maiúsculas que O PÚBLICO NÃO TEM QUE ACEITAR O QUE LHE É OFERECIDO. Audaciosamente, ele se declarava um fã do computador e dizia:

> "Eu tenho um machado nas mãos para usar. Eu quero ver os computadores se tornarem úteis para as pessoas e, quanto mais cedo, melhor — sem a necessidade de complicações ou a exigência de servilismo humano. Todo mundo que concorde com esses princípios está do meu lado. E qualquer um que discorde, está contra mim."

> ESSE LIVRO É A FAVOR DA LIBERDADE PESSOAL
> E CONTRA A RESTRIÇÃO E A COERÇÃO...
> Um cântico que você pode levar para as ruas:
> O PODER DO COMPUTADOR PARA AS PESSOAS!
> ABAIXO A CYBERCRUD!

"Os computadores refletem o lugar onde estão", o livro de Nelson dizia. E, embora vendesse devagar, vendia; chegando de fato a contar com diversas reimpressões. Mais importante, tinha uma legião de seguidores. Na *PCC*, o *Computer Lib* era

---

* Definição de cybercrud em <http://www.websters-online-dictionary.org/definitions/cybercrud?cx=partner-pub-0939450753529744%3Av0qd01-tdlq&cof=FORID%3A9&ie=UTF-8&q=cybercrud&sa=Search#922>. (N.T.)

Revolta em 2100

mais uma razão para acreditar que em breve a mágica dos computadores deixaria de ser secreta. Portanto, Ted Nelson era tratado como um rei nos jantares colaborativos das quartas-feiras na *PCC*.

No entanto, as pessoas não iam a esses eventos para ver os magos da revolução dos computadores: estavam lá porque tinham interesse nas máquinas. Algumas eram gente de meia-idade ou hackers de hardware obsessivos, outras eram garotos de escola, seduzidos pelos computadores, adolescentes cabeludos que gostavam de trabalhar no PDP-8, ou educadores, e outras eram ainda somente hackers. Como sempre, planejadores como Bob Albrecht falavam sobre os grandes temas da computação, enquanto os hackers concentravam-se em trocar dados técnicos ou reclamar sobre a predileção de Albrecht pela Basic, uma linguagem que os rapazes consideravam "fascista" porque sua estrutura limitada não encorajava o máximo acesso à máquina e diminuía o poder dos programadores. Não demorava muitas horas para os hackers se esgueirarem para os terminais barulhentos, deixando os ativistas engajados em discussões acaloradas sobre esse ou aquele assunto. E sempre havia Bob Albrecht. Brilhando no rápido progresso do grande sonho dos computadores, ele ficava na parte de trás da sala, dançando músicas folclóricas gregas — houvesse música, ou não.

Nessa atmosfera carregada de propósitos messiânicos, as pessoas da Community Memory (CM) atiraram-se na trajetória irreversível de colocar o projeto em operação. Efrem Lipkin revisou um enorme programa para ser a interface básica com os usuários, e Lee se dedicou a adaptar um teletipo Modelo 33[*] doado pela Tymshare Company.[**] O equipamento parecia já ter sido usado por milhares de horas e foi dado à CM como lixo. Por causa de sua fragilidade, alguém tinha que reparar o acessório a toda hora; estava sempre dando saltos e enroscando entre uma linha e outra do texto. Mais tarde, a CM conseguiu um terminal Hazeltine 1500[***] com um monitor CRT que era mais confiável, mas ainda assim alguém tinha que estar atento aos possíveis problemas. O objetivo era que Lee desenvolvesse um novo tipo de terminal para fazer o projeto avançar, e ele até já rascunhara um projeto de hardware.

---

[*] Veja imagens em \<http://www.google.com/images?q=Model%2033%20teletype&oe=utf-8&rls=org.mozilla:en-US:official&client=firefox-a&um=1&ie=UTF-8&source=og&sa=N&hl=en&tab=wi&biw=1676&bih=804>. (N.T.)

[**] Mais informações em \<http://en.wikipedia.org/wiki/Tymshare>. (N.T.)

[***] Mais informações e imagem em \<http://vt100.net/hazeltine/h1500-rm.pdf>. (N.T.)

Contudo, isso era tarefa para mais tarde. Primeiro, eles tinham que colocar a CM nas ruas. Depois de algumas semanas de atividade intensa, Efrem, Lee e os outros tinham colocado o Modelo 33 para funcionar com sua capa de vidro — proteção contra pingos de café e cinzas de maconha — diante da loja Leopold's Records. Eles fizeram pôsteres mostrando às pessoas como deviam usar a máquina, eram artes com cores fortes, coelhos psicodélicos e linhas onduladas. Eles imaginavam que as pessoas entrariam na máquina para fazer conexões sérias em busca de emprego, lugar para morar, carona ou troca de serviços e/ou produtos. O sistema era bastante simples para que todo mundo pudesse usá-lo — bastava usar os comandos "adicionar" ou "encontrar". Aquilo era uma variação do sonho hacker, e eles encontraram inspiração em um poema de Richard Brautigan chamado *Loving Grace Cybernetics*[9] (*Amorosa Benção Cibernética*, título e versos em tradução livre):

SEREMOS TODOS CUIDADOS PELA BENÇÃO AMOROSA DAS MÁQUINAS
Gosto de pensar (e
quanto antes melhor!)
em uma pradaria cibernética
onde mamíferos e computadores
vivam juntos em mutualismo
programando em harmonia
como a água pura
tocando o claro céu

Gosto de pensar
(é para já, por favor!)
em uma floresta cibernética
repleta de pinheiros e eletrônicos
onde os gamos passeiam em paz
além dos computadores
como se fossem flores
em caleidoscópica floração

Gosto de pensar
(vai ter que ser!)
em uma ecologia cibernética
onde estaremos livres do nosso trabalho

e reunidos novamente à natureza,

de volta ao ser mamífero

irmãos e irmãs,

e todos sob os cuidados

da benção amorosa das máquinas.

Não era um simples terminal instalado em frente à Leopold's Record — era um instrumento da Benção Amorosa! A máquina pastoreava o rebanho de ignorantes por uma pastagem verdejante fertilizada pela benevolente Ética Hacker, protegida da sufocante influência da burocracia. No entanto, alguns na Community Memory tinham suas dúvidas. Acima da ranzinzice de Lee para com a pouca durabilidade do terminal, estava o temor de que as pessoas reagissem com hostilidade à ideia de um computador invadir o sagrado espaço de uma loja de discos; seu pior medo era de que os promotores da CM forçassem a proteção física do terminal contra possíveis ataques de hippies luditas.*

Medos infundados. Desde o primeiro dia da experiência, as pessoas reagiram calorosamente ao terminal. Estavam curiosas para tentar usar e quebravam a cabeça em busca de mensagens para colocar no sistema. Uma semana depois, Lee escreveu no *Berkeley Barb* que, durante os primeiros cinco dias do experimento, o terminal foi usado por 1.434 minutos, aceitando 151 novas mensagens e imprimindo 188 sessões de consultas, sendo que 32% delas representaram buscas bem-sucedidas. A temida violência simplesmente não existiu: Lee reportou "100% de sorrisos".

A notícia se espalhou e logo as pessoas foram buscar conexões importantes. Se alguém teclasse ENCONTRAR CLÍNICAS DE SAÚDE, por exemplo, conseguiria informações de pelo menos oito, desde o Haight-Ashbury Medical Research Clinic até a George Jackson People's Free Clinic. Uma busca para ROSQUINHAS — alguém querendo encontrar na Bay Area rosquinhas ao estilo de Nova York — obteve quatro respostas: três de estabelecimentos comerciais na região e outra de um tal de Michael que se dispunha a ensinar como fazer as próprias rosquinhas. As pessoas encontravam parceiros de xadrez, companheiros de estudos e até par para cruzar com jiboias. Trocavam dicas sobre restaurantes e discos, além de oferecer serviços, como babás, carretos, datilografia, leitura de tarô, conserto de encanamentos, atores e fotografia.

---

* Ludita — indivíduo que se opõe à industrialização ou a novas tecnologias em referência ao grupo de operários ingleses do século XIX que destruía máquinas, temendo o desemprego. (N.T.)

PARTE II   Os hackers do hardware

Um estranho fenômeno aconteceu. Conforme o projeto evoluiu, as pessoas passaram a dar usos inusitados às mensagens. A equipe da Community Memory olhava diariamente as mensagens publicadas e encontraram tópicos que não se encaixavam em nenhuma categoria... até as palavras-chave eram estranhas. Havia mensagens como: VOCÊ É SEU PRÓPRIO MELHOR AMIGO, seguida pelas palavras-chave AMIGO, AMANTE, CÃO, VOCÊ, NÓS, PARA NÓS, OBRIGADO. E outras como: ALIENÍGENA DE OUTRO PLANETA PRECISA DE FÍSICO COMPETENTE PARA TERMINAR REPARO EM ESPAÇONAVE. QUEM SE CANDIDATAR DEVE TER CONHECIMENTO SOBRE INDUÇÃO GEOMAGNÉTICA. E ainda outras como: MEU DEUS PORQUE VOCÊ ME ABANDONOU. E ainda algumas que faziam citações cifradas de Ginsberg, The Grateful Dead, Arlo Guthrie e Shakespeare. Além das mensagens do doutor Benway e sua misteriosa Interzone.

O doutor Benway, personagem do livro *Almoço Nu*, de Burroughs, era "um manipulador e coordenador de um sistema de símbolos, um especialista em todas as etapas de interrogatórios, lavagens cerebrais e controle".[10] Não importava. Quem quer que fosse esse usuário demente, ele começara a transformar os bits armazenados no XDS-940 em uma novela radical, postava comentários sobre visões inacreditáveis, chamava todos para a luta armada e fazia previsões terríveis sob o controle do Big Brother — previsões realizadas ironicamente com o uso do estilo do livro *1984*, de George Orwell, de maneira radical e criativa. "Benway está aqui...", ele se anunciava em uma entrada típica, "apenas um viajante diário nas areias desse fecundo banco de dados". Benway não foi o único a assumir personagens estranhas — como os hackers já estavam descobrindo, o computador era uma extensão ilimitada para a imaginação das pessoas, um espelho sem julgamentos no qual é possível pendurar seu autorretrato preferido. Não importa o que você escreva, as únicas impressões digitais deixadas em sua mensagem são as da sua imaginação. O fato de que gente não hacker estivesse tendo essas ideias indicava que apenas a presença de um computador em lugares acessíveis era capaz de estimular a mudança social, uma chance para ver as possibilidades oferecidas pela nova tecnologia.

Mais tarde, Lee chamou esse momento de "uma epifania de olhos abertos. Foi como minha experiência com o Movimento pela Liberdade de Expressão nas manifestações no People's Park de Berkeley. Meu Deus! Eu não sabia que as pessoas podiam *fazer* aquilo!".

Jude Milhon criou personalidades on-line e escrevia poemas: "Era muito divertido; seus sonhos encarnados". Um frequentador regular da CM começou a trocar mensagens eletrônicas com Benway, elaborando sobre a criação da Interzone. De início, as mensagens de Benway mostraram surpresa com esse diálogo e recriação do tema, mas depois, parecendo ter se dado conta das possibilidades democráticas do meio, deu sua benção: "Certos piratas nefastos falaram em copiar a marca de Benway... podem ir em frente... é de domínio público".

Jude Milhon encontrou Benway. Ela o descreveu como "um rapaz muito tímido, mas capaz de se expor no mundo da Community Memory".

O grupo floresceu por um ano e meio, movendo o terminal entre o hall da Leopold's e a loja contracultural Whole Earth Access,* além de conseguir instalar outro equipamento na biblioteca pública do bairro de Mission em São Francisco. No entanto, os computadores continuavam quebrando e ficou claro que era essencial dispor de máquinas mais confiáveis. A CM não poderia ir mais longe com um gigante monstruoso como o XDS-940 e, além disso, o relacionamento entre a comunidade e a Resource One (a fonte de financiamento) andava de mal a pior. Não havia saída milagrosa: a Community Memory estava se afundando sem fundos e sem tecnologia, gastando a energia de sua equipe. Era preciso que algo acontecesse depressa.

Finalmente, em 1975, um grupo de integrantes estressados sentou-se para decidir se o projeto deveria continuar. Tinha sido um ano emocionante e desgastante. O projeto "mostrara o que podia ser feito, indicara o caminho", avaliou Lee. Mas ele e os outros consideraram "muito arriscado" prosseguir naquele estado. Tinham investido muito, tanto em técnica quanto em emocional para ver o projeto fracassar por causa da deserção dos frustrados e das falhas constantes do equipamento. O consenso foi submergir a experiência e colocá-la em uma situação de remissão temporária. Ainda assim, uma decisão traumática. "Nós estávamos começando a avançar, quando tudo foi cortado. Nossa relação com o projeto era como a de Romeu e Julieta — a nossa outra metade. Então, de repente, em um único golpe — ZAZ! — acabou. Cortado ao florescer", de acordo com Jude Milhon.

Efrem Lipkin foi embora e tentou novamente pensar em uma maneira de se livrar dos computadores. Outros se envolveram em diferentes projetos, alguns técnicos, outros de cunho social. Mas ninguém, e muito menos Lee Felsenstein, desistiu do sonho.

* Notas *

A principal fonte de informação do livro *Hackers* foi mais de uma centena de entrevistas pessoais realizadas pelo autor entre 1982 e 1983. Além dessas entrevistas, são feitas também referências a fontes impressas e eletrônicas que estão citadas no rodapé das páginas desta edição.

---

* Mais informações em <http://en.wikipedia.org/wiki/Whole_Earth_Access>. (N.T.)

[1] Mensagens de Benway e outros recados eletrônicos deixados no sistema foram encontrados nos arquivos da Community Memory.

[2] A citação de Felsenstein foi extraída das quatro páginas de seu *Biographical Background Information*, datado de 29/01/1983.

[3] HEINLEIN, Robert A. *Revolt in 2100*. Signet, 1954.

[4] Um depoimento em primeira pessoa sobre as atividades de Albrecht no início da década de 1960 pode ser encontrado em "A Modern-Day Medicine Show", *Datamation*, julho de 1963.

[5] Veja KEMENY, John. *Man and the Computer*. New York: Scribners, 1972. Citado em KAHN, Robert A. *Creative Play with the Computer: A Course for Children* (documento que não foi publicado, mas escrito para o Lawrence Hall of Science em Berkeley, Califórnia).

[6] Veja KENNER, Hugh. *Bucky: A Guided Tour of Buckminster Fuller*. New York: Morrow, 1973.

[7] Edições antigas do *PCC*, generosamente cedidas por Bob Albrecht, foram particularmente importantes para a obtenção de informações sobre o hackerismo na Bay Area no início da década de 1970.

[8] Os livros de Ted Nelson, *Computer Lib* e *Dream Machines*, foram publicados pelo próprio autor e distribuídos por The Distributors, South Bend em 1974.

[9] Em *The Pill Versus the Springhill Mine Disaster*. New York: Dell, Laurel, 1973 (reproduzido com permissão).

[10] Para a descrição da personagem, ver BURROUGHS, William. *Naked lunch*. New York: Grove Press, 1959. p. 147.

Capítulo 9
TODO HOMEM É DEUS

Em junho de 1974, Lee Felsenstein mudou-se para um apartamento de um quarto sobre uma garagem em Berkeley. Não havia muito em termos de conforto — nem mesmo um aquecedor —, mas custava apenas 185 dólares por mês e ele podia instalar uma bancada de trabalho e chamar aquele canto de *casa*. Lee preferia baixo custo, portabilidade e utilidade em um lugar para morar.

Felsenstein tinha em mente o design específico de um projeto: um terminal de computador construído sob o conceito da Community Memory. Ele abominava terminais criados com a função máxima de resistir às agressões de usuários descuidados, caixas pretas que expeliam informações e opacas sobre seu funcionamento. Acreditava que as pessoas deviam ter uma ideia sobre o que fazia a máquina funcionar, e os usuários tinham que ser convidados a interagir nesse processo. Algo tão flexível como os computadores inspiraria as pessoas a se engajar em atividades também flexíveis. Felsenstein considerava o computador em si mesmo um modelo para o ativismo. Esperava que a proliferação das máquinas, como efeito, pudesse disseminar a Ética Hacker na sociedade, dando a todos o poder não somente sobre o computador, mas também sobre seus opressores políticos.

O pai dele lhe enviou um livro de Ivan Illich* intitulado *Tools for Conviviality*[1] (*A convivencialidade*, traduzido em 1976 em Portugal), e as propostas do autor confirmaram a visão de Felsenstein ("Para mim, os melhores professores disseram que

---

* Mais informações em <http://en.wikipedia.org/wiki/Ivan_Illich#Tools_for_Conviviality>. (N.T.)

aquilo que eu já sabia estava certo", ele afirmou anos mais tarde). Illich propunha que o design de hardware não deveria ser pensado somente para facilitar o uso pelas pessoas, mas com a visão de longo prazo de uma futura simbiose entre o usuário e a ferramenta. Isso inspirou Felsenstein a conceber um equipamento para corporificar as ideias de Illich, Bucky Fuller, Karl Marx e Robert Heinlein. Seria um terminal para as pessoas. Ele apelidou o projeto de Terminal de Tom Swift,[2] "em homenagem ao herói norte-americano da literatura juvenil que tinha mais chance de ser encontrado mexendo no equipamento". Era Lee Felsenstein dando vida ao sonho hacker.

Enquanto isso, ganhava a vida com contratos freelance de engenharia. Um dos lugares para os quais trabalhou foi a Systems Concepts, a pequena empresa que empregava veteranos do MIT, entre eles, Stew Nelson (o mágico da telefonia e dos códigos) e Peter Samson (o ex-adepto do TX-0 e do TMRC). Felsenstein desconfiava de tudo relacionado ao MIT. Típico hacker de hardware, ofendia-se com o que considerava excesso de purismo, especialmente quando se tratava da incapacidade de disseminar a tecnologia entre os "perdedores". Mais tarde, comentou: "Qualquer um que tivesse se envolvido com Inteligência Artificial era um caso sem cura. Eles ficaram tão distantes da realidade que não conseguiam lidar com o mundo. Quando diziam: 'Bem, essencialmente, a programação se faz assim, assim e assim', eu ficava louco da vida e respondia: 'Está certo, amigo, mas essa é a parte fácil. Onde fazemos esse trabalho é o restante'".

Suas suspeitas foram confirmadas quando conheceu a força de vontade de Stew Nelson. Quase instantaneamente, os dois envolveram-se em um desacordo, uma disputa técnica que depois Felsenstein descreveu como "uma luta técnica tipo sou-mais-inteligente-do-que-você, típica dos hackers". Stew insistiu que um obstáculo de hardware podia ser resolvido com um truque, enquanto Felsenstein, cujo estilo de engenharia havia sido formado na paranoia de infância de que os aparelhos não funcionariam, dizia que não assumiria esse risco. Sentado no prédio de madeira, parecido com um armazém, que abrigava a sede da Systems Concepts, Felsenstein achava que aqueles caras estavam interessados em levar a tecnologia dos computadores para as pessoas, mas apenas nas pirotecnias computacionais elegantes que eram capazes de desenvolver. Para ele, aqueles magos eram jesuítas tecnológicos: não estava preocupado com a alta magia que podiam produzir nem com o panteão de mestres que os outros reverenciavam. O que podia ser usado pelas pessoas comuns?

Então, quando Stew Nelson, o arquétipo do hacker do MIT, ofereceu a Felsenstein o equivalente a uma audição, dando-lhe um rápido teste de design de hardware, o rapaz não entrou no jogo. Não ligava a mínima para a ideia de produzir a resposta certa que Stew procurava. Felsenstein foi embora.

174   **PARTE II   Os hackers do hardware**

Foi procurar trabalho em outro lugar. Ele achava que conseguia viver se conseguisse ganhar cerca de 8 mil dólares por ano. No entanto, por causa da recessão, não estava fácil encontrar trabalho. As propostas, porém, surgiram gradualmente: a 80 quilômetros ao Sul de Berkeley, o Vale do Silício começava a se movimentar.

A região entre Palo Alto e San Jose ao Sul da Baía de São Francisco ganhou o nome de "Vale do Silício" por causa do material, feito de areia refinada usada para fazer semicondutores.[3] Duas décadas antes, Palo Alto tinha sido a terra dos transistores; esse avanço foi superado pela mágica dos circuitos integrados (CIs) — redes de transistores comprimidas em chips, pequenos quadrados cobertos de plástico com minúsculos conectores metálicos embaixo. Pareciam robozinhos de insetos sem cabeça. Agora, no início da década de 1970, três ousados engenheiros trabalhando para uma empresa de Santa Clara, chamada Intel, tinham inventado um chip chamado de microprocessador: um deslumbrante e intrigante layout de conexões que podia duplicar a complexa grade de circuitos encontrada na unidade de processamento central (CPU) de um computador.

Os chefes daqueles engenheiros ainda estavam avaliando os usos potenciais do microprocessador.

De qualquer forma, Felsenstein estava relutante diante da nova tecnologia. Seu estilo de engenharia excluía a possibilidade de usar qualquer produto que ele achasse que não fosse ficar no mercado por bastante tempo. O sucesso do microchip e o rápido processo de redução de preço quando manufaturado em escala (custava uma fortuna fazer o design de um chip e criar um protótipo, mas produzir um chip custava quase nada quando já se contava com uma linha de montagem em ação) causaram a escassez do produto em 1974. Diante disso, Felsenstein tinha pouca certeza de que a indústria conseguiria fornecer novos microprocessadores para atender a demanda de seu hardware. Ele imaginava os usuários do computador agindo com os hackers diante de um sistema operacional, trocando partes e realizando melhorias... "um sistema vivo muito mais do que um sistema mecânico. As partes integrariam seu processo de regeneração", explicou. Esses usuários precisariam ter fácil acesso às partes. Então, enquanto esperava que ficasse claro quem venceria a corrida dos microchips, ele deu um tempo, pensando nas lições de Ivan Illich, que era a favor do design de uma ferramenta para "ampliar a habilidade das pessoas em buscar suas metas por seus próprios e exclusivos caminhos". Nos dias ensolarados de Berkeley, Felsenstein pegava sua prancheta e levava para o People's Park, uma área gramada que ele ajudara a libertar nos não tão distantes anos da década de 1960, para fazer rascunhos esquemáticos, enquanto pegava um bronzeado.

Felsenstein era apenas um entre as centenas de engenheiros da Bay Area que haviam desistido de insistir que suas intenções eram simplesmente profissionais. Eles amavam colocar as mãos em circuitos e em eletrônicos e, mesmo que muitos deles trabalhassem durante o dia para empresas com nomes estranhos, como Zilog, Itel e National Semiconductor, voltavam para casa à noite e construíam projetos fantásticos sobre placas recobertas com epóxi espetadas com linhas irregulares de circuitos integrados. Soldadas em caixas metálicas, as placas faziam coisas estranhas: função de rádio, função de vídeo, funções lógicas. Menos importante do que fazer essas placas desempenharem funções era a ação de fazer as placas, de criar um sistema capaz de realizar uma tarefa. Isso era hackerismo. Se havia uma meta por trás de tudo aquilo, ela era a construção de um computador que todo mundo pudesse ter em casa. Não para desempenhar uma função específica, mas para brincar com a máquina, explorar suas possibilidades. O sistema mais evoluído. Mas esses hackers de hardware não confidenciavam esse objetivo para gente de fora porque, em 1974, a ideia de que as pessoas comuns tivessem computadores em casa era claramente absurda.

Então, as coisas caminhavam assim. Você podia sentir no ar a excitação em todos os lugares onde aqueles hackers de hardware estavam. Felsenstein envolveu-se nas discussões técnicas nos jantares colaborativos da *PCC*. Nas manhãs de sábado, ele também ia aos debates de besteiras da loja de eletrônicos de Mike Quinn.

Em Bay Area, a Quinn era o equivalente da loja Eli Heffron em Cambridge, onde os hackers do TMRC garimpavam quadros de comutação e relés novos. Tomando conta da loja, um grande hangar pintado de cinza exército que ficava perto do aeroporto de Oakland, estava Vinnie, "o Urso", Golden. Em um canto, cercado por caixas de resistores e conectores vendidos por centavos, Vinnie, o Urso, barganhava com os hackers de hardware que gostava de chamar de "reclusos miseráveis". Eles discutiam o preço de placas de circuito usadas, osciloscópios do suprimento do governo e uma montanha de relógios digitais com Led (diodos emissores de luz). Circulando por aquela enorme estrutura com chão de madeira, os hackers-garimpeiros buscavam o que comprar entre filas de caixas repletas de milhares de circuitos integrados, capacitores, diodos, transistores, placas de circuitos ainda vazias, potenciômetros, botões, soquetes, prendedores e cabos. Uma placa em letras góticas dizia: SE NÃO ENCONTRAR, CAVOUQUE, e o aviso era levado ao pé da letra. Uma centena de empresas quebradas usava a Quinn para desovar seus estoques antigos e, por isso, era possível tropeçar em uma enorme unidade de controle de gás, uma porção de fitas de computadores gravadas ou até uma unidade de gravação do tamanho de um armário para arquivar pastas. Vinnie, o Urso, um gordo barbudo, observava as partes que interessavam a cada um, imaginava as mais extremas possibilidades de uso para elas e considerava se a pessoa era capaz de juntar todas elas em algo que funcionasse. Ele fazia jus à placa colocada acima da cabeça

176   **PARTE II   Os hackers do hardware**

dele: O PREÇO VARIA COM A ATITUDE DO COMPRADOR. Todo tipo de discussão acontecia por lá, que quase sempre terminava com Vinnie resmungando vagos insultos sobre a inteligência dos participantes, que voltariam na próxima semana para buscar mais lixo e conversar mais um pouco.

A loja próxima a Quinn era a de Bill Godbout, que comprava lixo em escala mais massiva — em geral chips descartados pelo governo ou partes rejeitadas por estarem fora dos padrões específicos exigidos para uma função, mas perfeitamente aceitáveis para outros usos. Godbout era um rude e musculoso piloto ainda em atividade, que tinha um passado repleto de espionagem internacional e intrigas das agências governamentais cujos nomes não podia mencionar legalmente. Pegava essas partes, punha sua marca nelas e as vendia, quase sempre em kits de circuitos lógicos comercializados pelo correio. Com seu conhecimento enciclopédico sobre o que as empresas estavam comprando e sobre o que estavam descartando, Godbout parecia saber tudo o que acontecia no Vale do Silício. E, como sua operação crescia com isso, ele fornecia cada vez mais partes e kits para aqueles ávidos hackers de hardware.

Felsenstein conheceu Vinnie, Godbout e dúzias de outros. No entanto, teve um relacionamento particularmente próximo com um hacker de hardware que ele contatou pelo terminal da Community Memory, quando o experimento ainda não havia entrado em remissão total. Era alguém que conhecia vagamente seus dias de Oxford Hall em Berkeley. Seu nome era Bob Marsh.

Marsh, um homem pequeno com bigodes à Pancho Villa, longos cabelos escuros, pele pálida e um jeito de falar tenso e irônico, deixou uma mensagem para Felsenstein no terminal. Perguntava se gostaria de se envolver em um projeto de desenvolvimento que Marsh lera em uma recente edição da *Radio Electronics*. Era um artigo de um hacker de hardware chamado Don Lancaster descrevendo como os leitores podiam construir o que denominara "TV máquina de escrever" — algo que possibilitava que você datilografasse em um teclado de máquina de escrever vendo as letras em uma tela de televisão, exatamente como um terminal de computador sofisticado.

Aquele homem tinha sido um hacker frenético desde a infância; seu pai era operador de rádio e, durante a escola, divertia-se montando aparelhos de radioamador. Ele entrou em engenharia em Berkeley, mas passou a maior parte do tempo se divertindo na piscina. Desistiu, foi para a Europa, apaixonou-se e retornou aos estudos. Mas não em engenharia — era a década de 1960 e a carreira parecia pouco atraente, quase de direita. Trabalhava em uma loja de aparelhos de som, vendendo, consertando e instalando estéreos e continuou lá mesmo depois de se graduar em biologia. Imbuído de idealismo, queria ser professor de crianças carentes, mas não durou muito até ele perceber que as escolas, por mais modernas que parecessem, mantinham-se regimentais — os alunos sentados em fila, incapazes de falar. Aqueles anos de trabalho no mundo livre dos eletrônicos encharcaram Marsh com a Ética Hacker. Ele via a escola como um sistema ineficiente e repressor — mesmo quando trabalhava em um colégio mais radical com salas abertas, considerava tudo uma impostura, ainda uma jaula.

Então, depois de tentar administrar uma loja de equipamentos de som — não era bom comerciante —, Marsh voltou à engenharia. Um amigo chamado Gary Ingram arrumou-lhe um emprego em uma empresa denominada Dictran, e lá ele trabalhou na criação do primeiro voltímetro digital. Depois de alguns anos naquilo, mergulhou na ideia dos computadores e ficou maravilhado com o artigo de Lancaster: achou que poderia usar a TV máquina de escrever conectada a um computador.

Comprando partes na Mike Quinn para aprimorar o equipamento oferecido em kit na loja, trabalhou no projeto durante semanas, tentando melhorar o design aqui e ali. Nunca conseguiu fazer o aparelho funcionar 100%, mas o ponto mais importante era fazer e aprender. Ele explicou anos depois: "Era o mesmo com o aparelho de radioamador. Eu não queria gastar meu dinheiro para entrar no ar e me gabar do equipamento. Eu queria construir as coisas".

Felsenstein respondeu à mensagem de Marsh no terminal da CM, e os dois se encontraram na sede do grupo. Ele contou ao amigo sobre o terminal Tom Swift, que podia usar um aparelho de televisão comum como monitor, um "bloco de construção cibernético" que poderia ser ampliado para quase tudo. Marsh ficou impressionado. Estava desempregado na época, investindo a maior parte de seu tempo no projeto da TV máquina de escrever em uma garagem alugada na Fourth Street, perto da baía. Marsh era casado e tinha uma criança — o dinheiro estava ficando curto. Então, convidou Felsenstein para repartir o aluguel de 175 dólares da garagem, e o amigo aceitou mudar sua bancada de trabalho para lá.

Então, Marsh trabalhava em seu projeto, enquanto encontrava um esquema para comprar partes de relógios digitais na Bill Godbout para montá-los em bonitas caixas de madeira. Tinha um amigo que era ótimo marceneiro. Enquanto isso, Felsenstein, que era presidente da empresa de um homem só, LGC Engineering Company (batizada em homenagem ao poema *Loving Grace Cybernetics*, de Brautigan), trabalhava em seu terminal, que era mais uma questão filosófica do que um projeto de design.

Diferente dos projetos usuais nos quais as partes eram controladas por um chip central, a ideia de Felsenstein tinha uma operação multicontrole. Teria uma

178   PARTE II   Os hackers do hardware

"memória" — um lugar onde os caracteres podiam ser armazenados — que estaria em um "cartão" de circuito ou placa. Outros cartões pegariam os caracteres digitados no teclado para mostrá-los na tela. Em vez de ter um processador coordenando o fluxo, os cartões ficariam constantemente recebendo e enviando dados — "dê--me, dê-me, dê-me", eles diriam para os inputs vindos, por exemplo, do teclado. A memória seria a interconexão do terminal. Mesmo que depois fosse colocado um microprocessador no terminal para que assumisse funções de computador, aquele chip poderoso se conectaria à memória, sem coordenar todo o show — a tarefa com a qual os microprocessadores estavam acostumados. Era um design consagrado ao conceito de descentralização. Era também a paranoia de Felsenstein vindo à tona. Ele não estava preparado para ceder todo poder a um único maldito chip. *O que acontecia se uma parte falhasse? O que aconteceria se desse errado?* Ainda estava projetando como se seu irmão estivesse sobre seus ombros, pronto para fazer comentários sarcásticos se o sistema entrasse em pane.

No entanto, Felsenstein entendera como o terminal Tom Swift poderia se ampliar pela eternidade. Ele vislumbrava aquilo como um sistema ao qual as pessoas pudessem se associar, o terminal Tom Swift seria como o centro de uma seita de conhecimento e sabedoria. Aquilo poderia reviver a Community Memory, galvanizar o mundo, seria o principal tema de discussão na loja Mike Quinn e nos jantares da *PCC* e lançaria a fundação para a entrada das pessoas comuns no universo dos computadores — o que, por fim, derrubaria o diabólico regime da IBM, destruiria as mentiras cibernéticas e a manipulação monopolística do mercado.

Todavia, enquanto o nariz de Felsenstein ainda reluzia vermelho pelo reflexo do sol nas folhas de rascunho de seu projeto, a edição de janeiro de 1975 da *Popular Electronics* estava a caminho de quase meio milhão de assinantes diletantes em eletrônica. A revista trazia na capa a fotografia de uma máquina que causaria um impacto nas pessoas como o que ele imaginava para seu terminal Tom Swift. A máquina era um computador. E seu preço, 397 dólares.

A máquina era criação de um estranho homem nascido na Flórida que tinha uma empresa em Albuquerque, no Novo México. Seu nome era Ed Roberts e sua empresa se chamava Mits, a sigla para Model Instrumentation Telemetry Systems,[*] embora alguns acreditassem que as letras formavam o acrônimo para Man In The Street (Homem das Ruas). Ed Roberts, um enigma até para seus amigos mais próximos,

---

[*] Mais informações em <http://en.wikipedia.org/wiki/Micro_Instrumentation_and_Telemetry_Systems>. (N.T.)

inspirou esse tipo de especulação. Ele era um gigante com 1,85 metro, mais de 115 quilos e com uma energia e curiosidade extraordinárias. Quando se interessava por um assunto, devorava o tema por atacado. "Tenho inclinação para consumir prateleiras de bibliotecas", dizia. Se um dia sua curiosidade fosse instigada pela fotografia, em uma semana, teria uma completa sala escura para revelação colorida e também estaria pronto para conversar com especialistas. Depois, ele mudava de tema e começava a estudar apicultura ou história dos Estados Unidos. O assunto que mais o encantava era a tecnologia e suas aplicações. Sua curiosidade o tornava, como o ex-funcionário da Mits David Bunnell definiu, "o maior diletante do mundo". Naqueles dias, ser um diletante em eletrônica digital significava provavelmente que você era um hacker de hardware.

O modelismo de foguetes levou-o a começar a Mits, que inicialmente produzia pisca-piscas para mísseis amadores, assim os von Brauns de jardim podiam fotografar suas tentativas de furar os céus. Depois, Roberts fez a Mits entrar no setor de equipamentos de teste — sensores de temperatura, geradores de áudio e outros aparelhos do tipo. Então, interessou-se por aparelhos usando Led e a Mits fez relógios digitais — já montados ou em kits para montar. Sua empresa estava perfeitamente posicionada para tirar vantagem dos avanços da tecnologia do microchip que tornaram possíveis as pequenas calculadoras digitais. Ele passou a vender calculadoras — também em kits para montar —, e a empresa decolou, chegando a contar com cerca de cem empregados. Então, chegaram "Os Grandões", companhias gigantes como a Texas Instruments, que faziam seus próprios microchips. As empresas menores reagiram cortando tão baixo os preços que a Mits não conseguiu competir. "Chegamos a um ponto em que o preço para despachar uma calculadora era 39 dólares, enquanto o produto era vendido nas lojas por 29", Robert recorda. Foi devastador. Em meados do ano de 1974, a empresa de Robert devia 365 mil dólares.

Entretanto, Ed Roberts tinha uma carta na manga. Ele sabia sobre o novo microprocessador da Intel e sabia que era possível construir um computador em torno daquilo. Um computador. Desde que tivera contato pela primeira vez com eles, em seu tempo na Força Aérea, Roberts ficou horrorizado não só com o poder daquelas máquinas, mas também com os passos complexos necessários para ter acesso a elas. Por volta de 1974, Ed Roberts falava com frequência com seu amigo de infância na Flórida, Eddie Currie. Falavam tanto que, para manter o custo das contas telefônicas baixo, eles passaram a trocar fitas gravadas pelo correio. As gravações tornaram-se produções cuidadosas com efeitos de som, música de fundo e leituras dramáticas. Um dia, Eddie Currie recebeu uma fita de Roberts que era diferente de todas as outras. Mais tarde, Currie se lembraria do amigo, falando com a voz excitada e cadenciada sobre a construção de um computador para as massas. Algo que teria o poder de eliminar o Sacerdócio do Computador de uma vez por todas e para sempre. Roberts queria usar a nova tecnologia do microprocessador para oferecer ao mundo um computador que seria tão barato que ninguém conseguiria resistir à compra de um.

Depois de enviar a fita a Currie, ele perguntou: Você compraria um se custasse 500 dólares? Quatrocentos? E conversou sobre a ideia com o que restara da equipe da fracassada Mits (os funcionários agora eram apenas um punhado), e David Bunnell, um deles, recorda a reação de todos: "Nós achamos que ele estava à beira do precipício".

No entanto, quando Roberts punha uma ideia na cabeça, não havia força que conseguisse fazê-lo reconsiderar. Ele construiria um computador e era isso. Ele sabia que o atual chip da Intel, o 8008, não era poderoso o bastante, mas quando a empresa lançou o 8080, que podia suportar uma boa memória assim como outros hardware, Roberts entrou em contato com a empresa para abrir negociação. Comprando pequenos lotes, cada chip custava 350 dólares. Porém, Roberts não estava pensando em pequenos lotes, então, ele "bateu na cabeça da Intel" até conseguir cada chip por 75 dólares.

Superado esse obstáculo, pediu a Bill Yates, engenheiro da equipe, para que fizesse o design de um barramento ("bus"), um conjunto de conexões nas quais os pontos no chip estariam conectados nas saídas ("pins"), que, por fim, suportariam coisas como a memória do computador e todo tipo de acessórios periféricos. O design do barramento não ficou especialmente elegante — de fato, depois os hackers mexericaram universalmente sobre a aleatoriedade do designer para escolher que ponto do chip se conectaria a que ponto do barramento —, mas isso reflete apenas a determinação canina de Roberts para ter *tudo pronto agora*. Não era mais segredo que existia a possibilidade de montar um computador em volta de um chip daqueles, mas ninguém ainda ousara fazer isso. "Os Grandões" do reino da computação, principalmente a IBM, consideravam todo o conceito um completo absurdo. Que tipo de louco ia querer um computador pequeno? Até mesmo a Intel, que havia produzido o chip, achava que ele se encaixava melhor em projetos como controladores de semáforos do que em minicomputadores. Ainda assim, Roberts e Yates trabalhavam no design da máquina, que Bunnell sugeriu a Roberts que se chamasse "Little Brother", uma provocação orwelliana aos "Grandões". Roberts estava confiante que as pessoas comprariam os computadores tão logo os oferecesse ao mercado em kits para montar. Talvez houvesse uma centena de compradores no primeiro ano.

Enquanto Ed Roberts estava trabalhando no protótipo, o editor baixinho e careca de uma revista de Nova York estava pensando na mesma linha. Les Solomon era uma variante das histórias de Bernard Malamud, um ex-engenheiro bufão nascido no Brooklyn com um senso de humor sarcástico. Sua aparência notável era acompanhada de um passado como mercenário sionista na Palestina ao lado de Menachem Begin. Ele também falava sobre estranhas jornadas à América do Sul, onde teve contato com *brujos*, ou médicos mágicos, que o apresentaram a drogas rituais e a secretos conhecimentos sobre o significado da existência. Em 1974, estava procurando alguém que tivesse feito o design de um kit de computador para apresentar aos leitores fãs de eletrônica. A *Popular Electronics*[*] estava na vanguarda da tecnologia e tinha que apresentar projetos arrojados. Depois, Solomon tentou negar que houvesse também razões cósmicas:

> Só existem dois tipos de gratificação para o ser humano: a vaidade e a carteira. É isso aí! Se você consegue isso, está no jogo dos negócios. Meu trabalho era encontrar novidades. Havia outra revista (*Radio Electronics*),[**] que também atuava na área eletrônica. Eles publicaram uma reportagem sobre um kit de computador baseado no Intel 8008. Eu sabia que o 8080[***] podia fazer muito melhor do que aquilo. Conversei com Ed Roberts, que já havia publicado informações de suas calculadoras em nossa revista, sobre o computador e percebi que seria uma grande matéria. Tive esperança até de receber um aumento de salário.

No entanto, Solomon sabia que esta não era apenas uma reportagem e que, de fato, havia muitos outros fatores ali além de vaidade e carteira. Era um computador. Quando estimulado, Les Solomon falava em termos mais reverentes sobre o projeto que apresentaria a seus leitores: "O computador é uma caixa mágica. É uma ferramenta. É uma forma de arte. É a mais sofisticada arte marcial... Não existe espaço para bobagens ali. Sem a verdade, o computador não funciona. Não é possível enganar um computador, pelo amor de Deus!, ou o bit está lá ou não está". Ele sabia que o ato de criação é uma consequência natural do trabalho com a paixão obsessiva dos hackers. "É lá que cada homem pode ser Deus", conclui.

Portanto, estava ansioso para ver a máquina de Ed Roberts, que lhe enviou o único protótipo por frete aéreo e a carga se perdeu em trânsito. O único protótipo. Então, Solomon teve que ver os esquemas e acreditar em Roberts que aquilo funcionava. Ele acreditou. Uma noite, Roberts perguntou casualmente à sua filha qual seria um bom nome para sua máquina. Apontando para a tevê, ela disse que, no episódio da série

---

[*]   Mais informações e imagens em <http://en.wikipedia.org/wiki/Popular_Electronics>. (N.T.)

[**]   Mais informações e imagem em <http://en.wikipedia.org/wiki/Radio-Electronics>. (N.T.)

[***] Leia também <http://en.wikipedia.org/wiki/Intel_8008>. (N.T.)

182   **PARTE II   Os hackers do hardware**

Star Strek daquela noite, a nave Enterprise estava partindo de uma estrela chamada Altair. Foi assim que o computador de Ed Roberts passou a ser chamado de Altair.

Roberts e o engenheiro Bill Yates redigiram o artigo descrevendo a máquina. Em janeiro de 1975, publicaram o texto com o endereço da Mits e a oferta de vender o kit por 397 dólares. Na capa da edição estava uma maquete do Altair 8800, que era uma caixa azul com a metade do tamanho de um aparelho de ar-condicionado e um atraente painel frontal com pequenos botões e duas fileiras de Led vermelho[*] (mais tarde, esse painel foi incrementado com uma faixa cromada, a logomarca da Mits e o nome Altair 8800).

Quem lia o artigo descobria que havia somente 256 bytes (um "byte" é uma unidade de oito bits) de memória dentro da máquina, que não vinha com periféricos para entrada ou saída de dados. Em outras palavras, era um computador sem incorporar em sua arquitetura outra possibilidade de entrar ou sair com informações a não ser pelos botões do painel frontal com o qual penosamente os dados eram alimentados diretamente na memória. A única maneira de a máquina falar com você eram as luzes piscantes do painel frontal. Para todos os propósitos práticos, o computador era cego, surdo e mudo. Mas, como uma pessoa totalmente paralisada cujo cérebro está vivo, aquele corpo incomunicável escondia o fato de que um cérebro computacional está ativo dentro dele. Era um computador: o que os hackers podiam fazer com ele só tinha limites na imaginação de cada um.

Roberts esperava que pelo menos uns quatrocentos pedidos pudessem pingar, enquanto a Mits aperfeiçoava sua linha de montagem a ponto de entregar kits confiáveis aos diletantes da eletrônica. Em seu discurso inicial, ele falava sobre levar o computador às massas, possibilitar que as pessoas interagissem diretamente com os computadores e entrar em ação para disseminar a Ética Hacker sobre a Terra. Essa conversa, admitiu, tinha um fator promocional. Ele queria realmente salvar a própria empresa. Antes da publicação da reportagem, mal podia dormir, preocupado com a possibilidade de falir e ser forçado a se aposentar.

No dia em que a revista chegou aos assinantes, ficou claro que não haveria desastre. Os telefones começaram a tocar e não pararam mais. E os correios começaram a entregar pedidos, cada um com um cheque ou com uma ordem de pagamento para comprar equipamentos da Mits — não apenas computadores, mas também placas

---

[*] Veja imagens em <http://www.google.com/images?q=Altair+8800&oe=utf-8&rls=org. mozilla:en-US:official&client=firefox-a&um=1&ie=UTF-8&source=univ&ei=yfX6S7_ vEqa0MKD__IMI&sa=X&oi=image_result_group&ct=title&resnum=4&ved=0CDkQsA QwAw&biw=1676&bih=805>. (N.T.)

adicionais para tornar a máquina mais útil. Placas que nem sequer estavam em etapa de design. Em uma tarde, a Mits somou quatrocentos pedidos, o total que Roberts havia ousado desejar. E haveria mais centenas de outros, centenas de pessoas em todo o país que estavam morrendo de vontade de *montar seu próprio computador*. Em três semanas, a posição da Mits no banco saiu do vermelho e entrou no azul em mais de 250 mil dólares.

Como Les Solomon descreveu esse fenômeno?

> "A única palavra que podia me vir à mente era 'mágica'. Você comprava o Altair, tinha que montar a máquina e ainda comprar outros equipamentos para montar e conectar no computador para fazê-lo funcionar. Certamente, você era um tipo estranho. Porque só gente esquisita era capaz de sentar na cozinha ou no porão e passar a noite toda soldando coisas em placas para fazer a máquina funcionar. O pior de tudo, o mais incrível, é que se tratava de uma empresa em Albuquerque, Novo México, sobre a qual ninguém havia ouvido falar antes. Uma revista publica um artigo com chamada de capa, dizendo: 'Agora você pode montar seu próprio computador por 400 dólares. Tudo o que você precisa fazer é mandar um cheque para a Mits em Albuquerque e eles vão enviar uma caixa com as peças para você'. A maioria das pessoas não mandaria 15 centavos por uma lâmpada, não é? Cerca de duzentas pessoas, sem ver nada, mandaram cheques, ordens de pagamento, de 300, 400, 500 dólares cada um, para uma empresa desconhecida de uma cidade relativamente pouco conhecida e sem saber ao certo o seu estágio tecnológico. Essas pessoas eram diferentes. Eram aventureiros em uma nova terra. Eram o mesmo tipo de gente que foi para o Oeste nos primórdios dos Estados Unidos. Os pioneiros excêntricos que decidiram ir para a Califórnia ou para o Oregon ou para Deus sabe aonde."

Eles eram hackers. Eram tão curiosos sobre sistemas quanto os hackers do MIT, mas, na falta de acesso diário ao PDP-6, tinham que montar seu próprio sistema. O que resultaria do sistema era menos importante do que a ação de entender, explorar e alterar o sistema em si mesmo — o ato de criação, o benevolente exercício do poder no mundo lógico e sem ambiguidades dos computadores, onde a verdade, a abertura e a democracia existem de uma forma mais pura do que em qualquer outro lugar.

Ed Roberts depois comentou a respeito de poder: "Quando falamos em riqueza, estamos realmente dizendo: 'quantas pessoas você controla?'. Se eu lhe der um exército com 10 mil pessoas, você fará uma pirâmide? Um computador dá para uma pessoa comum, um estudante do ensino médio, o poder de fazer em uma semana coisas que todos os matemáticos vivos até trinta anos atrás não conseguiam".

A pessoa atraída pela reportagem sobre o Altair era como o mestre de obras de Berkeley com cerca de 30 anos, longos cabelos loiros e brilhantes olhos azuis, chamado Steve Dompier. Um ano antes de a matéria ser publicada na *Popular Electronics*, ele havia pegado o carro e se dirigido para o Lawrence Hall of Science,* uma estrutura de concreto enorme e sinistra, que havia sido cenário para o filme *The Forbin Project*,** (no Brasil, *O Cérebro de Aço*) sobre dois computadores inteligentes que colaboram para tomar o controle do mundo. Esse museu e centro educacional foram fundados com patrocínio para apoiar a iniciação científica e, no início da década de 1970, seu programa computacional era dirigido por um dos primeiros pregadores do "show de cura" de Bob Albrecht, Bob Kahn. O centro contava com um computador HP de tempo compartilhado com dezenas de terminais acinzentados para dar acesso às pessoas. Quando Steve Dompier visitou o local pela primeira vez, entrou na fila para comprar um ingresso de 50 centavos que lhe dava direito a uma hora em um terminal, como se estivesse comprando uma volta na roda-gigante. Enquanto esperava a sua vez, ele olhou as outras mostras científicas e, quando chegou a hora, entrou em uma sala com trinta terminais barulhentos. Steve sentiu-se como se tivesse entrado em uma betoneira. Atirou-se diante do terminal e a máquina imprimiu: ALÔ, QUAL O SEU NOME? Ele escreveu STEVE. A impressora devolveu: OLÁ, STEVE! O QUE VOCÊ QUER FAZER?, e Steve quase desmaiou.

Anos depois, ele descreveu a sensação da seguinte forma: "Era uma máquina mágica e inteligente. Claro, eu não entendia como aquilo funcionava. Mas no rosto de todo mundo você podia ver a mesma expressão por uns quatro ou cinco meses até que entendiam que a máquina não era realmente inteligente. Essa era a parte que viciava, a primeira mágica quando a máquina respondia para você e fazia cálculos matemáticos incrivelmente rápidos". Para Steve Dompier, o vício continuou. Brincava com jogos do sistema, como *Star Trek*, ou dialogava com a versão de Joseph Weizenbaum para o programa ELIZA.*** Ele comprou um livro de programação em Basic e escreveu pequenas rotinas. Leu o Computer Lib, tornou-se tecnologicamente politizado, comprou um teletipo para sua casa a fim de acessar o computador do Lawrence Hall por telefone e passava horas intermináveis jogando o *Trek'73*. Até que ouviu falar do Altair.

Ele foi imediatamente para o telefone e ligou para Albuquerque, pedindo pelo catálogo. Quando chegou, tudo pareceu maravilhoso — o kit do computador, as unidades de disco opcionais, os módulos de memória e os módulos de relógio. Então,

---

* Mais informações em <http://lawrencehallofscience.org/about>. (N.T.)
** Leia mais sobre o filme em <http://en.wikipedia.org/wiki/The_Forbin_Project>. (N.T.)
*** Mais informações em <http://i5.nyu.edu/~mm64/x52.9265/january1966.html>. (N.T.)

encomendou tudo pela quantia de 4 mil dólares. Sua desculpa foi que usaria o novo sistema de computador para catalogar toda a coleção de revistas *Popular Science;* se quisesse localizar um artigo sobre, digamos, transferência de calor, bastaria entrar com o tema no computador e a resposta seria: EDIÇÃO 4, PÁGINA 76, STEVE! Dez anos e muitos computadores depois, ele ainda não havia dado conta dessa tarefa, porque, de fato, sua vontade era praticar hackerismo na máquina, e não organizar um índice estúpido.

A Mits respondeu dizendo que ele havia enviado muito dinheiro porque a metade do que pedira ainda estava em fase de planejamento. A outra metade da encomenda ainda não existia, mas já estava em desenvolvimento dos produtos. Então, Dompier esperou.

Esperou janeiro, esperou fevereiro e no início de março a espera tinha se tornado tão aflitiva que ele foi até o aeroporto, entrou em um voo para Albuquerque, alugou um carro e, armado apenas com o endereço, dirigiu pela cidade procurando a fabricante de computadores. Ele já havia estado em várias companhias no Vale do Silício, portanto, achava que sabia o que procurar... um grande prédio modernista térreo em um amplo terreno gramado com irrigadores automáticos em ação e uma placa pendurada na frente com a logomarca Mits esculpida em madeira rústica. Mas a vizinhança daquele endereço não era nada parecida com isso. Era uma área industrial bem maltratada. Depois de dirigir para lá e para cá várias vezes, viu uma pequena placa Mits na vitrine de um pequeno shopping center entre um serviço de massagens e uma lavanderia. Se tivesse olhado no estacionamento, teria visto um trailer no qual um hacker havia passado as três últimas semanas, esperando seu computador ficar pronto para entrega.

Dompier entrou e viu que a sede da Mits resumia-se a dois pequenos escritórios com uma secretária tentando dar conta de um telefone que não parava de tocar tão logo ela desligava. Ele assegurava para todo mundo que "sim", um dia o computador seria entregue. Dompier conheceu Ed Roberts que estava levando tudo aquilo com muita animação. Roberts contou uma história sobre o dourado futuro da computação, explicou como a Mits seria maior do que a IBM e, então, levou Dompier para a outra sala, que estava repleta de peças até o teto. Um engenheiro segurava um painel em uma mão e um punhado de Led na outra. E isso era tudo o que existia do Altair até então.

O sistema de entrega postal da Mits não estava em conformidade com os regulamentos do correio dos Estados Unidos, que jamais aceitaria dinheiro por correspondência para a compra de itens que não existiam, a não ser na capa de uma revista.

---

* Veja informações e imagem em <http://en.wikipedia.org/wiki/Popular_Science>. (N.T.)

Mas o serviço postal não recebeu muitas reclamações. Quando Eddie Currie, amigo de Roberts, juntou-se à empresa para ajudar a resolver a confusão, percebeu que a experiência que tivera com os clientes da Mits em Chicago era típica: em particular, um rapaz que reclamara que havia mandado mil dólares há um ano e que ninguém lhe respondia. "Vocês estão me deixando louco e nem se oferecem para me devolver o dinheiro", ele gritou. Currie ponderou: "Você está certo, me dê seu nome e vou pedir ao departamento de contabilidade que lhe faça um cheque imediatamente, com o valor pago mais juros". O rapaz acalmou-se rapidamente: "Ah, não... eu não quero isso". Queria *seu equipamento*. "Essa era a mentalidade. Incrível como as pessoas desejavam profundamente ter o próprio computador."

Ed Roberts estava na onda, muito ocupado tentando fazer tudo acontecer para se preocupar com o atraso das entregas. Tinha mais de 1 milhão de dólares em pedidos e planos que eram muito maiores do que aquilo. Parecia que todos os dias os fatos deixavam mais claro que a revolução dos computadores tinha acontecido exatamente ali. Até Ted Nelson, autor do *Computer Lib*, ligou para dar sua benção. Bob Albrecht também telefonou para dizer que gostaria de escrever um livro sobre jogos no Altair, se Roberts lhe enviasse um equipamento para ser usado na *PCC*.

Realmente, a Mits conseguiu organizar-se para entregar algumas unidades. Steve Dompier só saiu do escritório da empresa depois que Roberts lhe entregou uma sacola com algumas peças para que pudesse começar a trabalhar na montagem. Nos dois meses seguintes, mais partes foram enviadas, e, finalmente, Dompier conseguiu colocar em operação seu Altair, que tinha "quatro" como número de série. O número "três" foi para o hacker do estacionamento em frente, que fazia a montagem com um aparelho de solda que funcionava à bateria. Toda vez que tinha uma dificuldade, ele "alugava" um engenheiro da Mits até encontrar a solução. Um protótipo anterior foi mandado para a *PCC*, que contou com a fantástica vantagem de já receber o equipamento montado.

Não era simples montar um Altair. Eddie Currie mais tarde admitiu: "Uma das boas coisas do kit (sob o ponto de vista da Mits) era que você não tinha que testar nenhuma parte antes de enviar, não tinha que testar as subunidades, não tinha que testar as unidades prontas. Era só colocar todas as peças em um envelope e despachar. Ficava por conta do pobre cliente descobrir como montar todo aquele lixo". (Na verdade, Ed Roberts explicou depois que teria sido mais barato montar todas as partes na fábrica, porque os clientes frustrados mandavam de volta suas máquinas pela metade e a Mits tinha que concluir a tarefa assumindo perdas.)

A montagem do Altair era por si só uma atividade educacional, um curso de lógica digital, habilidade de soldagem e inovação. Mas podia ser feita. O problema é que, terminada a montagem, você tinha em mãos uma caixa com luzes piscantes e apenas 256 bytes de memória. Era possível colocar um programa nela somente usando os pequenos e delicados botões do painel frontal para entrar com um sistema numérico octal. E a solução para seu problema era dada somente pela interpretação do pisca-pisca dos Leds vermelhos, que também vinha em octal. Diabos, quem se importava com isso? Era um começo. Era um computador.

Lá na *People's Computer Company* (*PCC*), o anúncio do Altair 8800 foi motivo de celebração. Todo mundo sabia das tentativas de colocar um equipamento em funcionamento com o chip Intel 8008, menos poderoso; tudo fora publicado na concorrente não oficial da *PCC*, a *Micro-8 Newsletter*, um jornal bizantinamente diagramado com letras microscópicas, editado por um professor, fã do 8008, que ficava em Lompoc na Califórnia. Porém, o Altair, que era incrivelmente barato com seu potente chip 8080, foi tratado como uma Segunda Geração.

A primeira edição da *PCC* em 1975 dedicou uma página à nova máquina, incentivando os leitores a ler o artigo da *Popular Electronics* e incluindo um adendo manuscrito de Bob Albrecht: "Vamos colocar nossas fichas no chip. Se você está montando um computador... usando um Intel 8008 ou um Intel 8080, por favor, escreva uma carta para a *PCC*!".

Lee Felsenstein, que estava escrevendo resenhas de hardware para a PCC, estava ansioso para ver a máquina. O maior projeto antes desse era a TV máquina de escrever no qual seu colega de garagem Bob Marsh estava trabalhando. Naquela época, Felsenstein se correspondia com o designer, Don Lancaster. O projeto parecia ter uma falha fatal na última linha de cada página do texto — um dervixe aos giros apagava o que estava lá, quando a tela era renovada para dar uma nova resposta —, e Felsenstein estava pensando na solução do problema. Contudo, quando o Altair foi anunciado, as apostas foram retiradas. Ao ler a matéria na *Popular Electronics*, Felsenstein e Marsh entenderam imediatamente que o aparelho na capa da revista era uma maquete e, mesmo quando o verdadeiro Altair estivesse pronto, não seria mais do que uma caixa com luzes piscantes. Não havia nada lá dentro! Era apenas uma extensão lógica do que todo mundo já sabia e ninguém ousara tirar vantagem.

Por fim, nada disso aborreceu Felsenstein; ele sabia que o significado do Altair não era um avanço tecnológico, nem mesmo a utilidade do produto. O valor estava no preço e na promessa — duas boas razões para atrair as pessoas a comprar kits e montar seus próprios computadores. Felsenstein, que não tinha respeito pelas torres de marfim das universidades, estava exultante com a abertura da primeira faculdade com graduação em hackerismo de hardware. O diploma só era entregue depois de cursos completos em Soldagem, Lógica Digital, Improvisação Técnica, Depuração e

188 PARTE II Os hackers do hardware

Aprenda-a-Quem-Pedir-Ajuda. Então, o estudante estava pronto para um longo período de pós-graduação em Encontrar a Coisa para *Fazer* Alguma Coisa.

Quando a Mits mandou um dos primeiros Altair montados para a *PCC*, Bob Albrecht emprestou a máquina para Felsenstein por uma semana. Ele levou o computador para a casa de Efrem Lipkin e os dois a desmontaram, tratando-o como uma curiosidade, uma peça de escultura. Felsenstein separou as partes e começou a imaginar o que poderia ser incluído para criar um sistema fora da máquina. Em sua resenha sobre a máquina para a *PCC*, que foi publicada com a imagem de um raio atingindo uma cidade, ele escreveu: "O Altair 8800 tem (pelo menos) dois fatores a seu favor: está aqui e funciona. Apenas esses dois fatos garantem que esse será o computador dos diletantes no próximo ano pelo menos...".

A *PCC* dedicou páginas à máquina que se tornou o centro da agora iminente revolução. Porém, apesar do entusiasmo de Bob Albrecht com o Altair, ele sentia que o ponto-chave de sua operação era oferecer a mágica inicial da computação por si mesma, não a loucura experimentada pelos hackers correndo para comprar um equipamento. Havia muitos hackers de hardware circulando pela *PCC*, mas, quando um deles, Fred Moore, um idealista com noções bastante politizadas sobre os computadores, perguntou a Albrecht se poderia oferecer aulas de hardware na *PCC*, ele negou.

Era o clássico conflito entre o hacker e o planejador. O planejador que morava em Albrecht queria a mágica amplamente espalhada pelo mundo e considerava secundário aquele intenso fanatismo do hackerismo de hardware. Os hackers de hardware queriam ir fundo dentro das máquinas, tão fundo a ponto de encontrar o mundo em sua forma mais pura, onde "um bit estava lá ou não estava", como disse Lee Solomon. Um mundo no qual as causas políticas e sociais eram irrelevantes.

Foi irônico que fosse Fred Moore a propor essa descida aos mistérios do hardware, porque a seu próprio modo ele era mais um planejador do que um hacker.

O interesse de Fred Moore pelos computadores não era somente pelo prazer oferecido aos programadores devotados, mas também pela capacidade da máquina para congregar as pessoas. Fred era um andarilho ativista, um estudante da não violência, que acreditava que a maioria dos problemas poderia ser resolvida se as pessoas se reunissem, conversassem e trocassem soluções. Às vezes, a serviço dessas crenças, Fred Moore fazia coisas muito estranhas.

Um de seus momentos mais notáveis ocorrera quatro anos antes, em 1971, durante uma festa na *Whole Earth Catalog*. O editor Stewart Brand[*] estava se despedindo da

---

[*] Mais informações em <http://web.me.com/stewartbrand/SB_homepage/Home.html>. (N.T.)

publicação e criou uma comoção ao anunciar que doaria 20 mil dólares e que era responsabilidade das quase 15 mil pessoas presentes na festa decidirem para quem iria o dinheiro. O anúncio foi feito às 22h30 e nas próximas dez horas a festa passou por variações: foi da assembleia ao debate até brigas, passou pelo circo e chegou a uma sessão de fofocas bem-humoradas. A multidão estava diminuindo: por volta das 3 horas, o I Ching foi jogado com resultado inconclusivo. Foi então que Fred Moore decidiu falar, sendo descrito por um repórter como "um jovem homem com cabelos ondulados, barba e uma intensa expressão de seriedade". Fred estava aborrecido porque o dinheiro estava sendo tratado como um sábio e as pessoas estavam sendo compradas — aquilo tudo era um infortúnio. Segundo ele, mais importante do que o dinheiro era o que estava acontecendo ali. Observara que um poeta disse que queria o dinheiro para publicar um livro, e alguém respondeu "sei onde você pode conseguir papel", e outra pessoa sugeriu uma gráfica mais barata. E Fred achava que as pessoas não precisavam realmente de dinheiro para chegar aonde queriam. Para ilustrar seu ponto, Fred começou a queimar notas de um dólar. Então, as pessoas propuseram uma votação, mas Fred se opôs, dizendo que isso jogaria as pessoas umas contra as outras, em disputa pelo dinheiro. Sua oposição à votação confundiu tanto o assunto, que a eleição não deu certo. Então, depois de mais debate, Fred colocou para circular uma petição em que afirmava: "Nós achamos que a união das pessoas aqui nesta noite é mais importante do que o dinheiro, a união é o grande recurso", e ele estimulava as pessoas a colocar o nome em uma folha de papel para passar a ter contato com uma rede pragmática. Finalmente, pouco antes do amanhecer, quando restavam apenas uns vinte convidados, eles desistiram e decidiram doar o dinheiro para Fred. Citando um repórter da revista *Rolling Stone*: "Moore parecia ter aceito o dinheiro por obrigação, por insistência... Ele circulou por ali por algum tempo, atônito e desnorteado, tentando encontrar caroneiros para acompanhá-lo de volta a Palo Alto. Em voz alta, cogitava se devia depositar o dinheiro no banco... até se tocar de que não tinha uma conta".[4]

Fred Moore nunca depositou o dinheiro em um banco ("Eles fazem as guerras", dizia), mas realmente acabou distribuindo milhares de dólares para grupos dignos de doação. Mas a experiência mostrou a ele duas coisas. A primeira, já sabia: o dinheiro é diabólico. A segunda era o poder das pessoas congregadas em torno de uma causa, como elas conseguiam realizar muito sem dinheiro, apenas unindo forças e usando seus recursos naturais. Essa era a razão pela qual Fred Moore ficara tão excitado em relação aos computadores.

Fazia alguns anos que Fred estava envolvido com os computadores, desde que começara a circular pelo centro computacional do Stanford Medical Center em 1970. Ele agora estava viajando pelo país com sua irmã mais nova em um ônibus e, às vezes, a deixava sozinha, enquanto brincava com um computador. Uma vez ficou tão absorto diante da máquina que um policial entrou no centro de computadores, perguntando se alguém sabia algo sobre a garotinha deixada dentro de um ônibus no estacionamento...

Ele achava o computador um incrível facilitador, um meio para as pessoas assumirem o controle em seu ambiente. Podia observar isso nas crianças que ensinava a brincar com jogos no computador em aulas na PCC. As crianças apenas brincavam e se divertiam. Fred dava aulas para treze classes por semana e estava pensando bastante em como o computador poderia ajudar a manter juntas, em bancos de dados, as pessoas com um modo de vida alternativo. E, então, o Altair foi lançado, e ele achou que as pessoas podiam se reunir para ensinar umas às outras como usar aquela máquina. Ele não entendia muito de hardware, tinha apenas a noção mínima de como montar equipamentos, mas acreditava que as pessoas do curso poderiam se ajudar e chegar juntas a um bom resultado.

Como Bob Albrecht não gostara da ideia, não haveria aulas de hardware.

Fred Moore começou a falar desse assunto com outro rapaz que estava se frustrando na órbita da PCC. Era Gordon French, o engenheiro consultor que havia montado — "feito em casa", como os hackers de hardware costumavam dizer — um computador que funcionava mais ou menos bem com base em um chip Intel 8008. Ele chamou sua máquina de Chicken Hawk. Gordon French gostava de montar computadores assim como algumas pessoas gostam de desmontar e remontar o motor do carro. Era um sujeito amigável, desengonçado com um sorriso grande e torto, além dos cabelos prematuramente grisalhos. Gostava de conversar sobre computadores e, algumas vezes, quando ele começava a falar no assunto, parecia que um hidrante estava jorrando água e não pararia até que chegasse um grupo de encanadores com jaquetas de borracha e grandes chaves de boca para fechá-lo. O desejo de encontrar pessoas com interesses semelhantes levou-o à PCC, mas fracassou quando se candidatou ao quadro diretivo da organização. Ele também se sentia infeliz porque parecia que os jantares colaborativos das quartas-feiras estavam ficando desanimados. O Altair estava à venda, as pessoas enlouqueceram, era a hora certa de estarem reunidas, mas não havia jeito de conseguir isso. Então, Fred e Gordon decidiram formar um grupo de pessoas interessadas em montar computadores. O próprio grupo de hardware. Eles queriam boas conversas sobre o assunto, além de compartilhar técnicas eletrônicas e talvez contar com uma ou duas demonstrações sobre as partes e peças mais modernas à venda. Apenas um punhado de hackers de hardware vendo o que poderia surgir a partir de algumas reuniões aleatórias.

Então, nos principais quadros de aviso da região — na *PCC*, no Lawrence Hall, em algumas escolas e nas empresas de alta tecnologia —, Fred Moore pregou cartazes[5] que diziam:

"AMADORES DA COMPUTAÇÃO, GRUPOS DE HOBBYSTAS, HOMEBREW COMPUTER CLUB... dê o nome que quiser.

Você está montando seu próprio computador? Terminal? TV máquina de escrever? Dispositivos E/S? Ou alguma outra caixa negra digital?

Ou você compra tempo em um serviço de compartilhamento?

Em caso positivo, você pode gostar de encontrar pessoas com interesses parecidos. Trocar informações, intercambiar ideias, colaborar em um projeto, o que seja..."

A reunião foi marcada para 5 de março de 1975 no endereço de Gordon em Menlo Park. Fred Moore e Gordon French haviam acabado de montar o cenário para a mais nova florescência do sonho hacker.

* Notas *

A principal fonte de informação do livro *Hackers* foi mais de uma centena de entrevistas pessoais realizadas pelo autor entre 1982 e 1983. Além dessas entrevistas, são feitas também referências a fontes impressas e eletrônicas que estão citadas no rodapé das páginas desta edição.

[1]   ILLICH, Ivan. *Tools for Conviviality*. New York: Harper Colophon Books, 1973.

[2]   Sobre o projeto e a homenagem a Tom Swift, veja o artigo de Felsenstein, "The Tom Swift Terminal. A Convivial Cybernetic Device". *Journal of Community Communications*, junho de 1975.

[3]   Para mais informações sobre a evolução do microchip e seus efeitos no Vale do Silício, consulte o livro de Dirk Hansen, *The New Alchemists* (Boston: Little Brown, 1982).

[4]   Ver a matéria de Thomas Albright e Charles Moore, "The Last Twelve Hours of the Whole Earth" (*Rolling Stone*, 8 julho de 1971), e a continuação da história escrita por Maureen Orth "Whole Earth \$\$\$ Demise Continues" (*Rolling Stone*, 16 março de 1972).

[5]   O texto do cartaz foi reproduzido na primeira edição do *Homebrew Computer Club Newsletter* (HBCCN), no qual encontrei valioso material de pesquisa para esta seção.

Capítulo 10
CLUBE DO COMPUTADOR FEITO EM CASA

A noite de 5 de março foi chuvosa no Vale do Silício. Todos os 32 participantes da primeira reunião do grupo — que ainda não tinha nome — podiam ouvir a chuva, enquanto estavam sentados no chão duro de cimento da garagem para dois carros da casa de Gordon.

Algumas das pessoas que estavam lá já se conheciam; outras tinham aparecido aleatoriamente a partir dos cartazes que Fred Moore havia espalhado pela região. Lee Felsenstein e Bob Marsh tinham ido de Berkeley, viajando em uma caminhonete detonada. Bob Albrecht aparecera para dar sua benção ao grupo e para mostrar o Altair que a Mits tinha emprestado para a *PCC*. Tom Pittman, o engenheiro freelance que montara no quintal de casa um improvável computador com base no antigo chip Intel 4004, tinha encontrado Fred em uma conferência no mês anterior e se mostrara ansioso para encontrar gente com interesses parecidos. Steve Dompier, que ainda esperava pelas demais peças de seu Altair, viu o cartaz pregado no Lawrence Hall. Marty Spergel tinha uma pequena loja de eletrônicos e achou boa ideia ouvir engenheiros a respeito do chip. Um engenheiro da Hewlett-Packard (HP), chamado Alan Baum, ouvira falar da reunião e imaginou que falariam dos novos computadores de baixo custo; arrastou com ele um amigo desde os tempos de escola, um colega da HP com o nome de Stephen Wozniak.

Quase todo mundo naquela garagem era apaixonado por hardware, com a provável exceção de Fred Moore, cuja visão era a de um grupo social no qual as pessoas pudessem aprender sobre hardware trocando esforços. Ele não se deu conta de que aquilo era, como descreveu Gordon: "a abençoada coleção dos melhores engenheiros e técnicos que era possível reunir sob o mesmo teto". Eram pessoas fortemente interessadas em ter computadores em casa para estudar, brincar e criar com a máquina... e o fato de que teriam que montar seus computadores não era um impedimento. O lançamento do Altair tinha mostrado a eles que o sonho era possível e que encontrar outras pessoas com as mesmas metas era excitante por si só. E, em frente à bagunçada oficina de garagem da casa de Gordon — você nunca conseguiria colocar um carro ali, muito menos dois —, estava um Altair. Bob Albrecht ligou a máquina e as luzes piscaram: todo mundo sabia que, por trás do impecável painel frontal, havia pequenos bits binários em ebulição. LDAndo e JMPando e ADDando.*

Fred Moore colocou uma mesa lá na frente e tomava notas, enquanto Gordon French, que estava extremamente orgulhoso de seu próprio computador feito em casa, moderava. De fato, havia infinitos tópicos para debate: o sistema numérico hexadecimal (com base-16) versus o octal (base-8); códigos de operação para o 8080; armazenamento de fita de papel versus cassete versus listagens manuais... Eles discutiam o que queriam naquele clube, e as palavras que as pessoas mais usavam eram "cooperação" e "compartilhamento". Havia conversas também sobre o que as pessoas poderiam fazer com seus computadores em casa, sugestões de jogos, controle de utilidades domésticas, edição de textos, educação. Felsenstein mencionou a Community Memory. Albrecht distribuiu a edição mais recente da *PCC*. E Steve Dompier relatou sua peregrinação a Albuquerque, como a Mits estava tentando atender quatrocentos pedidos e como estavam tão ocupados despachando os kits básicos do Altair que nem conseguiam pensar em entregar as peças adicionais que capacitavam a máquina a fazer mais do que acender as luzes.

Moore estava muito excitado com a energia que a reunião tinha gerado. Para ele, parecia que haviam conseguido colocar a vida em ação. Na época, não percebeu que a fonte daquele calor intelectual não era a contemplativa visão dos planejadores sobre as mudanças sociais possibilitadas pelo computador de massas; na verdade, derivava da incandescente fascinação dos hackers pela tecnologia. Embalado na vontade que todo mundo parecia ter de trabalhar junto, Fred sugeriu que o grupo se reunisse a cada duas semanas. Como que para simbolizar o conceito de livre intercâmbio que o grupo incorporou, Marty Spergel, o fornecedor de componentes que ficaria conhecido entre eles como "O Lixeiro", ergueu na mão um chip Intel 8008 bem na hora em que todo mundo estava indo embora. "Quem quer isto?", perguntou. Quando a primeira mão se ergueu, Marty jogou o chip; naquele pedacinho de tecnologia do tamanho de uma unha cabia uma boa porcentagem do poder multimilionário do TX-0.

---

* As três primeiras letras maiúsculas são termos de Programação. O "ando" foi unido para equivaler ao "ing" do original em inglês. (N.R.)

194   **PARTE II   Os hackers do hardware**

Mais de quarenta pessoas foram à segunda reunião que aconteceu no laboratório de Inteligência Artificial de Stanford, lar do tolkieniano tio dos hackers, John McCarthy. Boa parte do encontro foi dedicada à discussão do nome do grupo. As sugestões incluíram Clube do Computador Infinitesimal, Cérebro Anão, Clube do Computador a Vapor de Cerveja, Clube do Computador Pessoal, Pirotécnicos dos Bits e Bytes, Grupo dos Experimentadores em Computação da Bay Area e Clube de Amadores da Computação da América. Por fim, as pessoas escolheram Grupo dos Usuários Amadores dos Computadores da Bay Area — Clube do Computador Feito em Casa.* A designação que pegou foi, de fato, Homebrew Computer Club. Seguindo o verdadeiro espírito hacker, o clube não tinha requisitos para filiação, não exigia taxas mínimas (a não ser a sugestão de French para quem quisesse doar um dólar para cobrir as despesas de papelaria e correio, que somou 52,63 dólares na terceira reunião) e não elegeu diretoria.

No quarto encontro, estava claro que o Homebrew Computer Club** seria o paraíso dos hackers. Bem mais de cem pessoas receberam o convite, com o aviso de que a próxima reunião seria na Peninsula School, um colégio privado isolado na área florestal de Menlo Park.

Steve Dompier, então, já havia conseguido montar seu Altair: ele recebeu a última remessa de peças às 10h e gastou as próximas trinta horas na montagem, só para descobrir que os 256 bytes de memória não estavam funcionando. Seis horas depois, descobriu que a falha era causada por um arranhão em um circuito impresso. Fez o conserto e começou a tentar entender o que poderia fazer com a máquina.

Parecia que a única opção oferecida pela Mits, para quem finalmente conseguia montar o Altair, era um programa de linguagem de máquina que só podia ser comandado com a fileira de pequenos botões no painel frontal. Era um programa que usava as instruções do chip 8080: LDA, MOV, ADD, STA e JMP. Se tudo estava correto, o programa poderia somar dois números. Você tinha também que ser capaz de fazer a tradução mental para o sistema decimal do código octal dado em resposta pelas luzes piscantes. Era a sensação de ser o primeiro homem a pisar na Lua — você teria a resposta para perguntas que assombravam a humanidade havia séculos: o que acontece ao somar dois mais seis? Oito! "Para um engenheiro que apreciava os computadores, aquilo era um fato excitante", comentou Harry Garland,

---

* No original em inglês, *Homebrew Computer Club (HCC)*, em referência à cerveja feita de forma caseira e em pequena quantidade. Desde então, a palavra *homebrew* tem sido usada na área de tecnologia para indicar hardware ou software desenvolvido pelos próprios usuários. Para pesquisar informações sobre o grupo na internet, deve ser usada a denominação Homebrew Computer Club. (N.T.)

** Mais informações em <http://en.wikipedia.org/wiki/Homebrew_Computer_Club>. (N.T.)

que teve um Altair e foi membro do Homebrew Computer Club, admitindo também que "é verdade que você tinha que passar um bom tempo explicando a alguém de fora por que aquilo era excitante".

Dompier não parou ali. Ele escreveu pequenos programas em linguagem de máquina para testar todas as funções do chip (tinham que ser pequenos, já que a memória do Altair era minúscula). Fez isso até que os dez dispositivos de que dispunha para entrar com dados — seus dedos — criassem calos. O conjunto de instruções do chip 8080 tinha 72 funções, então, havia muito que fazer. Dompier, piloto amador, gostava de trabalhar ouvindo a previsão do tempo transmitida em baixa frequência pelo rádio. Um dia, depois de ter testado um programa para classificar números, aconteceu algo estranho: ao apertar o botão para fazer rodar o programa, o rádio começou a fazer ZIPPPP! ZIIIP! ZIIIIIPPPPP! O rádio aparentemente estava reagindo à interferência causada pela mudança dos bits de locação em locação dentro do Altair. Aproximou o rádio, rodou o programa novamente, e os ZIPs foram ainda mais altos. Dompier estava exultante: acabara de descobrir o primeiro dispositivo de entrada e saída para o computador Altair 8800.

A ideia agora era controlar o dispositivo. Dompier pegou sua guitarra e descobriu que um dos ruídos feitos pelo computador (no endereço de memória 075) era equivalente a um fá sustenido. Então, ele trabalhou em programação até encontrar outras notas nas locações da memória. Umas oito horas depois, havia localizado a escala musical e escrito um programa para criar música. Embora fosse simples, nada comparado ao elegante programa de música de Peter Samson para o PDP-1, custou a Dompier um longo e doloroso tempo para entrar com o comando naqueles botões ensandecidos. Mas ele estava pronto com sua interpretação de *The Fool On The Hill*, dos Beatles (a primeira música que programou), para a próxima reunião do Homebrew na Peninsula School.

O encontro foi em uma sala no segundo andar da escola, um enorme prédio antigo de madeira que parecia ter saído direto do cenário do filme *A Família Addams*.** O Altair de Dompier, claro, era o objeto de adoração de todos, e ele estava ansioso para lhes mostrar a primeira aplicação documentada. Porém, quando Dompier tentou ligar o Altair, a máquina não funcionou. A tomada elétrica estava quebrada. A outra mais próxima em funcionamento estava no primeiro andar do prédio. Depois

---

*   Veja a letra e ouça a música em <http://www.sing365.com/music/lyric.nsf/The-Fool-On-The-Hill-lyrics-The-Beatles/5A486832B8120C9948256BC200143B7A>. (N.T.)

**   Imagens disponíveis em <http://www.google.com/images?q=The+Addams+Family&oe=utf-8&rls=org.mozilla:en-US:official&client=firefox-a&um=1&ie=UTF-8&source=univ&ei=U9T7S9j6L4T68AbO1bjWBQ&sa=X&oi=image_result_group&ct=title&resnum=4&ved=0CEEQsAQwAw&biw=1676&bih=805>. (N.T.)

PARTE II   Os hackers do hardware

de conseguir uma extensão longa o bastante para fazer a ligação elétrica entre os dois andares, Dompier conseguiu ligar o Altair, mas a máquina teve que ficar um pouco para fora da sala. Dompier começou o longo processo de comandar a canção em código octal apertando os botões certos, quando duas crianças que brincavam no corredor puxaram o fio elétrico e o computador desligou. Isso apagou todo o conteúdo na memória da máquina, que Dompier estava comandando bit por bit. Ele começou tudo de novo. Depois de mais um tempo, pediu silêncio para todo mundo porque a primeira demonstração pública de uma aplicação do Altair começaria.

Ele apertou o botão para fazer a música tocar.

O pequeno rádio em cima da enorme e ameaçadora caixa do computador começou a fazer uns barulhos roucos. Era um tipo de música, e, quando os primeiros acordes melancólicos da balada de Paul McCartney foram reconhecidos, a sala cheia de hackers — normalmente alvoroçada com fofocas sobre o último chip — caiu em um silêncio reverente. O computador de Dompier, com a pureza e a inocência assustada de uma criança em seu primeiro recital, estava tocando música. Eles estavam ouvindo a evidência de que o sonho que compartilhavam podia ser real. Um sonho que poucas semanas antes parecia vago e distante.

Assim que todos se recuperaram... o Altair começou a tocar novamente a música. Ninguém (exceto Dompier) estava preparado para essa reprise, uma interpretação de *Daisy*, que alguns deles sabiam que havia sido a primeira música tocada por um computador, em 1957, no Bell Labs; aquele momento histórico da computação estava sendo igualado bem diante dos ouvidos deles. Foi um bis tão inesperado que pareceu ter vindo das conexões genéticas da máquina com seus ancestrais Gigantes Monstruosos (uma ideia aparentemente implícita no filme *2001*,* de Stanley Kubrick (1968), quando o computador HAL,** sendo desmantelado, faz uma interpretação infantilizada dessa mesma música).

Quando o Altair terminou, o silêncio não durou muito. A sala estourou em aplausos e celebrações, os hackers batiam os pés e as mãos. As pessoas do Homebrew eram uma mistura de profissionais tão apaixonados que não podiam apenas trabalhar com computação; amadores transfixados pelas possibilidades da tecnologia e jovens devotados à guerrilha tecnocultural com o objetivo de destruir uma sociedade opressiva na qual o governo, as empresas e, especialmente, a IBM haviam relegado os computadores a um sacerdócio desprezível. Lee Felsenstein disse que "éramos um bando de escapistas, pelo menos, escapistas temporários da indústria, pois ali os

---

* Mais informações em <http://en.wikipedia.org/wiki/2001_(film)>. (N.T.)

** Mais informações em <http://en.wikipedia.org/wiki/HAL_9000>. (N.T.)

chefes não estavam vendo. Nós nos reunimos e começamos a fazer coisas juntos, coisas que nunca tiveram relevância porque não eram o que Os Grandões estavam fazendo. Mas sabíamos que era nossa chance de fazer algo de acordo com aquilo em que acreditávamos". Grande parte da história do computador foi reescrita a partir dali; o singelo recital de música da máquina de Dompier tinha sido o primeiro passo. "Na minha avaliação, foi uma realização magnífica na história da computação", disse Bob Marsh. Dompier descreveu a experiência, junto com o código em linguagem de máquina para o programa, na edição seguinte da *PCC* sob o título de *Music, of a Sort*, e, muitos meses depois, os donos de Altair ainda lhe telefonavam no meio da noite, às vezes três de uma vez em teleconferência, para fazê-lo ouvir fugas de Bach.

Dompier recebeu mais de quatrocentas ligações desse tipo. Havia muitos outros hackers lá fora do que qualquer um podia imaginar.

Bob Marsh, o colega de garagem desempregado de Lee Felsenstein, saiu da primeira reunião do Homebrew quase cego de excitação por ter tomado parte da reunião naquela pequena garagem. Ele sabia que até aquele momento somente um mínimo número de pessoas tinha ousado conceber a computação pessoal. Agora estava lá o cabeludo Steve Dompier contando que essa empresa desconhecida, Mits, tinha *milhares* de pedidos. Bob Marsh percebia aqui e ali que a fraternidade dos hackers cresceria exponencialmente nos próximos anos. Mas, para se tornar uma fogueira, precisava de combustível. Os Leds piscantes do Altair eram excitantes, mas ele sabia que — os hackers sendo hackers — haveria demanda para todo tipo de dispositivos periféricos, que a Mits não tinha, obviamente, condições de entregar.

No entanto, *alguém* tinha de conseguir, porque o Altair era a base para um sistema fantástico para construir *outros sistemas*, novos mundos. Assim como o PDP-1 ou o PDP-6 haviam chegado ao Mit como uma caixa mágica sem um sistema operacional satisfatório, e os hackers do instituto criaram montadores, depuradores e todo tipo de hardware e ferramentas de software para torná-los úteis para a criação de novos sistemas e até de aplicativos, era responsabilidade desses hackers de hardware — ainda desorganizados — deixar sua marca no Altair 8800.

O colega de Lee entendeu que aquele era o começo de uma nova era, uma oportunidade incrível. Sentando no chão frio da garagem de Gordon French, ele decidiu que faria o design e montaria algumas placas de circuitos para conectar nos espaços vazios do barramento do Altair.

Marsh não era o único com essa ideia. De fato, logo ali em Palo Alto (a cidade próxima a Menlo Park onde a reunião estava acontecendo), dois professores de

198   PARTE II   Os hackers do hardware

Stanford, chamados Harry Garland e Roger Melen, já estavam trabalhando em placas adicionais para o Altair. Eles não tinham ouvido falar sobre a primeira reunião, mas compareceram ao segundo encontro de entusiastas do hardware e se tornaram presença constante desde então.

Os dois Ph.D. ouviram falar pela primeira vez sobre o Altair quando Melen, um homem alto e pesado cuja veia cômica só era um pouco atrapalhada por sua gagueira recorrente, estava visitando Les Solomon no final de 1974 no escritório nova-iorquino da *Popular Electronics*. Melen e Garland haviam escrito artigos para a revista apresentando projetos para hobbystas em seu tempo livre e estavam justamente finalizando outro, mostrando como construir um dispositivo de controle para câmera de tevê.

Melen percebeu uma caixa estranha sobre a mesa de Solomon e perguntou o que era. Solomon informou que a caixa, o protótipo do Altair que Ed Roberts enviara para substituir o que foi perdido no frete aéreo, era um microcomputador 8080, vendido por menos de 400 dólares. Roger Melen não achava que aquilo fosse possível, e Les Solomon disse que, se ele duvidava, que ligasse para Ed Roberts em Albuquerque. Melen nem hesitou antes de telefonar e conseguiu arranjar uma escala em sua viagem de volta para o Oeste. Queria comprar dois daqueles computadores. Além disso, Ed Roberts havia licenciado um projeto que Melen e Garland haviam publicado na *Popular Electronics* e nunca lhes pagou nenhum *royalty*. Portanto, havia dois assuntos que Melen queria conversar com Roberts.

O computador Altair, porém, era de longe o assunto mais importante — o brinquedo certo na hora certa, na opinião de Melen —, e ele estava tão excitado em relação à perspectiva de ter um que nem conseguiu dormir naquela noite. Quando finalmente chegou à modesta sede da Mits, ficou desapontado ao saber que *não havia* nenhum Altair pronto para levar para casa. Mas Ed Roberts era um engenheiro perseverante e tinha uma visão resplandecente do futuro. Eles conversaram sobre os aspectos técnicos dessa visão até as 5 horas. Isso aconteceu antes de a reportagem ser publicada na *Popular Electronics*, portanto, Roberts ainda estava preocupado com a possível resposta do mercado. Ele achou que não faria mal se tivesse gente manufaturando placas para tornar o Altair útil. Por isso, concordou em enviar para Melen e Garland um dos protótipos para que os dois trabalhassem na conexão de uma câmera de tevê na máquina e também em uma placa para a saída das imagens de vídeo.

Assim, Garland e Melen entraram no negócio, chamando sua empresa de Cromenco,* em homenagem ao dormitório em que moraram em Stanford, o Crowthers

---

* Mais informações e imagens em <http://infolab.stanford.edu/pub/voy/museum/pictures/display/3-5-CROMEMCO.html>. (N.T.)

Memorial. Estavam deliciados por encontrar irmãos de espírito no Homebrew Club, entre eles, Marsh, que havia falado com seu amigo Gary Ingram para começarem uma companhia chamada Processor Technology.

Marsh sabia que a primeira necessidade de um proprietário de Altair era uma memória maior do que aqueles míseros 256 bytes que vinham na máquina, então ele achava que deveria fazer uma placa que tivesse 2K (cada K equivale a 1.024 bytes). A Mits havia lançado as suas próprias placas de memória e entregue algumas aos clientes. Eram bonitas, mas não funcionavam. Marsh pegou emprestado o Altair da *PCC* e o examinou cuidadosamente, lendo o manual até de trás para a frente. Era preciso, porque ele não tinha nem como pagar cópias xerográficas. Achou que devia usar o mesmo modelo de negócio de Roberts — primeiro anunciar o produto, coletar o dinheiro necessário e, então, partir para a manufatura.

Assim, em 1º de abril, Dia dos Bobos, Marsh e Ingram, um hacker recluso que não ia às reuniões do Homebrew ("Não era o tipo de atividade para ele", Marsh explicou), inauguraram oficialmente a empresa. Marsh conseguiu juntar dinheiro para copiar cinquenta folhetos da futura linha de produtos. Em 2 de abril, Marsh compareceu à segunda reunião do Homebrew, distribuiu o material e anunciou 20% de desconto para quem fizesse pedidos antecipados. Depois de uma semana, nada acontecera. Como Marsh contou:

> "Bateu o desespero. Achávamos que tínhamos ido pelos ares, não ia dar certo. Então, entrou nosso primeiro pedido para uma placa de memória ROM (memória somente leitura), que custava apenas 45 dólares. Era uma ordem de compra para pagamento em trinta dias de uma empresa chamada Cromenco. Nós pensamos: 'Quem é essa Cromenco? E por que não pagam à vista?' O desespero foi ainda maior. O NEGÓCIO NÃO IA DECOLAR! No dia seguinte, entraram mais três pedidos e em mais uma semana tínhamos 250 dólares em caixa. Pegamos cem, fizemos um anúncio na *Popular Electronics,* e o inferno se abriu depois disso. Em dois meses, tínhamos mil dólares em pedidos."

A ironia era que Marsh e os outros hackers não estavam estruturando operações para se tornar grandes negócios. Eles estavam procurando uma maneira de financiar o passatempo deles com componentes e sistemas eletrônicos, explorando o novo domínio dos pequenos computadores. Para Marsh e os outros que saíram da primeira reunião do Homebrew tomados pelo fervor de construir placas, a diversão estava começando: desenhar e montar equipamentos, expressando-se com as voltas e nós da lógica digital dos circuitos integrados para incluir placas no barramento bizantino da máquina de Ed Roberts.

200   **PARTE II**   **Os hackers do hardware**

Como Marsh descobriu, para os hackers do Homebrew, montar uma placa para o Altair equivalia a tentar escrever uma grande novela literária. Era algo que os severos críticos do clube examinavam cuidadosamente e não somente se o componente funcionava, ou não, mas também julgavam a beleza relativa e a estabilidade da arquitetura. O layout dos circuitos da placa era uma janela para a personalidade do designer. Até detalhes superficiais, como a qualidade dos furos necessários para montar a placa, revelavam seus motivos, filosofia e comprometimento com a elegância. Assim como os programas de computadores, o design digital "é o melhor retrato de uma mente que se pode ter. Há alguns comentários que podem ser feitos sobre uma pessoa a partir de seu design de hardware. Você pode olhar para algo e dizer 'Jesus Cristo!, esse cara faz design como uma minhoca — começa em um ponto e chega ao outro lado e você não entende o que ele fez no meio'", avalia Lee Felsenstein.

Bob Marsh queria que a Processor Technology ficasse conhecida pela qualidade de seus produtos. Por isso, passou os meses seguintes em um estado frenético, tentando não somente terminar o projeto, mas também fazê-lo o melhor possível. Era importante para a empresa e essencial para seu orgulho.

O processo de design não era dos mais simples. Depois de entender o que a placa precisava fazer, era preciso investir muitas noites no design do layout. Olhando o manual com a descrição das funções do chip 8080, você anotava os números das várias seções desejadas — designando essa seção para uma saída e aquela para a memória —, e a moldura labiríntica interna à peça de plástico preto começava a tomar novos formatos na sua cabeça. A efetividade da escolha de quais seções acessar dependia da acurácia com que essa imagem era mantida em mente. Era preciso fazer um desenho a lápis das conexões, com marcas em azul para o que ia para um lado da placa e em vermelho para o outro. Então, você pegava papel plástico prateado colocava sobre a grade de uma placa em cima de uma mesa de luz e começava a marcar com fita crepe o perfil das conexões. Era possível descobrir se o esquema tinha algum problema — muito tráfego em uma parte, interconexões muito apertadas — e realinhar a solução. Um erro colocava tudo a perder. Então, para ter certeza do que fazia, você sobrepunha o esquema: ao colocar a folha sobre a placa marcada com fitas, era possível checar se havia algum erro grave, como a conexão de três coisas juntas. Se o rascunho do esquema estivesse errado, esqueça!

O design era feito de tal forma que a placa ficava com diversas camadas; um conjunto de conexões diferentes em cima e outro embaixo. Conforme você trabalhava, era preciso virar o layout para cá e para lá e alguns pedaços de fita caíam ou um fio de cabelo entrava em algum lugar: todos esses fenômenos imprevistos eram rigorosamente duplicados na cópia heliográfica (se não tivesse dinheiro para isso, a alternativa era uma cuidadosa cópia xerográfica), e o resultado ficava desastroso. Era preciso ainda marcar o layout, indicando onde perfurar, onde metalizar e daí por diante.

Finalmente, era necessário encontrar um fabricante local de placas, levar a cópia do esquema e deixá-la lá. Já que o país estava em recessão econômica, eles ficavam satisfeitos com o negócio, mesmo que fosse pequeno e trazido por um hacker esquisitão de óculos grossos. O fabricante fazia os furos e montava em epóxi esverdeado uma parafernália de interconexões metálicas. Esse era o método de luxo — Bob Marsh, de início, não podia pagar por isso, então, ele montava sua placa manualmente sobre o fogão da cozinha, usando circuitos impressos de metal laminado e desenhando linhas quase indiscerníveis. Era um método tortuoso para cortejar a deusa Desastre, mas Marsh era um trabalhador obsessivamente cuidadoso. Segundo sua própria versão: "Eu realmente estava dentro daquilo. Eu me tornei um dos meus esquemas de design".

Para fazer essa primeira placa de memória, Marsh sentia-se particularmente sob pressão. Em todas as reuniões do Homebrew, todos os dias da semana pelo telefone, havia gente frenética implorando por placas de memória, como mergulhadores buscando ar. Marsh lembra seus gritos: "Onde está minha placa? Preciso dela. EU TENHO QUE TÊ-LA".

E, por fim, Marsh estava pronto. Não houve tempo para um protótipo. Ele tinha sua placa, que era um retângulo verde de epóxi com uma pequena protrusão de conectores dourados espetados embaixo do tamanho certo para encaixar no barramento do Altair. Havia os fios e conectores para que fosse soldada ali (de início, a Processor Tech só vendia placas desmontadas). Marsh tinha tudo pronto — e nenhum Altair para fazer o teste. Assim, apesar do fato de ser 3 horas, ele ligou para Dompier, o cara que havia conhecido no Homebrew, e lhe pediu para levar a máquina até lá. O Altair de Dompier era tão valioso para ele quanto um filho poderia ser, caso não vivesse em Modo Solteiro, então, enrolou a máquina em um cobertor vermelho para carregá-la. Dompier tinha seguido todas as regras na montagem do Altair, inclusive, usando um bracelete de cobre para evitar estática durante a soldagem e tomando todo cuidado para não tocar o frágil coração do 8080. Portanto, ficou atônito quando colocou a máquina amada na oficina de Marsh e os dois veteranos do hardware começaram a mexer nela como dois mecânicos instalando um escapamento em um carro. Pegavam nas peças com os dedos sujos e punham para lá e para cá sem qualquer cuidado. Dompier olhava horrorizado. Finalmente, estavam com tudo pronto, Ingram apertou o botão para ligar e o preciso computador de Dompier caiu em inconsciência. Eles haviam colocado a placa ao contrário.

Levou um dia para consertar o Altair, mas Dompier não demonstrava raiva: na verdade, emprestou a máquina para futuros testes da Processor Technology. Era indicativo do comportamento dos membros do Homebrew. Aquela era uma geração diferente da dos magos intocáveis do MIT, mas ainda se mantinham sob os princípios da Ética Hacker, sublimando a propriedade e o egoísmo em favor do bem comum, ou seja, tudo que pudesse ajudar a atividade hacker a ser mais eficiente. Steve Dompier estava nervoso em relação ao Altair, mas não havia nada que ele mais quisesse no mundo do que uma placa com a qual pudesse rodar programas de verdade na máquina. E, em seguida, dispositivos de entrada e saída, dispositivos para monitor... para que pudesse escrever funcionalidades para deixar o computador mais poderoso. Ferramentas para Fazer Ferramentas e ir mais fundo naquele mundo centrado no misterioso microprocessador 8080 dentro da máquina. Bob Marsh e os outros do Homebrew, oferecendo novos produtos para vender ou simplesmente curiosos como Dompier, estavam todos juntos e formavam uma comunidade — talvez não tão delimitada geograficamente como a do MIT em torno do PDP-6 porque se estendia de Sacramento a San Jose — que estava fortemente unida, sem sombra de dúvida.

Quando Bob Marsh apareceu na reunião do Homebrew no início de junho com seu primeiro carregamento de placas, as pessoas que haviam feito encomendas ficaram tão gratas, que parecia que estavam ganhando o produto. Ele entregou cada pacote enrolado em plástico com a placa e os circuitos junto com o manual que Felsenstein havia escrito. "A não ser que você seja bastante experiente em kits para montar, não tente este", era o alerta de Felsenstein.

Havia pouca experiência no mundo em montar aquele tipo de dispositivo, mas toda a experiência que existia na área estava naquela sala, que agora era o auditório do Stanford Linear Accelerator (SLAC).* Havia se passado apenas quatro meses desde a primeira reunião do Homebrew, mas o número de associados havia decuplicado.

O pequeno clube formado por Fred Moore e Gordon French tinha se transformado em algo que ninguém pudera imaginar. Era a vanguarda de uma geração de hackers de hardware que estava abrindo "caminho por seus próprios esforços"** em uma nova indústria — a qual, eles tinham certeza, seria diferente de qualquer outra já existente. A indústria dos computadores seria regulada pela Ética Hacker (o termo

---

*   Mais informações em <http://home.slac.stanford.edu/achievements/>. (N.T.)

**   No original em inglês, *bootstrapping*, abrir caminho pelos próprios meios e esforços. (N.T.)

"bootstrap" é indicativo do novo jargão empregado pelos hackers: descreve literalmente o processo pelo qual um programa de computador começa a rodar sozinho dentro de uma máquina assim que ela é ligada ou recebe o "boot". Parte do programa alimenta o código dentro do computador; esse código vai programar a máquina para que ela mesma termine de se alimentar com o resto do código. Assim como abrimos caminho por nosso próprio esforço. É simbólico do que faziam as pessoas do Homebrew — criando um nicho no mundo dos sistemas de computadores, depois, cavando para transformar o nicho em caverna e, em seguida, em uma morada permanente).

No entanto, os dois fundadores do clube logo foram ultrapassados pelo brilho tecnológico em torno deles. No caso de French, ele sofria do que parecia ser uma latente atitude burocrática. De algum modo, sua mania de tentar fazer o clube continuar a crescer de forma ordenada e organizada era útil. Atuava como secretário e bibliotecário, mantendo uma lista com os telefones de todos e as informações sobre qual equipamento cada um tinha. French lembra bem esse período: "Meu telefone não parava de tocar, era incrível. Todo mundo precisava de informação e todos precisavam uns dos outros para seguir em frente com os projetos por causa da absoluta escassez de máquinas. Por exemplo: se você tem um terminal, pode me emprestá-lo por uns dias para eu rodar meu programa e ler a fita perfurada nele? Coisas desse tipo".

Porém, em outros aspectos, particularmente pelo modo com que moderava as reuniões, French não estava em sintonia com o espírito hacker que transbordava do Homebrew. "Ele era didático", lembra Felsenstein, "Tentava levar a discussão para onde achava melhor. Queria que fossem eventos educativos, com apresentações formais, com gente ensinando os outros, especialmente nos temas que dominava. Ficava muito aborrecido quando a discussão abandonava o modelo acadêmico de um ensinando os outros. Entrava em qualquer assunto e se envolvia na discussão, injetando suas opiniões e dizendo a todos 'Há um ponto importante aqui que não pode ser esquecido e eu sei mais do que todos sobre isso'." Depois da primeira parte das reuniões, quando cada um se apresentava e dizia no que estava trabalhando, French ficava em pé na frente da sala e oferecia o que lhe parecia um tutorial, explicando como a máquina usava o código com que você a alimentava e informando os incansáveis participantes como o aprendizado de boas práticas poderia poupar futuras dores de cabeça... mais cedo ou mais tarde, as pessoas ficariam tão impacientes que sairiam da reunião e trocariam ideias no hall. Era uma situação delicada, o tipo de dilema humano complexo que os hackers não gostam de confrontar. Todavia, acabou emergindo o sentimento generalizado de que um novo moderador deveria ser escolhido.

A escolha lógica seria Fred Moore, que sentava na frente da sala desde a primeira reunião do Homebrew com seu gravador e bloco de notas para depois resumir os

204 **PARTE II Os hackers do hardware**

principais tópicos no pequeno jornal que escrevia e distribuía todos os meses. Ele estava investindo bastante tempo no grupo, porque achava que os hackers com seus Altairs estavam no vértice do que poderia vir a ser uma poderosa força social. "Ao compartilhar nossa experiência e trocar dicas, nós avançamos no estado da arte e tornamos os computadores de baixo custo mais acessíveis para mais gente", ele escreveu no jornalzinho e acrescentou o comentário social: "A forte evidência é de que as pessoas querem computadores para se entreter e para atividades educacionais. Por que as grandes empresas perdem esse mercado? Estão muito ocupadas vendendo máquinas de alto preço entre elas mesmas (para o governo e para uso militar). Não querem vender diretamente para o público. Sou totalmente favorável à explosão que estava sendo liderada pela Mits, porque isso causará três coisas: 1) forçará que outras empresas despertem para a demanda doméstica de computadores de baixo custo... 2) fará com que os clubes e os grupos de amadores preencham o vácuo do conhecimento técnico e 3) ajudará a desmitificar os computadores.

Moore havia identificado explicitamente o propósito do clube no intercâmbio de informações. Exatamente como o livre fluxo de bits em um computador elegantemente desenhado, a informação devia circular livremente entre os integrantes do Homebrew. "Mais do que qualquer outra pessoa, Moore sabia que compartilhar era o mais importante", recorda Gordon French, "Era uma das palavras que ele vivia dizendo — compartilhar, compartilhar, compartilhar."

No entanto, a maioria do clube preferia uma trajetória que divergia daquela de Moore. Era obsessivo por aplicações. Nas primeiras reuniões do clube, ele estimulava fortemente os participantes a se reunirem e juntarem forças para fazer algo, embora sempre fosse vago sobre o que esse algo deveria ser. Talvez usar os computadores para ajudar pessoas deficientes, talvez para compilar listas de endereçamento para ativismo social. Moore estava certo ao perceber que o valor do clube era de alguma maneira político, mas sua perspectiva parecia não entender que, em geral, os hackers não se reuniam para criar mudança social — hackers agem como hackers. Moore estava menos fascinado com o trabalho em sistemas de computadores do que com a ideia de fazer surgir um sistema social mais benevolente e compartilhador; ele parecia não ver que o Homebrew era uma forte associação de gente técnica ávida por ver o poder dos computadores domésticos em uso, e não um grupo de ativismo social ou de luta antinuclear como aqueles dos quais participara. Moore sugeria a venda de bolos para arrecadar fundos ou publicava poemas simpáticos no jornal do clube: "Não reclame, nem faça barulho / Cabe a cada um de nós / Fazer com que o clube faça / Aquilo que queremos que faça". Enquanto isso, os integrantes do clube iam para a última página do jornalzinho para estudar a contribuição esquemática chamada "Gerador de funções lógicas arbitrárias via multiplexadores digitais". *Essa* era a maneira para mudar o mundo — e muito mais divertida do que vender bolos.

Lee Felsenstein mais tarde chegou à conclusão de que Moore "não era direto em política. Ele ficava na superfície ou no gesto de protesto. Mas nós estávamos muito mais interessados no que podíamos chamar de 'fazer a revolução'".

Então, surgiu fortuitamente uma oportunidade para tornar as reuniões do Homebrew mais compatíveis com o espírito da livre circulação de ideias dos hackers. Gordon French, como consultor da Social Security Administration, foi chamado para trabalhar em Baltimore temporariamente. Em vez de convidar Moore para coordenar os encontros, alguns participantes do clube chamaram Lee Felsenstein. Ele se tornou a escolha ideal, já que era tão hacker quanto qualquer um dos outros e também sabia fazer política. Entendeu esse convite para coordenar as reuniões como uma significativa promoção: seria agora o ponto focal da revolução no front do hardware, possibilitando que as reuniões progredissem com a correta mistura de anarquia e diretrizes, dando continuidade à sua guerrilha que levaria ao triunfo do Terminal Tom Swift e participando da ressurreição do adormecido conceito do Community Memory — um processo que começara naquele verão com a publicação de um periódico mimeografado chamado *Journal of Community Communications*, que disseminaria a ideia de microcomputadores "criados e usados por pessoas na vida diária como membros da sociedade".

Quando ficou diante da sala pela primeira vez na reunião do Homebrew de junho de 1975, estava apavorado. Segundo recorda, alguém perguntou quem seria o novo moderador e Marty Spergel, "O Lixeiro", dono da loja M&R Electronics, sugeriu seu nome. O clamor cresceu e foi como se tivesse sido coroado. Apesar de nervoso, essa era uma chance que não podia deixar passar. Como sempre, para Felsenstein, o risco de falhar era menos intimidador do que o risco de nem sequer tentar.

Ele sabia um pouco sobre como conduzir uma reunião. Em seu tempo de estudante radical em 1968, uma vez estava ouvindo um programa na rádio de Berkeley e aquilo estava tão mal estruturado, com entrevistados inaudíveis, barulho e confusão, que correu para o estúdio com o rádio nas mãos e disse: "Tentem escutar isto, idiotas!". Acabou ajudando a dirigir o programa; parte de seu papel era apresentar os entrevistados antes que eles entrassem no ar. Achava que podia estruturar seu papel no Homebrew a partir disso; incentivar gente não acostumada a participar de audiências maiores do que uma mesa cheia de peças a falar sobre seus interesses com as outras pessoas. Como Fred Moore percebera, esse era o coração das reuniões, o intercâmbio de informações. Então, criando uma estrutura para as reuniões como se estivessem resolvendo um problema eletrônico de design, Felsenstein deu

206 **PARTE II   Os hackers do hardware**

fluxo às discussões. Havia tempo para circular pela sala e deixar as pessoas falarem sobre o que estavam trabalhando ou perguntar o que desejam aprender — era a sessão de "mapeamento" como se estivessem desenhando um esquema. Havia uma sessão de "acesso aleatório" na qual você podia procurar alguém para dar sugestões ou responder perguntas ou buscar os dados que queria ou falar sobre o que estava mais interessado. Depois disso, haveria talvez uma breve conversa ou alguém poderia demonstrar um sistema ou apresentar um novo produto. Em seguida, haveria mais mapeamento e acesso aleatório. Quando Felsenstein notou que as pessoas tinham dificuldade em retornar da primeira sessão de acesso aleatório — às vezes, a conversa perdia-se em algum ponto técnico ou alguma questão religiosa sobre como montar uma placa sem circuitos impressos ou algo do gênero —, ele mudou a estrutura e passou a incluir uma única sessão de acesso aleatório no final da reunião. Depurada dessa forma, a estrutura dos encontros funcionou bem.

Felsenstein descobriu que se colocar diante de um grupo que o aceitava como "ponto de apoio" ajudava seus esforços conscientes para sair da concha de molusco. No seu papel de moderador, logo se sentiu confiante para falar ao grupo sobre o Terminal Tom Swift; rabiscando na lousa na frente do auditório do SLAC, ele falou sobre monitores de vídeo, confiabilidade de hardware, Ivan Illich e a ideia de incorporar o usuário ao design. Foi uma boa mistura de comentário social e teoria tecnológica, e os hackers do Homebrew gostaram da palestra. Assim, descobriu seu talento para essa atividade e até escrevia pequenas rotinas para distribuir no início das reuniões. Assumiu fervorosamente o papel de mestre de cerimônias: na sua cabeça, era agora o mestre do movimento hacker, um grupo fundamental para dar forma ao estilo de vida a partir do uso dos microprocessadores.

Logo depois que Felsenstein assumiu, o atormentado Fred Moore renunciou às suas funções de tesoureiro, secretário e editor do jornal do clube. Ele estava com problemas pessoais; a esposa o havia abandonado. Foi difícil deixar o Homebrew: por um lado, ele sentia que o clube era seu legado; por outro, estava ficando claro que seus esforços para devotar o grupo ao ativismo social eram fúteis. Em vez disso, havia a história de "fazer a revolução na marra" e, ainda mais perturbador, "pessoas que participavam das reuniões do clube com cifrões nos olhos: 'Uau! Aqui está uma nova indústria. Vou abrir uma empresa, fabricar essas placas e ganhar um milhão...'", de acordo com o próprio Moore. Havia outras questões sociais relacionadas aos computadores que ele gostaria de discutir, mas já tinha percebido que "as pessoas do clube tinham uma cabeça diferente da minha. Tinham grande domínio tecnológico e estavam enamoradas pelas máquinas que eram realmente muito sedutoras". Sentia-se insatisfeito porque as pessoas aceitavam a tecnologia cegamente. Alguém havia contado a Moore sobre o trabalho feminino na Malásia e em outros países asiáticos onde elas montavam fisicamente aqueles chips mágicos. Ouvira falar sobre os baixos salários, sobre o trabalho em fábricas inseguras e que as mulheres não conseguiam retornar para suas vilas para aprender o modelo tradicional para cozinhar e criar uma família. Achava que tinha que falar no clube sobre esse assunto, forçar a discussão, mas já tinha percebido que esse tipo de questão não seria encaminhado pelos participantes das reuniões do Homebrew Club.

Ainda assim, ele amava o clube e, quando seus problemas pessoais o forçaram a voltar para o Leste, descreveu sua saída como "um dos dias mais tristes da minha vida". Sentindo-se impotente e infeliz, em uma reunião em meados de agosto, parou diante do quadro-negro onde escreveu suas responsabilidades no clube e perguntou quem cuidaria do jornal, da tesouraria e das atas... Alguém se levantou e escreveu "Fred Moore" ao lado de cada item. Estava se sentindo muito triste; sabia que aquilo acabara para ele e não podia dividir com os irmãos todas as razões pelas quais não estaria mais com eles.

"Eu me via como alguém que havia ajudado aquelas pessoas a se encontrar e compartilhar energia e habilidades", analisa Moore. Essas metas foram alcançadas. De fato, cada reunião parecia crescer em espírito e excitação quando as pessoas trocavam informações e chips, abrindo caminho nesse novo mundo. Nas sessões de mapeamento, alguém levantava e dizia que estava tendo problemas para instalar essa ou aquela parte do Altair. E Felsenstein perguntava: "Quem pode ajudar esse cara?". Três ou quatro mãos se erguiam. Ótimo! Quem é o próximo? E outra pessoa dizia que precisava de um chip 1702.* Alguém informava que tinha um chip 6500 sobrando e acabava acontecendo uma troca.

Também havia quem se levantasse para contar os últimos rumores ouvidos no Vale do Silício. Jim Warren, um baixinho que estudara ciência da computação em Stanford, era um fofoqueiro particularmente bem conectado. Na sessão de acesso aleatório, de vez em quando, ele pedia a palavra e falava por dez minutos sobre os planos dessa ou daquela empresa e, quase sempre, pincelava tudo com sua visão pessoal sobre o futuro da comunicação por computador nas redes digitais.

Outro notório disseminador desse estranho tipo de fofoca era um engenheiro novato chamado Dan Sokol, que trabalhava como testador de sistemas em uma das grandes empresas do Vale. Suas fofocas eram incrivelmente prescientes, mas admitiu anos mais tarde que inventava uma parte para manter a audiência na expectativa da adivinhação. Esse discípulo digital barbudo e de cabelos compridos entregou-se ao

---

* Características do chip podem ser acessadas em <http://content.cdlib.org/ark:/13030/kt1p3 01822/?layout=metadata&brand=calisphere>. (N.T.)

Homebrew com a energia dos novos convertidos e rapidamente aderiu à Ética Hacker. Para ele, não havia rumor confidencial a ponto de não ser compartilhado; quanto mais secreta a informação, mais prazer tinha em revelá-la. "Alguém aqui é da Intel?", ele podia perguntar e, se não houvesse, contava as novidades sobre o chip que a Intel tinha conseguido manter escondido de todas as outras empresas do Vale (e talvez de um grupo de espiões russos).

Às vezes, Sokol, um inveterado negociante, punha a mão no bolso e tirava um protótipo de chip. Por exemplo, ele lembra que um dia no trabalho apareceram uns caras de uma nova companhia chamada Atari. Eles queriam testar alguns chips, estavam cheios de segredos e não disseram do que se tratava. Sokol examinou os chips e viu que alguns estavam gravados com a marca Syntech e outros, com AMI. Ele tinha amigos nas duas empresas que haviam lhe contado que os chips foram desenhados pela equipe da Atari. Então, levou um para casa, colocou em uma placa e testou. O chip continha um programa para jogar o novo *video game Pong** — a Atari estava se preparando para produzir um aparelho doméstico para um jogo no qual duas pessoas podiam controlar "raquetes" de luz em uma tela de tevê e tentar jogar com uma "bola". Sokol instalou o chip em uma placa de circuito e levou para o Homebrew para apresentar o jogo. Por precaução, levou uns chips extras para negociar com os outros e conseguiu trocar por um teclado e alguns chips de RAM (memória de acesso aleatório). "Estamos definitivamente falando de roubo", explicou; mas, nos termos do Homebrew, Sokol estava apenas liberando um ótimo trabalho das mãos de seus proprietários opressores. *Pong* estava pronto e devia pertencer ao mundo. E, no Homebrew, trocas como essas eram fáceis e livres.

Anos antes, Buckminster Fuller desenvolveu o conceito de sinergia — o poder coletivo, mais do que a soma das partes, que resulta do trabalho conjunto de pessoas e/ou fenômenos em um sistema —, e o Homebrew era um exemplo paradigmático desse conceito em ação. A ideia de uma pessoa podia detonar o envolvimento de outra em um grande projeto e, quem sabe, dar início a uma empresa para fazer um produto com base naquilo. Ou, se alguém aparecia com um projeto inteligente para produzir um gerador de números aleatórios para o Altair, o código era aberto para que todos pudessem trabalhar e colaborar. Na próxima reunião, outra pessoa podia pensar em um jogo para utilizar aquela rotina.

A sinergia prosseguia mesmo depois das reuniões, quando alguns se reuniam para continuar a conversar até a meia-noite no The Oasis, um boteco barulhento perto

---

* Mais informações em <http://classicgaming.gamespy.com/View.php?view=ConsoleMuseum. Detail&id=3&game=12>. (N.T.)

do campus (o lugar havia sido sugerido por Roger Melen; Jim Warren, um antitabagista virulento, uma vez tentou seduzir o grupo a se mudar para a ala de não fumantes do The Village Host, mas não teve êxito). Sentados em volta de mesas de madeira gravadas com as iniciadas de várias gerações de estudantes de Stanford, Garland, Melen, Marsh, Felsenstein, Dompier, French e quem mais aparecesse embebiam-se com a energia das reuniões e com canecas de cerveja. Eles vislumbravam desenvolvimentos tão fantásticos que ninguém poderia acreditar que fossem mais do que fantasias. Delírios longínquos como o dia em que os computadores domésticos com monitores de tevê poderiam rodar programas pornográficos — que eles chamavam de SMUT-ROMs (pornografia somente para leitura) — que não seriam ilegais, pois só poderiam ser vistos como leitura na máquina. Como o código puro do computador poderia ser considerado pornográfico? Essa era apenas uma das dúzias de reflexões perversamente improváveis que se tornariam realidade e até seriam superadas dentro de alguns anos.

Sinergia: Marty Spergel, o Lixeiro, sabia exatamente como aquilo funcionava. Bronzeado, esse comerciante pechincheiro de meia-idade com um sorriso cheio de charme acreditava que o Homebrew era como "ter seu próprio grupinho de escoteiros, todo mundo ajudando todo mundo. Lembro que tive um problema com um teletipo em meu escritório e um rapaz no Homebrew ofereceu-se para verificar a máquina. Ele foi lá, consertou e ainda checou tudo, limpou, lubrificou e ajustou as peças da máquina. Eu disse: 'quanto lhe devo?' E ele respondeu: 'Nada'". Para o Lixeiro, essa era a essência do Homebrew.

Spergel estava sempre atento às peças das quais o pessoal necessitava; às vezes, levava uma caixa com componentes para as reuniões. Depois da palestra sobre o Terminal Tom Swift, ele perguntou a Felsenstein se podia montar um para a loja dele, a M&R Electronics. Bem, o Terminal Tom Swift ainda não estava pronto, disse Felsenstein, mas que tal esse design de um modem — um dispositivo que permite que os computadores se comuniquem por linhas telefônicas — que ele havia feito havia alguns anos? "Spergel provavelmente sabia o que era um modem, embora eu não soubesse como reagiria à ideia", avalia Felsenstein. Na época, os modems eram vendidos por uma quantia entre 400 e 600 dólares, mas o design de Felsenstein possibilitava uma montagem baratinha, e Spergel conseguia comercializar o dispositivo por 109 dólares. Eles mandaram uma cópia do esquema para Les Solomon, da *Popular Electronics*, e o editor colocou uma foto do modem na capa.

Sinergia. Era crescente o número de participantes do Homebrew que estavam fazendo design ou distribuindo novos produtos, de joysticks para jogos a placas de E/S para o Altair, e usando o clube como fonte de ideias e de novas demandas e também

210   **PARTE II   Os hackers do hardware**

para testar versões beta de protótipos. Assim que um produto ficava pronto, ele era levado para o clube e recebia as críticas mais especializadas disponíveis na área. Então, as especificações técnicas e os esquemas eram compartilhados — e, no caso de software, o código-fonte também era distribuído. Assim, todo mundo podia aprender com aquilo e trabalhar no aprimoramento se houvesse interesse o bastante.

Era uma atmosfera escaldante e funcionava bem porque, alinhada com a Ética Hacker, não havia barreiras artificiais entre os integrantes do clube. De fato, todo princípio daquela ética, como fora formada pelos hackers do MIT, era exercitado em algum nível dentro do Homebrew. A exploração técnica e as atividades do tipo mãos à obra eram reconhecidas como um dos principais valores; as informações obtidas com essas explorações e associações em design eram abertamente distribuídas entre o grupo até mesmo para competidores reconhecidos (a competição entrou vagarosamente nessas novas empresas, já que a luta era para criar uma versão hacker do setor — uma tarefa para todas as mãos trabalhando juntas); as regras autoritárias eram desprezadas, e as pessoas acreditavam que os computadores pessoais eram os mais altos embaixadores da descentralização; a lista de associados era aberta a qualquer um que estivesse no clube, com o respeito conquistado por sua expertise ou boas ideias, era comum ver um adolescente de 17 anos conversando de igual para igual com um engenheiro veterano e próspero; havia um alto grau de apreciação da elegância técnica e da artesania digital; e, acima de tudo, esses hackers de hardware viam de modo vívido e populista como os computadores podiam mudar a vida das pessoas. Eram máquinas baratas, e eles sabiam que demoraria apenas alguns anos para que se tornassem realmente úteis.

Isso, por certo, não os impedia de se tornarem totalmente imersos na atividade hacker nessas máquinas pelo simples prazer do hackerismo, pelo controle, pela busca e pelo sonho. Suas vidas eram dedicadas ao momento em que a placa que desenharam, o barramento que conectaram ou o programa que codificaram funcionava pela primeira vez... Uma vez uma pessoa descreveu esse momento como semelhante a colocar de volta uma locomotiva sobre os trilhos que você acabou de consertar e acelerá-la ao máximo. Se seu conserto não foi benfeito, o trem vai descarrilar calamitosamente... fumaça... fogo... metal retorcido... Mas, se você fez um bom trabalho, a locomotiva vai passar em velocidade delirante. Você pode ser arrebatado com a percepção de que milhares de computadores por segundo operam por causa de um componente que foi construído com sua marca pessoal. Você, o mestre da informação e o legislador do novo mundo.

Alguns planejadores visitaram o Homebrew e foram atingidos pela ferocidade técnica das discussões, a labareda intensa que brilha mais forte quando as pessoas se autodirecionam pela busca hacker para a construção de coisas. Ted Nelson, autor de *Computer Lib*, foi a uma reunião e se sentiu confuso com tudo aquilo. Mais tarde, ele classificou as pessoas do Homebrew, com seu jeito despenteado e amarrotado, como os "monges do chip, gente obcecada pelos microprocessadores. Era como estar em uma reunião de amantes de martelo". Bob Albrecht raramente aparecia, explicando depois que "não podia entender nem um quarto do que eles diziam. Eram hackers". Jude Milhon, a moça de quem Felsenstein continuou amigo depois de encontrá-la pelo *Barb* e de se envolverem na Community Memory, compareceu uma vez e ficou abismada com a concentração em pura tecnologia, na exploração e no controle — pelo amor de Deus!, no controle. Ela notou a falta de mulheres hackers de hardware e ficou enraivecida com a obsessão dos hackers homens pelo jogo e pelo poder tecnológicos. Jude resumiu seus sentimentos com a frase "os rapazes e seus brinquedos". Como Fred Moore, ela também temia que aquela paixão pela tecnologia levasse à cegueira e ao abuso.

Nenhuma dessas preocupações diminuiu a efervescência do Homebrew, que estava crescendo em número de associados. Eles lotavam o auditório do SLAC, e o clube se tornou a fortaleza quinzenal para mais de uma centena de hackers da pesada. O que haviam começado era agora quase uma cruzada, algo que Ted Nelson, cujo livro estava repleto de críticas ao modelo da IBM, deveria ter apreciado. Enquanto a IBM e os demais Grandões não davam a mínima para esses hackers reunidos em clubes e suas ideias de possuir um computador, o pessoal do Homebrew e outros como eles estavam em frenética atividade hacker sobre o chip 8080, estavam solapando as fundações da Torre de Babel do processamento por blocos de dados. Felsenstein explicou: "Nós dávamos força uns para os outros, nos reforçávamos. Comprávamos produtos uns dos outros. Na verdade, cobríamos cada um as costas dos outros. Nós estávamos lá, mas a estrutura industrial não prestava atenção em nós. Tínhamos gente que sabia tanto quanto qualquer outro profissional da tecnologia, naquele novo campo. Podíamos correr livremente — e corremos".

Na época que Les Solomon, o guru nova-iorquino desse movimento, chegou para uma visita na Costa Oeste, a idade de ouro do Homebrew estava em seu auge. Solomon primeiro conversou com Roger Melen e Harry Garland, que tinham acabado o protótipo da Cromenco que seria a capa da *Popular Electronics* em novembro de 1975 — uma placa adicional para o Altair que permitia a conexão da máquina a um aparelho de tevê em cores, produzindo efeitos gráficos deslumbrantes. De fato, Melen e Garland chamavam a placa de "O Hipnotizador". Solomon foi ao apartamento de Melen para ver o dispositivo, mas, antes de conectá-lo ao Altair, os três começaram a beber e estavam bem animados quando a placa e o aparelho de tevê foram ligados.

Havia na época dois programas do Altair que tiravam vantagem do Hipnotizador. Um era chamado de Caleidoscópio e apresentava formas brilhantes e mutantes. Foi um grande momento para Solomon ver o computador que ele havia ajudado a trazer ao mundo rodar belos padrões visuais em um televisor colorido.

Então, tentaram outro programa: *LIFE* — o jogo-que-era-mais-do-que-um-jogo, criado pelo matemático John Conway. O jogo sobre o qual o mago do MIT Bill Gosper havia trabalhado tão intensamente a ponto de considerá-lo capaz de gerar vida por si mesmo. A versão para o Altair rodava muito mais devagar do que a do PDP-6, com certeza, não tinha as funcionalidades elegantes criadas pelos hackers do MIT, mas seguia as mesmas regras de geração de padrões visuais. *E fazia aquilo sobre a mesa da cozinha de casa*. Garland deu o input em alguns padrões. Solomon não conhecia completamente as regras do jogo nem suas implicações matemáticas e filosóficas. Por isso, ao ver as pequenas estrelas azuis, vermelhas e verdes (era como estrelas que o Hipnotizador representava as células) comerem outras estrelinhas e gerarem outras mais, ele achou tudo aquilo perda de tempo. *Quem se importa*?

Ainda assim, começou a brincar com languidez com a máquina, desenhando um padrão para rodar. Inebriado, acabou dando input em um padrão parecido com a estrela de Davi. Ao se recordar daquele momento, ele descreve: "Eu rodei o padrão e observei como as células se devoraram. Levou cerca de dez minutos para finalmente morrer. Eu pensei: Nossa, isso é interessante — será que significa que o judaísmo vai durar 247 gerações? Então, desenhei um crucifixo, que se manteve vivo por 121 gerações. Será que isso queria dizer que o judaísmo sobreviveria ao cristianismo?". Logo, estava dando input em luas crescentes, estrelas e outros símbolos com diferentes significados. Os três — ou talvez os quatro, incluindo o Altair — estavam explorando juntos os mistérios do mundo das religiões e das nacionalidades. "Quem é que precisa de filosofia às 3 horas, bebendo? *Aquilo era um computador*. Aquilo estava lá", conclui.

Porém, Les Solomon tinha mais mágica para contar. Algumas de suas histórias eram tão extraordinárias que só uma pessoa avarenta de imaginação protestaria sobre sua improbabilidade. Houve uma época em que ele foi um explorador perseguindo um de seus hobbies, a arqueologia pré-colombiana. Passou muito tempo na floresta "andando com indígenas, cavando e chafurdando na poeira... você sabe, procurando coisas". Foi com esses índios, Les Solomon insistia, que aprendera o princípio vital da energia *vril*,* um poder que permite que você mova objetos enormes com pouquíssima força. Solomon acreditava que foi o poder da *vril* que

---

* Leia mais em <http://encyclopedia.thefreedictionary.com/Vril+(energy)>. (N.T.)

possibilitou aos egípcios a construção das pirâmides (talvez a *vril* fosse o poder de que Ed Roberts estava falando, quando percebeu que o Altair era capaz de dar às pessoas a força de 10 mil egípcios construtores de pirâmides). Segundo sua história, Solomon encontrou um venerável bruxo índio e perguntou a ele se poderia aprender a ter aquele poder. Será que o bruxo poderia ensiná-lo? E o bruxo concordou. Depois da noitada de bebedeira diante do programa *LIFE*, Solomon foi a uma reunião do Homebrew no SLAC na qual foi reconhecido como um convidado respeitável — a parteira do Altair de Ed Roberts. Depois do encontro, ele começou a contar aos hackers de hardware sobre a energia *vril*. Houve algum ceticismo.

Do lado de fora do SLAC, havia grandes mesas de piquenique cor de laranja com base de concreto. Solomon fez o pessoal do Homebrew colocar as mãos sobre uma delas e ele mesmo pôs as suas sobre o tampo. Segundo ele, bastava pensar para erguer a mesa do chão.

Lee Felsenstein descreveu o que se passou naquela noite: "Ele disse: 'Ok, vou mostrar a vocês...'. Nós estávamos atentos a tudo o que ele dizia e faríamos qualquer coisa. Umas seis pessoas cercaram a mesa e puseram as mãos sobre o tampo. Solomon pôs as suas em cima, apertou os olhos e disse: 'Vamos lá'. *E a mesa levantou uns 30 centímetros do chão*. Subiu com um movimento harmônico, elegante como uma onda senoidal. Não parecia pesada. Simplesmente *aconteceu*".

Tempos depois, até mesmo os participantes do episódio — menos Solomon — não tinham certeza de que aquilo realmente acontecera. Porém Felsenstein, vendo se fechar mais um capítulo do que era a tremenda novela de ficção científica da sua vida, compreendeu o impacto mítico do evento. Eles, os soldados do Homebrew Computer Club, tinham reunido seus talentos sob os princípios da Ética Hacker para trabalhar pelo bem comum. Era o ato de trabalhar em uníssono, mãos à obra, sem as dúvidas causadas pelo apego, o que fazia tudo acontecer. Os hackers do MIT descobriram que seu desejo de realizar os fazia persistir tão focados que as barreiras de segurança, exaustão ou seus limites mentais ficavam em segundo plano. Agora, no movimento para erradicar gerações centralizadoras e com o controle anti-hacker da indústria dos computadores, para mudar a visão do mundo sobre os computadores e as pessoas ligadas a essa tecnologia, a energia combinada dos hackers de hardware era capaz de tudo. Se eles não se apegassem, não se recolhessem dentro de si mesmos, não cedessem à força da ganância, poderiam fazer os ideais do hackerismo reverberar por toda a sociedade como uma pérola atirada em uma bacia de prata.

O Homebrew Club estava no topo da energia *vril*.

214   PARTE II   Os hackers do hardware

Capítulo 11
A LINGUAGEM TINY BASIC

Enquanto na década de 1970 a fome dos hackers de hardware para construir e aprimorar o Altair era tão insaciável quanto o mesmo desejo dos hackers do MIT em relação aos PDP de 1 a 6 na década de 1960, um conflito se desenrolava no Homebrew Computer Club. Esse embate tinha potencial para arrefecer o ímpeto idealista e retardar o processo de abertura de caminho com as próprias mãos que estava levando todos ao topo. No coração do problema, estava um dos fundamentos centrais da Ética Hacker: o livre fluxo de informações, especialmente daquelas que ajudavam os colegas hackers a compreender, explorar e construir sistemas. Antes, não havia muita dificuldade em conseguir essas informações dos outros. A "sessão de mapeamento" das reuniões do Homebrew era um bom exemplo — os segredos que as grandes empresas consideravam sua propriedade eram sempre revelados. Por volta de 1976, havia mais publicações sintonizadas no que estava se transformando em uma linha de montagem nacional de hackers de hardware — além da *PCC* e do jornal do Homebrew, já havia sido lançada a revista *Byte* em New Hampshire — em que era possível encontrar programas interessantes de linguagem, dicas de hardware e fofocas tecnológicas. As novas companhias formadas por hackers distribuíam esquemas de seus produtos no Homebrew sem se importar se os competidores teriam acesso a eles; e depois das reuniões no clube, quando iam para o The Oasis, os jovens funcionários de calça jeans das empresas discutiam abertamente sobre quantas placas haviam fabricado e sobre que produtos novos estavam trabalhando.

Depois veio o clamor em torno da Basic para o Altair.* Aquilo deu aos hackers de hardware uma pista sobre a nova fragilidade da Ética Hacker. E indicava que — como o poder do computador chegara a outras pessoas — outra filosofia menos altruísta poderia prevalecer.

Tudo começou como um típico golpe hacker. Entre os produtos que a Mits havia anunciado, mas ainda não tinha entregado a seus clientes, estava uma versão da linguagem Basic.** Das ferramentas, essa era a mais cobiçada porque, uma vez que você tivesse a Basic em seu Altair, o poder da máquina para implementar sistemas, para mover pirâmides mentais, aumentaria em "outra escala de magnitude", como dimensiona a expressão. Em vez de se dedicar à tarefa laboriosa de digitar programas em linguagem de máquina em fita de papel e então traduzir os sinais de volta (naquela época, muitos proprietários de Altair tinham instalado cartões de E/S que permitiam a conexão da máquina a teletipos e leitores de fitas de papel), era possível contar com uma maneira mais rápida para escrever programas úteis. Enquanto os hackers de software (e certamente os antigos fanáticos da linguagem de montagem como Gosper e Greenblatt) desdenhavam a Basic como uma linguagem fascista, para os hackers de hardware, tentando estender seus sistemas, aquela era uma ferramenta incrivelmente valiosa.

De início, o problema era que ninguém conseguia ter a Basic. Era bastante enlouquecedor porque supostamente a Mits tinha uma, embora ninguém no Homebrew a tivesse visto rodar.

Realmente, a Mits tinha uma Basic. A empresa dispunha da linguagem rodando desde o início da primavera de 1975. Logo depois de começar a entregar o Altair para os ávidos leitores da *Popular Electronics*, Ed Roberts recebeu um telefonema de dois estudantes chamados Paul Allen e Bill Gates.***

Os dois rapazes vieram de Seattle. Desde o ensino médio, eles vinham praticando o hackerismo; grandes empresas já haviam pagado os dois para fecharem contratos lucrativos de programação. Naqueles tempos, Gates, um menino magro, loiro que parecia ter ainda menos idade do que seus tenros anos, havia abandonado Harvard. Ele e Allen descobriram que havia algum dinheiro a ganhar fazendo interpretadores

---

*   Mais informações em <http://www.virtualaltair.com/virtualaltair.com/vac_Altair_Basic. asp>. (N.T.)

**   Leia mais em <http://en.wikipedia.org/wiki/Basic>. (N.T.)

***   Imagens antigas e atuais em <http://www.google.com/images?q=Paul+Allen+and+Bill+G ates&oe=utf-8&rls=org.mozilla:en-US:official&client=firefox-a&um=1&ie=UTF-8&sou rce=univ&ei=jd37S8_RIYL48AausuToBQ&sa=X&oi=image_result_group&ct=title&resn um=1&ved=0CCUQsAQwAA&biw=1676&bih=804>. (N.T.)

216   **PARTE II**   **Os hackers do hardware**

de linguagem de computador, como a Basic, para as novas máquinas que estavam sendo lançadas.

A reportagem sobre o Altair, embora não os tenha impressionado tecnicamente, tinha excitado os dois: estava claro que os microcomputadores eram a próxima grande coisa, e os dois queriam estar envolvidos em toda aquela história escrevendo a Basic para "a coisa". Tinham um manual explicando o conjunto de instruções para o chip 8080 e os esquemas do Altair publicados na reportagem da *Popular Electronics*; então, começaram a trabalhar em algo que se encaixasse em 4K de memória. Na verdade, era preciso escrever o interpretador em menos do que essa quantidade de código, já que a memória não seria usada somente para interpretar a Basic em linguagem de máquina, mas também haveria necessidade de espaço para o programa que o usuário escreveria. Não era fácil, mas Gates era um mestre na lapidação de código. Cortando muito e fazendo uso inovador do conjunto de instruções do 8080, eles achavam que estavam prontos. Quando ligaram para Roberts, não mencionaram que estavam chamando do telefone do dormitório de Gates na faculdade. Roberts foi cordial, mas os alertou de que outras pessoas estavam pensando sobre a Basic para o Altair; mesmo assim, a tentativa deles era bem-vinda. "Nós vamos comprar da primeira pessoa que aparecer aqui com ela", Roberts disse para eles.

Não muito depois, Paul Allen estava em um avião para Albuquerque com uma fita de papel contendo o que ele e seu amigo esperavam fosse capaz de rodar a Basic no Altair. Achou a Mits uma loucura. "As pessoas trabalhavam o dia inteiro, corriam para casa, comiam o jantar e voltavam", lembra Eddie Currie, executivo da Mits. "Você podia ir lá a qualquer hora do dia ou da noite e havia vinte ou trinta pessoas trabalhando, mais de um terço da força de trabalho, incluindo a manufatura. E se trabalhava sete dias por semana. Os funcionários foram seduzidos pela Mits porque estavam oferecendo computadores a pessoas que realmente apreciavam a máquina e as desejavam desesperadamente. Era uma grande e gloriosa cruzada."

Na época, somente um Altair da Mits tinha 4K de memória e quase nunca havia sido ligado. Quando Paul Allen instalou a fita no teletipo e o leitor começou a funcionar, ninguém sabia ao certo o que aconteceria. O que houve foi que o teletipo estava conectado e disse: PRONTO. Pronto para programar! Eles ficaram muito excitados. "Ninguém até então tinha visto a máquina fazer algo", relata Bill Gates.

A Basic estava longe de ser uma versão de trabalho, mas estava perto o bastante da conclusão, e suas rotinas eram suficientemente inteligentes para impressionar Ed Roberts. Ele contratou Allen e deu um jeito para Gates trabalhar desde Harvard e ajudar na tarefa. Quando, não muito depois, Gates desistiu da faculdade e voou para Albuquerque (nunca mais retornaria), ele se sentiu atônito como se fosse Picasso diante de um mar de telas em branco — ali estava um ótimo computador sem utilidade. "Eles não tinham nada!", contou depois de anos de espanto. "Quero dizer, o lugar não era sofisticado, muito diferente da área de software. Nós reescrevemos o montador, reescrevemos o carregador... reunimos uma biblioteca de software. Era quase tudo lixo, mas as pessoas se divertiam usando 'a coisa'."

A diferença entre a biblioteca de software de Gates-Allen e a que ficava na gaveta do PDP-6 ou a do Homebrew Club é que a primeira estava exclusivamente à venda. Nem Bill Gates nem Ed Roberts acreditavam que o software fosse um tipo de material sagrado, ou seja, para ser passado adiante como se fosse tão sacrossanto que não pudesse ser vendido. Aquilo representava trabalho, assim como hardware, e a Basic para o Altair estava listada no catálogo da Mits como qualquer outro produto.

Enquanto isso, a fome do Homebrew por uma Basic para o Altair estava se tornando insuportável. Isso ficava visível porque alguns integrantes do clube eram perfeitamente capazes de escrever interpretadores, e alguns realmente já faziam isso. Outros, no entanto, haviam encomendado a Basic para o Altair e aguardavam impacientemente a entrega, do mesmo modo como já haviam aguardado outros produtos da Mits. A paciência com a Mits estava se esgotando, principalmente depois do fracasso das placas de memória dinâmica que Roberts insistia que funcionaria, mas nunca deu certo. As pessoas que se queimaram comprando essas placas começaram a escarnecer e esbravejar quando ligavam para a Mits, especialmente depois que o próprio Roberts, conquistador do legendário status de gênio recluso que nunca saía de Albuquerque, começou a ser adjetivado de ganancioso e também de louco pelo poder inimigo da Ética Hacker. Havia rumores até de que desejava mal para seus competidores. A adequada resposta dos hackers para os concorrentes era entregar-lhes seu plano de negócios e informações técnicas porque assim eles seriam capazes de fabricar produtos melhores e o mundo de um modo geral avançaria. Jamais agindo como Ed Roberts fizera na Primeira Convenção Mundial do Altair,* realizada em Albuquerque um ano depois que as máquinas foram lançadas. O cheio de vontades presidente da Mits recusou-se a vender estandes de exposição para os concorrentes e, de acordo com alguns, teve um ataque de fúria quando soube que empresas como a Processor Technology, de Bob Marsh, haviam alugado quartos no hotel do evento e estavam entretendo clientes potenciais.

Portanto, quando a Caravana da Mits chegou ao Rickeys Hyatt House em Palo Alto em junho de 1975, o palco estava montado para o que alguns classificaram de crime

---

* Mais informações em <http://www.atarimagazines.com/creative/v10n11/17_The_Altair_story_early_d.php>. (N.T.)

218 **PARTE II Os hackers do hardware**

e outros, de libertação. A "Caravana" foi uma inovação de marketing da Mits. Alguns dos engenheiros da empresa viajavam em um trailer, apelidado de Mitsmóvel, de cidade em cidade, ligando o Altair em quartos de motel e convidando as pessoas para conhecerem aquele fantástico computador de baixo custo. A maioria da audiência era de gente que havia comprado o Altair e queria saber quando seriam entregues. Pessoas que já estavam com o equipamento queriam saber onde haviam errado na hora da montagem do monstro. Quem tinha comprado as placas de memória da Mits queria saber porque elas não funcionavam. E, por fim, quem havia encomendado a Basic para o Altair queria saber o motivo de ainda não ter recebido a linguagem.

A turma do Homebrew Computer Club estava a todo vapor quando a Caravana chegou à convenção no início de junho de 1975, e os hackers ficaram espantados quando viram que o Altair em demonstração estava rodando a Basic. A máquina estava conectada a um teletipo que tinha um leitor de fita de papel e, uma vez carregada, qualquer um podia digitar comandos e obter respostas imediatas. Parecia uma dádiva divina para aqueles hackers que já haviam enviado centenas de dólares a Mits e estavam aguardando a Basic com impaciência. Não há nada mais frustrante para um hacker do que ver uma extensão de sistema e não poder colocar as mãos sobre ela. Para aqueles hackers, a ideia de voltar para casa e para um Altair sem a mesma capacidade instalada daquele computador rodando nos pseudoluxuosos confins do hotel Rickeys Hyatt era pior do que uma sentença de prisão. Anos mais tarde, Steve Dompier descreveu cuidadosamente o que aconteceu em seguida: "Alguém, eu acho que ninguém sabe exatamente quem, emprestou uma das fitas de papel da Mits que estavam caídas no chão". A fita de papel em questão continha a versão da Basic para o Altair, escrita por Bill Gates e Paul Allen.

Dan Sokol também lembra que alguém se aproximou dele e, percebendo que trabalhava para uma empresa de semicondutores, perguntou se havia algum jeito de duplicar uma fita de papel. Sokol disse "sim" e conseguiu uma máquina de copiar fitas de papel. A cópia foi feita.

Sokol tinha todo tipo de motivo para aceitar o comprometimento de duplicar a fita. Ele achava que o preço da Mits para a Basic do Altair era excessivo; considerava a empresa gananciosa. Tinha ouvido o rumor de que Allen e Gates haviam escrito o interpretador em um enorme sistema de computador pertencente a uma instituição cofundada pelo governo e, assim, achava que o programa pertencia a todo cidadão pagador de impostos. Sabia que muita gente havia pagado a Mits pelo produto com antecedência, e, se conseguissem uma cópia antes, o fato não prejudicaria financeiramente a empresa. Mas, acima de tudo, parecia certo fazer a cópia. Por que deveria existir uma barreira de propriedade entre um hacker e uma ferramenta para explorar, aperfeiçoar e construir sistemas?

A linguagem Tiny Basic

Armado com essa racionalidade filosófica, Sokol levou a fita para a empresa em que trabalhava, sentou em um PDP-11 e rodou as cópias. Correu tudo bem na reprodução e na reunião seguinte do Homebrew Computer Club, ele apareceu com uma caixa cheia delas. Cobrou o que, para os hackers, era o preço correto: nada. A única obrigação estipulada foi que, se você pegasse uma cópia, na próxima reunião, tinha que trazer duas cópias. E doá-las. As pessoas agarraram as cópias e não só trouxeram cópias no próximo encontro, como também enviaram algumas para outros clubes de hackers. Dessa forma, essa primeira versão da Basic para o Altair entrou em livre circulação antes mesmo de ser lançada oficialmente.

No entanto, houve dois hackers que estavam bem longe de se deliciar com essa demonstração de cooperação e compartilhamento — Paul Allen e Bill Gates. Eles venderam a Basic para a Mits ganhando *royalties* por cópia comercializada, e a ideia das comunidades de hackers fazendo reproduções e as distribuindo alegremente de graça não lhes pareceu utópica. Parecia mais com roubo. Bill Gates também ficou chateado porque a versão que aquela gente estava trocando tinha falhas que ele ainda estava corrigindo. De início, achou que as pessoas comprariam a versão depurada. Porém, mesmo depois que a Mits lançou a Basic corrigida, ficou claro que os usuários do Altair não estavam comprando tantas cópias como poderiam, caso já não contassem com a Basic "pirateada". Aparentemente, estavam lutando com as falhas ou, o mais provável, estavam eles mesmos investindo tempo à moda antiga dos hackers para depurar a linguagem. Gates estava ainda mais aborrecido. Quando David Bunnell, que então editava o novo jornal da Mits chamado *Altair Users' Newsletter*, perguntou a ele o que pretendia fazer em relação àquilo; Gates, do alto de seus 19 anos e imbuído da arrogância derivada da virtuosidade técnica e da falta de tato social, respondeu que talvez escrevesse uma carta. Bunnell prometeu que publicaria o texto endereçado aos encrenqueiros.

Então, Gates escreveu sua carta, e Bunnell não apenas a publicou no jornal da Mits, mas também a enviou para outras publicações, inclusive, para o newsletter do Homebrew Computer Club. O documento, intitulado "Carta Aberta aos Hobbystas", explicava que, enquanto ele e Allen haviam recebido centenas de retornos positivos pelo interpretador, a maioria das pessoas que os elogiava não havia pagado pelo software. A carta foi rápida e diretamente ao ponto:

> "Por que isso? Como a maioria dos hobbystas deve saber, muitos de vocês roubaram esse software. O hardware deve ser pago, mas o software é algo para ser compartilhado. Quem é que liga se as pessoas que trabalharam nele vão receber?"

---

* Mais informações e o fac-símile da carta em <http://www.lettersofnote.com/2009/10/most-of-you-steal-your-software.html>. (N.T.)

220   **PARTE II   Os hackers do hardware**

Gates prosseguiu explicando que esse "roubo" de software estava impedindo que programadores talentosos escrevessem para máquinas como o Altair. "Quem pode fazer trabalho profissional por nada? Qual é o hobbysta que pode colocar três homens trabalhando por um ano na programação, encontrando falhas, documentando o produto e distribuí-lo gratuitamente?"

Embora bastante apaixonada, a carta, cuidadosamente editada por Bunnell, estava longe de ser uma cantilena. Porém, todo o inferno se abriu na comunidade hacker. Ed Roberts, embora concordasse filosoficamente com Gates, não podia ajudar, pois percebeu os maus sentimentos no ambiente. Ficou chateado que Gates não o tivesse consultado antes de publicar a carta. A Southern California Computer Society* ameaçava processar Gates por chamar os hobbystas de "ladrões". Gates recebeu entre trezentas e quatrocentas cartas e apenas cinco ou seis delas continham o pagamento voluntário que ele havia sugerido que os donos da versão pirateada da Basic lhe enviassem. Muitas das cartas eram bastante negativas. Hal Singer, editor da *Micro-8 Newsletter,*** que recebeu a carta de Gates por entrega especial, escreveu que "a ação mais lógica a adotar é jogar fora o papel e esquecer o assunto".

Contudo, "a batalha do software", como o episódio ficou conhecido, não era fácil de esquecer. Quando os hackers do MIT escreviam software e deixavam na gaveta para que os outros pudessem usar e aprimorar o programa, eles não estavam sob a tentação dos royalties. O *Spacewar,* de Slug Russell, por exemplo, não tinha mercado (havia apenas cinquenta PDP-1 montados, e as instituições donas deles não gastariam dinheiro para comprar um jogo espacial). Com o crescimento do número de computadores em uso (não apenas os Altairs, mas também outros modelos), um bom software se tornara algo que podia render uma quantia significativa de dinheiro — mesmo que os hackers não considerassem muito essa possibilidade em sua província antes de piratear um programa. Ninguém parecia se opor ao fato de que o autor de um software deveria receber por seu trabalho — nem mesmo os hackers queriam deixar fluir a ideia de que os programas pertencem a todos. Mas isso estava bem longe do sonho hacker de desapego.

Steve Dompier achava que Bill Gates estava simplesmente se lamentando: "Ironicamente, a reclamação de Bill sobre pirataria não deteve nada. As pessoas ainda acreditam que, 'se você conseguiu aquilo, pode fazer rodar'. É como segurar a música que está no ar. A Basic espalhou-se por todo o país, por todo o mundo. E isso ajudou

---

*   Mais informações em <http://www.atariarchives.org/deli/entering_the_store_age.php>. (N.T.)
**   Leia mais em <http://en.wikipedia.org/wiki/Open_Letter_to_Hobbyists#cite_note-Micro-8_Mar_1976-22>. (N.T.)

Gates — todo mundo tinha a Basic para o Altair, sabia como funcionava e sabia corrigi-la, o que significa que, quando outras companhias precisavam de uma Basic, procuravam a empresa de Gates. A linguagem tornou-se um padrão de fato".

As pessoas associadas ao Homebrew Computer Club tentaram fazer uma conciliação para entrar nessa nova era; admitiam que os softwares conquistaram valor comercial, mas não queriam abrir mão dos ideais hackers. Uma forma de fazer isso era escrever programas com o intuito específico de distribuí-los de maneira informal — e quase legal —, um tipo de esquema "distribua entre os amigos". Assim, o software continuaria a se expandir como um processo orgânico em uma jornada infinita de contínuos aperfeiçoamentos.

O melhor exemplo desse processo orgânico veio da proliferação dos interpretadores da Tiny Basic.* Quando Bob Albrecht, da *PCC*, olhou pela primeira vez para seu Altair, imediatamente percebeu que o único modo de programá-lo, então, era com a pesada linguagem de máquina do chip 8080. Ele também viu quão limitada era a memória. Então, foi conversar com Dennis Allison, um membro do conselho da *PCC* que ensinava Ciência da Computação em Stanford, e lhe pediu para rascunhar uma Basic despojada, que fosse fácil de usar e não ocupasse muita memória. Allison escreveu a estrutura de um possível interpretador, chamando seu artigo de "projeto participativo" e solicitando ajuda de todos interessados em desenvolver "uma linguagem Basic mínima para programas simples". Anos mais tarde, Allison, lembra a reação em relação a seu artigo publicado na *PCC*: "Três semanas depois nós recebemos as respostas, incluindo uma enviada por dois rapazes do Texas que haviam escrito uma linguagem inteira, correta e depurada, chamada Tiny Basic, com um completo código-fonte em octal. A dupla do Texas tinha colocado uma Basic em 2K de memória e a enviado — simples assim — para ser publicada na *PCC*. Albrecht respeitou o compromisso, publicou tudo e, em algumas semanas, os proprietários de Altairs começaram a enviar "relatos de falhas" e sugestões de aperfeiçoamentos. Isso foi antes da existência das placas de E/S para o Altair; os leitores da *PCC* tinham que programar manualmente os 2 mil números nos pequenos botões frontais da máquina e repetir o processo toda vez que ligavam o computador.

Inúmeros hackers inundaram a *PCC* com novos dialetos para a Tiny Basic e com programas interessantes escritos na nova linguagem. Albrecht, sempre mais planejador do que um hacker, ficou preocupado que a divulgação de toda aquela quantidade de código pudesse tornar o jornal muito técnico. Então, teve a ideia de editar

---

* Mais informações em <http://users.telenet.be/kim1-6502/tinybasic/tbum.html>. (N.T.)

PARTE II   Os hackers do hardware

uma ramificação temporária da *PCC*, chamada *Tiny Basic Journal*. No entanto, a procura foi tão grande que ele percebeu que havia demanda para uma publicação inteiramente dedicada ao software. Albrecht chamou Jim Warren para editá-la.

Warren era o estudante de Ciência da Computação corpulento e aguerrido que se recusava a ir ao The Oasis depois das reuniões do Homebrew porque não suportava a fumaça dos cigarros. Era um veterano da Universidade Livre (currículo aberto) de Midpeninsula. Além disso, tinha várias graduações acadêmicas, oito anos de experiência como consultor em computação e era o coordenador de vários grupos de interesse da Association for Computer Machinery. A *PCC* ofereceu-lhe um salário de 350 dólares por mês, e ele aceitou na hora. "Parecia que ia ser bem divertido", explicou. Sabendo da existência de militantes contra a Basic, insistiu para que a publicação não se limitasse a essa linguagem. O objetivo era tratar de software de um modo geral para ajudar todos aqueles hackers de hardware que haviam montado suas máquinas e desejavam agora as dicas de encantamento para mover os bits dentro delas.

O próprio nome do jornal já era indicativo da atmosfera em torno da *PCC* e do Homebrew naquela época: como a Tiny Basic economizava bytes de memória, a publicação foi chamada de *The Dr. Dobb's Journal of Computer Calisthenics and Orthodontia... Running Light Without Overbyte*[*] (em tradução livre, O Jornal do Dr. Dobb para a Beleza Física e Dental do Computador... Acendendo as Luzes Sem Gastar Bytes). Por que não?

O *Dr. Dobb's Journal (DDJ)*[**] trataria, segundo Warren no editorial da primeira edição, dos "softwares gratuitos ou bem baratos". Em uma carta enviada para explicar a publicação, ele elaborou o conceito: "Existe uma alternativa viável para os problemas levantados por Bill Gates em sua carta irada aos hobbystas dos computadores a respeito do 'roubo' de software. Quando o programa é gratuito ou tão barato que é mais fácil pagar do que reproduzi-lo, então, ele não será 'pirateado'".

Warren via o *DDJ* como o estandarte do sonho hacker. Queria que a publicação fosse a central de intercâmbio de montadores, depuradores, programas gráficos e de música. Também desejava que o jornal tivesse o papel de "meio de comunicação e agitador intelectual". Mas tudo estava acontecendo tão depressa em 1976 que, quase sempre, as novidades que ouvia sobre hardware ou as soluções de software encontradas não podiam esperar por publicação. Em geral, ele corria para a próxima reunião do Homebrew — em que se tornou uma figura familiar —, levantava e divulgava todas as notícias que haviam acabado de chegar à sua mesa no *DDJ*.

---

[*] *Overbyte*, no título, faz jogo de palavras com *overbite*, que significa má oclusão dentária. (N.T.)
[**] Mais informações em <http://en.wikipedia.org/wiki/Dr._Dobb%27s_Journal#Origins>. (N.T.)

No entanto, a campanha verbal de Warren em favor de uma abordagem de domínio público para o software não era a única ação em curso. Talvez a resposta dos hackers mais característica, diante da ameaça de a comercialização mudar o espírito da comunidade, tenha vindo de um inflexível mago do software chamado Tom Pittman. Ele não estava envolvido em nenhum dos grandes projetos em desenvolvimento no Homebrew naquele momento. Ele era representante de um grupo de hackers de meia-idade que gravitava no clube e tinha orgulho de estar associado com a revolução dos computadores, mas tirava tanto prazer pessoal da atividade hacker que se mantinha em silêncio e sem interação. Pittman tinha a mesma idade de Felsenstein e cursara Berkeley na mesma época, mas nunca viveu o turbilhão interno do outro.

Pittman vinha frequentando o Homebrew desde a primeira reunião e, sem fazer muita força para se comunicar, tornou-se conhecido como um dos mais puristas e comprometidos engenheiros do clube. Ele era magro, usava óculos grossos e tinha um sorriso largo e aberto, que, apesar da óbvia timidez, sinalizava que sempre quis participar dos debates em torno de hardware. Construiu um improvável e útil sistema de computador com base no pouco poderoso chip 4004 da Intel* e durante algum tempo manteve o banco de dados do Homebrew nele. Tinha um prazer perverso em causar o espanto das pessoas ao lhes contar o que havia feito com o sistema, conseguindo que realizasse tarefas além de seus limites teóricos.

Ele sonhava em ter o próprio computador desde os tempos de colégio no início da década de 1960. Toda sua vida ele foi, em suas próprias palavras, "mais um fazedor do que um observador", mas trabalhava sozinho, em um mundo privado reassegurado pela lógica da eletrônica. "Eu nunca fui muito aberto ao padrão de pensamento das outras pessoas", ele diz. Ia à biblioteca retirar livros sobre um assunto, lia tudo e depois voltava para pegar outros. "Eu não conseguia continuar a ler, se não deixasse o livro e começasse a *fazer* coisas — pelo menos, dentro da minha cabeça."

Quando entrou em Berkeley, ele já havia feito cursos técnicos em todo tipo de tema relacionado à matemática e engenharia. Seu curso favorito no ano de calouro foi Análise Numérica. Enquanto o Movimento da Livre Expressão palpitava em torno dele, Pittman debatia-se alegremente com um problema no laboratório do curso, espancando cada dilema matemático até que caísse ao chão e pedisse misericórdia. Mas ficava muito aborrecido com a parte explanativa do curso; nada lhe parecia

---

* Mais informações em <http://www.google.com.br/search?q=Intel+4004+chip&hl=en&client=firefox-a&rls=org.mozilla:en-US:official&prmd=i&source=lnt&tbs=tl:1&ei=F-77S7ieDcL-8Abgq8DfBQ&sa=X&oi=tool&resnum=3&ct=tlink&ved=0CAkQpwU>. (N.T.)

interessante ali. Sua nota em Análise Numérica ficou dividida entre um "A" no laboratório e um "F" na parte explanativa. E teve os mesmos resultados quando repetiu as aulas. Talvez não estivesse destinado a se encaixar na estrutura organizada de uma universidade.

Então, Pittman encontrou a saída. Um simpático professor o ajudou a conseguir um emprego no laboratório do Departamento de Defesa em São Francisco. Ele trabalhava lá com computadores, ajudando em simulações para mensurar os efeitos hipotéticos da radiação em explosões nucleares. Não tinha nenhum problema ético com esse emprego. "Sendo basicamente insensível a questões políticas, eu nunca nem mesmo me dei conta", assegura. Sua fé como cristão devoto o levou a se declarar um "semipacifista". Anos depois, explicou: "Ou seja, eu desejava servir, mas não desejava matar as pessoas. Eu trabalhei no laboratório para servir meu país. E me diverti muito".

Ele deu boas-vindas à oportunidade de se tornar um viciado em computadores. Já que seu trabalho encerrava oficialmente às 18 horas, continuava a trabalhar até bem mais tarde, desfrutando a paz de estar sozinho ali. Trabalhava até perto da exaustão. Uma noite, dirigindo de volta para East Bay, adormeceu na direção e foi acordar em cima de uma roseira no acostamento. Aprendeu tão bem o sistema do laboratório, que se tornou o hacker não oficial; toda vez que alguém tinha um problema com a máquina, chamava Pittman. Ficou desolado quando, depois do final da guerra e da redução das verbas da defesa, o laboratório foi fechado.

No entanto, naquele momento, a possibilidade de montar seu próprio computador havia se materializado. Procurou a Intel, fabricante do primeiro microprocessador, o chip 4004, e se ofereceu para escrever um montador. Em troca, receberia as partes para construir seu computador. Esgrimindo o código como um mestre, ele fez um montador compacto e depois escreveu um depurador em troca de mais peças. As pessoas da Intel começaram a mandar para Tom todos os compradores do 4004 que precisavam de programação específica. Quando começou a frequentar as reuniões do Homebrew, havia se mudado para San Jose e já tinha feito consultoria o bastante para o próprio sustento e o de sua mulher — que aceitava de má vontade seu fanatismo pelos computadores.

Pittman estava fascinado pela fraternidade tecnológica do Homebrew, mas não estava entre aqueles que consideravam a possibilidade de abrir seu próprio negócio, como fizera Bob Marsh com sua Processor Technology. Tampouco pensava em trabalhar em uma daquelas empresas iniciantes cheias de energia e vitalidade. "Eu nunca congreguei com ninguém ali. As pessoas não me conheciam — sou um solitário.

A linguagem Tiny Basic

Além disso, não tinha capacidade gerencial. Sou mais uma pessoa de software do que um engenheiro eletrônico", afirma.

No entanto, depois da "batalha do software", deflagrada pela carta de Bill Gates, decidiu agir publicamente. "Gates estava reclamando pelo roubo, e as pessoas estavam dizendo 'Se você não cobrasse 150 dólares, eu compraria o software'. Eu decidi provar isso." Pittman estava acompanhando as notícias sobre a Tiny Basic no *Dr. Dobb's Journal* e tinha entendido as diretrizes para escrever uma Basic. Percebeu que havia novos modelos de computadores, concorrentes da Mits, sendo lançados com base no chip 6800 da Motorola em vez do Intel 8080 e que não existia um interpretador da Basic para rodar neles. Então, ele decidiu escrever um interpretador da Tiny Basic para o 6800 e vender por 5 dólares, uma fração do preço da Mits, para ver se as pessoas comprariam o produto no lugar de roubá-lo.

Como verdadeiro hacker, Pittman não estava satisfeito em rodar somente um tipo de Tiny Basic: era prisioneiro da besta que chamava de "a horrenda criatura dos diferenciais", que parava atrás dos ombros de todo hacker, cutucando-o nas costas e exigindo "Mais recursos!" e "Faça isso melhor!". Ele tornou real aquilo que muita gente pensava ser impossível em uma linguagem "despojada" — como um espaço para inserir observações úteis e a utilização de um conjunto completo de comandos. Em dois meses, tinha o interpretador pronto para rodar e teve sorte por vendê--lo para a AMI por 3.500 dólares sob a condição de que a comercialização não fosse exclusiva da empresa. Pittman ainda queria tentar vender o interpretador por 5 dólares para os hobbystas.

Ele publicou um anúncio na revista *Byte* e, depois de alguns dias, tinha 50 dólares na caixa postal. Algumas pessoas mandaram 10 dólares ou mais, dizendo que cinco era muito pouco. Outros enviavam 5 dólares com um bilhete, afirmando que nem era preciso remeter o interpretador — já tinham copiado de um amigo. Pittman seguiu postando as cópias; os custos somavam 12 centavos pela fita de papel mais 50 centavos para reproduzir o manual que havia escrito. Sentava à noite no sofá de sua casa modesta, ouvindo a estação de rádio cristã de San Jose ou uma fita cassete dos pregadores reunidos em conferência, e embalava as fitas de papel, desenvolvendo a habilidade de deixar todo pacote com 20 centímetros. Ia depois ao correio e despachava as encomendas. Era tudo feito à mão com a ajuda de sua esposa, que continuava cética a respeito da empreitada.

Foi um triunfo do hackerismo, mas Pittman não parou ali. Queria contar às pessoas sobre aquilo, mostrar-lhes o exemplo de como poderiam se desenvolver. Mais tarde, fez uma apresentação em uma reunião do Homebrew e, quando foi para a frente do auditório, Felsenstein viu que seu corpo estava duro de tensão. Por isso, tentou

226   **PARTE II   Os hackers do hardware**

relaxá-lo: "Eles o chamam de pequeno Tom Pittman, mas você não é realmente baixinho. Por que esse apelido?", brincou. Pittman, desacostumado da exposição pública, não respondeu com mais do que uma risada. Conforme começou a falar, no entanto, ganhou força, virando e desvirando o corpo, balançando os braços no ar para chamar atenção para a questão do software gratuito. Havia certa poesia em tudo aquilo; um técnico normalmente taciturno falando de coração aberto sobre um tema que obviamente o interessava muito — o livre fluxo da informação.

Logo depois da Tiny Basic, ele deu um passo adiante, anunciando sua intenção de escrever uma Fortran para microcomputadores e vendê-la por 25 dólares. Era para ser outra empreitada entusiasmada de tempo integral e ainda estava trabalhando nela quando, como Pittman explicou depois, "minha viúva do computador me deixou. Ela decidiu que não queria mais ser casada com um viciado".

Era um golpe que muitos associados do Homebrew — aqueles que, a princípio, haviam conseguido convencer uma mulher a casar com um viciado em computadores — experimentavam. "Eu diria que a taxa de divórcio entre nós era de quase 100% — com certeza, no meu caso", disse Gordon French. Nada disso tornou as coisas mais fáceis para Pittman. Ele estava sem energia para terminar a Fortran. Refletiu muito sobre a devoção que havia dedicado à máquina, qual era a origem daquilo e sentou para escrever. Dessa vez, não em linguagem de máquina, mas em linguagem humana.

Chamou o ensaio de *Deus Ex Machina* or *The True Computerist* (em tradução livre, *O Deus Saído da Máquina ou o Verdadeiro Hacker*). Era uma explanação sobre o que une os hackers de hardware do Vale do Silício aos hackers da Inteligência Artificial de Cambridge. Escreveu sobre o que sente uma pessoa ao atuar como hacker: "Naquele instante, como cristão, eu poderia sentir parte da satisfação de Deus quando Ele criou o mundo". Seguiu em frente e chegou ao credo dos hackers — do hacker de hardware — que inclui alguns "mandamentos de fé" (para o pessoal do Homebrew) como[1]:

> "O computador é mais interessante do que muitas pessoas. Eu amo passar o tempo com meu computador. É divertido escrever programas nele, brincar com jogos nele e construir novos dispositivos para a máquina. É fascinante tentar entender que parte do programa está rodando pelo modo que as luzes piscam ou pelos ruídos emitidos. É melhor do que as conversas maçantes de todo dia.

---

* No teatro, a expressão *deus ex machina* significa um recurso inverossímel utilizado por um autor para encerrar um espetáculo ou resolver questões ainda pendentes na trama. (N.T.)

O computador precisa só de um pouco mais de (memória) (velocidade) (periféricos) (Basic melhor) (CPU mais nova) (redução do barulho no barramento) (depuração do programa) (editor mais poderoso) (maior fonte de energia) antes de fazer isso ou aquilo.

Não há necessidade de comprar esse pacote de software ou aquela placa de circuito; eu posso fazer o design de uma melhor.

Nunca falte a uma reunião do clube. É onde tudo acontece. Os novos, suculentos e pequenos bits, os como-consertar para problemas que me amolaram nas últimas duas semanas... essa é a vida real! Além disso, eles podem estar distribuindo algum software de graça."

O tom de Pittman mudou a partir daí. Ele se forçava para ser exceção nesses mandamentos, testemunhando que "havia estado lá" e repartido os problemas com eles, os hackers. Ponto a ponto, demonstrou a loucura do hackerismo e concluiu o texto: "Agora o computador saiu da cova e entrou na sua vida para o resto de seus dias. Consumirá todo o seu tempo livre e até suas férias, se você deixar. Vai esvaziar sua carteira e bloquear seus pensamentos. Vai roubá-lo de sua família. Seus amigos vão começar a dizer que você é chato. E tudo isso para quê?".

Abalado pelo fim de seu casamento, Tom Pittman decidiu mudar de hábitos. E mudou. Depois, descreveu a transformação: "Eu tiro um dia de folga hoje. Não ligo o computador aos domingos".

"Nos outros seis dias, trabalho como um cão!"

Lee Felsenstein estava ganhando confiança e propósito em seu papel de mestre de cerimônias do Homebrew Computer Club. Seu desejo expresso era possibilitar que o clube se desenvolvesse como uma comunidade anarquista, uma sociedade de pessoas unidas à revelia pela luta revolucionária — soubessem disso ou não. Conseguia ver o que Moore e French não conseguiram: para obter o máximo efeito político na guerra dos hackers de hardware contra as forças diabólicas da IBM e dos outros Grandões, a estratégia devia refletir o espírito do hackerismo. Em outras palavras, o clube nunca poderia ser administrado como uma burocracia formal.

Se ele quisesse um mapa para o fracasso, bastava olhar para o Sul, para a Southern California Computer Society (SCCS). Formada pouco depois das primeiras reuniões do Homebrew, a SCCS tirou vantagem por estar localizada em uma área com alta concentração de hobbystas (quase todos os contratantes da área de defesa concentravam-se no Sul da Califórnia) e rapidamente reuniu *8 mil* associados. Seus líderes não estavam satisfeitos com a mera troca de informações: vislumbravam planos comerciais para o grupo, uma revista de circulação nacional e um poder de influência que faria os hobbystas ditarem os termos do crescimento da indústria dos microcomputadores. O Homebrew não tinha um comitê central para ditar metas e diretrizes; não havia exigências para a afiliação — somente a sugestão de uma contribuição anual de 10 dólares para suportar a publicação modesta do clube. A SCCS, no entanto, tinha um quadro formal de diretores cujos encontros regulares eram marcados por debates ácidos sobre O Que O Clube Deve Ser. Não demorou muito e a associação estava lançando uma revista sofisticada, tinha um grupo crescente de compradores de programas (cerca de 40 mil dólares por mês) e, significativamente, mudou o nome para *National* Computer Society.

Bob Marsh, negociando as placas da Processor Technology, sempre voava para participar das reuniões burocráticas da SCCS e teve até assento no conselho por alguns meses. Um dia, descreveu a diferença entre os dois grupos: "Homebrew era um lugar onde as pessoas se reuniam quinzenalmente como por mágica. Nunca foi uma organização. Mas a SCCS era. Os caras ali eram megalomaníacos. A politicagem era terrível e acabou por arruiná-la". De algum modo, os detalhes nunca vieram à tona, uma enorme quantia de dinheiro foi mal alocada no esquema comercial. O editor que fora contratado sentiu-se no direito de romper com a associação e foi embora cuidar da publicação da revista sofisticada (ainda com o título *Interface Age*); o que resultou em um processo. As reuniões do conselho tornaram-se incrivelmente tempestuosas, e os maus fluidos espalharam-se para os encontros dos associados. Por fim, a associação acabou.

Embora os planos de Felsenstein não fossem menos ambiciosos do que os dos líderes da SCCS, ele percebera que aquela guerra não podia ser lutada com a estratégia burocrática do "siga o líder". Estava completamente satisfeito em contar com um exército de Bob Marshes e Tom Pittmans, pessoas mudando o mundo com a entrega de produtos úteis e manufaturados no espírito do hackerismo, e também com os outros que seguiam em frente, sendo hackers. A meta real era a distribuição massiva do encantamento que Lee Felsenstein sentia no monastério do seu porão. Um ambiente indutor do Imperativo do Mãos à Obra. Como ele declarou em uma conferência do Institute of Electrical and Electronic Engineers em 1975:

> "A abordagem industrial é um equívoco e não funciona: o lema deles é 'Design de Gênio para Tolos' e a senha para lidar com o público leigo, sem treinamento e sem conhecimento é MANTENHA AS MÃOS LONGE!... A abordagem convivial que sugiro baseia-se na capacidade do usuário de aprender e obter algum controle sobre a ferramenta. O usuário terá que investir algum tempo para se familiarizar com o equipamento. Terá que tornar isso possível e não fatal nem para o equipamento nem para ele."

A linguagem Tiny Basic

O equipamento a que Felsenstein referia-se era o terminal Tom Swift que ainda não estava pronto em 1975. Mas estava quase. Bob Marsh, ávido por ampliar o escopo de sua efervescente Processor Technology, ofereceu a Felsenstein um acordo irrecusável: "Vou pagar você pelo design da parte de vídeo do terminal Tom Swift". Soou tudo certo para Felsenstein, que há algum tempo já vinha fazendo esquemas e documentação para a empresa de Marsh, que em seu primeiro ano de atuação aderia à Ética Hacker. A companhia distribuía esquemas e código-fonte de software, de graça ou pelo custo nominal (em parte como reação ao alto preço da Basic da Mits, a Processor Technology desenvolveu a sua própria linguagem e a vendia, junto com o código-fonte, por 5 dólares). Por um período, a companhia tinha uma estrutura salarial socializante, pagando 800 dólares por mês para todos os funcionários: "Nós não prestávamos muita atenção a lucros nem a quase nenhum tipo de gerenciamento".

Felsenstein não era um funcionário, preferindo trabalhar por contrato individual. "Eu dava um preço por contrato", lembra, "e eles multiplicavam por dez. Minha contribuição de tempo era pequena — em proporção ao dinheiro."

Em menos de três meses, ele tinha feito um protótipo operacional. Seu módulo de display de vídeo (Video Display Module — VDM)[*] seguia uma filosofia diferente do que a outra placa de vídeo para o Altair, O Hipnotizador da Cromenco.[**] O Hipnotizador era colorido e produzia seus efeitos piscantes acessando constantemente a memória do chip principal do Altair (ou de qualquer um dos novos computadores que usavam um barramento de hardware similar). Steve Dompier gostava de usar o seu Hipnotizador quando rodava a Basic: a memória do computador a cada momento jogava na tela padrões com um efeito visual parecido com o do teste Rorschach[***] — uma resposta críptica que dava pistas sobre a operação do programa, muito parecida com a impressão auditiva oferecida pela memória do TX-0 zumbindo nos alto-falantes sob o console.

O módulo de display de vídeo de Felsenstein, porém, era um equipamento muito mais focado, cujo design fora feito tendo em mente a possível ressurreição da Community Memory. A imagem na tela era em preto e branco, e, em vez de usar pontos, o vídeo de fato apresentava caracteres alfanuméricos (Felsenstein considerou a

---

[*]   Leia mais em <http://www.pc-history.org/sol.htm>. (N.T.)

[**] Veja imagens em <http://www.google.com/images?q=Cromemco+Dazzler&hl=en&client =firefox-a&hs=8uw&rls=org.mozilla:en-US:official&source=lnms&tbs=isch:1&ei=LfD7 S6G-LoT68Aac1bTWBQ&sa=X&oi=mode_link&ct=mode&ved=0CAYQ_AU&prmdo =1&biw=1676&bih=805>. (N.T.)

[***] Veja imagens em <http://www.google.com.br/images?hl=pt-br&biw=1676&bih=805&q= teste%20Rorschach&wrapid=tlif130106996331411&um=1&ie=UTF-8&source=og&sa =N&tab=wi>. (N.T.)

possibilidade de adicionar uma alternativa — hexagramas como os do I Ching —, mas a ideia foi arquivada por alguma razão desconhecida). O ponto mais inteligente sobre o VDM de Felsenstein, no entanto, era o modo com que utilizava a velocidade do novo microprocessador para permitir que a memória da máquina fosse compartilhada pelas tarefas do computador e pelas tarefas do vídeo. Funcionava como um minissistema de compartilhamento de tempo, no qual os dois usuários eram o monitor de vídeo e o computador. O VDM, junto com um Altair e outros cartões de expansão, tornava a promessa da TV máquina de escrever uma realidade. Foi um sucesso instantâneo, mesmo que, como todos os produtos da Processor Technology, não estivesse pronto até poucos dias depois da data prometida para o lançamento no final de 1975.

Uma pessoa que ficou particularmente impressionada pelo VDM foi Les Solomon de Nova York. Ele não estava contente em dormir sobre os louros indiretos pelo lançamento da máquina seminal de Ed Roberts. Sua revista seguiu a direção daquele impacto e publicou outras matérias de capa sobre computadores, mas agora estava ávido para apresentar aos leitores algo sobre um completo terminal de vídeo — um equipamento integral com o poder de um computador e capacidade de vídeo. Era um passo além do Altair, uma combinação do computador-teletipo com um monitor de vídeo: nada mais daqueles malditos dedos sujos apertando botões no painel frontal do Altair. Em busca do produto, Solomon foi para Phoenix visitar Don Lancaster, inventor da TV máquina de escrever (aquela que Bob Marsh tentou montar em Barkeley), e o convenceu a ir junto para encontrarem Ed Roberts em Albuquerque — talvez aqueles dois gigantes pudessem combinar e trabalhar no projeto de um terminal. Como Solomon descreveu mais tarde o encontro: "foi um choque estrondoso, um choque de egos. Don recusou-se a refazer seu design para combinar com o computador de ED, alegando que a máquina era ineficiente. E Ed respondeu: 'De jeito nenhum, eu não vou refazer o design da minha máquina!'. Imediatamente, eles decidiram se matar em cena aberta e eu tive que separá-los".

Então, Solomon foi ver Bob Marsh, cuja empresa já oferecia o VDM, placas de memória e até placas-mãe que podiam substituir os circuitos básicos do Altair, e perguntou: "Por que você não coloca tudo isso junto? Vamos montar uma coisa que possamos olhar concretamente". Se Marsh pudesse entregar um "terminal inteligente" em trinta dias, Solomon colocaria o equipamento na capa.

Marsh falou com Felsenstein, que concordou em fazer a maior parte do design e, enquanto discutiam o projeto, perceberam que o que Solomon estava querendo não era simplesmente um terminal, mas um computador completo. Desde o ano de lançamento do Altair, computadores "amadores", vendidos em kits de montagem ou já montados, estavam surgindo. O mais notável deles era o IMSAI,[*] lançado por uma empresa cujos funcionários haviam feito o Treinamento EST[**] de Werner Erhard. A maioria desses computadores era montada com base no barramento de cem pinos do Altair;[***] quase todos se pareciam com o Altair, como se fossem um aparelho estéreo tamanho família com luzes e botões na frente em vez do sintonizador de FM. E todos precisavam de algum tipo de terminal, em geral, um teletipo barulhento, para que o usuário pudesse fazer algo com a máquina.

Naquele mês, dezembro de 1975, Felsenstein e Marsh trabalharam no design. Marsh queria usar um chip 8080, uma ideia que, de início, tinha a oposição de Felsenstein por razões políticas (por que o chip de um ditador centralizador do silício?). Depois, ele a aceitou porque percebeu que um terminal realmente "inteligente" — um que lhe desse o poder de um computador — precisaria de um cérebro. Felsenstein entendeu que poderia usar o seu estilo hacker de garagem no restante do design para contrabalançar, assim o cérebro não correria o risco de enlouquecer. Marsh sempre interrompia o progresso do design de Felsenstein para lhe contar a última inspiração que tivera para a "criatura diferenciada".

Depois Felsenstein contou esse processo em um artigo:[2]

> "Quando Marsh tinha pouco com o que se preocupar, ele aparecia com novos recursos e economias que queria incorporar ao design. Explicava o problema ou a oportunidade e começava a apresentar a solução técnica com um 'tudo que temos a fazer...'. Fosse o designer uma prima-dona, nosso relacionamento acabaria depois de um segundo incidente daqueles. O designer faria uma preleção sobre 'profissionalismo' e 'interferência'. Como minha oficina ficava na mesma sala dele, eu não podia ir muito longe se tivesse um estouro de raiva."

Assim como Felsenstein, Marsh pensava na máquina não só como uma ferramenta política, mas também como um produto bom e divertido. Anos mais tarde, comentou: "Nós queríamos tornar o microcomputador acessível a todos os seres humanos. O público ainda não sabia disso, mas o computador estava para chegar, cada casa teria um, e as pessoas usariam a máquina para fazer coisas úteis. Nós realmente não tínhamos certeza, mas sentíamos que estávamos participando de um movimento".

---

[*]   Mais informações em <http://www.imsai.net/>. (N.T.)

[**]   Werner Erhard foi o criador de um curso de duas semanas (sessenta horas) com o objetivo de oferecer aos participantes um sentido imediato de transformação e empoderamento pessoal. O chamado Treinamento EST (Erhard Seminar Training) foi oferecido entre 1971 e 1984. (N.T.)

[***]   Leia mais em <http://www.retrotechnology.com/herbs_stuff/s_origins.html>. (N.T.)

232   **PARTE II   Os hackers do hardware**

Felsenstein sugeriu que, já que estavam colocando em prática a sabedoria de Solomon na máquina, ela deveria se chamar Sol (Les Solomon depois comentou: "Se aquilo funcionasse, diriam que o nome era "sol" em espanhol. Se não funcionasse, culpariam os judeus de sempre").

Completar o Sol foi um processo que levou seis semanas com catorze a dezessete horas de trabalho diário, inclusive, nos fins de semana. Felsenstein passava horas intermináveis, boquiaberto diante da macarronada de fios de plástico do layout sobre a mesa de luz fluorescente. Enquanto isso, um dos amigos marceneiros de Bob Marsh conseguiu uma barganha com um lote de nogueira, e estava decidido que as laterais do gabinete do Sol seriam feitas com essa madeira nobre. Os protótipos das placas estavam finalmente prontos, apenas quinze dias depois do prazo original dado por Les Solomon. Duas semanas depois, um dia antes da nova data de entrega marcada para o final de fevereiro em Nova York, eles estavam correndo para fazer um barramento, no estilo do Altair, que rodasse junto com uma fonte de energia mal-ajambrada, um teclado e até alguns programas preliminares. O sistema operacional fora escrito pelo chefe do desenvolvimento de software da Processor Technology, o sócio do Homebrew Steve Dompier.

Sempre frugal, Marsh havia enfiado a si mesmo e Felsenstein em um voo noturno. Terminando em cima da hora, tiveram que recorrer a um helicóptero para levá-los até o aeroporto sem perder o horário do voo. Chegaram ao aeroporto Kennedy às 6 horas, exaustos física e emocionalmente, com o Computador do Homem Comum distribuído em duas sacolas de papel. Nada estava aberto no aeroporto, nem para um cafezinho, então, Solomon os convidou para tomar o desjejum na casa dele. Naquela época, a casa de Solomon, especialmente a oficina no porão, já tinha conquistado o lendário status de área de testes de produtos arrepiantes. Ele costumava receber os jovens hackers que faziam o design daqueles produtos, e a esposa dele reconhecia esses rapazes em um piscar de olhos "porque todos tinham a mesma característica", explicou Solomon. "Aquela pequena chama dentro dos olhos. Ela costumava dizer que havia uma personalidade típica. Pareciam vagabundos sem reputação, mas, ao olhar dentro de seus olhos, sabia quem eram de verdade. Ela olhava para eles e o que via era brilhantismo e intensidade."

O brilhantismo ofuscou-se naquela fria manhã de fevereiro: o terminal de Marsh e Felsenstein não funcionou. Depois de uma escapada de um dia até New Hampshire para encontrar os amigos da nova revista para hobbystas, *Byte,*[*] Felsenstein estava pronto para voltar à bancada de trabalho e encontrar o problema — um fiozinho

---

[*] Saiba mais em <http://en.wikipedia.org/wiki/Byte_(magazine)#How_Byte_started>. (N.T.)

havia se soltado. Voltaram para os escritórios da *Popular Electronics* e ligaram a máquina. Dessa vez, funcionou. "Parecia que a casa estava pegando fogo", Solomon conta. Ele entendeu imediatamente que estava diante de um computador completo.

O artigo publicado na *Popular Electronics* falava sobre um terminal de computador inteligente. Era evidentemente um computador, uma máquina que, quando a Processor Technology fez o acabamento em azul e as laterais em nogueira, mais parecia uma máquina de escrever sofisticada sem o rolo e sem as hastes dos tipos. Havia novos esquemas para o kit revisado (por menos de mil dólares), que naturalmente eram entregues a todo mundo que quisesse ver como o equipamento funcionava. Marsh calculou que recebeu cerca de 40 *mil* pedidos dos esquemas. As encomendas do kit continuam a chegar. Parecia que o Sol era a máquina capaz de tirar o computador do domínio dos hobbystas e levar o hackerismo para dentro das casas.

A primeira apresentação pública do Sol foi durante um evento em Atlantic City chamado PC'76. Foi uma feira fantástica, era a primeira vez que estavam reunidos em um só lugar todos os homens de negócios das empresas que vendiam para os hobbystas com o objetivo de apresentar coletivamente seus produtos. O evento ocorreu no Shelbourne Hotel, e, naqueles dias antes da febre dos cassinos, as instalações estavam decadentes. A glória do local havia desaparecido: havia buracos nas paredes, algumas portas dos quartos não tinham fechaduras, o ar-condicionado não funcionava e uns aposentados indignados quase atacaram Steve Dompier no elevador por causa de seus cabelos compridos. Ainda assim, foi uma experiência emocionante. Quase 5 mil pessoas compareceram, sendo muitas delas de outras regiões dos Estados Unidos (a SCCS organizou um grande grupo de excursão, e muita gente da Bay Area aproveitou a ocasião). As empresas nascidas sob a inspiração do Homebrew, como a Processor Technology ou a Cromenco, aproveitaram para conhecer suas almas gêmeas de outras partes do país, e todo mundo ficou junto até altas horas da madrugada, trocando dicas técnicas e construindo o futuro.

O Sol recebeu muita atenção. Todos os hackers pareciam concordar que, com aquele jeito amigável, com um teclado parecido com o de uma máquina de escrever e com seu monitor de vídeo, o Sol era o próximo passo. Logo depois, a Processor Technology manobrou para mostrar o equipamento na televisão — foi no show Tomorrow, de Tom Snyder. A personalidade normalmente abrasiva do apresentador de tevê viu-se diante da mais nova manifestação do sonho hacker — o Sol rodou um jogo escrito por Steve Dompier. O jogo se chamava *Target* e consistia em um pequeno canhão na parte de baixo da tela com o qual o usuário podia disparar uma série de tiros para destruir naves espaciais alienígenas, feitas com caracteres alfanuméricos, navegando no alto da tela. Era um programinha inteligente, e Steve

234 **PARTE II Os hackers do hardware**

Dompier, como contou depois, "basicamente o distribuiu de graça". No final das contas, o objetivo de escrever esses jogos era ver as pessoas se divertirem com a máquina.

O *Target* era perfeito para o show de Tom Snyder, apresentando à audiência televisiva um novo modo de olhar para esses monstros diabólicos, os computadores. Imagine aqueles pós-hippies malvestidos sendo capazes de levar um computador a um estúdio de tevê, ligá-lo e fazer um analfabeto tecnológico como Tom Snyder conseguir brincar com a máquina. Tom embarcou na brincadeira e, antes que você pudesse dizer "intervalo comercial", estava profundamente encantado — sem piada —, atirando contra alienígenas, que, conforme o jogo avançava, aumentavam de número na tela e até lançavam pequenos paraquedas carregados com granadas. Era um desafio que você se sentia compelido a superar. Ao atirar e acertar nos alienígenas, Tom Snyder observou que havia um sentimento de... *poder*. Um sentimento que dava um gostinho do que seria usar a máquina para realmente criar algo. Que mistérios estavam escondidos dentro daquela máquina parecida com uma máquina de escrever? Até mesmo algo simples como o *Target* levava as pessoas a pensar nisso. "Ninguém deu uma definição para esse sentimento até agora", Dompier disse, "mas acho que há um pouco de mágica." Em todo caso, segundo ele mesmo, "tiveram que arrancar Tom Snyder do computador para fazê-lo encerrar o show daquela noite".

* Notas *

A principal fonte de informação do livro *Hackers* foi mais de uma centena de entrevistas pessoais realizadas pelo autor entre 1982 e 1983. Além dessas entrevistas, são feitas também referências a fontes impressas e eletrônicas que estão citadas no rodapé das páginas desta edição.

[1] O artigo de Pittman foi publicado em *The Second West Coast Computer Faire Proceedings*, na Computer Faire, 1978.

[2] O artigo de Felsenstein, intitulado "Sol: The Inside Story", foi publicado na primeira edição (julho de 1977) da *ROM*, revista que teve curta duração.

Capítulo 12
WOZ

Steve Wozniak* não era da turma do gargarejo no auditório do SLAC como Lee Felsenstein nas reuniões do Homebrew. Sua participação nas sessões de mapeamento não era tão assídua. Ele não tinha um grande esquema social, não incubava planos para uma Community Memory nem pretendia atacar as fundações da sociedade do processamento de dados por blocos. Reunião após reunião, sentava no fundo da sala, perdido em meio a um contingente de seguidores de suas explorações digitais — a maioria estudantes do ensino médio, enlouquecidos pelo carisma de suas atividades como hacker. Parecia um vagabundo: os cabelos caíam despenteados sobre os ombros e a barba crescia de um modo que deixava claro que os pelos estavam lá mais por preguiça do que para melhorar a aparência do rosto. E as roupas — invariavelmente, jeans e camisa esporte — nunca pareciam ser do tamanho certo.

Ainda assim, era Steve Wozniak, conhecido por seus amigos como "Woz", o hacker que melhor exemplificaria o espírito e a sinergia do Homebrew Club. Era Wozniak e o computador que ele projetaria que levariam a Ética Hacker, pelo menos em termos de hardware, ao seu apogeu. Seria o legado do Homebrew.

Woz não via o hackerismo como uma luta pessoal e com a ruminação política de Lee Felsenstein. Era mais como Richard Greenblatt e Stew Nelson: nasceu hacker. Cresceu em Cupertino, na Califórnia, entre as ruas tortuosas com fileiras de casas unifamiliares de um andar só e alguns raros prédios envidraçados nos quais foi

---

* Para conhecer mais sobre Steve Wozniak, leia *iWoz*: a verdadeira história da Apple segundo seu cofundador, Évora: São Paulo, 2011. (N.R.)

semeada a safra de silício, que seria tão importante em sua vida. Desde o ensino fundamental, Wozniak ficava tão envolvido com os problemas de matemática que sua mãe tinha que lhe dar umas batidas na cabeça para trazê-lo de volta à realidade. Ele venceu um concurso de ciências aos 13 anos por construir uma máquina ao estilo de um computador que podia somar e subtrair. Alan Baum, seu colega na Homestead High School, lembra: "Eu vi o cara rabiscando uns diagramas em uma folha de papel e disse: 'O que é isso?'. Ele respondeu: 'Estou projetando um computador'. Ele ensinou a si mesmo como fazer aquilo".

Baum ficou impressionado o suficiente para se juntar ao estranho colega na busca por acesso a um computador: com contatos com engenheiros do Vale do Silício, eles conseguiram usar várias máquinas com sistema de compartilhamento de tempo. Toda quarta-feira, saíam do colégio e encontravam um amigo que os infiltrava na sala de computadores da empresa Sylvania. Os dois programavam a máquina para fazer coisas como imprimir todas as potências de dois e encontrar os números primos. Os dois acompanhavam a indústria de computadores com o mesmo fanatismo que os fãs de esportes seguem seus times. Toda vez que ouviam falar no lançamento de um microcomputador, escreviam para o fabricante, fosse a Digital ou a Control Data ou qualquer outro, e solicitavam o manual, um pedido rotineiramente atendido. Quando o manual chegava, eles o devoravam. Imediatamente, abriam na parte que descrevia o conjunto de instruções do computador. Observavam quantos registros a máquina tinha, como somava, como multiplicava e dividia. Pelo conjunto de instruções, podiam discernir o caráter do computador, quão fácil seria usá-lo. Essa máquina merecia fantasias? Em caso positivo, Woz recorda, gastaria "horas durante as aulas escrevendo código sem poder sequer testá-lo". Uma vez, depois de receber o manual do Nova, da Data General,* eles assumiram a tarefa de reprojetá-lo e enviaram o novo design para a companhia — caso houvesse o interesse de implementar as sugestões de dois garotos do ensino médio.

"Parecia legal (fazer o design de computadores)", Baum lembra, "algo importante. O glamour nos atraía e era bem divertido." Conforme o ensino médio progredia e Wozniak dedicava cada vez mais tempo aos computadores para aperfeiçoar suas habilidades, Baum ficava mais e mais perplexo com os truques de programação do amigo: "Parecia que Woz inventava sozinho todos os truques. Ele olhava para o mundo de um modo diferente e dizia: 'Por que não tentar de outro jeito?'. Era muito focado em usar todas as técnicas para solucionar problemas porque o design das

---

* Veja imagens em <http://www.google.com/images?q=Data%20General%20Nova%20com puter&oe=utf-8&rls=org.mozilla:en-US:official&client=firefox-a&um=1&ie=UTF-8& source=og&sa=N&hl=en&tab=wi&biw=1676&bih=805>. (N.T.)

máquinas não era bom o bastante. Tinha que ser o melhor. Ele fazia coisas que ninguém havia pensado antes, usando todos os truques. Às vezes, com os truques, você encontra um jeito melhor de fazer as coisas".

Woz formou-se no ensino médio antes de Baum e foi embora para a faculdade. Alguns anos depois, porém, os dois se reencontraram trabalhando na mesma empresa, a Hewlett-Packard. Uma operação de alta tecnologia, devotada a computadores de alta performance, que eram Mercedes-Benz quando comparados aos equipamentos desengonçados da IBM; a HP era realmente da primeira divisão, e Woz estava feliz ali. Estava casado, mas os computadores ainda eram a prioridade de sua vida. Além de seu trabalho na HP usando lógica aritmética para chips de cálculos, ele também fazia projetos extras para a empresa de jogos Atari, onde trabalhava com outro amigo de colégio, Steve Jobs. Essa atividade tinha benefícios colaterais, como quando foi jogar boliche e encontrou uma máquina de *video game*. Bastava colocar uma moeda e quem conseguisse pontuar acima de determinado nível ganhava uma pizza. Muitas pizzas depois, um dos amigos lhe perguntou como conseguia pontuar sempre tão alto. Entre risadas, Woz respondeu: "Eu projetei o jogo".

Um brincalhão com um senso de humor inquieto e irresponsável, Woz oferecia um serviço de "disque-piada" a partir de sua casa e parecia ter um estoque interminável de anedotas polonesas. Esse não era o único divertimento que tirava do sistema telefônico. Ele e Jobs inspiraram-se depois de ler um artigo publicado em 1971 na *Esquire*[1] sobre um homem chamado Capitão Crunch, que era especialista na montagem de caixas azuis — dispositivos que permitem fazer chamadas de longa distância gratuitamente. Jobs e Woz fizeram uma para eles e não só a usavam para dar telefonemas de graça, como também chegaram a vender algumas de porta em porta nos dormitórios de Berkeley. Uma vez, Woz usou a caixa azul para ver se conseguia telefonar para o Papa; ele fingiu ser Henry Kissinger e quase conseguiu chegar à Sua Eminência antes que alguém do Vaticano desconfiasse da brincadeira.

Essa era a vida despreocupada de Woz, centrada no hackerismo para a HP, no hackerismo para seu próprio prazer e brincando com jogos. Ele adorava jogos, especialmente os eletrônicos como o *Pong*. Também jogava tênis, como Bill Gosper jogava pingue-pongue. Wozniak gostava de dar efeitos na bola. "O importante não era ganhar, era ver a trajetória da bola", conta.[2] Um sentimento que se aplica tão bem ao hackerismo como ao tênis.

Ele sempre sonhava com o computador que projetaria para si mesmo. Já havia montado em casa sua própria TV máquina de escrever, um bom primeiro passo. Sua meta, no entanto, era montar um computador para encorajar ainda mais o hackerismo — uma Ferramenta para Fazer Ferramentas, um sistema para criar sistemas. Seria mais inteligente do que qualquer outro computador já existente.

Era 1975 e a maioria das pessoas que ouvia aquele sonho achava que o rapaz estava ficando maluco.

Então, Alan Baum viu o convite para as reuniões do Homebrew em um quadro de avisos e falou delas para Wozniak. Os dois foram. Baum, assumidamente preguiçoso para montar um computador quando estava rodeado de máquinas de última geração na HP, não estava tão entusiasmado. Porém, Woz estava excitado. Na reunião havia trinta pessoas *como ele* — profundamente obcecadas pela fixação de montar o próprio computador. A segunda edição do jornal do Homebrew Computer Club tinha um relatório de suas atividades:

> "Tenho TVT com design próprio... minha própria versão do Pong, um *video game* considerado fantástico, leitor NRZI para cassetes muito simples! Trabalhando em um monitor de tevê para xadrez em um 17-chip (inclui três placas de armazenamento), em um monitor de tevê com 30-chip. Habilidades: design digital, interface, dispositivos E/S, pouco tempo disponível, tenho esquemas."

A atmosfera do Homebrew era perfeita para Steve Wozniak; havia atividade e energia focadas na experimentação e criatividade eletrônicas, que eram tão essenciais para ele quanto o ar que respirava ou a comida gordurosa que adorava. Lá, até mesmo quem tinha dificuldades para se socializar, via-se fazendo amigos. Woz sempre usava o terminal de casa para acessar a conta que havia sido criada para os integrantes do Homebrew Club no serviço Call Computer (o Call Computer possibilitava que as pessoas com terminais domésticos acessassem um mainframe por telefone). Havia um programa no computador pelo qual duas pessoas podiam "conversar" e trocar informações. Woz não apenas utilizou o serviço para se comunicar com os outros, mas também mergulhou nas profundezas do sistema e descobriu um jeito de entrar nas conversas eletrônicas dos outros. Então, por exemplo, quando Gordon French estava exibindo um novo truque de seu computador com o chip 8080, seu terminal inexplicavelmente começava a imprimir piadas polonesas quase obscenas. Nunca percebeu que em algum lugar, a quilômetros de distância, Steve Wozniak chorava de rir.

Woz também conheceu Randy Wigginton, um garoto de 14 anos, loiro e de porte atlético, que era louco por computadores e conseguira um emprego no Call Computer. Wigginton morava em uma rua logo abaixo de onde ficava o apartamento bagunçado que Wozniak dividia com a esposa e ficou fácil de levá-lo também às reuniões do Homebrew. Mesmo antes do ensino médio, Wigginton já era apaixonado por computadores. Quase idolatrava Woz por seu profundo conhecimento e era profundamente grato pelo fato de um homem experiente de 25 anos "falar com todos sobre assuntos técnicos", especialmente com um garoto de 14 anos. Assim,

240 **PARTE II   Os hackers do hardware**

embora os pais do menino se preocupassem com o fato de que os computadores estavam roubando a vida do filho, sua paixão só se aprofundou, incentivada pelo tutoramento informal que Woz lhe oferecia no restaurante Denny's, na Foothill Drive, na volta para casa depois das reuniões no Homebrew. Eles iam ao surrado Malibu de Woz com pilhas de lixo no banco de trás — dúzias de sacolas do McDonald's e jornais técnicos, tudo empapado por causa da estranha mania de Woz de não levantar as janelas do carro quando chovia — e paravam para tomar umas cocas e comer batatas fritas e anéis de cebola. "Eu fazia qualquer pergunta boba para Woz — 'Como funciona um interpretador de Basic' — só para ouvi-lo falar e eu o ouvia enquanto falasse", recorda Wigginton.

Logo Wozniak conheceu outro participante do Homebrew que trabalhava no Call Computer — John Draper. Engenheiro empregado em meio período, Draper era conhecido como "Capitão Crunch", o herói "maluco telefônico" da reportagem da *Esquire* que fascinou Woz em 1971.[*] Draper, um homem com a voz tão estridente quanto um alarme de incêndio, malvestido e com cabelos que pareciam jamais ter visto um pente, recebeu esse apelido depois de descobrir que o apito que vinha dentro da caixa de cereais Capitão Crunch tinha exatamente o mesmo tom de 2.600 ciclos que a companhia telefônica usava para liberar o tráfego de longa distância entre as linhas. Nessa época, John Draper[3] era um soldado estacionado do outro lado do oceano e usava essa descoberta para falar com os amigos nos Estados Unidos.

No entanto, o interesse de Draper ia além das ligações gratuitas — como um engenheiro com uma tendência hacker latente para a exploração que logo se comprovou muito forte, ele se tornou fascinado pelo sistema da companhia telefônica. "Eu fazia aquilo por uma única razão e só uma: estava aprendendo um Sistema. A companhia telefônica tinha um Sistema. Um computador é um Sistema. Você entende? Se eu fazia aquilo, era apenas para explorar o Sistema. Essa é minha missão. A companhia telefônica não era nada além de um Sistema", explicou ao repórter da *Esquire* que o tornou famoso em 1971. Era a mesma fascinação experimentada pelos hackers do Tech Model Railroad Club (TMRC), especialmente Stew Nelson (o hacker do MIT que explorou sistemas telefônicos desde a infância); mas, sem ter o acesso de Nelson a ferramentas sofisticadas para fazer isso, Draper tinha que inventar meios rústicos para explorar (a única vez em que Nelson e Draper se encontraram, o hacker do MIT não ficou impressionado com as habilidades do colega). Draper foi ajudado ao descobrir uma rede de hackers telefônicos formada por rapazes cegos que conseguiam identificar com mais facilidade os tons que poderiam lançar uma pessoa dentro do sistema. Ele estava boquiaberto com os sistemas alternativos que o

---

[*] Leia mais em <http://www.lospadres.info/thorg/lbb.html>. (N.T.)

levavam para placas de teste, entroncamentos de verificação que o deixavam entrar na conversa dos outros (uma vez, surpreendeu uma garota que paquerava em conversa com outro e interrompeu a ligação) e unidades de conexão internacional. Logo descobriu como saltar de um circuito para o outro e aperfeiçoou os segredos da "caixa azul", que, como a que Stew Nelson ajustou para o PDP-1 uma década antes, enviava tons para linhas telefônicas, possibilitando ligações de longa distância ilimitadas.

John Draper, porém, às vezes, agia como uma criança grande e impulsiva, chorando o leite materno do conhecimento dos sistemas. Ele não tinha o foco de resolver problemas dos hackers do MIT e podia ser facilmente bajulado para entregar as informações sobre como montar "caixas azuis" para gente que desejava montá-las e vendê-las para quem queria fazer ligações gratuitas — exatamente como Wozniak e Jobs haviam feito de porta em porta nos dormitórios de Berkeley.

As excursões telefônicas de Draper eram mais benignas. Uma brincadeira típica era buscar e "mapear" vários códigos de acesso a países estrangeiros. Ele usava esses códigos para saltar de um nó de rede para o outro, ouvindo uma série fascinante de cliques enquanto seu sinal mudava de um satélite de comunicação para o outro. Depois da reportagem da *Esquire*, no entanto, as autoridades puseram os olhos nele e, em 1972, foi flagrado no ato ilegal de chamar um número em Sidney para saber as músicas mais tocadas na Austrália. Por essa primeira ofensa, foi colocado em condicional.

Voltou-se para a programação em computadores e logo era um hacker frequente. As pessoas lembram-se dele nos jantares colaborativos da People's Computer Company, enchendo o prato com informações. Antitabagista virulento, ele também gritava feito criança quando alguém acendia um cigarro. Ele ainda estava interessado em sistemas telefônicos, e um dos temas de que mais gostava nos jantares da PCC era como ter acesso ao ARPAnet, algo que achava muito justificável — "Tinha algumas integrações que tinham que ser feitas analiticamente. O computador do MIT tinha um programa que podia me ajudar nisso. Então, eu o usava".

Quando os jantares colaborativos acabaram, ele migrou para o Homebrew. Era consultor do serviço Call Computer e arranjou para o clube ter uma conta ali. Draper tornou-se um grande fã de Wozniak e este, por sua vez, estava encantado em conhecer o cara que havia inspirado suas aventuras com a "caixa azul". Não era raro vê-los conversando no fundo da sala, como estavam em uma noite de 1975, quando Dan Sokol aproximou-se deles. Sokol era o loiro cabeludo que, uma vez, ficou em pé no Homebrew, perguntou se havia alguém da Intel por perto e fez escambo com chips 8080 com todo mundo que tivesse uma boa peça para trocar.

Naquela época, Sokol estava ficando em dificuldades financeiras por acessar a conta do serviço Call Computer do terminal de casa. Já que Sokol morava em Santa Cruz e o Call Computer ficava em Palo Alto, suas contas telefônicas estavam astronômicas; ele acessava o computador por quarenta a cinquenta horas por semana. A solução chegou naquele dia no fundo do auditório do SLAC quando foi apresentado a Wozniak e John Draper.

Você é o Capitão Crunch?

"Sim, sou eu!", voluntariou-se, e Sokol imediatamente o metralhou com perguntas sobre como montar uma "caixa azul", que permitiria fazer ligações gratuitas entre Santa Cruz e Palo Alto. Apesar de a condenação de Draper especificar que ele não deveria mais divulgar os segredos do hackerismo telefônico, não aguentava ficar quieto quando as pessoas perguntavam; o seu sangue hacker fazia a informação fluir. "Nos quinze minutos seguintes, ele me contou tudo o que eu precisava saber para montar uma caixa azul", Sokol relata. No entanto, quando o equipamento foi ligado pela primeira vez, não funcionou. Ele contou para Draper, e, no próximo sábado, Draper, acompanhado de Steve Wozniak, foi ajudar. Parecia tudo OK, mas Draper começou a ajustar os tons de ouvido. Quando Sokol tentou novamente, a caixa azul funcionou. Ele só usava o equipamento para se conectar ao Call Computer — uma prática que na cabeça de um hacker justificava um ato ilegal —, e não para questões triviais como ligar para parentes distantes.

Wozniak deu uma olhada no "monstrengo", o computador que Sokol havia conseguido montar com o escambo de peças — e os dois lamentaram o alto custo dos componentes para os hackers de hardware. Woz reclamou que, embora trabalhasse na Hewlett-Packard, ninguém da área de vendas deixava escapar uns chips para ele. Na reunião seguinte do Homebrew, Dan Sokol presenteou Wozniak com uma caixa cheia de dispositivos compatíveis com o microprocessador Motorola 6800. Woz pegou o manual do 6800 e começou a projetar um computador para funcionar com a TV máquina de escrever que ele já havia montado. Quando alguém levou ao Homebrew um computador com funções de vídeo incorporadas, sabia que o dele também teria que contar com esse recurso. Gostava da ideia de um computador no qual você podia também brincar com um *video game*. Por volta dessa época, foi realizado o evento Wescon Computer Show. Wozniak foi ao estande da MOS Technology[*] que estava vendendo o novo microprocessador 6502[**] por apenas 20 dólares. Como o chip não era muito diferente do 6800 da Motorola, ele comprou um punhado e decidiu que o 6502 seria o coração de sua nova máquina.

---

[*] Leia mais em <http://en.wikipedia.org/wiki/MOS_Technology>. (N.T.)

[**] Mais informações em <http://www.bookrags.com/wiki/MOS_Technology_6502>. (N.T.)

Wozniak não estava pensando em montar um computador para vender. Estava trabalhando no projeto para se divertir, para mostrar aos amigos. Ele mencionou o computador para seu amigo Steve Jobs da Atari, que estava pensando em fundar uma empresa para fazer terminais. A cada duas semanas, Woz ia ao Homebrew para ver e ouvir as novidades e nunca teve dificuldade para acompanhar os detalhes técnicos, porque todo mundo trocava livremente informações. Ele incorporou alguns recursos ao computador; por exemplo, quando viu a placa do Hipnotizador, soube que queria um monitor colorido. Também queria a Basic e já que a única que rodava no 6502 era a Tiny de Tom Pittman e Woz desejava uma "parruda", escreveu uma linguagem para ele. Deu o código para todo mundo que pediu e publicou algumas das sub-rotinas no *Dr. Dobbs Journal*.

Quando concluiu o trabalho, tinha um computador que não era realmente um kit nem um computador montado, mas uma placa carregada com chips e circuitos. Somente com a placa não dava para fazer nada, mas, quando ligava uma fonte de energia, um teclado, um monitor de vídeo e um leitor de cassete, tinha em mãos um computador com monitor de vídeo, dispositivo de armazenamento em massa e dispositivo de entrada/saída. Era possível carregar, então, a "Integer Basic" de Wozniak e escrever programas. Havia diversos recursos fantásticos em seu computador, e um dos melhores era que ele tinha conseguido o poder e as capacidades de um Altair com várias placas em uma muito menor. Não se tratava apenas de prudência, mas de um tipo de empirismo técnico reminiscente da depuração de código do tempo dos hackers do TMRC, quando Samson, Saunders e Kotok tentavam reduzir uma sub-rotina às mínimas instruções.

Woz depois explicou por que a placa usava tão poucos chips:

> "Eu estava fazendo o projeto por motivos estéticos e gostava de me achar inteligente. Era meu quebra-cabeças e meu design usava sempre um chip a menos do que o último cara havia usado. Eu pensava como poderia fazer o mesmo mais depressa ou menor ou de forma mais inteligente. Se eu trabalhava em algo considerado bom com seis instruções, tentava fazer com cinco, com três ou até duas, se quisesse vencer de longe. Usava truques que não eram normais. Todo problema tem uma solução melhor quando você olha para ele de modo diferente. Eu via as soluções — todos os dias estava diante de vários problemas; perguntava se era um problema de hardware, revisava uma série de técnicas que já tinha aplicado antes, contadores, retornos e registros de chip... uma abordagem pragmática, olhando para pontos específicos em hierarquia... isso criava um tipo diferente de matemática. As descobertas aumentavam minha motivação porque eu tinha o que mostrar e esperava que as pessoas olhassem e dissessem: 'Graças a Deus! Era assim que eu queria fazer isso!', e era isso o que eu ouvia no Homebrew Club."

Wozniak levou a placa ao Homebrew, junto com os dispositivos de hardware para fazê-la funcionar. Ele não tinha um gravador de cassete e, enquanto a reunião prosseguia, sentou-se do lado de fora e digitou freneticamente o código hexadecimal — o equivalente a 3 mil bytes — do interpretador de 3K da Basic dentro da máquina. Queria rodar um teste em parte do programa. Por fim, estava funcionando, embora fosse apenas uma versão preliminar que não tinha um conjunto de comando completo. Quando as pessoas se dirigiram a ele, Wozniak explicou com sua voz resfolegante e rápida o que a máquina podia fazer.

Não muito depois, Wozniak conduziu uma reunião inteira do Homebrew, segurando a placa nas mãos e respondendo perguntas; a maioria delas queria saber como ele fizera isso ou aquilo ou se pretendia incorporar este ou aquele recurso. Eram boas ideias, e Wozniak passou a levar o computador em todas as reuniões: sentava no fundo do auditório onde estavam as instalações elétricas, ouvia as sugestões de melhoria e depois as incorporava à máquina.

Steve Jobs, o amigo de Woz, estava muito excitado com a placa; achava que, como a Processor Technology e a Cromenco, eles podiam montar o hardware em quantidade e vendê-lo. Jobs, aos 22 anos, era um pouco mais novo do que Wozniak, e nem um pouco mais limpo. Tinha o que foi descrita como uma "barba à Fidel Castro"[4], estava sempre descalço e tinha um interesse californiano por filosofias orientais e vegetarianismo. Era um promotor incansável, eloquente, um persuasor hábil. Logo a dupla ficou conhecida como "os dois Steves", e o computador de Wozniak foi chamado de Apple, um nome concebido por Jobs que já trabalhara em um pomar. Embora o endereço oficial da empresa — ainda não capitalizada — fosse uma caixa postal, Jobs e Wozniak trabalhavam mesmo em uma garagem. Para juntar capital, Jobs vendeu seu caminhão, e Woz, uma calculadora HP. Jobs colocou anúncios nas publicações para hobbystas e eles começaram a vender Apples pelo preço de 666,66 dólares. Qualquer um no Homebrew tinha acesso aos esquemas do design, e a Basic de Woz era distribuída gratuitamente na compra do equipamento que conectava o computador ao gravador de cassete. Além disso, Woz publicou as rotinas para seu "monitor" do 6502, que possibilitavam que o usuário olhasse a memória para verificar as instruções armazenadas com a ajuda das reportagens publicadas no *Dr. Dobb's*. O anúncio da Apple chegava a afirmar que "nossa filosofia é oferecer software para nossas máquinas gratuitamente ou a custo mínimo".

Enquanto as vendas seguiam adiante, Wozniak começou a trabalhar em um design expandido da placa, algo para impressionar ainda mais seus colegas do Homebrew. Steve Jobs tinha planos para vender muitos computadores com base nesse novo design e passou a buscar financiamento, apoio e ajuda profissional para o dia em que o produto estivesse pronto. A nova versão do computador de Steve Wozniak foi chamada de Apple II e naquele momento ninguém nem suspeitava de que se tornaria o mais importante computador da história.

Foi a atmosfera fértil do Homebrew Club que guiou Steve Wozniak para a incubação do Apple II.* O intercâmbio de informações, o acesso àquelas dicas técnicas sagradas, a energia criativa no ar e a oportunidade de insuflar a mente de todos com design e programas benfeitos... esses eram os incentivos que só aumentavam o intenso desejo que Steve Wozniak já tinha: construir o tipo de computador com o qual gostaria de brincar. A computação era o limite de seus desejos; não estava fisgado por visões de fama e riqueza, nem obcecado pelo sonho de um mundo de leigos expostos ao poder do computador. Gostava de seu trabalho na HP e amava a atmosfera instigante de estar cercado por engenheiros à frente da indústria de computadores. A dada altura, Wozniak perguntou a seus chefes na HP se gostariam de ter o design do Apple — eles consideraram o equipamento não comercial e lhe deram autorização para comercializar a máquina por seus próprios meios. Quando a HP deu início à formação de uma divisão de pequenos computadores, ele tentou uma transferência; mas, de acordo com Alan Baum, "o gestor da área não ficou impressionado. Woz não tinha diploma" (Woz deixou Berkeley antes de se formar).

Então, ele trabalhava no Apple II sempre até as 4 horas... logo seria mais um do Homebrew a estar divorciado de uma viúva do computador. O design do Apple II não era um piquenique. Havia centenas de problemas para fazer a combinação de uma máquina pronta para programação contendo um computador e um terminal. Wozniak não tinha nem os mínimos recursos tampouco o fluxo de caixa disponível para Bob Marsh e Lee Felsenstein quando fizeram o design do Sol, a primeira combinação de terminal e computador e uma das inspirações para o Apple II. Mas tinha uma visão do que queria que seu computador fosse e podia pedir ajuda ao pessoal do Homebrew e a outros experts do Vale do Silício. Finalmente, concluiu um protótipo operacional. Ele e Randy Wigginton levaram o equipamento — uma mistura maluca, mas completamente conectada de peças e placas — para uma reunião do Homebrew em dezembro de 1976 dentro de duas caixas junto com um aparelho de televisão comprado nas lojas Sears.

Anos mais tarde, as pessoas que estiveram nessa reunião do Homebrew dão diferentes versões para a reação da audiência diante da apresentação do Apple II feita

---

*   Mais informações e imagens em <http://oldcomputers.net/appleii.html>. (N.T.)

PARTE II   Os hackers do hardware

por Steve Wozniak. Ele e outros fãs do chip 6502 ficaram com a impressão de que o computador havia impressionado muito a todos. Outros consideraram que o Apple II era simplesmente mais um avanço na escalada frenética em direção do melhor computador feito em casa. Como disse Lee Felsenstein: "As pessoas do Homebrew não estavam sentadas, esperando o Apple II aparecer: estavam construindo equipamentos e mostrando uns para os outros".

Um dos pontos que decididamente não excitaram os membros do clube foi o fato de o modelo ser entregue integralmente montado — por que comprar um computador, os hackers de hardware pensaram, se você não pode montá-lo sozinho? Os hackers mais experientes e radicais, que respeitavam a solidez e a previsibilidade dos produtos da Processor Technology e da Cromenco, acharam o Apple II interessante, especialmente por causa da economia de seus circuitos e por suas capacidades de cor em vídeo, mas não tão bom como máquina quanto era o Sol, que era baseado no já familiar barramento do Altair (recém-renomeado de barramento S-100 por um consenso dos fabricantes, principalmente Marsh e Garland, que estavam cansados de se referir a uma parte de seus computadores, usando o nome de um concorrente que, na contramão do espírito hacker, parecia se ressentir da existência deles). O Apple tinha um barramento inteiramente novo e também um novo sistema operacional, os dois projetados por Woz; tinha também o quase desconhecido chip 6502 como cérebro. Além disso, empresas já testadas, como a Processor Technology, pareciam ser mais capacitadas a dar suporte a um computador em uso do que a Apple, que aparentemente era formada somente por dois garotos em uma garagem.

Basicamente, portanto, o desacordo derivava de questões religiosas referentes ao projeto. O Sol refletia os temores apocalípticos de Lee Felsenstein, formatado para sobreviver ao holocausto da ficção científica, quando a instabilidade da infraestrutura industrial desse uma guinada a qualquer momento. Nesse caso, as pessoas poderiam barganhar peças para manter a máquina funcionando na aridez da sociedade devastada; idealmente, o design do computador devia ser bastante claro para permitir que as pessoas soubessem onde colocar as novas partes. "Eu fiz o design como se fosse possível montar a máquina com latinhas jogadas no lixo. Em parte, porque esse foi meu ponto de partida e, principalmente, porque eu não confiava na infraestrutura industrial que podia tentar acabar conosco e sonegar as partes de que precisávamos", afirma Felsenstein. Essa filosofia estava expressa no VDM e no Sol, dois produtos que faziam bem o trabalho, sem uma velocidade exagerada e com uma proletária falta de sentimentalismo.

O Apple de Steve Wozniak era outra história. Criado em uma família convencional no mundo protegido dos subúrbios da Califórnia, com grandes casas confortáveis, feiras de ciência e hambúrgueres do McDonald's, Wozniak tinha corporificado a segurança. Ficava à vontade assumindo oportunidades, deixando o design expandir-se até os limites de sua imaginação. Ele criou uma maravilha estética, otimizando um limitado número de peças eletrônicas padronizadas que, engenhosamente reunidas e conectadas, entregavam não apenas o poder de um PDP-1, mas também cor, movimento e som.

Se dependesse de Woz, ele acrescentaria recursos indefinidamente. Apenas dois dias antes da reunião do Homebrew, abriu novamente a máquina para fazer com que pudesse apresentar efeitos visuais de alta resolução. Ele realizou isso sem usar o método tradicional de adicionar um chip; descobriu um modo de conectar a máquina para que a unidade central de processamento, o 6502, pudesse fazer uma dupla tarefa.

O gênio de Woz para a otimização de recursos, às vezes, tinha efeitos paradoxais. Por exemplo, o modo com que o Apple preenchia a tela com uma imagem era muito diferente do método do Sol, que ocupava a tela seguindo uma ordem; o Apple mostrava a imagem na tela de uma maneira que parecia aleatória em um xadrez amalucado. Não fazia assim por acaso, mas porque Woz descobriu que desse modo economizava uma instrução por linha colocada na tela. Um truque esperto, desdenhado por aqueles que acharam que isso indicava a imprevisibilidade e a "fraqueza" do Apple, mas muito admirado por quem apreciava a beleza de um design maximizado. Por fim, seu design refletia um enorme esforço de hackerismo, um engenheiro sábio que podia ver as reviravoltas da trama, os voos otimistas da beleza e as excêntricas piadas cósmicas incorporadas na máquina.

Uma das pessoas que consideraram o Apple II o máximo foi Chris Espinosa, um jovem conhecido de Randy Wigginton. Era um adolescente magro de 14 anos que amava os computadores e fracassava em matemática na escola porque achava que fazer a lição de casa era um uso não otimizado de seu tempo. Ele ficou fascinado pelo computador de Wozniak. Com a explicação da sintaxe dos comandos da Basic especial criada por Woz que veio à tona na conversa e com a análise dos esquemas das partes internas que foram distribuídos a todos, Espinosa rascunhou alguns programas em Basic e, durante a sessão de acesso aleatório, quando as pessoas amontoaram-se em torno da máquina, ele pegou o teclado e digitou freneticamente alguns programas que criavam efeitos visuais coloridos na tela da televisão que Wozniak havia levado junto com o equipamento para o Homebrew. Wozniak estava excitado e contou depois: "Eu não podia imaginar que mais alguém pudesse chegar e me mostrar algo novo na hora — 'Veja!' — e eu ficava arrepiado e mostrava para os outros, dizendo: 'Veja! É fácil, você digita o comando e faz acontecer!'".

248   **PARTE II**   **Os hackers do hardware**

Lá estava aquele garoto de escola, rodando programas na pequena máquina que Wozniak havia construído. A reação de Steve Jobs foi muito mais pragmática: contratou Chris Espinosa como um dos primeiros funcionários da empresa. Como o outro especialista adolescente em software, Randy Wigginton, ele ganhava 3 dólares por hora.

Steve Jobs estava concentrado integralmente na tarefa de estruturar a empresa para entregar o Apple II a partir do ano seguinte e fez uma grande onda no mercado. Brilhante para se comunicar, segundo Alan Baum, "estava tentando sossegar... ele me contou quanto estava pagando pelas peças; era quase equivalente ao que pagava a HP". Como engenheiro, Jobs era medíocre; seu ponto forte era o de planejador, alguém com a visão para ver como os computadores podiam ser úteis além do sonhado por hackers puros como Steve Wozniak. Era também esperto o bastante para entender que um rapaz de 22 anos, sempre vestido de jeans e descalço, não era a pessoa adequada para gerenciar uma grande empresa de computadores; e principalmente não tinha experiência em gerenciamento nem em marketing. E, assim, decidiu que contrataria um executivo de alta linhagem, bem remunerado para gerenciar a Apple.

Não era uma conclusão fácil para aquela época, quando engenheiros, como Ed Roberts e Bob Marsh, acreditavam que montar uma máquina de qualidade era o principal ingrediente para o sucesso e que a administração do negócio cuidaria de si mesma. Ed Roberts aprendeu a loucura desse posicionamento pelo caminho mais duro. Em meados de 1976, Roberts estava cansado da "novela" (em suas próprias palavras) que a Mits tinha se tornado: clientes frustrados, uma linha de produtos confusa e mal planejada com diversas versões aperfeiçoadas do Altair, centenas de empregados, política interna viciosa, varejistas sempre em pânico, finanças enterradas na lama e nem sequer uma noite de sono decente. Ele estava projetando um fantástico Altair 2 — mais poderoso e pequeno a ponto de caber em uma maleta —, mas a maior parte de sua energia era dedicada a gerenciar confusão. Então, decidiu virar o que chamou de "uma página em minha vida porque estava na hora de ir para a próxima". E espantou o mundo dos hackers de hardware ao vender a empresa para a Pertec. Lá pelo final do ano, Roberts com seus mais de 1 milhão de dólares deixou o negócio e se tornou um fazendeiro no Sul da Geórgia.

A moral da história é que engenheiros não sabem necessariamente gerir empresas. Mas encontrar gente que soubesse não era fácil, especialmente quando a sua companhia, pelo menos na superfície, parece com um pequeno bando de hippies e garotos de escola. Chris Espinosa notou depois que, no início de 1977, a aparência de Jobs era tão desgrenhada "que as pessoas não o queriam em lotações e aviões, muito menos nos corredores do poder da indústria de semicondutores". Assim, ele pegou um atalho ao atrair Mike Markkula para a equipe da Apple. Markkula era um antigo mago do marketing, agora nos seus 35 anos, que havia se "aposentado" da Intel alguns anos antes. Desde então, investia o tempo em diversas buscas, algumas orientadas para negócios e outras estranhas, como a invenção de um cartão circular para ensinar as diferentes posições dos dedos nas cordas das guitarras. Jobs pediu a ele que ajudasse a estruturar um plano de negócio para a Apple, e Markkula começou aportando capital de risco para a empresa e assinando como o primeiro presidente do conselho de administração. Foi também por Markkula que Jobs conseguiu contratar um pragmático gestor, vindo da Fairchild Semiconductor, chamado Mike Scott, para se tornar o presidente executivo da empresa. Então, enquanto a mais proeminente companhia com um terminal de computador no mercado, a Processor Technology, estava se debatendo diante da gestão inexperiente dos hackers de hardware Bob Marsh e Gary Ingram, a Apple estava surgindo para crescer.

No que cabia a Steve Wozniak, a atividade produtiva no mundo real não estava estacionada. Chris Espinosa e Randy Wigginton iam à casa dele para brincar com o modelo meio construído do Apple II e lá, no chão da sala de estar da pequena casa de Wozniak, eles depuravam programas e hardware, escreviam programas de geração de tons e soldavam placas. Era divertido. Enquanto isso, em sua própria garagem, Jobs estava tocando o dia a dia da operação. "Ele aparecia um pouco toda hora e via o que estávamos fazendo, dava recomendações, mas não fazia nada de design. Ele avaliava — o que era seu maior talento. Falava sobre o teclado, o projeto, a logomarca, que peças comprar e como fazer o design da placa parecer melhor, o arranjo dos componentes, os varejistas que escolhíamos... o método de montagem, a distribuição, falava sobre tudo", conta Chris Espinosa.

Jobs estava sendo guiado pela mão experiente de Mike Markkula, que estava levando muito a sério seu investimento na Apple. Um ponto que ele aparentemente já percebera era que o compromisso de Wozniak estava mais com o computador do que com a empresa. Para Woz, o Apple era um projeto hacker brilhante, não um investimento. Aquela era sua arte, não seu negócio. Seu pagamento estava em resolver problemas, reduzir chips e impressionar as pessoas no Homebrew. Era o bastante para a atividade hacker, mas Markkula queria, pelo menos, a dedicação integral dele na companhia. Ele pediu a Jobs para que dissesse a Woz que, se queria que existisse uma Apple Computer Company, devia sair da HP e participar de corpo e alma na pré-produção do Apple II.

Foi uma decisão difícil para Wozniak. "Era muito diferente do que o ano que passamos juntos na garagem montando o Apple I", lembra Woz. "Aquilo era para ser uma companhia de verdade. Eu projetei o computador porque gostava de fazer design, para exibir no clube. Minha motivação era não ter uma empresa e ganhar dinheiro. Mike me deu três dias para dizer 'sim' ou 'não', para decidir sair da HP. Eu gostava da HP. Era uma boa empresa, eu me sentia seguro e realizava um bom trabalho lá. Eu não queria sair e disse 'não'."

Steve Jobs ouviu a decisão de Wozniak e chamou os amigos e parentes dele, implorando para que o persuadissem a deixar a HP e trabalhar em tempo integral para a Apple. Alguns fizeram isso e, quando Woz ouviu os argumentos deles, reconsiderou a decisão. Por que não trabalhar para fazer com que o Apple II alcançasse o mundo? Mas, mesmo tendo concordado em sair da HP para se dedicar integralmente à Apple, ele estava convencido de que o que fazia era puro hackerismo. A verdade era que iniciar uma empresa não tinha nada de hackerismo ou de design criativo. Tratava-se de ganhar dinheiro. Aquilo estava "forçando os limites", como diria mais tarde Wozniak. Não porque fosse algum tipo de fraude — Wozniak acreditava em seu computador e na equipe que o produziria e venderia —, mas "não havia jeito de eu associar na minha cabeça a Apple com a atividade de fazer um bom design de computador. Aquela não era a razão para iniciar a Apple. A razão por trás do design do computador era outra — ganhar dinheiro".

Foi uma decisão crucial que simbolizou a mudança que estava ocorrendo na área dos pequenos computadores. Agora os hackers como Wozniak estavam montando máquinas com terminais e teclados, máquinas que, presumivelmente, poderiam ser úteis para muito mais pessoas do que para os hobbystas — a direção daquela incipiente indústria estava nas mãos daqueles hackers. Fazia quase vinte anos que os hackers do TMRC tinham sido apresentados ao TX-0. Agora, A Coisa Certa estava entrando nos negócios.

Em janeiro de 1977, os cerca de meia dúzia de empregados da nova empresa, que não foi oficialmente incorporada até março, mudaram para um espaço apertado na Stevens Creek Boulevard, em Cupertino, bem pertinho de uma loja da rede 7-Eleven e de um restaurante de comida saudável, chamado Good Earth. Wozniak preferia descer um pouco mais a rua para ir à lanchonete Bob's Big Boy. Logo pela manhã, ele e Wigginton iam até lá, pediam uma xícara de café, davam um golinho e comentavam como aquilo era ruim, deixando quase todo o resto. Era um tipo de ritual. Woz tinha a mania de pegar uns envelopes de antiácido efervescente e colocar dentro dos açucareiros do Bob's, esperando até que algum cliente distraído colocasse aquilo no café, pensando ser açúcar. Havia uma pequena erupção, como um pequeno vulcão de café, e Woz morria de rir com a brincadeira. Mais frequentemente, Woz preferia conversar, principalmente sobre questões técnicas e, às vezes, sobre a

Apple. Wigginton e Espinosa, que ainda estavam no ensino médio, levavam muito a sério as hipérboles de Jobs como planejador — em algum grau, todos estavam — e acreditavam que a cruzada do Homebrew estava centralizada exatamente ali no Stevens Creek Boulevard. "Todo mundo estava muito comprometido", comenta Wigginton, "estávamos motivados mais pelo sonho do que aconteceria do que pelo que já estava realmente acontecendo. Ia ser uma empresa de sucesso com o melhor computador que já havia sido produzido."

Eles sempre trabalhavam até altas horas, soldando, projetando e programando. Um dos amigos de Woz, contratado como especialista em hardware, imitava o canto de passarinhos enquanto trabalhava. Woz fazia piadas, brincava com jogos e, então, realizava uma enorme quantidade de trabalho de uma vez só. Ele e sua equipe estavam preparando um tipo diferente de computador; não era como aqueles best--sellers anteriores, o Altair, o Sol e o IMSAI. Steve Jobs e Mike Markkula consideravam que o mercado para a Apple ia muito além do segmento de hobbystas e queriam que o computador *parecesse* amigável. Jobs contratou um desenhista industrial para projetar um gabinete de plástico brilhante e simpático em um tom quente de bege terroso. Tinha certeza de que o layout de Woz seria atraente, assim que a tampa do gabinete fosse aberta. O barramento Apple, assim como o barramento S-100, era capaz de aceitar placas de circuito extras para fazer a máquina realizar tarefas interessantes. Além disso, Woz aceitou sugestões de seu amigo Alan Baum e fez o computador de modo que os oito "slots de expansão" fossem especialmente fáceis para a indústria produzir placas de circuito compatíveis com o Apple. Eles seriam ajudados, com certeza, pela arquitetura "aberta" da máquina; fiel à Ética Hacker, Woz assegurou-se de que o Apple não tivesse segredos que impedissem as pessoas de criar com o equipamento. Cada detalhe do design, todo truque em seu interpretador de Basic (que vinha incluído na máquina, conectado em um chip de circuito customizado) estaria documentado e seria distribuído a qualquer um que quisesse.

Para certas coisas, Woz e Jobs confiavam em suas conexões no Homebrew. Um bom exemplo foi o que aconteceu com um problema potencial na obtenção da aprovação da FCC (Federal Communications Comission)* para o computador. Rod Holt, um engenheiro da Atari que tinha ajudado a projetar a fonte de energia, informou que, infelizmente, o conector da máquina a um aparelho de televisão — chamado

---

* FCC (Federal Communications Commission) — nos Estados Unidos, agência governamental independente responsável por regular as comunicações interestaduais e internacionais por rádio, televisão, rede, satélite e cabo. A jurisdição da FCC cobre os cinquenta estados, o distrito de Colúmbia e as possessões norte-americanas, tendo sido criada em 1934. (N.T.)

252   **PARTE II   Os hackers do hardware**

Modulador de Rádio Frequência (RF) — causava muita interferência e não passaria pela avaliação da FCC. Então, Steve Jobs foi falar com Marty Spergel, o Lixeiro.

Spergel costumava aparecer nas reuniões do Homebrew, levando componentes eletrônicos para distribuir: "Eu olhava para a minha caixa com lixo e dizia: 'Aqui tem uma caixa cheia com peças de A a Z' e as pessoas voavam em cima. Antes de eu soltar a caixa, já tinham acabado". Ele tinha faro para nichos no mercado de eletroeletrônicos e, recentemente, tinha acertado o alvo ao importar joysticks de Hong Kong para as pessoas brincarem com jogos como o *Target*, de Steve Dompier, em seus Altairs e Sols. Houve um momento em que a sua empresa, a M&R Electronics, chegou a vender um kit de computador, mas o produto não chegou a pegar de verdade. Um dia, Spergel visitou o quartel-general de uma sala da Apple em Cupertino e conversou com Jobs, Woz e Rod Holt sobre a situação do modulador. Estava claro que a Apple não podia comercializar seus computadores com aquele dispositivo. Então, foi decidido que Holt passaria as especificações do modulador para Marty Spergel e ele os montaria. "Minha parte no negócio era manter a FCC distante da Apple", recorda, "Portanto, eu montava e vendia moduladores, enquanto a Apple entregava computadores. No varejo, os lojistas vendiam o modulador para ser integrado à máquina da Apple pelo usuário final. Quando o comprador chegava em casa e plugava o modulador no computador, era responsabilidade dele evitar a interferência de RF".

Era um caso clássico do compartilhamento ao estilo do Homebrew, com todos se beneficiando, na superação de um obstáculo burocrático. Spergel perguntou a Jobs quantos moduladores a M&R venderia com a marca "Sup'r Mod" por cerca de 30 dólares cada um. Jobs garantiu que o volume seria grande, talvez umas cinquenta unidades por mês.

Vários anos depois, Spergel calculou que vendera 400 mil Sup'r Mods.

No início de 1977, Jim Warren, membro do Homebrew Computer Club e editor do *Dr. Dobb's Journal*, estava incubando um esquema maior para si mesmo. Warren era o colega de cabelo curto, rosto largo e barbudo que recolhia "tecnofofocas" por hobby e via o Homebrew como a loja onde ele distribuía todo tipo de rumores sobre as empresas do "Barranco do Silício", como ele chamava o Vale. Quase sempre, suas fofocas eram sérias. Além de suas tarefas como editor e de suas atividades como o fofoqueiro oficial do Silício, Warren dizia estar no "Modo Dissertação" em Stanford. Mas seu crescente interesse pela computação pessoal era mais do que um doutorado. Ele era fã, olhando o movimento do computador feito em casa como um tipo de continuidade da Universidade Livre, da ideia do "fique-nu-e-se-suje", como um festival humanista do amor.

Sua participação no show do computador de 1976 em Atlantic City (Costa Leste dos Estados Unidos) reforçou essa convicção. De início, ele não queria ir, achando a localização decadente, a "pior do país", mas a promotora do evento telefonou para ele e lhe contou sobre todas as pessoas interessantes que estariam por lá, acrescentando como seria importante para o editor do *Dr. Dobb's* participar do show. Warren ficou um pouco frustrado porque, com Bob Albrecht lhe pagando apenas 350 dólares pelo trabalho de editor, ainda teve que implorar para conseguir a verba para a viagem. Achava que o grande show estava acontecendo ali mesmo na Califórnia. Uma noite, ele conversou com Bob Reiling, um engenheiro da Philco* que assumiu mansamente as tarefas de Fred Moore à frente do jornal do Homebrew. Perguntou-lhe por que diabos aquele evento estava sendo realizado na costa errada, já que o centro indiscutível do mundo dos microcomputadores era ali, na Costa Oeste. Reiling concordou, e Warren decidiu que eles deviam realizar um evento que seria, de acordo com o espírito hacker, um centro de intercâmbio de informações, equipamentos, conhecimento técnico e boas vibrações. Devia ter a atmosfera idílica da Feira da Renascença, que ocorria anualmente em Marin County — uma genuína "Feira do Computador".**

Ele estava pensando nesse evento quando chegou a Atlantic City, onde, apesar da horrível umidade e das instalações dilapidadas, sua cabeça "deu uma virada completa. Você encontrava todas as pessoas com quem tinha falado pelo telefone ou recebido uma carta sobre as novidades em desenvolvimento... Havia uma tremenda excitação em encontrar as pessoas que estavam realizando coisas". Esses encontros cara a cara eram uma nova e poderosa interface que oferecia informações muito mais frescas do que as obtidas nas publicações: "O *Dr. Dobb's* tinha um cronograma de seis semanas e estava me deixando maluco. Seis meses era a metade do tempo para uma nova geração de computadores. A oportunidade de conversar com as pessoas sobre o que estavam fazendo *naquela semana* era um avanço radical. Então, foi nesse tipo de ambiente que eu anunciei que faríamos a Feira do Computador na Costa Oeste".

Com Reiling como parceiro, Warren começou a organizar o evento. Logo, ele ficou assustado com o fato de que a locação ideal para o evento, o Auditório Cívico de São

---

*   Mais informações em <http://en.wikipedia.org/wiki/Philco>. (N.T.)

**   Mais informações e imagens em <http://www.digibarn.com/collections/brochures/wcc-faire/index.html>. (N.T.)

254   **PARTE II   Os hackers do hardware**

Francisco, cobrava um valor de aluguel considerável. Milhares de dólares por dia! Depois de ouvir a notícia, Warren e Reiling dirigiram para a península e pararam no Pete's Harbor, um café ao ar livre ao lado da marina que era o local predileto de Albrecht e a turma da PCC. Warren lembra: "Eu disse: 'Cara, estamos mergulhando fundo. Conseguimos pagar isso?'. E eu peguei um guardanapo grande e comecei a rabiscar. Quantos exibidores podemos esperar. Quantos visitantes. Se em Atlantic City eles tiveram 350, nós podíamos dobrar isso... talvez chegar a uns setecentos. Quanto cobrar dos exibidores e dos visitantes? Multipliquei tudo e depois somei...". E Jim Warren ficou boquiaberto ao descobrir que não só poderiam pagar as despesas, como ainda havia a possibilidade de *lucrar* com o evento. Certamente, não havia nada errado nisso.

Jim Warren pegou o telefone e começou a ligar para os presidentes das maiores empresas do setor, a maioria dos quais ele conhecia pessoalmente por causa das reuniões do Homebrew ou por seu trabalho na revista.

> "Eu ligava para Bob Marsh e dizia: 'Oi, vamos fazer uma Feira do Computador, está interessado?' e ele respondia: 'Inferno, claro!'. Eu dizia então: 'Mande-me algum dinheiro e vamos lhe dar um espaço de exposição'. Depois, telefonamos para Harry Garland da Cromenco: 'Aqui é Jim Warren, nós vamos fazer uma Feira do Computador. Quer participar?' e ouvimos: 'Claro, com certeza!'. E prometemos: 'Bem, vamos lhe mandar a planta dos estandes assim que for possível. Mande-nos algum dinheiro porque estamos precisando.'"

Acho que levou apenas uns quatro dias para estarmos operando no azul.

Warren revelou ter um talento considerável como promotor. Começou uma publicação tabloide, especificamente para fazer bombar o interesse no evento e, de vez em quando, para espalhar a sua marca de tecnofofoqueiro. Foi chamada de *Silicon Gulch Gazette*[*] e trazia histórias sobre a feira, pequenos perfis dos palestrantes e também do "todo-poderoso criador", Jim Warren. A publicação vangloriava-se dos acordos de "copatrocínio" com os grupos sem fins lucrativos, como o Homebrew Computer Club, a SCCS, a *PCC* e seu braço da Community Computer Center (CCC), entre outros (Joanne Koltnow, que ajudou a estruturar o evento com seu emprego na CCC, contou depois que "todo mundo ficou chocado" quando descobriu que a feira era uma organização com fins lucrativos). Com uma equipe de duas secretárias, Warren e seus parceiros trabalhavam como loucos até tarde, enquanto o evento era organizado.

---

[*] Fac-símiles em <http://pt.scribd.com/doc/136951/Silicon-Gulch-Gazette>. (N.T.)

Antes da feira, os oito empregados da Apple também estavam trabalhando freneticamente. A empresa comprou dois estandes a 350 dólares cada e manobrou para conseguir ocupar o espaço logo na entrada da exposição. A ideia era tirar vantagem dessa posição para apresentar oficialmente o Apple II no evento. Embora muita gente no Homebrew Club não levasse a Apple muito a sério (um dia, Gordon French foi fazer uma visita e saiu zombando que a companhia ainda era basicamente dois caras trabalhando em uma garagem), agora havia dinheiro "sério" por trás do empreendimento. Uma vez, o novo presidente, Mike Scott, pediu a Chris Espinosa que copiasse o software de demonstração do jogo *Breakout*. Era um jogo que Jobs havia feito para o Atari e que Woz havia reescrito para a Basic do Apple. No final, o programa comentava a pontuação alcançada pelo jogador. Lembrando disso, Scott aproveitou para pedir a Espinosa para que mudasse os comentários, fazendo a tela mostrar "Bem ruim" no lugar de "Pura merda". Afinal, ele mostraria o jogo para uns executivos do Bank of America que estavam vindo conversar sobre uma linha de crédito para a Apple.

Por fim, a equipe da Apple estava pronta para participar do show. Contrataram um decorador para o estande e prepararam sinalizações profissionais com a sedutora logomarca da empresa, uma maçã com as cores do arco-íris e uma mordida já dada. Eles trabalharam enlouquecidamente até o último momento antes de terem que levar as máquinas para São Francisco; planejaram ter quatro Apples II rodando no estande — e aqueles eram os únicos protótipos existentes. Na noite de 15 de abril, chegaram os gabinetes que haviam acabado de ser feitos com plástico injetado. Quando todo mundo terminou de conectar os dispositivos internos, ficou evidente como o Apple II era diferente dos concorrentes (fazendo uma possível exceção apenas ao Sol). Os outros computadores pareciam ter sido montados por um operador de rádio em combate. O Apple não tinha parafusos e conexões visíveis (as dez conexões principais eram ligadas por baixo): era apenas a variação amigável, simpática e elegante de uma máquina de escrever futurista com suas formas arredondadas, sem ângulos ameaçadores. Por dentro, a máquina evidenciava o talento hacker de Woz. Ele reduzira o número de chips para a incrível marca de 62, incluindo o poderoso 6502 como unidade de processamento central. De fato, quando se abria a tampa da máquina, o que se via era a placa-mãe de Woz — a placa verde de circuito integrado do Apple I aprimorada — com uma fonte de energia prateada do tamanho de um biscoito e os oito slots de expansão que indicavam os usos infinitos que podiam ser dados à máquina. Quando os parafusos e rebites foram feitos no gabinete, as placas conectadas, as bases soldadas, tudo testado e as tampas fechadas, era 1 hora do dia da apresentação oficial da Apple ao mundo.

Na hora certa pela manhã, a turma da Apple estava no estande, perto da entrada da exposição. A maioria das empresas havia apostado na fórmula já testada de decoração de estandes com cortinas amarelas no fundo e o nome da empresa escrito em letras grandes sobre papelão. E o espaço da Apple brilhou com seu logo de seis cores feito em acrílico.

Jim Warren estava bem cedinho na exposição, com certeza, surfando na adrenalina dos últimos dias de trabalho com jornadas intermináveis de dezesseis horas. Há apenas dois dias, ele e Reiling haviam incorporado a feira como uma organização com fins lucrativos. Embora considerasse aquilo "uma montanha de bobagens burocráticas e legalistas", Reiling ponderara que como parceiros eles poderiam ser responsabilizados individualmente por qualquer dano causado às empresas expositoras ou aos visitantes. E Warren concordou. Não há dúvidas sobre o que ele estava realmente pensando — como alguém que conhecia muito bem a Ética Hacker, podia ver claramente o que estava acontecendo no quintal do "Barranco do Silício". O mundo real havia chegado e era hora de uma fusão entre as duas culturas, a hacker e a industrial, pois, se houvesse um choque entre elas, Warren sabia muito bem quem perderia. Os hackers de hardware tinham feito os microcomputadores ganharem o mundo; e as polpudas receitas anuais da Mits, Processor Technology e IMSAI em 1976 davam prova irrefutável de que aquela era uma indústria crescente, valendo muito dinheiro e trazendo muitas mudanças. Jim Warren amava o espírito hacker, mas ele era também um sobrevivente. Se perdesse dinheiro ou sofresse algum tipo de desastre por insistir com suas fobias pós-hippie, idealistas e antiburocráticas, o movimento do hackerismo não avançaria um bit. No entanto, o fato de ganhar dinheiro talvez não causasse nenhum dano à Ética Hacker. Assim, como explicou mais tarde, "não dava a mínima importância para estandes, poder, contratos e aquelas coisas todas", mas foi em frente. Aquele micromundo estava mudando. E ele não precisava de mais evidências disso: bastava olhar para a bilheteria do lado de fora do grande edifício com colunas gregas do Centro Cívico de São Francisco.

Naquele dia brilhante e ensolarado de abril de 1977, havia milhares de pessoas em pé em longas filas, que serpenteavam ao longo dos dois lados do prédio e se encontravam no final. Um longo colar de hackers, pretendentes a hacker, pessoas curiosas sobre os hackers ou gente querendo saber o que estava acontecendo naquele novo e estranho mundo, onde os computadores significavam algo diferente do que uns rapazes de camisa branca, gravata preta, carteiras gordas e rosto inexpressivo que todo mundo associava à IBM. Para falar a verdade, as filas estavam lá em grande parte por causa da inexperiência de Jim Warren, que resultou em uma confusão no pré-cadastro de participantes e na venda de ingressos. Por exemplo, em vez de ter um preço fixo para os ingressos vendidos na hora, havia taxas diferentes — 8 dólares para o público em geral, 4 dólares para estudantes e 5 dólares para os membros do Homebrew Club e assim por diante. E como os vendedores custavam 10 dólares por hora, Warren decidiu não contratar muitos extras. Agora, com o dobro de gente chegando antecipadamente, e todo mundo parecia querer chegar cedo, estava diante de uma situação que poderia sair de controle.

Mas não saiu. Todo mundo olhava em volta incrédulo de que *toda aquela gente* estava no mundo dos computadores, de que toda a secreta luxúria que sentiam pelas máquinas, sempre como criancinhas solipsistas e frágeis como Greenblatt ou Wozniak, não era afinal tão aberrante. Amar os computadores não era mais uma prática proibida em público. Portanto, não era pecado ficar ao lado de todas aquelas pessoas esperando para entrar na primeira Feira Anual do Computador da Costa Oeste. Como Warren comentou depois: "Havia todas aquelas filas ao redor do prédio e ninguém estava irritado. Ninguém reclamava. Nós não sabíamos o que estávamos fazendo, as empresas expositoras não sabiam o que estavam fazendo tampouco os visitantes sabiam o que estava acontecendo, mas todo mundo estava excitado, congregando sem fazer exigências. Foi uma tremenda virada. As pessoas estavam lá em pé e conversavam: 'Ah, você tem um Altair? Bárbaro!', 'Como resolveu aquele problema?'. Ninguém estava bravo".

Quando as pessoas conseguiram entrar no salão, aquilo era "tecnoestranho" de fora a fora; o som das vozes misturando-se ao barulho das impressoras e aos tons suaves de três ou quatro diferentes músicas geradas em computadores. Se alguém queria ir de um ponto a outro da exposição, tinha que entrar no fluxo de multidão que seguia na direção certa e se manter ombro a ombro com as pessoas até chegar lá. Quase todas as quase duzentas empresas expositoras tinham cabines de demonstração. Especialmente a Processor Technology, que estava rodando o jogo *Target*, de Steve Dompier, em um computador Sol. As pessoas também estavam se empurrando para entrar no estande da IMSAI e fazer um biorritmo. E logo ali na entrada estava a Apple, a onda do futuro, rodando um programa de efeitos gráficos caleidoscópicos em um adventício monitor de vídeo. "Foi uma loucura", como lembra Randy Wigginton, que estava trabalhando no estande com Woz, Chris Espinosa e os outros, "Todo mundo chegava e pedia demonstrações e era engraçado porque as pessoas mostravam-se excitadas."

Não era só com a Apple que as pessoas estavam excitadas. Era o triunfo dos hackers de hardware transformando sua paixão em uma indústria. Era possível ver a agitação das pessoas olhando em volta para a multidão — toda aquela gente? —, e houve um burburinho quando Jim Warren entrou no sistema público de som para anunciar que o total de visitantes naquele fim de semana estava em cerca de 13 mil. Ele foi imediatamente imitado por Ted Nelson, autor do Computer Lib, que se sentia como um guru solitário tendo sido colocado repentinamente diante de uma multidão de

258   **PARTE II   Os hackers do hardware**

discípulos. Microfone na mão, Nelson disse: "Aqui é o Capitão Kirk, tripulação preparar para a decolagem!".[5]

Warren já tinha decolado fazia tempo. Circulava pela feira sobre um par de patins, maravilhado por até onde havia chegado o movimento hacker. Para ele, assim como para as pessoas da Apple, da Processor Technology e de dúzias de outras empresas, esse sucesso tinha implicações financeiras muito bem-vindas. Logo depois de terminado o evento, assim que passou o período que ele chamou de "colapso extático", Warren chegou a pensar em investir seus lucros em uma Mercedes Benz SL. Por fim, decidiu comprar 16 hectares de terra nas colinas de Woodside e, em alguns anos, construiu ali uma grande estrutura de madeira com um deque com vista para o Pacífico. Lá era sua casa e o quartel-general computadorizado de onde uma dúzia de funcionários cuidava de um pequeno império de publicações e de eventos no setor de computadores. Jim Warren entendera o futuro.

Para os hackers de hardware, a primeira Feira do Computador da Costa Oeste[*] foi um evento comparável ao Woodstock[**] para o movimento hippie na década de 1960. Como o concerto na fazenda de Max Yasgur, a feira era uma reivindicação cultural e um sinal de que o movimento tinha se tornado tão grande que, em breve, não pertenceria mais a seus progenitores. A última revelação demorou a ser entendida. Todo mundo flutuava, circulando de estande em estande, vendo todo tipo de hardware inovador e software revolucionário, encontrando pessoas para trocar sub-rotinas e esquemas de circuitos, além de participar de algumas das centenas de oficinas, entre as quais, a de Lee Felsenstein sobre o movimento Community Memory, a de Tom Pittman sobre linguagem de computação, a de Bob Kahn sobre o programa educacional do Lawrence Hall of Science, a de Marc LeBrun sobre música computacional e a de Ted Nelson sobre o futuro triunfante.

Nelson foi um dos principais palestrantes do banquete realizado no St. Francis Hotel. O nome de seu discurso foi *Aqueles dois próximos anos inesquecíveis*,[6] e, olhando para aquela massa de gente fascinada pelos computadores, ele abriu sua fala: "Eis-nos aqui no umbral de um novo mundo. Os pequenos computadores estão a ponto de reconstruir nossa sociedade e vocês sabem disso". Tanto quanto Nelson sabia, a batalha havia sido vencida — os hackers tinham expulsado o Profeta do Mal. Segundo ele, "a IBM estava à beira do caos". Havia realmente um mundo maravilhoso descortinando-se:

---

[*] Veja reportagem repercutindo o evento em <http://www.atariarchives.org/bcc3/showpage.php?page=98>. (N.T.)

[**] Mais informações em <http://www.woodstock.com/1969-festival/>. (N.T.)

"Por ora, portanto, os pequenos computadores estão entregando bastante mágica. Causarão mudanças radicais em nossa sociedade como as já trazidas pelo telefone e o automóvel. Os pequenos computadores são realidade, podemos comprá-los com nossos cartões de crédito de plástico e os acessórios disponíveis, como discos de armazenamento, monitores gráficos, jogos interativos, tartarugas programáveis para desenhar imagens em papel comum e Deus sabe o que mais. Temos aqui todos os ingredientes de um modismo que se tornou uma cultura e que logo amadurecerá em um mercado crescente.

MODA! CULTURA! MERCADO CONSUMIDOR! Foi dada a partida. A máquina da indústria norte-americana seguirá a trilha. A sociedade sairá da garrafa. E os próximos dois anos serão inesquecíveis."

* Notas *

A principal fonte de informação do livro *Hackers* foi mais de uma centena de entrevistas pessoais realizadas pelo autor entre 1982 e 1983. Além dessas entrevistas, são feitas também referências a fontes impressas e eletrônicas que estão citadas no rodapé das páginas desta edição.

[1] A matéria da *Esquire, Secrets of the Black Box*, de Ron Rosenbaum, foi reproduzida em seu livro *Rebirth of the Salesman: Tales of the Song and Dance 70's*, editado pela Delta em 1979.

[2] Citação de uma entrevista não publicada com o jornalista Doug Garr.

[3] Algumas das informações sobre Draper foram retiradas do livro de Donn Parker, *Fighting Computer Crime* (New York: Scribners, 1983).

[4] Ver CIOTTI, Paul. "Revenge of the Nerds". *California*, julho de 1982.

[5] Ver mais em FAIRCHILD, Elizabeth. "The First West Coast Computer Faire". *ROM*, julho de 1977.

[6] Ver o discurso em WARREN, Jim. *The First West Coast Computer Faire Proceedings*. Palo Alto: Computer Faire, 1977.

Capítulo 13
SEGREDOS

O discurso de Ted Nelson não era a fala enlouquecida de um planejador exagerado diante de uma multidão. Os dois anos seguintes foram de fato marcados pelo crescimento sem precedentes da indústria que os hackers de hardware tinham começado quase inconscientemente. Os hackers do Homebrew também entraram no negócio, encaminhando-se para uma das empresas formadas no estágio inicial da explosão dos microcomputadores ou mantendo-se no que sempre fizeram: o hackerismo. Os planejadores, que viram no advento dos pequenos computadores um meio para disseminar o espírito hacker, em geral, não pararam para avaliar a situação: tudo estava se movendo depressa demais para se deixar em contemplação. Deixados à margem, ficaram os puristas como Fred Moore, que, uma vez, escreveu uma cantilena intitulada, *Confie nas Pessoas, Não no Dinheiro*, afirmando que o dinheiro era "obsoleto, sem valor e contra a vida". O dinheiro, no entanto, era o meio pelo qual o poder dos computadores estava se disseminando, e os hackers que ignorassem esse fato estavam destinados a trabalhar em solipsismo (talvez abençoado) ou em pequenas comunidades baseadas no ARPA ou em míseros coletivos nos quais o termo "das mãos para a boca" era a analogia mais adequada para uma existência espartana.

A Feira do Computador da Costa Oeste foi o primeiro passo retumbante da jornada dos hackers de hardware das garagens do Vale do Silício para os dormitórios universitários de todos os Estados Unidos. Antes do final de 1977, aconteceu outro fato importante. As companhias megamilionárias lançaram no mercado suas combinações de computador e terminal que não exigiam que os usuários soubessem montá-las, computadores sendo vendidos para aplicação imediata. Uma dessas máquinas foi o Commodore PET, com design do mesmo profissional que inventou o chip 6502, o processador central do Apple. Outra era o Radio Shack TRS-80, um computador com gabinete de plástico injetado, montado em linha e vendido massivamente nas centenas de lojas Radio Shack espalhadas pelo país.

Logo depois, tudo se tornou uma batalha, um processo de aprendizado sobre como fazer computadores. Portanto, os pioneiros do Homebrew, que migraram da montagem de computadores para a manufatura de computadores, não tinham mais um território comum, mas competiam para manter suas fatias de mercado. Isso prejudicou a honorável prática do clube de compartilhar todas as técnicas, não admitir segredos e manter livre o fluxo de informações. Quando era a Basic para Altair de Bill Gates que estava em discussão, foi fácil manter a Ética Hacker. Agora, como principais acionistas de empresas que empregavam centenas de pessoas, os hackers não acharam nada tão simples. Mais do que de repente, eles tinham segredos a manter.

"Foi interessante ver os anarquistas vestirem camisas diferentes", comentou Dan Sokol, "as pessoas pararam de ir ao clube. O Homebrew (ainda moderado por Lee Felsenstein que mantinha acesa a chama) continuava anarquista: as pessoas lhe perguntariam sobre a empresa e você teria que dizer: 'Não posso revelar isso'. Eu resolvi fazer como os outros; não fui mais. Eu não queria ir e não responder às perguntas. Não se sai fácil de algo que lhe faz bem."

O Homebrew ainda realizou centenas de suas reuniões, e o seu cadastro tinha cerca de 1.500 pessoas — mas a maioria era de novatos com problemas que não eram desafiadores para mãos mais experientes que já haviam montado máquinas quando as máquinas eram quase impossíveis de existir. Logo não era mais *essencial* participar das reuniões. Além disso, muita gente envolvida em companhias, como Apple, Processor Tech e Cromenco, estava terrivelmente ocupada. E as próprias empresas ofereciam informações compartilháveis para as comunidades de hackers.

A Apple é um bom exemplo, Steve Wozniak e seus dois jovens amigos, Espinosa e Wigginton, estavam trabalhando muito na empresa recém-nascida para continuar indo ao Homebrew. Chris Espinosa explicou:

> "(Depois da Feira do Computador), nossa participação no Homebrew começou a rarear e acabou completamente no final do verão de 1977. Nós, de algum modo, havíamos criado nosso próprio clube na Apple, que era mais focado, mais dedicado a produzir coisas. Quando nos envolvemos com a Apple, encontramos aquilo em que queríamos trabalhar e passar todo o tempo aprimorando, expandindo, fazendo mais e nos aprofundando em alguns temas, mais do que olhar a área como um todo e descobrir o que os outros estavam fazendo. É assim que se faz uma empresa."

De alguma forma, o "clube do computador" formado na sede da Apple em Cupertino refletia o mesmo sentimento comunitário e de compartilhamento que havia no Homebrew. As metas da empresa eram as tradicionais — ganhar dinheiro, crescer, aumentar sua fatia de mercado —, e algum segredo era exigido até mesmo de Steve Wozniak, que considerava a abertura um princípio central da Ética Hacker, que ele subscrevera fervorosamente. Mas isso também significava que as pessoas dentro da empresa tinham que estar cada vez mais próximas, pois dependiam umas das outras para trocar sugestões sobre o ponto flutuante da Basic ou portas paralelas para impressão. Às vezes, a comunidade ficava perdida a ponto de aceitar a colaboração de um amigo do Homebrew. Por exemplo, em meados de 1977, John Draper apareceu por lá.

O antigo "Capitão Crunch" estava no desvio. Aparentemente, algumas autoridades não se conformavam com seu desejo de compartilhar os segredos das companhias telefônicas com qualquer pessoa que se interessasse em lhe fazer perguntas; agentes do FBI o seguiram e, de acordo com seu relato do episódio, plantaram um informante que mostrou interesse em uma aventura com a "caixa azul". Enquanto isso, os agentes aguardavam para pegar o "Capitão Crunch" em flagrante. Em sua segunda condenação, teve que passar um breve período na prisão, e estar encarcerado não combinava nada com a personalidade briguenta dele. Para o Capitão gritar como uma hiena gigante, bastava apenas alguém acender um cigarro a cinco metros dele. Depois de sua libertação, precisava trabalhar desesperadamente no mercado formal, e Woz o contratou como consultor, para ele fazer o design de uma placa de interface telefônica, algo que plugado em um dos slots de expansão do Apple pudesse conectar o computador a uma linha.

Draper trabalhou na placa alegremente. As pessoas da Apple estavam maravilhadas com seu estilo, que alternava explosões de brilho com detalhes pedantes e bizarros. Draper era um programador do tipo "defensivo". Chris Espinosa, que tinha a ingrata missão de tentar manter um olho no imprevisível Capitão, contou:

> "Digamos que você esteja escrevendo um programa e perceba que fez algo errado, como toda vez que vai usar o programa surge uma falha. A maioria dos programadores analisa o programa, descobre a causa da falha e resolve o problema. Draper não agia assim. Ele codificava em torno da falha de modo que, quando voltasse a ocorrer, o programa reconhecia o erro e o consertava. Era como uma piada. Se Draper estivesse escrevendo uma rotina matemática e aparecesse como resposta que 2 + 2 = 5, ele incluía uma cláusula no programa: quando 2 + 2 = 5, então, a resposta é 4. Era assim geralmente que escrevia programas."

No entanto, enquanto os hackers da Apple estavam encantados com o estranho estilo de John Draper para entregar um produto novo e cheio de recursos, as pessoas encarregadas de dirigir o negócio não estavam satisfeitas com o design do Capitão. Eles não gostavam daquilo. A Apple não era uma vitrine para truques; ali não era o Homebrew. E a placa de John Draper conseguia fazer alguns truques maravilhosos; o dispositivo não fazia somente a interface telefônica, emitia também os tons oficiais das companhias — era uma "caixa azul" dentro do computador. O que Stew Nelson fez há uma década com o PDP-1 podia agora ser feito em casa. O instinto hacker mandava usar as capacidades do hardware para explorar sistemas existentes no mundo todo. Porém, embora a Apple percebesse que aquilo podia beneficiar a Ética Hacker pela distribuição de informação sobre as vísceras da máquina e sobre sistemas completos a explorar, a empresa não fora aberta para promover o hackerismo puro. Acima de tudo, aquilo era um negócio, com uma linha de crédito e um carregamento de capital de risco oferecido por homens de terno e colete, que não estavam interessados em hackerismo telefônico. "Quando Mike Scott descobriu o que a placa de Draper podia fazer, ele decepou o projeto instantaneamente. Era muito perigoso para ser lançado ao mundo e torná-lo acessível a qualquer um", lembra Espinosa.

O assassinato desse projeto estava alinhado com a Apple Computer Company, uma empresa que estava vendendo computadores como louca e se tornando respeitável em um ritmo que deixava zonzos os ex-integrantes do Homebrew. Randy Wigginton, por exemplo, percebeu no final do verão de 1977 que a companhia tinha eclipsado qualquer histórico de crescimento normal. Foi quando todo mundo foi convidado para uma festa realizada por Mark Markkula para celebrar a entrega de equipamentos no valor de 250 mil dólares naquele mês. Era só o início de uma escalada que tornou a Apple uma empresa no valor de 1 bilhão de dólares em cinco anos.

Durante esse período, enquanto todo mundo na Apple comemorava o aumento das receitas — pilhas de dinheiro que tornariam muitos deles mais do que milionários do Paraíso de Creso* onde a fortuna é contada em unidades de 10 milhões —, John Draper estava em casa, brincando com seu Apple, instalando a placa completa na máquina. Ele conectou a máquina na linha telefônica e a programou para buscar tons que indicassem que do outro lado havia também um computador. Uma máquina inteira e virgem onde um hacker podia entrar e explorar. Também criou um programa que fazia o computador discar sozinho. "Parecia algo inocente", disse. Sozinho, o computador fazia 150 ligações por hora. Toda vez que encontrava um

---

* Em inglês, Creso refere-se também a alguém multimilionário. Leia mais sobre o último rei da Líbia em <http://www.livius.org/men-mh/mermnads/croesus.htm>. (N.T.)

computador do outro lado da linha, a impressora conectada à máquina registrava o número telefônico. Depois de nove horas, ele tinha a lista completa dos computadores com o prefixo da área. "Eu só reuni os números", garantiu Draper. A placa também conseguia detectar os serviços 0800 com o WATS Extenders, que possibilitava fazer ligações gratuitas de longa distância (foi o sistema de Draper que serviu de modelo para o jovem hacker do filme *WarGames* — no Brasil, *Jogos de Guerra*, de 1983).

Infelizmente, o sempre vigilante sistema que a companhia telefônica havia desenvolvido para detectar hackers registrou as quase 20 mil ligações feitas por John Draper em uma semana. Aquilo não apenas sinalizou que havia algo errado, como também acabou com o estoque de papel da impressora que estava conectada ao sistema para indicar irregularidades. John Draper recebeu outra visita das autoridades. Foi a sua terceira condenação; a primeira usando um computador doméstico. Um princípio pouco auspicioso para a nova era do hackerismo telefônico.

Alguns achavam que o estabelecimento de uma indústria de computadores pessoais de baixo custo significava que a guerra estava ganha. Eles acreditavam que a ampla proliferação dos computadores e suas lições inatas de abertura e inovação criativa, por si só, podiam disseminar a Ética Hacker. No entanto, para Lee Felsenstein, a guerra estava apenas começando. A paixão que o consumia era a ressurreição da Community Memory. Ele ainda se apegava ao sonho cuja glória havia vislumbrado com a experiência diante da loja Leopold's Records. Talvez fosse uma requintada ironia o fato de que o desenvolvimento da indústria dos pequenos computadores tenha sido ajudado em parte pela introdução de seu modem baratinho, da placa de vídeo VDM e do computador Sol; tudo aquilo derivava de seu mítico Terminal Tom Swift, uma máquina que só podia oferecer total fruição nos terminais acessíveis publicamente nas filiais da Community Memory. Ironia, porque crescia entre seus colegas o consenso de que o então ousado conceito da Community Memory — e do próprio Terminal Tom Swift — havia sido suplantado pela rápida aceitação dos computadores domésticos. Era ótimo o desejo de ter terminais públicos como o coração de um centro de informação que fosse uma "mistura de biblioteca, fliperama, café, parque municipal e correio". Mas por que as pessoas sairiam para ir a uma filial da Community Memory, quando poderiam usar um computador Apple junto com uma linha telefônica dentro de casa para acessar qualquer banco de dados do mundo?

O Terminal Tom Swift podia realmente estar superado, mas Felsenstein se agarrava a suas metas. O enredo da novela de ficção científica da qual ele era protagonista dava estranhas reviravoltas, e isso comprovava que havia ali um grande trabalho a realizar. Nos "dois anos inesquecíveis" desde o triunfo da Feira do Computador, ele havia visto uma empresa quebrar. A Processor Technology havia experimentado um enorme crescimento e tão pouco gerenciamento que não conseguiu sobreviver. Durante todo o ano de 1977, os pedidos para o Sol entraram com uma velocidade muito acima da capacidade da companhia para atendê-los. Bob Marsh calculou depois que, naquele ano fiscal, a empresa realizou vendas no valor de 5,5 milhões de dólares, comercializando cerca de 8 mil máquinas. Eles se mudaram para uma sede bonita e clara com 3.500 metros quadrados a Leste da Bay Area.

Porém, mesmo que o futuro parecesse brilhante, com Bob Marsh e Gary Ingram imaginando que, quando as vendas chegassem a 15 ou 20 milhões, venderiam a companhia e ficariam ricos, a Processor Tech foi tomada pela falta de planejamento e fracassou em enfrentar a concorrência dos novos, baratos e amigáveis computadores, como o Apple, o PET e o TRS-80. Marsh relata que chegaram a pensar em entrar no mercado de máquinas mais baratas, mas ficaram intimidados pela força da concorrência que havia anunciado computadores completos por mil dólares — e até um pouco menos. Ele achava que a Processor Tech podia vender o Sol como um equipamento mais caro, porque oferecia itens de qualidade, como amplificadores Macintosh em seu sistema de áudio. No entanto, a empresa perdeu a oportunidade de estender sua linha de produtos quando seu disk drive do sistema de armazenamento mostrou-se pouco confiável. Além disso, estava sendo incapaz de entregar software para as máquinas com a velocidade necessária. Eles anunciavam lançamento de produtos no jornal da empresa, uma publicação espirituosa que misturava relatórios de bugs com citações crípticas ("Não existem anões judeus", de Lenny Bruce). Meses depois, os produtos, software ou hardware periféricos, ainda não estavam disponíveis. Quando a Processor Tech recebeu uma proposta para a comercialização do computador Sol por uma nova cadeia de lojas chamada Computerland, Marsh e Ingram recusaram a oferta, em dúvida porque os proprietários da rede eram as mesmas pessoas que administravam a fabricante do computador IMSAI (que também estava em dificuldades e logo foi à bancarrota). Em vez de comercializar os terminais-computadores Sol em suas lojas, a Computerland passou a vender os da Apple.

"Fico embaraçado ao pensar como somos covardes algumas vezes", Marsh admitiu. Não havia plano de negócios. Os equipamentos não eram entregues a tempo, o crédito não era estendido a clientes prioritários e os erros constantes da empresa de entrega e de falta de profissionalismo com os fornecedores deram à companhia a fama de arrogante e gananciosa.

"Nós estávamos violando algumas leis básicas da natureza", lamentou Marsh. Quando as vendas pararam de crescer, o caixa para rodar a empresa não estava lá. Pela primeira vez, eles buscaram investidores. Adam Osborne, um espertalhão virulento já conhecido na nova indústria, apresentou-os a pessoas que queriam investir, mas Marsh e Ingram não quiseram ceder uma fatia substancial da empresa. "Ganância", Osborne avalia. Alguns meses depois, quando a companhia estava quase quebrada, Marsh voltou atrás e queria aceitar a oferta. Só que a proposta não estava mais em pé.

"Podíamos ter sido a Apple", lamentou Marsh muitos anos depois, "muita gente diz que 1975 foi o ano do Altair, 1976, o do IMSAI e 1977 foi do Sol. As máquinas dominantes." No entanto, no final daqueles "dois anos inesquecíveis", as empresas administradas por engenheiros, que entregavam máquinas em kits ou já montadas, equipamentos com os quais os hackers de hardware adoravam brincar... tinham desaparecido. Os pequenos computadores dominantes no mercado eram Apples, PETs, TRS-80s nos quais o ato de criação do hardware já vinha essencialmente pronto para os usuários. As pessoas compravam as máquinas para praticar o hackerismo de software.

Na curta história da Processor Tech, Lee Felsenstein foi provavelmente o maior beneficiário financeiro. Ele nunca foi contratado oficialmente como empregado, e seus royalties sobre o Sol chegaram a totalizar cerca de 100 mil dólares — embora nunca tenha recebido os últimos 12 mil dólares em royalties que lhe deviam. A maior parte do dinheiro foi investida na nova encarnação da Community Memory, cuja sede foi estabelecida em um prédio grande de dois andares parecida com um celeiro, localizada na área industrial de West Berkeley. Efrem Lipkin e Jude Milhon, do grupo original, faziam parte do novo CM Collective, todos prometendo trabalhar por horas infindáveis e salários substanciais para recriar permanentemente a experiência excitante vivida por eles no início da década. Era necessário investir muito tempo para desenvolver um novo sistema; o coletivo decidiu que os recursos financeiros podiam vir, em parte, com a criação de software para esses pequenos computadores.

Enquanto isso, porém, Felsenstein quebrou: "Para mim, a atitude racional seria fechar meu negócio e arrumar um emprego. Mas eu não fiz isso". Em vez disso, ele trabalhava por quase nada, fazendo o design de uma versão sueca do Sol. Suas energias estavam divididas entre esse projeto, a sincera e desesperançada ressurreição da Community Memory e as reuniões mensais do Homebrew, que orgulhosamente continuava a moderar. O clube estava famoso agora que os microcomputadores estavam sendo aclamados como o produto líder do crescimento industrial dos Estados Unidos. O principal exemplo disso era a Apple Computer, cujas vendas chegariam a 139 milhões de dólares em 1980 — ano em que a empresa lançou ações, fazendo a soma de Jobs e Wozniak valer mais de 300 milhões. Operação em Modo Creso.

Foi o ano em que Lee Felsenstein procurou por Adam Osborne na Feira do Computador. O evento de Jim Warren era agora anual, reunindo cerca de 50 mil pessoas em um fim de semana. Osborne era um homem astuto, um inglês nascido em Bangkok na casa dos 40 anos com um bigode castanho e fino e uma vaidade imperiosa que arremessara sua coluna publicada em revistas de negócios (intitulada, "Direto da Fonte") à notoriedade. Engenheiro de formação, ele fez fortuna publicando livros sobre microcomputadores antes do que todo mundo. Às vezes, levava caixas de seus livros para as reuniões do Homebrew e voltava satisfeito para casa — caixas vazias e uma porção de dinheiro. As obras chegaram a vender centenas de milhares de exemplares. A McGraw-Hill comprou sua editora e agora — "com o dinheiro queimando um buraco em meu bolso", como dizia — estava querendo entrar no negócio de manufaturar computadores.

A teoria de Osborne era de que os modelos existentes ainda eram muito orientados para usuários hackers. Ele não acreditava que as pessoas ligassem para a mágica que os hackers viam dentro das máquinas. Não tinha a menor simpatia por pessoas que queriam saber como as coisas funcionam, gente que gostava de explorar coisas ou que desejava aperfeiçoar sistemas que estudavam e com os quais sonhavam. Na opinião de Adam Osborne, não se ganhava nada com a disseminação da Ética Hacker; os computadores existiam para aplicações simples como edição de textos ou cálculo financeiro. Sua ideia era oferecer um computador sem firulas que já viesse com tudo necessário para usá-lo. Para ele, as pessoas sentiam-se mais felizes quando não eram colocadas diante de escolhas geradoras de ansiedade, como decidir qual processador de texto comprar. A máquina devia ser barata e pequena o bastante para ser levada em uma viagem de avião. Um "fuscacomputador" portátil. Osborne pediu a Lee Felsenstein para fazer o design dessa máquina. O computador que ele queria tinha que ser apenas "adequado", por isso, o design não devia ser uma tarefa muito difícil. "Umas 5 mil pessoas na península eram capazes de realizar o trabalho. Acontece que eu conheci Felsenstein", resumiu.

Então, por 25% da empresa ainda não formada, Lee Felsenstein projetou o computador. Ele resolveu interpretar a exigência de Osborne para que a máquina fosse "adequada" como o direito de realizar engenharia "feita em casa", desde que tivesse certeza de que o design era sólido o suficiente para suportar componentes bem testados em uma arquitetura limpa de truques e rodeios. "Fazer um design bom e adequado, que funcionasse direito, fosse flexível e barato, além de não contar com

268   **PARTE II   Os hackers do hardware**

recursos sofisticados, era uma questão artística. Eu tinha que estar louco o bastante e quebrado o bastante para tentar", lembra Felsenstein. Mas tinha certeza de que era capaz de preencher as exigências. Como sempre, havia medo envolvido na equação. Admitidamente, Felsenstein tinha um medo irracional de Adam Osborne; desconfiava de que fazia uma associação entre ele e as figuras de autoridade de sua infância. Assim, não havia como os dois conseguirem se comunicar com muita profundidade. Uma vez, Felsenstein tentou lhe explicar a Community Memory — sua *verdadeira* carreira — e Osborne "não entendeu", lamentou, "Era uma das últimas pessoas do mundo que podiam entender a Community Memory; quando via algo, ele usava". Mesmo assim, Felsenstein dedicou-se duramente ao projeto de Osborne, trabalhando em um espaço na sede da Community Memory — em seis meses estava pronto.

Considerava que havia conseguido atender às exigências técnicas assim como as artísticas ao construir um computador que ficou conhecido como Osborne 1.* Os críticos disseram depois que a máquina, que vinha dentro de uma maleta de plástico, tinha uma tela de cinco polegadas (12,7 centímetros), pequena e pouco confortável. Fizeram ainda outras observações negativas, mas quando o computador foi lançado recebeu elogios, e logo a Osborne Computer era uma companhia multimilionária. E, de uma hora para a outra, Lee Felsenstein estava valendo mais de 20 milhões de dólares. No papel.

Ele não mudou radicalmente seu estilo de vida: ainda vivia em um espartano apartamento de segundo andar, alugado por 200 dólares por mês; ainda lavava as roupas em uma lavanderia automática perto dos escritórios da Osborne em Hayward. A única concessão era que agora dirigia um carro da empresa, uma BMW novinha. No entanto, talvez por causa da idade, por algumas sessões de terapia, pela maturidade e também por seu sucesso tangível, desenvolveu-se em outros sentidos. Com 30 e tantos anos, ele descrevia a si mesmo como "ainda em recuperação, passando por experiências que normalmente ocorrem aos 20 e poucos anos". Agora tinha uma namorada fixa, uma mulher que trabalhava na Osborne.

Do lote de ações que Felsenstein vendeu, quase todo o dinheiro foi para a Community Memory, que, em meio à explosão da indústria dos microcomputadores, estava enfrentando tempos difíceis.

Muita energia do coletivo era dirigida ao desenvolvimento de software para juntar receita e investir no sistema da não lucrativa Community Memory. Porém,

---

* Informações técnicas e imagens em <http://oldcomputers.net/osborne.html>. (N.T.)

um debate estava também mobilizando o grupo: deviam vender software para qualquer um que pagasse para usar o programa ou deviam restringir o uso a atividades que não beneficiassem esforços militares. Não estava muito claro que os militares quisessem aqueles softwares, que incluíam bancos de dados e aplicações de comunicação mais adequadas a pequenos negócios do que a portadores de armas. Mas eles eram velhos radicais de Berkeley, e discussões como essa eram esperadas. A pessoa mais preocupada a respeito dos militares era Efrem Lipkin, o hacker abençoado com a magia da computação e amaldiçoado pela repugnância de seus possíveis usos.

Felsenstein e Efrem não se entendiam mais. Efrem não foi seduzido pela indústria dos computadores pessoais, que ele considerava "brinquedos luxuosos para a classe média". Achava o Osborne 1 "repugnante". Ressentia-se pelo fato de Felsenstein estar trabalhando para a Osborne, enquanto os outros se esforçavam na Community Memory por um salário aviltante. O fato de a maior parte do dinheiro da organização vir do trabalho de Felsenstein naquela máquina o chateava como se fosse um bug em um programa; um erro fatal que não podia ser apagado nem resolvido. Efrem era um hacker purista. Por um lado, ele e Felsenstein concordavam sobre o espírito da Community Memory — usar os computadores para reunir as pessoas em colaboração —, mas, por outro, não conseguia aceitar flexibilidades. Efrem Lipkin disse ao grupo que não podia aceitar escrever um software que acabasse tendo uso militar.

O problema, porém, era mais profundo. Os computadores pessoais, como o Apple e o Osborne, junto com os modems do estilo daquele "baratinho" que Felsenstein havia projetado para a M&R Electronics, haviam tornado obsoleto o sonho da Community Memory. As pessoas já estavam *usando* os computadores para se comunicar. E o mito original da Community Memory, o ideal da benção amorosa das máquinas cuidando de todos nós, já havia sido atingido havia algum tempo — em menos de dez anos, os computadores foram desmitificados. Não eram mais caixas negras diabólicas que precisavam ser temidas. Ao contrário, eram até cheias de estilo — em pouco tempo, a tecnologia dos computadores seria lugar-comum entre as pessoas que circulavam na Leopold's Records e a loja até venderia softwares que podiam substituir os discos em alguns aparelhos. Jude Milhon, amiga próxima de Felsenstein e de Efrem, uma pessoa que dedicou boa parte de sua vida à Community Memory, mal conseguia pronunciar as palavras quando discutiam esse assunto, mas ela sabia: o projeto acabara. A Revolta em 2100 estava encerrada e ainda nem era 1984. Os computadores eram aceitos como ferramentas de convivência e o poder das máquinas estava acessível em milhares de lojas de varejo — para quem podia pagar.

270   **PARTE II**   **Os hackers do hardware**

Torturado pela frustração, Efrem Lipkin explodiu durante uma reunião. Ele apontou o que considerava o fracasso do grupo: "Basicamente, eu achava que tudo estava se desintegrando". Continuava especialmente aborrecido porque era o dinheiro de Felsenstein — ganho na Osborne — que financiava o grupo.

Felsenstein respondeu que aquele maldito dinheiro pagava o salário de Efrem.

"Não paga mais", disse Efrem. E o hacker foi embora.

Menos de um ano depois, não existia mais a Osborne Computer. A inépcia administrativa — pior do que a da Processor Tech — tornou a empresa o primeiro de muitos desastres financeiros, período que viria a ser chamado de "A Grande Falência dos Computadores". As ações de Felsenstein que valiam milhões se foram.

Ele, porém, ainda tinha seus sonhos. Uma grande batalha havia sido vencida. Agora, talvez tendo avançado dois terços de sua épica novela de ficção científica, era tempo de reunir forças para uma guinada final em nome da grandeza. Algum tempo antes de a Osborne Computer falir, Felsenstein lamentava a natureza opaca da maioria dos novos computadores, a falta de necessidade havia levado as pessoas a não mergulhar mais nos chips, placas e fios. A construção de hardware é um modo objetivado de pensar. Seria uma vergonha que isso ficasse de lado, limitado a uns poucos. Não achava que esse tempo tinha passado: "De certa forma, a mágica estará sempre lá. Falamos sobre *deus ex machina* (o deus saído da máquina), bem, agora vamos falar do *deus 'em' machina* (o deus dentro da máquina). De início, você achava que há um deus dentro da caixa. E, então, descobre que não existe nada na caixa. *Você* coloca o deus dentro da caixa".

Lee Felsenstein e os hackers de hardware ajudaram na transição do mundo do MIT, no qual a Ética Hacker florescia limitada às comunidades monásticas formadas em torno da máquina para um mundo em que as máquinas estão em todos os lugares. Agora, milhões de computadores já estavam sendo produzidos. Cada um deles era um convite à programação, à exploração, à criação de mitologia em linguagem de máquina, à mudança do mundo. Os computadores saíam das linhas de montagem como cadernos em branco; uma nova geração de hackers seria seduzida pelo poder de escrever neles; e seus novos softwares seriam apresentados a um mundo que via os computadores de um modo muito diferente do que uma década antes.

Parte III

Os hackers de jogos

Os Sierras: a década de 1980

Capítulo 14
O MAGO E A PRINCESA

Dirigindo para sair de Fresno a Nordeste pela Rota 41 em direção do Portão Sul do parque Yosemite,* a subida, de início, é suave e passa por campos baixos salpicados com grandes rochas arredondadas. A cerca de 65 quilômetros fica a cidade de Coarsegold; logo depois, a estrada sobe vertiginosamente, escalando uma montanha chamada Deadwood. Só depois do começo da descida é que a pessoa percebe como a Rota 41 divide a cidade de Oakhurst.** A população é de 6 mil habitantes; há uma loja da Raley's, um moderno hipermercado que vende de tudo, de comida saudável a cobertores elétricos. Algumas lanchonetes de rede, lojas pequenas de produtos especiais, dois motéis e uma imobiliária, que tem na frente uma estátua desbotada de urso, feita de fibra de vidro. Passando dois quilômetros de Oakhurst, a estrada continua a subida para o Yosemite a 48 quilômetros dali.

O urso pode falar. Aperte um botão na base e você vai ouvir um "bem-vindo a Oakhurst" lento e gutural — uma dica sobre o preço da terra. O urso não conta nada sobre a transformação causada na cidade pelos computadores pessoais. Oakhurst havia passado por tempos difíceis, mas em 1982 ostentava uma história de enorme sucesso: uma empresa construída, sob certo aspecto, pelo sonho hacker e tornada viável somente pela maestria de Steve Wozniak e seu computador Apple. Aquela era uma companhia que simbolizava como os produtos do hackerismo — programas de computador que eram obras de arte — podiam ser reconhecidos por

---

* Mais informações em <http://www.yosemitepark.com/>. (N.T.)
** Mais informações e imagens em <http://www.oakhurstarea.com/>. (N.T.)

setores significativos do mundo real. Os hackers do MIT que brincavam com o *Spacewar* não vislumbraram isso, mas a criação de programas para o PDP-1 — agora que os hackers de hardware haviam libertado os computadores, tornando-as máquinas pessoais — gerava uma nova indústria.

Não muito longe do Urso Falante ficava um prédio insuspeito de dois andares, construído para abrigar escritórios e lojas. Exceto por um pequeno salão de cabeleireiro, uma sala de advogado e o pequeno escritório local da empresa Pacific Gas and Electric,* o edifício era ocupado pela Sierra On-Line.** Seu principal produto era código, linhas de linguagem de montagem em código de computador escritas em discos flexíveis*** que, quando inseridos em computadores pessoais como o Apple, transformavam-se magicamente em jogos fantásticos. A especialidade da empresa eram os jogos de aventura, como aquele aperfeiçoado por Don Woods no laboratório de Inteligência Artificial de Stanford; essa companhia havia descoberto como adicionar imagens aos jogos. E vendeu dezenas de milhares desses discos flexíveis.

Naquele agosto de 1982, a On-Line tinha cerca de setenta empregados. Tudo mudou tão depressa que era difícil dizer quando aconteceu, mas o número de funcionários mais que triplicara em um ano. Há doze meses daquela data, havia somente os dois fundadores, Ken e Roberta Williams, que tinham, respectivamente, 25 e 26 anos de idade quando começaram a empresa em 1980.

Ken Williams estava sentado em seu escritório. Do lado de fora, estava seu Porsche 928 vermelho.**** Era mais um dia para escrever a história e se divertir. Hoje o escritório de Ken estava relativamente em ordem; as pilhas de papel tinham apenas alguns centímetros de altura e o sofá e as cadeiras diante da mesa não estavam cobertos de discos flexíveis e revistas. Na parede, havia uma litografia, homenagem ao Pensador,***** de Rodin: em vez da nobre figura humana em cerebração, havia a representação de um robô contemplando um arco-íris colorido como a logomarca da Apple.

Williams, no entanto, era caracteristicamente desleixado. Era corpulento, cheio de determinação e suas vaidades inchadas superavam seus amigáveis olhos azuis. Havia um buraco em sua camiseta vermelha e um outro em sua calça jeans. Sua cabeleira loira escura cobria a largura dos ombros como uma esteira despenteada. Ele sentava

---

* Mais informações <http://www.pge.com/>. (N.T.)

** Mais informações em <http://www.lysator.liu.se/adventure/Sierra_On-Line,_Inc.html>. (N.T.)

*** Mais informações e imagens sobre a evolução do formato e capacidade de armazenamento dos discos de mídia magnética removível em <http://pt.wikipedia.org/wiki/Disquete#Hist.C3.B3rico_dos_formatos_de_disquete>. (N.T.)

**** Informações e imagens em <http://www.928s4vr.com/>. (N.T.)

***** Mais informações e imagem em <http://www.statue.com/the-thinker-statue.html>. (N.T.)

largado sobre sua alta poltrona marrom como se fosse um King Cole* da pós-
-contracultura. Em seu agradável sotaque californiano com cadência pontuada por
comentários modestos que lhe saíam lentamente da boca, explicava sua vida a um
repórter. Já havia falado sobre o tremendo crescimento da empresa e sobre seu prazer em espalhar a benção dos computadores pelo mundo com os softwares que
vendia. Agora, comentava as mudanças ocorridas quando a companhia se tornou
realmente grande, muito maior do que uma operação de hackers nas colinas cali-
fornianas. Ele estava em contato com o poder do mundo real.

"As coisas que faço diariamente viraram minha cabeça", disse.

Ele falou sobre a possibilidade de abrir capital. Em 1982, uma porção de gente que
tinha empresas derivadas da revolução gerada pelos hackers de hardware tinha começado a falar no assunto. Os computadores tinham se tornado a joia da economia,
a única área com crescimento real em um período recessivo nos Estados Unidos.
Agora, mais e mais pessoas viam a mágica vislumbrada primeiro pelos visionários
do princípio do Mãos à Obra, ainda no tempo dos monastérios do processamento
por blocos de dados; desfrutada no poder sentido pelos artistas do PDP-1; e da sabedoria acessível da informação oferecida por Ed Roberts e evangelizada por Lee
Felsenstein. Como consequência, companhias como a Sierra On-Line, iniciadas
sem dinheiro, eram agora grandes o bastante para considerar a possibilidade da
oferta pública de ações. Essa conversa era reminiscência do que se ouvia muitos
anos antes em relação à possibilidade de fazer sessões de terapia corporal: nas duas
circunstâncias, uma ação que era abordada com gravidade evangélica passou a ser
vista como algo deliciosamente inevitável. Abrir o capital era uma consideração
natural quando em apenas dois anos um ambicioso programador de computadores
transformava-se em proprietário de uma companhia de jogos com receita anual de
10 milhões de dólares.

Era um momento crucial para a companhia de Ken Williams. Era também um
momento crucial para a indústria de jogos, um momento crucial para o setor de
computadores como um todo e um momento crucial para os Estados Unidos. Os
elementos conspiraram para colocar Ken Williams, que se autodescrevia como ex-
-hacker, na direção não somente de seu Porsche 928.

Ken Williams saiu de seu escritório e foi logo ali em uma grande sala no mesmo
prédio. Havia duas filas de cubículos separados por paredes de gesso e carpete no
chão. Em cada cubículo havia um pequeno computador e um monitor. Era o escritório de programação e era ali que um jovem hacker o esperava para apresentar um

---

* Referência e imagem em <http://en.wikipedia.org/wiki/Old_King_Cole>. (N.T.)

novo jogo a Ken Williams. O hacker tinha o jeito de criança arrogante; era baixo, tinha um sorriso bravateiro em um rosto achatado e seu peito estava inflamado, como o de um galinho, sob a camiseta azul desbotada. Ele tinha vindo dirigindo de Los Angeles pela manhã e estava tão excitado que podia ter abastecido o carro com o próprio excesso de adrenalina.

No monitor estava o protótipo de um jogo chamado *Wall Wars*, escrito durante alguns meses em intensos surtos de trabalho entre a meia-noite e as 8 horas. Enquanto o garoto trabalhava em seu pequeno apartamento, o equipamento estéreo tocava o som de Haircut 100.* *Wall Wars* era um fluxo de peças multicoloridas em forma de tijolos, que formavam uma parede cinética no meio da tela. Na parte de cima e na de baixo da tela, havia duas criaturas-robôs igualmente coloridas e hipnóticas. Um jogador usava o robô para atirar tijolos até abrir um buraco em movimento na parede pelo qual era possível tentar eliminar o adversário; enquanto isso, do outro lado da parede, o segundo jogador estava envolvido no mesmo tipo de ação.

O jovem hacker havia prometido a si mesmo que, se Ken Williams comprasse seu jogo, deixaria o emprego de programador na Mattel e seguiria como profissional independente. Seu objetivo era se juntar ao grupo de elite que já era chamado de Superestrelas do Software. Eles representavam o apogeu da Terceira Geração dos hackers que aprendeu a arte da programação em pequenos computadores e que nunca abriu caminho por esforço próprio com o apoio de uma comunidade. Não sonhava apenas com o estado da arte em hackerismo, mas também com fama e polpudos cheques de royalties.

Ken Williams entrou desleixadamente na sala e colocou um ombro na entrada do cubículo. O jovem hacker, engolindo seu nervosismo, começou a explicar algo sobre o jogo, mas Williams parecia não estar ouvindo.

"É isso?", perguntou ao hacker.

O garoto concordou com a cabeça e voltou a explicar como brincar com o jogo. Williams o interrompeu.

"Em quanto tempo consegue finalizar?"

"Vou deixar o emprego", disse o hacker, "então, posso fazer isso em um mês."

"Vamos deixar por dois meses", Williams comentou, "os programadores sempre mentem." Ele se virou e começou a ir embora. "Vá ao meu escritório, vamos assinar um contrato."

---

* Haircut 100 — grupo inglês formado em 1980 por Nick Heyward (vocal e guitarra) que, entre 1981 e 1982, teve quatro músicas entre as dez mais tocadas da Inglaterra. (N.T.)

Aquilo parecia o velho tempo dos magnatas do entretenimento dando sua benção a uma estrelinha iniciante. A cena era bem indicativa da mudança brutal ocorrida no modo como as pessoas viam, usavam e interagiam com os computadores. A história dos hackers do MIT e do Homebrew Club tinha levado a isto: a Sierra On-Line e seus aspirantes a estrela do software.

A Ética Hacker tinha encontrado o mercado.

Ken Williams nunca foi um hacker puro. Certamente, nunca achou esse título um motivo de orgulho; a ideia de uma aristocracia de excelência em computadores nunca lhe ocorreu. Williams entrou na computação por um tropeço. Seu relacionamento com a máquina começou por incidente e, só depois que se sentiu seu mestre, ele passou a apreciar as mudanças que os computadores poderiam causar ao mundo.

De início, os computadores o intimidavam totalmente. Foi nos tempos que ele cursava a Politécnica da Califórnia,* no campus de Pomona, porque: 1) custava somente 24 dólares por trimestre — mais livros; 2) tinha apenas 16 anos; e 3) ficava perto de sua casa. Queria se formar em física, mas estava tendo dificuldades com as aulas. Embora Williams tenha sempre sido academicamente um bom aluno, matérias como trigonometria e cálculo não eram assuntos que ele levasse tão fácil como no ensino médio. Além disso, agora havia o curso de computação com foco em programação em Fortran.

Williams estava apavorado pelos computadores, e esse temor disparava nele uma estranha reação. Ele sempre resistiu a programas curriculares preestabelecidos — embora se recusasse a fazer a lição de casa no ensino fundamental, lia compulsivamente tudo que lhe caía nas mãos desde a série dos *Hard Boys*** até o que se tornou seu gênero favorito, as histórias de homens que se fazem sozinhos, contadas nos livros de Harold Robbins.*** Ele se identificava com os oprimidos. O pai dele consertava televisores para a Sears e teve uma vida atribulada, mudando-se de Cumberland County**** (Kentucky) para a Califórnia, onde seus colegas o apelidaram de "Country". Williams cresceu em uma vizinhança bastante agressiva em Pomona e naquele tempo dividia o quarto com mais dois irmãos. Com frequência, fugia de brigas e, já adulto, admitia alegremente que era "um covarde". "Eu não batia de volta", explicou uma vez como se os rituais de dominância e a postura machista fossem estranhos à sua natureza.

---

*   Mais informações em <http://www.csupomona.edu/>. (N.T.)
**   Mais informações em <http://www.csupomona.edu/hardyboys.bobfinnan.com/hb3.htm>. (N.T.)
***   Mais informações em <http://www.kirjasto.sci.fi/robbins.htm>. (N.T.)
**** Mais informações em <http://www.cumberlandcounty.ky.gov/>. (N.T.)

Entretanto, quando lia sobre essas lutas em grandes e melodramáticas novelas, ficava encantado. Adorava a ideia do garoto pobre que faz fortuna e conquista todas as mulheres. Era suscetível aos charmes hiperbólicos de vidas como a de Jonas Cord, o personagem jovem, rude e parecido com Howard Hughes* do livro *Os Insaciáveis,*** que construiu sua herança com um império na aviação e no cinema. "Esse foi o meu modelo", Williams comenta. Pode ter sido a ambição de se tornar Jonas Cord que fez o garoto ficar mais ativo no ensino médio, quando se juntou à turma, conquistou uma namorada, aprendeu a fazer o jogo das boas notas e armou esquemas para ganhar dinheiro (anos depois, ele se vangloriou de haver ganhado tantos concursos de vendas em sua rota de entregas de jornais que era conhecido pelo primeiro nome entre os bilheteiros da Disneylândia). Sua inclinação para a autodepreciação e a independência, aparentemente casuais, escondia uma forte determinação que surgia mesmo quando era encostado na parede pelo facínora computador da Control Data nas aulas de Fortran.

Durante semanas batalhou duro, correndo para tirar o atraso dos colegas. Ele criou uma situação problema: simular um ratinho correndo em um labirinto ao lado da parede para tentar escapar da armadilha (era preciso um programa parecido com o que fora criado para o TX-0 rodar o jogo *Mouse in the Maze*, quando o ratinho corria atrás de copos de martíni). Passadas seis semanas de um curso de nove, o garoto recebeu nota "F". E, desde aquele tempo, não havia nada no fracasso que o fizesse sorrir. Então, ele se jogou de cabeça na tarefa até que fez uma descoberta repentina. O computador não era realmente inteligente. Era apenas uma Besta Estúpida, que seguia ordens, fazendo exatamente o que você mandava na sequência determinada. Era possível controlar a máquina. Uma pessoa podia ser Deus.

> "Poder, poder, poder! Aqui no topo, onde o mundo é como um brinquedo sob meus pés. Onde seguro a batuta como se fosse meu pênis em minhas mãos, não existe ninguém... para me dizer não!"
>
> Jonas Cord, em *Os Insaciáveis* (tradução livre)[1]

O ratinho saiu do labirinto. Ken Williams passou no curso. Parecia que uma luz havia se acendido em sua cabeça, e todo mundo da classe podia ver isso pela facilidade com que passara a escrever código. O garoto estava se entendendo com a Besta Estúpida.

Um relacionamento mais importante para Williams naquela época foi o romance com uma garota chamada Roberta Heuer. Ele a conheceu no ensino médio, quando

---

* Mais informações em <http://www.famoustexans.com/howardhughes.htm>. (N.T.)
** *Carpetbaggers* é o título original em inglês do livro de Harold Robbins. Mais informações em <http://en.wikipedia.org/wiki/The_Carpetbaggers>. (N.T.)

280   PARTE III   Os hackers de jogos

ela namorava um amigo. Inesperadamente, dois meses depois de um encontro a quatro, Williams ligou para ela, lembrou-a nervosamente de quem era e a convidou para sair. Roberta, uma menina acanhada e passiva, contou depois que, de início, nem ficou muito impressionada: "Ele era bonitinho, mas achei que agia de um modo meio bobo. Era tímido e (para compensar) exagerava, sendo bem agressivo. Andava com cigarros no bolso, mas não fumava. Ele me pediu em namoro na primeira semana em que estávamos saindo".

Roberta estava vendo um rapaz que morava ao Norte do estado, e Williams tentou forçar uma definição entre os dois. Ela podia muito bem ter decidido contra aquele cara agressivo e inseguro, mas um dia Williams mostrou-se melhor: "Ele falava sobre física. Eu percebi que era realmente um garoto brilhante. Todos os namorados que tivera antes eram meio bobos. Williams estava falando sobre coisas reais, responsabilidade". Quando ela parou de ver o outro rapaz, Williams imediatamente forçou um compromisso permanente. "Eu não queria ficar sozinho", ele admitiu mais tarde.

Ela conversou com sua mãe sobre o namoro sério: "Ele vai a algum lugar, fazer realmente alguma coisa. Ser alguma coisa", disse. E, finalmente, Williams chegou aonde queria: "Nós vamos casar e acabou!". Ela não resistiu. Estava com 19 anos, e ele era um ano mais jovem.

Um ano depois, Roberta estava grávida, e Williams estava tirando notas "D" e se preocupando em como sustentar uma família. Por acompanhar os anúncios de emprego, sabia que existiam mais posições para programadores do que para físicos. Então, decidiu, como se estivesse escrito nas estrelas, que tinha que fazer carreira em processamento eletrônico de dados. O pai de Roberta foi avalista de um crédito estudantil de 1.500 dólares, o suficiente para pagar um curso no Control Data Institute.

O mundo no qual Ken Williams estava ingressando não era nada parecido com o sagrado território do Laboratório de Inteligência Artificial do MIT. Seus futuros colegas na área computacional tinham muito pouco daquela fome de pôr mãos à obra dos graduados em Altair que praticavam o hackerismo em hardware. No começo da década de 1970, o negócio de computadores no qual o garoto estava entrando era o pior dos Estados Unidos. Era uma piada, uma ocupação para pequenas antas submissas que faziam coisas — e quem sabia que coisas eram essas? — para os Gigantes Monstruosos com processamento por blocos de dados. Na opinião das pessoas, não havia muita diferença entre os tontos que perfuravam cartões mecanicamente, martelando os teclados, e os técnicos capacitados que programavam as máquinas para receber os cartões perfurados. Todos eram vistos como as antas de camisa branca da sala de computadores. Criaturas espectrais.

Se o casal fizesse parte de um grande círculo de amigos, talvez tivesse que confrontar esse estereótipo ao qual, por fim, Williams não correspondia. Mas os dois não se importavam em abrir mão de raízes nem em ter amigos muito próximos. Como um programador de computador, Williams era menos um hacker do tipo de Richard Greenblatt ou de Lee Felsenstein e mais Jonas Cord. Anos depois, ele diria alegremente: "Imagino que 'ganância' era o que melhor me resumia. Eu sempre quis mais".

Ken Williams estava longe de ser um programador surpreendente quando terminou o curso no Control Data Institute, mas com certeza estava preparado para fazer tudo que lhe fosse solicitado. E mais. Queria muito trabalho para ajudá-lo a chegar ao topo. Ele arrumou então outro emprego, mais exigente, sem se importar se estava qualificado, ou não. Em vez de se afastar claramente do antigo empregador, tentou se manter na folha de pagamento, como consultor.

Ele jurava saber sobre linguagens de computadores e sistemas operacionais a respeito dos quais jamais havia ouvido falar, somente por ter lido um livro algumas horas antes da entrevista. Assim, falseava seu caminho até a posição desejada no processo de seleção. "Bem, estamos procurando um programador em BAL", os entrevistadores lhe diziam, referindo-se a uma linguagem de computador rara. Ele dava uma gargalhada derrisória e respondia: "BAL? Eu tenho programado em BAL nos últimos três anos!".

Depois, saía correndo para encontrar uns livros sobre BAL, já que nunca tinha ouvido nada sobre aquela linguagem. No entanto, na hora de começar a trabalhar, ele já tinha procurado documentação a respeito e mergulhado profundamente em manuais grossos e baratos para fingir ter expertise "no ambiente BAL" — ou, pelo menos, ganhar tempo até conseguir sentar diante de uma máquina e adivinhar os segredos da BAL.

Não importa onde tivesse trabalhado, em qualquer das incontáveis empresas de serviços do bocejante vale acima de Los Angeles, Ken Williams jamais conhecera alguém que merecesse um pingo do seu respeito. Ele observou por anos gente que fazia programação de computadores e dizia a si mesmo: "Me dê um livro e em duas horas estou fazendo o mesmo". E, com certeza, abastecido com manuais e depois de alguns dias com catorze horas de trabalho, ele — no mínimo — pareceria ser um programador experiente.

Uma noite bem tarde, foi ao santuário refrigerado do computador para corrigir um bug ou para fazer um back-up e um programa começou a rodar desastradamente, enlouquecido com milhões de cálculos inúteis. Não houve nada que a equipe regular de técnicos conseguisse fazer para deter a loucura da máquina. Mas Williams, confiante de que a estupidez de seus colegas só podia ser superada pela incrível

282   **PARTE III   Os hackers de jogos**

submissão da Besta Estúpida que ele podia alimentar e domesticar com suas habilidades de programador, trabalhou direto por três dias, esquecendo de parar para comer, até que a máquina voltou a operar direito. Só então voltou para casa, dormiu um dia e meio e retornou ao trabalho, pronto para mais uma maratona. Seus empregadores percebiam sua capacidade e o recompensavam.

Williams estava subindo em alta velocidade — Roberta calculou que eles se mudaram cerca de doze vezes naquela década agitada, sempre se assegurando de que obtinham lucro com a venda da casa. Sentiam-se solitários e desajustados, pois em geral eram a única família de um profissional graduado em uma vizinhança de operários. O consolo era o dinheiro. "Não ia ser bom contar com mais duzentos dólares por semana?", Roberta perguntava e Williams procurava mais uma consultoria... mas, até mesmo antes de ele receber pelo novo trabalho, os dois sentavam-se na pequena sala de casa e diziam: "Não seria bom contar com duzentos *mais*?". A pressão nunca parava, especialmente depois que Williams começou a sonhar idilicamente com quantias fantásticas, dinheiro suficiente para relaxar para o resto da vida — não apenas todo o dinheiro que ele e Roberta pudessem gastar, mas tudo o que seus filhos pudessem desfrutar também (Roberta estava grávida do segundo filho deles, Chris). *Não seria bom*, ele pensava, *aposentar aos 30 anos?*

Naquele momento, começou a ocorrer outra mudança na relação dele com a Besta Estúpida. Sempre que tinha tempo, Williams mergulhava naqueles grossos manuais baratos, tentando entender o que *realmente* fazia aqueles grandes Burroughs, IBMs ou Control Datas funcionarem direito. Conforme ganhava proficiência na profissão, passou a respeitá-la mais; perceber como podia se aproximar da arte. Havia inúmeras camadas de conhecimento além daquelas que Williams via antes. Existia realmente um panteão de programadores, quase um tipo antigo de fraternidade filosófica.

Ele havia adquirido gosto por esse domínio mais exótico quando conseguiu passar mais uma vez a conversa e conquistar um emprego de programador de sistemas na Bekins, empresa de mudanças e armazenamento. A companhia estava trocando um computador Burroughs por uma máquina maior e ligeiramente mais interativa da IBM. Williams fantasiou um histórico de carreira em programação IBM e conquistou a posição.

Na Bekins, Ken Williams entrou em sintonia com a programação pura. Sua missão era instalar um sistema de telecomunicações parrudo no IBM que possibilitasse que o computador suportasse cerca de novecentos usuários em campo espalhados por todo o país. Os problemas e complicações que enfrentou foram muito maiores do que tudo que havia vivido profissionalmente. Ele entrou em contato com três ou quatro linguagens que nada tinham a ver com aquela tarefa e ficou fascinado pelas técnicas e formas de pensar requeridas em cada uma. Havia um mundo inteiro dentro daquele computador... um modo de pensar. Talvez pela primeira vez Ken Williams era guiado mais pelo processo da computação do que pela meta de completar uma tarefa. Em outras palavras, estava agindo como um hacker.

Como consequência desse interesse consistente, ele permaneceu na Bekins mais tempo do que nos outros empregos: um ano e meio. Foi um tempo bem investido, já que seu novo emprego lhe traria um desafio ainda maior, assim como contatos e ideias que logo o capacitariam a colocar em prática suas mais loucas fantasias.

A empresa chamava-se Informatics. Era uma das muitas companhias surgidas em meados da década de 1960, tirando vantagem de uma lacuna no campo de software para mainframes. Mais e mais, grandes organizações e agências governamentais adquiriam computadores, e quase nenhum dos programas oferecidos pelos mamutes da computação era capazes de fazer a máquina realizar adequadamente as tarefas para as quais fora criada. Dessa forma, as empresas tinham que contratar suas próprias equipes de programação ou confiar em consultores regiamente remunerados que sempre desapareciam quando o sistema parava ou os dados mais valiosos pareciam estar escritos em russo. Um novo grupo de programadores ou consultores era então chamado para desfazer a confusão, e o processo se repetia: partindo do zero, o novo grupo tinha que praticamente reinventar a roda.

Empresas como a Informatics surgiram para comercializar softwares capazes de tornar os Gigantes Monstruosos um pouco mais compreensíveis. A proposta era inventar a roda de uma vez por todas e para sempre, tirar a patente e vender como loucos. Seus programadores labutavam em linguagem de montagem e, finalmente, chegavam a um sistema que permitia que programadores inexperientes ou até usuários leigos conseguissem fazer o computador performar suas tarefas. No final das contas, todos esses sistemas comerciais faziam quase sempre a mesma coisa — alguma informação era enviada em papel de um escritório ou filial, o dado era perfurado em um cartão que entrava no sistema e modificava um arquivo preexistente. A Informatics lançou um sistema pré-programado chamado Mark 4.* Durante a década de 1970, tornou-se o mais vendido software para mainframes, chegando a cerca de 100 milhões de dólares em receitas anuais.

No final da década de 1970, um dos administradores da Informatics, responsável por novos produtos, era Dick Sunderland, um antigo programador em Fortran que

---

* Mais informações em <http://en.wikipedia.org/wiki/Harvard_Mark_IV>. (N.T.)

estava subindo na vida corporativa depois de fazer uma relutante tentativa prévia na faculdade de Direito. Em vez das leis, Sunderland estava determinado a flertar com um novo e brilhante conceito de gestão. Ser um líder, um hábil construtor de competências, um contratante bem articulado, um promotor persuasivo e um manipulador construtivo... era a isso que Dick Sunderland aspirava.

De compleição pequena, pálido, de olhos caídos e fala mansa, Sunderland considerava-se um gerente natural. Ele sempre se interessou por propaganda, vendas e promoção. A psicologia o fascinava. Era especialmente seduzido pela ideia de escolher as pessoas certas para trabalharem juntas, fazendo o resultado do grupo superar a soma dos resultados individuais.

Sunderland estava tentando fazer isso na Informatics com sua equipe de novos produtos. Já tinha no grupo um mago genuíno, um homem magro, quieto, nos seus 40 anos, chamado Jay Sullivan. Ele era um ex-pianista de jazz que tinha vindo para a Informatics depois de passar por um emprego mais mundano em Chicago, onde nascera. Depois Sullivan explicou: "Os sistemas de software da Informatics eram muito mais interessantes. Não era preciso se preocupar com coisas corriqueiras como aplicações ou folhas de pagamento. Era muito mais programação para mim; eu lidava mais com a essência das coisas. As técnicas de programação eram mais importantes do que as especificidades da tarefa em determinado tempo". Em outras palavras, na Informatics ele podia ser um hacker.

Em programação, Sullivan agia como um turista em férias, que, tendo planejado a viagem cuidadosamente e estudado os detalhes da paisagem, seguia o itinerário com a consciência limpa. Mesmo assim, mantinha a curiosidade necessária para sair do roteiro quando as circunstâncias pareciam indicar a necessidade e tirava bastante prazer dessa exploração para não mencionar o sentimento de realização quando o desvio se mostrava bem-sucedido.

Como muitos outros hackers, a imersão de Sullivan na programação teve um custo social. Segundo ele, com os computadores "você pode criar seu próprio universo e fazer o que quiser dentro dele. Não tem que lidar com gente". Portanto, apesar de ser um mestre em seu trabalho, Sullivan tinha a personalidade furiosa dos programadores, o que o fazia se entender muito bem com os computadores sem prestar muita atenção nas amenidades da interação humana. Ocasionalmente, insultava Sunderland e depois ia galhardando para seus afazeres. Ele fazia maravilhas com o sistema operacional e depois via a inovação deixar de ser implementada porque não era adepto da politicagem, um processo necessário nas grandes companhias. Sunderland forçou-se a ser paciente com Sullivan, e, de fato, chegaram a uma relação produtiva inventor-vendedor que gerou dois aperfeiçoamentos lucrativos na linha de produtos do Mark 4.

Sunderland estava procurando mais mestres programadores. Para isso, conversava com os recrutadores para deixar claro que queria profissionais que fossem os melhores — nada menos do que isso. Um recrutador mencionou o nome de Ken Williams: "Esse garoto é um tipo de gênio".

Ele chamou Williams para uma entrevista e se certificou de que seu verdadeiro gênio, Jay Sullivan, estaria presente para medir a impetuosidade do rapaz. Sunderland nunca antes tinha visto Sullivan diante de alguém com sua mesma estatura profissional e estava curioso para ver o que aconteceria na entrevista.

Sullivan e Sunderland estavam conversando sobre um problema na implementação de uma nova linguagem amigável na qual a Informatics estava trabalhando, quando Williams apareceu, usando calça social e uma camisa de mangas compridas que lhe caía tão mal que ficou evidente que, no dia a dia, o rapaz só usava camisetas. A discussão continuou bastante técnica, com foco na questão de fazer uma linguagem que os leigos pudessem entender — uma linguagem como o inglês — evitando todo tipo de palavras ambíguas ou acrônimos.

De repente, Sullivan virou-se para Williams e disse: "O que você acha da palavra 'qualquer'?".

Sem hesitação, Williams afirmou corretamente que essa é uma palavra muito valiosa, apesar de ser ambígua... e, então, extemporaneamente, começou a disparar ideias sobre como lidar com a palavra.

Pareceu a Sunderland que estava diante de um duelo clássico — o atrevido Garoto de Pomona contra o venerável Mago de Chicago. Apesar de Williams ter se mostrado carismático e certamente conhecedor de computadores, Sunderland ainda apostava suas fichas em Sullivan — que não o decepcionou. Depois que o rapaz terminou, Sullivan, falando calma e metodicamente, "fatiou o garoto com uma lâmina afiadíssima", recorda Sunderland, enumerando os erros e a incompletude do raciocínio dele. Mesmo que tenha sido surpreendente para Sunderland — e até para Sullivan — que aquele rapaz que abandonou a faculdade pensasse sobre aqueles assuntos. Mais do que isso, em vez de ser dissuadido pela explanação de Sullivan, o garoto voltou a atacar. Sunderland viu os dois tecerem raciocínios a partir das ideias do outro e seguiu para conceitos mais refinados. Aquilo era sinergia, o Santo Graal, e Sunderland decidiu contratar Ken Williams.

Sunderland colocou Williams sob a supervisão de Sullivan, e os dois passavam horas conversando sobre programação. Para o rapaz, aquilo era educativo: estava aprendendo a psicologia dos domínios computacionais de um modo como nunca ocorrera antes. Com certeza, uma parte do emprego que Ken Williams não gostava era ter um chefe; nesse aspecto, o rapaz era um típico hacker antiburocrático. Portanto, acabou deixando de gostar de Sunderland com todos os seus cronogramas e sua fixação em detalhes administrativos — obstáculos ao livre fluxo das informações.

Williams e Sullivan falavam sobre as imbricações de alguns aspectos da linguagem de programação — como entender, quando alguém pede "Lista por cliente", o que está realmente querendo dizer. Isso significa "CLASSIFICAR por cliente" ou talvez "Listar TODOS os clientes"? Ou ainda "Listar QUALQUER cliente"? (Aquela palavra de novo). O computador tinha que ser programado de forma a não falhar em nenhuma dessas interpretações. Na pior das hipóteses, deve saber quando solicitar ao usuário para que esclareça o significado de sua demanda. Isso exige uma linguagem consideravelmente flexível e elegante, e, embora Williams e seu novo guru Sullivan não tenham dito em voz alta, uma tarefa dessa categoria ia além da tecnologia e entrava no campo da linguística primal. No final das contas, quando você entra até a cintura em uma discussão sobre o significado da palavra "qualquer", falta um pequeno passo para começar a pensar filosoficamente sobre a existência em si mesma.

Em algum ponto de uma dessas discussões, Sunderland aparecia, ávido por testemunhar alguma sinergia entre suas tropas. "Nós tentávamos super-reduzir a linguagem a ponto de uma criança de 2 anos entendê-la. Perguntávamos a opinião de Sunderland, ele a dava, e nós o escorraçávamos da sala. Sunderland nunca entendia o que estávamos colocando. Ele estava obviamente fora de sua turma", lembra Williams.

Algumas dessas vezes, Williams pode ter se sentido superior a Sunderland, mas, em retrospecto, tinha que admitir que ele era bastante inteligente para reconhecer talentos. E, finalmente, o rapaz percebeu que era um dos membros mais fracos de uma superequipe de programadores que estava realizando um grande trabalho para a Informatics. De vez em quando, achava que Sunderland tinha sido sortudo por conseguir reunir cinco das pessoas mais criativas para formar seu time de novos produtos. Era isso ou o melhor administrador do mundo ou, pelo menos, o melhor avaliador de talentos.

Ken, sempre precisando de mais dinheiro, começou a varar noites em projetos independentes. Sunderland recusava seus constantes pedidos de aumento e, quando o rapaz sugeriu que gostaria de coordenar uma equipe, o administrador, um pouco atônito com a petulância de seu brilhante garoto-pistoleiro, negou tranquilamente o pedido. "Você não tem talento para gerenciar", acrescentou Sunderland, e Williams nunca mais esqueceu aquilo. Ele voltava para casa e reclamava de Sunderland para Roberta — como ele era mesquinho, quão restrito, como não entendia as pessoas e seus problemas —, mas era menos insatisfação com o chefe e mais o desejo por dinheiro para uma casa maior, um carro mais rápido, um equipamento de radioamador, uma motocicleta, uma banheira, mais aparelhos eletrônicos. Essa

O mago e a princesa   **287**

ambição o levou a dobrar e até triplicar a jornada de trabalho, sempre entrando no Modo Insônia. De fato, os projetos independentes tornaram-se mais importantes do que o trabalho na Informatics, e ele deixou a empresa em 1979, tornando-se um consultor.

Primeiro, foi um programa de devolução de impostos para companhias grandes como General Motors e Shell; depois, um projeto para a Warner Brothers, que precisava de um sistema para a empresa fonográfica manter em dia o pagamento de royalties para os músicos. Em seguida, veio um programa contábil para a Security Pacific Banks, algo relacionado ao planejamento de impostos no exterior. Williams estava se transformando em um guru no setor financeiro; os 30 mil dólares por ano que ele estava ganhando eram só o começo, se continuasse firme na batalha.

Ele e Roberta começaram a tecer algumas fantasias. À noite — quando Williams não estava prestando consultoria a alguém —, eles entravam na banheira e sonhavam em escapar da armadilha suburbana de Simi Valley e mudar para o bosque. Lá, poderiam "esquiar" na água, na neve... só relaxar. Com certeza, não havia horas suficientes de trabalho por dia que conseguissem concretizar aquele tipo de mágica, não importa para quantas empresas Williams vendesse programas fiscais. Portanto, aquilo era apenas uma fantasia, a fantasia deles.

Até que Larry, o irmão mais novo de Williams, comprou um computador Apple.

Um dia, Larry levou a máquina até o escritório do irmão. Para Williams, que tinha estado lidando com sistemas de telecomunicações capazes de suportar 2 mil usuários simultaneamente, que tinha inventado linguagens inteiras de computação com magos do mainframe como Jay Sullivan, a ideia de que aquela pequena máquina lustrosa e bege pudesse ser um computador era hilária. "Aquilo era um brinquedo em comparação com os computadores que eu usava. Um pedaço de lixo, uma máquina primeva", ele conta.

Entretanto, havia uma série de coisas que o Apple oferecia que os Gigantes Monstruosos de Williams não tinham. Além da época em que atuara na Informatics, os computadores com os quais trabalhava eram de processamento por blocos de dados, alimentados com cartões perfurados. O Apple pelo menos era interativo. E, quando você começava a mexer nele, era bastante poderoso, especialmente se comparado às grandes máquinas de uma década atrás (uma vez, Marvin Minsky, do MIT, estimou que o Apple II tinha o poder virtual do PDP-1). E rodava bem depressa, quase como uma máquina grande, porque em um mainframe com sistema de tempo compartilhado, você disputa tempo de CPU com oitocentas pessoas tentando entrar com código ao mesmo tempo, enquanto a Besta Estúpida transpira silício para dar parcelas de nanossegundos para cada usuário. Você não divide o seu Apple

288   **PARTE III   Os hackers de jogos**

com ninguém. No meio da noite, a máquina está lá sentada em sua casa, esperando por você e só por você. Ken Williams decidiu que queria ter um.

Assim, em janeiro de 1980, ele juntou "cada centavo que tinha", como relatou depois, e comprou um Apple II. Mas levou um tempo para entender o significado daquela máquina. Williams achava que todo mundo com um Apple II era como ele, um técnico ou engenheiro. Parecia lógico que essas pessoas realmente queriam uma linguagem poderosa para rodar em seus computadores. Ninguém ainda havia escrito uma Fortran para o Apple. Dificilmente alguém tinha feito qualquer coisa para o Apple àquela altura, mas ele estava pensando como um hacker, incapaz de vislumbrar algo mais simples. A síndrome das Ferramentas para Fazer Ferramentas (o primeiro grande projeto de Richard Greenblatt para o PDP-1 foi a implementação da Fortran em grande parte pela mesma razão). Àquela altura, Williams ainda era incapaz de conceber que o Apple e outras pequenas máquinas como aquela tinham aberto o campo da recreação computacional para outras pessoas além dos hackers.

A ironia era exatamente esta: enquanto Williams planejava escrever uma Fortran para o Apple, uma revolução muito mais significativa acontecia logo ali dentro de sua própria casa.

Durante a maior parte de sua vida, Roberta Williams fora tímida. Havia nela um jeito sonhador; seus olhos castanhos de boneca, cabelos compridos e roupas bem femininas — babados, mangas bufantes, botas de camurça e colares à Peter Pan — indicavam que estava ali uma mulher com uma infância rica em fantasias. De fato, sua capacidade para sonhar de olhos abertos tinha proporções quase sobrenaturais. Sempre se imaginou em situações estranhas. De noite, deitava na cama e construía o que chamou depois de "meus filmes". Uma noite, piratas a raptavam, e ela imaginava planos mirabolantes de fuga sempre envolvendo um audaz salvador de mocinhas. Outra noite, estava na Grécia Antiga, sempre sonhando novos enredos.

Filha de um modesto inspetor agrícola do Sul da Califórnia, ela era terrivelmente tímida, e o relativo isolamento da casa da família reforçava essa característica. "De verdade, eu jamais gostei muito de mim mesma. Sempre queria ser outra pessoa", lembra. Achava que os pais adoravam seu irmão mais novo, que sofria de epilepsia. Para se divertir, contava histórias que encantavam os irmãos mais velhos e enfeitiçavam o mais novo, que acreditava literalmente em tudo. Porém, conforme ficou mais velha, começou a namorar, lidar com o mundo adulto, e "todas aquelas histórias escaparam pela janela", como ela mesma explica. Quando Roberta e Williams casaram-se, ela era tão tímida que "mal conseguia dar um telefonema". O encantamento das histórias continuava soterrado.

Então, uma noite, Williams, que havia instalado um terminal de computador em casa, chamou Roberta para lhe mostrar um programa que alguém havia colocado no mainframe IBM ao qual estava conectado. "Venha aqui ver, Roberta!", ele gritou, sentado no chão com carpete verde do quarto vazio onde havia instalado o terminal, "Veja, é um jogo realmente divertido!".

Roberta não tinha nada a ver com aquilo. Primeiro de tudo, não gostava muito de jogos. Segundo, ainda por cima era um jogo em um computador. Embora a maior parte da vida de Williams fosse se comunicar com computadores, para Roberta, aquelas máquinas ainda eram mistérios indecifráveis. Mas ele insistiu e, finalmente, a convenceu a sentar ao terminal para ver do que se tratava. Ela viu o seguinte:

VOCÊ ESTÁ EM PÉ NO FINAL DE UMA RUA DIANTE DE UM PEQUENO PRÉDIO DE TIJOLOS. EM VOLTA DE VOCÊ EXISTE UMA FLORESTA. UM PEQUENO RIACHO PASSA POR ALI E DESCE PARA O VALE.

Era o *Adventure*, escrito no Laboratório de Inteligência Artificial do MIT pelo hacker Don Woods, o jogo tolkieniano que seduzia seus usuários, levando-os à imersão em um mundo mágico. A partir do momento em que Roberta Williams fez uma tentativa e teclou VOU LESTE, ela foi total e completamente fisgada. "Eu simplesmente não conseguia parar. Era compulsivo. Eu comecei a jogar e não parava de jogar. Eu tinha um bebê, Chris, de oito meses; eu o ignorava completamente. Não queria ser atrapalhada. Não queria parar para fazer o jantar", admite. Não queria fazer nada, exceto descobrir como escapar da cobra e superar outros obstáculos do jogo para chegar ao tesouro. Ela ficava acordada até as 4 horas e depois sentava na beira da cama pensando: *O que eu fiz errado? O que mais podia ter feito? Por que não abri aquela estúpida ostra? O que havia dentro dela?*

No começo Williams participava, mas logo perdeu o interesse. Roberta achava que era porque ele não gostava quando o *Adventure* ficava sarcástico. Você dizia MATE O DRAGÃO e o jogo devolvia: COMO, SEM NADA NAS MÃOS? Você não podia ficar bravo, tinha que ignorar aquilo. E, como certamente não dava para ser sarcástico de volta, bastava mandar: SIM e a máquina respondia SEM NADA NAS MÃOS, VOCÊ MATOU O DRAGÃO E ELE JAZ A SEUS PÉS. Você matara o dragão! E podia seguir em frente. Roberta jogava com uma abordagem bastante intensa e metódica, elaborando mapas intrincados e antecipando cada virada. Williams achava estranho que em um dia Roberta não suportasse computadores e, no outro, ele não conseguisse mais tirá-la do terminal. Finalmente, depois de um mês envolta em uma trama com trolls, machados, cavernas misteriosas, grandes palácios... Roberta resolveu o *Adventure*. E estava desesperada para encontrar mais jogos como aquele!

Nessa época, Williams tinha comprado o Apple. Apesar de seu novo interesse em computadores, Roberta ficou menos do que entusiasmada diante daquela máquina que custara 2 mil dólares. E já que Williams quis tanto aquilo, ela disse, podia tentar ganhar algum dinheiro com o computador. A ideia era perfeitamente compatível com o desejo dele de escrever uma Fortran para o Apple e vendê-la por maços de dinheiro a engenheiros e técnicos que queriam Ferramentas para Fazer Ferramentas. Ele contratou cinco programadores para ajudá-lo a implementar o compilador. A casa deles, uma típica residência de Simi Valley com quatro quartos, tornou-se o quartel-general do projeto Fortran.

Nesse meio-tempo, Roberta ouviu falar que havia alguns jogos do estilo do *Adventure* disponíveis para o Apple. Roberta comprou alguns em uma loja de computadores das redondezas em San Fernando Valley, mas os achou muito fáceis. Queria que sua imaginação recém-redespertada fosse desafiada e provocada como antes. Então, começou a rascunhar sozinha um jogo de aventuras.

Começou escrevendo a história de uma "casa misteriosa" e tudo de estranho que acontecia nela. A trama era parecida com Os *Dez Indiozinhos*, de Agatha Christie,[*] sendo outra inspiração o jogo de tabuleiro *Detetive*. Em vez de apenas encontrar tesouros como no *Adventure*, esse jogo faria a pessoa trabalhar um pouco como detetive. Roberta mapeou sua história como já fizera com o jogo de aventura. Ao longo do percurso, ela definiu adivinhas, caráter dos personagens, eventos e marcos geográficos. Ao final de duas semanas, tinha uma pilha de papel com mapas, dilemas e um enredo cheio de reviravoltas. Roberta colocou tudo na frente de Williams e disse: "Olha o que eu fiz!".

Ele respondeu a ela que a pilha de papéis era muito legal e que deveria ir em frente sozinha para terminar o jogo. Na opinião dele, ninguém queria um computador pessoal como uma máquina de jogos — era algo para engenheiros que queriam entender como projetar circuitos ou resolver equações exponenciais com três variáveis.

Não muito depois, o casal estava no Plank House, no Vale, uma churrascaria na qual costumavam jantar, e ele finalmente teve a oportunidade de ouvir de sua delicada esposa como o jogo o leva para dentro de uma antiga casa vitoriana na qual seus amigos estão sendo assassinados um a um. Ela falou sobre alguns dos dilemas e contou de uma passagem secreta. Aquilo começou a soar bem, e Williams, que sabia farejar dinheiro, calculou que o jogo poderia render uma viagem para o Taiti ou alguns móveis novos.

---

[*] Mais informações em <http://www.agathachristie.com/>. (N.T.)

"Parece ótimo!", disse, "mas para vender realmente você vai precisar de mais. Um ângulo, algo diferente!"

Quando isso aconteceu, Roberta já vinha pensando havia alguns dias como seria fantástico se um jogo de aventura fosse acompanhado de imagens na tela do computador. Você poderia ver onde estava em vez de apenas ler. Ela não tinha a menor ideia se isso era possível em um Apple ou em qualquer outro computador. Como se poderia colocar uma imagem dentro de um computador?

Williams achou que eles podiam tentar.

Nessa altura, acabava de ser lançado um equipamento chamado VersaWriter:* era um tablet no qual era possível desenhar, sendo as formas registradas no computador Apple. Os desenhos não eram muito precisos, pois era difícil controlar o mecanismo da pena, que mais parecia o braço emperrado de uma luminária de mesa articulada.** Pior de tudo, custava 200 dólares. Williams e Roberta decidiram jogar os dados e compraram o equipamento. Ele refez todo o design para que Roberta pudesse realmente criar algo com o equipamento. Por fim, havia uma dúzia de desenhos em preto e branco com imagens das salas da *Mistery House,**** e as figuras humanas eram bem toscas. Então, Williams codificou a lógica do jogo, depois de descobrir como "empacotar" setenta imagens em um disco flexível — uma tarefa que um programador minimamente familiarizado com o Apple diria ser impossível. O segredo era não armazenar os dados das imagens inteiras, mas usar comandos de linguagem de montagem que guardavam as coordenadas das linhas individuais de cada uma; quando uma delas tinha que aparecer na tela, o computador seguia os comandos para desenhá-la. Era um programa de primeira linha, o que caracterizava a facilidade de Williams para fazer hackerismo de alto nível.

A história toda demorou um mês.

Williams terminou o projeto Fortran e levou o jogo para uma empresa distribuidora de software chamada Programma,**** que era a maior vendedora do mundo de programas para o Apple. No início de 1980, isso podia não significar muito.

---

* Referências técnicas em <http://www.cyberroach.com/analog/an04/versawriter.htm>. (N.T.)
** Imagens em <http://www.google.com.br/images?hl=pt-br&q=versawriter&wrapid=tlif1301 76363685311&um=1&ie=UTF-8&source=og&sa=N&tab=wi&biw=1659&bih=805>. (N.T.)
*** Mais informações em <http://classicgaming.gamespy.com/View.php?view=GameMuseum. Detail&id=259>. (N.T.)
**** Mais informações em <http://en.wikipedia.org/wiki/Programma_International>. (N.T.)

A companhia distribuía software com nomes como *Biorhythm*, *Nude Lady*, *Vegas Style Keno*, *StateCapitals* e *Apple Flyswatter*. A maioria dos jogos era escrita em Basic (em vez de na linguagem de montagem muito mais rápida) e podia entreter somente uma criança ou uma pessoa apaixonada pela ideia de se divertir com um computador. Devia haver muita gente assim, já que a receita da Programma estava em 150 mil dólares por mês.

A equipe da Programma adorou o *Mistery House*: era um jogo de aventura em linguagem assembler, bem planejada, desafiadora e — tinha imagens. O fato de ser em preto e branco e parecer ter sido desenhado pelo jovem D. J. Williams (que estava com 6 anos) era irrelevante. Ninguém tinha feito nada semelhante antes. A empresa ofereceu 25% em royalties para Williams sobre o preço de atacado que seria de 12 dólares por unidade e lhe assegurou que poderia vender quinhentas cópias por mês durante um semestre — fazendo as contas, dariam 9 mil dólares. Era quase duas vezes a quantia que lhe prometeram pelo compilador Fortran — antes de dividir o total com os cinco programadores que o ajudaram. Tudo aquilo pelo jogo bobinho criado por Roberta.

Ken Williams também considerou vender o jogo diretamente para a Apple Computer. Enviou uma demonstração e esperou por um mês sem resposta (um ano depois, a Apple — agora uma grande companhia com uma burocracia emperrada, respondeu dizendo, sim, estamos dispostos a considerar a compra do jogo. Isso diz muito mais sobre o que a Apple Computer se tornara do que sobre o *Mistery House*). Williams e Roberta não aceitaram a oferta da Programma, porque os dois queriam *todo* o dinheiro. Por que não tentar vender o jogo de modo independente? Se não der certo, aí a proposta da Programma podia ser aceita.

Então, o casal começou a levar o *Mistery House* para todas as lojas de computadores da região. De início, os vendedores estavam um pouco céticos — afinal, gente fanática por computadores, excitada com o poder emprestado por seus novos computadores Apple, Radio Shack TRS-80 e PET estava sempre tentando vender programas estranhos. Mas, então, o jogo de Roberta foi incrementado com a imagem de uma casa antiga desenhada na tela de alta resolução em vez de naquelas de baixa, usadas pelos computadores de processamento por bloco de dados. As pessoas nas lojas passaram a perguntar como eles haviam feito aquilo. Depois de algumas experiências desse tipo, o casal percebeu que poderia ganhar entre mil e 2 mil dólares por mês com aquele negócio de vender software.

O próximo passo foi anunciar o produto em uma revista. Mas, enquanto faziam isso, deram-se conta de que podiam oferecer mais jogos e parecer uma empresa de verdade. Já tinham até um nome: On-Line Systems — um resquício da visão de

Williams que pretendia vender softwares corporativos para a Apple, aquele tipo de projeto que ele realizava prestando consultoria para empresas respeitáveis. Williams perguntou a um amigo se gostaria de ser o primeiro programador externo da On-Line Systems. Em troca de royalties, o amigo fez um jogo em preto e branco simples do tipo tiro ao alvo, que se chamou *Skeet Shoot*. Eles fizeram algumas cópias da documentação e da capa da embalagem do produto — para não pagar uma datiló-grafa, Roberta recortou as letras em páginas de revistas, montou a "matriz" da capa e fez cópias xerox: o resultado não ficou lá muito bom, mas já haviam gastado 500 dólares. De qualquer forma, naquele tempo, esse tipo de embalagem era o estado da arte; aquele era o mundo dos computadores no qual as embalagens não importa-vam. O que importava era a máquina que acontecia quando todas aquelas conexões binárias entravam em ação. O marketing estava em segundo plano.

O *Mistery House*, ou "Jogos de aventura em alta resolução — Primeira Geração", era vendido por 24,95 dólares. Williams e Roberta, em um surto de otimismo, compra-ram uma caixa com cem discos flexíveis em branco na loja Rainbow Computing,* puseram um anúncio na edição de maio da pequena revista *MICRO* — não sem antes relutar diante do preço de 200 dólares — e esperaram. O telefone tocou pela primeira vez no mesmo mês, houve então um intervalo, e voltou a tocar. Daí em diante, houve um longo tempo antes de o casal conseguir deixar o telefone de sua casa no gancho.

Naquele mês, o casal recebeu 11 mil dólares. Em junho, 20 mil dólares. Em julho, 30 mil. A casa deles em Simi Valley estava se tornando uma máquina de dinheiro. Williams tinha que sair para ir à Financial Decisions onde agora ele fazia programação por 42 mil dólares por ano, e Roberta ficava em casa copiando jogos em discos flexíveis e colocando em sacos plásticos juntos com a capa e a documentação. Ela também cuidava das crianças, mantinha a casa limpa e enviava os saquinhos com os jogos pelo correio. De noite, projetava uma aventura melhor e mais longa ambientada no mundo das fadas.

De vez em quando, o telefone tocava e era alguém absolutamente desesperado para receber uma dica sobre como sair de uma situação terrível no *Mistery House*. As pes-soas que ligavam para o número divulgado na embalagem dos jogos distribuídos em saquinhos plásticos tinham a impressão de que a On-Line era um grande conglome-rado e nem podiam acreditar quando conversavam diretamente com o autor do jogo. "Estou falando com o verdadeiro autor do jogo?" Sim, e ele estava na cozinha de casa. Roberta dava às pessoas uma dica — nunca uma resposta direta: parte da graça era descobrir sozinho — e conversava um pouco com elas. O nível de energia era conta-gioso. As pessoas estavam ficando malucas para brincar com seus computadores.

---

* Mais informações em <http://en.wikipedia.org/wiki/Rainbow_Computing>. (N.T.)

Ken Williams assumira responsabilidades maiores na Financial Decisions. Estava desenvolvendo um sistema financeiro complexo e coordenando o departamento de processamento de dados. De noite, trabalhava para a Apple, projetando um novo sistema de linguagem de máquina para o novo jogo de aventura de Roberta. Nos fins de semana, fazia as rondas nas lojas de computadores. Estava evidente que o negócio de software exigia sua participação em tempo integral.

Roberta achava que, já que Williams estava pensando em sair do emprego, podiam concretizar o antigo sonho de morar no bosque. Seus pais moravam perto do parque Yosemite, acima da cidade de Oakhurst, e a área era até mais rural e sossegada do que aquela onde crescera. Seria perfeito para as crianças. Assim, eles se mudaram. "Estou me mudando para as montanhas", ele contou ao atônito Dick Sunderland em uma festa em meados do ano de 1980. Os dois estavam em uma sala um pouco afastada dos barulhos da festa, e Williams disse: "Aqui estou eu, aos 25 anos, e o computador da Apple viabilizou meu sonho: viver na floresta em uma casa de madeira, escrevendo software".

Williams e Roberta compraram a primeira casa de madeira que encontraram com três quartos, feita em madeira rústica, com o formato da letra "A" na estrada de Mudge Ranch, logo saindo de Coarsegold (Califórnia).

Naquele período, tinham terminado o jogo de Roberta sobre fadas, que se chamou *The Wizard and the Princess*[*] (O Mago e a Princesa). Era duas vezes mais longo do que o *Mistery House* e rodava muito mais depressa graças a uns aprimoramentos que Williams fizera na lógica do jogo. Ele desenvolveu um novo e completo interpretador de linguagem de montagem para escrever jogos de aventura; e o chamou de ADL ou Adventure Development Language. Além disso, esse "Jogo e aventura em alta resolução — Segunda Geração" tinha mais de 150 imagens. Williams criou sub-rotinas que permitiam que Roberta entrasse com as imagens no computador tão facilmente como se tivesse desenhando em uma tela comum. Dessa vez, as imagens eram coloridas. Usando uma técnica chamada "dithering"[**] para misturar as seis cores disponíveis no Apple — ponto por ponto —, obtinham-se 21 cores. Ele estava criando coisas com aquele Apple, com as quais nem mesmo Steve Wozniak sonhara. Coisas mágicas.

O único problema do jogo era seu primeiro quebra-cabeça, no qual o aventureiro, disposto a salvar a Princesa Priscila de Serenia das garras do Mago Harlin, tinha

---

[*] Mais informações e imagens em <http://www.giantbomb.com/wizard-and-the-princess/61-10317/>. (N.T.)

[**] Mais informações em <http://www.webopedia.com/TERM/D/dithering.html>. (N.R.)

O mago e a princesa   295

que passar por uma cobra. A resposta era bem obscura: você devia pegar uma pedra para matar a cobra, mas, a menos que escolhesse uma de determinada área (e todas se pareciam), seria picado por um escorpião e morreria. A maioria das pessoas começou a querer bater a cabeça na parede depois da terceira ou da quarta picada de escorpião. De fato, depois de incontáveis telefonemas de aventureiros frustrados feitos para a cozinha de Roberta em Coarsegold (alguns da Costa Leste ligavam às 6 horas no horário da Califórnia), a On-Line começou a entregar uma dica para resolver o dilema em toda embalagem do jogo.

Com ou sem cobra, *The Wizard and the Princess* vendeu mais de 60 mil cópias a 32,95 dólares cada. Williams e Roberta agora podiam sentar na banheira instalada na casa de madeira no bosque, chacoalhar a cabeça e dizer: "Você acredita nisso?".

No dia 1º de dezembro daquele ano em que o negócio havia mudado completamente a vida do casal, comprado para eles uma nova casa e feito dos dois estrelas ascendentes no mundo da Apple, finalmente tiraram a empresa da cozinha e a levaram para o prédio de dois andares em Oakhurst. Pela vizinhança, morava um promotor religioso que tentava sem sucesso agendar Little Richard em uma excursão nacional de pregação. Era possível ouvir de longe seus gritos.

No início de 1981, menos de um ano depois de a empresa ter começado com alguns discos flexíveis e um anúncio de 200 dólares em uma pequena revista, Roberta descreveu a situação em uma carta enviada a outra publicação:[2] "Nós abrimos o escritório em 1º de dezembro de 1980 e contratamos nossa primeira funcionária para ajudar com o telefone e com as embalagens. Duas semanas depois, foi preciso contratar alguém para ajudá-la e, uma semana depois, contratamos mais alguém para ajudá-las. Nós só contratamos um programador em tempo integral esta semana e já precisamos de pelo menos mais um. Nosso negócio está crescendo alucinadamente e não há parada à vista".

* Notas *

A principal fonte de informação do livro *Hackers* foi mais de uma centena de entrevistas pessoais realizadas pelo autor entre 1982 e 1983. Além dessas entrevistas, são feitas também referências a fontes impressas e eletrônicas que estão citadas no rodapé das páginas desta edição.

[1] Citação do original em inglês, ROBBINS, Harold. *The Carpetbaggers*. New York: Pocket Books, 1961.

[2] A carta foi publicada originalmente na *Purser's Magazine*, edição do inverno de 1981.

Capítulo 15
A FRATERNIDADE

A Ética Hacker estava mudando, apesar de se espalhar por todo o país. Seus emissários eram os computadores pequenos e de baixo custo vendidos pela Apple, Radio Shack, Commodore (o PET) e Atari. Cada um era um computador real; a mera proliferação deles criava tal demanda por programas inovadores, que os métodos anteriores de distribuição não conseguiam mais dar conta de atender. Um hacker não distribuía mais seus melhores programas apenas deixando-os em uma gaveta, como acontecia no MIT, nem podia mais confiar apenas no sistema de intercâmbio de programas nas reuniões de clubes como o Homebrew. Muita gente que comprara os novos computadores nunca tinha se importado em fazer parte de clubes. Em vez disso, confiavam em lojas de computadores onde pagavam alegremente pelos programas. Quando você se sente desesperado por algo que cumpra a promessa dessa nova e excitante máquina, pagar 25 dólares por um *Mistery House* parece mais um privilégio. Esses pioneiros proprietários de um computador no início da década de 1980 sabiam o suficiente sobre as máquinas para apreciar o livre fluxo da informação, mas a Ética Hacker — no estilo dos microcomputadores — não implicava necessariamente que fosse gratuito.

Enquanto companhias como a On-Line escreviam e vendiam mais programas, as pessoas que não tinham o desejo de se tornar programadores — muito menos hackers — passaram a comprar computadores com o objetivo de rodar pacotes prontos de software. De certa forma, isso representava o cumprimento do sonho hacker — computadores para as massas, computadores como equipamentos de som: a pessoa vai à loja de software, escolhe entre os últimos lançamentos e volta para fazer rodar no computador. Mas alguém realmente se beneficia dos computadores sem programá-los?

Mesmo assim, no início da década de 1980, todo mundo que tivesse um computador tinha que mergulhar na mentalidade hacker pelo menos até algum ponto. Fazer qualquer coisa na máquina exigia um processo de aprendizado, a busca por um guru que mostrasse como copiar um disco ou encontrar o cabo adequado para conectar a impressora. Até mesmo a compra de softwares prontos para rodar era uma tarefa assustadora, coisa de especialistas. Os programas eram empacotados em saquinhos plásticos, os gráficos da chamada documentação eram toscos como os primeiros desenhos de Roberta Williams e quase sempre as etiquetas nos discos eram datilografadas e pregadas à mão... havia uma aura de ilegitimidade em torno dos produtos só superada pela dos livros pornográficos.

Uma visita à loja local de computadores era uma jornada ao desconhecido. O vendedor, quase sempre um garoto trabalhando por salário mínimo, ia tirar a medida de seu conhecimento, como se isso fosse um potencial obstáculo em um jogo de aventura, tossindo o jargão dos bits, bytes, Ks, jogos e cartões RAM. Você tentava pedir que ele explicasse por que um programa de contabilidade rodava melhor do que outro e o garoto voltava a falar em protocolos e macros. E, finamente, fazia a pergunta que quase todo proprietário de Apple fazia em 1980 ou 1981: *Qual é o novo jogo mais quente?* Os jogos eram os programas que mais tiravam vantagem do poder da máquina — colocavam o usuário no controle da máquina, tornavam-no o deus dos bits e bytes dentro da caixa (mesmo que ele nem soubesse a diferença entre um bit e um byte). O garoto suspirava, abanava a cabeça e pegava sob o balcão a novidade daquele fenômeno em casos plásticos: se você estivesse com sorte, ele punha para rodar em uma máquina e jogava um pouco para lhe mostrar o que estava comprando. Aí, você colocava sobre o balcão os seus 20, 25 ou até 35 dólares e voltava para casa para a interface essencial com seu Apple. Brincar com um jogo.

No início da década de 1980, o jogo mais novo era escrito na mortalmente lenta Basic. A maioria dos Apples daquela época usava cassete gravador de dados; a dificuldade de utilizar um assembler com esse equipamento era tão grande que tornava quase impossível acessar o nível mais profundo da máquina, o chip 6502, para "conversar" na linguagem assembly do Apple.

Isso estava mudando: Steve Wozniak tinha projetado recentemente uma interface de disk drive para o Apple e a companhia estava pronta para oferecer a baixo preço drives de discos flexíveis que acessavam milhares de bytes por segundo, tornando a montagem mais fácil para aqueles poucos que sabiam programar naquele nível de dificuldade. Aqueles infectados pelo Princípio do Mãos à Obra, por certo, logo se

298   **PARTE III   Os hackers de jogos**

juntariam a essa elite para aprender o sistema em seus níveis mais profundos e primais. Programadores, pretendentes a programadores e até usuários leigos donos de Apples comprariam disk drives. Já que Steve Wozniak era um adepto da Ética Hacker e sua máquina totalmente "aberta" com um guia de referência acessível e fácil de entender, o Apple era um convite para erguer as mangas e penetrar em seu código hexadecimal. Mãos à obra ao hackerismo.

Portanto, Ken Williams não era o único a pegar o trem da glória por ser hacker em linguagem de máquina do Apple na primavera de 1980. Pioneiros tecnológicos em todo o país estavam experimentando o que os hackers sempre souberam: os computadores podem mudar sua vida. Em Sacramento, um veterano do Vietnã chamado Jerry Jewell, com cabelos cor de areia, bigodes perfeitos e um eterno ar de chateado, havia acabado de comprar um Apple para ver se conseguia sair do negócio em seguros para algo mais lucrativo. Duas semanas depois de adquirir a máquina, inscreveu-se em um curso de linguagem de montagem no Lawrence Hall of Science ministrado por Andy Herzfeld, um dos programadores da Apple. Jewell não tinha disk drive e não conseguia rodar os programas que eram distribuídos a cada semana. Por dois meses, ele não tinha a menor ideia do que Herzfeld estava falando nem entendia os tutoriais passados por seu instrutor assistente — John Draper, aliás, Capitão Crunch. Por fim, depois que Jewell comprou um disk drive e ouviu as fitas que havia gravado em sala de aula, ele entendeu sobre o que tanto falavam.

Jewell conseguiu um emprego gerenciando uma loja local de computadores. Naqueles dias, todo tipo de gente entrava nas lojas de computadores. Era quase como uma frase em Basic: SE você tem um computador ENTÃO é provavelmente um pouco louco. Porque até aquela altura, quatro anos depois do Altair, ainda não era possível realizar muitas tarefas com um computador pessoal. Existia um programa de edição de texto bem simples chamado *Easy Writer,*[*] escrito por John Draper (Jewell comprou uma das primeiras cópias na Feira do Computador de 1980), e alguma coisa relacionada a contabilidade. Mas a maioria das pessoas programava em Ferramentas para Fazer Ferramentas. Ou em jogos. E iam às lojas de computadores para exibir suas habilidades como hacker.

Portanto, não foi surpresa quando um estudante universitário de aparência árabe, chamado Nasir Gebelli[**] entrou repentinamente na loja e se dirigiu a Jewell para mostrar o programa que estava escrevendo. Jewell trabalhou com Gebelli para extrair daquilo um programa de desenho gráfico chamado *E-Z Draw*. Jewell passou a

---

[*] Mais informações e imagens em <http://llt.msu.edu/vol4num2/review3/default.html>. (N.T.)
[**] Mais informações em <http://www.mobygames.com/developer/sheet/view/developerId,82501/>. (N.T.)

fazer a ronda das lojas de computadores em Los Angeles e na Bay Area para vender o programa.

Assim, Nasir, um estudante de ciências da computação que estava indo mal nas aulas, começou a escrever jogos. Sua técnica para usar cores, chamada Page Flipping[*] (em português, "virar página"), fazia a então atual geração de jogos parecer um horror. A Page Flipping utilizava uma tela duplicada (página) para tudo o que aparecia no monitor do Apple; com instruções de linguagem de máquina era possível alternar entre as duas páginas milhares de vezes por segundo com o objetivo de eliminar a imprecisão de contorno que fazia as imagens nos microcomputadores tão pouco atraentes. Nasir não tinha o menor temor de chamar de "invasor" tudo e qualquer coisa e seus jogos partiam sempre do mesmo cenário básico: era preciso atirar muito antes de começar a receber tiros de volta. Reinventavam o já tão bem conhecido estado de espírito viciante e a pirotecnia das máquinas de jogo pré-pagas, mas usando microchips especiais para criar efeitos gráficos espetaculares que as pessoas perceberam que eram mais bem desfrutados em computadores Apple.

Nasir escreveu doze jogos naquele ano. Jewell e o dono da loja de computadores formaram uma empresa chamada Sirius Software para fazer a comercialização. Jewell via a primeira versão dos jogos criados por Nasir e fazia sugestões estranhas. Um deles era parecido com o *Space Invaders*,[**] um jogo eletrônico pré-pago muito popular no qual os alienígenas apareciam em ondas na tela para atacar o pequeno tanque do jogador. Jewell sugeriu que as armas usadas pelos invasores não deviam ser discos e, sim, ovos — e os invasores, por sua vez, deviam ser monstros, lobos espaciais, gigantes atirando bombas pela boca e, o mais perigoso de todos, a bola louca assassina, que se agitava e corria frenética e inevitavelmente atrás do jogador. O *Space Eggs* foi um sucesso retumbante da Sirius Software.

Outra empresa entrando no mercado naquela época fora criada por um ex-advogado corporativo do Wisconsin. Doug Carlston tinha sido infeliz ao trabalhar para um grande escritório de advocacia em Chicago; sentia falta dos dias em que, com seus colegas de faculdade, colocava chiclete na fechadura da sala de computadores da faculdade para que os técnicos não conseguissem fechar a porta. Nas madrugadas, cerca de quinze deles praticavam hackerismo na máquina. Mesmo quando tentou estabelecer um pequeno escritório de advocacia em uma área rural do Maine, seu coração continuava na computação. Então, Carlston, com sua fala macia e jeito

---

[*]   Mais informações em <http://www.princeton.edu/~bdsinger/old/MacPageFlip/>. (N.T.)

[**]   Mais informações e imagens em <http://en.wikipedia.org/wiki/Space_Invaders>. (N.T.)

contemplativo, ouviu dizer que a Radio Shack estava vendendo computadores por 200 dólares. Ele comprou um em uma sexta-feira e não voltou ao ar, segundo se recorda, até a noite de domingo. De fato, começara a escrever um enorme jogo estratégico no seu TRS-80, que envolvia um universo imaginário inteiro. A missão era proteger os mocinhos interestelares: a Brøderbund (em escandinavo, "fraternidade").

Era o começo da década de 1980 e Carlston, como Williams e Jewell, via a sua vida no software. Ele convocou para ajudá-lo o irmão Gary, que trabalhava em um emprego tão desejado que homens adultos gaguejavam quando contava do que se tratava — ser técnico de basquete de uma equipe feminina formada por escandinavas. Juntos, eles estabeleceram a Brøderbund Software para vender o *Galatic Saga*. A ideia era traduzir o *Saga* do TRS-80 para o Apple.

De início, o *Saga* não desempenhou tão bem no mercado. Os 700 dólares que Doug e Garry haviam colocado no negócio já haviam se transformado em 32. Eles estavam vivendo no cartão de crédito de Gary. Só quando Doug viajou pelo país, parando em cada loja de computadores que via pelo caminho para demonstrar o jogo e deixar os vendedores experimentarem os melhores pontos do programa, que o negócio deslanchou. Em suas ligações noturnas para Gary ele chegou a reportar 17 mil dólares em vendas.

No entanto a grande virada aconteceu na Feira do Computador de 1980, quando os Carlston conseguiram juntar o dinheiro para mostrar o *Saga* nos minisestandes de baixo custo, uma inovação de Jim Warren para viabilizar que as pequenas empresas e, às vezes, sem fins lucrativos, pudessem se apresentar no evento sem arcar com o preço astronômico dos espaços de exibição no andar principal. Um homem de negócios japonês, conservador, apaixonou-se pelo jogo com imagens vívidas e autorizou os Carlston a distribuir algumas cópias entre os programadores que gerenciava. Os jogos eram reproduções fiéis dos então jogos eletrônicos em máquinas pré-pagas. O primeiro jogo para Apple que passaram para os japoneses foi uma versão brilhante do *Galaxian*,* popular em máquinas pré-pagas — eles o apelidaram sem perdão de *Apple Galaxian*. Foi um sucesso, vendendo milhares de cópias em discos. E, enquanto a Brøderbund começava a contratar programadores nos Estados Unidos para escrever jogos, no Japão, o *Apple Galaxian*** foi por meses o principal produto em volume de vendas.

On-Line, Brøderbund e Sirius eram as estrelas ascendentes entre dúzias de empresas que estavam surgindo para atender os novos usuários de computadores,

---

* Mais informações em <http://en.wikipedia.org/wiki/Galaxian>. (N.T.)

** Mais informações e imagens em <http://gamervision.com/games/galaxian-for-apple-ii>. (N.T.)

particularmente aqueles que se tornaram conhecidos por formar o Mundo Apple. A Programma, que antes dominava a cena, cresceu em demasia e se tornou grande, mas não era mais a principal força do mercado. As novas empresas, com nomes como Continental ou Stoneware ou Southwestern Data, também eram bons cavalos no páreo. A característica que marcava essas companhias, como aquelas de hardware formadas a partir do Homebrew Computer Club, era o ímpeto para desenvolver software e fazer dinheiro em um setor incipiente. Chegar ao mercado parecia o melhor modo de apresentar o resultado dos hackers de software.

Significativamente, uma nova revista, que estava bastante identificada com as empresas de software do Mundo Apple, tinha sido lançada por profissionais não tão experientes no setor editorial, mas que eram prosélitos fanáticos do computador da Apple.

Margot Tommervik, uma editora freelance de Los Angeles com longos cabelos castanhos, fixada no estilo da década de 1960, era apaixonada por jogos muitos antes de tocar em seu primeiro computador. No início da década de 1980, ela apareceu no programa de televisão chamado *Password* (Senha) e, apesar de estar na disputa junto com um casal que parecia saído de uma novela ruim — mais tarde, ela recordaria que "os dois não tinham ideia de que Virgínia ficava no Sul e New Hampshire no Norte" —, teve destreza para ganhar 15 mil dólares. Ela e seu marido, Al — jornalista na *Variety** — fizeram uma lista do que comprariam com o dinheiro e, ao perceber que precisavam de pelo menos o dobro para se satisfazer, resolveram sair para ver um computador.

O computador doméstico mais conhecido na época era o TSR-80. Mas, enquanto Margot e Al aguardavam um vendedor para atendê-los na Radio Shack local, um empregado — um garoto que estava perto de Al disse: "Que cheiro é esse?". Para Al, um homem atarracado, com cabelos ruivos e barba longa que mais parecia um cobrador de impostos da Terra Média, era impossível imaginar-se sem seu cachimbo de raiz de érica. O garoto, provavelmente com uma aversão a tabaco parecida com a de alguns hackers do MIT, disse para Al Tommervik: "Senhor, o senhor não pode fumar esse cachimbo aqui, está me fazendo passar mal". E os Tommerviks saíram da Radio Shack: uma semana depois, tinham comprado um Apple.

Margot e Al, em suas próprias palavras, "tinham se tornado viciados" no Apple. Ela gostava dos jogos, mas sua satisfação era mais profunda. Sem nenhum respaldo técnico, Margot foi capaz de extrair a Ética Hacker daquela máquina brilhante que tinha levado para casa. Acreditava que o Apple tinha personalidade própria, amava a vida e era meio bobo, de um jeito positivo. Mais tarde, ela explicou: "A simples

---

*   Mais informações em <http://www.variety.com/Home>. (N.T.)

ideia de dar o nome de Apple era maravilhosa! Era muito melhor do que chamar a máquina de 72497 ou 9R. Isso significava algo como: 'Ei!, isso é mais do que um monte de peças. Você pode ter muito mais do que isso!'. Até mesmo o bipezinho que a máquina emitia ao ser ligada tinha um entusiasmo especial".

Margot Tommervik aprendeu sobre a história da Apple Computer e ficou impressionada como a máquina traduzia "o espírito de vida de Steve Wozniak. Ele teve a habilidade de experimentar as grandes coisas da vida, mastigá-las e saboreá-las, colocando esse sentimento dentro da máquina. Ele fez a máquina ser capaz de fazer tudo aquilo que ele conseguiu imaginar...". Margot acreditava que, se você passasse bastante tempo com seu Apple, perceberia que também era capaz de fazer tudo o que quisesse. Para ela, o Apple corporificava a essência do pioneirismo, o desejo de fazer algo novo, ter a coragem e a vontade de assumir riscos, fazer o que nunca foi tentado antes, tentar o impossível e de realizar tudo isso com alegria. A alegria de fazer as coisas funcionarem. Em resumo, a alegria do hackerismo, pela primeira vez transparente para aqueles que não haviam nascido com o Imperativo do Mãos à Obra.

O mesmo sentimento em todos que usavam um Apple era visto por Margot. Apenas apaixonavam-se pela máquina. Seu encanador, por exemplo, comprou um Apple e, quando ela viu a esposa dele brincando com um jogo na máquina, teve certeza de que ali estava uma mente em expansão. Parte dessa excitação era possível desde o momento em que você colocava seu Apple para funcionar, quando inseria o primeiro disco para rodar, ouvia o barulho alegre do disk drive e via a pequena lâmpada vermelha indicar "em uso". Por Deus, você havia feito aquilo! Você fez alguma coisa acontecer. Fez o disk drive rodar, fez isso acontecer e, quando começava a realizar tarefas verdadeiras com o Apple, construindo seu pequeno universo, passava a solucionar problemas. Via o seu poder tremendamente ampliado. Todas as pessoas com quem conversava do Mundo Apple, e a própria Margot, demonstravam essa alegria. Ela acreditava que aquela alegria era nada menos do que o sentimento de sua própria humanidade.

Ela amava os novos softwares que estavam sendo lançados e, embora ela e Al fizessem um pouco de programação em Basic, a máquina era usada principalmente para brincar com os jogos que compravam. Um dia ela entrou na Rainbow Computing e viu o aviso de que um novo jogo de aventura seria lançado às 10 horas de uma sexta-feira; a primeira pessoa que resolvesse o jogo ganharia um prêmio. Margot estava lá com os 32,95 dólares nas mãos e no final do sábado retornou à loja com a solução do jogo. O jogo era o *Mistery House*.

Algum tempo depois, ela entrou em uma editora que havia lançado uma revista sobre software e procurava por parceiros. Margot e Al disseram que entrariam com algum dinheiro e tocariam a publicação, se tivessem o controle total da operação. Dessa forma, o que restava do dinheiro ganho no programa de televisão foi investido nessa nova encarnação de revista devotada ao mundo do computador Apple. O nome seria *Softalk*.*

Quando Margot começou a buscar anunciantes, ela telefonou para a On-Line e falou para Roberta, que ainda estava gerenciando os negócios da cozinha de sua casa em Simi Valley, sobre o desejo de fazer uma revista completamente dedicada a refletir o espírito do computador Apple. O entusiasmo de Margot era óbvio. E quando Margot contou que foi ela quem venceu o concurso para resolver o *Mistery House*, Roberta gritou: "É você! Nós pensamos que demoraria meses até alguém solucionar o jogo!". Roberta conversou com Williams e a On-Line decidiu fazer quatro anúncios de um quarto de página na primeira edição. Eles ligaram para outras empresas e avisaram para que também publicassem anúncios.

Softalk foi lançada em setembro de 1980 com 32 páginas, incluindo as capas. Em seguida, as pessoas das empresas fornecedoras de acessórios e periféricos para os produtos da Apple começaram a perceber o valor de uma revista cujos leitores eram exatamente seus clientes potenciais. No final de 1981, havia mais de cem páginas de anúncios por edição.

Essas empresas pioneiras do Mundo Apple eram ligadas por uma conexão espiritual tácita. Amavam especificamente o computador Apple e a ideia da computação de massa em geral. De alguma forma, todos acreditavam que o mundo seria melhor quando as pessoas pusessem as mãos nos computadores, aprendessem as lições que as máquinas tinham para ensinar e, especialmente, quando adquirissem os softwares necessários para agilizar esse processo.

Na busca dessa meta comum, On-Line, Sirius e Brøderbund tornaram-se quase uma Fraternidade. Jewell, os William e os Carlston vieram a se conhecer muito bem, não apenas por causa dos eventos do setor e das feiras comerciais, mas também participando de suas festas privadas nas quais as três famílias juntavam-se a pessoas de outras companhias da Califórnia focadas na Apple.

Era um grande contraste diante das não tão velhas, mas já moribundas companhias, particularmente da Atari. A empresa começou como o primeiro fornecedor de jogos de computadores e vendeu milhões de dólares em software para a máquina Atari

---

* <http://en.wikipedia.org/wiki/Softalk>. (N.T.)

VCS* (que não podia ser programada como um computador) e para seu próprio competidor com o Apple, o Atari Home Computer. Desde a aquisição pelo gigantesco conglomerado da Warner Communications, a Atari cortou todo espírito de abertura de seus fundadores. Era preciso ser quase um agente da KGB para descobrir o nome de um de seus programadores de tanto medo que a empresa tinha de que suas fileiras fossem seduzidas por outras companhias. E a ideia de que os programadores pudessem se encontrar e trocar informações era mais horripilante ainda. O que aconteceria se um dos programadores achasse que podia ganhar mais em outro lugar? Não havia esse tipo de segredo na Fraternidade, que, em 1981, pagava para seus programadores uma base de 30% em royalties, um percentual muito bem conhecido pelas três empresas e por todos os programadores do mercado de trabalho.

A cooperação ia além das festas. Quase como se tivessem aderido, pelo menos parcialmente, à Ética Hacker não havia segredo entre eles. Quase diariamente, Williams, Carlston e Jewell falavam ao telefone, compartilhando informações sobre esse distribuidor ou sobre aquele fabricante de discos flexíveis. Se um varejista não pagasse o que devia a uma das três empresas, as outras ficavam sabendo imediatamente e não entregavam mais mercadoria. "Tínhamos esse código não escrito. Deixávamos os outros saberem no que estávamos trabalhando, assim, não investíamos em projetos parecidos. Se eu estivesse trabalhando em um jogo de corrida de carros, eu contava a eles, para que não começassem outro", recorda Jerry Jewell.

Alguém podia olhar para essa interação entre os três e afirmar que era falta de competitividade, mas essa seria uma interpretação dos velhos tempos. Além disso, a Fraternidade não fazia cartelização em detrimento do usuário e da tecnologia. O usuário beneficiava-se por dispor de uma gama mais ampla de jogos. E se o programador de uma das empresas não conseguia entender algum truque da linguagem de montagem podia entrar em contato com um profissional das outras para aprender — isso era apenas uma das aplicações da Ética Hacker no comércio. Por que esconder informação útil? Se os bons truques fossem amplamente divulgados, a qualidade de todos os softwares aumentaria e as pessoas poderiam tirar mais dos computadores, o que era bom no longo prazo para todas as empresas da área.

Talvez fosse tempo de abandonar as práticas divisionistas do mundo corporativo e adotar uma abordagem mais parecida com a dos hackers, a qual poderia — visto seu sucesso no setor de software — espalhar-se por todos os Estados Unidos e revitalizar o país inteiro, que há muito tempo vinha se debatendo em um turbilhão econômico darwinista, litigioso e dominado pelos executivos com MBAs. A consistência poderia

---

* Mais informações em <http://www.atarimuseum.com/videogames/consoles/2600menu/2600menu.htm>. (N.T.)

prevalecer sobre as enevoadas imagens corporativas em um mundo livre de insanidade, práticas antiprodutivas de propriedade de conceitos e segredos comerciais onde tudo seria distribuído ampla e irrestritamente. Um mundo sem essa destrutiva seriedade degoladora. A atitude no Mundo Apple parecia ser: "Se não é divertido, se não é criativo ou novo, não vale a pena". Era isso o que se ouvia de Williams e Roberta, de Doug e Gary Carlston e de Jerry Jewell.

Esse espírito teve seu auge no verão de 1981 durante uma cena com todo jeito de comercial de refrigerante: uma corrida de barcos descendo as corredeiras do Stanislau River. Foi ideia de Ken Williams, férias conjuntas de todo o pessoal da indústria. Williams brincou que pensou nisso só para colocar espiões nos barcos de seus concorrentes; o absurdo dessa declaração sublinha a diferença entre esse setor e os outros. Em vez da sabotagem de competidores, Ken Williams estava forjando seu caminho em águas turbulentas junto com eles.

O rio era idílico, mas um participante explicou mais tarde a um repórter[1] que mais bonito do que a paisagem de pinheiros e vales escarpados era o espírito entre os aventureiros que trocavam todo tipo de produtos, tecnologias e informações financeiras: "Tínhamos a sensação de ter derrotado o sistema: chegamos aos microcomputadores antes da IBM. Éramos concorrentes, mas gostávamos de cooperar".

Até o barqueiro líder, de vez em quando, dizia aos participantes — o que incluía os donos de mais de seis empresas de software, como Williams e Roberta ou os Carlston e Steve Dompier (o integrante do Homebrew que agora era um programador independente depois que a Processor Tech saiu dos negócios) — que parassem de fazer gracinhas. De vez em quando, eles paravam. Antes de descer a corredeira mais rápida, deram um tempo em um trecho mais tranquilo do rio e Williams bateu seu barco com força em outro — não era a primeira vez. Quem estava no barco caiu na água, derrubando outras pessoas de outros barcos. Com remos, pás e baldes, a Fraternidade explodiu em espuma de água, risadas e camaradagem contagiante.

* Notas *

A principal fonte de informação do livro *Hackers* foi mais de uma centena de entrevistas pessoais realizadas pelo autor entre 1982 e 1983. Além dessas entrevistas, são feitas também referências a fontes impressas e eletrônicas que estão citadas no rodapé das páginas desta edição.

[1]   A repórter era da revista *Softline*, outra publicação dos Tommerviks iniciada com recursos financeiros do casal Williams. As duas revistas *Softline* e *Softalk* ofereceram muitas informações sobre o contexto da Fraternidade.

Capítulo 16
A TERCEIRA GERAÇÃO

Ainda existiam os nascidos hackers, aqueles abençoados com uma curiosidade incansável e sob o imperativo do Mãos à Obra; os últimos escolhidos no basquete; e os primeiros das aulas de matemática a adivinhar os mistérios das frações. Os pré-adolescentes que murmuravam, quando os adultos pediam uma explicação, que "gostavam de números", os descabelados da última fila da sala de ensino médio que iam tão longe em matemática que os professores desistiam deles — podiam se divertir com os problemas do futuros capítulos até, finalmente, serem autorizados a sair da classe. No corredor, desciam as escadas e circulavam pelo colégio até descobrir, com o mesmo maravilhamento de Peter Samson quando tropeçou na sala EAM do MIT, um terminal conectado ao computador de tempo compartilhado de alguma universidade. Um terminal de teletipo cinza chumbo no porão de um colégio de subúrbio, um terminal que tinha, a maravilha das maravilhas, jogos. Era possível brincar com os jogos, mas, se você nasceu hacker, isso era muito pouco. Você perguntaria: "Por que esse jogo não faz aquilo?", "Por que não tem esse recurso?". E, já que aquilo era um computador, pela primeira vez na vida, você tinha o direito de mudar isso ou aquilo. Alguém lhe ensinava um pouco sobre Basic, e o sistema estaria sob seu controle.

Aconteceu exatamente assim com John Harris. Embora ele fosse alto e bem-apessoado com os cabelos loiros, sorriso simpático e a fluência verbal ininterrupta de alguém cujo entusiasmo não perde tempo em pausas gramaticais, ele era um pária social. Mais tarde, ele admitiu sorrindo que "foi o pior aluno de línguas e o pior em educação física da escola". Suas raízes estavam na classe média alta de San Diego. Seu pai era executivo de um banco. Os irmãos, um mais novo e duas gêmeas mais velhas, não se interessavam por assuntos técnicos. "Eu era completamente, 100% técnico", contou Harris em sua redundância agradável. Parecia que ele não tinha amigo mais fiel do que aquele computador remoto — ele não sabia nem sua exata localização — conectado ao terminal de tempo compartilhado em seu colégio.

John Harris não era daqueles gênios metódicos e monótonos que hipnotizavam os adultos nas feiras de ciências: esse não era o seu forte. Sua arte era impressionar as pessoas que compartilhavam suas paixões, que eram poucas e bem definidas: ficção científica (filmes e quadrinhos — não livros, porque Harris não gostava de ler muito). Jogos. E hackerismo.

O ápice da existência de uma pessoa como John Harris era encontrar seu caminho para entrar em um centro de computador como o do Laboratório de Inteligência Artificial do MIT, onde ele circularia ocioso e aprenderia até conseguir sua vez no terminal. Ele ia se sentir como se estivesse entrando no paraíso, como aconteceu com David Silver, quando foi iniciado pelos hackers do nono andar, que permitiram que ele recebesse os sacramentos no PDP-6. Mas Harris entrou no ensino médio depois da revolução iniciada com o Altair. A geração de John Harris foi a primeira a não ter que implorar, emprestar ou roubar tempo de computador de um distante mainframe conectado a terminais de teletipo. Nos sofisticados subúrbios em volta de San Diego, na década de 1980, não era raro um garoto bajular os pais, ou arrumar um emprego de meio período para juntar dinheiro, para lhe darem um presente caro. A maioria queria um carro. Mas, como bem sabiam os proprietários das lojas, outros rapazes queriam computadores.

Quando John Harris estava no ensino médio, um amigo mais velho lhe emprestou seu PET da Commodore: "Eu comecei a brincar com jogos e passei a programar em seu sistema um jogo da série *Star Trek*. E havia mais umas coisas que eu aprendera em Basic que eram muito mais divertidas do que aquela história de tempo compartilhado. Era mais rápido e muito mais interativo, tinha imagens e efeitos de som... Os teletipos eram legais, mas eu achava que não existia mais nada. Quando eu vi e experimentei o PET, pensei: Isso é fantástico...", lembra Harris.

Para essa Terceira Geração da qual John Harris fazia parte, que se seguiu à pioneira de hackers de mainframe e à segunda, de hackers de hardware, que libertaram os computadores das instituições, o acesso às máquinas era fácil. Você podia ter uma máquina ou usar a de um amigo. Os computadores não eram tão poderosos como aqueles das instituições nem havia comunidades de magos, como Greenblatts ou Gospers, para incentivá-lo a deixar de ser um perdedor e se engajar para fazer A Coisa Certa até se tornar um vencedor. Mas esses fatos da vida não chateavam essa

Terceira Geração. Eles podiam colocar as mãos sobre os computadores agora — em seus quartos. E o que quer que aprendessem sobre hackerismo ou sobre os princípios da Ética Hacker seria determinado pelo processo de aprendizado resultante da atividade hacker por si mesma.

John Harris estava fascinado com o PET. Era possível tornar tudo tão mais fácil com um computador pessoal. Ele estava particularmente impressionado com o editor de texto em tela cheia, um grande aprimoramento em comparação com o estilo de edição uma-linha-por-vez do teletipo. Mas a melhor parte do PET e dos outros computadores pessoais eram os jogos.

"Eu estava obcecado com todos os tipos de jogos. E achava que era só eu!", lembra. Era mais do que natural que um garoto do ensino médio que gostava de eletrônica se apaixonasse pelos jogos de guerra espacial criados no final da década de 1970: Harris não sabia que a fonte de inspiração deles era o *Spacewar,* de Slug Russell. Por um tempo depois disso, ele caiu de amores por um jogo chamado *Crazy Climber,*[*] no qual você tentava levar um cara até o topo de um prédio, evitando vasos de flores que caíam, pessoas que fechavam as janelas nos seus dedos e um gorila gigante que tentava atirá-lo de lá de cima. O que mais o impressionava em *Crazy Climber* era a criação inovadora de um cenário artístico e exclusivo. Aquilo era algo que ninguém havia feito antes.

Harris almejava aquele nível de originalidade. Sua atitude diante dos jogos era parecida com sua atitude diante das linguagens de computador ou sua preferência por certo modelo de máquina à frente de outro: uma intensa identificação pessoal e uma tendência de se sentir ofendido diante de um modo ineficiente e não otimizado de fazer as coisas. Harris chegou à conclusão de que os jogos tinham algum grau de inovação, uma pressão por melhorias gráficas e um apelo maior ao desafio. Seus padrões de "jogabilidade" tornaram-se rigorosos. Ficava pessoalmente ofendido, caso um programador *pudesse ter feito* um jogo melhor por razões óbvias (para Harris), mas não conseguiu por ignorância técnica, um lapso de percepção, ou — pior do que tudo — por preguiça. Os detalhes tornavam o jogo muito melhor, e Harris adotou a convicção de que o autor devia incluir o maior número de firulas técnicas para tornar a brincadeira mais agradável. Sem negligenciar, certamente, a perfeição da estrutura técnica para que o jogo fosse livre de bugs.

Para atender à exatidão de seus padrões, Harris precisava de seu próprio computador. Ele começou a economizar dinheiro e nem brincava mais nas máquinas pré-pagas. A essa altura Harris estava na faculdade de Engenharia Elétrica e trabalhava

---

[*] Mais informações e imagens em <http://en.wikipedia.org/wiki/Crazy_Climber>. (N.T.)

em um centro de processamento de dados. Um de seus amigos comprara a mais quente máquina para o hackerismo doméstico, um Apple, mas Harris não gostava das capacidades de edição da máquina nem de seus efeitos gráficos.

Com o dinheiro em mãos, ele foi para uma loja de computadores para comprar um PET. O vendedor zombou dele: "A única pessoa que compra um PET é a que está completamente sem dinheiro. Ou seja, uma pessoa que não pode comprar um Apple II". Mas John Harris não queria a criação de Steve Wozniak. Ele tinha estudado melhor a máquina de seu amigo e estava mais convencido do que nunca de que o Apple II não era bom da cabeça. Seu desprezo pelo Apple crescia além dos limites. "Só a visão de um Apple II me jogava contra a parede", ele garante hoje em dia. Só a menção do nome da máquina fazia Harris recuar e se benzer com o sinal da cruz, como se estivesse diante de um vampiro. Depois, ele explicou longamente por que se sentia assim: não havia edição de texto em tela cheia, era preciso carregar a máquina com mais hardware antes que operasse realmente, o teclado tinha limitações... mas a repugnância ia além da razão. Por algum motivo, Harris achava que o Apple o impedia de fazer o que queria fazer. Embora alguns hackers considerassem as limitações do Apple desafiadoras, algo como um sedutor sussurro dizendo "Leve-me adiante", Harris os achava ridículos. Então, ele perguntou a um vendedor em uma das lojas sobre aquela outra máquina, o computador Atari.

O Atari tinha acabado de ser lançado em sua versão 800 (havia a menos poderosa 400)[*] para competir com o Apple. À primeira vista, parecia uma máquina para jogos mais incrementada com um teclado. De fato, tinha um slot para a inserção de cartuchos, em parte uma indicação de que fora criada para novatos muito incapazes para lidar com fitas cassete, quanto mais com discos flexíveis. Não havia nem um manual decente. John Harris brincou um pouco com um Atari 800 na loja e descobriu que, como o PET e diferente do Apple, a máquina tinha edição de texto em tela cheia. Porém, ele queria saber o que havia dentro da máquina. Então, foi à outra loja na qual um vendedor lhe entregou um pedaço de papel com alguns comandos para aquele novo computador. Era como um código secreto usado pela Resistência Francesa.[**] Nenhum demolidor de códigos devorou uma mensagem como John Harris fez com aquele papel. Ele descobriu que o Atari dispunha de um conjunto de comandos para símbolos gráficos, um módulo de alta resolução e um chip separado para efeitos sonoros. Em resumo, recursos excitantes, cada diferencial que Harris gostava no PET e ainda outros que ele relutava considerar que valiam a pena no Apple. Ele comprou um 800.

---

[*]   Especificações técnicas e imagens em <http://oldcomputers.net/atari400.html>. (N.T.)

[**]   Mais informações em <http://www.historylearningsite.co.uk/french_resistance.htm>. (N.T.)

Ele começou a programar em Basic, mas logo percebeu que teria que aprender linguagem de montagem para fazer os jogos como queria. Ele deixou o banco e conseguiu um emprego em uma empresa chamada Gamma Scientific,* que precisava de um programador em linguagem de montagem para seu sistema e preferia treinar alguém para a tarefa.

Transferir suas novas habilidades em linguagem de montagem para o Atari foi difícil. O Atari era uma máquina "fechada". Em outras palavras, o Atari escondia as informações referentes aos resultados obtidos, usando comandos do microprocessador em linguagem assembler. Era como se o Atari não quisesse que o usuário conseguisse programá-lo. Em suma, era a antítese da Ética Hacker. Harris escreveu para o pessoal da Atari e até tentou fazer perguntas por telefone; as vozes do outro lado eram frias e quase não ajudavam em nada. Ele entendeu que a empresa agia assim para eliminar qualquer concorrência para sua divisão de software. Não era uma boa razão para fechar a máquina (diga-se o que quiser da Apple, mas sua máquina era "aberta", com seus segredos acessíveis a todos e qualquer um). Portanto, Harris foi deixado em suas ponderações sobre os mistérios do Atari, imaginando por que os técnicos da empresa lhe disseram que o 800 dispunha apenas de quatro cores no módulo gráfico, quando os softwares que lançavam, como o *Basketball*** ou o *Super Breakout*,*** mostravam claramente mais de oito cores na tela. Ele se sentiu determinado a descobrir seus segredos e os mistérios do sistema para aprimorar os recursos e controlar mais bem a máquina.

Para a missão, Harris convocou um amigo que era bom em linguagem de montagem. Eles conseguiram uma fita cassete com um desmontador escrito em Basic, um dispositivo que quebrava os programas em seu código-objeto, desmontando os softwares vendidos pela Atari linha por linha. Então, eles pegavam aquelas instruções estranhas, que davam acesso a todo tipo de excêntrica locação de memória no chip 6502 dentro do Atari, e as enfiavam de volta na máquina para ver o que acontecia. Assim, eles descobriram recursos como o Display List Interrupts (LDI),**** que possibilitava o uso de um grande número de cores na tela; o definidor de caracteres pelo usuário; e o melhor de tudo, algo que depois eles conheceram como o Atari

---

* Mais informações em <http://www.gamma-sci.com/index.html>. (N.T.)
** Mais informações e imagens em <http://strategywiki.org/wiki/Basketball>. (N.T.)
*** Mais informações e imagens em <http://www.ehow.com/how_5809020_play-atari-_super-
-breakout_.html>. (N.T.)
**** Informações técnicas disponíveis em <http://www.atarimagazines.com/compute/issue47/
153_1_Atari_Display_List_Interrupts.php>. (N.T.)

Player-Missile Graphics,* que era nada menos do que um método em linguagem de montagem para acessar um chip especial do Atari, chamado Antic** (Alphanumeric Television Interface Controller), que processava efeitos gráficos de modo independente, deixando que você rodasse o restante do programa no processador central. Já que um dos mais complicados aspectos da programação de jogos era a divisão das atividades do processador central entre som, efeitos gráficos e a lógica do jogo, o Player-Missile Graphics oferecia uma enorme vantagem. Como uma empresa que tinha feito algo tão bom podia ser tão avarenta ao impedir que o usuário conhecesse esse recurso?

Harris e seu amigo quebraram os segredos do Atari. Eles queriam usar aquele conhecimento para libertar a máquina, distribuir os dados técnicos, arrombar o mercado da Atari. Naquela época, começaram a circular uns manuais piratas do hardware da máquina. Parece que alguns gatunos dentro da Atari haviam conseguido cópias de documentos internos e manuais de referência e estavam vendendo por altas somas para quem se interessasse. O manual, porém, era escrito de tal modo que somente pessoas tão preparadas quanto os engenheiros de projeto da Atari podiam entendê-lo. Como disse Harris depois: "Era escrito em 'atarês', não em inglês". Portanto, o manual pirata não era muito útil a não ser para quem já havia conseguido integrar o Atari 800 à sua própria cosmologia mental. Gente como John Harris.

Aos 18 anos, ele usava todo esse conhecimento para escrever jogos com os quais gostaria de brincar. Seu desejo de tornar os jogos muito dinâmicos e excitantes o incentivava a aprender mais sobre o sistema do Atari. Como fã de ficção científica que sempre participava dos "cons" — conclaves dos loucos por ficção científica nos quais as pessoas perdidas em fantasias tecnológicas eram normais —, ele sempre gravitava em jogos de guerra espacial. Criava naves espaciais, estações orbitais, asteroides e outros fenômenos extraterrestres. Direto da sua imaginação, fazia todas essas formas surgirem na tela e as controlava. Materializá-las e controlá-las era muito mais importante do que o jogo em si mesmo. Porém, John Harris também podia ser descuidado e com frequência perdia programas inteiros ao salvá-los do lado errado da fita ou expandindo o código até o software dar problemas — para descobrir só depois que havia se esquecido de fazer uma cópia de segurança. Ele se sentia mal com isso, mas seguia em frente.

O hackerismo era a melhor coisa de sua vida. Ele tinha começado a trabalhar em período integral na Gamma Scientific para se sustentar, mas o salário era de menos de 10 mil dólares por ano. Mesmo assim, gostava do emprego porque podia

---

* Informações técnicas disponíveis em <http://www.atariarchives.org/pmgraphics/>. (N.T.)

** Mais informações em <http://en.wikipedia.org/wiki/ANTIC>. (N.T.)

trabalhar com computadores. Em casa, tinha seu Atari 800, agora equipado com um disk drive para fazer programação mais sofisticada em linguagem de montagem. No entanto, sem contar com uma comunidade tão unida com a dos hackers do MIT, achava que o hackerismo não era mais o suficiente. Desejava mais contato social. Seu relacionamento familiar estava abalado. Depois, ele contou que foi "expulso" de casa porque seu pai tinha expectativas em relação a ele que não eram possíveis de atender. E descreveu seu pai com menos entusiasmado do que em relação à sua mania de programar jogos no Atari 800. Então, Harris mudou-se para uma casa com alguns colegas fãs de ficção científica. Com eles, participava dos "cons", eventos animados nos quais ficavam dias a fio rondando os corredores dos hotéis com pistolas de dardos de plástico nas mãos. Mas sempre parecia a Harris que seus amigos estavam planejando uma excursão legal e não queriam convidá-lo. John Harris era um cãozinho amistoso e alegre, muito sensível a essas aparentes rejeições.

Ele queria uma namorada. Suas tentativas isoladas para conviver com aquele gênero desejável e elusivo pareciam sempre terminar em desapontamento. Seus colegas de casa estavam sempre envolvidos em intrigas românticas — de brincadeira, chamavam a república de a Peyton Place* do Espaço Sideral —, mas Harris estava sempre de fora. Houve uma garota com quem ele se encontrou por umas duas semanas e chegou a programar um passeio para a véspera do Ano Novo. Antes da data, ela ligou dizendo: "Não sei como lhe dizer isso, mas conheci um rapaz e vou me casar com ele". Era típico.

Portanto, ele continuou a trabalhar nos jogos. Da mesma forma que os hackers do MIT ou do Homebrew, sua recompensa era a satisfação por estar fazendo aquilo. Ele se associou a um grupo local de usuários do Atari e emprestava programas de sua biblioteca para fazê-los rodar mais depressa e aperfeiçoá-los. Pegava, por exemplo, uma versão do jogo *Missile Command*** e aumentava sua velocidade, aprimorando as explosões quando o usuário conseguia impedir as armas nucleares do inimigo de destruir a cidade. Quando mostrava essas melhorias para os outros, todo mundo adorava. Toda a sua atividade hacker revertia-se imediatamente para domínio público; a propriedade nunca foi um assunto para ele. Quando alguém do grupo lhe disse que tinha uma pequena distribuidora de jogos de computadores e que gostaria

---

* Referência ao livro da escritora norte-americana Grace Metalious que fez grande sucesso ao revelar a hipocrisia dos moradores de uma pequena cidade chamada Peyton Place. O livro tornou-se filme em 1957 (no Brasil com o título, *A Caldeira do Diabo*) e série de tevê na década de 1960. Mais informações em <http://en.wikipedia.org/wiki/Peyton_Place_%28novel%29>. (N.T.)

** Mais informações em <http://content.usatoday.com/communities/gamehunters/post/2010/02/atari-resurrects-missile-command/1>. (N.T.)

de comercializar um criado por ele, a reação de John Harris foi: "Tem certeza? Por que não?". Era como distribuir um jogo e também receber dinheiro por isso.

Ele entregou ao homem um jogo chamado *Battle Warp*, que era impressionantemente parecido com o *Spacewar* do MIT, um jogo para dois oponentes no qual "voavam e atiravam um no outro", como Harris o descreveu depois. Ele ganhou cerca de 200 dólares com o *Battle Warp*, mas não foi o suficiente para fazê-lo pensar em distribuí-lo além do grupo de usuários de sua rede de contatos.

Em março de 1981, Harris foi à Feira do Computador, a princípio para participar de um seminário dado por um dos melhores programadores do Atari, Chris Crawford.[*] Ele ficou muito impressionado com Crawford, um sujeito tímido, que discutia ideias ao falar e era habilidoso em suas explicações. John Harris estava de alto-astral, circulando pelas ruas densamente ocupadas do Brooks Hall,[**] olhando para todas aquelas novas máquinas quentes e explorando as dezenas de empresas de software que haviam alugado estandes naquele ano.

Tomou coragem para perguntar para algumas companhias se estavam precisando de programas para o Atari. Em geral, a resposta era não. Então, ele chegou ao estande alugado pela On-Line Systems. Alguém o apresentou a Ken Williams, que lhe pareceu simpático, e Harris lhe disse que era um programador em linguagem de montagem na área de negócios, mas que estava a ponto de pular fora daquilo.

Àquela altura, Ken Williams já tinha descoberto que pessoas com a capacidade de escrever bons jogos em linguagem de montagem eram joias raras e queria atrair algumas para sua empresa em Coarsegold, na Califórnia. A On-Line Systems vivera um crescimento explosivo — na Feira do Computador do ano anterior, Williams testara o mercado para o *Mistery House* e no atual evento já era um editor de jogos estabelecido à procura de novos produtos. Ele colocou um anúncio na Softalk com o texto: "Precisamos de autores. Os mais altos royalties da indústria... Não será preciso trabalhar para mais ninguém". O anúncio mencionava outro benefício: a oportunidade de trabalhar com o guru da Apple, Ken Williams, que "estará pessoalmente acessível a qualquer momento para discussões técnicas, ajuda em depuração e intercâmbio de ideias...". Williams era esperto o bastante para saber que os programadores para criar jogos não eram necessariamente veteranos profissionais na área de computadores. Eles podiam muito bem ser adolescentes inexperientes. Como John Harris.

---

[*] Mais informações em <http://www.mobygames.com/developer/sheet/view/developerId,744/>. (N.T.)

[**] Mais informações em <http://www.hellosanfrancisco.com/landmarks/building/1655335/brooks_exhibit_hall.cfm>. (N.T.)

"Bem", Williams disse ao garoto, sem perder o ritmo da conversa, "e como gostaria de programar? Entre as árvores?"

Por mais atraente que pudesse parecer, isso significava trabalhar para a On-Line Systems, e Harris sabia um pouco sobre a empresa. Sabia, por exemplo, que tinha foco principalmente em software para Apple. "Eu não conheço o sistema da Apple", admitiu, deixando de lado taticamente o fato de que gostaria de jogá-lo na privada e dar a descarga.

Williams disse as palavras mágicas: "Nós gostaríamos de expandir para o sistema Atari. Só não encontramos ainda alguém que possa fazer programação nele".

Harris ficou quase sem fala.

"Você faz programação para Atari?", Williams perguntou.

Em um mês, Ken Williams tinha comprado uma passagem aérea para Harris até Fresno, onde o garoto era esperado no aeroporto para ser levado pela Rota 41 até Oakhurst. Williams prometeu a Harris um lugar para morar, e, então, começaram a falar de salário. Harris tinha recebido um aumento na Gamma, então, os mil dólares por mês que Williams lhe ofereceu representavam, de fato, uma redução em sua remuneração. Harris juntou coragem para dizer que já estava ganhando mais do que aquilo. Será que Williams poderia lhe pagar 1.200 e incluir um lugar para Harris morar? Williams olhou para Roberta (naquele tempo todo mundo trabalhando na pequena On-Line Systems conseguia se ver dentro do escritório) e ela respondeu que não podiam arcar com aquele salário.

Williams concluiu a proposta: "Vou lhe dizer o seguinte. Que tal se eu lhe der um contrato com 30% em royalties e você não tiver que trabalhar aqui na empresa como empregado? Você trabalha na casa que vou lhe arrumar e eu lhe darei 700 dólares por mês até que termine seu primeiro jogo em dois ou três meses. Se você não tiver um jogo pronto nesse prazo, não vai dar certo nesse negócio mesmo".

Harris achou que era muito bom. Quando voltou para casa, no entanto, seu pai disse que ele estava sendo passado para trás. Por que não pedir um salário maior e uma porcentagem menor em royalties? Que segurança o garoto teria? Harris, que ficara intimidado pela altivez de Williams, não queria ameaçar a oportunidade de viver em um ambiente construído em torno do hackerismo, criar jogos e ser feliz. Mesmo que pudesse representar menos dinheiro, ia aceitar os 30% em royalties.

Foi a decisão mais lucrativa que ele já tinha tomado.

Ken Williams havia comprado várias casas em torno de Oakhurst para beneficiar seus programadores. John Harris mudou-se para uma delas conhecida como Casa

Hexagonal por causa do formato de seu andar de cima, que se projetava do resto da casa como um grande e sólido gazebo: era a única parte da casa visível da estrada. Da porta da sala, viam-se a sala de estar e a cozinha; os quartos eram no andar de baixo. Morava lá com John Williams, irmão de Ken de 25 anos que cuidava da área de propaganda e marketing da empresa. John gostava de Harris e o considerava um nerd.

O primeiro projeto que Harris mencionou a Williams era inspirado no videojogo *Pac-Man,* que em 1981 era o mais quente das máquinas pré-pagas e logo se tornaria o mais conhecido de todos os tempos. O garoto não via nada errado em buscar inspiração em um videojogo, aprender as entradas e saídas e escrever sua própria versão para rodar no Atari 800. Para um hacker, traduzir um bom jogo ou um programa útil de uma máquina para outra era inerentemente bom. A ideia de que alguém pudesse *ser dono* do *Pac-Man*, aquele joguinho inteligente no qual fantasmas perseguiam a bolota amarela sorridente, não parecia ser uma preocupação relevante. O que importava era que as características do *Pac-Man* pareciam se encaixar naturalmente nos recursos do Atari. Embora ele mesmo preferisse jogos com cenários e lutas espaciais, Harris sugeriu a Williams a criação do *Pac-Man* para o Atari.

A On-Line Systems já estava comercializando uma versão do *Pac-Man* para o Apple com o nome de *Gobbler*. O programa tinha sido escrito por um programador profissional chamado Olaf Lubeck, que enviou o jogo a Williams, sem ser solicitado, depois de ver o anúncio "Precisamos de autores". O programa estava vendendo cerca de oitocentas cópias por mês, e Williams já havia conversado com Lubeck para que duplicasse o jogo para o Atari.

John Harris, no entanto, ficou chocado com a versão para o Apple. "Não parecia espetacular, não havia animações. A detecção de colisões, então, era imperdoável", ele explicou anos mais tarde. O garoto não queria que Olaf cometesse o mesmo erro para seu tão amado Atari, simplesmente replicando o jogo bit por bit no chip 6502, que era comum aos dois computadores. Isso significava que nenhum daqueles recursos que Harris considerava superiores no Atari seria utilizado. A ideia era horripilante.

Harris insistiu que conseguiria fazer um jogo muito melhor em um mês, e Williams tirou Olaf do projeto. O garoto entrou em um período intenso de hackerismo, em geral, trabalhando até o sol nascer. O estilo dele estava deslanchando; ele improvisava. "O que quer que minha mente estivesse fazendo, eu a deixava fluir... as coisas surgiam com muita criatividade", afirma. Às vezes, Harris podia se tornar sensível em relação a isso, especialmente quando um programador mais tradicional, armado com fluxogramas e ideias sobre estrutura padrão e documentação clara,

---

*   Mais informações e imagens em <http://en.wikipedia.org/wiki/Pac-Man>. (N.R.T.)

examinava seu código. Por exemplo, quando Harris saiu da Gamma Scientific para se mudar para Coarsegold, ficou preocupado que o funcionário que ocuparia seu lugar fosse um desses, disposto a jogar fora seu código inteligente para substituí-lo por algo estruturado, conciso... e pior. Quando ele estava quase para sair, a Gamma estava avaliando seis programadores, cinco deles com "diplomas saindo pelas orelhas", segundo Harris. O sexto era um hacker sem diplomas; e Harris implorou a seus chefes para que o contratassem.

"Mas ele quer o mesmo salário dos outros e não tem diplomas", seu chefe argumentou.

E Harris respondeu: "Ele vale muito mais". O chefe o ouviu. Quando Harris abriu seu código para o novo funcionário e lhe apresentou o sistema, o hacker ficou emocionado: "Você programa como eu!", ele disse, "Não achei que houvesse outra pessoa no mundo que fizesse assim!".

Trabalhando em grandes blocos conceituais e mantendo o foco, em um mês, Harris tinha em mãos um *Pac-Man* para rodar no Atari. Foi possível utilizar algumas sub-rotinas que ele já havia escrito em outros projetos. Aquele era um ótimo exemplo do aprimoramento que a cópia criativa podia trazer: um tipo de sub-rotina reencarnada na qual o programador desenvolvia ferramentas que transcendiam de longe as funções derivadas. Um dia, certamente, as sub-rotinas de Harris seriam modificadas e utilizadas de um modo ainda mais espetacular. Esse era o resultado natural e saudável da aplicação dos princípios do hackerismo. Só era ruim que essa Terceira Geração de hackers tivesse que escrever seu próprio conjunto de ferramentas de software, incrementando-o aleatoriamente com os acréscimos de grupos de usuários e amigos.

O *Pac-Man* para o Atari parecia bastante com a versão original do videojogo para máquinas pré-pagas. Podia muito bem ter sido um dos melhores programas em linguagem de montagem escrito para a Atari Home Computer. No entanto, quando Harris levou seu trabalho para Williams, havia um problema. Recentemente, algumas empresas insistiam que os direitos autorais que detinham sobre os jogos de máquinas pré-pagas tornavam ilegais as versões traduzidas para computadores. Uma das maiores proprietárias de direitos autorais era a Atari, e a empresa enviou a seguinte carta aos pequenos editores de jogos como Brøderbund, Sirius e On-Line:

> "ATARI SOFTWARE
> PIRATARIA
> O JOGO ACABOU
> A Atari é líder no desenvolvimento de jogos como Asteroids® e MISSILE COMMAND®... Nós valorizamos a resposta que temos obtido de videófilos de todo o mundo, que tornaram nossos jogos tão populares. Infelizmente, no entanto, existem

empresas e indivíduos que estão copiando os jogos da Atari, tentando obter lucros imerecidos com os jogos que não desenvolveram. A Atari deve proteger nossos investimentos para que possamos continuar a desenvolver jogos novos e melhores. Portanto, a Atari alerta aos piratas intencionais e aos indivíduos desavisados sobre as leis do direito autoral que a empresa registra suas criações audiovisuais associadas a esses jogos na Biblioteca do Congresso e os considera proprietários. A Atari protegerá esses direitos vigorosamente e tomará as apropriadas providências contra as entidades que reproduzam ou adaptem sem autorização seus jogos sem considerar em que dispositivo ou computador serão utilizados..."

Ken Williams sabia que a Atari havia gastado milhões de dólares pelos direitos do *Pac-Man*. Depois de ver a versão de Harris supercolorida, dinâmica, rápida e com imagens nítidas, ele percebeu que aquela cópia fiel não era comercializável. "Está muito parecida com o *Pac-Man*", ele disse, "você perdeu seu tempo John Harris." E sugeriu, então, que o garoto alterasse o jogo. Harris levou o jogo para casa e refez o visual. A nova versão era virtualmente a mesma; a diferença era que os fantasminhas, aquelas formas engraçadas que caçavam o *Pac-Man*, estavam usando bigodinhos e óculos solares. Fantasmas disfarçados! Um comentário irônico perfeito para a estupidez da situação.

Não era exatamente o que Ken Williams tinha em mente. Nas duas semanas seguintes, os dois consultaram seus advogados. Era possível manter a essência do *Pac-Man* e conseguir ficar longe da Atari? Os advogados disseram que a única propriedade da Atari era a imagem dos personagens, a aparência do jogo.

Então, foi criado um novo cenário com o tema inusitado da prevenção odontológica. O irmão de Williams sugeriu que os *Pac-Man* fossem substituídos pelo personagem Happy Face, que girava e circulava pela tela; havia doces e dentaduras para proteger.* Não era difícil programar nada disso. Harris simplesmente desenhou as novas imagens e as traduziu para a Atari. Uma das melhores coisas do computador era poder mudar o mundo em um impulso.

Os advogados garantiram que o novo cenário para o *Jawbreaker* não representaria problemas com a Atari. Eles não conheciam a Atari. Era uma empresa do conglomerado Warner Entertainment; era administrada por um ex-executivo do setor têxtil que não via a menor diferença entre um software e qualquer outro produto de consumo. Desde a época na qual os engenheiros não geriam mais o negócio, a empresa foi tomada por um grau de burocracia que instigava os impulsos hackers. Os programadores da Atari eram pagos por cifras bem menores do que as somas astronômicas geradas

---

* Descrição e imagens do jogo em <http://www.sierragamers.com/aspx/m/653453>. (N.T.)

318 **PARTE III Os hackers de jogos**

por seus jogos, e, além disso, convencer os "especialistas" de marketing a lançar um jogo inovador era tarefa para gigantes. A Atari não incluía o nome do programador na embalagem do jogo e até se recusava a divulgar o nome do autor quando a imprensa solicitava. Quando algum dos melhores programadores da empresa reclamava, o ex-executivo do setor têxtil chamava o profissional de "criador de estampa de toalhas":[1] esses programadores estão entre os que saíram do emprego para formar empresas que dizimaram a fatia de mercado da Atari no mercado de jogos em cartuchos.

A Atari não se deu conta da perda e pôs o foco de seus esforços criativos em litígios de licenciamento, parecendo querer se tornar à prova de cópias em todas as mídias, das máquinas pré-pagas ao cinema. Um bom exemplo foi o *Pac-Man* pelo qual a empresa pagou milhões de dólares. A ideia era converter o jogo primeiro para o dispositivo VCS e depois para os computadores domésticos 400 e 800. As duas divisões da empresa eram separadas e competiam entre si, mas compartilhavam o mesmo problema — a perda dos melhores programadores. Portanto, imagine a alegria dos executivos da divisão de computadores da Atari quando, um dia, surgiu do nada, na frente deles, a cópia de um programa que já estava circulando em grupos de usuários no verão de 1981. Era uma versão brilhante do *Pac-Man* que rodava maravilhosamente no Atari 800.

Era o resultado de uma bobagem clássica de John Harris no mundo real. Quando ele estava trabalhando na revisão do *Jawbreaker*, na loja de computadores em Fresno, algumas pessoas tinham ouvido falar sobre uma versão genial do *Pac-Man* que havia sido desenvolvida por aquele garoto magro e nervoso que sempre aparecia em busca de periféricos e softwares. Pediram a John Harris para que lhes mostrasse o jogo. Sem nem pensar nas restrições de direito e segredos corporativos, Harris colocou o programa para rodar e orgulhosamente observou os outros se divertirem. Portanto, também não viu nada demais quando lhe pediram uma cópia do disco. Ele deixou uma na loja e voltou para a Casa Hexagonal para trabalhar em sua revisão.

As cópias do jogo começaram a circular entre grupos de usuários em todo o país. Quando uma delas chegou à Atari, os executivos ligaram para todas as empresas de software que podiam, procurando o autor. De fato, telefonaram também para Ken Williams. Ele se lembra de um executivo da Atari lhe dizendo ao telefone que tinha em mãos uma versão de alta qualidade do *Pac-Man* e que estava procurando por seu criador.

"Descreva o jogo", disse Williams, e o homem da Atari disse que a versão tinha como personagem o Happy Face. "É a versão de John Harris!", exclamou. E o sujeito da Atari afirmou que gostaria de comprar o programa.

John Harris retornou a ligação do chefe de aquisições da Atari, Fred Thorlin, do escritório de Williams. Segundo ele, Thorlin estava encantado com a versão de Harris e prometeu ao garoto um enorme percentual em royalties. Mencionou também um concurso da empresa para selecionar os melhores softwares, cujo prêmio era de 25 mil dólares, mas que nenhum dos concorrentes tinha a qualidade do jogo de Harris.

Contudo, o garoto lembrou como a Atari foi mesquinha quando ele estava tentando aprender linguagem de montagem. Ele sabia que tinha sido a carta da Atari para a On-Line que o estava obrigando a fazer a revisão do jogo. A empresa agia, de acordo com Harris, como "um bando de criancinhas", segurando as informações como uma criança egoísta esconde seus brinquedos dos coleguinhas. John Harris disse a Williams que jamais consideraria a hipótese de ter seu nome em um programa publicado pela Atari (não que a empresa tenha mencionado a hipótese de publicar o nome dele no programa). Ele queria apenas terminar a revisão e entregar o *Jawbreaker*.

Jawbreaker foi um sucesso instantâneo. Todo mundo que conhecia o programa o considerava um marco em software para os computadores domésticos da Atari. Exceto a Atari. Os homens que administravam a empresa acharam que o jogo infringia seus direitos como donos do *Pac-Man*, o que lhes garantia todo o dinheiro gerado pelo programa e a comercialização em todas as mídias. Se Ken Williams estava vendendo um jogo que dava a sensação ao usuário de que era o *Pac-Man*, especialmente se a versão de John Harris fosse muito melhor do que a de qualquer outro programador da Atari, esse consumidor não compraria o original. Assim, a Atari considerava que a aquisição da licença do *Pac-Man* assegurava à empresa cada centavo obtido com a venda de jogos semelhantes criados para computadores domésticos.

Era um desafio para a Ética Hacker. Por que a Atari não se satisfazia com os royalties pagos pelas pessoas que queriam praticar o hackerismo no código do *Pac-Man* para aprimorar o jogo? Será que o público se beneficiava pelo fato de uma empresa *possuir* um software e impedir os outros de torná-lo mais útil?

A Atari não via nenhum mérito nesse argumento — a empresa estava no mundo real. Portanto, depois do lançamento do *Jawbreaker*, a Atari começou a pressionar a On-Line Systems. Por um lado, queria que Ken Williams parasse de vender o jogo. Por outro, queria comprar o programa de John Harris.

Williams não tinha vontade de lutar contra a Atari. Como não era um fiel adepto da Ética Hacker, não tinha nenhum problema político, como era o caso de Harris, em vender o programa para a empresa. Quando Fred Thorlin convidou os dois para uma reunião em Sunnyvale, Williams concordou.

John Harris, que parecia não conseguir lidar com os mais simples mecanismos da vida com a mesma intensidade com que evocava a mágica interior do Atari 800, perdeu o avião e só conseguiu chegar ao complexo de vidro e concreto da companhia depois que a reunião já havia terminado. Ele teve sorte.

Depois, Williams recontaria a experiência sob juramento. Fred Thorlin o conduziu a uma sala onde alguns advogados da Atari já estavam à espera. O chefe da assessoria jurídica da Atari, Ken Nussbacher (que não estava na reunião), depois descreveu a política da empresa com os editores de software, como a On-Line, como do tipo "cenoura e bastão" — e aquele foi um exemplo clássico. Segundo Ken Williams, um dos advogados disse que gostaria de ver a On-Line concordar em produzir o jogo *Pac-Man* para o Atari porque dessa forma a questão da infração de direitos com o *Jawbreaker* se resolveria tranquilamente (a cenoura). Williams respondeu que ficaria contente em negociar com a Atari e gostaria de ouvir uma proposta.

Um segundo advogado usou o bastão. Segundo Williams, esse sujeito começou a gritar e maldizer. De acordo com Williams, parecia que "ele havia sido contratado para encontrar todas as empresas que estavam infringindo os direitos da Atari para tirá-las dos negócios... ele disse que (a Atari) tinha muito mais poder de fogo legal do que eu e que, se eu não quisesse jogar bola com eles, me tirariam da área".

Williams ficou tão assustado que tremia. Mas conseguiu dizer aos advogados que um juiz devia estar melhor qualificado para avaliar se o *Jawbreaker* era uma infração de direitos autorais.

À essa altura, Fred Thorlin pediu ao segundo advogado para que se acalmasse e considerasse a perspectiva de as duas companhias trabalharem juntas (a cenoura). Discutiram quanto tempo John Harris, o hacker de 19 anos que amava os computadores Atari, mas desprezava a empresa e estava perdido em algum lugar entre Coarsegold e Sunnyvale, levaria para terminar o novo *Pac-Man*. A oferta de Thorlin de um percentual de 5% em royalties era insultantemente baixa. Porém, depois que o executivo lhe disse: "Não temos escolha", o medo de Williams começou a se transformar em raiva. Ele decidiu que preferia deixar a Atari processá-lo a ceder à chantagem. Para mostrar sua insatisfação, ele atirou as especificações para converter o *Pac-Man* sobre a mesa e retornou a Coarsegold sem um acordo.

Por um momento, parecia que a Atari conseguiria fechar a On-Line. O irmão de Williams contou depois que um dia alguém o avisou que a Atari havia conseguido uma injunção para confiscar todas as máquinas que pudessem gerar cópias do *Jawbreaker* — ou seja, todo computador e disk drive da empresa. O xerife de Fresno já estaria a caminho. John Williams, aos 20 anos e tomando conta da empresa naquele dia, não conseguiu se aconselhar com o irmão ou com Roberta. Por isso, mandou todo mundo levar embora os computadores antes que o xerife chegasse. De outra forma, a empresa não poderia operar nem mais um dia.

Al Tommervik, que dirigiu toda a noite um carro barulhento para chegar à corte na audiência da injunção, sugerira a Roberta para que lhe enviasse as cópias principais por correio para que ele as guardasse em um local seguro. E garantira que, se a Atari fechasse o escritório da On-Line, encontraria um lugar para a empresa continuar a operar. Nada disso aconteceu, mas o momento era realmente muito tenso no outono de 1981.

John Harris estava particularmente abalado. Ele já havia recebido royalties o bastante para comprar uma casa fora de Oakhurst, uma grande estrutura de madeira alaranjada. E também comprou uma caminhonete 4x4 e estava trabalhando em um novo jogo para a On-Line: mais um labirinto chamado *Mouskattack*. Apesar da alta nas finanças, foi um John Harris muito nervoso que compareceu para depor no início de dezembro.

Era uma cena estranha. John Harris, o hacker de 19 anos vestido com um jeans e uma camiseta, enfrentando o mais engravatado talento legal de um dos maiores conglomerados do entretenimento dos Estados Unidos. A equipe jurídica da On-Line era liderada por Vic Sepulveda, um advogado mordaz de Fresno com cabelos grisalhos curtos, alto, óculos de sol estilo aviador e uma autoconfiança relaxada. Sua experiência prévia em direito autoral foi um caso em que alguns editores insistiam que a homilia *Desiderata* estava em domínio público.

Durante o depoimento, John Harris estava tão nervoso que não conseguia parar quieto. O advogado da Atari começou perguntando a ele sobre seus esforços iniciais em programação, seu emprego em San Diego, como ele conhecera Williams, como escrevera o *Jawbreaker*... eram todas questões que o garoto poderia responder facilmente, mas, por causa da tensão, ele falava gaguejando e se corrigindo — a um ponto interrompeu-se e disse: "Oh, Deus! Isso soa mal". Harris normalmente era uma pessoa que gostava de falar sobre seu trabalho, mas aquilo era diferente. Ele estava avisado de que a meta daqueles advogados era fazê-lo falar algo que pudesse ser mal-interpretado. Supostamente, um depoimento é a busca pela verdade, quando as perguntas mais efetivas são feitas para obter as respostas mais acuradas. Devia funcionar como um bom programa em linguagem de montagem: as mínimas instruções para acessar o chip 6502, direcionar as informações para a memória, manter as sinalizações registradas e, com milhares de operações acontecendo por segundo, obter o resultado na tela. No mundo real, não funcionava assim. A verdade encontrada nos computadores não valia nada aqui. Era como se o advogado estivesse dando informações equivocadas para John Harris com a esperança de causar uma pane no sistema.

Enquanto John Harris estava abalado pela natureza contraditória do sistema legal, este também tinha suas dificuldades para se ajustar a ele. As regras da evidência eram mais rigorosas do que os próprios padrões de arquivamento do garoto. Ken Williams, em seu próprio depoimento, havia advertido os advogados da Atari sobre isso quando eles lhe perguntaram sobre o status do código-fonte de Harris para o programa e ele respondeu: "Eu conheço John Harris e definitivamente não há nada escrito. Ele não trabalha assim".

Não trabalha assim? Impossível! Um programador da Atari, como todo programador "profissional", tem que submeter seu código regularmente para que seja feita a adequada supervisão do trabalho em desenvolvimento. O que os advogados da Atari não entendiam é que Ed Roberts, Steve Wozniak e até os designers do próprio Atari 800 haviam forjado a Terceira Geração de hackers, autodidatas do microprocessador, garotos que não conheciam um fluxograma empertigado, mas que podiam usar o teclado como paleta e criar como Picasso.

> "ADVOGADO DA ATARI (para Williams): Não é fato que normalmente os programadores, que criam esses jogos, no mínimo, desenvolvem um fluxograma e então escrevem o código-fonte manualmente para depois gravá-lo?
> KEN WILLIAMS: Não.
> ADVOGADO DA ATARI: Eles simplesmente se sentam ao teclado e começam a trabalhar no programa?
> KEN WILLIAMS: Meus programadores são em geral muito preguiçosos para fazer um fluxograma. Na maioria das vezes, eles nem sabem aonde pretendem chegar quando começam a programar. Eles tentam desenvolver uma rotina para usar como base e a partir disso buscam criar algum jogo."

Não deve ter sido uma grande surpresa para os advogados da Atari, no segundo dia de depoimento de John Harris, quando ele disse não ser capaz de encontrar a cópia do pré-*Jawbreaker* que escrevera. As máquinas Atari da On-Line estavam sendo utilizadas para copiar o jogo *The Wizard and the Princess* e o equipamento de Harris estava quebrado, portanto, ele não sabia nem qual era o disco que estava no drive. "Não está etiquetado na frente", o garoto explicou, acrescentando: "Que eu saiba, está em algum lugar da minha biblioteca."

Assim, os advogados da Atari seguiram em frente, buscando a diferença entre as versões de seu jogo. Conforme o exame continuava, a linha entre liberdade criativa e plágio foi ficando cada vez mais tênue. Sim, John Harris havia conscientemente copiado o *Pac-Man* ao escrever seu jogo. Mas algumas das rotinas que ele usara foram escritas muito antes mesmo de o garoto conhecer o *Pac-Man*. Já que o Atari 800 era radicalmente diferente da máquina pré-paga onde rodava o *Pac-Man*, com chips diferentes e exigindo diferentes técnicas de programação, o código de John Harris não tinha a menor semelhança com o original da empresa. Era completamente novo.

Mesmo assim, o primeiro jogo que Harris escrevera parecia visualmente com o *Pac-Man*, usando os personagens protegidos por direito autoral. No entanto, Williams

A terceira geração   **323**

recusara-se a comercializar essa versão, e Harris mudou os personagens. A Atari insistia que as alterações eram insuficientes. O diretor de marketing da Atari foi depor, explicando ao juiz "a mágica do *Pac-Man*". Disse que o jogo se tratava de "um homezinho, o *Pac-Man*", que engolia pontos e pílulas poderosas que o faziam "virar a mesa" e ir atrás dos monstros que queriam devorá-lo. O sujeito do marketing seguiu adiante, afirmando que "a mágica da Atari" estava em seu compromisso de deter os direitos dos jogos pré-pagos mais populares.

Vic Sepulveda insistiu que John Harris havia simplesmente pego a *ideia* do *Pac-Man* da Atari e citou a lei que define que as ideias não podem ter direito autoral. Na defesa, Vic colocou lado a lado as diferenças entre o *Pac-Man* e o *Jawbreaker*. A Atari respondeu que, apesar das diferenças, aquele jogo ainda era o *Pac-Man*. De todos os labirintos que John Harris podia ter escolhido, ele escolheu o labirinto do *Pac-Man*. Como admitira a própria On-Line, eles simplesmente fizeram mudanças cosméticas na cópia virtual do *Pac-Man*.

Contudo, o juiz recusou-se a garantir à Atari uma injunção preliminar para forçar a On-Line a parar de vender o *Jawbreaker*. Ele viu os dois jogos, achou que conseguia apontar as diferenças e determinou que, até um julgamento completo e definitivo, a On-Line tinha permissão para manter o *Jawbreaker* à venda. Os advogados da Atari pareciam atônitos.

Davi havia temporariamente atingido Golias. Ken Williams, no entanto, não estava tão excitado com a decisão judicial como se poderia imaginar. Afinal, a On-Line tinha seus próprios jogos e seus próprios direitos autorais. Estava ficando claro para Williams que, no fundo de seu coração, ele se identificava muito mais com o ponto de vista da Atari do que se importava com a Ética Hacker. "Se isso abrir a porta para outros programadores piratearem meus softwares", ele disse a Al Tommervik, logo após a decisão, "não vai acontecer nada de bom por aqui." Ele resolveria o processo antes de entrar em julgamento.

* Notas *

A principal fonte de informação do livro *Hackers* foi mais de uma centena de entrevistas pessoais realizadas pelo autor entre 1982 e 1983. Além dessas entrevistas, são feitas também referências a fontes impressas e eletrônicas que estão citadas no rodapé das páginas desta edição.

[1] Veja HUBNER, John F.; KISTNER, William F. "What Went Wrong at Atari?". *InfoWorld*, 28 de novembro e 5 de dezembro de 1983. Mais informações sobre a Atari em BLOOM, Steve. *Video Invaders*. New York: Arco, 1982.

Capítulo 17
ACAMPAMENTO DE VERÃO

Ken Williams passou a confiar em gente como John Harris, hackers da Terceira Geração menos influenciados por Robert Heinlein ou Doc Smith[*] do que por *Galaxian, Dungeons and Dragons*[**] e *Star War.*[***] Uma completa subcultura de criativos hackers programadores de jogos estava surgindo, fora do alcance dos caçadores de talentos oficiais. A maioria deles estava ainda no ensino médio.

Para atrair jovens programadores para Coarsegold, Williams colocou anúncios no *Times* de Los Angeles, seduzindo os garotos para "Ligarem-se em Yosemite". Típica entre as respostas foi a de um homem que teve o seguinte diálogo com Williams: "Meu filho é um grande programador em Apple e gostaria de trabalhar com você!"; "Por que você não me deixa falar com ele?". E o sujeito explicou que o filho não falava muito bem por telefone. Durante a entrevista em Oakhurst, o homem insistia em responder todas as perguntas no lugar do filho, um garoto pequeno, olhos redondos, loiro, 16 anos e bochechas coradas, que parecia intimidado com toda a situação. Nada disso importou quando Williams descobriu que o garoto era capaz de penetrar nas imbricações da linguagem de montagem do Apple. E o contratou por 3 dólares a hora.

Devagar, Ken Williams começou a ocupar a casa que comprara na área de Sierra Sky Ranch, um pouco além de Oakhurst, onde a Rota 41 começa a ficar

---

[*] Mais informações em <http://www.fantasticfiction.co.uk/s/e-e-doc-smith/>. (N.T.)

[**] Mais informações e imagens em <http://www.wizards.com/default.asp?x=dnd/whatisdnd>. (N.T.)

[***] Mais informações e imagens em <http://www.starwars.com/>. (N.T.)

muito íngreme. Além de ficarem livres do aluguel, os garotos podiam contar com os tutoriais improvisados de Williams. Naquela época, ele já era conhecido como um mago certificado do Apple. Ele podia ativar sua curiosidade hacker quase em um impulso. Recusava-se a aceitar o que outros consideravam as limitações genéricas do Apple. Usava o page-flipping, a disjunção exclusiva e a técnica de máscara... tudo para obter um resultado melhor na tela. Quando olhava o programa de outra pessoa, podia sentir no ar um problema, girava em torno da questão, chegava ao ponto central e voltava com uma solução.

Em 1981, a matriz corporativa da On-Line ficava no segundo andar de um prédio de madeira escura na Rota 41, havendo no térreo uma papelaria e uma pequena gráfica. Você chegava ao escritório depois de subir um lance de escada do lado de fora do edifício; era preciso sair para ir ao banheiro. Na parte de dentro, havia algumas escrivaninhas, mas em menor número do que o de empregados. As pessoas faziam uma contínua dança das cadeiras para conseguir espaço nas escrivaninhas e usar um dos vários Apples instalados na sala. Caixas de discos, monitores de computador descartados e pilhas de correspondência estavam espalhados pelo chão. O arranjo era incompreensível. O nível de ruído, rotineiramente intolerável. Um código para se vestir não existia. Era a anarquia produtiva, reminiscente da atmosfera desestruturada do Laboratório de Inteligência Artificial do MIT ou do Homebrew Club. No entanto, como era também um próspero negócio formado por gente tão jovem, o escritório da On-Line lembrava uma estranha combinação dos filmes *Animal House* e *The Millionaire*.

Aquilo indicava bem as prioridades de Ken Williams. Ele estava envolvido em um novo tipo de negócio em uma nova indústria e não queria estabelecer o mesmo ambiente odioso, claustrofóbico, cheio de segredos e burocrático que desprezava tanto em todas as empresas em que trabalhara. Williams era o chefe, mas não precisava ser como Dick Sunderland, da Informatics, que era obcecado por detalhes. Ele estava no controle da visão estratégica. Além de ficar rico, o que já estava acontecendo com seus jogos ficando sempre entre os dez ou quinze da lista dos "Trinta Mais Vendidos", publicada todos os meses pela *Softalk*, sentia que havia uma missão para cumprir com a On-Line.

Se divertir era um elemento que ele lamentava faltar nas empresas estabelecidas na Velha Era. Ken Williams tornara-se, de fato, o conselheiro chefe de um acampamento de verão em alta tecnologia. Havia diversão, confusão, bebedeira e maconha.

---

* Mais informações em <http://www.imdb.com/title/tt0077975/>. (N.T.)

** Mais informações em <http://movies.nytimes.com/movie/127460/The-Millionaire/overview>. (N.T.)

326 PARTE III Os hackers de jogos

Chapados ou não, todo mundo estava de alto astral, trabalhando em uma área que os fazia se sentir bem — política e moralmente. O tamanho da festa era motivado regularmente pelo fluxo de envelopes com dinheiro.

Os envelopes chegavam também trazendo novos jogos — fossem de concorrentes amigáveis como a Sirius ou da Brøderbund, de programadores novatos querendo ser publicados para se tornar superestrelas ou dos terceirizados da On-Line que trabalhavam sob a supervisão de Williams. Não importava. Tudo parava para ver os novos jogos. Alguém fazia as primeiras cópias, e todo mundo sentava nos Apples para jogar, rindo dos bugs, admirando os recursos diferenciados e competindo para ver quem marcava mais pontos. Enquanto o dinheiro continuava a entrar — e certamente continuava —, quem se importaria com um pouco de desorganização ou com a tendência excessiva de entrar no Modo Festa?

Quem visitasse o escritório não acreditaria no que via. Foi o que aconteceu com Jeff Stephenson. Aos 30 anos, ele era um programador experiente que havia recentemente trabalhado para a Software Arts, a empresa de Cambridge que havia escrito o mais vendido programa para Apples de todos os tempos, o software contábil-financeiro chamado *Visicalc*. A companhia também era administrada por programadores — Stephenson descreve os dois presidentes, um deles era um ex-hacker do MIT e o outro, um jovem judeu ortodoxo meticuloso que poderia discutir por meia hora onde colocar as vírgulas de um relatório. Stephenson, um calmo vegetariano não assumido, havia se mudado recentemente para as montanhas e fez contato com a On-Line para ver se a empresa mais próxima de sua nova casa precisava de um programador. Ele colocou um jeans artesanal e uma camisa esporte para a entrevista, e sua mulher sugeriu que se vestisse melhor. "Estamos nas montanhas", ele lhe respondeu e seguiu de carro para Deadwood Mountain onde ficava a On-Line Systems. Quando chegou lá, Williams lhe disse: "Não sei se você vai se adaptar aqui, parece um pouco conservador". Mesmo assim, Stephenson foi contratado por 18 mil dólares por ano — 11 mil a menos do que ganhava na Software Arts.

Naquela época, o projeto mais ambicioso da On-Line estava se transformando em um desastre organizacional. *Time Zone,* o jogo de aventura no qual Roberta vinha trabalhando havia quase um ano, estava fora de controle, enroscado na rede ineficiente do excesso de recursos. Embevecida pela vertiginosa ambição de criar no computador, ela queria um cenário no qual fosse possível mostrar cenas de todo o mundo com base em amplos registros históricos, desde a alvorada do homem até o ano de 4081. Quando Roberta brincava com um bom jogo, queria que não acabasse

---

* Mais informações e imagens em <http://en.wikipedia.org/wiki/Time_Zone_%28computer_game%29>. (N.T.)

nunca — nesse novo jogo, portanto, ela decidiu que deveria ter tantos enredos e salas que demoraria pelo menos um ano para que um jogador experiente chegasse ao fim. O aventureiro veria a queda de César, o sofrimento das guerras napoleônicas, lutaria com samurais, cantaria com aborígenes australianos pré-históricos, navegaria com Colombo, visitaria centenas de lugares e testemunharia o panorama completo da experiência humana, chegando a voar para o planeta Neburon, onde o diabólico líder Ramadu planejava a destruição da Terra. Um épico do microcomputador concebido por uma dona de casa no centro da Califórnia.

A programação desse monstro estava levando a On-Line à paralisia. Um dos programadores da equipe estava trabalhando em uma rotina para triplicar a velocidade com que o jogo podia colorir as imagens de alta resolução. O garoto cujo pai lhe arrumou o emprego estava tentando dar conta da lógica do jogo, enquanto um ex-alcoólatra, que abriu caminho sozinho até se tornar programador, codificava mensagens em Adventure Development Language (ADL). Um adolescente da região desenhava vagarosamente as 1.400 imagens, primeiro no papel, para depois transcrevê-las no tablet gráfico da Apple.*

Pediram a Jeff Stephenson para que encontrasse um jeito de estruturar o programa. Ele estava espantado com a desorganização e apavorado com o prazo de entrega: no outono, assim o jogo poderia estar à venda no Natal (mais tarde, ele percebeu que qualquer prazo dado por Williams devia ser multiplicado por três).

Embora o projeto estivesse tremendamente atrasado, a empresa continuava a ser administrada como um acampamento de verão. Terça-feira à noite era "A vez dos Homens", quando Williams saía em excursões etílicas. Toda quarta-feira, a maior parte da equipe tirava o dia de folga para esquiar em Badger Pass no Yosemite. No final da tarde das sextas, a On-Line realizava um ritual chamado de "Quebra do Aço", sendo "aço" o apelido de um potente licor de menta, que foi escolhido como a bebida predileta da equipe. Na linguagem da empresa, muito aço era capaz de fazer você "patinar". E já que quebravam o aço às sextas, é fácil supor que o trabalho no *Time Zone* era suspenso, enquanto os funcionários, liderados por Williams, exploravam o nebuloso e atemporal domínio da patinação.

O Natal veio e se foi, e o *Time Zone* não foi lançado até fevereiro. Doze vezes maior do que *The Wizard and the Princess*, ocupando os dois lados de seis discos flexíveis, era vendido por 100 dólares. A primeira pessoa a chegar ao final, o jovial e fanático por jogos de aventura, Roe Adams (que era também o revisor chefe da *Softalk*),

---

* Mais informações e imagens do primeiro tablet da Apple em <http://www.edibleapple.com/the-first-apple-tablet-from-1979/>. (N.T.)

passou literalmente uma semana sem dormir até vencer Ramadu e declarar a criação de Roberta como um dos melhores jogos da história.

O *Time Zone*, apesar disso, não conseguiu nem de perto a notoriedade de outra aventura da On-Line, que estava mais alinhada com o espírito da empresa. O jogo se chamava *Softporn*.[*] Na primavera de 1981, Williams encontrou um programador que estava conversando com os editores sobre um programa que havia escrito e estava tentando, sem muito sucesso, comercializar sozinho. Esse jogo não era a típica aventura na qual o jogador buscava joias, tentava resolver um assassinato ou lutava contra o Imperador Nyquill do planeta Yvonne. Nessa aventura, o jogador era um solteirão que procurava e seduzia três mulheres. O programador havia escrito o jogo como um treino para seu aprendizado em banco de dados e escolheu o tema sexual para torná-lo mais interessante. Era o tipo de coisa que os hackers, pelo menos aqueles que sabiam que sexo existia, faziam havia anos. Era raro encontrar um centro de computadores que não tivesse a sua própria especialidade sexual, fosse um gerador de piadas obscenas ou um programa para mostrar na tela uma mulher nua. A diferença era que, em 1981, todo tipo de bobagem técnica que os hackers vinham fazendo conquistara um repentino valor quando traduzida para os computadores domésticos.

O programa em questão era uma variação mais leve do original. O jogador só se tornava desprezível se usasse obscenidades no comando. Mesmo assim, com o objetivo de vencer o jogo, era preciso fazer sexo com uma prostituta, comprar camisinhas para evitar doenças venéreas e enfrentar uma sessão de sadomasoquismo com uma loira que insistia em só fazer amor depois de se casar. Se você quisesse se dar bem nesse jogo, as respostas digitadas no computador deviam ser criativas e sedutoras. Mas havia também perigos: se você se encontrasse com a "loira voluptuosa" e digitasse COMER LOIRA, o computador respondia com uma passagem na qual a mulher inclinava-se e lhe fazia sexo oral. Mas, de repente, mostrava os dentes reluzentes e mordia seu pênis!

Para gente com esse tipo de humor, o *Softporn* era um jogo Apple especialmente desejável. A maioria dos editores de software não queria nada com o jogo; consideravam-no um negócio "de família". Mas Ken Williams achou o jogo sensacional: divertiu-se bastante até resolvê-lo em três ou quatro horas. Para ele, a controvérsia seria divertida e concordou em comercializar o *Softporn*.

Não muito depois, ele entrou um dia no escritório e perguntou: "Quem quer ir até minha casa para tirar umas fotos sem roupa na banheira de água quente?".

---

[*]   Mais informações e imagens em <http://www.sierrahelp.com/Games/SoftpornHelp.html>. (N.T.)

A ideia era colocar a foto de três mulheres mostrando os seios na banheira de Williams para ilustrar o anúncio do *Softporn*. Em algum lugar da foto, estaria um computador Apple e na banheira com as três mulheres nuas haveria um garçom servindo drinques. Eles emprestaram um garçom da The Broken Bit, uma churrascaria de Coarsegold, praticamente o único lugar com comida decente na cidade. As três mulheres, todas da On-Line, que tiraram a blusa, eram a assistente da mulher de Williams, a contadora e a própria Roberta.

O anúncio em quatro cores, com as mulheres segurando taças de vinho (os bicos dos seios estrategicamente cobertos pela água da banheira), o garçom completamente vestido com uma bandeja nas mãos e um computador Apple colocado solitariamente no cenário, causou sensação. A On-Line recebeu sua quota de correspondência irada, algumas das cartas repletas de citações bíblicas e profecias de danação. A história do jogo e do anúncio capturou a imaginação dos noticiários, e a foto circulou na revista *Time* e foi distribuída pela rede UPI.

Ken Williams adorou a publicidade gratuita. O *Softporn* tornou-se um dos mais vendidos da On-Line. As lojas de computadores relutavam em fazer o pedido somente do *Softporn*. Assim, como o garoto que vai à farmácia e diz: "Eu quero uma escova de cabelos, pasta de dente, aspirina, óleo de bronzear, material de escritório e, ah... já que estou aqui, vou levar também a *Playboy*", os donos de lojas também pediam todos os jogos da On-Line... e alguns *Softporns* também. Williams calculou que o efeito cascata do *Softporn* chegou a duplicar sua receita.

Divertir-se, ficar rico, tornar-se famoso e liderar uma festa que nunca terminava era apenas parte da missão dele; havia um fator mais sério. Williams estava desenvolvendo uma filosofia a respeito dos computadores pessoais e a habilidade da máquina para transformar a vida das pessoas. O Apple e os outros computadores como ele eram fantásticos não somente pelo que podiam fazer, mas também pelo fato de serem acessíveis. Williams tinha visto pessoas completamente ignorantes sobre computadores trabalhar neles e ganhar tanta confiança que mudou toda a perspectiva de vida delas. Ao manipular o mundo dentro de um computador, as pessoas percebiam que eram capazes de fazer as coisas acontecerem com sua própria criatividade. Uma vez que detinha esse poder, podiam fazer o que quisessem.

Williams deu-se conta de que tinha a capacidade de expor as pessoas a essa transformação e começou a pensar em usar a empresa que ele e Roberta haviam fundado no projeto de uma espécie de centro de reabilitação para gente subutilizada nos arredores de Oakhurst e Coarsegold.

A região estava sofrendo com a recessão econômica, especialmente no setor de mineração industrial que a sustentava. Como não houve nenhuma expansão desde a

330   PARTE III   Os hackers de jogos

Corrida do Ouro, a On-Line Systems rapidamente tornou-se o maior empregador por lá. Apesar do estilo pouco ortodoxo de gerenciamento de Williams, o surgimento de uma empresa de alta tecnologia foi uma benção — gostassem, ou não, eles eram parte da comunidade. Williams gostava do papel de novo rico benfeitor da cidade e desempenhava suas funções cívicas com a habitual tendência aos excessos — por exemplo, doações enormes para o Departamento de Bombeiros local. Mas os melhores amigos do casal não eram nascidos na elite social de Oakhurst. Eram, em vez disso, gente que Williams resgatara da obscuridade com o poder dos computadores.

Rick Davidson trabalhava como lixador de barcos, e sua mulher, Sharon, era camareira em um motel. Williams contratou os dois; Rick acabou se tornando vice-presidente encarregado do desenvolvimento de produtos, e Sharon foi chefiar o departamento de contabilidade. Larry Bain era um encanador desempregado que virou chefe da área de aquisição de produtos.

Uma transformação particularmente dramática ocorreu com Bob Davis. Ele foi o primeiro espécime no laboratório humano de Williams na On-Line Systems, uma aventura missionária para transmutar a vida de gente que tinha-sido ou nunca-seria mestres da tecnologia. Aos 27 anos, Davis era um ex-músico que trabalhara em lanchonetes como cozinheiro e tinha longos cabelos ruivos e uma barba desalinhada. Em 1981, estava trabalhando em uma loja de bebidas. Ele estava encantado pela possibilidade de transformar sua vida pelos computadores, e Williams estava ainda mais deliciado com a transformação. Mais do que isso, a grande virada de Bob Davis parecia combinar com uma mudança parecida na personalidade de Williams.

Toda vez que Ken Williams entrava na loja de bebidas para se abastecer, Bob Davis implorava por um emprego. Tinha ouvido falar sobre aquele novo tipo de empresa e estava curioso a respeito dos computadores. Williams finalmente lhe deu um emprego — copiar discos de programas à noite. Davis começou a aparecer durante o dia para aprender programação. Embora tivesse deixado a escola no ensino médio, ele parecia ter afinidade com a Basic e recebeu uma ajuda extra dos jovens hackers da equipe da On-Line. Com a esperteza de quem cresceu nas ruas, Davis percebeu que estava entrando muito dinheiro na empresa com os jogos e queria escrever um.

Davis e Sharon começaram a circular com os Williams. A On-Line Systems era bastante permissiva para ignorar tabus tradicionais no relacionamento entre proprietários e empregados. Eles viajavam juntos para lugares como Lake Tahoe. A posição de Davis na empresa cresceu, ele se tornou programador e diretor do projeto *Time Zone*. Na maior parte do tempo, ele escrevia em ADL, codificava, mas não sabia muito sobre linguagem de montagem. No entanto, incomodava algumas pessoas — inclusive, o sempre amigável Jeff Stephenson, que gostava muito dele — o problema era que Bob Davis circulava por aí se chamando de programador, quando um verdadeiro programador, qualquer um com as credenciais de um hacker, era capaz de performar com muito mais maestria técnica do que ele.

Uma vez que Davis aprendera as ferramentas ADL de Williams, tinha a chave para escrever um jogo de aventura com nível profissional. Ele sempre se interessara por mitologia, chegou a ler alguns clássicos gregos, especialmente os que falavam sobre Jasão, e decidiu escrever um jogo de aventuras em torno dessas antigas histórias. Segundo ele, o jogo foi criado em suas horas vagas, mas algumas pessoas na On--Line achavam que ele havia negligenciado suas responsabilidades no *Time Zone* em favor de seu próprio projeto. Com alguma ajuda de Williams, conseguiu terminá-lo. Menos de um ano depois de ter sido resgatado da loja de bebidas, Davis transformara-se em uma estrela do software. Os advogados da On-Line acharam que haveria problemas em chamar o jogo de *Jasão e o Velo Dourado,* porque havia um filme com o mesmo nome, que poderia estar sob direitos autorais. Então, a empresa lançou o jogo com o nome de *Ulisses e o Velo Dourado.*

Foi um sucesso instantâneo e se posicionou confortavelmente entre os trinta mais da revista *Softalk*. A *Videogame Illustrated* considerou o jogo "um dos mais importantes e desafiadores já criados", embora não representasse realmente nenhum avanço adicional aos jogos lançados antes em alta resolução, exceto porque era mais longo e o tratamento gráfico era consideravelmente mais artístico do que as imagens do *Mistery House*, com suas figuras feitas com tracinhos. A revista também entrevistou Davis, que pareceu bastante pretensioso, falando a respeito do que os consumidores de jogos podiam esperar para os próximos cinco anos ("computadores conectados a todos os telefones e televisores... síntese de vozes... reconhecimento de vozes... efeitos especiais gerados por videodiscos..."). Um cenário utópico e por que não? Vejam o que os computadores haviam feito por Bob Davis.

As mudanças que os computadores domésticos estavam provocando na vida das pessoas de modo algum se limitavam à Califórnia. Por todos os Estados Unidos, a máquina estava abrindo novas áreas de criatividade. Parte do sonho hacker era que as pessoas que não tinham suas tendências criativas atendidas pudessem ser libertadas. Elas poderiam até ascender a um nível de maestria em que ouvissem o chamado hacker. Ken Williams agora via isso acontecer. Quase como uma predestinação, alguns de seus programadores, uma vez imersos em comunhão com a máquina, haviam progredido confiantemente. Nenhuma transformação foi mais marcante do que a de Warren Schwader.

Talvez o evento mais significativo da vida de Warren Schwader tenha ocorrido em 1977, quando ele tinha 18 anos: seu irmão comprou um dos primeiros computadores Apple II. O rapaz, paralisado por um acidente de carro, queria que o computador aliviasse sua monotonia diária. Ficou por conta de Warren, um garoto alto, loiro, pequeno e com voz calma, a tarefa de ensinar ao irmão os comandos-chave do Apple. E foi isso que fez dele um hacker.

Naquela época, Warren estava trabalhando na Parker Pen Company em sua cidade natal em uma área rural do Wisconsin. Embora tivesse um talento para a matemática, o garoto saiu da escola no ensino médio. Seu emprego na Parker era operar uma máquina de injeção, que consistia em um grande molde e um tubo no qual o plástico era aquecido. O plástico quente era injetado no molde e, depois de vinte segundos de resfriamento, Warren tinha que abri-lo para retirar as novas partes componentes das futuras canetas. E depois começava de novo. Warren considerava seu trabalho um desafio, porque queria fazer com que os componentes saíssem perfeitos da máquina. Assim, constantemente, ele ajustava o carregador ou torcia uma chave ou apertava botões e regulava o molde. Na verdade, amava aquela máquina. Muitos anos depois de sair da Parker, ele disse com orgulho que realmente as partes moldadas em sua máquina eram perfeitas.

Ele se aproximou da programação com a mesma compulsão meticulosa. Todos os dias, ele decidia o que experimentaria e tentava algo diferente. Durante os intervalos de vinte segundos permitidos pela máquina de moldar, ele usava lápis e papel para projetar um programa gráfico. À noite, sentava-se diante do Apple para depurá-lo até que o efeito visual imaginado enchesse a tela. Ele era particularmente fascinado por monitores caleidoscópicos e multicoloridos.

Uma das demonstrações gráficas criadas por Warren lhe pareceu tão boa que ele decidiu expandi-la para criar um jogo. Desde a primeira vez em que jogara *Pong* em máquinas pré-pagas, o garoto se tornara fã dos *video games*. Por isso, tentou copiar um dos jogos de que gostava: havia uma raquete na parte de baixo da tela e uns tijolos na parte de cima. O jogador usava a raquete para bater em um ponto luminoso, que circulava na tela como se fosse a bolinha de um jogo de fliperama. Custou um mês de intervalos de vinte segundos e noites de depuração para o jogo ficar pronto. E, embora tenha sido escrito em baixa resolução gráfica, que não era tão precisa como o que podia ser feito com linguagem de montagem e alta resolução, o jogo era muito bom também.

Acampamento de verão

Até àquela altura, Warren havia trabalhado em um Apple apenas para descobrir o que a máquina podia fazer: estava absorto pelo processo puro. Mas, ao ver o jogo na tela, um jogo que ele havia criado do nada, um jogo que era a coisa mais criativa que já realizara, Warren Schwader começou a perceber que a computação podia trazer resultados mais tangíveis. Por exemplo, um jogo com o qual os outros também pudessem se divertir.

Essa epifania levou o garoto a mergulhar mais profundamente na máquina. Decidiu criar um jogo em linguagem de montagem mesmo que lhe custasse meses de trabalho. Não havia livros sobre o assunto e certamente nenhum de seus conhecidos no Wisconsin poderiam lhe ensinar algo a respeito. Além disso, o único montador disponível era aquele lento e pequeno que vinha dentro do Apple. Nada disso deteve Warren Schwader, cuja personalidade e aparência lembravam bastante a tartaruga da fábula que, no final, conseguiu vencer a lebre.

Warren criou um jogo em linguagem de montagem chamado *Smash-Up*, no qual o jogador na direção de um carrinho tentava evitar colisões frontais com outros. O garoto considerou o resultado bom o bastante para vender. Como não tinha dinheiro para anunciar, fez o máximo de cópias que conseguiu e enviou os cartuchos para as lojas de computadores. Era 1980, quando o agitado mercado de jogos para o Apple estava trocando os cartuchos pelos mais velozes e versáteis discos flexíveis. Warren vendeu apenas uns 2 mil dólares em *Smash-Ups*, tendo tido despesas quase duas vezes maiores.

A Parker fechou a fábrica de canetas na cidade, e, então, Warren teve muito mais tempo para trabalhar no próximo jogo. "Eu tinha acabado de aprender a jogar *Cribbage* (o jogo de cartas) e havia adorado", Schwader conta, "por que não escrever um programa para jogar *Cribbage* no computador?" Ele levou um total de cerca de oitocentas horas no projeto, trabalhando até amanhecer no Wisconsin. Estava tentando fazer truques que ainda não entendia muito bem, coisas que mais tarde ficariam conhecidas como endereçamento indireto de memória e endereçamento página-zero. Trabalhava tão intensamente que "todo tempo eu sentia que estava dentro do computador. As pessoas falavam comigo, mas eu não interagia". Sua língua nativa não era mais o inglês, mas os hieróglifos hexadecimais, como LDX #$0, LDA STRING, X, JSR $FDF0, BYT $0, BNE LOOP.

O programa finalmente ficou soberbo. Warren tinha desenvolvido alguns algoritmos inspirados que permitiam ao computador avaliar uma jogada por doze regras principais. Warren achava que a principal falha do programa estava na escolha das cartas para descarte. Mas isso era só porque o garoto conhecia as entranhas do programa — como um velho parceiro de cartas — e podia derrotá-lo em cerca de 60% das partidas.

Warren Schwader enviou o jogo para Ken Williams, que ficou impressionado com a lógica e com os efeitos visuais, que davam uma imagem clara e precisa de cada carta. O mais impressionante era que Schwader havia conseguido fazer aquilo no minimontador do Apple.

Era como se alguém tivesse enviado a Williams uma bela cadeira de balanço artesanal e, então, contado a ele que o artesão não havia usado nenhuma serra, torno ou nenhuma outra ferramenta convencional da marcenaria, a não ser uma faquinha. Williams perguntou a Warren se gostaria de trabalhar na On-Line. Vida na floresta, sintonia em Yosemite, entrada autorizada na louca e selvagem empresa da nova era.

Warren vinha subsistindo com os 200 dólares por mês que o governo lhe pagava para tomar conta do irmão. O garoto ficou preocupado em deixar o irmão aos cuidados de enfermeiras diaristas, mas ele próprio lhe disse que a oportunidade na On-Line devia ser aproveitada. Era atraente para Warren a ideia de ir embora, viver na floresta e ganhar dinheiro com a programação de jogos. Mas havia uma parte do pacote que não o atraía: a diversão no acampamento de verão, a desorganização, as bebidas e a maconha eram práticas comuns na On-Line Systems.

O garoto era testemunha de Jeová.

Durante o período em que Warren esteve trabalhando no *Cribbage*, sua mãe havia morrido. Ele começou a pensar para onde estava indo e qual era seu propósito na vida. Achou que os computadores eram a principal coisa, mas que devia haver mais e se voltou para a religião da mãe: estudou intensamente a Bíblia. E resolveu que sua vida na Califórnia seria devotada aos princípios de Jeová.

No início, essa escolha religiosa não interferiu muito em sua vida na On-Line. Warren Schwader não criticava *la dolce vita* dos outros, mas, por causa da falta de hábitos religiosos de seus colegas, ele geralmente limitava a convivência aos negócios e às discussões técnicas. Preferia permanecer perto de pessoas que compartilhavam sua fé porque assim estaria protegido das tentações.

Ele vivia sozinho, livre de despesas, em uma das casas de Williams com dois quartos. Sua vida social limitava-se ao templo das testemunhas de Jeová em Ahwahnee, a 8 quilômetros de Oakhurst. Desde a primeira vez em que participou de um culto lá, teve a sensação de que fizera mais amigos do que já tivera em toda a vida. Eles eram favoráveis aos computadores, afirmando que as máquinas podiam fazer muito bem ao homem, embora a pessoa devesse ficar alerta porque muito mal também podia ser feito com elas. Warren ficou alerta: o amor que sentia pelo hackerismo era uma ameaça à sua devoção a Deus e, embora continuasse a adorar programação, tentou moderar as sessões de trabalho para que não o desviassem de seu verdadeiro propósito. Portanto, além de manter suas atividades de hacker à noite, também continuou a estudar a Bíblia e, durante as tardes e nos fins de semana, circulava pela região, batendo de porta em porta, para distribuir cópias de publicações religiosas, como *Awake!* e *Watchtower* — e pregando sua fé em Jeová.

Enquanto isso, trabalhava em um jogo baseado em algumas das mais velozes e espetaculares sub-rotinas em linguagem de montagem criadas por Williams. Era um jogo parecido com o *Space Invaders* no qual o jogador tinha uma espaçonave e precisava enfrentar ondas de invasores. Mas as ondas eram cheias de efeitos estranhos e se moviam em todas as direções. Caso o jogador tentasse lutar contra os invasores dando tiros contínuos, sua "pistola laser" esquentaria e pararia, enfrentando certamente a morte. Era o tipo de jogo criado para dar ataques cardíacos em corações frágeis, tamanha era a intensidade dos ataques e a violência das explosões. Não era exatamente um marco inovador em jogos para o Apple, já que era bastante baseado na escola do atira-e-foge do *Space Invaders*, mas representou uma escalada das pirotecnias gráficas e da intensidade dos jogos. O nome do jogo era *Threshold* e deu a Warren Schwader quase 100 mil dólares em royalties, dos quais uma parte significativa foi doada ao templo de Ahwahnee.

No entanto, conforme Warren aprofundava-se na comunidade religiosa, começou a questionar profundamente o tipo de trabalho que estava realizando para a On--Line. Imaginou se toda a sua alegria em programar não era uma espécie de pecado — Warren trabalhava noite afora ouvindo seu aparelho de som gritar as músicas do Led Zeppelin (a banda de rock de satã). Pior, a natureza bélica do jogo não deixava dúvidas de que era a glorificação da guerra. Os estudos da escritura convenceram o garoto de que ninguém deveria ensinar a guerra, e ele se sentia envergonhado de que sua criação fosse usada como brincadeira de crianças.

Portanto, ele não ficou surpreso ao ver um artigo na *Awake!*, comparando os jogos às drogas e afirmando que o apelo bélico da brincadeira "promovia a agressão sem misericórdia". Warren decidiu parar de programar jogos violentos e prometeu que, se a publicação *Watchtower* se manifestasse contra todos os jogos, ele pararia de criá-los e encontraria outra profissão.

Começou a trabalhar em um jogo não violento, tendo o circo como tema. O projeto seguia devagar porque ele procurava não se exceder nas sessões de programação para não se sentir mais como um zumbi sem contato com Deus. Ele se livrou de todos os seus discos de rock pesado e passou a ouvir músicas de Cat Stevens, Toto e Beatles. Também começou a gostar de canções que antes considerava bobinhas, como Olivia Newton-John (embora sempre que tocasse seu disco tivesse que se lembrar de pular a pecaminosa *Physical*).

Mesmo assim, quando Warren falou sobre seu novo jogo, como estava usando animações dual-page com doze diferentes tipos de padrão para controlar as barreiras rolantes que os personagens tinham que saltar ou como conseguiu fazer o monitor não piscar e se tornar "100% jogável", ficava claro que, apesar de seus esforços ascéticos, tinha um orgulho sensual em programar. A programação significava muito para ele. Mudou sua vida, deu-lhe poder e o tornou alguém.

Por mais que John Harris amasse viver longe de San Diego no sopé da Sierra, por mais que apreciasse a atmosfera bagunçada do acampamento de verão e por mais que ficasse feliz com o reconhecimento de que seus programas eram criativos e supercoloridos, uma parte crucial de sua vida não o satisfazia. Era uma doença comum entre a Terceira Geração de hackers para quem o hackerismo era importante, mas não significava tudo, como para aquela turma do MIT. John Harris estava faminto por uma namorada.

Ken Williams levava a sério as preocupações de seus programadores. Um John Harris feliz era um John Harris escrevendo jogos de sucesso. Roberta Williams também sentia afeto por seu genial garoto de 20 anos e estava sensibilizada por acreditar que fosse uma paixão secreta nutrida por ela: "Ele olhava para mim com aqueles olhos de filhotinho". O casal decidiu solucionar o problema de Harris, e, por um período considerável de tempo, uma meta não oficial na On-Line Systems foi conseguir fazê-lo dormir com uma garota. Não foi tão fácil. Embora o garoto pudesse ser chamado de "bonito" por mulheres de sua idade, embora se expressasse até bem e embora estivesse ganhando um bom dinheiro, as garotas pareciam não reagir sexualmente a ele.

Na região de Oakhurst, com certeza, era até difícil encontrar mulheres. John Harris chegou a pegar um emprego de meio período na loja de fliperama da cidade, imaginando que toda garota que gostasse dos jogos tinha algo em comum com ele; levou a ideia adiante a ponto de estar sempre por perto quando a loja estava aberta. Mas as meninas que passavam tempo no fliperama ainda estavam no ensino fundamental. Qualquer garota com um pouco de cérebro estava fora da cidade, fazendo faculdade; as que ficavam faziam o tipo dos motoqueiros e não se relacionavam bem com rapazes gentis, como John Harris, que ficavam tensos perto de mulheres. Mesmo assim, ele convidou várias garotas para sair, e elas habitualmente diziam "não", provavelmente fazendo com que se sentisse como quando as pessoas escolhiam os lados da quadra para uma partida de basquete e ele ficava ali parado, sem escolher nada.

Williams prometeu mudar essa situação. "Eu vou fazer você transar, John Harris", ele costumava dizer e, apesar de Harris reclamar, dizendo que aquilo o embaraçava, esperava que Williams cumprisse a promessa. Mas os acidentes prosseguiam.

Toda vez que Harris saía com uma garota, aconteciam calamidades. Primeiro foi a adolescente que ele conheceu em uma lanchonete. Harris a levou para comer pizza, e a garota nunca mais quis sair com ele. Depois, foi a mulher que empacotava discos na On-Line, um encontro arranjado por Williams. Harris fechou as chaves dentro da caminhonete nova, não conseguia chegar ao bar onde todos estavam e ficou mortificado quando Williams, na frente da mulher, começou a fazer observações cruéis sobre o estado de excitação em que o garoto estava — "Aquilo realmente me deixava embaraçado", John Harris lembra. Quando todo mundo voltou para a casa dos Williams para entrar na banheira quente, a caminhonete de Harris atolou na neve; e, finalmente, a mulher encontrou um velho namorado e foi embora com ele. Era o fim típico de um encontro de John Harris.

Ken Williams não desistia fácil assim. O casal levou John Harris para o Club Med no Haiti. Como pode um cara não conseguir transar no Club Med? De repente, uma mulher sem a parte de cima do biquíni — *era possível ver os seios dela em cima de você* — pediu a Harris para que fossem dar um mergulho. Williams gargalhou. Jogo sujo! A mulher era uns dez anos mais velha do que Harris, mas talvez alguém mais experiente fosse o que ele estava precisando. A viagem para mergulhar foi divertida, e, no caminho de volta, todas as garotas estavam se divertindo, colocando seus sutiãs nos rapazes. Roberta segurou o braço de Harris e sussurrou: "Se você não fizer algo com essa garota, nunca mais falo com você!".

John Harris eliminou a timidez na hora. "Eu finalmente coloquei meu braço em volta dela", recorda, "ela disse: 'Posso falar com você?'. Nós nos sentamos por perto, e ela falou sobre nossa diferença de idade." Ficou claro que não havia romance naquele passeio. "Eu estava planejando levá-la para velejar, mas fiquei muito embaraçado depois daquilo", conta Harris.

Depois desse episódio, Williams ficou ainda mais enfático. "Ele se mobilizou para encontrar uma mulher para mim", lembra Harris. Uma vez, Williams perguntou a uma garçonete em Lake Tahoe: "Você gostaria de transar com um cara rico de 20 anos?".

Provavelmente, o pior de tudo aconteceu em uma despedida de solteiro oferecida pela On-Line para um dos funcionários. Williams contratou duas strippers. A festa foi no escritório, o que indica o espírito livre e selvagem da empresa. As pessoas beberam para valer; alguém começou um jogo no qual a pessoa tinha que olhar para o outro lado e tentar acertar garrafas de cerveja dentro de um cubículo distante. O escritório ficou coberto por cacos de vidro e, no dia seguinte, quase todo mundo que participou da festa acordou cheio de arranhões e cortes.

Harris gostou do jeito de uma das strippers. "Ela era inacreditavelmente bonita", avalia. Pareceu-lhe uma garota tímida e garantiu que duas semanas antes trabalhava como secretária e estava fazendo aquilo porque era um bom dinheiro. Ela dançou em volta de John Harris e à certa hora tirou o sutiã e colocou na cabeça do rapaz.

"Quero falar com você", Williams disse, puxando Harris de lado. "Estou sendo totalmente honesto. Ela disse exatamente o seguinte: 'Ele é realmente bonito'."

Harris só ouviu.

"Eu contei a ela que você ganha 300 mil dólares por ano. Ela me perguntou se você é casado."

Williams não estava sendo totalmente honesto. Ele havia feito um acordo com a mulher para que ela transasse com Harris. Arranjou tudo, disse ao rapaz que ela o esperaria no Chez Paree, em Fresno, e Harris arrumou-se todo para ir vê-la. Williams foi junto; Harris e a garota foram para uma mesa mais afastada. Williams disse a Harris para que pagasse uma bebida para a garota, mas tudo o que ela quis foi um refrigerante. "Os refrigerantes eram caros", Harris contou depois, "20 dólares a garrafa!" Foi apenas a primeira de uma série de garrafas de refrigerante. "Eu estava encantado pela garota. Era realmente agradável conversar com ela. Falamos sobre o que ela fazia antes e por que decidiu ser uma stripper. Não parecia com o tipo de uma stripper. Mas, quando Williams foi embora e Harris pagou as garrafas de refrigerante, o lugar estava fechando e chegara a hora da verdade. A garota agia como se fosse natural despedir-se de Harris e seguir seu caminho, deixando o rapaz ir embora para casa. Então, ele foi para casa. Quando Williams telefonou mais tarde para saber se ele abrira o placar, Harris não teve o que dizer: "Não havia muito o que dizer em minha defesa".

Parecia uma praga duradoura: sorte no Atari, azar com as mulheres.

Apesar dos problemas de John Harris com as mulheres, ele era um novo modelo para uma nova era: o hacker superestrela. Ele dava entrevistas para revistas e elogiava o Atari 800. Os artigos sempre destacavam sua receita de seis dígitos derivada do acordo de 30% em royalties. Era uma posição invejável em repentina evidência. Em todos os Estados Unidos, jovens, que se autodenominavam hackers, estavam trabalhando em suas obras de arte: foi uma nova era equivalente à década de 1940, quando todos os jovens pareciam escrever a Grande Novela da América. As possibilidades de um jogo best-seller cruzar os umbrais da On-Line, mesmo que não fosse um dos melhores, eram melhores do que aquelas da descoberta de um novo grande novelista norte-americano.

Williams percebeu que estava na competição com outras empresas da Fraternidade por esses programadores. Como mais gente estava aprendendo a maestria na linguagem de montagem do Apple e do Atari — o que era raro quando Williams começou —, as pessoas também se tornavam mais exigentes em relação ao que compravam. Outras companhias, além da On-Line, estavam publicando aventuras gráficas e haviam descoberto seus próprios truques para colocar dúzias de imagens e texto nos discos do Apple. Não bastasse isso, uma nova empresa de Cambridge, chamada Infocom,* usando apenas texto, tinha conseguido desenvolver um interpretador avançado que aceitava um grande vocabulário — em frases completas. A companhia começara com hackers do MIT. O primeiro jogo de computador deles, derivado diretamente do programa que haviam escrito por diversão em um dos computadores do Tech Square, chamava-se *Zork,*** uma versão superelaborada da história original do *Adventure*, escrito por Crowther e Woods em Stanford. Estava vendendo que era uma loucura.

Era um indicador da velocidade com que o mercado de jogos para computadores estava se movendo. O que era brilhante em um ano estava superado no seguinte. Os hackers do Atari e do Apple haviam levado a máquina muito além de seus limites. Havia apenas alguns meses, por exemplo, desde o lançamento pela On-Line do *Skeet Shoot*, mas o jogo já parecia tão tosco a Williams que ele decidiu tirá-lo da linha de produtos. O *Threshold*, por sua vez, estourou os padrões anteriores. E um hacker chamado Bill Budge escreveu um programa que simula uma máquina de fliperama, o *Raster Blaster,**** que superou qualquer coisa que a On-Line tinha para oferecer para a Apple.

Ken Williams sabia que a On-Line tinha que se apresentar como um lugar agradável para se trabalhar. Ele e sua equipe criaram e imprimiram um pacote repleto de promessas e sonhos para buscar futuras superestrelas do software. Estranhamente,

---

*   Mais informações em <http://www.infocom-if.org/company/company.html>. (N.T.)
**   Leia mais sobre o jogo em <http://www.infocom-if.org/games/zork1/zork1.html>. (N.T.)
*** Saiba mais em <http://en.wikipedia.org/wiki/Raster_Blaster>. (N.T.)

os atrativos oferecidos pela On-Line tinham muito pouco a ver com a Ética Hacker. O pacote não enfatizava a alegre comunidade do acampamento de verão estabelecida na On-Line. Em vez disso, parecia mais um hino à ganância.

Uma parte do pacote era chamada de "Perguntas e Respostas".

> "PERGUNTA: Por que eu deveria publicar na On-Line (e não em outra empresa)?
>
> RESPOSTA: Uma boa razão é dinheiro. A ON-LINE paga os mais altos e mais regulares royalties do mercado... Nosso trabalho é tornar sua vida mais fácil!
>
> PERGUNTA: Por que não publicar sozinho?
>
> RESPOSTA: Com a ON-LINE o seu produto conta com o suporte de uma equipe técnica bem treinada. Isso o libera para questões mais importantes, como fazer Cruzeiros no Caribe, esquiar em Aspen e todas as outras 'duras' atividades da vida. Para resumir, nós fazemos todo o trabalho... A única coisa que lhe pedimos é que se mantenha disponível, caso ocorra algum bug. Nada além disso: sente e veja o dinheiro entrar!"

O pacote também incluía uma carta de Ken Williams (presidente do conselho de administração), explicando por que a On-Line Systems era a mais profissional e eficiente operação mercadológica da região. Citava o nível elevado de programação da equipe, mencionando Schwader, Davis e Stephenson, e também trombeteava sua própria expertise técnica. Havia uma carta do gerente de vendas da On-Line: "Nós somos os melhores e só queremos os melhores em nossa equipe. Se você combina com essa descrição bem simples, venha juntar-se a nós para respirar o ar rarefeito no topo. O sucesso é inebriante. Você está pronto?". Uma nota do departamento de aquisição de software acrescentava: "Nós estamos interessados em você porque é o sangue vital de nosso negócio. A programação tornou-se uma *commodity* de alta qualidade".

Era uma transformação enorme em relação à época em que um hacker ficava mais do que satisfeito por ver os outros apreciarem a maestria artística de seu software. Agora que havia um mercado, o mundo real mudara o hackerismo. Talvez fosse uma mudança necessária em troca dos benefícios trazidos pela disseminação do acesso aos computadores. Bastava olhar para todas as maravilhosas transformações ocorridas na vida das pessoas da On-Line.

Williams estava muito orgulhoso dessas transformações; elas pareciam superar as brilhantes promessas do sonho hacker. Não era só ele que estava prosperando, mas ele e outras empresas da Fraternidade estavam fazendo isso com um modelo sem egoísmos de uma nova era... eles eram os pioneiros da Nova América! E o que era mais importante, conforme os meses passavam ia ficando cada vez mais claro que os computadores eram um setor em expansão como nenhum outro conseguira ser desde a indústria automobilística. Todo mundo queria ser parte disso. A Apple Computer, que parecia um negócio arriscado quando Williams viu pela primeira vez um Apple II, estava se tornando uma das quinhentas maiores empresas apontadas pela revista *Fortune* a uma velocidade jamais vista na história. Os capitalistas de risco estavam com foco na indústria de computadores e identificavam a área de software — coisas para fazer os computadores funcionarem — como o investimento especulativo mais quente da terra. E já que os jogos eram, pelo fantástico volume de vendas de cópias em discos flexíveis, o mais cobiçado dos aplicativos para computadores e as empresas da Fraternidade tinham uma considerável fatia desse mercado, as ofertas de investimento e as propostas de compra surgiam com a mesma frequência que os novos programas. Porém, embora Williams adorasse conversar com esses investidores endinheirados, que viviam aparecendo nas páginas do *The Wall Street Journal*, ele manteve a empresa. Nas companhias que formavam a Fraternidade, os telefones viviam tocando para contar a mais nova proposta de compra — "Ele disse que pagaria 10 milhões de dólares!", "Bem, eu ouvi 10 milhões por metade da minha empresa!" ou "Eu já recusei essa quantia!". Williams tomava café da manhã no aeroporto com esses investidores, mas eles decolavam sem levar um acordo de venda. Ele estava se divertindo demais transformando a vida das pessoas e dirigindo seu Porsche superpotente para levar a sério uma desistência.

Capítulo 18
A RÃ

No ano de 1982, quando a On-Line Systems completou dois anos, Ken Williams começou a perder a paciência com John Harris e, de modo geral, com todos os seus jovens hackers. Não tinha mais tempo nem inclinação para oferecer longas horas de assistência técnica para os garotos. Começou a considerar as perguntas que eles lhe faziam (Como eu ponho essa imagem na tela sem piscar?, Como faço para rolar objetos horizontalmente? ou Como resolvo esse bug?) como distrações que o desviavam de sua principal atividade: aprimorar a On-Line Systems, enquanto a empresa crescia em ritmo vertiginoso. Até agora, sempre que um garoto o procurava, gritando freneticamente que estava enroscado em alguma sub-rotina, Williams lhe dava atenção, gritava com ele e mexia no programa, fazendo o que fosse necessário para deixar o hacker feliz. Esses dias estavam acabando.

Williams não via essa mudança de atitude como algo que pudesse tornar sua empresa menos idealística. Ele ainda achava que a On-Line estava mudando vidas com o computador — a de seus funcionários e a de seus consumidores. Era o início do milênio dos computadores. Porém, Ken Williams não tinha certeza de que os hackers eram a figura central dessa era dourada. Especialmente um hacker como John Harris.

A distância entre Ken Williams e John Harris simbolizou algo que acontecia em toda a indústria de software para computadores domésticos. De início, as metas artísticas dos hackers coincidiam exatamente com as do mercado, porque os consumidores não tinham expectativas e os garotos podiam criar alegremente os jogos com os quais *eles* gostariam de brincar, adornando os programas com recursos cheios de estilo que exibiam a maestria *deles*.

Contudo, conforme mais pessoas leigas compravam computadores, o que impressionava os hackers deixava de ser essencial. Dessa forma, apesar de os programas terem que manter certos padrões de qualidade, aqueles exigidos pelos hackers — que queriam adicionar mais um recurso ou não terminavam um projeto até que o resultado fosse claramente mais veloz do que qualquer outro existente — eram provavelmente contraproducentes. O que parecia mais importante era o mercado. Havia muitos programas brilhantes que ninguém conhecia: às vezes, os hackers escreviam algo ótimo e colocavam em domínio público, entregando o software com a mesma facilidade com que John Harris emprestou sua primeira cópia do *Jawbreakers* aos caras da loja de computadores em Fresno. No entanto, raramente as pessoas conheciam os programas em domínio público pelo nome. Queriam, na verdade, aqueles que tinham visto serem anunciados, discutidos nas revistas ou demonstrados nas lojas de computadores. Não era muito importante que os algoritmos fossem inteligentes; as pessoas satisfaziam-se com coisas mais comuns.

A Ética Hacker, por certo, propunha que cada programa devia ser tão bom quanto possível (ou melhor), infinitamente flexível, admirado pelo brilhantismo de sua concepção e execução e projetado para estender os poderes dos usuários. Vender programas como se fossem pasta de dentes era uma heresia. Mas estava acontecendo. Considere a receita de sucesso oferecida em um painel de investidores de risco, reunidos em um evento de software em 1982: "Eu posso resumir o sucesso em três palavras: marketing, marketing, marketing". Quando os computadores são vendidos como torradeiras, os programas tornam-se pasta de dentes. Não obstante a Ética Hacker.

Ken Williams ansiava pelos best-sellers, jogos cujos nomes tivessem o impacto de marcas. Portanto, quando seu superestrelado programador, John Harris, mencionou que gostaria de converter para o computador Atari um jogo popular de máquinas pré-pagas chamado *Frogger,** ele gostou da ideia. O *Frogger* era um jogo simples, mas encantador, no qual o jogador tentava fazer uma rãzinha bonitinha passar por uma autoestrada cheia de trânsito e por um rio repleto de perigos, subindo em troncos ou nas costas de tartarugas. O jogo era popular e, se fosse bem convertido, podia se tornar um best-seller para computadores. "John Harris percebeu isso e me disse que era fácil. Garantiu que faria o programa em uma semana. Eu concordei — parecia trivial", Williams conta.

Em vez de pegar o programa copiado por Harris e dar outro nome, Ken Williams decidiu jogar pelas regras corporativas — entrou em contato com o proprietário

---

*   Mais informações e imagens em <http://en.wikipedia.org/wiki/Frogger>. (N.T.)

dos direitos autorais do jogo, a Sega, uma divisão do conglomerado Gulf & Western. A Sega pareceu não compreender o valor de sua propriedade, e Williams conseguiu adquirir os direitos do jogo para discos flexíveis e fitas por insignificantes 10% em royalties (a Sega licenciou os direitos para cartuchos para a Parker Brothers, a distribuidora do *Monopoly*˙ estava entrando no mercado de *video games*). Feito isso, disse a John Harris para começar a trabalhar imediatamente na conversão do jogo para o computador Atari. E também escolher um programador para fazer a versão para o Apple. Contudo, como os recursos gráficos do Apple não eram os mais adequados para o jogo, a versão para o Atari demonstraria o nível de excelência da On-Line.

John Harris achou que levaria cerca de três semanas de trabalho intenso para concluir o projeto (o prazo original de uma semana já era um devaneio), chegando a uma versão totalmente admirável para o *Frogger* no Atari. Era sempre com esse tipo de ilusão que os hackers começavam uma tarefa. Trabalhando no escritório que montara no menor dos três quartos de sua casa de madeira alaranjada — um quarto entulhado com papéis, equipamentos descartados e pacotes de batatas fritas —, Harris pôs o jogo na tela em pouco tempo; durante esse período, ele conta: "Eu colei os dedos no teclado. Uma vez comecei a trabalhar às 15 horas. Depois de um breve mergulho, olhei pela janela e ainda havia luz lá fora e pensei: 'Achei que estava trabalhando há mais tempo!'. E, com certeza, eu trabalhara noite adentro, mas era a manhã do dia seguinte".

O trabalho caminhou depressa, e o programa estava ficando bonito. Um amigo de Harris em San Diego tinha escrito algumas rotinas para gerar música contínua, usando o chip sintetizador de som de três vozes do Atari para misturar os acordes do tema original do *Frogger* com a *Camptown Races*,˙˙ tudo isso com o alegre contraponto de um órgão. As formas gráficas do garoto não foram melhores — a rã saltitante, os carrinhos velozes e caminhões na autoestrada, as tartarugas mergulhadoras e os jacarés engraçados na água... cada detalhe lindamente definido em formas precisas e trabalhado em sub-rotinas em linguagem de montagem para ser integrado à brincadeira. Era o tipo de jogo no qual Harris acreditava que só alguém apaixonado pelo que fazia era capaz de criar. Ninguém, só um verdadeiro hacker como John Harris conseguia fazer aquilo com uma intensidade tão lunática e com uma exatidão artística tão vívida.

Não foi um projeto rapidinho, mas ninguém realmente esperava que fosse: um software sempre exigia mais do que o previsto. Depois de cerca de dois meses no

---

˙   Saiba mais em <http://www.hasbro.com/monopoly/en_US/>. (N.T.)
˙˙ Ouça a música em <http://www.youtube.com/watch?v=noYptXPHiAE>. (N.T.)

A rã

projeto, Harris sentiu-se no controle da situação; estava quase pronto. Ele decidiu tirar uns dias de folga para ir a San Diego participar da Software Expo, um evento beneficente para as vítimas de distrofia muscular. Como um artista líder em software, Harris mostraria seu trabalho, inclusive, o quase finalizado *Frogger* para Atari. Então, o garoto colocou o jogo ainda não lançado em sua biblioteca de programas e levou tudo para o Sul da Califórnia.

Ao viajar com uma carga tão valiosa como aquela, era preciso ser cuidadoso. Além da única versão do *Frogger* (Harris tinha feito uma cópia de backup, claro, mas a levou junto para o caso de a primeira não funcionar na hora), sua biblioteca incluía quase todos os discos que possuía, discos carregados com utilitários de software — montadores customizados por ele próprio, rotinas para modificação de arquivos, geradores de música, rotinas de animação... a coleção de ferramentas de uma vida, mesmo que ainda jovem. Aquela biblioteca equivalia para ele àquela gaveta inteira de fitas perfuradas com programas para o PDP-1 no MIT. Ninguém viraria as costas para aquela coleção imprecificável; qualquer pessoa a levaria nas mãos o tempo todo. Caso contrário, assim que a pessoa se esquecesse de tê-la nas mãos e virasse as costas — por exemplo, por causa de uma conversa rápida com um admirador —, a Lei de Murphy ("O que pode dar errado, vai dar errado") podia entrar em ação e a biblioteca desapareceria.

Foi isso exatamente o que aconteceu com John Harris na Software Expo.

No instante em que o garoto terminou sua conversa interessante e viu que sua biblioteca desaparecera, ele sabia que fora ferido na alma. Nada era mais importante para Harris do que os discos flexíveis que estavam naquela caixa, e ele sentiu um vazio profundo. Não era como se o computador tivesse engolido os dados de um disco porque, nesse caso, ele podia entrar no modo maratona por alguns dias e restaurar o que havia perdido na tela. Era uma obra de arte completa totalmente desaparecida. Pior do que isso, as ferramentas com que havia criado a obra de arte também tinham desaparecido. Não havia desastre pior para se imaginar.

John Harris entrou em profunda depressão.

Ele estava chateado demais para ligar seu Atari e começar a laboriosa tarefa de reescrever o *Frogger*, quando voltou a Oakhurst. Nos dois meses seguintes, ele não escreveu mais do que dez linhas de código-fonte. Era difícil até sentar na frente do computador. Ele passava quase todo o dia, todos os dias, no único fliperama de Oakhurst, uma pequena loja, que ficava em frente ao pequeno shopping center de dois andares para onde a On-Line estava se mudando. Como todo fliperama, aquele era um buraco com paredes escuras que tinha como decoração somente máquinas pré-pagas de jogos e nem eram as mais modernas. Mas aquilo era o lar de Harris, e

346   PARTE III   Os hackers de jogos

ele aceitou um emprego de meio período como caixa. Ele vendia fichas de jogo por 25 centavos e, quando não estava no caixa, brincava jogando *Starpath,*[*] *Robotron,*[**] *Berzerk*[***] e *Tempest*. Parecia melhorar. Outras vezes, pegava a caminhonete, seguia pelas estradas de terra até a montanha mais alta que pudesse encontrar e tentava chegar ao topo. Ele não sabia fazer nada mesmo a não ser programar.

"Eu passava o dia, todos os dias, no fliperama, esperando que alguma garota entrasse lá", ele recorda, "eu voltava para casa e começava a brincar com um jogo. Então, escapava para dentro do disco para tentar começar a programar como se estivesse brincando com um jogo." Nada disso funcionou. "Eu não conseguia me motivar a escrever duas linhas de código-fonte."

O coração de Ken Williams não estava comovido com a perda de John Harris. Era difícil para ele ser simpático com um garoto de 20 anos para quem estava pagando milhares de dólares por mês em royalties. Sentia amizade por Harris, mas também havia desenvolvido uma teoria a respeito de amigos e negócios. "Tudo é pessoal e os bons amigos valem 10 mil dólares. Acima disso, a amizade não conta mais", explicou anos mais tarde. As prováveis receitas geradas pela venda do *Frogger* valiam muitas vezes essa quantia.

Mesmo antes de Harris comprovar sua idiotice pelo descuido na Software Expo, Williams já andava impaciente com seu melhor programador. Achava que Harris podia ter escrito o *Frogger* em menos de um mês: "O garoto era perfeccionista, um hacker. Ele continuava a trabalhar em um projeto por dois meses, quando todo mundo já teria parado. Ele tinha uma satisfação egoica em fazer algo melhor do que tudo que já fora feito no mercado". Já era ruim o bastante, mas o fato de Harris nem estar trabalhando mais só porque sofrera um revés deixava Williams maluco: "Ele dizia que seu coração não estava na programação e, então, eu o encontrava no fliperama, trabalhando por fichas de jogo!".

Diante dos amigos de Harris, Williams fazia comentários cruéis sobre o atraso do *Frogger*. Ele deixava o garoto nervoso demais para pensar em uma resposta imediata e lúcida. Somente longe de Williams era que Harris conseguia perceber que não era empregado dele, que era um programador freelance. Ele não havia garantido data de entrega do programa e podia fazer o que quisesse da vida. *Isso* era o que devia ter dito, mas, em vez disso, sentia-se mal com a situação.

---

[*]   Mais informações em <http://www.chemistrydaily.com/chemistry/Starpath>. (N.T.)

[**]   Mais informações em <http://www.gamasutra.com/view/feature/4099/the_history_of_robo tron_2084__.php>. (N.T.)

[***] Mais informações em <http://en.wikipedia.org/wiki/Berzerk>. (N.T.)

Era uma tortura, mas, finalmente, o garoto colocou-se diante do Atari e começou a reescrever o programa. Por fim, ele recriou o trabalho prévio — claro, com alguns recursos embelezadores: 44 cores, as rotinas gráficas do Player-Missile Graphics totalmente redefinidas e uma porção de novos truques geniais para fazer o chip 6502 do Atari de oito bits parecer operar com dez. O amigo de Harris em San Diego também aprimorou a música contínua anterior. No final das contas, a versão de Harris parecia melhor do que a pré-paga, um feito fantástico, já que os jogos daquelas máquinas usavam chips customizados para alta velocidade e multicores que ficavam muito à frente em performance dos menos poderosos (porém, mais versáteis) computadores domésticos. Até mesmo os programadores mais experientes como Jeff Stephenson ficaram impressionados.

O período negro havia acabado, mas algo havia mudado no relacionamento entre Williams e Harris. Era emblemática a mudança que estava ocorrendo na On-Line Systems, mais para a burocracia e menos para acampamento de verão. Mesmo que o lançamento do jogo tenha sido improvisado no escritório ("Oi! Hoje temos um novo jogo para brincar, se todo mundo quiser, podemos começar!"), agora Williams tinha um departamento separado para testar os produtos antes do lançamento. Para Harris, parecia que agora havia a necessidade de trocar cinquenta memorandos internos antes que alguém chegasse para dizer que gostou de um jogo. Havia também procedimentos no empacotamento, no marketing e na proteção de cópias. Ninguém entendeu bem a razão, mas demorou mais de dois meses — dois meses depois que Harris entregou a versão completa do *Frogger* para o Atari — para o jogo ser lançado.

Quando finalmente chegou ao mercado, todo mundo reconheceu que o *Frogger* era uma conversão fantástica de jogo de máquinas pré-pagas para computadores domésticos. O cheque de Harris referente ao primeiro mês de vendas foi de 36 mil dólares em royalties, e o programa ficou em primeiro lugar na *Softsel Distributors*, a nova "lista quente" dos mais vendidos, e ficou lá por meses seguidos.

Ken Williams nunca esqueceu, mesmo assim, todos os problemas causados pela depressão de John Harris, quando parecia que ele nunca entregaria uma versão operacional do *Frogger*. E, no verão de 1982, Williams começou a planejar o dia em que conseguiria se livrar de todos os John Harris do mundo. Na parte que lhe cabia, a era dos hackers havia acabado. Mas esse fim não chegou tão cedo.

Como seu ídolo de infância, Jonas Cord, do livro *Os Insaciáveis*, Ken Williams gostava de fazer acordos. Ele telefonava para um programador que gostaria de contratar e dizia, sem nenhuma vergonha, mas em um leve tom de paródia: "Por que você não deixa torná-lo rico?". Também gostava de negociar com executivos de corporações gigantescas como se fossem pares. Em 1982, um dos primeiros anos da revolução dos computadores, Ken Williams conversou com muita gente, e o tipo de acordo que andava fazendo indicava o tipo de negócio que os softwares para computadores domésticos estava se tornando. Indicava também o lugar, se é que haveria um lugar, que os hackers e a Ética Hacker ocupariam nesse negócio.

"A On-Line é uma loucura", Williams declarou naquele verão, "tenho essa filosofia ou eu finjo ser a IBM ou nem quero estar aqui."

Ele sonhava em causar um grande impacto no mercado. No verão de 1982, isso significava que os programas para o VCS Atari, a máquina dedicada a jogos, não eram mais contados em milhares de dólares, como os softwares para o Apple, mas em milhões.

A Atari mantinha as entranhas do VCS guardadas como um segredo parecido com o da fórmula da Coca-Cola. Se fosse uma receita de refrigerante, o esquema interno do VCS — qual locação de memória dispara as cores na tela e qual faz a geração de som — poderia ter se mantido dentro dos escritórios da Atari. Mas aquilo era a indústria da computação na qual a quebra de códigos secretos tinha sido um hobby desde os idos tempos do MIT. Com o incentivo adicional dos lucros fantásticos obtidos por quem superasse a oferta corriqueira de programas da Atari para suas máquinas, era só uma questão de tempo para os segredos do VCS serem quebrados (como foram os do Atari 800).

As primeiras empresas a desafiar o VCS da Atari, de fato, foram as novatas formadas pelos antigos programadores da empresa que eram chamados de "desenhistas de toalhas" pelo presidente. Quase todos os melhores magos do VCS da Atari pularam fora no início da década de 1980. Não foi uma perda pequena — como o VCS era terrivelmente limitado em memória, escrever jogos para a máquina requeria habilidades tão sofisticadas como as necessárias para fazer poesia haiku.* Já que os ex-programadores sabiam como estender as possibilidades do VCS além de suas limitações, os jogos que escreveram para suas próprias empresas fizeram os da Atari parecerem bobos. A qualidade aprimorada dos jogos ampliou a vida no mercado do VCS por muitos anos. Era a justificativa atônita para a insistência dos hackers para que os manuais e outros "segredos" fossem livremente distribuídos: os criadores

---

* Haiku — no Japão, forma de poesia que recebeu esse nome no final do século XIX. Leia mais sobre em <http://users.auth.gr/~kehagiat/APoetryLexure/Refs/Haiku.htm>. (N.T.)

A rã

divertiam-se mais, o desafio era maior, a indústria se beneficiava e os consumido-res eram recompensados com produtos muito melhores.

Enquanto isso, outras empresas faziam a "engenharia reversa" do VCS, dissecando suas entranhas com osciloscópios e indescritíveis equipamentos de alta tecnologia até entender seus segredos. Uma delas era a Tiger Toys, uma companhia de Chica-go que havia feito um acordo com Ken Williams para compartilhar talentos em programação.

Williams enviou três hackers para Chicago onde a Tiger Toys os ensinou como era difícil programar para o VCS. Você tinha que ser impiedoso com seu código e con-tar os ciclos da máquina para calcular os deslocamentos das imagens. John Harris, em particular, odiou aquilo. Mesmo depois que ele e Roberta Williams sentaram juntos uma noite e descobriram um novo layout mais estiloso para o *Jawbreakers* no VCS — menos parecido com o *Pac-Man*. Harris estava habituado às rotinas muito mais velozes do Atari 800 e ficava indignado que não conseguisse operá-las naquela máquina. Achava o VCS ridículo. Mas Harris queria realmente fazer um programa que fizesse desaparecer a versão da Atari do *Pac-Man* para o VCS, que, na sua opinião, estava cheia de falhas gráficas e era perdedora. Com o novo esquema descoberto para o *Jawbreaker*, ele era capaz e conseguiu fazer uma versão sem pis-cadelas de imagem, cheia de cores e incrivelmente veloz.

Os acordos de Ken Williams não se limitaram ao mercado do VCS. Desde que os jogos estavam se tornando tão populares quanto o cinema, começou a buscar cone-xões naquela indústria. Jim Henson, o mundialmente famoso criador dos Muppets, ia lançar no Natal um filme de 20 milhões de dólares *Dark Crystal* (no Brasil, *O cristal encantado*), que tinha todos os sinais de que se tornaria um enorme sucesso. Williams e Henson fizeram um acordo.

Enquanto Williams achava arriscada a ideia de vincular um jogo a um filme ainda não lançado — o que aconteceria se o filme fracassasse? —, sua mulher Roberta adorou escrever um jogo de aventura baseado nos personagens de *O cristal encan-tado*. Ela considerava os jogos de computadores uma faceta do mundo do entrete-nimento como a televisão e o cinema e achava natural a fusão de enredos com esses parceiros tão glamorosos. De fato, outras empresas de *video games* e computadores estavam trabalhando em projetos vinculados ao cinema. Já havia a versão de *E.T.* para o Atari, o *MASH*, da Fox Videogames e o *Império contra-ataca*, da Parker Bro-thers. Uma companhia de jogos chamada DataSoft estava até mesmo trabalhando em uma aventura baseada na série de televisão *Dallas*. Havia uma grande distância dos primeiros tempos, quando tudo o que um programador precisava para traba-lhar era sua criatividade. Agora, lidava com direitos autorais negociáveis.

350   **PARTE III   Os hackers de jogos**

Se *O cristal encantado* não estourou, o acordo seguinte deu certo. Nesse caso, Williams estava negociando com a maior empresa de todas.

A IBM.

A International Business Machine estava ombro a ombro com aquela empresa de Coarsegold, na Califórnia, que não existia dois anos antes. Os executivos de camisa branca engomada, gravata escura e processamento não interativo iam visitar a nova matriz corporativa da On-Line, que consistia em uma série de escritórios no mesmo edifício onde os moradores da região pagavam suas contas de luz e onde havia também uma pequena loja de móveis e um salão de cabeleireiros ao lado da sala onde Williams discutia marketing e propaganda.

Para a equipe da On-Line, os hackers e os habitantes de Oakhurst, vestidos de short e camiseta no acampamento de verão, o comportamento de capa e espada do pessoal da IBM era absurdo. Para eles, tudo era solenemente confidencial. Antes de a IBM abrir uma pequena parte de suas intenções, sua equipe de caras do pôquer insistia para que todo mundo que estivesse envolvido no acordo — e isso devia envolver o menor número possível de pessoas — assinasse enormes e crípticos formulários de confidencialidade, que ameaçavam com torturas horríveis e uma completa lobotomia frontal — quase — qualquer um que ousasse dizer o nome com três letras da companhia ou vazasse seus planos.

A previsão de Ted Nelson, autor de *Computer Lib*, e de outros de que a revolução dos computadores pessoais colocaria a IBM em "maus lençóis" subestimou pateticamente a força monolítica da empresa. A Gigante Monstruosa entre as companhias de computadores mostrou ser mais ágil do que qualquer um podia esperar. Em 1981, tinha anunciado seu próprio computador, o IBM "PC". O simples anúncio desse lançamento levou muitas das pequenas empresas da indústria de computadores a fazer preparativos para cair de joelhos e morrer — e foi o que fizeram prontamente quando o PC da IBM foi colocado no mercado. Até mesmo quem odiava a IBM e sua filosofia de processamento por blocos de dados ajoelhou-se e morreu porque a empresa conseguiu dar uma guinada em tudo o que professava antes: a IBM abriu sua máquina e encorajou os hackers a escrever software. Eles até mesmo convidaram outras empresas a ajudar no design do equipamento, companhias como a Microsoft, liderada por Bill Gates (autor da primeira carta aberta contra a pirataria de software, dirigida aos copiadores da Basic para o Altair do Homebrew Club). Gates escreveu o sistema operacional do IBM que quase instantaneamente tornou-se um novo padrão na indústria. Era como se a IBM tivesse estudado a Ética Hacker e decidido que, nesse caso, era um bom negócio aplicá-la.

A rã

Mesmo assim, a IBM não planejava usar demais a Ética Hacker: a empresa ainda valorizava a confidencialidade como um meio de vida. Portanto, a IBM esperou todo mundo assinar os formulários de confidencialidade diante de seus engravatados funcionários antes de contar a Ken Williams o que tinha em mente. A IBM estava planejando uma nova máquina doméstica, mais barata e melhor para brincar com jogos do que o PC. O nome de guerra do projeto era Peanut (amendoim), mas ficou realmente conhecido como PC Júnior. Será que a On-Line queria fazer um novo tipo de interpretador, mais sofisticado do que qualquer outro já existente? E também escrever para o PC Júnior um programa de processamento de texto mais fácil de usar? Williams achava que conseguia, sem problemas. Então, enquanto Roberta começou a pensar em outro enredo de aventura, ele contratou uma equipe secreta de magos para trabalhar no código do projeto.

A participação em empreendimentos desse porte exigia uma grande soma de dinheiro para a On-Line. No entanto, Ken Williams tinha cuidado disso com o mais importante de todos os acordos. Capital de risco. "Eu nem mesmo havia *ouvido* falar de capital de risco", Williams admite, "eu tive que ser convencido a concordar." Mesmo assim. A On-Line estava gastando dinheiro rapidamente, e o 1,2 milhão de dólares que a empresa havia recebido de uma empresa de Boston chamada TA Associates (mais 200 mil dólares que ele e Roberta haviam investido pessoalmente) foi essencial para manter o fluxo de caixa. Em troca, a TA recebeu 24% da companhia e o direito de prestar consultoria em vários aspectos do negócio.

A mulher da TA que fez o acordo era a vibrante e grisalha Jacky Morby, que tinha recursos precisos, uma intensidade estudada e a habilidade de se insinuar como a madrinha distante da empresa. Jacky Morby tinha bastante experiência em situações em que empreendedores brilhantes começavam empresas que cresciam tão depressa a ponto de ameaçar sair do controle. Ela imediatamente aconselhou Williams, de uma maneira que ele sabia que era mais do que um conselho casual, a profissionalizar a administração. Ela reconhecia que Williams não era o tipo com MBA — não era alguém com o perfil típico para nutrir uma empresa e prepará-la para ocupar seu lugar entre aquelas que fazem a grandeza dos Estados Unidos e a riqueza de firmas de capital de risco como a TA. Se a On-Line Systems ia se tornar pública e lançar todo mundo no Modo Creso, tinha que haver alguém que a guiasse nas águas que estavam por vir. O leme de Williams estava quebrado. Ele continuava se desviando em esquemas malucos, acordos arriscados e em grandes festas no acampamento de verão. Alguém tinha que aparecer trazendo um novo leme.

A ideia não desagradava totalmente Williams. Ele havia anunciado para a *Softalk*, no início de março de 1981, que "estava se demitindo da administração da On-Line

352 **PARTE III Os hackers de jogos**

na expectativa de ter mais tempo para fazer programação". E, com certeza, estava claro que algo tinha que ser feito em relação à confusão administrativa que tomava conta da empresa, enquanto mais softwares eram vendidos, mais acordos eram feitos, mais programadores eram atraídos e mais papéis eram impressos — ainda que boa parte da papelada estivesse impressa com dados gerenciados em computadores da Apple.

O problema é que Williams gerenciava a On-Line como se estivesse praticando hackerismo em um sistema de computador; ajustando um plano de marketing aqui, depurando a contabilidade ali. Seu estilo como hacker era caracterizado por explosões de inovação e trabalho e pouca atenção aos detalhes. Da mesma forma, sua maneira de administrar os negócios era pontuada por saltos criativos e falhas no acompanhamento da implementação das ideias. Estava entre os primeiros a reconhecer o valor de um processador de texto de baixo custo para o Apple (a culminação da ideia dos hackers do Model Railroad Club do MIT quando escreveram a "Máquina de Escrever Muito Cara" para o TX-0) e teve paciência para acompanhar o programa em suas inúmeras revisões — o programa foi chamado de *Screenwriter II* e vendeu mais de 1 milhão de dólares. Mas seus amigáveis concorrentes riam dele por seu hábito de fazer cheques de alto valor para pagar royalties para seus programadores no mesmo talão que levava às compras no supermercado. Ele ajudou a desenvolver um programa chamado *The Dictionary* para corrigir os erros ortográficos dos usuários do Apple, mas colocou um anúncio para divulgar o produto em uma revista que estava cheia de erros, inclusive, na palavra "ortografia".

O novo escritório estava quase soterrado sob o lixo. Um novo funcionário conta que, quando viu a sala pela primeira vez, achou que alguém havia se esquecido de retirar aquela enorme pilha de lixo. Então, viu Williams trabalhando e entendeu. O executivo de 28 anos, usando a camiseta azul desbotada da Apple e um jeans surrado com furos nos joelhos, sentava em sua mesa e fazia reuniões com os funcionários ou pegava o telefone para longas discussões — imerso na bagunça. A camiseta escorregava pela barriga protuberante, que estava crescendo na mesma velocidade da receita da empresa. Em ritmo alucinado, ele passava os olhos em um contrato importante e atirava a papelada na pilha. Programadores e fornecedores estavam sempre ligando para saber o que havia acontecido com seus contratos. Grandes projetos estavam em andamento na On-Line sem que o contrato fosse assinado. Ninguém parecia saber o que cada programador estava fazendo; às vezes, dois deles, em diferentes partes do país, estavam trabalhando em cima da mesma conversão de um jogo. Discos originais — sem cópias guardadas e alguns com grandes segredos da IBM — eram empilhados no chão da sala de sua casa ao alcance das crianças e do xixi dos cachorros. Não, Ken Williams não era uma pessoa detalhista.

A rã

Ele também sabia disso. Tanto que começou a achar que a empresa já era grande o bastante para ser administrada de uma maneira mais tradicional por alguém sem tendência hacker. Finalmente, encontrou um candidato: seu antigo chefe, Dick Sunderland.

Williams sabia que Dick Sunderland era representante de um tipo de executivo com respeitáveis qualidades para gerenciar um negócio, qualidades das quais a On-Line tinha uma falta conspícua: previsibilidade, ordem, controle, planejamento cuidadoso, performance uniforme, decoro, aderência às normas e estrutura hierárquica. Não por acidente, essas eram as qualidades que os hackers mais detestavam. Se Williams tinha que encontrar alguém que representava a antítese da Ética Hacker, tinha que admitir que esse profissional era seu antigo chefe. Era como uma pessoa que, ao admitir que estava passando mal, concordasse em tomar o remédio mais amargo.

Havia, porém, algo mais insidioso nessa escolha. Uma das razões pelas quais Williams deixara a Informatics alguns anos antes era o fato de Dick Sunderland ter-lhe dito: "Ken, você não tem potencial para administração". A ideia de ser agora o chefe de Dick fazia um apelo à sua afeição por quebrar a ordem estabelecida.

Para Dick Sunderland, a proposta de trabalhar para Ken Williams pareceu a princípio absurda. "Venha e dirija minha empresa!", Williams havia lhe dito por telefone de seu complexo nas montanhas perto de Yosemite. Isso não era jeito de recrutar um *executivo*, pensou Sunderland. Não tem jeito, ele disse a si mesmo, vou me enrolar em um acordo desse tipo. Sunderland estava terminando um programa de MBA, um diploma que, em sua opinião, poderia levá-lo a posições mais altas na Informatics. Porém, quando Williams ligou pela segunda vez, ele já começara a se preocupar com seu futuro na Informatics e estava pensando na crescente área dos microcomputadores. No início de junho, Sunderland dirigiu até lá e almoçou no Broken Bit com a equipe, formada por gente recauchutada de Oakhurst e maus alunos, que dirigia o negócio de Williams. Ele olhou o acordo de capital de risco e ficou impressionado. De fato, ele veio a considerar que a On-Line "tinha um fantástico potencial. Algo com o que era possível trabalhar. Eu podia acrescentar o que faltava, liderança coesa, para fazer tudo dar certo". Sunderland percebeu que a indústria de softwares domésticos era "nova, como argila... era possível moldá-la e fazer acontecer, construir um vencedor... PUM! Para mim, era a oportunidade de uma vida".

Em contrapartida, ele trabalharia para Ken Williams. Por mais de um mês, ele e sua mulher, April, passaram horas sentados no quintal de casa em Los Angeles, uma casa que tinham decorado ao longo dos anos, discutindo sobre a necessidade de

354 **PARTE III   Os hackers de jogos**

mudar e sobre o principal risco do emprego: a personalidade selvagem de Ken Williams, que conseguira se tornar o czar do software. Sunderland conversou com consultores profissionais sobre as possibilidades de um gestor cuidadoso trabalhando com um empreendedor imprudente; falou com especialistas em gestão e até com um psiquiatra. E Sunderland convenceu-se de que podia lidar com o Problema Ken.

Em 1º de setembro de 1982, Dick Sunderland começou como presidente da On--Line Systems, que, coincidentemente, também estava mudando de nome. Refletindo a proximidade com o Yosemite, a empresa agora se chamaria Sierra On-Line e a nova logomarca mostrava o topo de uma montanha dentro de um círculo. Uma mudança para marcar a nova era.

Uma semana antes da chegada de Sunderland, Williams estava se sentindo expansivo. Foi no dia em que ele deslizou pelo escritório para abençoar o hacker que fizera a "audição" do jogo *Wall Wars*. Depois desse encontro, ele conversou com um visitante sobre as potenciais estrelas sob sua responsabilidade. Admitiu que alguns programadores haviam se tornado nomes de marcas, como as estrelas do rock: "Se eu lançar um jogo e colocar o nome de John Harris na capa, vou vender uma tonelada a mais do que se não puser. John Harris é um nome familiar em jogos para o Atari. Entre os donos de um Atari, provavelmente um alto percentual já ouviu falar mais em John Harris do que em muitas estrelas do rock".

No entanto, agora, como a chegada iminente de Dick Sunderland, Williams esperava que o poder dos programadores fosse reduzido. Ele era um "hacker" que estava convencido de que os hackers deviam ser sufocados. Confiava que Sunderland conseguiria baixar o padrão de remuneração deles de 30% para 20% em royalties: "Não acho que seja necessário um gênio programador" para fazer um jogo de sucesso. "Ainda é necessário um programador de primeira linha para escrever um jogo aceitável, mas dentro de um ano isso vai acabar. Os programadores não são uma dúzia por um centavo; são uma dúzia por 50 mil. Mover a espaçonave na tela não é mais um problema. O necessário agora é entender o que o mercado quer, ter acesso aos canais de distribuição, dinheiro, brindes e promoção de marketing."

Sentado em seu escritório naquele dia, falando em seu surpreendente tom de franqueza, ele disse que, "até 1985, sua empresa bateria a casa dos 200 milhões de dólares em vendas ou estaria falida". E acrescentou: "Eu não estou realmente conectado nisso", prometendo retirar-se nas montanhas, como um peregrino da alta tecnologia, para contemplar os próximos passos do milênio dos computadores.

Porém, para a surpresa de quase ninguém, Ken Williams não manteve a promessa de se demitir. Seria tão contraditório como imaginar um hacker abandonando um jogo quente antes de conseguir programar todos os devidos recursos e diferenciais. Ele apresentou a empresa a Sunderland como se sua meta — fazer uma empresa crescer a ponto de ser gerida por um administrador profissional — tivesse sido atingida. Mas, como um hacker, Williams não raciocinava em termos de metas. Estava ainda apaixonado pelo processo de operar a On-Line, e a colisão de culturas entre a informalidade hacker e a rigidez burocrática jogou a companhia em meio a um furacão.

Era quase como se estivesse sendo travada uma batalha pela alma da indústria. Entre as primeiras coisas que Dick Sunderland tentou impor na Sierra On-Line foi uma rígida estrutura corporativa, uma estrutura hierárquica na qual os funcionários e os programadores só tinham permissão de levar problemas para seus chefes imediatos. Ele pediu às secretárias para que distribuíssem cópias do organograma da empresa: havia uma caixinha no topo para Williams, abaixo dela, outra para Sunderland e, abaixo deles, mais uma porção de caixinhas ligadas por linhas que representavam os únicos canais de comunicação autorizados. O fato de essa abordagem ser contra a Ética Hacker não perturbava Sunderland, que achava que o comportamento dos hackers quase levara a companhia à bancarrota e à ruína.

Particularmente, ele gostaria de acabar com o acampamento de verão. Ouvira muitas histórias sobre as viradas turbulentas, as drogas, as festas improvisadas, as piadas no horário do expediente... ouviu até que a equipe de manutenção transava no escritório à noite! Aquele tipo de coisa tinha que acabar. Queria que Williams conseguisse manter um relacionamento mais executivo com os funcionários e promovesse uma comunicação mais ordenada e racional. Como manter a estrutura hierárquica quando o presidente entra na banheira quente com seus subalternos?

Na cabeça de Sunderland, o fluxo de informações devia ser canalizado com discrição, sendo a interpretação estratégica conduzida sem ambiguidades pelos líderes. Pessoas sem a visão geral do negócio não tinham que se chatear por receber migalhas de informação. O que ele queria deter era a inacreditável fábrica de rumores, alimentada pelo livre fluxo de informação a que a empresa estava acostumada. Na opinião dele, Ken Williams "nutria a fábrica de rumores mais do que a evitava. Ele não tinha o menor senso de discrição!". Tudo era de domínio público para Williams, de sua vida pessoal à conta bancária.

Sunderland estava convencido, portanto, de que Williams sabia que a On-Line precisava de gestão responsável ou quebraria. Mas Williams relutava em recuar. Sunderland tentava controlar a situação na área de recursos humanos, selecionava seriamente as contratações e mantinha a folha de pagamento sob controle... e, então, Williams lhe dizia, bangue!, que acabara de contratar alguém para ser seu assistente administrativo, um cargo que não existia no organograma um minuto antes. "E quem ele contratava?", Sunderland relata, "um cara que dirigia um caminhão em Los Angeles."

"Era um estudo de caso", e Sunderland lembra-se de ter lido em um livro na escola de administração: um empreendedor tem uma boa ideia, mas não consegue administrar o negócio quando a empresa cresce. Toda essa confusão deriva da origem hacker da companhia. Williams andava dizendo que a era dos hackers tinha acabado; queria limitar o poder dos programadores dentro da empresa. Mas não estava facilitando as coisas para Sunderland.

Era especialmente difícil tentar negociar a redução dos royalties de 30% para 20%, quando os programadores tinham a impressão de que a empresa estava imprimindo dinheiro. Não era bem assim, mas ninguém acreditava ao ver dinheiro sendo jogado pela janela. Todo mundo sabia sobre a casa que Williams estava construindo fora da cidade, com 122 metros de extensão e um salão de festas que era o maior da região. Uma equipe de mais de doze pessoas estava trabalhando na construção da casa em tempo integral... montaram um escritório completo no terreno com linhas telefônicas e tudo mais. A casa não estava ainda nem pela metade e Williams já convidava todos os funcionários da empresa para jogar tênis lá nos fins de semana. Não era, de fato, a melhor maneira de convencer os programadores a optarem pela austeridade.

O ponto de vista de Ken Williams era um pouco diferente. Ele contratara Sunderland e sempre iria apoiá-lo. No entanto, achava que era necessário manter as mãos no negócio. Sentia-se responsável pelas pessoas que contratara e pela visão do negócio: conhecia aquela indústria como ninguém, enquanto Sunderland era um novato na família. Além disso, Ken Williams estava se divertindo muito: sair agora era como abandonar a roleta depois de fazer a melhor aposta da sua vida. Ou, mais adequado, era como dizer a um hacker que ele não podia mais brincar com a máquina. Uma vez no controle, você não abandona a força divina oferecida pela maestria em programação.

Roberta Williams concordava. Assim como seu marido, ela tratava a On-Line como um complexo sistema de computador no qual ele praticava o hackerismo, Roberta considerava a empresa um projeto criativo que podia ser embelezado e elegantemente estruturado, como um jogo de aventura. Como os programadores de jogos de aventura, ela e o marido divertiam-se no controle da empresa; era difícil abandoná-lo. Na opinião dela, era como contratar uma governanta:

"Pode parecer ótimo ter alguém em casa para tomar conta das crianças todos os dias, enquanto vou fazer o que quiser, projetar jogos de aventura. Mas então ela começa a dizer para as crianças o que podem fazer — 'Ah, claro! Você pode comer um sanduíche de manteiga de amendoim com geleia'. — Mas eu posso não gostar que as crianças comam isso, prefiro que comam bife. E a governanta responde: 'Manteiga de amendoim é muito bom, tem muita proteína em manteiga de amendoim. Você me contratou, me deixe fazer meu trabalho'. É a mesma coisa que está acontecendo com Sunderland. Ele disse: 'Você me deu poder para isso, você queria ter tempo para fazer programação'. Mas agora nós estamos dizendo: 'Bem, era o que pensávamos que queríamos, mas acontece que não queremos abrir mão do controle'."

Enquanto a administração da Sierra On-Line lutava para se encontrar, os hackers da Terceira Geração ressentiam-se com as mudanças. Falavam disso em torno de comida congelada em jantares na Casa Hexagonal, de John Harris, antes de começar a jogar *Dungeons and Dragons*. Ou discutiam a deterioração do estado moral da empresa, comendo pizza e refrigerante no Danny's, um restaurante desolador na Rota 41 com mesas de piquenique cobertas com toalhas xadrezes de plástico. A maioria dos clientes era de famílias locais que pareciam não gostar muito do pessoal da On-Line. No entanto, era praticamente o único lugar da cidade onde os garotos podiam comer pizza e jogar *video game*, com o qual brincavam compulsivamente sem demonstrações visíveis de envolvimento ou interesse, enquanto esperavam a comida chegar.

Estavam orgulhosos de suas posições e quase confusos com a boa sorte de serem pagos para fazer o que mais amavam. No início da década de 1980, criar jogos era a única forma comercialmente viável de arte com a qual, praticamente sem capital, era possível realmente ser um autor: sozinho, você podia conceber, roteirizar, dirigir, executar e polir um trabalho, completando um *objet d'art*, que era bit por bit tão bom quanto um dos jogos mais vendidos do mercado. Essa Terceira Geração considerava-se em uma posição artística privilegiada. O fato de os editores de software competirem por seus produtos tornava tudo mais agradável por um lado e confuso por outro. Não havia regras para nada. Era raro o hacker de 20 e poucos anos que tivesse a astúcia empresarial e a força interna para tratar com negociadores poderosos como Ken Williams ou com a intimidação formal de Dick Sunderland. Já que o dinheiro não era a principal preocupação dos hackers, eles concordavam com tudo que parecia justo. Os negócios não eram tão divertidos quanto o hackerismo.

358   **PARTE III   Os hackers de jogos**

Mesmo assim, no outono de 1982, eram os mais criativos programadores que lideravam a indústria. A Brøderbund estava voando alto com o *Choplifter*, escrito por um antigo hacker da Inteligência Artificial com 28 anos, chamado Dan Gorlin. O jogo era baseado na crise dos reféns do Irã: um helicóptero cruzava as linhas inimigas para resgatar 64 reféns — pequenas figuras animadas que ondulavam ao ver o helicóptero. Foi o jogo do ano e era consistente com a clássica abordagem dos Carlston para o negócio. Os dois irmãos amavam seus hackers: falavam a toda hora sobre a *grandeza artística* de seus designers de jogos.

A Sirius estava desenvolvendo suas próprias superestrelas, mas Gebelli, que criara praticamente todos os jogos no primeiro ano de existência da empresa, não estava entre eles. Segundo Jerry Jewell, Gebelli não considerava a Sirius o melhor canal para distribuir e vender suas obras de arte — isso depois de receber 250 mil dólares em seu primeiro ano, observava Jewell, incrédulo — e, com um executivo que pedira demissão, começou sua própria companhia, chamada modestamente de Gebelli Software. A empresa não chegou a ser uma das maiores do setor.

A empresa sobreviveu à perda, importando hackers adolescentes de outras partes dos Estados Unidos, que criavam jogos best-sellers chamados *Beer Run*, *Twerps* e *The Earth Dies Screaming*. Jerry Jewell agia, às vezes, como se fosse o irmão mais velho de seus programadores adolescentes. O que ele realmente cobiçava era o mercado de massa do VCS e, depois de assinar um acordo para criar jogos para a nova divisão de *video games* da Twentieth-Century Fox, seus olhos ardiam com a visão de seus produtos como bens domésticos — não apenas no universo do Apple e do Atari, mas também em todas as casas. Ele achava que alguns de seus programadores podiam ganhar cerca de 1 milhão de dólares por ano.

Na On-Line, onde o VCS tinha sido apenas um flerte, Ken Williams e Dick Sunderland não falavam sobre 1 milhão de dólares por ano para seus programadores. Eles estavam tentando cortar os royalties de 30% para 20%. E, quando os garotos da On-Line se reuniam em lugares como o Danny's, comparavam as notas e chegavam à conclusão de que estavam de acordo: 30% era justo e 20%, não. A Brøderbund e a Sirius ofereciam participações ainda maiores. Alguns dos hackers estavam sendo abordados por uma nova e excitante empresa chamada Electronic Arts. Tratava-se de uma companhia formada por ex-profissionais da Apple, que prometiam tratar os hackers como heróis culturais, como estrelas do rock.

Williams e Sunderland tentavam convencer os programadores de que 20% era um número justo diante da alta dramática dos custos para promover, testar e distribuir os jogos nesse novo estágio mais profissional da indústria. A On-Line estava aumentando a verba de propaganda, contratando mais gente nas áreas de suporte e ampliando a equipe promocional. Porém, os programadores viam Sunderland e seu sistema como burocracia — da qual, como hackers, tinham uma alergia generalizada. Sentiam saudade daqueles dias no acampamento de verão e do apertar de mãos para selar um contrato. John Harris, por exemplo, cismou com a ideia de contratar um advogado para ajudá-lo a negociar um contrato de seis dígitos ("Eles cobram cem dólares só para *ler* o contrato", reclamou). Harris e os outros hackers da On-Line viam toda aquela gente de suporte e gerentes serem contratados, só para fazer a mesma coisa que a empresa já fazia antes — lançar os jogos que os programadores escreviam. Do ponto de vista deles, aquilo parecia indicar outro pecado para os hackers — ineficiência. Junto, claro, com a ênfase na frivolidade do marketing em vez da substância do hackerismo.

Por exemplo, a On-Line gastou uma porção de dinheiro em novas embalagens coloridas para os jogos — mas não viu a necessidade de incluir o nome do programador na caixa. Williams achou que era suficiente dar o crédito no manual de instruções que vinha dentro da caixa. "Os autores têm que entender que assim teremos mais dinheiro para propaganda e royalties", alegou. Era indicativo do "novo profissionalismo" na negociação com os autores.

Mas bastava ouvir a conversa dos garotos no Danny's durante o outono de 1982 para ficar claro que, para eles, um ambiente estimulante do hackerismo era mais importante do que esse manto de "profissionalismo". E o consenso era de que a maioria dos programadores estava pensando em sair da On-Line.

Mesmo que Ken Williams estivesse alerta para o potencial êxodo dos hackers, o problema parecia pouco preocupar o fundador da On-Line. Ele estava ocupado contratando uma equipe de programadores bem diferentes daqueles potenciais desertores. Impaciente com os hackers que vieram a ele com sua habilidade em linguagem de montagem e com hábitos de trabalho já desenvolvidos, Williams decidira tentar uma fonte alternativa: usar o poder messiânico do computador para criar gurus de programação onde ainda não existiam. No final das contas, os agora experientes hackers que reclamavam do corte dos royalties começaram na On-Line como autores de um, ou, no máximo, dois jogos. Agora acham que Williams lhes deve o mundo. Por que não encontrar gente antes do primeiro jogo, pessoas com alguma habilidade em programação, mas que ainda não são magos da linguagem de montagem, e desenvolvê-los sob sua supervisão? Certamente, eles não seriam ingratos a ponto de deixá-lo pela oferta aleatória de outra empresa. E, mais importante, essa forma ousada de recrutamento estava alinhada com a visão que Williams tinha de sua empresa: o lugar onde o futuro dos computadores encontrava-se com as pessoas para transformar e melhorar a vida delas.

Ele preparou o antigo escritório da empresa para receber a equipe interna de programadores. Algumas das pessoas trabalhando lá recebiam com base em royalties, e Williams lhes ofereceu um lugar para morar de graça. Um deles era Chuck Bueche,* um programador de 21 anos que dirigiu do Texas à Califórnia em um velho Jaguar XKE e que assumiu o nome profissional de "Chuckles" (Risadinha). Sunderland gostava particularmente de uma parte do primeiro jogo criado pelo rapaz, um labirinto chamado *Creepy Corridors*: era o grito cortante e hediondo ouvido, quando o homenzinho movendo-se pelo labirinto era capturado pelo monstro que o perseguia. Considerando os limitadíssimos recursos de áudio do Apple, o grito era um grande avanço. Chuckles dera o pior grito que conseguira e o gravara em uma fita. Usando um analisador digital, conseguiu imprimir cinco longas páginas de dados que, quando carregados no Apple, acionavam exatamente a locação de memória, duplicando o grito. Aquilo ocupou quase a metade da memória disponível na máquina, mas o rapaz achou que valia a pena. Os hackers mais puros da On-Line estavam horrorizados com aquela ineficiência.

Uma porção dos novos programadores, entretanto, estava tão atrás de Chuckles, que questões como aquela eram quase incompreensíveis. As qualificações desses novatos variavam entre diplomas em ciências da computação até uma paixão irresistível para ficar chapado e jogar *video games*. Dois deles eram de origem japonesa, e Williams os contratara porque alguém lhe dissera que os orientais são trabalhadores fantasticamente devotados. Alguns foram atraídos pelas excelentes condições para esquiar na área de Badger Pass. Outros esperavam trabalhar na conversão de jogos de uma máquina para a outra durante o dia e, à noite, criar O Grande Jogo de Computador da América. Por fim, em alguns meses, Williams havia conseguido contratar quase uma dúzia de rapazes inexperientes, programadores não hackers com uma base salarial bem mais baixa, na esperança de que se desenvolvessem com a mesma velocidade da indústria de jogos.

Entre todos os novos programadores, nenhum exemplificou melhor o zelo de Williams pela reforma de vidas com o poder dos computadores como Bob e Carolyn Box. Eles viviam na área por mais de uma década, morando em seu rancho perto de Oakhurst, na quase invisível cidade de Ahwahnee. Bob estava na casa dos 50 anos, tinha cabelo escuro, olhos profundos, um nariz enorme como o de um bassê e pouco mais de 1,20 metro de altura. Ele era um ex-nova-iorquino, ex-engenheiro, ex-piloto de corrida, ex-jóquei e ex-campeão de garimpo de ouro registrado no Livro Guinness dos Recordes. Carolyn Box tinha pouco mais que 1,50 metro de altura, longos cabelos castanhos, uma atratividade entediada e era a *atual*

---

* Leia mais em <http://www.craniac.com/chuckb/CBProfessional.html>. (N.T.)

campeã do garimpo de ouro. Eles haviam se casado fazia 26 anos, quando Carolyn tinha 15 anos. Nos últimos anos, tinham administrado um negócio de suprimentos para garimpagem e ainda buscavam ouro nas águas do rio Fresno, que corria no quintal da casa deles. A região de Oakhurst-Coarsegold ficava na fronteira da mina de ouro do Sul da Califórnia, e o metal que retiravam das águas do rio — uma manhã, os dois garimparam 2 mil dólares de ouro em meia hora — financiava os cursos de programação que faziam na escola de negócios de Fresno.

Eles perceberam que o ouro da década de 1980 seria o software, e a meta deles era trabalhar na On-Line. Embora Carolyn tenha tido receio de lidar com um computador, ela logo entendeu o conceito e dominou a linguagem como se fosse alguém que sempre lhe tivesse falado. Era quase sobrenatural. Foi a primeira pessoa na história da escola a conseguir média quatro em todas as matérias. Bob também foi bem: a programação era como a garimpagem — era preciso seguir passos lógicos e se concentrar muito durante a operação.

No entanto, quando se apresentaram a Williams, ele ficou cético. Disse-lhes que os programadores aparecem com 19 anos e chegam ao auge com 20 — até mesmo Williams, com seus 28 anos, estava pronto para desaparecer (não que ele acreditasse nisso). Contudo, ele queria dar uma chance ao casal porque se encaixavam perfeitamente no sonho que tinha para a On-Line e o futuro dos computadores. Então, pediu a eles que colocassem algo na tela em trinta dias, usando a linguagem de montagem. A escola que os Boxes frequentaram lhes havia ensinado como programar em linguagem de alto nível em computadores mainframes — não sabiam nada sobre a linguagem de montagem do Apple. Porém, trabalhando dia e noite, eles voltaram cinco dias depois com um programa de 82 linhas, que movia um ponto pela tela. Williams pediu que fizessem algo mais e, sempre trabalhando até o amanhecer, criaram um programa com 282 linhas com um aviãozinho voando em alta resolução. Os dois foram contratados e colocados para trabalhar no novo projeto preferido de Williams, um jogo educacional.

Logo os Boxes estavam trabalhando duro em cima da figura de um cãozinho, que chamaram de Dusty, em homenagem ao próprio cachorro deles. Eles explicavam orgulhosamente aos visitantes que o trabalho deles usava uma técnica sofisticada denominada disjunção exclusiva que possibilitava a criação de imagens precisas, sem a figura piscar na tela. Achavam que haviam dado à luz o Dusty Dog. "Aquele cãozinho era como o nosso", dizia Carolyn Box. Quando Williams viu pela primeira vez o *Dusty Dog* movendo-se na tela, aquele cãozinho que se mexia com fluidez e precisão, quase explodiu: "São dias como este que me fazem ter orgulho de trabalhar nesse negócio!". Até mesmo aqueles garimpeiros de meia-idade podiam ser

362   **PARTE III**   **Os hackers de jogos**

superestrelas do software... e Williams era o Moisés que os conduzia à Terra Prometida dos computadores.

Para Roberta Williams, aquilo tudo representava algo: a reabilitação dos Boxes, os esforços comunitários de seu marido, sua própria ascensão ao ranking dos programadores mais vendidos, a colaboração com a Henson Associates em *O cristal encantado*, os esforços artísticos de suas superestrelas do software e, acima de tudo, o modo fantástico como os computadores nutriram um negócio de papai e mamãe a uma operação de 10 milhões de dólares por ano que, em breve, estaria com cem empregados. Ela considerava a história deles muito inspiradora. Aquilo tudo dizia muito sobre o poder dos computadores e sobre a vida diferente e melhor que as pessoas podiam ter com a máquina. Nos dois anos de crescimento da On-Line, Roberta havia abandonado um pouco a timidez e a substituído por um orgulho feroz quanto ao que haviam conquistado. "Olhe pra nós", ela dizia no outono de 1982 um pouco em tom de descrença e um pouco como um trunfo para todos os propósitos, "As pessoas me perguntam: 'Você simplesmente não se senta e diz: ooooh!!! Isso não acontece com você?'. A resposta é que estamos sempre tão maravilhados, durante todo o tempo, que se tornou um estado de espírito".

Roberta queria que a mensagem da On-Line se espalhasse pelo mundo. Insistiu para que a empresa contratasse uma agência de Relações Públicas de Nova York para promover não apenas os programas, mas principalmente as pessoas por trás deles: "Programadores e autores serão no futuro as novas estrelas do entretenimento. Talvez seja presunçoso dizer que eles serão os novos Robert Redford... mas, em certa medida, serão idolatrados. Os heróis do amanhã".

Dick Sunderland não dividia o entusiasmo de Roberta pela agência de relações públicas; ele vinha de uma indústria onde os programadores eram anônimos e estava preocupado que os programadores da On-Line recebessem toda aquela atenção. Já era bem difícil lidar com um garoto de 20 e poucos anos que estava ganhando 100 mil dólares por ano — você pode imaginar como ficaria pior depois que ele desse uma entrevista para a revista *People*, como aconteceu com John Harris no inverno seguinte?

Os holofotes estavam começando a descobrir aquela misteriosa empresa de software, cuja papelaria ainda trazia o endereço da casa de madeira onde o casal Williams começou a operação: Mudge Ranch Road, Coarsegold, Califórnia. O mundo queria saber: Que tipo de loucura do computador era aquela? Quantos milhões estavam em circulação lá longe em Mudge Ranch Road? No início da década de 1980, não havia assunto mais quente na mídia do que os computadores, e, com a agência de Nova York ajudando a canalizar os confusos jornalistas, um fluxo constante de telefonemas de longa distância e até visitantes de longe começaram a chegar a Oakhurst naquele outono.

Isso incluía uma equipe de vídeo da NBC Magazine que voara de Nova York até Oakhurst para registrar imagens dessa próspera era dos computadores. A NBC fez as indispensáveis tomadas de Roberta, trabalhando em um jogo de aventura em sua casa; Williams respondendo telefonemas; e do casal circulando no terreno da nova casa em construção. No entanto, o produtor da NBC estava particularmente ansioso para conversar com o coração daquela empresa: os jovens programadores. Crianças mágicas escrevendo jogos e ficando ricas. Os programadores, aqueles contratados e aqueles que trabalhavam por royalties, estavam devidamente reunidos no escritório.

Com seus cabelos grisalhos, bigodes fartos e olhos piscantes, o produtor da NBC parecia um experiente gondoleiro que conhecia os nós de corda, mas mantinha a compaixão. Ele incentivou os programadores a trabalhar em seus terminais para que o câmera pudesse fazer umas tomadas, mostrando essa próspera empresa que media a produção em linhas de código de computador. Imediatamente, um hacker começou a confeccionar um programa para gerar uma flor com 21 pétalas na tela — um programa envolvendo a retenção do π (pi) na sexta casa decimal. Mesmo depois que a equipe da NBC encerrou a tomada, o programador adolescente sentiu-se compelido a continuar e terminar a flor.

O produtor a essa altura estava entrevistando um dos magos de Williams com 21 anos.

"Para onde vai essa indústria?", ele perguntou solenemente ao rapaz.

O jovem mago chocou o produtor: "Não tenho a menor ideia".

364   **PARTE III   Os hackers de jogos**

Capítulo 19
A FESTA DA MAÇÃ

A Terceira Geração fazia concessões à Ética Hacker que deixaria estarrecidos hackers como Greenblatt e Gosper. Tudo era uma questão de dinheiro. O resultado da programação estava de maneira inelutável vinculado àquele registrado em uma folha do livro-razão. Elegância, inovação e pirotecnia em código eram muito admiradas, mas um novo critério surgira na equação do estrelato hacker: fantásticos números em vendas. Os pioneiros podiam considerar aquilo uma heresia: eles defendiam que todos os softwares — todas as informações — fossem livres e gratuitos; o orgulho derivava de como as pessoas usavam seu programa e de quanto ficavam impressionadas com o trabalho. Mas a Terceira Geração nunca teve o senso de comunidade de seus predecessores e logo entendeu que as vendas saudáveis faziam deles vencedores.

Um dos pontos mais onerosos à Ética Hacker nasceu, justamente, do desejo dos editores de protegerem as vendas. Tratava-se de fazer adulterações intencionais em programas para prevenir a cópia e a comercialização pelos usuários, especialmente sem pagar direitos ao editor e ao autor. Os editores de software chamavam esse processo de "proteção contra cópia", mas uma parte substancial dos hackers preferia chamar de "guerra".

Era crucial para a Ética Hacker o fato de que os computadores, por natureza, não consideram a informação proprietária. A arquitetura da máquina beneficia-se com o fluxo de informação mais fácil e mais lógico possível: é preciso alterar substancialmente o processo do computador para tornar os dados inacessíveis a determinados usuários. Usando um comando simples, o usuário pode duplicar um disco flexível

— até o último byte — em aproximadamente trinta segundos. Essa facilidade apavorou os editores de software, que responderam à ameaça com discos protegidos contra cópias; alterações nos programas com rotinas especiais impedem que o computador aja naturalmente quando alguém tenta fazer uma cópia. Uma barreira digital que não aprimora o programa para o usuário e só beneficia o vendedor.

Os editores tinham razões legítimas para recorrer a medidas tão pouco estéticas. A vida deles estava investida naqueles softwares. Aquilo não era o MIT onde os softwares eram subsidiados por alguma instituição; não havia o programa ARPA pagando as contas. Tampouco era o Homebrew Club onde todo mundo queria montar um computador e os softwares eram escritos por hobbystas para depois trocá-los gratuitamente. Era uma indústria, e as empresas quebrariam se ninguém pagasse pelos programas. Se os hackers queriam escrever jogos e dá-los gratuitamente a seus amigos, isso era problema deles. No entanto, os jogos publicados pela On-Line, pela Brøderbund e pela Sirius não eram aviõezinhos de papel lançados ao ar prontos para espalhar a benção dos computadores pelo mundo. Eram produtos. E, se alguém queria um produto de qualquer tipo nos Estados Unidos, tinha que colocar a mão no bolso e tirar notas de dinheiro ou um cartão de crédito para comprá-los.

Muita gente recusava-se a reconhecer esse simples fato; o que deixava loucos os editores de programas. As pessoas encontravam maneiras para copiar os discos — e copiavam. Eram, em geral, hackers.

Os usuários também se beneficiavam com a quebra da proteção dos discos. Alguns deles recitavam uma lista de razões que podia ser ouvida nas reuniões dos grupos de usuários, repetida nas lojas de computadores e até escrita na seção de cartas de revistas como a *Softalk*. *O software é muito caro. Nós só copiamos software que não compraríamos mesmo. Fazemos isso somente para testar os programas.* Algumas dessas racionalizações eram poderosas — se um disco é protegido contra cópias, um dono legítimo também não será capaz de fazer uma cópia de backup para o caso de o disco estragar. A maioria dos editores de software enviava uma nova cópia, se o consumidor mandasse um disco danificado para ser substituído. Porém, isso envolvia custos extras e, além disso, quem queria esperar quinze dias por algo que já havia sido pago?

Para os hackers, porém, quebrar a proteção dos discos era tão natural quanto respirar. Eles odiavam o fato de que os discos não podiam ser alterados. Não era possível nem mesmo olhar os códigos, admirar os truques e aprender com eles, modificar uma rotina ofensiva ou inserir sua própria sub-rotina nova... Não era possível continuar a trabalhar no programa até que ficasse perfeito. Era inconcebível. Para os hackers, o programa era uma entidade orgânica com vida independente de seu autor. Qualquer um capaz de aprimorar aquele organismo em linguagem de máquina era bem-vindo e devia tentar. Se você achasse que os mísseis do *Threshold* eram muito lentos, tinha que mergulhar no sistema e depurar o código para melhorá-lo. A proteção de cópias era como uma figura de autoridade lhe dizendo para não entrar em um cofre repleto de mercadorias em linguagem de máquina... coisas que você precisava com certeza para aperfeiçoar seus programas, sua vida e o mundo em geral. A proteção era um valentão fascista dizendo: "tire as mãos daí!". Por uma questão de princípio, pelo menos, a proteção dos discos contra cópias precisa ser "quebrada". Exatamente como os hackers do MIT, que se sentiam compelidos a furar a segurança da máquina do CTSS ou se engajavam em batalhas para liberar ferramentas das oficinas. Obviamente, derrotar o valentão fascista da proteção de cópias era um chamado sagrado que envolvia muita diversão.

As primeiras versões de proteção de cópia envolviam rotinas de "mudanças de bits", que alteravam levemente o modo que o computador lia as informações no disco rígido. Essas eram bem fáceis de quebrar. As companhias tentaram esquemas mais complicados, mas cada um deles foi furado pelos hackers. Um editor renegado de software começou a vender um programa chamado *Locksmith* (Chaveiro), desenhado especificamente para possibilitar que os usuários duplicassem discos protegidos. Não era mais preciso ser um hacker, nem mesmo um programador, para conseguir quebrar a proteção contra cópias! O editor do *Locksmith* assegurou ao Mundo Apple que sua intenção, com certeza, era apenas permitir que os usuários fizessem cópias backups de programas que haviam adquirido legalmente. Insistiu que os usuários não abusavam necessariamente dessa possibilidade, o que poderia prejudicar as vendas dos editores. E, claro, Buckminster Fuller acabara de anunciar que seria o novo placekicker* do time de futebol americano New York Jets.

Com muitos editores imaginando que estavam perdendo mais da metade do negócio de software por causa dos piratas (Ken Williams, com seu habitual exagero, estimou que de cada programa vendido legalmente eram tiradas cinco ou seis cópias), as apostas na proteção eram altas. Estranhamente, muitas empresas contratavam como especialistas de proteção contra cópias o mesmo tipo de jovem hacker que passava horas a fio para descobrir como quebrar a rotina de segurança criada pelos outros. Era o caso na Sierra On-Line. O especialista em proteção era Mark Duchaineau. Tinha 20 anos e, durante algum tempo na Applefest de 1982, conseguiu sozinho manter a On-Line, uma empresa de 10 milhões de dólares, como refém.

---

* No futebol americano, o placekicker chuta a bola através da trave de gol para marcar pontos e inicia o jogo e o reinicia a cada gol marcado. Mais informações disponíveis em <http://esporte.hsw.uol.com.br/futebol-americano2.htm>. (N.T.)

Mark Duchaineau era outro hacker da Terceira Geração que havia sido seduzido pelos computadores. Tinha longos cabelos castanhos que lhe caíam lindamente sobre os ombros. Seus olhos azuis brilhavam com uma intensidade que insinuava grandes incêndios por baixo de sua calma quase oriental, chamas que poderiam levá-lo a agir de modo inexplicável. Ele misturou suas sensibilidades às do computador durante o ensino médio em Castro Valley (Califórnia), como relata:

> "Havia um teletipo e, depois das aulas, eu ficava ali por muitas horas. Eles me deixavam programar. Eu nunca fui popular; era um solitário. Os outros garotos jogavam beisebol ou faziam esportes, mas eu era das ciências e da matemática. Não tinha amigos próximos, mas não ligava. Era realmente interessante ensinar a máquina a fazer coisas. Você se comunica com a máquina... é como lidar com outra pessoa. Há um universo inteiro para mergulhar quando você faz programação. E, quando você faz isso tão jovem como eu, é como se tornasse um só com o computador, quase uma extensão do seu corpo. Quando imprimia comentários em código, eu dizia frases como: 'nós fizemos isso, nós fizemos aquilo...'. Era como se fôssemos um só."

Sem acesso ao computador, Mark Duchaineau sentia "um grande vazio... era como se não tivesse olhos nem ouvisse. O computador era como ter outro sentido ou parte do meu ser".

Tendo descoberto essa sensação no final da década de 1970, Mark conseguiu ter acesso a computadores para seu uso pessoal e se tornar um hacker da Terceira Geração. Ainda no ensino médio, ele conseguiu um emprego na loja Byte Shop em Hayward e amava trabalhar ali. Fazia um pouco de tudo — consertos, vendas e programação para o dono da loja e para os clientes que queriam programas customizados. O fato de não ganhar mais de 3 dólares por hora não o incomodava: trabalhar com computadores já era o bastante. Mantendo o emprego na loja, ele cursou a faculdade estadual da Califórnia, onde passou sem esforços em matemática e ciências da computação. Transferiu-se para Berkeley e ficou chocado com o rigor do currículo de ciências da computação da faculdade. Ele tinha desenvolvido uma atitude hacker: podia trabalhar horas sem fim nas coisas que lhe interessavam, mas não tinha paciência para o que não considerava importante. De fato, achava quase impossível manter a atenção no que chamava de "pequenas picuinhas que nunca seriam úteis", embora, infelizmente, elas fossem essenciais para o sucesso no Departamento de Ciência da Computação de Berkeley. Assim, como muitos hackers da Terceira Geração, ele não entendeu os benefícios do trabalho de alto nível que se fazia nas universidades. Abandonou os estudos e aproveitou a liberdade oferecida pelos computadores pessoais, voltando a trabalhar na Byte Shop.

368   PARTE III   Os hackers de jogos

Um forte círculo de piratas orbitava em torno da loja. Alguns deles haviam sido entrevistados em uma reportagem da *Esquire* sobre pirataria,[1] que os fez parecerem heróis. Realmente, Mark os considerava hackers fortuitos. Ele estava interessado em descobertas que o ajudassem a quebrar proteções contra cópias e era muito bom nisso, embora não tivesse necessidade dos programas que estavam gravados nos discos. Como estudante da Ética Hacker, ele não cogitava a ideia de escrever esquemas de proteção contra cópias.

Um dia, porém, ele estava brincando com o sistema operacional do Apple, como sempre fazia — o mergulho habitual dos hackers dentro de um sistema. "Meu grande foco era descobrir", contou anos depois. Mexendo nos computadores, ele sempre conseguia desenterrar algo novo, e essas descobertas lhe davam uma imensa satisfação. Mark estava tentando entender o que no sistema operacional fazia o disk drive ligar e desligar e logo descobriu o que disparava, girava, fazia o leitor operar e movia o motor. Enquanto experimentava variações no modo tradicional de operar o disk drive, fez uma grande descoberta: um novo modo de colocar informações em um disco.

O esquema de Mark envolvia o arranjo dos dados em trilhas espiraladas no disco, assim a informação podia não ser acessada de forma concêntrica, como uma agulha sobre um *long-play*, mas em diversas trilhas espiraladas. Foi por isso que chamou o esquema de *Spiradisk*.* Os diferentes arranjos enganavam os programas de quebra de proteção que permitiam aos piratas fazer cópias. Mesmo não sendo à prova de piratas (nada é), o esquema de Mark desafiava o *Locksmith* e qualquer outro programa comercial. E levaria um tempo enorme para que alguém, mesmo um hacker devotado, conseguisse quebrá-lo.

Por um amigo que estava trabalhando em um jogo para a On-Line, Mark conheceu Ken Williams, que manifestou um interesse vago pelo esquema descoberto pelo rapaz. Nos meses seguintes, eles conversaram por telefone sobre o *Spiradisk*. Williams parecia sempre encontrar falhas no esquema de Mark. Alegou que o *Spiradisk* consumia muito espaço no disco flexível e só possibilitava a gravação de metade dos dados antes possíveis.

Enquanto arrumava essa falha, Mark teve outra revelação, que permitia não só armazenar a quantidade original de dados no disco flexível, como também aumentava a velocidade da troca de informações entre o computador e o disk drive. De início, o rapaz duvidou de que fosse verdade. Porém, como todo bom hacker, ele tentou e, depois de algumas horas de trabalho intenso, olhou, estupefato, e disse: "Nossa! Deu certo!".

---

* Mais informações em <http://www.fadden.com/techmisc/computist.htm>. (N.T.)

A festa da maçã

Segundo os cálculos de Mark, o *Spiradisk* operava vinte vezes mais depressa do que o sistema operacional do Apple. Isso significava que era possível carregar a informação de um disco para a memória do computador em uma fração do tempo. Era revolucionário, realmente fantástico. Mark Duchaineau não entendia por que Ken Williams estava tão relutante em usar aquela descoberta.

Williams via algum valor no esquema de Mark, mas não queria arriscar sua empresa inteira em algo concebido — e não testado — por um garoto genial qualquer. Em seus dois anos à frente da On-Line, Williams tinha visto, à essa altura, muitos deles — verdadeiros magos, conceituadores brilhantes, mas hackers no pior sentido; gente que não conseguia terminar projetos. Qual a segurança que teria de que Mark poderia — ou iria — resolver qualquer falha inevitavelmente surgida em um esquema revolucionário como aquele? No entanto, ele ficou bastante impressionado com o rapaz, a ponto de convidá-lo para ir a Oakhurst e trabalhar em proteção contra cópias mais convencionais. Mark, decepcionado com a rejeição de Williams pelo *Spiradisk*, recusou o convite.

"Quanto você quer receber?", perguntou Williams.

Mark Duchaineau morava na casa dos pais e ganhava 3 dólares por hora na loja de computadores. Sem nada a perder, fez seu lance. "Dez dólares por hora", principalmente porque, como ele explicou depois, "o número soou muito bem para mim."

"Bem", respondeu Williams, "e se eu deixar você morar em uma das minhas casas e lhe pagar 8,65 dólares por hora?"

Negócio fechado.

Basicamente, Williams queria um sistema confiável contra cópias para usar na Form Master, uma grande máquina de reprodução de discos que a On-Line havia comprado. Será que Mark conseguia fazer isso? Sim. Em meia hora, o rapaz concebera um plano e se sentou para trabalhar pelas próximas 24 horas, terminando com um esquema completo de proteção que, segundo ele, "não era o mais confiável de todos, não era de alta qualidade, mas funcionava, se você operasse com disk drives limpos e em velocidade normal". Nos meses seguintes, Mark usou o esquema para proteger cerca de 25 produtos.

Ele também se tornou o Mestre de Jogo oficial nas rodadas de *Dungeons and Dragons* (*D&D*) que aconteciam na Casa Hexagonal. Construída como uma casa suburbana tradicional, o imóvel começava a apresentar sinais de negligência causados por seus moradores hackers. As paredes, os corrimãos de madeira e os armários da cozinha, tudo ganhava um ar detonado, como se sobrevivesse à guerra. Ninguém se preocupara em comprar móveis. A sala principal tinha uma mesa de jantar de fórmica e cadeira baratas de cozinha, uma máquina grande de *video game* e uma enorme televisão (sem estante) conectada a um Betamax que parecia rodar constantemente *Conan, O Bárbaro.*[*] Nas noites de *D&D*, alguns programadores juntavam-se na mesa, enquanto Mark sentava-se no chão acarpetado com as pernas cruzadas e cercado pelos guias do jogo. Ele rodava os dados e, ominoso, predizia que esse personagem... ou troll, conforme o caso, tinha 40% de chance de ser morto por um raio lançado por um mago chamado Zwernif. Jogava novamente os dados e, com seus olhos desconcertantemente intensos, dizia, já pronto para a próxima virada, "Você ainda está vivo". E, então, pegava novamente o livro para encontrar outro confronto de vida e morte para os jogadores. Ser mestre no *D&D* era um grande exercício de controle, assim como os computadores.

Mark continuava a defender o *Spiradisk*. Sua ânsia por implementar o esquema difícil de quebrar não era apenas pelo desejo de enfrentar os futuros piratas, ele considerava isso um sacrifício em nome de seu plano mais altruísta. Esperava que o *Spiradisk* gerasse royalties o suficiente para que pudesse começar sua própria empresa, uma companhia que não seria orientada pelos padrões comerciais pouco produtivos, mas pelo pensamento avançado da pesquisa e do desenvolvimento. A empresa de Mark seria o paraíso dos hackers, onde os programadores contariam com todas as ferramentas existentes para criar softwares fantásticos. Caso um programador achasse que a empresa precisava de um novo equipamento, por exemplo, um supercalibrado osciloscópio, não teria que pedir permissão a canais administrativos sem sintonia com seu trabalho... ele e seus colegas hackers teriam um grande peso no processo. De início, a companhia de Mark escreveria o estado da arte em software — ele próprio sonhava com uma versão aperfeiçoada de *Dungeons and Dragons*.

Porém, software era só o começo. Assim que as receitas conseguissem o retorno apropriado, a empresa de Mark entraria na indústria de hardware. A principal meta era criar um computador bom o bastante para rodar um videojogo como o das mais sofisticadas máquinas pré-pagas. O equipamento teria um sintetizador interno de música melhor do que os mais avançados modelos atuais; teria poder de processamento mais do que suficiente para rodar o "ambiente" de software dos sonhos de Mark, chamado Screen Oriented Data Manipulation System (Sordmaster), o que elevaria à décima potência o valor do melhor programa já existente... um computador, segundo ele, que "faria qualquer coisa que você quisesse".

Finalmente, Ken Williams concordou em deixar o Mestre do Jogo para proteger os programas da On-Line contra cópias com o *Spiradisk*. Mark ganharia 40 dólares

---

[*] Mais informações em <http://www.experiencefestival.com/conan_the_barbarian_-_games>. (N.T.)

por hora para colocar tudo para funcionar direito, 5 mil dólares por mês para manter o sistema e 1% em royalties por todos os discos protegidos pelo esquema. Mark também planejou que, ao colocar para rodar um programa protegido com o *Spiradisk*, a primeira coisa que o usuário veria ia ser o nome de sua "empresa", Bit Works.

Como Williams suspeitou, havia problemas com o esquema. Os discos tinham sempre que ser reiniciados uma ou duas vezes antes que o programa carregasse direito. Williams começou a se desencantar com Mark. Na opinião dele, o rapaz era mais um daqueles brilhantes hackers — prima-donas, mas sem foco. Ele acreditava que Mark era capaz de dar um salto crítico para toda a indústria: criar um formato para operar nos computadores Apple e também no Atari e no IBM, em vez do sistema atual, que exigia um disco separado para cada máquina. "Mark sabia como fazer isso", Williams lamenta, "Podia fazer em seis semanas, mas não queria se esforçar. Funcionava. Ele sentou, trabalhou por uma semana e perdeu o interesse no projeto. Ele podia fazer, mas aquilo não o *excitava*. Não era divertido." Segundo o próprio Williams, "era preciso ter tendências suicidas para deixar sua empresa depender de um cara como Mark". No entanto, quando lhe apontaram que a companhia realmente dependia da Terceira Geração de hackers, teve que admitir que era verdade.

O fato ficou em evidência durante a Applefest em São Francisco. Um dos destaques desse evento de fim de semana, um bazar anual no qual as empresas fabricantes de produtos para computadores Apple apresentavam e vendiam suas novidades, era a introdução de uma muito esperada e ornamentada versão sequencial de um dos mais amados jogos da Apple de todos os tempos, o *Ultima*.[*] Em um golpe de mestre, a On-Line Systems conseguira o jogo e seu temperamental autor, que escrevia sob o pseudônimo de Lord British.[**]

O *Ultima* original era um jogo de representação de papéis (RPG — Role-Playing Game) no qual cada jogador assume um personagem com certos "pontos de atributo", como duração, sabedoria, inteligência, destreza e força, viajando em um planeta misterioso, passando por torres e masmorras, chegando a vilas para se abastecer e receber dicas importantes, além de enfrentar elfos, guerreiros e magos. Embora o jogo fosse escrito em Basic e rodasse bem lentamente, era uma grande obra de imaginação e foi um dos best-sellers da Apple. Contudo, quando Lord British preparava sua sequência, ele deixou escapar que estava deixando seu atual editor — que, segundo ele disse, não estava pagando os royalties devidos.

---

[*] Leia mais em <http://en.wikipedia.org/wiki/Ultima_%28video_game_series%29>. (N.T.)

[**] Mais informações e imagens em <http://en.wikipedia.org/wiki/Richard_Garriott>. (N.T.)

Ele foi inundado por ofertas das empresas editoras de software. Embora tivesse 20 anos na época, Lord British não estranhava situações de pressão: seu verdadeiro nome era Richard Garriott, filho de Owen K. Garriott, um astronauta do Skylab.* Ele conhecia e aproveitava a fama refletida pelo pai, especialmente quando o Skylab 2 foi lançado e a família dele parecia ser o foco de atenção do mundo. Garriott cresceu na região de intensa atividade de engenharia da Nassau Bay, em Houston, e se envolveu com computadores no ensino médio, onde convenceu os professores a lhe darem aulas particulares de programação. O seu currículo foi feito na construção de jogos.

Sob muitos aspectos, ele era um garoto bem ajustado, um típico norte-americano. Entretanto, ele permanecia acordado durante toda a noite diante do computador Apple que ficava em seu quarto. "Assim que amanhecia, eu me dava conta de como era tarde, e desmontava ali mesmo", ele conta. Há muito tempo ele tinha interesse nos jogos de RPG e era fascinado pela cultura medieval, fazendo parte de um clube chamado Society of Creative Anachronisms.** Quando calouro na Universidade do Texas, ele se juntou à equipe de esgrima, mas era realmente mais da aventura — balançar, subir na mesa e lutar de capa e espada ao estilo de Errol Flynn. Ele queria juntar seus dois interesses, criando jogos para computadores. Depois de trabalhar por meses, concluiu seu 28º jogo, que chamou de *Alkabeth* e ficou espantado quando um editor, que viu uma das cópias que o garoto havia entregado de graça aos amigos, ofereceu-se para publicá-lo e lhe enviou dinheiro. Por que não? Ele assumiu o pseudônimo de Lord British, porque alguns garotos o provocavam, dizendo que seu sotaque parecia o de um inglês (não parecia).

Alkabeth gerou dinheiro suficiente para pagar várias faculdades. Seu próximo jogo, o *Ultima*, era mais ambicioso, e, com os royalties de seis dígitos, Garriott comprou um carro e abriu gordas contas de previdência privada, além de investir em um restaurante em Houston. Agora ele estava pensando em entrar no setor imobiliário.

Garriott via sua sequência do *Ultima* como algo especial. Ele aprendeu linguagem de máquina, especialmente para escrever a nova versão do jogo e estava magnetizado pelo poder que conquistara: achava que agora podia ver a memória, o microprocessador, os circuitos de vídeo... entendia o que cada bit fazia e para onde iam as linhas de dados. E a velocidade de programação era inacreditável. Somente com esse poder, o *Ultima 2* poderia vir à fruição de todos. Porque, no *Ultima 2*, Richard Garriott estava escrevendo realmente um épico, um jogo que possibilitava que o

---

*   Saiba mais sobre o projeto em <http://www.nasa.gov/mission_pages/skylab/index.html>. (N.T.)
**   Mais informações em <http://www.sca.org/>. (N.T.)

jogador fizesse mais do que qualquer outro. Ele insistia que algumas dessas habilidades tinham que aparecer listadas na caixa onde o jogo seria vendido:

* Dominar navios
* Sequestrar aviões
* Viajar pelo Sistema Solar
* Confrontar pessoas inocentes
* Ser perseguido por agentes da KGB
* Ser abordado em becos escuros
* Lutar com piratas em mar aberto
* Ser seduzido em um bar
* Jantar em seu restaurante favorito
* Conhecer pessoas importantes na indústria de computadores
* Colocar feitiços mágicos em criaturas do mal
* Visitar o castelo de Lord British
* Explorar masmorras escuras e mortíferas
* Roubar comerciantes
* Eliminar criaturas violentas
* Superar forças impenetráveis
* Exercer a magia mais poderosa já conhecida pelos homens

Garriott tinha incorporado a metáfora do computador — criando e habitando um universo particular — dentro de um jogo que permitia ao jogador viver no mundo da imaginação de Lord British. Movendo o personagem que o jogador criava definindo traços de personalidade, era possível conquistar poderes, ferramentas, veículos de transporte, armas... e, entre guerreiros humanoides do mal e diabólicos magos, você podia se encontrar com personagens baseadas em pessoas reais, muitas delas amigas de Richard Garriott — personagens que, mantendo suas verdadeiras características de comportamento, lhe dariam informações crípticas para ajudar a resolver o enigma.

Richard Garriott mostrou no jogo ambição e complexidade joyceanas,[*] mas ele admitia sentir falta de habilidades literárias: "Não consigo soletrar, não tenho técnica gramatical; devo ter lido menos de 25 livros em minha vida". De início, isso o embaraçava, mas, àquela altura, já dizia a si mesmo que o computador viabilizava sua

---

[*] Referência ao escritor irlandês James Joyce (1882-1941), autor, entre outras obras, de *Ulysses* e *Finnegans Wake*. Leia mais em <http://pt.wikipedia.org/wiki/James_Joyce>. (N.T.)

arte. E ao falar sobre vender o seu *Ultima 2* para um novo editor, além da cláusula inegociável de 30% em royalties, sua principal preocupação era que a embalagem e a campanha de marketing fossem consistentes com a virtuosidade artística de seu jogo. Seria imprescindível uma caixa grande, ilustrada profissionalmente, com um mapa do Universo com linhas mostrando distorções de tempo/espaço, cartões especiais com as dezenas de comandos disponíveis para os jogadores e ainda um manual enorme, sofisticado e com dezesseis páginas parecendo um antigo pergaminho.

Nenhuma dessas exigências desencorajava os editores de software de tentar assinar contrato com o mais lucrativo dos hackers. Ken Williams o perseguia incansavelmente, farejando um best-seller. Depois de pagar passagens para Garriott ir a Oakhurst, ele concordou com todos os pedidos de Lord British — até mesmo com os 30% em royalties. Ken Williams queria que ele assinasse imediatamente, e Garriott contou depois que "ficaram todos ofendidos porque eu não assinei nada naquele dia". Mas, depois que retornou ao Texas, o garoto assinou: "Não via razão para não fazê-lo".

Depois de meses de espera, um pouco devido a um longo e inesperado período de depuração (nunca houve um inesperado curto período de depuração na história dos computadores), um pouco devido ao fato de que os mapas do universo foram encomendados a uma empresa no Irã e as transações comerciais com os Estados Unidos foram repentinamente suspensas após a crise dos reféns, o programa estava completo.

Garriott tinha o jogo em mãos na Applefest; engalanado com correntes de ouro e com uma túnica de camurça, o jovem alto, de cabelos castanhos e feições angulares, levava multidões ao estande da On-Line, enquanto revelava sua obra-prima. As pessoas não podiam acreditar na própria sorte por encontrar pessoalmente com aquele Garriott de 21 anos, que demonstrava com ar casual como podiam ter a oportunidade no *Ultima 2* de viajar para Plutão. *Esse é o cara que escreveu o Ultima 2!* As encomendas do programa, que custava 59,95 dólares, chegavam à casa das dez mil; Richard Garriott esperava que o primeiro cheque referente aos royalties do *Ultima 2* fosse mais alto do que a soma de tudo que recebera previamente pelos outros jogos. Ele seria um rapaz extremamente feliz, não fosse pelo problema que estava impedindo o *Ultima 2* de ser lançado naquele mesmo fim de semana. O problema era Mark Duchaineau. Ele não havia protegido as cópias do programa e não estava claro se ainda o faria.

O Mestre do Jogo havia insistido com Dick Sunderland que o sistema *Spiradisk* operaria perfeitamente no *Ultima 2*, aumentando a velocidade do carregamento do jogo e diminuindo substancialmente a voracidade dos piratas que esperavam para quebrar a proteção. Ele considerava insignificantes os problemas anteriores da On--Line com o *Spiradisk*, insinuando que poderia haver problemas com cópias justamente se não usassem seu esquema de proteção. Sunderland suspeitava de que os argumentos de Mark eram motivados por sua ambição em promover o *Spiradisk* e receber os royalties — que iam valer mais de 10 mil dólares em um best-seller como o *Ultima 2*.

Richard Garriott, seu amigo e colega programador Chuck Bueche e o gerente de produtos da On-Line concluíram juntos que o uso do *Spiradisk* seria muito arriscado. Sunderland chamou então Mark Duchaineau e lhe disse que fizesse as cópias protegidas com o velho esquema. Mas Mark ainda se mostrou evasivo.

Sunderland estava furioso. Aquela estranha criatura, aquele megalomaníaco Mestre do Jogo de 21 anos, que vivia em uma das casas de Williams, estava se aproveitando da reputação da On-Line para promover seu sistema... e agora tinha a ousadia de insinuar para Sunderland que o mais lucrativo programa da estação não seria lançado porque ele queria protegê-lo à sua moda! Por mais assustadora que essa ameaça parecesse, Mark, como único especialista em proteção da empresa, tinha o poder de atrasar o lançamento — levariam semanas para contratar um substituto. O que se apresentava ainda mais apavorante era que Mark Duchaineau, se quisesse, poderia atrasar o serviço de proteção para toda a linha de produtos da On-Line! A empresa não podia entregar *nenhum* produto sem ele.

Sunderland estava se sentindo perdido. Williams ainda não havia chegado ao evento. Ele ainda estava voltando de Chicago, onde fora participar do encontro dos fabricantes de máquinas de fliperama e de jogos pré-pagos. Sunderland não tinha condições técnicas nem para avaliar a validade dos argumentos de Duchaineau. Então, ele pediu ao jovem programador, Chuck Bueche, que fosse até os telefones públicos na entrada da Applefest para ligar para Duchaineau — sem deixar transparecer que fora um pedido de Sunderland, claro! — e ter uma ideia das tecnicalidades envolvidas. Não faria mal nenhum também se o programador conseguisse amansar o Mestre do Jogo linha-dura.

De fato, embora Bueche fosse um inquieto agente duplo, o telefonema desfez o impasse. Talvez o que tenha feito Duchaineau ceder foi o fato de que a ligação o lembrou de que ele estava atrasando um processo que certamente levaria os usuários a se beneficiar com o triunfo de um colega programador — Mark Duchaineau estava no embaraçoso papel de ser um hacker tentando impedir o lançamento do valioso programa de outro hacker. De qualquer forma, ele concordou em proteger o jogo contra cópias. Porém, quando Ken Williams soube do episódio, seu conceito sobre Mark Duchaineau ficou ainda mais baixo. Mais tarde, ele prometeu enxotar Mark

Duchaineau de Oakhust envolto em alcatrão e penas — tão logo a On-Line desco-
brisse como substituí-lo.

Durante dois anos, a Applefest foi o maior evento, reunindo companhias do Mundo Apple, como On-Line, Sirius, Brøderbund, e dúzias de fornecedores de softwares,
placas adicionais e periféricos que rodavam no Apple. Foi um tempo de celebração
da máquina que havia dado vida e inspiração à Fraternidade, e as empresas estavam
mais do que felizes por entreter os milhares de donos de Apples que avidamente
submergiam no oceano de jogos, impressoras, disk drives, guias de programação,
joysticks, cartões de memória RAM, monitores RGB, simuladores de guerra e ma-
letas de proteção. Foi um tempo de renovar os laços na Fraternidade, buscar novos
programadores, tirar os pedidos e deixar que as pessoas vissem onde você estava e
como orquestrava seu próprio show.

No entanto, a Applefest de 1982 acabou se tornando a última importante. O motivo
era simples: a On-Line e seus concorrentes estavam agora lançando programas para
várias máquinas; a Apple não dominava mais o mercado. Além disso, as companhias começavam a ver os eventos abertos ao público como perda de tempo, energia e dinheiro — recursos que podiam ser investidos nos eventos que estavam se
tornando importantes: as grandes feiras abertas somente aos comerciantes que se
realizavam em Chicago e Las Vegas. Nelas os heróis não eram os programadores,
mas o homem que tirava os pedidos.

Mesmo assim, o evento estava lotado, mais uma indicação da explosão econômica
trazida pelos computadores. Em meio ao ruído de pés, vozes e jogos eletrônicos da
Applefest, o que emergia era a melodia de uma prosperidade sem precedentes. Por
todos os lados havia milionários cuidando de seus estandes, milionários que dois
anos antes estavam mergulhados na obscuridade e em atividades não lucrativas.
Havia também os novatos com estandes pequenos ou sem estandes, sonhadores
atraídos pelo aroma excitante e afrodisíaco que emanava do Mundo Apple e do
mundo dos computadores.

O cheiro do sucesso estava deixando as pessoas insanas.

As pessoas falavam alegremente de histórias inacreditáveis; o mais novo herói da
alta tecnologia, como em uma saga de Horatio Alger,* havia conseguido enriquecer,

---

* Referência ao escritor norte-americano Horatio Alger (1832-1899), que se tornou famoso
por suas histórias juvenis nas quais garotos pobres alcançavam fortuna e conforto. (N.T.)

A festa da maçã

dando uma prova espantosa da explosão econômica dos computadores. Era uma corrida do ouro, mas era também verdade que o investimento mínimo para a entrada de um concorrente sério no mercado apresentava-se agora muito mais alto do que fora para Ken Williams. O capital de risco era então uma necessidade, obtido junto ao homem de terno risca de giz que jantava nos medíocres restaurantes franceses do Vale, dizendo paradoxalmente estar em busca da excelência nos seminários da indústria ("marketing, marketing, marketing") e se autodenominando um "tomador de risco". Eram gente intolerável, os insaciáveis do sonho hacker, mas, se você conseguisse uma piscada deles, os retornos seriam intermináveis. Ninguém sabia melhor a esse respeito do que as pessoas que estavam na Applefest trabalhando para começar uma empresa chamada Electronic Arts (EA). A ideia deles era superar o que já consideravam as antigas práticas das empresas da Fraternidade e estabelecer uma companhia mais nova do que a Nova Era. Uma empresa que elevasse o software a outro reino.

A Electronic Arts definiu sua missão em um pequeno folheto enviado aos "artistas do software" que eles estavam tentando tirar de seus atuais editores. O prospecto parecia ter sido escrito por um redator publicitário que havia conseguido misturar com sucesso as sensibilidades dos homens de ternos com colete e dos mais ensandecidos gurus havaianos. O folheto estava repleto de parágrafos com uma única frase, usando palavras como "excitação", "visão" e "não tradicional". Era puro brilhantismo diante de seu alvo — o coração hacker dos leitores. A Electronic Arts não pretendia atiçar a ganância de seu público-alvo, prometendo aos hackers o pagamento de royalties suficientes para comprar caminhonetes vermelhas-cereja e escapadelas para o Caribe, adornadas por garotas fãs de autores de software. Em vez disso, confidenciou: "Nós acreditamos que autores inovadores são um tipo mais independente de gente que não quer trabalhar em uma fábrica de software ou em uma empresa burocrática". E prometia também desenvolver ferramentas fantásticas e poderosas para colocar à disposição dos autores da EA. Comprometia-se, ainda, a manter os valores pessoais que os hackers apreciavam mais do que dinheiro. Tudo isso resultaria em "uma grande empresa de software". O fato é que até onde os programadores sabiam, naquele momento, não existia uma empresa de software criativa, honesta e com visão de futuro e que, além disso, respeitasse os valores hackers.

A criação da Elecronic Arts era de Trip Hawkins,* que deixara o cargo de diretor de marketing da Apple nos Estados Unidos para seguir com esse projeto. Ele começou a empresa em uma sala que estava sobrando em um escritório de capital de risco.

---

* A biografia de Trip Hawkins está disponível em <http://www.allgame.com/person.php? id=4869>. (N.T.)

378   **PARTE III**   Os hackers de jogos

Hawkins reuniu uma equipe, contratando profissionais da Apple, Atari, Xerox PARC e VisionCorp* e, dando um golpe de misericórdia no coração de qualquer hacker, convenceu Steve Wozniak a sentar no conselho diretivo.

A Electronic Arts não tinha estande na Applefest, mas sua presença foi sentida. A empresa recebeu convidados em uma grande festa, e as pessoas da EA recepcionaram cada um deles como se fossem experientes políticos. Uma delas, uma antiga executiva da Apple chamada Pat Mariott — alta, magra, loira, com grandes óculos redondos e um intenso bronzeado — explicava entusiasmada a um repórter o conceito da companhia. Hawkins começou a Electronic Arts, ela disse, porque ele viu como o negócio estava crescendo depressa e "não queria perder a janela". Pat aceitou trabalhar na EA porque viu uma oportunidade de se divertir e, não por acaso, ganhar dinheiro.

"Por falar nisso, eu quero ficar rica", ela disse, explicando como, no Vale do Silício, a riqueza era onipresente. Em todos os lugares, eram visíveis seus sinais: BMWs, *stock options* e, embora ela não tenha mencionado, nevascas de cocaína. Não era aquela vida confortável de quem ganhava 100 mil dólares por ano — era o Modo Creso, em que o ponto flutuante aritmético quase não bastava para contar os milhões. Quando você vê seus amigos assim, você pensa, por que não eu? Portanto, quando uma janela da fortuna se abre, você naturalmente salta. Nunca houve uma janela tão convidativa como a da indústria do software. Como resumiu Pat Mariott em um sussurro para o antenado jornalista Hunter S. Thompson:** "Quando o mundo fica estranho, os estranhos tornam-se profissionais".

Pat Mariott esperava entrar no Modo Creso sem comprometer seus valores pessoais da década de 1960. Ela nunca trabalharia, por exemplo, para uma empresa degoladora. Pat era uma programadora que experimentou a cultura hacker em Berkeley e o meio profissional na diabólica IBM. "Berkeley era a verdade e a beleza, e a IBM, o poder e o dinheiro. Eu quero os dois", ela definiu. A Electronic Arts parecia o caminho. Os produtos e a filosofia da empresa seriam a beleza e a verdade; os seus fundadores teriam poder e fortuna. E os programadores, que seriam tratados com o respeito que mereciam como artistas da era da computação, conquistariam o status de estrelas do rock ou de artistas de cinema.

Essa mensagem circulou o suficiente na Applefest para que grupos de programadores se reunissem do lado de fora do Convention Hall procurando os ônibus que os

---

*   Saiba mais em <http://en.wikipedia.org/wiki/VisiCorp>. (N.T.)

**   Mais informações em <http://www.hunterthompson.org/>. (N.T.)

levariam ao Stanford Court Hotel, onde a Electronic Arts estava dando sua grande festa. Um daqueles estranhos grupos incluía, por sinal, diversos programadores da On-Line e também John "Capitão Crunch" Draper.

John Draper, cujos cabelos escuros pegajosos esvoaçavam em todas as direções, andava se virando muito bem sozinho. Durante sua estada na prisão, depois de ser pego usando uma interface telefônica da Apple como uma "caixa azul", ele havia escrito um programa de processamento de texto chamado *Easy Writer*, que lhe rendeu uma soma considerável. Surpreendentemente, quando a IBM buscou um processador de texto para torná-lo seu programa oficial, a empresa escolheu o *Easy Writer*; o editor que negociava o programa teve o bom-senso de atuar como intermediário e não deixou o autor do programa aparecer diante da IBM. Segundo os rumores do mercado, Draper conseguiu 1 milhão de dólares nessa transação. Ninguém diria ao ver seus jeans desbotados, a camiseta velha e os dentes que pareciam precisar de cuidados odontológicos. Mark Duchaineau olhou para Draper com uma mistura de pena e aversão, enquanto o ex-hacker telefônico lhe fazia um discurso sobre alguns aspectos técnicos do IBM PC.

Logo, todos desistiram do ônibus e pegaram um táxi — e o motorista cometeu o erro de fumar. John Draper quase arrancou o cigarro da boca do motorista, pedindo do alto de seus pulmões para que todas as janelas do carro fossem abertas, apesar do frio e da umidade daquela noite em São Francisco.

O hotel era muito sofisticado, e os hackers, usando jeans e tênis, sentiram-se intimidados. Porém, a Electronic Arts estava pronta para eles. Portanto, com uma banda de rock tocando música dançante, a empresa alugou mais de uma dúzia de máquinas de *video game*, ajustadas para operar sem moedas. Foi para lá que os hackers imediatamente se dirigiram. À medida que a festa esquentava, ficou claro que muitos dos melhores autores da indústria tinham comparecido, alguns para ver como seria a festa, outros genuinamente interessados na mais nova empresa da Nova Era.

O centro das atenções, porém, era o membro diretivo da EA, Steve Wozniak, mencionado em muitos discursos como "o homem que começou tudo isso". Era um epíteto que incentivava alguns jovens gênios a chacoalhar o passado e fazer um mundo novo acontecer, mas Wozniak parecia deliciar-se. Fazia agora mais de um ano que ele viajava por todo o país, participando de encontros da indústria e aceitando os mesmos elogios. Ele investiu boa parte de seu Modo Creso bancando festivais de rock. Ele ainda acreditava fervorosamente na Ética Hacker e, aonde quer que fosse, não só pregava sua crença, mas também se mostrava como um exemplo do poder dos computadores. Naquela noite, por exemplo, ele pregou a um pequeno grupo sobre os perigos do segredo, usando a atual política da Apple como exemplo. O segredo e a burocracia tinham alcançado tal grau, que ele não estava seguro de que seria capaz de voltar à empresa, construída sobre o sucesso de sua criação, o Apple II.

No final das contas, a festa foi um sucesso, culminando com a doce sensação de que todo mundo estava surfando no topo de uma onda violenta. Será que as coisas eram assim no início de Hollywood? Na indústria fonográfica da década de 1960? O futuro estava aos pés deles, uma mistura de hackerismo e fortunas não reveladas, dando a impressão de que a história estava sendo escrita ali mesmo.

Os hackers da On-Line foram embora impressionados. Alguns deles acabaram assinando com a Electronic Arts nos meses seguintes. E um deles particularmente estava com um sorriso satisfeito — havia conseguido a pontuação máxima no *Pac-Man*, no *Robotron* e no *Donkey Kong*. Para um autor de jogos best-sellers, uma noite para ser lembrada.

Ken Williams chegou à Applefest de mau humor. A convenção de fabricantes de máquinas de fliperama em Chicago tinha sido frustrante: companhias gigantes, particularmente a Atari, jogaram caminhões de dinheiro sobre os fabricantes das máquinas pré-pagas para ter o direito da primeira recusa de versões para computadores domésticos de qualquer jogo — vagamente capaz de ser jogado. A repetição do *Frogger*, pelo qual Williams pagara meros 10% em royalties, estava fora de questão.

Williams, viajando com Roberta, foi direto para o estande da On-Line. A empresa ocupava um grande espaço logo na entrada do evento, perto das escadas que levavam a massa de visitantes ao subsolo do complexo Brooks Hall. O estande mostrava uma foto enorme de uma cascata na Sierra, enfatizando a mudança de nome da empresa. O estande também tinha uma combinação de computadores, monitores, joysticks e painéis para que os jovens visitantes pudessem experimentar os mais novos jogos da Sierra On-Line. Os monitores estavam conectados aos painéis bem na altura dos olhos para que os jogadores pudessem apreciar a beleza artística dos jogos. E, para levar os clientes ao estande, uma grande tela de projeção colorida passava continuamente o mais vendido jogo da On-Line, o *Frogger*. Como a versão para o Apple não tinha a música contínua nem os efeitos gráficos da conversão de John Harris para o Atari, a equipe da On-Line escondeu um Atari 800 atrás de uma cortina e estava rodando seu melhor e mais vendido programa nele: o equivalente a mostrar um carro japonês em um evento da General Motors. Com toda aquela gente, com toda aquela confusão, quem notaria?

A festa da maçã   381

Duas pessoas que notaram foram Al e Margot Tommervik, os editores da *Softalk*: notaram imediatamente porque o *Frogger* não era apenas um dos jogos da On-Line para eles. Representava uma série de incidentes negativos. Como todo mundo que havia visto a brilhante conversão de John Harris para o Atari, eles ficaram surpresos e encantados quando conheceram o jogo no início daquele ano. Mas, quando viram a versão para o Apple, ficaram chocados. Era horrível. Para Al e Margot, os efeitos gráficos miseráveis daquela versão do *Frogger* representavam, na melhor das hipóteses, um erro. Na pior, uma traição ao mercado do Apple, que desde o início tinha apoiado o crescimento da On-Line.

O Mundo Apple era uma reserva espiritual para os Tommerviks e, ao fazer uma versão inferior do *Frogger* para o Apple, parecia que a On-Line havia cuspido no chão daquele espaço sagrado. Obviamente, Al e Margot deviam isso ao resto do Mundo Apple e fizeram algo que raramente publicavam em sua revista: uma resenha negativa de um jogo. O resenhador que escolheram concordou com eles e escreveu uma descrição mordaz do jogo: "Tem tanta vivacidade quanto um alface no Saara. A sua rã parece um peão de xadrez com vestígios de asas... as toras no rio parecem saídas de uma máquina de moer carne...".

O resenhador não parou por aí. Perguntou o que havia acontecido com a On-Line, uma empresa que se dizia "o bastião da qualidade em um mar de mediocridade". Enquanto oferece um grande programa aos donos de Atari, a On-Line dá "um tapa no rosto" dos donos de Apple. Questão séria, direta no coração da Ética Hacker, que o orienta a continuar a trabalhar até superar os esforços anteriores para aprimorar um sistema. "Eles nos abandonaram?", a revista perguntava em relação à On-Line.

Já que Al e Margot eram tão próximos de Williams e Roberta, eles tentaram lhes explicar a resenha antes que a *Softalk* chegasse às bancas em dezembro. No entanto, tiveram dificuldade para encontrar um dos dois. As linhas da burocracia estavam em ascensão na On-Line, e nenhum deles conseguiu pegar o telefone para conversar. Você era atendido por uma recepcionista, que o passava para uma secretária, que anotava seu nome, o telefone de sua empresa e dizia que alguém retornaria a ligação. Isso se você tivesse sorte. Finalmente, Al conseguiu falar com John, irmão de Williams, que explicou que havia razões para que o jogo parecesse assim... mas essas razões nunca foram apresentadas aos Tommerviks. As pessoas na On-Line estavam agora imersas em batalhas de gerenciamento para ter tempo para explicar.

Al e Margot levaram cópias prévias da revista para a Applefest. Contudo, ao ver o truque desonesto com a versão do *Frogger* para o Atari, tiveram a confirmação de que estavam certos. Acharam que, depois de conversar com Williams e Roberta, tudo terminaria amigavelmente. Eles todos não estavam nesse negócio pelo mesmo

382   **PARTE III   Os hackers de jogos**

motivo? Manter o mundo humanista fantástico da Apple no auge? Não era possível permitir que um desacordo em torno do *Frogger* afetasse essa missão tão importante.

Quando alguém no estande da On-Line deu a Williams uma cópia da última edição da *Softalk*, ele foi imediatamente para a resenha do *Frogger*. Roberta leu o texto sobre o ombro dele. Eles sabiam que a resenha seria negativa e já esperavam algumas críticas aos efeitos gráficos, mas não naquela linguagem tão mordaz. Não tinham ideia de que a revista questionaria se a empresa, ao oferecer uma ótima versão do *Frogger* para o Atari e outra tão ruim para o Apple, estava abandonando o Mundo Apple. "Se o *Frogger* é um equívoco ou uma traição, você mesmo vai ter que decidir", concluía a revista.

"Foi muito além do que era justo", Williams disse. Por alguma razão, avaliou, a *Softalk* não conseguiu perceber como era difícil fazer o jogo para o Apple em comparação ao Atari. Os Tommerviks pareciam ter escolhido atacar a On-Line, embora a empresa tivesse ajudado a alavancar a *Softalk*, quando a Fraternidade estava se formando. Roberta achava que esse confronto estava em fermentação já havia algum tempo: por alguma razão, a *Softalk* dava pouca atenção à On-Line. Mas, toda vez que Roberta perguntava aos Tommerviks se havia algo errado, eles diziam que estava tudo certo.

"Eles não nos querem na revista", Roberta falou a Williams, "devíamos tirar nossos anúncios dela."

Era outro sinal de que a Fraternidade não era inviolável. Os negócios eram maiores do que a amizade. Agora as empresas da Fraternidade faziam parte dos negócios no mundo real e estavam competindo entre si. Os Williams raramente falavam com o pessoal da Sirius e da Brøderbund e nunca mais trocaram segredos. Anos mais tarde, Jerry Jewell resumiu a situação assim: "Nós costumávamos nos socializar bastante com o pessoal da Brøderbund e da On-Line... depois a atitude mudou. Se você convidasse os concorrentes para uma festa, eles cavavam todas as sujeiras sobre você e tentavam contratar seus programadores. A socialização ficou cada vez mais difícil, enquanto os negócios se tornavam mais agressivos. Ninguém queria que os concorrentes soubessem o que sua empresa estava fazendo". Era algo que tinha que ser aceito.

Williams tocou brevemente nesse assunto, quando encontrou Doug Carlston, da Brøderbund. Doug parecia ser quem tinha mudado menos — era tão sincero e aberto como sempre fora, o mais equilibrado da Fraternidade. Os dois concordaram que deviam se ver mais, como faziam nos velhos tempos, um ano atrás. Eles conversaram sobre a nova concorrência, inclusive, sobre uma empresa que estava entrando no mercado com um capital de 8 milhões de dólares. "Isso nos faz parecer brinquedo", disse Doug, "eu consegui 1 milhão em capital de risco e você..."

"Um milhão também", respondeu Williams.

"Você entregou mais. Nós entregamos 25% da empresa."

"Não, nós entregamos 24%."

Os dois comentaram o fato de, naquele ano, a Sirius não ter estande na Applefest — mais uma indicação de que a ação estava migrando para os eventos somente com o varejo, e não mais com os consumidores finais. Williams considerou que a ênfase de Jerry Jewell no mercado de massa de cartuchos era uma boa opção: "Ele vai ficar mais rico do que todos nós", predisse.

Doug sorriu: "Não me importa que todo mundo fique rico... desde que eu também fique".

"Eu não ligo se qualquer um ficar rico... desde que eu fique mais rico do que ele", respondeu o jovem dono da On-Line.

Williams tentou entrar em sintonia com o espírito do evento e, junto com Roberta, bem-vestida com um jeans de grife, botas altas e uma boina preta, foi dar uma volta pelos estandes. Williams tinha uma simpatia natural e foi reconhecido e recebido calorosamente por todos. Ele conversou com meia dúzia de programadores, convidando-os a ir para Oakhurst para se tornarem ricos com a On-Line.

Embora eles tenham se esforçado para evitar o estande da *Softalk*, os Williams acabaram encontrando com Margot Tommervik. Depois de uma saudação desajeitada, ela perguntou a Williams se havia visto a capa da revista sobre o jogo *O cristal encantado*.

"Tudo o que vi foi a resenha sobre o *Frogger*", ele disse. Pausa, "Acho que ficou meio desagradável".

Margot pediu a ele para não guardar ressentimentos. "Oh, Williams, o jogo é ruim", ela argumentou, "fizemos isso porque amamos você. Porque a On-Line é muito melhor do que aquilo. Nós esperamos mais de você."

"Bem", respondeu Williams, sorrindo entre os dentes, "você não acha que a resenha foi além do jogo? O texto faz críticas à nossa empresa."

Margot não ouviu nada a esse respeito. Os Williams, porém, não consideravam a questão encerrada. Para eles, aquele era mais um caso de como as pessoas mudavam quando os negócios se tornavam grandes.

384   PARTE III   Os hackers de jogos

Naquela noite, a On-Line ofereceu um jantar em um restaurante italiano em North Beach. Williams falava havia semanas sobre a possibilidade de reviver um daqueles bons e animados jantares à velha moda da On-Line, mas, embora todo mundo estivesse em clima de celebração, o evento não decolou. Talvez porque apenas dois programadores foram convidados — Richard Garriott e Chuck Bueche — e as outras pessoas fossem mais velhas, muitas mais entusiasmadas por vendas, contabilidade e marketing. Houve os habituais repetidos brindes e, com certeza, lá estava o Aço — licor de menta — em grandes doses saídas de uma garrafa com bico de metal. Muitos dos brindes eram dirigidos ao convidado de honra, Steve Wozniak. Williams o encontrara naquela tarde, e, para sua satisfação, o lendário hacker aceitou o convite feito em cima da hora. Williams marcou um ponto, falando a Woz sobre o orgulho que tinha de um de seus equipamentos, o seu laço mais querido com a era de libertação dos computadores domésticos: uma placa-mãe original do Apple I. Williams amava aquela placa de epóxi e silício; significava muito para ele que o próprio Woz tivesse construído a placa à mão em uma garagem, na era plistocena de 1976. Woz não se cansava nunca de ouvir falar sobre a época do Homebrew Club e apreciou o cumprimento. Wozniak sorria largamente enquanto era brindado, dessa vez, por Dick Sunderland. E o Aço deu mais uma rodada.

Para Woz, no entanto, o destaque da noite foi encontrar Lord British. Meses depois, ele ainda comentava sobre a excitação que sentira em conhecer um gênio como aquele.

O jantar foi seguido de uma passagem agitada por uma discoteca no Transamerica Building. Depois de toda aquela orgia, Williams e Roberta estavam exaustos quando retornaram ao hotel. Um telefonema de emergência esperava por eles. Tinha ocorrido um incêndio na casa deles em Mudge Ranch Road: somente o heroísmo da babá tinha conseguido salvar os dois filhos. A casa, porém, tinha sido bastante queimada. Williams e Roberta pediram para falar com os meninos para ter certeza de que estavam bem e voltaram imediatamente.

Estava amanhecendo quando chegaram ao local onde a casa deles um dia existira. As crianças estavam bem, os prejuízos pareciam todos cobertos pelo seguro, e, de qualquer forma, eles planejavam mudar no ano seguinte para a casa que estava em construção. O incêndio não foi a catástrofe que podia ter sido. Ken Williams só lamentava uma coisa: a perda de um material insubstituível que estava na casa, um artefato que significava mais para ele do que apenas sua utilidade básica. O fogo havia consumido sua placa-mãe do Apple I, seu vínculo com o início humanista da era dos computadores. Estava em algum lugar sob as cinzas, estragada para sempre e nunca mais seria encontrada.

A festa da maçã

* Notas *

A principal fonte de informação do livro *Hackers* foi mais de uma centena de entrevistas pessoais realizadas pelo autor entre 1982 e 1983. Além dessas entrevistas, são feitas também referências a fontes impressas e eletrônicas que estão citadas no rodapé das páginas desta edição.

[1] GNOMES, Lee. "Secrets of the Software Pirates". *Esquire*, janeiro de 1982.

Capítulo 20
MAGO CONTRA MAGO

Em dezembro de 1982, Tom Tatum, esguio, com cabelos escuros, bigode e tão calmo quanto indicava sua fala mansa com sotaque sulista, estava em pé no púlpito do salão de festas do Sands em Las Vegas. Atrás dele, sentados de maneira desconfortável em uma fileira de cadeiras, estavam dez hackers. Tom Tatum, ex-advogado, lobista e assessor na campanha de Jimmy Carter, era agora um dos maiores fornecedores de programas televisivos na área de esportes. Naquele momento, ele tinha certeza de que, miraculosamente, havia encontrado um pote de ouro muito maior do que qualquer um poderia ganhar nas mesas dos cassinos de Las Vegas — a poucos metros de onde estava agora.

"Esse é o evento em que Hollywood encontra a Era dos Computadores", disse Tom Tatum a uma multidão de repórteres e profissionais da indústria da computação que estavam na cidade por causa da Comdex.* "O grande concurso da década de 1980!"

A criação de Tom Tatum chamava *Wizard vs Wizard*, um concurso televisivo no qual os melhores autores disputavam rodadas com os jogos de outros em busca de uma cesta de prêmios valiosos. Ele convidou programadores de empresas, como On-Line e Sirius, porque sentia a chegada de um novo tipo de herói, um que lutava com o cérebro no lugar dos músculos, um que representava o desejo mais profundo dos Estados Unidos para se manter à frente do resto do mundo na batalha tecnológica pela supremacia: o hacker.

---

* Mais informações sobre o evento em <http://www.pencomputing.com/news/Comdex_2003_Report.htm>. (N.T.)

Diferente das produções esportivas anteriores de Tatum, que incluíam o Grand Prix de windsurfe em 1981 no Havaí e um campeonato de acrobacias aéreas, o concurso *Wizard vs Wizard* tinha potencial para atrair uma nova plateia para os programas esportivos: "Apenas uma pequena porcentagem da população possui uma motocross, mas quando você vê as pessoas dedicadas ao computador doméstico, isso é incrível".

Obviamente, centenas de torneios aconteciam agora nas casas de jogos eletrônicos e diante dos computadores Apple dentro das casas, mas imagine quantas pessoas ligariam a televisão para ver os *profissionais* competindo. Além disso, como colocou Tatum, "o quente do programa era a maldição cruzada" dos autores de jogos — aqueles caras estranhos ligados em ficção científica — disputando uns contra os outros.

"Essas são nossas novas estrelas!", disse Tatum em Las Vegas, mas as novas estrelas, paradas naquele palco, pareciam mais candidatas desengonçadas ao título de Miss Universo. A beleza do hackerismo era interna e taoísta e só impressionava quando alguém conseguia perceber o brilho da mistura entre idealismo e cerebração existente em um programa. Os hackers não tinham o menor brilho quando apresentados como se fossem um corpo de bailarinos em um salão de festas de Las Vegas. Os hackers sorriam amarelo e seus ternos lhes caíam mal (embora alguns deles estivessem usando roupas feitas sob medida para melhorar a postura — ainda assim vestiam mal). Até mesmo o observador mais obtuso podia perceber que a maioria deles preferia estar em casa diante do computador. Porém, com um misto de curiosidade, pressão dos editores, o desejo de passar uns dias em Las Vegas e, sim, vaidade, eles foram ao Sands para competir no concurso mais quente que Tom Tatum tinha criado — com a possível exceção, como ele concedeu anos mais tarde, do campeonato de SuperCross patrocinado pela cerveja Miller.

O concurso incluiu hackers de sete empresas. Jerry Jewell estava em cena com dois dos melhores jogadores de *video games*. A On-Line chegaria no dia seguinte. Depois da apresentação, Jewell gabou-se para um dos competidores dizendo que a Sirius tinha um dos melhores jogadores de *video game* do mundo: "Eu o vi jogar *Robotron* por quatro horas seguidas". O hacker não se intimidou. Com uma das mãos para o alto, ele gritou com voz aguda: "Você vê isso? É minha bolha do *Robotron*. Depois de uma hora de jogo, eu paro porque tenho as mãos muito sensíveis".

Mais tarde, no quarto do hotel, Jewell observava seus hackers praticarem os jogos programados para a competição. Ele andava exultante com o acordo que sua empresa havia conseguido fechar com a Twentieth-Century Fox Games. Os cartuchos VCS que seus programadores criavam eram agora distribuídos e fortemente divulgados pela Fox; a Sirius era a primeira empresa da Fraternidade a ter seus jogos anunciados na televisão e vendidos em redes de lojas do varejo. "Uma coisa é ver o seu produto para o Apple na parede de uma loja de computadores", Jerry Jewell andava dizendo, "outra é ver meus cartuchos nas gôndolas dos grandes supermercados. Você sente que agora deu certo."

Ken Williams chegou a Las Vegas em tempo de participar de uma reunião pré-concurso realizada para os doze concorrentes e seus patrocinadores. Tendo se recuperado rapidamente do incêndio, Williams estava pronto para ser o único competidor, que, de fato, era também um editor de jogos. Ele e os outros ocuparam um semicírculo de cadeiras para ouvir Tatum descrever as regras do concurso.

"Esse é um novo tipo de concurso", Tom Tatum falou para o grupo. "A disputa não existe, a não ser para a televisão. Foi criada para a televisão. As regras foram formatadas para a televisão." Ele explicou que havia dois valores em conflito nesse novo tipo de concurso: o Valor Um é a favor de uma competição honesta e justa, e o Valor Dois é fazer todo o possível para que tudo pareça correto na televisão. Tatum afirmou que os dois valores eram importantes, mas, sempre que os dois valores entrassem em conflito, ele escolheria o Valor Dois.

Então, Tatum descreveu a cena de abertura do programa: uma tomada noturna de Las Vegas com suas luzes coloridas e neons dos cassinos e um mago — símbolo dos hackers — pairando no céu com raios de luz saindo da ponta de seus dedos. O ícone onipotente de uma Nova Era. Essa imagem impressionou o pessoal dos computadores assim como o cenário que Tom Tatum traçou dos benefícios trazidos por uma competição televisiva. Aquilo podia fazê-los explodir, disse Tatum, e elevá-los ao status de uma marca: "Assim que esse programa fizer sucesso e outros concursos começarem, as coisas vão acontecer! Vocês podem ganhar dinheiro de novas fontes, por exemplo, fazendo anúncio de outros produtos na tevê".

Na manhã em que o programa de televisão entrou no ar, antes que as câmeras fossem ligadas, a pequena audiência reunida no salão de festas do Sands pôde testemunhar algo que dez ou vinte anos antes seria considerado além da imaginação por Heinlein, Bradbury ou mesmo pelo visionário do MIT, Ed Fredkin. Com a maior naturalidade, maquiadores aplicavam pó compacto nas faces daqueles jovens e irrequietos programadores de computadores. A era dos hackers na mídia tinha começado.

Tom Tatum contratou uma atriz de novelas, penteada para matar e armada com um sorriso polido, para apresentar o programa. Ela teve problemas com o texto de abertura, falando sobre a primeira vez na história intergaláctica em que os magos do mundo do computador e os gênios da tecnologia reuniam-se para uma competição; foram necessárias quinze repetições antes de a tomada dar certo. Somente depois a competição começou e só depois disso ficou lamentavelmente claro como era chato assistir a um bando de hackers sentados em longas mesas, com o joystick entre as pernas, um pé de tênis enroscado sob a cadeira e o outro sobre a mesa, a boca entreaberta e os olhos bobamente fixados na tela.

Diferente de outras competições televisivas mais movimentadas, os programadores não demonstravam emoção nenhuma ao limpar da tela um exército alienígena ou escapar de um raio laser ameaçador. Os telespectadores teriam que observar cuidadosamente para ver caretas ou um ar de frustração e entender que um movimento errado acabara em uma explosão. Quando os jogadores eram confrontados com o sinal GAME OVER antes do fim do tempo limite de cinco minutos, eles tinham que — tristemente — erguer um braço, e os juízes anotavam sua pontuação. A agonia de uma derrota sem brilho.

Tatum achou que essa falta de "videogenia" poderia ser resolvida com uma edição de imagens rápida, tomadas das telas dos computadores e pequenas entrevistas com os gladiadores do Silício. As entrevistas, porém, geralmente saíam como a que a estrela das novelas fez com o hacker da Sirius, de 19 anos, Dan Thompson, que rapidamente se colocou na liderança da disputa.

> "ATRIZ DE NOVELA: Como você se sente estando na liderança e já certo de que vai para as semifinais?
> THOMPSON (dando de ombros): Ótimo, eu acho."

Corta! Podemos tentar de novo? Na segunda vez, Dan não deu de ombros. Mais uma vez, por favor? Agora, Dan Thompson aplicou a lógica digital e sua técnica de solução de problemas para resolver aquele enigma. Assim que a pergunta saiu da boca da atriz de novela, ele se inclinou para o microfone e ergueu os olhos para a câmera.

"Bem, eu me sinto maravilhoso! Só espero conseguir continuar na disputa..." Ele havia conseguido sintetizar as superficialidades de um atleta diante de um microfone.

Thompson, tirando proveito das horas infindáveis diante do joystick em uma pizzaria em Sacramento, venceu o concurso. Ken Williams teve uma performance admirável, considerando que teve pouco tempo para olhar os jogos antes da competição; o fato de que conseguiu seis ótimas pontuações dava testemunho de sua habilidade de ir, instantaneamente, ao âmago de um jogo e era a prova de que, aos 28 anos, ainda mantinha bons reflexos.

Naquela noite em seu quarto de hotel, Tatum encontrou-se sozinho diante de sua faceta de empresário televisivo. "Acho que vimos hoje o evento mais revolucionário da televisão dos últimos anos", disse a si mesmo. Ele previra que aqueles hackers capturariam a imaginação da América — os atletas que não tinham força física, mas emanavam uma intensidade transfixadora. Ele ergueu o copo de bebida e brindou o futuro dos hackers como os novos heróis norte-americanos.

Um dos programadores da On-Line que deu sinais de se tornar um herói da mídia foi Bob Davis, o ex-alcoólatra que Ken Williams elevou ao status de autor de jogos e que era considerado um grande amigo. Williams tinha escrito junto com Davis o jogo de aventura *Ulisses e o Velo Dourado,* e as linhas finais da resenha publicada por Margot Tommervik na *Softalk* eram a razão pela qual Williams tomara a decisão de usar os computadores para mudar o mundo:

> A *On-Line Systems tem dois vencedores com o* Ulisses: *a aventura, que é a melhor da On-Line desde o lançamento de* The Wizard and the Princess; *e Bob Davis, um novo autor de quem esperamos ver muitas outras aventuras.*

O pacote de prospecção que a On-Line enviava para novos autores continha uma carta aberta de Bob Davis, que relatava sua experiência ao ser "mordido pela mosca do computador", vendo seu jogo entrar em processo de produção sem dificuldades e recebendo royalties "mais do que suficientes e sempre em dia". Bob fechava a carta: "Então, agora, eu passo meu tempo esquiando na encosta das montanhas de Lake Tahoe, assistindo a vídeos, dirigindo meu carro e morando confortavelmente em uma casa nova com três quartos. Eu sugiro sinceramente que você faça o mesmo".

Não muito depois do retorno de Williams de Las Vegas, Bob Davis não podia ser encontrado esquiando nas encostas das montanhas, nem atrás do volante de seu carro nem mesmo em sua casa nova. Ele estava recebendo visitas somente na prisão estadual de Fresno. Usava um surrado uniforme de prisioneiro e tinha as feições cansadas. Davis tinha cabelos longos, ruivos e despenteados, e a barba desalinhada, além de linhas fundas no rosto que o faziam parecer mais velho do que os seus reais 28 anos. Como o vidro entre o prisioneiro e o visitante era grosso, as conversas eram pelo aparelho telefônico existente dos dois lados do cubículo de visitas.

Bob Davis não recebeu muitos visitantes nas semanas em que passou na prisão. Ele vinha tentando falar com Ken Williams para tirá-lo de lá, mas era em vão. Bob foi do alcoolismo a superestrela do software chegando até a ser viciado em drogas condenado em apenas alguns meses. Ele achou que o computador podia salvá-lo, mas isso não foi o suficiente.

Para um garoto expulso da escola que se tornou bêbado e gostava secretamente de enigmas lógicos, a programação foi uma revelação. Bob achou que podia entrar tão fundo naquele mundo que não precisaria mais beber. Sua atuação na empresa cresceu quando ele liderou o projeto do Time Zone, escreveu junto com Williams o jogo de aventura e começou a aprender a linguagem de montagem para trabalhar com o VCS. Mas, da mesma forma que sua vida mudou repentinamente para o bem, começou a desmoronar.

"Eu tive um pouco de problema para lidar com o sucesso", ele disse. A sensação inebriante de se tornar um autor de software entre os mais vendidos também o fez achar que seria capaz de lidar com o mesmo tipo de droga que tornara sua vida prévia uma miséria.

Circulavam drogas pela On-Line, mas Bob Davis não conseguia manter a moderação dos outros. Aquilo afetou seu trabalho. Tentar aprender o código do VCS era muito difícil. O rápido sucesso do jogo *Ulisses*, escrito na relativamente simples linguagem Adventure Development Language, de Ken Williams, o deixara mal--acostumado: queria gratificação imediata com a programação, e a linguagem de montagem o frustrava. "Eu tentava inventar desculpas", Bob conta. "Dizia que a On-Line estava ficando muito burocrática para mim." Ele saiu da empresa, imaginando que escreveria jogos por conta própria e viveria dos royalties.

Estava trabalhando em um jogo para o VCS, mas, apesar de passar horas tentando criar movimentos na tela, ele não conseguia. Então, Williams entendeu que Bob era o tipo de pessoa que tinha suas explosões criativas só quando alguém o guiava. "Se alguém estivesse por perto, ele continuava a trabalhar até as 4 horas", comentou uma vez. Williams não tinha mais tempo para ajudar o amigo. Bob tentou encontrá--lo para contar como estava infeliz, mas Williams estava sempre fora da cidade. Bob consumia mais cocaína, injetando a droga direto nas veias. Brigando com sua esposa, ele saiu de casa para se drogar, mas todo o tempo desejava estar de volta para a vida centrada nos computadores que havia começado: o tipo de vida de superestrela do software que ele havia descrito naquela carta em primeira pessoa, a qual ainda era enviada junto com o folheto de prospecção de novos programadores para a On-Line.

Bob Davis retornou tarde para casa, descobriu que a esposa tinha ido embora e começou a telefonar para todo mundo que conhecia na On-Line, para a casa de todos os programadores, para todos os lugares que ele sabia que a esposa dificilmente estaria, na esperança de que alguém lhe dissesse para onde ela fora. Até os desconhecidos que atendiam o telefone percebiam sua voz angustiada e quase em pânico. "Você viu minha esposa?" Não, Bob. "Sabe onde ela pode estar?" Eu não a vi, Bob. "Está tarde, ela não está em casa, estou muito preocupado." Tenho certeza de que ela vai voltar para casa. "Espero que ela esteja bem", Bob dizia segurando os soluços. "Ninguém quer me dizer onde ela está."

Todo mundo se sentia muito mal em relação a Bob Davis. Isso foi uma das primeiras coisas que indicaram a Dick Sunderland que a On-Line não era só mais uma empresa em mais uma indústria: na mesma noite em que Sunderland foi contratado, Bob estava em mais uma de suas peregrinações. Ali estava aquele fantasma, aquela praga espantando o sonho hacker, aquela oportunidade de ouro perdida. Como uma consciência incansável, Bob assombrava seus antigos colegas com telefonemas, sempre implorando por dinheiro. O programador testemunha de Jeová, Warren Schwader, que gostava de Bob, apesar de sua mania de praguejar e fumar, uma vez ofereceu para pagar diretamente a mensalidade da hipoteca. No entanto, Bob, querendo dinheiro na mão, bateu o telefone na cara dele... porém, mais tarde, o convenceu a lhe emprestar mil dólares.

Como todo mundo, Schwader queria acreditar que Bob Davis poderia voltar aos computadores e programar seu caminho para fora daquela tormenta com as drogas. Por fim, desistiram. Gente como o estável programador Jeff Stephenson, que tentou inscrever Bob em um programa dos Alcoólicos Anônimos, terminou de se decepcionar com ele, quando começou a passar cheques sem fundos. "Meu vício custava de 300 a 900 dólares por dia", Bob contou depois, "eu acabei forçando minha mulher a ir embora. Tentei parar duas vezes." Mas ele não conseguiu. Pediu a Dick Sunderland um adiantamento em royalties e, quando o presidente da On-Line recusou, tentou negociar seus ganhos futuros "por uma ninharia", segundo Sunderland. Porém, logo os pagamentos de royalties de Bob estavam indo direto para o banco para quitar débitos antigos. Ele estava vendendo os móveis para conseguir mais dinheiro para as drogas. Finalmente, ele vendeu seu Apple, o computador mágico que o havia transformado em um indivíduo.

Foi um alívio para as pessoas quando Bob Davis foi parar atrás das grades depois de ser preso em um motel. As pessoas acharam que ele foi preso por causa dos cheques sem fundo, mas o próprio Bob assumiu que foi por causa das drogas e, então, declarou-se culpado. Queria integrar-se a um programa de reabilitação para tentar um novo começo de vida. Tentava enviar uma mensagem a Williams, mas o amigo achava que talvez ele estivesse melhor atrás das grades, onde tinha a chance de se tratar.

O autor do 12º jogo de computador mais vendido do país, de acordo com a lista da *Softsel*, falava pelo telefone da prisão, explicando como tinha estragado tudo, como tinha visto a luz inebriante dos computadores, como tinha se aquecido nela, mas que não conseguira viver com o sucesso. Ele estava no meio da explicação, quando o telefone foi cortado, e os visitantes na prisão de Fresno tinham que voltar para casa até o anoitecer. O visitante ainda pôde ouvir as palavras que ele gritou através do vidro, enquanto era levado embora: "Faça Williams me ligar".

O drama de Bob Davis exemplificava o desarranjo da Sierra On-Line naquele inverno. Na superfície, parecia uma empresa aproximando-se da respeitabilidade — conglomerados ainda faziam ofertas de compra, a mais recente de 12,5 milhões de dólares, além de um contrato de 200 mil por ano para Williams. Contudo, sob a camada de crescimento e inovação, havia uma dúvida persistente, que foi agravada pelo anúncio em dezembro de 1982 de que as vendas dos *video games* da Atari estavam em declínio. As pessoas na On-Line e nas outras empresas de jogos recusavam-se a ver esse sinal de que o setor podia ser uma moda passageira.

A desorganização crescia junto com a nova estrutura da Sierra On-Line. Por exemplo, um jogo que Dick Sunderland considerou muito bom (em diferentes fases, o jogador tinha que garimpar ouro, fugindo de guardas que tentavam impedi-lo) ficou semanas languidamente parado no departamento de aquisições. O programador foi chamado para fazer um acordo, mas, enquanto Sunderland manobrava para fazê-lo assinar um contrato com a On-Line, o estudante universitário fechou com a Brøderbund. Com o nome de *Lode Runner*, o jogo tornou-se um best-seller e foi considerado "O Jogo do Ano de 1983" por diversos críticos. A história é um estranho paralelo com o que aconteceu quando Ken Williams tentou vender o *Mistery House* para a Apple menos de três anos antes — a jovem empresa de computadores, por demais envolvida em sua malha de gerenciamento para dar as respostas rápidas que a indústria exigia, só manifestou interesse pelo negócio quando já era tarde demais. Será que a Sierra On-Line, uma companhia ainda tão jovem, já tinha se tornado um dinossauro?

O conflito por controle entre Ken Williams e Dick Sunderland estava ainda pior. Os mais novatos, profissionais orientados para vendas, apoiavam Sunderland; mas os primeiros empregados e os programadores detestavam o administrador e suas técnicas misteriosas de gestão. Os sentimentos em relação a Williams eram contraditórios. Ele lembrava o espírito da On-Line; mas, em seguida, falava do "crescimento" da empresa como se um software exigisse uma companhia administrada de maneira tradicional, repleta de planos de negócios e de rígida burocracia. Se isso era verdade, o que dizer do sonho hacker de confiar no computador como um modelo de comportamento capaz de melhorar e tornar mais rica nossa vida? Era uma crise moral que atingia todos os pioneiros da indústria que entraram no negócio acreditando que a mágica da tecnologia os tornaria empresários especiais. O marketing de massa agigantou-se diante deles como se fosse um onipotente anel tolkieniano: eles seriam capazes de agarrar o anel sem se corromper? O idealismo existente na missão deles poderia ser preservado? O espírito do hackerismo conseguiria sobreviver ao sucesso da indústria de software.

Williams preocupava-se com isso:

Quando eu trabalhava para Dick, costumava reclamar de ter que fazer horário das 8 às 17 horas (e não poder ficar no Modo Hacker). Agora, eu quero na minha empresa uma equipe de programadores que trabalhe das 8 às 17 horas. É como deixar de ser um hippie para virar um capitalista ou algo assim. Acho que há um monte de programadores aqui que se sentem traídos, como John Harris. Quando ele chegou, a empresa era uma casa aberta, minha porta estava aberta todo o tempo. Ele podia ir lá para discutirmos técnicas de programação. Eu viajava com ele. Nunca fizemos negócios com contratos. Não precisava. Se você não confia no outro, não devia fazer negócio com ele. Agora isso mudou. Não sei mais qual é minha meta. Não sei qual o melhor modo de administrar a empresa. De alguma forma, ao contratar Sunderland, eu pulei fora. É essa incerteza que me incomoda — eu não sei se estou certo ou errado.

Fatos inexplicáveis continuaram a acontecer, como o incidente na sala de trabalho dos programadores. Um garoto trabalhando sem folga no desenho de imagens para o superatrasado *O cristal encantado*, um empregado desde o início da On-Line, um dia largou o tablet gráfico e começou a gritar, batendo nas paredes, rasgando os pôsteres e chacoalhando uma faca diante de uma jovem programadora que estava trabalhando ao lado dele. Então, ele agarrou um cachorro de pelúcia e o esfaqueou furiosamente, rasgando o bicho em pedaços, enquanto o recheio voava pela minúscula sala de trabalho. Os programadores da sala ao lado tiveram que detê-lo, e o jovem esperou quieto enquanto era retirado da sala. Explicação: ele perdeu o trabalho, só isso.

O hacker Jeff Stephenson, que trabalhava no projeto secreto da IBM, expressou a frustração de todos: "Eu não sei para quem a empresa estava trabalhando, mas não era para os autores, que me pareciam o essencial do negócio. A atitude era: 'Então você é John Harris, e quem precisa de você?'. Nós precisamos. Ele fez muito dinheiro para a companhia. Mas agora eles pareciam achar que, se os jogos tivessem belas embalagens e rótulos, venderiam de qualquer jeito".

De fato, John Harris já havia percebido essa tendência. O falante programador, que escrevera dois dos mais populares programas de microcomputadores da história, estava dividido entre a lealdade e o desgosto de ver a Ética Hacker ignorada. Harris não gostava do fato de os nomes dos autores não constarem mais da caixa dos programas. E não gostou também da reação de Sunderland, quando comentou isso com ele: "Espera aí, antes de falar nisso, quando seu próximo jogo estará pronto?". Que diferença daqueles dias no acampamento de verão. Harris achava que o tempo em que todo mundo parava de trabalhar para se envolver em brincadeiras — como no dia em que foram todos para a Casa Hexagonal virar os móveis de ponta-cabeça — era o melhor e mais adequado para uma empresa na qual trabalhar é sinônimo de diversão.

John Harris também estava chateado com o que considerava uma traição da empresa a seus altos padrões artísticos. Harris tomava como ofensa pessoal se a empresa lançasse um jogo que ele avaliava como ainda não suficientemente depurado. Estava absolutamente horrorizado com a versão para o Atari e para o Apple do *Jawbreaker 2*. O fato de que os jogos fossem sequências oficiais do original criado por ele era irritante, mas Harris não se importaria com isso se fossem soberbamente executados. Mas não eram — as faces sorridentes eram muito grandes e as extremidades dos paraquedas nos quais os bonecos se moviam para lá e para cá estavam muito fechadas. Harris ressentia-se da queda da qualidade. Ele achava, na realidade, que os novos jogos da On-Line não eram muito bons.

Talvez o pior ponto em relação à On-Line, no que dizia respeito a John Harris, era o fato de que Ken Williams e sua empresa nunca se curvaram o suficiente diante da inegável grandeza do Atari 800. Ele tinha uma identificação selvagem com aquela máquina. Triste, Harris chegou à conclusão de que na On-Line o Atari seria sempre de segunda linha diante do Apple. Mesmo depois da derrota do *Frogger*, quando a versão de Harris para o Atari era o estado da arte e a versão para o Apple foi quase um desastre, Williams parecia não levar o Atari mais a sério. Isso deprimia tanto John Harris que ele decidiu que deveria deixar a On-Line para trabalhar para uma empresa que compartilhasse sua visão sobre o Atari.

Não foi fácil. A On-Line tinha sido muito boa para John Harris. Agora, ele tinha uma casa, respeito, repórteres da revista *People* indo até lá para entrevistá-lo, uma caminhonete 4x4, uma televisão enorme, uma gorda conta bancária e, depois de idas e vindas de Fresno ao Club Med, agora ele tinha também uma namorada.

Em uma convenção de ficção científica, Harris reencontrou uma garota que havia conhecido casualmente em San Diego. Ela tinha mudado desde então — "Ela parecia linda", recorda John Harris, "tinha perdido peso e feito uma plástica no nariz". Agora, ela era atriz e fazia dança do ventre em Los Angeles. Tinha sido convidada para dançar, Harris explicou, no mais prestigiado salão de dança do ventre de Hollywood. "Em San Diego, ela sempre parecia estar com outra pessoa; desta vez,

396   **PARTE III   Os hackers de jogos**

não. Prestou mais atenção em mim do que em qualquer outra pessoa. Nós passamos juntos 19 das 24 horas seguintes." Ele sempre a encontrava depois da convenção de ficção científica; ela passava semanas em sua casa, e ele ia para Los Angeles só para vê-la. Eles começaram a falar de casamento. Era uma felicidade nova para John Harris.

Ele sabia que Ken Williams tinha sido instrumental na mudança da sua vida. Parecia lógico, então, que John Harris, tendo essas dúvidas a respeito da empresa com a qual tanto se identificava, levasse suas objeções diretamente a Ken Williams. Mas o rapaz não conseguiu conversar com Williams sobre como estava perto de deixar a companhia. Harris não confiava mais nele. Antes, quando ele tentou explicar por que se sentia traído pela On-Line, Williams falou sobre todo o dinheiro que o rapaz estava ganhando. A certa altura, Williams contou a um repórter da *People* que Harris estava recebendo 300 mil dólares por ano. Quando o rapaz quis corrigir a cifra, Williams o embaraçou, entregando o mais recente cheque referente aos royalties. A quantia referente aos últimos quatro meses (Harris recebia mensalmente, mas, às vezes, passava algum tempo sem retirar os cheques) era 160 mil dólares. Mas não era essa a questão; Williams nunca falava a respeito do dinheiro que a On-Line estava ganhando com o trabalho de Harris. Em vez de falar isso a Williams, porém, Harris acabava concordando com tudo o que ele propunha — fosse por timidez, insegurança ou o que fosse.

Assim, ele não conversou com Ken Williams. Visitou a namorada, trabalhou em um novo montador para o Atari, brincou em uma casa de *video games* (e ficou feliz porque conseguiu uma alta pontuação na máquina pré-paga do *Stargate*) e teve ideias para seu novo jogo. Por fim, foi conversar com o pessoal da Synapse Software, uma empresa que levava a sério o Atari 800.

De fato, a Synapse era quase exclusivamente uma empresa de software para o Atari, embora estivesse planejando fazer conversões também para outros sistemas. Os jogos da Synapse eram cheios de ação, explosões, tiros e brilhantemente concebidos sob o ponto de vista gráfico. John Harris os considerava fantásticos. Quando foi visitar a empresa em Berkeley, ficou impressionado como os programadores eram bem tratados, como trocavam utilidades e se comunicavam em um mural organizado pela companhia. Quando John Harris descobriu por um programador da Synapse que parte da rotina de som de um jogo da empresa tinha sido tirada do código-objeto de uma cópia do disco do *Frogger* roubada na Software Expo — aquele roubo que jogara Harris em uma profunda e dolorosa depressão —, ele ficou menos bravo com a violação e mais deliciado com o fato de que um hacker havia entrado em seu código e encontrado algo valioso de que se apropriar. A Synapse prometeu a Harris que ele teria todo o suporte de que precisasse; ele podia fazer parte da comunidade de programadores da empresa. E ofereceram 25% em royalties. Em resumo, a Synapse ofereceu tudo o que um hacker do Atari não estava recebendo na On-Line. Harris concordou fazer seu próximo projeto para a Synapse. A estrela do software da On-Line tinha partido.

Harris estava sentado na sala de casa, imaginando como contar aquilo a Ken Williams, quando o telefonou tocou: "Terra", Harris atendeu como de hábito. Era Williams. Harris precipitou-se. "Estou programando para a Synapse agora", ele disparou em um tom de voz que Williams achou insuportavelmente arrogante. Williams perguntou o motivo e Harris disse que a Synapse lhe oferecera 25% em royalties. "Isso é uma bobagem", respondeu. Mas Harris tinha muitas coisas para falar. De uma vez só, ele começou finalmente a dizer tudo o que trazia engasgado na garganta. Até coisas que ele nunca havia pensado antes. Depois, Harris se arrepiaria ao pensar no que fizera — dizer ao presidente da empresa, uma pessoa que havia significado tanto para ele, que seus produtos eram um lixo.

John Harris, com seus programas perdidos, estranhos códigos-fonte, atrasos perfeccionistas e fixação no Atari 800, tinha sido a alma hacker da On-Line. Tinha sido a maldição da existência de Ken Williams e também o símbolo de seu compromisso com a Ética Hacker. Sua proximidade com Williams era representativa da nova benevolência que empresas como a On-Line trocariam pelos habituais abismos entre patrões e empregados. Agora John Harris tinha partido, lamentando o fato de a On-Line ter abandonado sua missão original. Seu legado foi o *Frogger* — que durante semanas foi o jogo mais vendido, de acordo com a lista da *Softsel*.

Bem ao contrário de estar abatido pela perda de John Harris, Ken Williams mostrava-se satisfeito com o resultado. Nem parecia que alguns meses antes ele anunciava que o nome de John Harris em um programa para o Atari era garantia de boas vendas. Williams tinha certeza de que a era dos autores independentes de jogos havia acabado: "Acho que tenho uma visão dos autores diferente da que os autores têm sobre si mesmos e acredito que eu esteja certo. Em minha opinião, os hackers com os quais lidamos tiveram a sorte de estar no lugar certo na hora certa. John Harris teve. Ele é um programador medíocre, sem criatividade, mas teve a sorte de programar para o Atari na hora certa".

Em vez de perder tempo porque o hacker estava tentando tornar um produto perfeito, Williams preferia programas menos polidos que fossem entregues dentro do prazo para que ele pudesse dar início a uma campanha publicitária de lançamento do produto. Não como o *Frogger*, que atrasou porque John Harris decidiu que não queria trabalhar.

398 **PARTE III Os hackers de jogos**

"Você não consegue administrar um negócio com gente que fica deprimida porque sua biblioteca de programas foi roubada. Você precisa de gente que entregue na data combinada, pelo preço acertado e que seja capaz de lidar sozinha com os próprios problemas. John Harris queria que você fosse beber com ele, falasse com ele ao telefone, o levasse ao Club Med e arrumasse uma transa para ele. Eu sou um verdadeiro expert em John Harris e em seus problemas emocionais. Eu não gostaria de basear meu plano de lançamento de jogos em 1983 e comprar 300 mil dólares em cartuchos ROM,* supondo o que John Harris seria capaz de entregar. Se a namorada não gostasse dele ou dissesse que ele era ruim de cama, o cara desaparecia.

Se você consegue fazer o *Frogger* com os talentos abobalhados que temos aqui, imagine o que acontecerá quando tivermos uma empresa de verdade. Ninguém nos deterá. Se você fica na dependência de caras que podem sair a qualquer momento porque alguém lhes ofereceu mais dinheiro ou largar o trabalho de repente porque as namoradas estão saindo com outra pessoa, a empresa vai acabar quebrando. É só uma questão de tempo. Eu tenho que ficar longe dos bebês chorões."

Para Williams, os softwares, a mágica, o messianismo, a transformação humana, a ferramenta da nova era tinham se tornado isso. Negócios. Afastado de suas próprias raízes hackers, logo ele não entendia mais que alguns hackers não tomavam decisões com bases nos termos tradicionais do negócio, que alguns hackers nem consideravam a possibilidade de trabalhar para empresas pelas quais não tivessem um forte apego, que alguns hackers, inclusive, relutavam em trabalhar para qualquer companhia.

No entanto, nesse momento, Williams já não ligava mais para o que os hackers pensavam. Porque ele estava cansado deles. Williams estava procurando programadores *profissionais*, o tipo de pessoa orientada para metas, que encarava uma tarefa como um engenheiro responsável, e não artistas prima-donas desejosos por fazer tudo perfeito e impressionar os amigos. "Gente boa e sólida que conseguia entregar", Williams resumiu. "Vamos acabar com nossa dependência dos programadores. É bobagem achar que os programadores são criativos. Em vez de esperar o correio trazer caras como John Harris para programar um jogo, nós vamos atrás de implementadores que não sejam criativos, mas sejam *bons*."

Williams achava que podia encontrar magos latentes em pessoas que estavam escondidas em empregos corporativos. Um desses profissionais orientados para metas foi recrutado por ele, trabalhando como programador na companhia telefônica local. Outro era um homem de família quarentão que morava no Sul da Califórnia

---

* Mais informações e imagens em <http://en.wikipedia.org/wiki/ROM_cartridge>. (N.T.)

e trabalhava com imagens digitais em contratos governamentais — segundo ele mesmo, "com evidentes implicações militares". Outro ainda era um vegetariano do interior do Idaho, que morava com a família em uma casa de madeira em forma de cúpula geodésica.*

E Williams foi em frente, tentando substituir hackers por profissionais. Ele já considerava o grande experimento realizado nos antigos escritórios da Rota 41, onde tentara treinar novatos para torná-los bons programadores em linguagem de montagem, um fracasso completo. Demorava muito para treinar as pessoas e não havia ninguém por perto com bastante tempo e virtuosidade técnica para se transformar em um guru. Não era fácil encontrar programadores em linguagem de montagem nem uma porção de headhunters, e uma montanha de anúncios classificados conseguiram garantir a contratação dos campeões que Williams precisava. E ele precisava de muita gente boa, porque seu plano de lançamento de jogos para 1983 era colocar no mercado cerca de cem produtos. Alguns projetos envolviam esforços criativos originais. Em vez disso, a energia de programação da On-Line foi canalizada para a conversão de jogos já existentes para outras máquinas, especialmente para os computadores de baixo custo, de venda massiva e baseados em cartuchos ROM, como o VIC-20** ou os da Texas Instruments. As expectativas da On-Line foram divulgadas em sua "estratégia de negócios": "Nós consideramos que o mercado dos computadores domésticos seguirá tão explosivo que a 'saturação de títulos' é impossível. O número de novas máquinas competindo no segmento da Atari/ Apple em 1983 gerará uma avidez contínua pelos jogos mais vendidos de 1982. Nós exploraremos essa oportunidade...".

A energia da companhia estava focada na conversão de produtos em outros produtos. Era uma abordagem que transformava a alegria dos hackers pela criação de novos mundos. Mais do que buscar programas brilhantes entre os sucessos do passado, a On-Line tentava duplicar as vendas até mesmo de programas medíocres, sempre destinados a máquinas limitadas nas quais ficavam ainda piores do que os originais. Em nenhum momento desse furioso fluxo de conversões houve espaço para recompensar esforços como o *Frogger*, de John Harris, finalizado tão artisticamente que impactou o mercado com a força de um trabalho criativo original.

De volta ao seu desorganizado escritório eletrônico de dois andares, John Harris estava filosofando sobre os programadores profissionais — qualquer programador que não tivesse amor em seu coração pelos jogos e o perfeccionismo hackers em

---

* Mais informações e imagens em <http://en.wikipedia.org/wiki/Geodesic_dome>. (N.T.)

** Informações técnicas e imagens disponíveis em <http://oldcomputers.net/vic20.html>. (N.T.)

suas almas — estava destinado a escrever jogos sem alma e imperfeitos. No entanto, Ken Williams não estava falando com John Harris que, afinal, agora programava para a Synapse. Ken Williams estava prestes a ter uma reunião que colocaria a On-Line em contato com uma nova empresa — uma que prometia entregar uma equipe completa de programadores em linguagem de montagem, profissionais especializados em conversão. Por um preço dos mais baratos!

Aquilo soava bem demais para ser verdade, e Williams entrou na reunião cheio de suspeitas. Seu contato com aquela nova companhia era um homem de negócios de longos cabelos e olhos mortiços, chamado Barry Friedman. A fortuna dele fora erguida na grande e louca onda da indústria de computadores. Originalmente, Friedman representava artistas que faziam ilustrações para as capas e os anúncios da On-Line, então, ele ampliou o negócio para fornecer todo o trabalho de arte para algumas empresas de computadores. De lá para cá, passara a oferecer serviços de todos os tipos para os editores de software. Se você quisesse encontrar cartuchos ROM com melhor preço, ele podia atuar como intermediário para conseguir o produto mais barato, talvez produzido em algum obscuro fabricante em Hong Kong.

Ultimamente, ele vinha oferecendo acesso a altas somas de capital para quem precisasse. Outro dia, Williams contou, Friedman lhe telefonara, perguntando quanto um investidor precisaria para comprar a On-Line. Williams chutou 20 milhões e desligou. Friedman telefonou novamente mais tarde, dizendo que 20 milhões de dólares estavam fechados. Williams, ainda sem levar a proposta a sério, retrucou: "Bem, mas eu quero manter o controle também". Friedman voltou a ligar alguns dias depois, afirmando que *aquilo* também estava fechado. O mais estranho de tudo era que, quanto mais Williams duvidava dos crescentes negócios de Barry Friedman (você nunca sabia que nome de empresa estaria no cartão que ele lhe entregava nas reuniões), mais ele cumpria o que prometia. Era como se Barry Friedman fosse o beneficiário de alguma barganha faustiana,* à moda do Vale do Silício.

Essa nova proposta parecia a mais surpreendente de todas. Friedman chegou à reunião com Williams, trazendo os dois fundadores de uma empresa que ele estava representando. Uma companhia que só fazia conversões. As taxas soavam como uma barganha — 10 mil dólares como honorários e 5% em royalties. A empresa se chamava "Rich and Rich Synergistics Enterprises", sendo Rich o primeiro nome dos dois fundadores.

Barry Friedman, usando uma camiseta polo amarela, desabotoada para mostrar uma corrente de ouro que era complementada por um bracelete de prata e diamantes

---

* Mais informações sobre a referência a Fausto em <http://www.faust.com/>. (N.T.)

e por um relógio de ouro, liderava os dois Rich e outro de seus parceiros, um homem baixo, loiro, com nariz de botão e vestido com um terno meio punk. Esse era Tracy Coats, um ex-agente de músicos de rock que representava os investidores de "uma família muito rica". Essa parte da informação era passada em voz baixa com um ligeiro movimento de sobrancelha.

Com um pouco de algazarra, eles tomaram seus assentos em torno da grande mesa de madeira da sala de reuniões perto do escritório de Williams: um espaço perfeitamente acarpetado, com paredes brancas, estantes de madeira e um quadro-negro; uma sala comum, anônima, que podia existir nos escritórios de qualquer tipo de empresa.

"Rich and Rich...", disse Williams, olhando para os currículos dos dois programadores. "Espero que vocês *me* tornem rico."*

Nenhum dos dois Rich deu risada e, se rostos sem rugas fossem alguma indicação, eles não deviam rir mesmo em excesso. Eram totalmente negociantes, e o currículo deles era ainda mais estranho do que a aparência. Os dois tinham ocupado posições de responsabilidade na altamente digital e recém-entregue Disneylândia de Tóquio ("O lugar todo é baseado no silício", disse Rich Um). Porém, aquela autoritária fábrica de diversão era o mais perto que haviam chegado da frivolidade em seus currículos, que estavam cravejados de termos como: análise de circuitos de segurança, laboratório de propulsão a jato, controle nuclear, análise de sistemas de mísseis e controle de sistemas. Os dois Rich usavam paletós esportivos sem gravata; as roupas eram bem cortadas, parecendo ter sido colocadas sobre corpos compulsivamente bem cuidados. Os dois pareciam estar na casa dos 30 anos, tinham cabelos bem cortados e olhos atentos, sempre buscando qualquer indiscrição no ambiente.

O Rich Dois falou: "Nosso pessoal tem experiência em outras áreas além da indústria de computação. Gente que trabalhou em um ambiente mais controlado, diferente de quem só conheceu os computadores domésticos. Nossa equipe sabe como documentar e escrever código *corretamente*". Rich Dois fez uma pausa. "Não são o tipo hacker", acrescentou.

A empresa desenvolveria um conjunto de ferramentas e técnicas para fazer a conversão de jogos. As técnicas, algoritmos e montadores seriam, com certeza, proprietários. Por causa disso, Rich and Rich manteria rotineiramente seu código-fonte fechado e guardado nos escritórios da empresa no Sul da Califórnia. Não importa

---

*   Williams fez aqui um trocadilho com "Rich", o nome dos dois fundadores da empresa, e a palavra "rich", em inglês, rico. (N.T.)

402   **PARTE III   Os hackers de jogos**

quão brilhantes fossem os truques, não importa quão elegantes fossem as depurações, nada estaria disponível para o prazer dos hackers. Somente o produto seria entregue. Opacidade. Gente comprando programas como produtos, com a programação profundamente escondida, tão desimportante quanto o maquinário que imprime a gravação nos discos de música. Dessa forma, os programadores da Rich and Rich são anônimos. Nada de egos de hackers. Apenas era entregue uma lista dos jogos desejados, e a equipe começaria a trabalhar neles.

Williams amou a ideia. "Isso os tornará ricos e me fará ganhar mais dinheiro", ele disse depois da reunião. Se os dois projetos-teste que ele pediu para a Rich and Rich dessem certo, afirmou, "Eu poderei fazer todas as minhas conversões com eles! Isso é muito melhor do que o John Harris!"

Ele estava se sentindo no topo do próprio jogo. Além da Rich and Rich, um repórter do *The Wall Street Journal* estava na cidade para conversar com ele e Roberta para uma matéria sobre a empresa. Como fazia com frequência no meio do dia, ele se recompensava saindo do escritório para ir ao terreno onde estava sendo construída a casa nova. Hoje, eles estavam assentando o grande telhado, que cobriria a grande sala de jogos da casa, não muito longe da quadra de tênis fechada. Ele colocou uma camisa de flanela sobre a surrada camiseta azul da Apple e dirigiu seu carro para o terreno enlameado para observar a equipe de doze homens, trabalhando cada qual na sua especialidade. Estava tudo indo muito bem, como uma sub-rotina bem escrita que rodava na primeira vez o código que fora montado, e Williams olhou com orgulho para o que estava construindo. "Não é estranho?", ele continuava a perguntar, "não é estranho?"

A casa espalhava-se pelo terreno; a moldura começava a ser preenchida com escadas e umbrais para dar passagem às pessoas. Por enquanto, a casa ainda estava aberta aos elementos do mundo; para o vento circular dentro dela, para a chuva molhá-la, e não havia portas e paredes que impedissem os movimentos. Uma perfeita e infindável casa hacker. Mas os construtores logo ergueriam as paredes para manter o mundo fora da casa e portas para proteger os moradores das violações de privacidade. Ninguém em perfeito juízo gostaria que fosse diferente.

Podia-se pensar o mesmo sobre o hackerismo, talvez... ninguém que administrasse um negócio poderia querer que a Ética Hacker o gerenciasse. Cedo ou tarde, era preciso lidar com a realidade; você ansiaria por aquelas velhas e familiares portas e paredes, que sempre foram consideradas tão naturais que só um louco pensaria em eliminá-las. Talvez somente em uma simulação no computador, usando a máquina para construir a utopia, seria possível preservar aquele idealismo. Talvez aquele fosse o único lugar onde você poderia preservar um sonho. No computador.

Williams andou em volta da casa algumas vezes, conversou com o construtor e então lembrou que tinha que voltar para o escritório. Ele tinha que conversar com o jornalista do *The Wall Street Journal* sobre aquela estranha empresa de papai e mamãe, que começara com um jogo de aventura.

Roberta e Williams deram a festa de inauguração da casa no fim de semana do Dia do Trabalho de 1983. Cerca de duzentas pessoas circularam pelo imóvel de 930 metros quadrados, construído em cedro, admirando os vitrais, maravilhando-se com a lareira feita com pedras de rio, disputando um torneio de tênis na quadra interna (adornada com a multicolorida logomarca da Apple), transpirando na sauna, relaxando na banheira, brincando de cabo de guerra no quintal, jogando vôlei na quadra externa, assistindo a filmes transmitidos pela antena parabólica, gargalhando com a trupe de comediantes trazida de avião de São Francisco e brincando nas seis máquinas de *video game* disponíveis na sala de jogos com um bar completo.

Foi uma ocasião meio amarga. Cercada pela competição dos novos concorrentes com grande volume de capital, a crise econômica, o alto custo da compra de cartuchos ROM para as máquinas baratas como a VIC-20 (despesas que nunca foram recuperadas) e a falta de novos e inovadores programadores da Terceira Geração capazes de escrever um sucesso, a On-Line estava caminhando para um 1983 com receitas mais baixas do que as do ano anterior. Williams vira-se forçado a buscar mais capital de risco; 3 milhões de dólares dessa vez. Meio milhão foi diretamente para ele, um valor consideravelmente menor do que o custo da nova casa.

No início daquele verão, Williams pediu a Dick Sunderland que o encontrasse no restaurante Broken Bit. Antes de trocar qualquer palavra, Williams estendeu um bilhete a seu antigo chefe que dizia: "Você está demitido como presidente da Sierra On-Line". Dick Sunderland ficou furioso e acabou entrando com um processo contra Williams e a On-Line. "Eu fiquei louco da vida", ele explica, "eu tinha minha reputação. Eu estruturei para ele uma empresa que podia ser administrada, mas *ele* queria administrá-la." Os outros funcionários, especialmente aqueles que mais sentiam saudade dos tempos do acampamento de verão, rejubilaram-se. Tiraram a placa com o nome de Sunderland, que marcava sua vaga no estacionamento, e a colocaram na porta do banheiro feminino. Eles pegaram uma pilha de memorandos enviados na época de Sunderland, que foi apelidada de "A Era da Opressão", e improvisaram uma fogueira. Por um pequeno instante, era como se os funcionários da companhia pudessem reduzir a burocracia a cinzas.

Havia outros sinais de otimismo. Williams tinha a expectativa de que seu novo e barato programa de processamento de texto pudesse gerar boas receitas e que ele se

404   **PARTE III   Os hackers de jogos**

daria bem com o acordo de 1 milhão de dólares para licenciar os personagens dos quadrinhos *B.C.* e do *The Wizard of Id*. Estava também negociando com John Travolta o uso do nome do ator em um programa de condicionamento físico. Mas, apesar desses projetos, o negócio de software estava se revelando mais precário do que parecia.

Era só conversar com Jerry Jewell para entender por quê: Jewell, da Sirius, tinha vindo de Sacramento e estava se lamentando sobre o final desastroso de seu acordo com a Twentieth-Century Fox Games — os jogos de cartucho que a empresa dele havia escrito perderam-se na enxurrada de *video games* de 1983, e ele acabou recebendo quase nada por estabelecer o foco de toda a empresa na produção para a máquina VCS da Atari. Sua companhia estava suspensa por um fio, e ele duvidava de que qualquer uma das empresas da Fraternidade sobrevivesse aos próximos anos. Os seus melhores programadores o abandonaram, alguns dias antes de ter que demiti-los.

Ken Williams também continuava a ter problemas com programadores. Lá estava o hacker que estava administrando o projeto da IBM, bastante atrasado no cronograma. Lá estavam alguns dos programadores "profissionais" que, por não estarem familiarizados com os prazeres do universo dos jogos de computador, eram incapazes de sintetizar esses prazeres na programação de jogos. Lá estava, inclusive, uma disputa com Bob e Carolyn Box: os dois ex-garimpeiros de ouro transformados em programadores rejeitaram as críticas de Williams para o jogo que lhe apresentaram e saíram para se tornar autores independentes.

E ainda havia John Harris. Ultimamente, ele e Williams estavam brigando por causa de um desacordo referente aos royalties do *Frogger*, ainda o programa mais vendido da On-Line. A Parker Brothers queria comprar o programa para converter para cartucho, e Williams ofereceu a Harris 20% dos 200 mil dólares que seriam dados pela venda. Para Harris, isso não era o bastante. Eles discutiram o assunto no escritório de Williams, e a conversa terminou com o dono da On-Line dizendo a seu antigo superestrela do software: "Cai fora do meu escritório, John Harris. Você está desperdiçando meu tempo".

Aquela foi a última vez em que eles conversaram antes da festa de inauguração da casa para a qual Williams não convidou Harris. De qualquer forma, o rapaz apareceu com sua namorada, que estava usando um enorme anel de brilhante que ele havia lhe dado como compromisso de noivado. Williams saudou o hacker com cordialidade. Não era um dia para animosidades, era um dia para celebrações. Ele e Roberta tinham sua nova casa de 800 mil dólares e, pelo menos por enquanto, nenhuma nuvem estava sobre o império dos Sierra. O computador havia tornado os dois tão ricos e famosos como jamais teriam ousado sonhar e, enquanto o sol se punha em Mount Deadwood, ele, vestido com bermuda e camiseta, dançou alegremente ao som da banda que trouxera do Sul da Califórnia. Mais tarde, exatamente como havia sonhado, Williams entrou na banheira quente com os amigos, sentindo-se um milionário ainda na casa dos 20 anos, tomando banho nas montanhas. Enquanto ele e seus amigos estavam na banheira, recostados com os braços para fora, eles podiam ouvir o ruído frenético das máquinas de *video game* no salão de jogos, misturando-se contraditoriamente ao murmúrio suave da floresta da Sierra.

Parte IV

O último dos
verdadeiros hackers

Cambridge: 1983

Capítulo 21
O ÚLTIMO DOS VERDADEIROS HACKERS

Na época que Ken Williams estava dando a festa de inauguração de sua casa, vinte anos depois que os integrantes do Tech Model Railroad Club (TMRC) do MIT descobriram o TX-0, um homem que se autodenominava o último dos verdadeiros hackers, sentava em uma sala no nono andar do Tech Square — uma sala desorganizada com folhas de impressão, manuais, um saco de dormir e um terminal de computador piscando conectado diretamente a um descendente do PDP-6, um computador DEC-20.* O nome dele era Richard Stallman, e falava com uma voz tensa e aguda, sem tentar disfarçar a emoção com que descrevia "o estupro do Laboratório de Inteligência Artificial".

Richard Stallman tinha vindo para o MIT doze anos antes, em 1971, e tinha experimentado a epifania, que os outros desfrutaram ao descobrir o paraíso do puro hackerismo no monastério do Tech Square, onde as pessoas viviam para o hackerismo e praticavam o hackerismo para viver. Stallman entrara no mundo dos computadores ainda no ensino médio. Em um acampamento de verão, divertiu-se com os manuais de computadores emprestados por seus tutores. De volta à sua nativa Manhattan, descobriu um centro de computadores para exercitar sua nova paixão. Na época que ingressou em Harvard, já era um expert em linguagem de montagem, operação de sistema e processadores de texto. Também acreditava ter uma profunda afinidade com a Ética Hacker e era um militante de seus princípios. Foi à procura

---

* Mais informações técnicas sobre o DEC-20 em <http://en.wikipedia.org/wiki/DECSYS-TEM-20>. (N.T.)

por um ambiente mais compatível com o hackerismo que o levou do relativamente autoritário centro de computação de Harvard para o MIT.

O que mais gostava no Laboratório de Inteligência Artificial no Tech Square era que "não havia obstáculos artificiais, coisas que insistiam em tornar difícil a realização de projetos — coisas como burocracia, segurança e a recusa de compartilhar conhecimento com os outros". Ele também adorava estar com gente para quem o hackerismo era um estilo de vida. Reconhecia que sua personalidade era incompatível com as idas e vindas mais comuns na interação humana. No nono andar, podia ser admirado por sua prática hacker e se sentia acolhido pela comunidade construída em torno dessa busca mágica.

Sua maestria logo se tornou visível, e Russ Noftsker, o administrador do Laboratório de Inteligência Artificial que adotou duras medidas de segurança durante os protestos contra a guerra do Vietnã, contratou Stallman como programador de sistemas. Logo o rapaz estava em Modo Noturno, e, quando as pessoas descobriram o fato de que, simultaneamente, ele estava obtendo uma graduação com grandes honras em física em Harvard, até mesmo aqueles mestres hackers ficaram boquiabertos.

Quando se sentou perto de gente como Richard Greenblatt e Bill Gosper, a quem considerava seu mentor, a visão de Stallman sobre a Ética Hacker consolidou-se. Ele passou a ver o laboratório como a corporificação dessa filosofia; um anarquismo construtivo que, como Stallman escreveu uma vez em um arquivo de computador,[1] "não significava uma selva onde cão–come–cão. A sociedade norte-americana já é uma selva onde cão–come–cão, e suas regras mantêm essa situação. Nós, hackers, queremos substituir essas regras em nome da cooperação construtiva."

Stallman, que gostava de ser chamado por suas iniciais, RMS, em tributo ao modo como se logava no computador, usou a Ética Hacker como o princípio orientador de seu mais conhecido programa de edição chamado EMACS,* que possibilitava que os usuários fizessem customizações ilimitadas — a arquitetura amplamente aberta do programa encorajava as pessoas a adicionar recursos e fazer aprimoramentos infindáveis. Ele distribuía o programa gratuitamente a qualquer pessoa que concordasse com sua única condição:[2] "que eles devolvessem todas as extensões que fizessem para ajudar a aprimorar o EMACS. Eu chamava esse arranjo de 'a comuna do EMACS'. Como eu compartilhava, era dever deles compartilhar também; trabalhar com os outros em vez de contra os outros". O EMACS tornou-se quase o editor de texto padrão nos departamentos relacionados às ciências da

---

*   Mais informações em <http://www.emacswiki.org/emacs/EmacsHistory>. (N.T.)

computação da universidade. Era um exemplo brilhante do que o hackerismo podia produzir.

No entanto, conforme a década de 1970 avançava, Stallman começou a ver mudanças em sua amada reserva. O primeiro sinal foi quando os Usuários Oficialmente Sancionados (UOS) receberam senhas e os não autorizados foram mantidos longe do sistema. Como um verdadeiro hacker, RMS desprezava as senhas e tinha orgulho de que os computadores, que ele era pago para manter, não as usassem. Mas o Departamento de Ciências da Computação do MIT (que era administrado por pessoas diferentes daquelas do Laboratório de Inteligência Artificial) decidiu instalar medidas de segurança nas máquinas.

Stallman fez campanha para a eliminação da prática. Encorajava as pessoas para que usassem Sequências Vazias como senha — um Retorno* em vez de uma palavra. Assim, quando a máquina pedisse a senha, era só apertar a tecla RETORNO e a pessoa estaria logada. Ele também quebrara o código de encriptação do computador e era capaz de entrar em arquivos que as pessoas haviam protegido com senhas. Começou a enviar mensagens que apareciam na tela, quando as pessoas se logavam ao sistema:

> "Vejo que você escolheu a senha (tal e tal). Sugiro que mude para a senha 'TECLA RETORNO'. É muito mais fácil de digitar e está de acordo com o princípio de que as senhas não devem existir."

"Por fim, cheguei a um ponto em que 20% de todos os usuários da máquina tinham a senha RETORNO", RMS orgulhou-se depois.

Então, o laboratório do Departamento de Ciências da Computação instalou um sistema de senhas mais sofisticado em seus computadores. Esse não foi tão fácil de quebrar. Mas Stallman era capaz de estudar o programa de encriptação e, como contou mais tarde, "descobri que, mudando uma palavra no programa, poderia fazê-lo imprimir as senhas no sistema do console, como parte da mensagem que você estivesse logando". E já que o "sistema do console" era visível para qualquer pessoa que estivesse passando, e as mensagens podiam ser facilmente acessadas de qualquer terminal, ou até mesmo impressas em papel, a mudança feita por Stallman permitia que qualquer senha fosse rotineiramente informada para quem quisesse sabê-la. Ele considerou o resultado "divertido".

Mesmo assim, o rolo compressor das senhas seguiu em frente. O mundo exterior, com sua afeição por segurança e burocracia, estava fechando o cerco. A mania por

---

*   No original, a palavra "carriage-return" que equivale à tecla ENTER. (N.R.)

O último dos verdadeiros hackers

segurança chegou a infestar o computador da Inteligência Artificial. O Departamento de Defesa estava ameaçando retirar o computador do Laboratório de IA da rede do ARPAnet para separar as pessoas do MIT da altamente ativa comunidade de hackers, usuários e dos cientistas normais do resto do país — tudo porque o Laboratório recusou-se determinantemente a limitar o acesso a seus computadores. Os burocratas do Departamento de Defesa estavam apopléticos: qualquer pessoa podia vir da rua e usar a máquina do Laboratório de Inteligência Artificial, inclusive, conectando-se a outras locações da rede do Departamento de Defesa! Stallman e os outros achavam que devia ser assim mesmo. Mas percebeu que o número de pessoas do seu lado estava diminuindo. Mais e mais hackers puros estavam saindo do MIT, e aqueles que formaram a cultura do hackerismo e deram testemunho da Ética Hacker com seu comportamento já estavam longe fazia tempo.

O que havia acontecido com os hackers do passado? Muitos tinham ido trabalhar para empresas, implicitamente aceitando os compromissos exigidos por esse tipo de emprego. Peter Samson, que foi um dos primeiros a descobrir o TX-0, estava em São Francisco, ainda na Systems Concepts, a empresa cofundada pelo mestre hacker em telefonia Stew Nelson. Samson podia explicar o que acontecera: "O hackerismo agora compete em atenção com responsabilidades reais — trabalhar para viver, casar, ter filhos. O que eu tinha naquela época que não tenho agora é tempo e uma boa dose de resistência física". Essa era uma conclusão comum, mais ou menos compartilhada pelos colegas de Samson no TMRC, gente como Bob Saunders (trabalhando na Hewlett-Packard e com dois filhos no ensino médio), David Silver (depois de se desenvolver no Laboratório de Inteligência Artificial do MIT, ele tinha agora uma pequena empresa de robótica em Cambridge), Slug Russell (o autor do *Spacewar* estava fazendo programação para uma companhia fora de Boston e ainda brincava com seu computador doméstico Radio Shack) e até mesmo Stew Nelson, que, apesar de ter se mantido no Modo Solteiro, em 1983 reclamava de não conseguir mais praticar o hackerismo como gostaria. "Hoje em dia, praticamente tudo são os negócios, não temos o tempo de que gostaríamos para nos dedicar às questões técnicas o suficiente", declarou o homem que havia mais de duas décadas usou instintivamente o PDP-1 para explorar o universo do sistema telefônico.

Não haveria outra geração como a deles; Stallman tinha certeza disso toda vez que via o comportamento dos novos "turistas", tirando vantagem da liberdade do computador do Laboratório de Inteligência Artificial. Eles não pareciam bem-intencionados nem ávidos por mergulhar na cultura do hackerismo como seus predecessores. Antes, as pessoas reconheciam que o sistema aberto era um convite para a realização de um bom trabalho e se aprimorar até o ponto de ser considerado um verdadeiro hacker. Agora, alguns dos novos usuários não conseguiam lidar

412   **PARTE IV**   **O último dos verdadeiros hackers**

com a liberdade para bisbilhotar em um sistema com todos os arquivos abertos para eles. "O mundo exterior estava forçando a entrada", Stallman admitiu, "mais e mais gente chega aqui já tendo outros sistemas de computadores. Nos outros lugares, é tido como verdade que, se qualquer um pode modificar seus arquivos, você não conseguirá chegar a nada, você será sabotado a cada cinco minutos. Cada vez menos gente em volta havia se desenvolvido sob os princípios do hackerismo e sabia que aquilo é possível, além de ter um estilo de vida mais justo".

Stallman continuou a lutar e a tentar deter, segundo ele, "o avanço fascista com todos os meios de que eu dispunha". Embora suas atividades oficiais de programação fossem divididas entre o computador do Departamento de Ciências da Computação e o do Laboratório de Inteligência Artificial, ele entrou em "greve" contra o pessoal das ciências da computação por causa de sua política de segurança. Quando terminou uma nova versão de seu editor EMACS, recusou-se a deixar o pessoal do laboratório de ciências da computação usá-lo. Ele percebeu que, de alguma forma, estava punindo os usuários daquela máquina mais do que os autores da política de segurança. "Mas o que eu poderia fazer?", ele disse depois, "as pessoas que usavam a máquina estavam de acordo com a política também. Eles não estavam lutando contra. Muita gente ficou brava comigo, dizendo que eu tentava fazê-los reféns ou os estava chantageando. Em algum sentido, eu estava. Eu estava usando violência contra eles porque acreditava que eles estavam usando violência contra todas as pessoas."

As senhas não eram o único problema que Richard Stallman tinha que enfrentar no que estava se tornando a cada vez mais solitária defesa da pura Ética Hacker no MIT. Muitas das novas pessoas que frequentavam o laboratório tinham aprendido computação já nas pequenas máquinas e não tiveram a oportunidade de ser apresentadas aos princípios hackers por ninguém. Como a Terceira Geração de hackers, que não via qualquer problema com o conceito de propriedade de um programa. Esses novatos eram capazes de escrever programas tão bons quanto seus predecessores, mas algo também novo vinha com eles — conforme o programa ia aparecendo na tela, também surgiam avisos sobre direitos autorais. Avisos sobre direitos autorais! Para RMS, que ainda acreditava que o fluxo de informações devia ser livre e gratuito, isso era uma blasfêmia. "Eu não acho que um software deva ser propriedade", ele falou em 1983, "porque a prática sabota a humanidade como um todo. Isso impede que as pessoas desfrutem o máximo benefício da existência de um programa."

Era esse tipo de comercialismo que, na opinião de Richard Stallman, causou a destruição final do que havia restado da comunidade idealista que ele tinha amado.

O último dos verdadeiros hackers

Aquela era uma situação que personificava o mal e colocava os últimos hackers em um conflito amargo. Tudo isso começou com a máquina LISP de Greenblatt.

Com o passar dos anos, talvez Richard Greenblatt tenha permanecido como o principal vínculo com os dias da glória hacker no nono andar. Agora em meio a seus 30 anos, o ultrafocado hacker da Máquina de Xadrez e do MacLISP estava moderando alguns de seus hábitos pessoais mais extremos, penteando o cabelo curto com mais frequência, variando um pouco mais as roupas e até tentando pensar um pouco sobre o sexo oposto. Mas ainda era um demônio do hackerismo. E agora ele começava a ver realizado um sonho iniciado muitos anos antes — um computador totalmente construído para um hacker.

Ele descobriu que a linguagem LISP era bastante extensível e poderosa para oferecer às pessoas o controle para construir e explorar o tipo de sistemas que poderia satisfazer até mesmo a mentalidade hacker mais faminta. O problema era que nenhum computador conseguia operar facilmente as consideráveis demandas da LISP para a máquina. Assim, no início da década de 1970, Greenblatt começou o design de um computador que poderia rodar a LISP de forma mais rápida e eficiente do que qualquer outra máquina já existente. Seria um computador para um usuário único — finalmente, uma solução para o problema estético para o compartilhamento de tempo, quando o hacker fica psicologicamente frustrado pela falta de controle total sobre a máquina. Ao rodar a LISP, a linguagem da Inteligência Artificial, a máquina seria a laboriosa pioneira da próxima geração de computadores, máquinas com a habilidade de aprender; capaz de travar diálogos inteligentes com o usuário sobre todos os assuntos desde o design de circuitos até matemática avançada.

Dessa forma, com uma pequena quantia, ele e outros hackers — notadamente Tom Knight, que fora instrumental no design (e na criação do nome) do Incompatible Time-sharing System — começaram a trabalhar. Seguiam devagar, mas em 1975 tinham o que chamaram de máquina "Cons" (denominada assim por causa da complexa função "construtor-operador", que a máquina performava em LISP). A máquina Cons não era independente e precisava ser conectada ao PDP-10 para operar. Tinha a largura de dois gabinetes, com as placas de circuito e os fios expostos, e eles a construíram ali mesmo no nono andar do Tech Square sobre o chão elevado com a fiação do ar-condicionado passando por baixo.

Funcionou como Greenblatt esperava. "A LISP é uma linguagem muito fácil de ser implementada", Greenblatt explica, "uma porção de vezes, algum hacker sentava-se diante de uma máquina e depois de umas duas semanas de trabalho duro, conseguia escrever uma LISP. 'Veja, eu fiz uma LISP!' Mas há uma enorme diferença entre aquilo e um sistema realmente utilizável." A máquina Cons e depois a máquina independente LISP era um sistema utilizável. Tinha algo chamado "espaço de endereçamento virtual", que assegurava que o consumo de espaço dos programas não sobrecarregaria frequentemente a máquina, como acontecia nos outros sistemas LISP. O mundo que se construía com a LISP podia ser muito mais intricado. Um hacker trabalhando na máquina era como um piloto espacial imaginário, viajando pelo universo em constante expansão da LISP.

Nos próximos anos, eles trabalharam para fazer a máquina ficar independente do PDP-10. O MIT pagava o salário deles que, evidentemente, cuidavam da manutenção dos outros sistemas e, de vez em quando, também praticavam o hackerismo para o Laboratório de Inteligência Artificial. O alívio chegou quando o ARPA injetou dinheiro para que o grupo construísse seis máquinas por 50 mil dólares cada uma. Depois entrou mais verba para a construção de outras máquinas.

De fato, os hackers do MIT acabaram construindo 32 máquinas LISP. Do lado de fora, o computador parecia mais uma central de ar-condicionado. Toda a ação visual ocorrida em um terminal remoto com um grande e brilhante teclado com botões de função e um monitor de ultra–alta–resolução gráfica. No MIT, a ideia era conectar diversas máquinas LISP em uma rede, assim, enquanto o hacker tinha controle completo, ele podia também praticar o hackerismo em comunidade — e estariam mantidos os valores emergentes do livre fluxo da informação.

A máquina LISP era um avanço significativo. No entanto, Greenblatt percebeu que era preciso fazer algo além do que construir algumas máquinas e praticar o hackerismo nelas. A máquina LISP era a mais flexível ferramenta de construção de mundos, a personificação do sonho hacker... mas suas virtudes como "máquina pensante" também a tornavam a ferramenta para que os Estados Unidos mantivessem a liderança tecnológica na corrida da Inteligência Artificial com os japoneses. A máquina LISP tinha, certamente, implicações mais amplas do que o Laboratório de Inteligência Artificial, e uma tecnologia como aquela seria mais bem disseminada comercialmente. Greenblatt: "Durante todo o processo, eu geralmente percebia que nós, provavelmente, começaríamos uma empresa algum dia para comercializar as máquinas LISP. Era o tipo de coisa que aconteceria mais cedo ou mais tarde. Então, quando a máquina começou a ficar pronta, começamos a pensar nisso".

Foi assim que Russell Noftsker entrou na história. O antigo administrador do Laboratório de Inteligência Artificial tinha deixado o cargo sob pressão em 1973 e seguiu para a Califórnia disposto a entrar no negócio. Porém, sempre que podia, voltava a Cambridge e visitava o laboratório para ver o que os funcionários andavam fazendo. Ele gostou da ideia das máquinas LISP e manifestou interesse em ajudar os hackers a formar uma empresa.

O último dos verdadeiros hackers

"De início, quase todo mundo estava contra ele", Greenblatt recorda, "na época que Noftsker saiu do laboratório, eu estava em melhores termos com ele do que qualquer outro. A maioria das pessoas realmente o odiava. Ele havia feito uma série de coisas que eram realmente paranoicas. Mas eu disse: 'Bem, vamos lhe dar uma chance'."

As pessoas deram, mas logo ficou claro que Noftsker e Greenblatt tinham ideias diferentes sobre como deveria ser a empresa. Greenblatt era hacker demais para aceitar um modelo tradicional de administração do negócio. O que ele queria era "algo no padrão do Laboratório de Inteligência Artificial". Não queria a entrada de capital de risco. Preferia a abordagem de abrir caminho pelos próprios meios, pela qual a empresa receberia uma encomenda, construiria o computador e, então, manteria um percentual do dinheiro e reinvestiria o restante na empresa. Greenblatt esperava que sua empresa mantivesse um vínculo forte com o MIT; ele, inclusive, vislumbrava um modo para que todos permanecessem afiliados ao Laboratório de Inteligência Artificial. O próprio Greenblatt estava relutante em deixar o laboratório; ele havia estabelecido firmemente os parâmetros de seu universo. Enquanto sua imaginação reinava livre dentro do computador, seu mundo físico ainda era muito limitado entre seu desorganizado escritório com um terminal no nono andar e a sala que alugara de um dentista aposentado (agora falecido) e sua esposa. Ele já tinha viajado por todo o mundo para participar de conferências sobre Inteligência Artificial, mas as discussões nesses lugares remotos eram a continuidade dos assuntos técnicos que ele debatia no laboratório ou na rede ARPAnet. Greenblatt definia-se profundamente pela comunidade hacker e, embora soubesse que até certo ponto o esquema comercial era necessário para disseminar a benção da máquina LISP, queria evitar comprometer desnecessariamente a Ética Hacker: como as linhas de código de um sistema de programa, o comprometimento devia ser depurado até o mínimo.

Noftsker considerava essa abordagem irrealista, e seu ponto de vista estava de acordo com o de outros hackers envolvidos no projeto. Além de Tom Knight, isso incluía alguns jovens magos que não haviam estado por perto durante a era dourada do nono andar e que tinham uma perspectiva mais pragmática do projeto. "Minha percepção sobre a ideia de Greenblatt era de que ele queria começar uma empresa para fazer máquinas LISP como se fosse uma oficina de garagem. Estava claro que era impraticável", avaliou Tom Knight, "o mundo não funciona assim. Só há um jeito para uma empresa funcionar: é ter gente motivada a ganhar dinheiro."

Knight e os outros perceberam que o modelo de Greenblatt para a empresa era algo como a Systems Concepts, em São Francisco, formada pelos antigos hackers do MIT, Stewart Nelson e Peter Samson. A Systems Concepts era uma companhia de

416   PARTE IV   O último dos verdadeiros hackers

pequena escala que havia decidido não ter vínculos nem ter que responder a acionistas capitalistas. "Nossa meta inicial não era necessariamente ficar infinitamente ricos", explicou em 1983 o cofundador Mark Mevitt, "mas controlar nossos destinos. Nós não devíamos nada a ninguém". Os hackers do MIT, então, avaliaram o impacto causado pela Systems Concepts. Depois de uma década, concluíram, a empresa ainda era pequena e não tinha muita influência no mercado. Na avaliação de Knight, a Systems Concepts "era uma empresa que não assumia riscos, não aceitava financiamento externo e só contratava conhecidos. Desse jeito, não se vai muito longe". Ele e os outros tinham uma visão mais arrojada para a empresa que ia construir as máquinas LISP.

Russ Noftsker também via — e explorou — o fato de que muitos hackers estavam relutantes em trabalhar para uma empresa liderada por Greenblatt. Em geral, Greenblatt estava tão focado em construir máquinas LISP, na missão do hackerismo e no trabalho que *tinha que ser feito*, que com frequência deixava de admitir a humanidade das pessoas. E, como hackers da velha guarda ficavam mais velhos, isso também se tornou mais um problema. "Todo mundo o tolerava por seu brilhantismo e produtividade", explicou Noftsker, "mas finalmente ele começou a usar o porrete e o chicote para colocar as pessoas na linha. Ele repreendia as pessoas que não estavam acostumadas com isso. Ele as tratava como se fossem uma equipe de mulas de produção. E, por fim, chegou a um ponto em que as conversas foram interrompidas e eles tomaram a medida extrema de se mudar do nono andar para se afastar de Greenblatt."

As coisas vieram à tona em uma reunião em fevereiro de 1979, quando ficou claro que Greenblatt queria uma empresa no estilo hacker e poder para assegurar que tudo se manteria assim. Era uma demanda inábil, já que — desde sempre — o laboratório tinha sido administrado, como Knight colocou, "por princípios anarquistas, com base no ideal da confiança e do respeito mútuos e pelo reconhecimento das qualidades técnicas das pessoas envolvidas nos projetos". No entanto, o anarquismo não parecia ser A Coisa Certa naquele caso. E, para muitos, tampouco era correta a demanda de Greenblatt. "Francamente, eu não conseguia ver Greenblatt preenchendo as funções de um presidente em uma empresa em que eu estivesse envolvido", concluiu Knight.

Noftsker: "Nós todos tentamos conversar com ele sobre isso. Imploramos para que aceitasse uma estrutura em que ele seria igual a todos nós e na qual tivéssemos uma administração profissional. Ele se recusou. Então, pedimos a todos os integrantes presentes na sala do grupo técnico para que dissessem se aceitariam os pilares administrativos propostos por Greenblatt. E todo mundo disse que não participaria de uma empresa com aquele modelo de gestão".

Foi um impasse. A maioria dos hackers não queria seguir adiante com Greenblatt, o pai da máquina LISP. Noftsker e os outros disseram que dariam a Greenblatt um ano para que formasse sua própria empresa. Porém, em pouco menos de um ano, concluíram que Greenblatt e os hackers que ele havia contratado para a sua LISP Machine Incorporated (LMI) não eram "vencedores". E, então, formaram a ultracapitalizada empresa chamada Symbolics.* Eles estavam desolados por construir e vender a máquina com a qual Greenblatt tanto contribuíra, mas achavam que tinha que ser feito. A equipe da LMI sentiu-se traída; toda vez que Greenblatt falava na cisão, sua voz se tornava um sussurro e ele buscava um jeito de mudar de assunto. Aquele cisma amargo era o tipo de coisa que acontece no mundo dos negócios ou quando as pessoas investem emoção em relacionamentos e interações humanas, mas não era o tipo de coisa que se via no estilo de vida hacker.

O Laboratório de Inteligência Artificial tornou-se um campo de batalha virtual entre os dois lados, as duas empresas, especialmente depois que a Symbolics contratou muitos dos hackers remanescentes. Até mesmo Bill Gosper, que havia trabalhado em Stanford e na Xerox durante aquele período, acabou se juntando ao centro de pesquisa que a Symbolics formou em Palo Alto. Quando a Symbolics reclamou sobre o possível conflito de interesse dos profissionais da LMI que ainda trabalhavam para o Laboratório de Inteligência Artificial (parecia que o MIT, ao pagar o salário dos funcionários de meio período da LMI, estava financiando o concorrente), os hackers ainda afiliados ao laboratório, inclusive Greenblatt, tiveram que renunciar.

Foi doloroso para todo mundo, e, quando as duas empresas lançaram máquinas LISP similares no início de 1980, ficou claro que o problema perduraria por muito tempo. Greenblatt fez algumas concessões em seu plano de negócios — por exemplo, fez um acordo no qual a LMI recebeu financiamento e suporte da Texas Instruments em troca de 25% das ações da empresa — e sua companhia estava sobrevivendo. A Symbolics, mais pródiga, contratou a nata do hackerismo e até assinou um contrato para vender máquinas para o MIT. A pior parte era que a comunidade ideal dos hackers, aquelas pessoas que, nas palavras de Ed Fredkin, "amavam umas às outras", não estavam mais se falando. "Eu realmente gostaria de conversar com Greenblatt", disse Gosper, falando em nome de muitos hackers que tinham virtualmente crescido sob a influência do mais canônico dos hackers e agora estavam cortados de seu fluxo de informação. "Eu não sei quanto ele estava feliz ou infeliz comigo por ter ficado com os caras do mal. Eu peço desculpas, mas, dessa vez, acho que eles estavam certos."

---

* Mais informações em <http://smbx.org/index.php/>. (N.T.)

No entanto, mesmo que as pessoas das duas empresas estivessem se falando, não estariam conversando sobre o que sempre fora o mais importante — a mágica que descobriram e forjaram com os sistemas de computadores. A mágica agora era um segredo comercial, que não podia ser conhecido dos concorrentes. Ao trabalhar para empresas, os integrantes da mais pura sociedade hacker descartaram o elemento-chave da Ética Hacker: o livre fluxo da informação. O mundo exterior havia conseguido entrar.

A pessoa mais afetada pelo cisma e seus efeitos sobre o Laboratório de Inteligência Artificial foi Richard Stallman. Ele lamentava o fracasso do laboratório em sustentar a Ética Hacker. RMS dizia às pessoas do mundo exterior que sua mulher havia morrido. Só bem depois, ao longo da conversa, é que a pessoa acabava percebendo que aquele jovem magro e choroso estava falando de uma instituição, e não da trágica perda de uma noiva.

Stallman, depois, escreveu seus pensamentos no computador:[3]

> "Para mim, é muito doloroso recordar aquele período. As pessoas que permaneceram no laboratório eram os professores, estudantes e pesquisadores não hackers, que não sabiam como manter o sistema ou o hardware e não queriam saber. As máquinas começaram a quebrar e não eram consertadas; às vezes, eles simplesmente as jogavam fora. As mudanças necessárias nos programas nunca eram feitas. Os não hackers reagiram a isso mudando para sistemas comerciais, que traziam o fascismo e os acordos de licenciamento. Eu costumava vagar pelo laboratório, pelas salas tão vazias à noite, quando antes estavam sempre cheias, e pensava: 'Oh, meu pobre laboratório! Você está morrendo e eu não posso salvá-lo'. Todo mundo considerava que, se mais hackers fossem treinados, a Symbolics os contrataria e levaria embora, então, não valia a pena tentar... toda a cultura foi varrida da cena..."

Ele lamentava o fato de que não era mais comum aparecer por lá a fim de convidar para um jantar e encontrar um grupo de gente faminta por comida chinesa. Stallman ligava para o número do laboratório terminado em 6765 ("20ª posição na sequência de Fibonacci",* as pessoas costumavam notar, revelando uma característica numérica criada nos primeiros dias do laboratório por um hacker matemático) e não encontrava ninguém para jantar com ele nem para conversar.

---

* Mais informações sobre a sequência de Fibonacci e a proporção áurea em <http://www.youtube.com/watch?v=T0CA60XXYp0&NR=1>. (N.T.)

Richard Stallman achou que havia encontrado o vilão que destruíra o laboratório, a Symbolics. E fez um juramento: "Eu nunca usarei uma máquina LISP da Symbolics nem ajudarei ninguém a usá-la... Eu não quero falar com ninguém que trabalhe na Symbolics nem com quem faça acordos com eles". Embora ele também desaprovasse a LMI de Greenblatt, porque, como negócio, comercializava programas de computador que Stallman acreditava que deviam ser gratuitos, ele achava que essa empresa havia tentado evitar causar algum dano ao laboratório. No entanto, a Symbolics havia roubado propositadamente todos os hackers do laboratório para prevenir que eles doassem tecnologia competitiva para o domínio público.

Stallman queria devolver o soco. Seu campo de batalha era o sistema operacional LISP, que originalmente era compartilhado pelo MIT, a LMI e a Symbolics. Isso mudou quando a Symbolics decidiu que os frutos de seu trabalho se tornariam propriedade dela; por que a LMI deveria se beneficiar com os aprimoramentos realizados pelos hackers da Symbolics? Portanto, não haveria colaboração nem compartilhamento. Em vez de as duas empresas unirem energias para melhorar os recursos do sistema operacional, elas trabalhariam independentemente uma da outra, gastando o dobro de energia para fazer aprimoramentos.

Essa era a oportunidade de RMS para a vingança. Ele pôs de lado seus escrúpulos em relação a LMI e começou a cooperar com a empresa. Já que ele ainda estava no MIT e a Symbolics instalara seus aprimoramentos nas máquinas do instituto, Stallman era capaz de reconstruir cuidadosamente cada um dos novos recursos e até de consertar as falhas existentes. Dessa forma, ele avaliava os novos recursos, fazia igual e apresentava seu trabalho para a LMI. Não era um trabalho fácil, já que ele não podia simplesmente duplicar as mudanças — tinha que descobrir modos inovadores para implementá-las também. "Eu não acho que haja algo imoral em copiar código", ele explicou, "mas eles processariam a LMI se eu apenas copiasse; assim, eu tinha muito trabalho a fazer." Como um escravo virtual do código de computador, RMS tentava sozinho realizar de novo o trabalho de uma dúzia de hackers de primeiro nível. E conseguiu fazê-lo durante o ano de 1982 e quase todo o 1983. "Para falar sinceramente", Greenblatt observou naquela época, "ele estava conseguindo reinventar todos os recursos novos."

Alguns hackers da Symbolics reclamaram, não tanto pelo que Stallman estava fazendo, mas porque discordavam de algumas escolhas técnicas que ele fizera nas implementações. "Eu realmente imaginava se aqueles hackers estavam brincando", disse Bill Gospar, ele mesmo dividido entre a lealdade à Symbolics e a admiração pela maestria hacker de Stallman. "Ou se estavam falando sério. Eu podia ver algo que Stallman tinha escrito e decidir que não era bom (provavelmente, não; mas vamos dizer que alguém me convencesse disso) e ainda assim eu diria: 'Mas espere

420   **PARTE IV   O último dos verdadeiros hackers**

aí um pouco! Stallman não tem ninguém com quem argumentar durante toda a noite de trabalho. Ele está trabalhando sozinho!'. Era inacreditável o que ele conseguiu fazer sozinho."

Russ Noftsker, presidente da Symbolics, não compartilhava a admiração de Greenblatt e Gosper. Ele estava sentado nos escritórios da empresa — relativamente luxuosos e bem decorados em comparação às ruínas do quartel-general da LMI a alguns quilômetros dali — com seu rosto jovial marcado pela preocupação, quando falou sobre Stallman:

> "Nós desenvolvemos um programa ou um aprimoramento para nosso sistema operacional e o fazemos funcionar. Isso pode levar uns três meses e, então, por causa de nosso acordo com o MIT, nós o entregamos para as máquinas do instituto. Stallman compara com o antigo, entende como funciona e reimplementa todos para as máquinas da LMI. Ele chama isso de engenharia reversa. Nós chamamos isso de roubo de segredos comerciais. A atuação dele não traz benefício algum para o MIT porque nós já havíamos entregado os aprimoramentos para o instituto. Seu único propósito é entregar os novos recursos para o pessoal de Greenblatt."

E era esse exatamente o ponto. Stallman não tinha ilusões de que sua atitude poderia mudar o mundo; ele já aceitara o fato de que o domínio do Laboratório de Inteligência Artificial estava poluído para sempre. Ele só queria causar o maior dano que fosse capaz ao culpado. Sabia que não conseguiria manter aquilo indefinidamente e definiu um prazo: pararia no final de 1983. Depois disso, não tinha bem certeza de qual seria o próximo passo.

Ele se considerava o último verdadeiro hacker que restava sobre a Terra. "O Laboratório de Inteligência Artificial costumava ser um exemplo que provava ser possível ter uma instituição anárquica e muito boa", ele explicou.

> "Quando eu dizia para as pessoas que era possível não ter segurança no computador, sem que ninguém apagasse seus arquivos a cada cinco minutos ou que seu chefe o impedisse de seguir adiante com projetos, pelo menos eu podia apontar para o Laboratório de Inteligência Artificial e dizer: 'Veja, nós fazemos assim. Venha usar nossa máquina! Venha ver!'. Eu não podia mais dizer isso. Sem aquele exemplo, ninguém acreditaria mais em mim. Por um momento, fomos um exemplo para o resto do mundo. Agora que tudo acabara, por onde eu devia começar? Eu li um livro outro dia. Chamava-se *Ishi, the last yahi*.[*] Era um livro sobre o último sobrevivente

---

[*] *Ishi, o último dos yahi*, de Theodora Kroeber, sem tradução no Brasil. (N.T.)

de uma tribo de índios. A princípio, ele tinha sua família, depois eles foram morrendo um por um, gradualmente."

Era assim que Richard Stallman se sentia. Como Ishi.

"Eu sou o último sobrevivente de uma cultura morta", disse RMS, "e eu realmente não pertenço mais a esse mundo. E, de algum modo, acho que já devia estar morto."

Richard Stallman acabou saindo do MIT, mas deixou o instituto com um plano: escrever uma versão do popular sistema operacional proprietário chamado Unix e distribuí-la para quem quisesse. Trabalhar em seu programa GNU (de "Gnu's Not Unix") significava que ele poderia "continuar a usar os computadores sem violar seus princípios". Tendo percebido que a Ética Hacker não sobreviveria na forma inalterada com que havia surgido tantos anos antes no MIT, ele se deu conta de que pequenas ações como aquela seriam capazes de manter viva a Ética Hacker no mundo exterior.

O que Stallman estava realmente fazendo era se juntar ao movimento de massa do hackerismo no mundo real, que tivera início justamente na instituição que ele estava deixando. O surgimento do hackerismo no MIT 25 anos antes era uma tentativa concentrada de ingerir completamente a mágica do computador; absorver, explorar e expandir as imbricações daqueles sistemas hipnotizadores; usar aqueles sistemas perfeitamente lógicos como inspiração para uma cultura e um estilo de vida. Foram essas metas que motivaram o comportamento de Lee Felsenstein e os hackers de hardware desde Albuquerque até a Bay Area. O feliz subproduto das ações deles foi a indústria dos computadores pessoais, que levou a mágica a milhões de pessoas. Somente uma mínima parte desses novos usuários experimenta aquela mágica com a mesma fúria e vigor dos hackers do MIT, mas todo mundo tem a chance de... e muitos terão vislumbres das possibilidades miraculosas da máquina. O computador expande os poderes, expõe a criatividade e talvez os ensine algo sobre a Ética Hacker — se eles conseguirem ouvir.

Enquanto a revolução dos computadores expandia-se em uma vertiginosa espiral de silício, dinheiro, moda e idealismo, talvez a Ética Hacker tenha se tornado menos pura, um resultado inevitável de seus conflitos com o mundo exterior. Mas suas ideias disseminam-se pela cultura cada vez que um usuário liga o computador e a tela torna-se vívida com palavras, pensamentos, imagens e, às vezes, com mundos complexos construídos do ar — aqueles programas de computador que podem fazer um deus de cada um de nós.

422   PARTE IV   O último dos verdadeiros hackers

Algumas vezes, os mais puros hackers ficavam estupefatos com sua prole. Bill Gosper, por exemplo, ficou espantado com um encontro que teve na primavera de 1983. Embora Gosper trabalhasse na Symbolics e percebesse que, em algum sentido, havia aberto mão de seus princípios por atuar no setor comercial, ele ainda era muito o mesmo Bill Gosper que costumava sentar diante do PDP-6 no nono andar, como um tipo gregário de alquimista do código. Ainda era possível encontrá-lo de madrugada em uma sala do segundo andar de um prédio perto de El Camiño Real em Palo Alto; seu Volvo surrado era o único carro parado no estacionamento do centro de pesquisas da Symbolics na Costa Oeste. Gosper, agora com 40 anos e com sua inteligência precisa escondida atrás de grossos óculos de armação larga e um rabo de cavalo que chegava ao meio das costas, ainda gostava de praticar hackerismo no Life, olhando com jovial divertimento o terminal de sua máquina LISP gerar bilhões de novas células e colônias.

"Uma das melhores experiências foi quando fui assistir a *O Retorno de Jedi*", conta Gosper. "Eu sentei no cinema perto de um garoto de 15 ou 16 anos. Perguntei-lhe o que fazia e ele me respondeu: 'Bom, basicamente, eu sou um hacker'. Eu quase desmaiei. Não disse nada. Estava completamente despreparado para aquilo; soou como uma das coisas mais arrogantes que eu já tinha ouvido."

O garoto não estava se vangloriando, certamente, mas apenas descrevendo o que era: a Terceira Geração dos hackers. E havia ainda muitas outras gerações por vir.

Para os pioneiros como Lee Felsenstein, essa continuidade representava uma meta cumprida. O designer do Sol e do Osborne 1, o cofundador da Community Memory, o herói das pseudonovelas de Heinlein de sua própria imaginação gabava-se de ter estado "presente na criação" e viu os efeitos que se seguiram à explosão — de perto o bastante para enxergar desde suas limitações até sua influência sutil, mas significativa. Depois de ter feito fortuna, ele a viu desaparecer com a mesma rapidez — por causa das práticas equivocadas de gestão e de ideias arrogantes sobre o mercado, a Osborne Computer quebrou em alguns meses em 1983. Ele se recusava a lamentar a perda financeira. Em vez disso, tinha orgulho em celebrar que "o mito da megamáquina maior do que todos nós (o diabólico Gigante Monstruoso que só pode ser operado pelos sacerdotes) caíra por terra. Nós agora já podemos voltar a adorar a máquina".

Lee Felsenstein tinha aprendido a usar um terno com desenvoltura, a cortejar as mulheres e a seduzir as plateias. No entanto, o que mais importava ainda eram a máquina e o seu impacto na vida das pessoas. Ele tinha planos para os próximos passos. "Havia mais a ser feito", ele disse logo depois que a Osborne Computer quebrou. "Temos que encontrar um relacionamento entre homem e máquina que seja muito mais simbiótico. Uma coisa é derrubar um mito, mas você tem que substituí-lo por outro.

Acho que você deve começar pela ferramenta, que é a corporificação do mito. Estou tentando ver como explicar o futuro por aí, criar o futuro."

Ele estava orgulhoso por ter vencido a primeira batalha — levar os computadores até as pessoas. Até mesmo enquanto ele falava, a Terceira Geração de hackers era notícia, não apenas como superestrelas da criação de jogos, mas também como um tipo de herói cultural que desafiava as fronteiras e explorava os sistemas computacionais. Um filme que fazia muito sucesso de bilheteria, chamado *WarGames* (no Brasil, *Jogos de Guerra*), tinha como protagonista um hacker da Terceira Geração que, sem conhecer os feitos inovadores de Stew Nelson ou do Capitão Crunch, conseguiu entrar nos sistemas dos computadores seguindo o inocente princípio do Mãos à Obra. Era mais um exemplo de como os computadores podiam disseminar a Ética Hacker.

"A tecnologia tem que ser considerada mais do que somente as peças inanimadas do hardware", afirma Felsenstein.

> "A tecnologia representa um modo inanimado de pensar, a objetificação do pensamento. O mito que vemos em *Jogos de Guerra* e coisas como aquelas são, definitivamente, o triunfo do indivíduo sobre o coletivo. O mito tenta dizer-nos que a sabedoria convencional e o senso comum devem sempre estar abertos a questionamentos. Não é apenas um assunto acadêmico. É uma questão fundamental, pode-se dizer, para a sobrevivência da humanidade, no sentido de ter as pessoas apenas sobrevivendo. Mas a humanidade é algo um pouco mais precioso, um pouco mais frágil. Portanto, devemos estar prontos a desafiar uma cultura que afirma que 'Devemos tirar as mãos de cima disso' e desafiá-la com o poder criativo de cada um. Essa é a essência."

A essência, certamente, da Ética Hacker.

* Notas *

A principal fonte de informação do livro *Hackers* foi mais de uma centena de entrevistas pessoais realizadas pelo autor entre 1982 e 1983. Além dessas entrevistas, são feitas também referências a fontes impressas e eletrônicas que estão citadas no rodapé das páginas desta edição.

[1] Stallman armazenou diversas bandeiras (textos apaixonados) no sistema de computador do MIT, incluindo *Essay*, *Gnuz* e *Wiezenbomb*. Essa frase é do autobiográfico *Essay*.

[2] Frase também tirada do texto *Essay*, de Stallman.

[3] Trecho também extraído do texto *Essay*, de Stallman.

Posfácio
DEZ ANOS DEPOIS

"Eu acho que os hackers — programadores dedicados, inovadores e irreverentes — são o corpo intelectual mais interessante e efetivo desde os autores da Constituição dos Estados Unidos... Nenhum outro grupo que eu conheça defendeu a liberação de uma tecnologia e foi bem-sucedido. Eles conseguiram isso não só contra o ativo desinteresse da América corporativa, o sucesso deles forçou a América corporativa a adotar aquele estilo no final. Ao reorganizar a Era da Informação em torno do indivíduo, com os computadores pessoais, os hackers talvez tenham conseguido salvar a economia norte-americana... A mais silenciosa de todas as subculturas da década de 1960 surgiu por fim como a mais inovadora e poderosa."

Stewart Brand

Fundador, Whole Earth Catalog

Em novembro de 1984, na ponta de terra úmida e exposta ao vento ao Norte de São Francisco, 150 programadores canônicos e tecnoninjas reuniram-se na primeira Conferência Hacker. Originalmente concebido por Stewart Brand, fundador do *Whole Earth Catalog*, esse evento transformou um campo militar abandonado no quartel-general temporário da Ética Hacker. Não por coincidência, o evento foi articulado com a publicação deste livro e um bom número dos personagens de suas páginas estava presente, alguns encontrando-se pessoalmente pela primeira vez. Os hackers do MIT da Primeira Geração, como Richard Greenblatt, confraternizaram com luminares do Homebrew Club, como Lee Felsenstein e Stephen Wozniak, e com os czares dos jogos Ken Williams, Jerry Jewell e Doug Carlston. Os magos atrevidos do novo computador Macintosh encontraram com gente que criou o *Spacewar*. Todo mundo dormiu em beliches, lavou pratos, carregou mesas — e dormiu muito pouco. Durante algumas horas faltou luz, e as pessoas conversaram animadamente sob a luz de lanternas. Quando a energia foi restabelecida, houve uma disparada para a sala do computador — onde cada um podia mostrar suas mais recentes atividades hackers — como provavelmente nunca se vira no país desde o último estouro de uma manada de búfalos.

Eu me lembro de pensar: "Esses são os verdadeiros hackers".

Eu estava em um estado de alta ansiedade, plantado entre 150 severos críticos potenciais, que haviam recebido cópias de meu primeiro livro. Aqueles incluídos no texto imediatamente encontraram seus nomes no índice e começaram a vetar passagens, pedindo mais acurácia ou correção tecnológica. Aqueles que não estavam no índice ficaram ressentidos e, naquele dia, onde quer que me encontrassem, pessoalmente ou no ciberespaço, eles reclamavam. Por fim, foi uma experiência enriquecedora. A Conferência Hacker, que se tornou um evento anual, foi o pontapé inicial para um debate contínuo sobre o hackerismo e a Ética Hacker, como definidos neste livro.

O termo "hacker" sempre foi cercado de polêmica. Quando estava escrevendo esse livro, a palavra era bastante obscura. De fato, a equipe de vendas da editora pediu que o título fosse mudado — "Quem é que sabe o que 'hacker' quer dizer?", perguntaram. Felizmente, firmamos posição no original e, em meados da década de 1980, o termo tinha entrado para o vocabulário popular.

Lamentavelmente, porém, para muitos hackers verdadeiros, a popularização do termo foi um desastre. Por quê? A palavra hacker tinha adquirido uma conotação específica pejorativa. O problema começou com as bastante divulgadas prisões de adolescentes que se aventuraram eletronicamente em terrenos digitais proibidos, com os sistemas de computadores do governo. Era compreensível que os jornalistas cobrindo o assunto chamassem aqueles criminosos de hackers — afinal, era assim que *eles mesmos* se chamavam. Mas a palavra rapidamente se tornou sinônimo de "invasor digital".

Das páginas das revistas de circulação nacional, das coberturas televisivas e dos filmes, dos livros de ficção boa e ruim, um estereótipo emergiu: o hacker, um bobalhão antissocial cujo atributo identificador é a habilidade de sentar em frente ao teclado e conjurar um tipo criminoso de mágica. Por essa representação, qualquer coisa conectada a algum tipo de máquina, de um míssil nuclear a uma porta de garagem, podia ser facilmente controlada pelos dedos magros de um hacker, digitando em um teclado de um PC barato ou de uma estação de trabalho. De acordo com essa definição, o hacker — na melhor das hipóteses — é um ser benigno, um inocente que não percebe o seu verdadeiro poder. Na pior, é um terrorista. Nos últimos anos, com o surgimento dos vírus de computadores, o hacker foi literalmente transformado em uma força virulenta.

Verdade é que alguns dos mais justos hackers da história ficaram conhecidos por zombar de detalhes como direitos de propriedade ou o código legal na perseguição do imperativo do Mãos à Obra. E as brincadeiras sempre fizeram parte do hackerismo. Porém, inferir que essas piadas eram a essência do hackerismo não estava apenas errado, era uma ofensa aos verdadeiros hackers, cujo trabalho mudou o mundo e cujos métodos podem mudar o modo pelo qual vemos o mundo. Ler sobre adolescentes sem talento que se logavam nos computadores do colégio para baixar sistemas de senhas ou códigos de crédito e usá-los para causar mutilações digitais — e vê-los chamados pela mídia de hackers... bem, isso era demais para os hackers que se consideravam os verdadeiros. Eles ficaram apopléticos. A comunidade hacker ainda fervia em 1988 durante a 5ª Conferência Hacker, quando receberam uma equipe da rede de televisão CBS, que dizia abertamente que faria uma reportagem sobre a glória dos hackers canônicos. Em vez disso, criaram uma matéria repleta de especialistas de segurança alertando para a Ameaça Hacker. Naquela época, acho que Dan Rather* devia ser avisado para evitar mandar jornalistas em futuras Conferências Hackers.

Porém, acho que mais recentemente a maré acalmou. Mais e mais pessoas aprenderam sobre o espírito do verdadeiro hackerismo como é descrito nestas páginas. Não apenas se tornaram mais informadas tecnicamente sobre as ideias e os ideais dos hackers, mas as pessoas agora também os apreciam e perceberam, como afirma Brand, que são algo a ser nutrido e estimulado.

Diversos fatores contribuíram para essa transformação. O primeiro foi a revolução dos computadores em si mesma. Conforme o número de usuários de computadores cresceu de centenas de milhares para centenas de milhões, a mágica mutante das máquinas disseminou sua mensagem implícita e aqueles inclinados a explorar esse poder naturalmente seguiram seus antecessores.

O segundo foi a internet. Milhões de pessoas estão conectadas entre si pela rede de computadores, com um grupo de hackers sérios confraternizado com 10 milhões de pessoas na confederação chamada internet. É uma estrutura conectando as

---

*   Mais informações e foto em <http://en.wikipedia.org/wiki/Dan_Rather>. (N.T.)

pessoas umas às outras, facilitando os projetos colaborativos. É também um viveiro de debates e conversas, em uma surpreendente quantidade de temas que vão desde a Ética Hacker até seus conflitos com as finanças e o mundo real.

Finalmente, os hackers estão se tornando caras legais. Sob a rubrica de "cyberpunk" — um termo apropriado dos novos e espertos escritores de ficção científica como William Gibson,[*] Bruce Sterling[**] e Rudy Rucker[***] —, um novo movimento cultural emergiu no início da década de 1990. Quando a publicação líder do movimento, *Mondo 2000*[****] (cujo nome mudou para *Reality Hackers*) passou a esclarecer os princípios do cyberpunk, ficou claro que a maioria deles derivava da Ética Hacker. As crenças implícitas dos hackers do Tech Model Railroad Club do MIT (a informação deve ser livre e gratuita, o acesso aos computadores deve ser total e ilimitado, desconfie das autoridades...) tinham sido elevadas às alturas.

Quando o cyberpunk tornou-se uma forte tendência, a mídia estava pronta para incorporar uma visão mais ampla e positiva do hackerismo. Havia publicações inteiras que se dedicavam a princípios paralelos aos dos hackers: *Mondo 2000* e *Wired*,[*****] por exemplo, além de revistas mais simples com nomes como *Intertek* ou *Boing Boing*.[******] Havia um setor comercial da imprensa sobre computação, escrita por jornalistas que sabiam que aquela indústria devia sua existência aos hackers. E até mais significativos, os conceitos do hackerismo foram abraçados por jornalistas das publicações tradicionais, as mesmas que incompreensivelmente haviam criticado o hackerismo desde o início.

Uma vez que as pessoas haviam compreendido o que motivava os hackers, era possível usar essas ideias como medida de avaliação dos valores do Vale do Silício. Na Apple Computer em particular, os ideais hackers eram considerados cruciais para o bem-estar da companhia... a sua verdadeira alma. Até mesmo empresas mais puritanas perceberam que, se queriam liderar em seus setores, precisariam da visão, da energia e da perseverança solucionadora de problemas dos hackers. Em troca, era necessário que as companhias abrissem mão de suas regras rígidas para acomodar o livre-arbítrio no estilo hacker.

O melhor de tudo foi que essas ideias começaram a fluir além da indústria de computação e entraram na cultura como um todo. Como eu aprendi enquanto escrevia

---

[*]   Mais informações em <http://www.williamgibsonbooks.com/>. (N.T.)
[**] Saiba mais sobre o autor em <http://en.wikipedia.org/wiki/Bruce_Sterling>. (N.T.)
[***] Leia mais em <http://www.cs.sjsu.edu/faculty/rucker/>. (N.T.)
[****] Mais informações e imagens em <http://en.wikipedia.org/wiki/Mondo_2000>. (N.T.)
[*****] Saiba mais em <http://www.wired.com/>. (N.T.)
[******] Mais informações e imagens em <http://boingboing.net/boings.html>. (N.T.)

este livro, os ideais dessas pessoas podem ser aplicados a quase toda atividade que se persiga com paixão. Burrell Smith,* o designer do computador Macintosh, explicou isso melhor do que ninguém em uma das sessões da primeira Conferência Hacker: "Os hackers podem fazer qualquer coisa e ser um hacker. É possível ser um marceneiro hacker; não é necessária a alta tecnologia. Acho que isso se relaciona com artesania e com dar importância ao que se está fazendo".

Finalmente, uma atualização de alguns dos personagens deste livro, uma década depois de escrito.

Bill Gosper é consultor e vive no Vale do Silício. Ele ainda pratica o hackerismo em busca de segredos matemáticos, fractais e joga o Life, enquanto atua como consultor. Ele ainda está solteiro e explicou a um entrevistador no livro *More Mathematical People* que ter filhos, ou mesmo uma esposa, seria problemático, pois, "não importa o esforço consciente que fizesse para lhes dar a atenção que merecem, eles sentiriam que o computador estava vencendo".

A empresa fabricante de máquinas LISP de Richard Greenblatt foi engolida pela voracidade corporativa. Depois de trabalhar como consultor, ele agora administra sua própria pequena companhia dedicada a construir equipamentos médicos, combinando comandos de voz com dados enviados por linhas telefônicas. Ele reflete bastante sobre o futuro do hackerismo e teme o dia em que o comércio superará o tipo de projeto que era rotineiramente empreendido (com financiamento governamental) no MIT nos anos dourados. Porém, ele comenta, "a boa notícia é que o custo dos computadores está caindo tão depressa que é possível fazer as coisas como 'hobby' — entre aspas. É possível realizar um trabalho sério por conta própria".

Diferente de alguns de seus colegas pioneiros dos computadores pessoais na era do Homebrew Club, Lee Felsenstein nunca ficou rico. Embora tenha conquistado fama na tecnocultura, seus próprios empreendimentos permaneceram marginais. Recentemente, no entanto, ele realizou um sonho ao se tornar um engenheiro líder na Interval,** uma bem estruturada companhia do Vale do Silício, dedicada à magia técnica da próxima geração. Conforme se aproxima dos 50 anos, Felsenstein conquista uma vida pessoal mais consistente — teve diversos relacionamentos sérios e

---

* Mais informações e imagens em <http://www.cultofmac.com/folklore-an-introduction-to-burrell-smith/6456>. (N.T.)

** Leia mais sobre a empresa em <http://en.wikipedia.org/wiki/Interval_Research_Corporation>. (N.T.)

atualmente mora com uma mulher que conheceu pela rede de computadores *Whole Earth* 'Lectronic Link' (WELL). E permanece fortemente comprometido com a ideia de mudar o mundo com os computadores; tem feito circular a ideia de formar um tipo de Escoteiro Digital" (embora sem gênero específico), chamado de The Hacker's League.''' Ele ainda acredita que a Community Memory, assim que entrar na internet, terá impacto no mundo.

Ken Williams ainda é o principal executivo da Sierra On-Line. A empresa teve seus altos e baixos, mas, como sua bem-sucedida concorrente, a Brøderbund,'''' e diferente da falecida Sirius, está maior do que nunca, empregando cerca de setecentas pessoas em seu quartel-general em Oakhurst. A Sierra abriu o capital em 1992; as ações de Williams o deixaram muitas vezes milionário. A companhia também investiu milhões de dólares em uma rede interativa para jogos de computadores; a AT&T adquiriu 20% do negócio. Roberta Williams é a mais popular designer de jogos da Sierra, aclamada pela *King's Quest*,''''' série de jogos de aventura em 3-D.

Williams acredita que existe pouco espaço para o espírito dos velhos hackers na Sierra. "No início, uma pessoa, John Harris, podia fazer um projeto", avalia, "agora, nossos jogos têm cinquenta ou mais nomes nos créditos. Não produzimos nenhum jogo sem ter um orçamento de pelo menos 1 milhão de dólares. No *King's Quest VI*, há um roteiro com setecentas páginas, lido por mais de cinquenta atores profissionais. Foi o maior projeto de gravação de vozes já realizado em Hollywood".

Ele me contou que John Harris ainda mora na região de Oakhurst, administrando um pequeno negócio, vendendo software para gerar efeitos gráficos para operadoras de tevê a cabo. Segundo Williams, John Harris ainda está escrevendo seu software para o computador Atari 800 — há muito tempo descontinuado.

Como se pode esperar do último dos verdadeiros hackers, Richard Stallman manteve-se enfaticamente ligado aos ideais do Laboratório de Inteligência Artificial do

---

'   Mais informações em <http://www.well.com/aboutwell.html>. (N.T.)

"   Mais informações em <http://www.scouting.org/>. (N.T.)

'''   O próprio Felsenstein detalha o projeto em <http://opencollector.org/history/homebrew/hackersleague.html>. (N.T.)

'''' Mais informações em <http://www.broderbund.com/>. (N.T.)

''''' Mais informações e imagens em <http://en.wikipedia.org/wiki/King%27s_Quest>. (N.T.)

MIT. Sua empresa, a Fundação para o Software Livre* (Free Software Foundation — FSF), de acordo com a revista *Wired*, é "a única organização beneficente do mundo dedicada à missão de desenvolver software gratuito". Stallman também tem sido uma força instrumental para a League for Software Freedom, um grupo que reflete sua convicção de que o software proprietário é a doença infecciosa do horizonte digital. Em 1991, seus esforços ganharam a atenção dos responsáveis pelo programa McArthur Fellowship** para o "patrocínio de gênios". Da última vez que eu o vi, Stallman estava organizando uma manifestação contra a Lotus Development Corporation. O protesto era contra as patentes de software. Stallman acreditava — e ainda acredita — que a informação deve ser livre.

Steven Levy,
agosto de 1993

---

* Mais informações sobre a FSF em <http://www.fsf.org/>. (N.T.)
** Saiba mais sobre o programa em <http://www.macfound.org/site/c.lkLXJ8MQKrH/b.9594 63/k.9D7D/Fellows_Program.htm>. (N.T.)

Posfácio
2010

"É engraçado", diz Bill Gates, "quando eu era garoto, não conhecia gente mais velha. Quando fizemos a revolução do microprocessador, não havia ninguém mais velho, *ninguém*. Não nos faziam encontrar jornalistas mais velhos. Eu não lidava com gente acima dos 30 anos. Agora, há pessoas na casa dos 50 ou 60. E agora eu tenho essa idade e tenho que me virar com isso. Quando eu era jovem, eu encontrava você; agora sou velho e encontro você. Jesus!"

O cofundador da Microsoft e eu, um par de matusaléns com 50 e tantos anos, referíamo-nos à entrevista que conduzi para escrever a primeira edição de *Hackers* com um Gates descabelado há mais de 25 anos. Naquela época, eu tentava capturar o que considerava o núcleo incandescente da revolução dos computadores que se aburguesava — a assustadoramente obsessiva, absurdamente inteligente e infinitamente inventiva gente chamada hackers. Gates estava apenas começando a colher a recompensa pelo acordo que fechara com a IBM para fornecer à empresa o sistema operacional DOS, o que levaria a Microsoft a dominar o mercado de desktops PC por décadas. O nome dele ainda não era uma marca registrada. O programa *Word* ainda não era uma marca registrada. Eu entrevistei Bill Gates depois inúmeras vezes, mas a primeira foi especial. Eu via a sua paixão por computadores como um assunto de importância histórica. Gates, por sua vez, achava meu interesse por coisas como a "Carta Aberta aos Hobbystas" uma intrigante novidade. No entanto, naquele momento, eu estava convencido de que meu projeto era realmente o registro de um movimento que afetaria todo o mundo.

Meu editor havia me incentivado a ser ambicioso, e, para o meu primeiro livro, eu tinha que pensar grande, escrever a história daqueles brilhantes programadores que descobriram mundos nos computadores e eram as peças-chave de uma arrasadora transformação digital. Uma abordagem do tipo "pense grande" não era minha intenção original. Quando iniciei o projeto, achava que os hackers eram apenas um pouco mais do que uma subcultura interessante. Porém, conforme a pesquisa progrediu, eu descobri a ludicidade deles, a alegre desimportância que davam quando alguém lhes dizia que algo não podia ser feito e que levou a avanços determinantes para o modo com que as pessoas usam hoje os computadores. Os hackers do MIT ajudaram a criar os *video games* e os processadores de texto. O pessoal do Homebrew Computer Club fez a alquimia de transformar a rígida matemática da Lei de Moore* em algo que está em todos os nossos desktops — a despeito da sabedoria predominante que afirmava que ninguém ia precisar ou querer um computador pessoal. E a maioria desses hackers fez tudo isso pela simples alegria de criar um truque fantástico.

Por trás da inventividade, encontrei algo ainda mais maravilhoso — os verdadeiros hackers, não importa onde ou quando surjam, compartilham um conjunto de valores que se tornou um credo para a era da informação. Tentei codificar aquele código tácito deles em uma série de princípios que chamei de a Ética Hacker. Espero que essas ideias — particularmente a crença hacker de que "A Informação Deve Ser Livre" — possam ajudar as pessoas a olhar para os hackers sob uma luz diferente.

Embora inicialmente o livro não tenha sido um sucesso (o *New York Times* classificou-o como "uma monstruosamente longa reportagem de revista"), o texto acabou encontrando sua audiência, muito acima das minhas melhores expectativas. Em encontros ocasionais ou por e-mail e tweets, as pessoas me dizem constantemente que a leitura de *Hackers* as inspirou na carreira e na forma de pensar. Folheando um livro sobre o criador do *Doom*,** John Carmack,*** eu aprendi que a leitura de *Hackers* assegurou àquele adolescente nerd que ele não estava sozinho no mundo. Quando recentemente entrevistei Ben Fried,**** diretor de tecnologia da informação do Google, ele apareceu com um velho exemplar de *Hackers*, pedindo que eu o autografasse. "Eu não estaria aqui hoje se não tivesse lido este livro", ele me disse. Eu ouço frases como essa dezenas de vezes por ano e nunca me canso de ouvi-las.

Também bastante gratificante é o fato de que os temas levantados pelo livro tornaram-se algumas das controvérsias centrais da era da informação. Na semana

---

* Referência à frase de Gordon Moore, cofundador da Intel: "O número de transistores incorporados a um chip quase duplicará a cada 24 meses". Mais informações em <http://www.intel.com/about/companyinfo/museum/exhibits/moore.htm>. (N.T.)

** Mais informações e imagens sobre o *video game* em <http://en.wikipedia.org/wiki/Doom_%28video_game%29>. (N.T.)

*** Mais informações em <http://www.armadilloaerospace.com/n.x/johnc/Recent%20Updates>. (N.T.)

**** Mais informações em <http://www.crunchbase.com/person/benjamin-fried>. (N.T.)

da publicação desta obra, alguns de meus personagens (e outros hackers notáveis que eu deixei de mencionar) encontraram-se em Marin County, na Califórnia, na primeira Conferência Hacker. Foi lá que Stewart Brand, patrono dos hackers e editor do *Whole Earth Catalog*, resumiu o princípio na frase "A Informação Deve Ser Livre". Vale a pena citar o comentário que Brand fez de improviso durante uma sessão que eu apresentei, denominada "O Futuro da Ética Hacker", porque costuma ser equivocadamente transcrito: "Por um lado, a informação quer ser cara, porque é valiosa. A informação certa no momento certo pode mudar sua vida. Por outro lado, a informação quer ser livre e gratuita, porque o custo para obtê-la está ficando cada vez menor. Portanto, existem essas duas forças constantemente em conflito".

Depois de 25 anos, a frase de Brand é tão familiar que já se tornou um adjetivo: os críticos referem-se àquele pessoal-que-quer-que-a-informação seja-livre-e-gratuita. No entanto, a citação completa encapsula claramente a tensão que definiu o movimento hacker nos últimos 25 anos — a dura batalha entre o idealismo ingênuo e o comércio insensível. Os hackers querem que a informação seja livre e gratuita — não necessariamente como uma boca-livre, mas sob o conceito de liberdade, para mencionar uma ideia de Richard Stallman. Felizmente, o medo de Stallman de se tornar *Ishi, the last yahi*, não se tornou realidade.

O mundo dos hackers passou por mudanças tremendas desde que escrevi *Hackers* em um computador Apple II, usando o programa *WordStar* (eu só conseguia gravar meio capítulo do livro nos discos flexíveis utilizados naquela época). Quase ninguém sabia o que a palavra *hacker* significava — a equipe de vendas da editora original do livro queria mudar o título por causa de sua obscuridade. A internet era, então, uma rede pouco conhecida que conectava alguns computadores do governo e algumas universidades. As pessoas que investiam muito tempo em computação eram consideradas antissociais e inadequadas para uma boa conversa. E algumas das ideias por trás do peculiar conjunto de valores da Ética Hacker agora parecem tão óbvias que os novos leitores podem imaginar por que eu me daria ao trabalho de escrevê-las ("Você pode criar arte e beleza em um computador?", dãããmm...).

Com meu livro *Hackers* chegando a seu 25º aniversário, quis lançar um novo olhar sobre o hackerismo, revisitando algumas das pessoas que eu havia entrevistado durante a pesquisa para a primeira edição. Minhas visitas também incluíram algumas pessoas que não apareceram no primeiro livro, porque ainda não haviam deixado suas marcas no hackerismo. Parte da minha busca foi verificar o que significa ser um hacker em 2010. Outra motivação foi simplesmente me reconectar com aqueles personagens congelados no tempo, romper aquela estranha pausa que sempre ocorre quando os retratos são impressos. Como no filme *Broken Flowers*,[*] protagonizado pelo ator

---

[*]   No Brasil, *Flores Partidas*, 2003. (N.T.)

Bill Murray, que sai em viagem à procura de antigas namoradas, eu esperava encontrar algum sentido ao ver o que acontecera com meus personagens, tinha a expectativa de que eles pudessem lançar luz sobre o que ocorrera com o hackerismo e talvez me dessem uma perspectiva de como aquilo mudara o mundo — e vice-versa.

Só pude visitar uma pequena amostra, mas no exemplo deles encontrei uma reflexão sobre a evolução do mundo tecnológico nos últimos 25 anos. Enquanto o movimento hacker triunfou, nem todos que o criaram desfrutaram do mesmo destino. Como Gates, algumas das pessoas apresentadas no livro *Hackers* são agora ricas, famosas e poderosas. Prosperaram na transição do movimento de uma subcultura insular para uma indústria multibilionária, mesmo que, de algum modo, isso tenha significado desviar do Verdadeiro Jeito Hacker. Outros, relutantes ou incapazes de se adaptar a um mundo que descobria e explorava sua paixão — ou apenas por pura falta de sorte —, caíram na obscuridade e agora lutam para se afastar da amargura. Mas eu vi também o surgimento de uma nova onda: os herdeiros atuais do legado hacker que cresceram em um mundo onde o comércio e o hackerismo nunca foram vistos como valores opostos. Eles estão forjando o futuro do movimento.

Os verdadeiros hackers nunca saem em férias. E, julgando por esse padrão, Bill Gates é desde sempre um verdadeiro hacker.

O próprio Gates admite: "Eu acredito em intensidade e tenho que concordar totalmente que, por medidas objetivas, que na adolescência e aos 20 anos minha intensidade já foi muito mais extrema. Agora, eu volto para casa para o jantar. Quando se decide casar e ter filhos, tem que fazer isso benfeito, então, tem que abrir mão de algum fanatismo". De fato, olhando para trás, Gates avalia que sua formação no hackerismo começou bem mais cedo, como um adolescente na Lakeside School. "O período mais focado, os anos mais fanáticos, foram dos 13 aos 16", conclui.

"Portanto, você já estava no auge quando chegou a Harvard?", perguntei.

"Em termos de passar 24 horas programando?, ah, sim! Certamente, quando eu tinha 17 anos meu software mental estava sendo formatado", respondeu.

Eu imagino como um garoto hoje em dia, quando os computadores são tão ubíquos e tão fáceis de controlar, poderia causar um impacto semelhante. Pode haver um novo Bill Gates atualmente? "Bem, certamente não há mais a oportunidade de levar os computadores para as massas." A grande explosão da revolução dos computadores já foi ouvida, ele disse, "mas há outras explosões ainda maiores por vir". Em algum lugar, Gates acredita, pode haver algum gênio que, a partir de uma folha em branco, consiga construir uma indústria. Quando sugeri que folhas em branco não são fáceis de encontrar atualmente, ele me criticou: "Há toneladas delas. Na robótica, na Inteligência Artificial, na programação de DNA* e em mais cinco ou seis áreas que nem sei nomear porque não sou mais jovem. A cada ano, nascem 135 milhões de pessoas — não precisamos de um alto percentual. Nós nem precisamos de um gênio por ano, e é possível ser extremamente seletivo."

Gates ainda parece tão intenso como quando eu o encontrei pela primeira vez aos 27 anos: impetuoso, mas relutante em fazer contato visual direto. Quase metade da entrevista, ele passou olhando fixamente para uma tela de computador, testando um software que usava um daqueles novos e inusitados mouses. No entanto, ele se engajou completamente nas perguntas, despejando seu ponto de vista altamente opinativo — e também contra — sobre as pessoas com quem trabalhara nos primórdios do PC. Aquela intensidade o ajudou a forjar seu trabalho e sua empresa, alicerçando a transformação da Microsoft na maior empresa de software e fazendo dele, por um período, o homem mais rico do mundo. A fé de Gates no hackerismo suporta todo o seu trabalho até mesmo as suas decisões administrativas: "Se você quer contratar um engenheiro, veja como o cara escreve código. É só isso. Se ele nunca escreveu um monte de código, não o contrate."

Eu revisitei o incidente de 1976 com sua "Carta Aberta aos Hobbystas". "Eu levantei o assunto como quem diz: 'Caras, se as pessoas pagarem mais pelo software, eu terei condições de contratar mais gente'", ele diz agora.

Será que ele imaginou que essas questões estariam vivas tantos anos depois? A resposta foi "sim", e sua explicação foi uma pequena história com uma lição sobre a lei de propriedade intelectual, retornando às teorias de Adam Smith, e a reimpressão não autorizada e não paga dos textos de Benjamin Franklin por editores europeus. "Benjamin Franklin foi roubado", Gates concluiu, "ele poderia ter escrito exatamente o que eu escrevi. 'Essa maldita imprensa escrita!'." Na era digital, por exemplo, Gates acha que nós vamos passar um longo período testando novos modelos de negócio antes de encontrar o equilíbrio entre os direitos dos proprietários e os direitos dos leitores. Aos meus ouvidos, pelo menos, ele soou até um pouco satisfeito por agora serem os jornalistas que reclamam contra algo que ele reclamou em sua carta: "Talvez os redatores das revistas ainda estejam sendo pagos daqui a vinte anos. Ou talvez tenham que cortar cabelos durante o dia e só se dedicar a escrever reportagens à noite. Quem sabe?".

Gates teve que se afastar do rígido código moral dos hackers para se tornar um sucesso absoluto. Tudo o que Steve Wozniak teve que fazer foi calçar um par de sapatos de dançarino. Além de permanecer uma lenda do hackerismo, Woz também se tornou um ícone da cultura pop ao participar do programa de televisão *Dancing with the Stars* (*Dançando com as Estrelas*). Quando eu o encontrei para nossa nova

---

*   Mais informações em <http://syntheticbiology.org/FAQ.html>. (N.T.)

entrevista pós-25 anos, ele tinha acabado de disputar a final com outros participantes. "Eu dancei contra o apresentador de tevê Jerry Springer e a atriz Cloris Leachman", ele contou cercado por batatinhas chips e molho salsa em um restaurante mexicano em Fremont, na Califórnia. Sua eliminação precoce não entristeceu seu espírito. Pouca coisa, aliás, entristece o espírito de Woz, nem mesmo o fato de que sua participação no programa televisivo de celebridades está colocando nas sombras o seu papel genuíno na história da tecnologia: "As pessoas olham para mim e me dizem: 'Oh, meu Deus! Eu vi você na televisão!'. E eu tenho que completar: 'Bem, também fiz computadores!'".

Os fãs casuais podem ser perdoados por negligenciar os créditos tecnológicos de Woz. Hoje em dia, ele anda recebendo mais atenção por seus hobbies (como o meio de transporte pessoal de duas rodas da Segway)˙ ou por sua vida amorosa — ele teve um romance apocalíptico com a comediante Kathy Griffin, embora agora esteja casado com uma mulher que conheceu durante um cruzeiro. Os sites de fofocas mais provocativos riem impiedosamente das frequentes aparições de Woz nas revistas de celebridades e apontam sua presença nos lançamentos dos produtos Apple como irrelevante. Alegremente, Woz dá de ombros. Ele lembra a instrução que deu a Kathy Griffin há alguns anos: "Olha, você pode me embaraçar, pode abusar de mim e me ridicularizar quanto quiser — se fizer as pessoas darem risadas, valeu a pena". Quando eu o conheci no início da década de 1980, ele era socialmente inábil, um milionário perigosamente vulnerável. Agora, Woz é à prova de balas e uma figura paterna muito amada — como um mascote da cultura hacker.

De tempos em tempos, Woz aparece no noticiário como a força por trás de uma nova empresa cujo potencial tecnológico parece arrasador. A CL9˙˙ ia lançar um aparelho de controle remoto superpoderoso. A Wheels of Zeus prometia oferecer soluções sem fio com tecnologia GPS. A primeira não fez sucesso, e a segunda nunca chegou a lançar um produto. Agora ele trabalha como cientista-chefe em uma empresa de armazenamento de dados chamada Fusion-io.˙˙˙ "Estou falando sobre produto, realizando muito trabalho de vendas, mas também estou atento às tecnologias que possam ser competitivas no futuro", resume.

No entanto, nem mesmo Woz tem a expectativa de criar de novo um Apple II. Em 2010, a sua maior contribuição foi como um modelo. Sua fama universal é um constante lembrete de que o cérebro e a criatividade podem superar as noções tradicionais de simpatia e sociabilidade. Ele é o nerd da sala de computadores cuja estatura — e felicidade — supera de longe os reis da festa de formatura. E é inspiração para os nerds de todo o mundo.

˙ Mais informações e imagens em <http://segwaybrasil.com.br/>. (N.T.)
˙˙ Saiba mais em <http://www.ktronicslc.com/core.html>. (N.T.)
˙˙˙ Mais informações em <http://www.fusionio.com/>. (N.T.)

De fato, um de seus pupilos, Andy Hartzfeld, mantém-se inspirado no hackerismo. Hertzfeld não é um dos principais personagens de *Hackers*, mas, como um dos primeiros e mais brilhantes funcionários da Apple Computer, ele poderia ter sido (eu o conheci no final de 1983, quando era um dos designers do sistema operacional do Macintosh). Hoje, ele está na Google, onde a sua contribuição mais visível foi um recurso que gera cronologias no Google News, assim os usuários podem acompanhar uma história no contexto do tempo. Porém, ser um hacker aos 50 não é tão fácil como aos 20. "Quando eu fazia hackerismo no Mac, eu trabalhava muito e achava que havia passado uma hora, mas na verdade já haviam passado quatro horas. Hoje, eu trabalho muito e acho que passou uma hora, e o tempo decorrido foi mesmo uma hora", ele conta.

Não é só a passagem dos anos que mudou a experiência de Hertzfeld. Ele também tem que adaptar sua abordagem individualista para atender às necessidades industriais complexas da Google. Por um lado, a Google é a meca dos hackers; a empresa valoriza os engenheiros como seu ativo mais valioso. "Espera-se que você trabalhe com sua paixão", Hertzfeld diz, o que definitivamente é um valor para os hackers. Por outro lado ele também tem que admitir o fato de que a Google é uma grande companhia com rígidos padrões e processos quando se trata de desenvolver produtos, o que torna toda atividade mais formal e menos divertida. "Minha relação com o trabalho é a de um artista com sua obra", na Google, ele acrescenta, "não posso exercitar minha criatividade do modo como me satisfaz, o que é minha abordagem básica."

Contudo, enquanto ele perdeu um pouco de controle pessoal sobre o processo, ele conquistou uma habilidade sem precedentes para deixar uma marca no mundo. Por causa da ubiquidade dos computadores e da internet, com poucas linhas de código um profissional na Google ou na Apple pode fazer a diferença para melhorar a vida de milhões de pessoas. E isso o faz sentir um arrepio diferente daquele do início da Apple: "Sabe o que era excitante no Apple II? Podíamos fazer a máquina dar um 'bip', mas sabíamos que era possível gerar música. Por isso era tão excitante — quando tudo é mais potencial do que realização, isso é o mais excitante. Em contrapartida, existem muito mais condições hoje de causar um grande impacto. A tecnologia está disseminada. A Google, o iPhone — tudo isso move a cultura mais do que os Beatles na década de 1960. Está modelando a raça humana".

Richard Greenblatt disse que tinha algo importante para me dizer.

Oh, oh...

Depois de todos estes anos, será que ele finalmente vai reclamar sobre o modo como falei sobre seus hábitos de higiene nos primeiros capítulos do *Hackers*?

Para meu alívio, Greenblatt estava mais preocupado com o que via como o estado de decrepitude da computação. Ele odeia as linguagens de código dominantes atualmente como HTML* ou C++.** Sente saudade da LISP, a linguagem amada que ele usava lá atrás nos tempos de hacker no MIT. "O mundo está uma droga", ele disse antes de se lançar em uma análise técnica do atual estado da programação que eu não tenho nem esperança de tentar entender.

No entanto, o código era apenas o começo. O real problema, continuou Greenblatt, é que os interesses comerciais invadiram uma cultura que foi construída sobre os ideais de abertura e criatividade. Em seu começo de carreira, Greenblatt e seus colegas compartilhavam livremente os códigos, devotando-se puramente à meta de gerar produtos melhores. "Há uma dinâmica hoje que diz: 'Vamos estruturar nosso site para que as pessoas tenham que apertar o botão várias vezes, assim vão ver muitos anúncios'. Basicamente, as pessoas vencedoras são as que lidam com as coisas para torná-las mais inconvenientes para o usuário", conclui.

Greenblatt não é uma dessas pessoas. Ele pertence a um grupo diferente: os verdadeiros crentes que ainda se baseiam em sua motivação original — a satisfação da descoberta, o livre intercâmbio de ideias — mesmo que sua paixão esteja submersa em uma indústria multibilionária. Apesar de seu brilhantismo e relevância, eles nunca lançaram um produto de 1 milhão de dólares, nunca se tornaram um ícone. Apenas continuam sendo hackers.

Eu estou cercado de idealistas parecidos aqui na 25ª Conferência Hacker, que continuou como um evento anual para celebrar a excitação de fazer algo realmente bom. Fazia alguns anos que não comparecia, mas foi exatamente como eu lembrava: 48 horas de um encontro de hackers noite adentro em um resort em Santa Cruz para discutir tudo, desde teoria econômica até o armazenamento de dados em massa. A audiência está um pouco envelhecida, apesar dos esforços tardios para trazer gente mais jovem ao encontro. Os velhos cães continuam farejando.

Greenblatt é frequentador assíduo, um vínculo com a Mesopotâmia da cultura hacker, do MIT. Hoje em dia, descreve a si mesmo como um pesquisador independente. Ele se mudou para a casa da mãe em Cambridge há vários anos para tomar conta dela em seus últimos dias de vida e mora sozinho desde que ela morreu em 2005. Ele mantém contato com alguns colegas do MIT e por alguns anos tentou trazer outro hacker canônico do Projeto MAC, Bill Gosper, para participar da Conferência. Mas o brilhante Gosper, que se tornou quase um eremita, nunca concordou (Gosper ainda pratica o hackerismo, mora no Vale do Silício e vende quebra-cabeças matemáticos em seu website). "O principal projeto em que estive trabalhando nos últimos quinze anos é chamado de memória independente e tem

---

*   Leia mais em <http://www.w3.org/html/>. (N.T.)
**   Mais informações em <http://www2.research.att.com/~bs/C++.html>. (N.T.)

440   **OS HERÓIS DA REVOLUÇÃO**

a ver com a compreensão da linguagem humana", diz Greenblatt, "é pesquisa básica. Não é algo que já funcione hoje, mas, de qualquer forma, é alguma coisa."

Quando Greenblatt olha para o atual estado de hackerismo, ele vê um mundo em decomposição. Até mesmo a palavra perdeu seu sentido. Quando lhe perguntei sobre a situação do hackerismo, sua resposta foi imediata e vinda diretamente de seu coração: "Eles roubaram nosso mundo, que acabou irremediavelmente".

Greenblatt está longe de ser o único em seu desejo de invocar o passado. Mesmo quando eu entrevistei Richard Stallman pela primeira vez em 1983, ele lamentou o triste declínio da cultura hacker e achava que a comercialização de software era um crime. Eu achei que, em breve, o mundo esmagaria "O Último dos Verdadeiros Hackers" como um inseto.

Mas eu estava errado. A cruzada de Stallman em favor do software livre continuou, informando as batalhas em andamento contra a propriedade intelectual, e lhe valeu um patrocínio de gênio da MacArthur Foundation. Ele criou a Fundação para o Software Livre[*] (Free Software Foundation — FSF) e escreveu o sistema operacional GNU, que se tornou uma opção bastante disseminada depois que Linus Torvalds[**] escreveu o LINUX[***] para operá-lo; a combinação dos dois é usada hoje em milhões de equipamentos. Talvez mais importante seja o fato de que Stallman ofereceu a estrutura intelectual que levou ao movimento da fonte aberta, um elemento crítico para o software moderno e para a própria internet. Se os softwares tivessem um santo, Stallman deveria ter sido beatificado faz tempo.

No entanto, ele é quase tão famoso quanto sua personalidade insubmissa. Em 2002, o fundador do Creative Commons,[****] Lawrence Lessig,[*****] escreveu: "Não conheço Stallman muito bem. Eu o conheço o bastante, porém, para saber que ele é um homem difícil de se gostar" (e isso foi no prefácio do próprio livro de Stallman!). O tempo não suavizou seu temperamento. Em nossa primeira entrevista, Stallman disse: "Eu sou o último sobrevivente de uma cultura morta. Eu realmente não pertenço mais a esse mundo. E, de algum modo, acho que já devia estar morto". Agora — reunidos em torno de pratos da culinária chinesa, claro — ela reafirma isso: "Com certeza, eu queria ter me matado quando nasci. Mas, em termos de efeito sobre o mundo, foi muito bom que eu tenha vivido. Assim, se eu pudesse voltar no tempo e evitar meu nascimento, eu não o faria. Mas, por certo, gostaria de sofrer menos".

---

[*] Mais informações em português sobre a FSF em <http://www.fsf.org/>. (N.T.)

[**] Conheça mais sobre Linus Torvalds em <http://pt.wikipedia.org/wiki/Linus_Torvalds>. (N.T.)

[***] Saiba mais em <http://en.wikipedia.org/wiki/Linux>. (N.T.)

[****] Saiba mais em <http://creativecommons.org/>. (N.T.)

[*****] Mais informações e imagem em <http://en.wikipedia.org/wiki/Lawrence_Lessig>. (N.T.)

Uma parte da dor deriva da solidão, que sempre foi uma reclamação comum entre os frágeis e obsessivos jovens fãs dos computadores (um comentário de 1980 do psicólogo Philip Zimbardo* afirmava que os hackers eram perdedores antissociais que se voltavam para os computadores para evitar o contato humano). No entanto, conforme a cultura hacker disseminou-se, também cresceu sua aceitação social. Hoje, os geeks do computador não são mais vistos como perdedores, mas como gênios da realização. Eles tentam não sofrer o intenso isolamento que maltratou tanto Stallman — graças, bem ironicamente, à comercialização que ele tanto lastima.

Agora, assim como há 25 anos, Stallman é um fundamentalista, um sectário do hackerismo. Seu website pessoal está repleto de apelos ao boicote de vários inimigos da causa, desde o Blu-Ray até J. K. Rowling. Ele briga até com seus antigos aliados, incluindo Torvalds ("Ele não quer defender a liberdade do usuário", alega Stallman). Tem um desprezo particular pela Apple com seus sistemas fechados e software com direitos digitais. Ele se refere aos produtos da empresa, usando trocadilhos ao estilo da revista *Mad*. O tocador de música é um iScrod (peixe frito). O dispositivo móvel é o iGroan (gemido). O novo tablet é o iBad (ruim). Ele teve igual oportunidade para reclamar de mim. Quando eu lhe contei que o livro *Hackers* logo estaria disponível em uma versão para o Kindle — que Stallman, previsivelmente, chama de Swindle (fraude) — seu mau humor evaporou e ele me encorajou energicamente a resistir aos e-readers com o oneroso DRM.** "Você tem que acreditar que a liberdade é importante e que você a *merece*", diz. Apesar de seu desapontamento, o fogo ainda queima dentro dele.

Lee Felsenstein também mantém acesa a chama. De todas as pessoas com as quais conversei para escrever *Hackers*, Felsenstein foi o mais explícito sobre as consequências políticas da revolução dos computadores. No entanto, desde o seu triunfo com o Osborne, sua própria carreira tem estado em declínio. Ele trabalhou por oito anos com o laboratório de inovação Interval Research, mas o esforço fracassou. Uma série de outros projetos que pareciam promissores — incluindo um esforço para distribuir serviço telefônico de internet no Laos, cuja energia seria fornecida por geradores movidos por bicicletas — por uma ou outra razão não decolou. "Se quisesse, poderia ficar amargo em relação a isso, mas não quero", garante.

Embora Felsenstein tenha previsto o surgimento dos computadores pessoais, ele ainda está esperando pelo tipo de democratização que esperava acompanhasse a revolução — quando as máquinas baratas estarão nas mãos "das pessoas do povo",

---

*   Mais informações em <http://www.zimbardo.com/>. (N.T.)

**   DRM — Digital Rights Management (Gerenciamento de Direitos Digitais). Leia mais em <http://www.webopedia.com/TERM/D/DRM.html> ou em <http://en.wikipedia.org/wiki/Digital_rights_management>. (N.T.)

Quem é quem:
OS MAGOS E SUAS MÁQUINAS

Altair 8800 — microcomputador pioneiro que eletrizou os hackers de hardware. Ao montar seu kit, a pessoa aprendia a ser hacker e depois tentava entender o que fazer com aquilo.

Apple II — computador criado por Steve Wozniak, o primeiro amigável, simpático e com boa aparência, que se tornou um amplo sucesso — a centelha e a alma de uma próspera indústria.

Atari 800 — esse sistema doméstico deu ótimos recursos gráficos aos hackers de jogos como John Harris, embora o fabricante relutasse em contar como funcionavam.

Bill Gates — mago autoconfiante que abandonou os estudos em Harvard, escreveu a Altair Basic e depois reclamou quando os hackers copiaram o programa.

Bill Gosper — gênio dos teclados de computadores, mestre em matemática e hacker do jogo Life* no Laboratório de Inteligência Artificial do MIT, além de estudioso de cardápios de restaurantes chineses.

Bob Albrecht — fundador da *People's Computer Company (PCC)*, que tinha um prazer visceral ao apresentar os computadores para os mais jovens.

---

* Life hack — inicialmente, o termo referia-se ao jogo Life. Depois, aos truques e atalhos que os programadores empregavam para agilizar tarefas e organizar dados. Mais recentemente, a expressão tem sido usada para todas as dicas e novos métodos para solucionar de modo rápido e inteligente qualquer problema do dia a dia, tornando tudo mais produtivo e eficiente. (N.T.)

Bob Davis — deixou o emprego em uma loja de bebidas para se tornar um dos mais vendidos autores de jogos de computadores da Sierra On-Line com o *Ulysses and the Golden Fleece*. O sucesso foi sua desgraça.

Bob e Carolyn Box — recordistas mundiais da garimpagem de ouro, os dois se tornaram estrelas do software, trabalhando para a Sierra On-Line.

Bob Saunders — alegre e careca hacker do Tech Model Railroad Club do MIT, que se casou cedo e ficava todas as noites até tarde comendo balas de limão e praticando o hackerismo. Ele foi o mestre da estratégia CBS* no jogo *Spacewar*.

Chris Espinosa — seguidor de Steve Wozniak com apenas 14 anos, depois se tornou um dos primeiros funcionários da Apple.

Dan Sokol — brincalhão cabeludo que revelou segredos tecnológicos no Homebrew Club. Ajudou a "colocar no papel" o Altair Basic.

David Silver — deixou a escola aos 14 anos para se tornar o mascote do Laboratório de Inteligência Artificial; criador de chaves mestras ilícitas e construtor de um pequeno robô que fazia o impossível até então.

Dick Sunderland — branquelo típico das salas de aula dos MBAs, ele acreditava que a burocracia corporativa era uma meta, mas como presidente da Sierra-On-Line descobriu que os hackers não pensam assim.

Doug Carlston — advogado corporativo que atirou tudo para o alto para fundar a Brøderbund, fabricante de software.

Ed Fredkin — gentil fundador da Information International, ele se considerava o melhor programador do mundo até conhecer Stew Nelson. Figura paterna para os hackers.

Ed Roberts — fundador enigmático da empresa Mits, que sacudiu o mundo com o computador Altair. Ele queria ajudar as pessoas na formação de pirâmides mentais.

Gerry Sussman — jovem hacker do MIT considerado um "perdedor" porque fumava cachimbo e protegia seus programas; depois, tornou-se um "ganhador" por mágica algorítmica.

Gordon French — com cabelos grisalhos, a garagem desse hacker de hardware não tinha carros, mas um computador feito em casa chamado Chicken Hawk; organizou a primeira reunião do Homebrew Computer Club.

---

* A estratégia ganhou esse nome porque, ao adotá-la, os jogadores fazem com que a tela do computador se pareça com "o olho" da logomarca da rede de televisão CBS. (N.T.)

IBM 704 — a IBM era *O Inimigo* e o IBM 704, *O Gigante Monstruoso*, que ficava no Prédio 26 do MIT. Depois foi trocado pelo IBM 709, então por um IBM 7090. Intoleráveis por terem processamento por blocos de dados (não interativo).

IBM PC — a entrada da IBM no mercado de computadores pessoais surpreendentemente incluiu um pouco de Ética Hacker — e decolou.

Jay Sullivan — loucamente calmo, esse mago da programação de informática impressionou Ken Williams ao saber o significado da palavra "qualquer".

Jeff Stephenson — hacker e veterano das artes marciais, ele acreditava que entrar para a Sierra On-Line era o mesmo que se inscrever no acampamento de verão.

Jerry Jewell — veterano do Vietnã que se tornou programador e criou a Sirius Software.

Jim Warren — poderoso fornecedor de "fofocas tecnológicas" no Homebrew Club, ele foi o primeiro editor da publicação meio hippie *Dr. Dobbs Journal* e depois iniciou uma lucrativa feira de computação.

John Draper — o notável "Capitão Crunch", que corajosamente explorou sistemas telefônicos, foi preso e depois se tornou hacker de microcomputadores. Os cigarros o deixam violento.

John Harris — o jovem hacker do jogo Atari 800 tornou-se estrela entre os programadores da Sierra On-Line, mas queria ter uma namorada.

Ken Williams — arrogante e brilhante jovem programador que viu a linguagem na tela e começou a Sierra On-Line para escrever jogos para os computadores da Apple.

Lee Felsenstein — antigo editor da publicação underground *Berkeley Barb* e herói de uma história imaginária de ficção científica, ele desenhava computadores com uma abordagem de fundo de quintal e foi um hacker de hardware importante na Bay Area de São Francisco na década de 1970.

Les Solomon — editor do *Popular Electronics*, foi ele quem puxou as cordas para colocar em ação a revolução computacional.

Margot Tommervik — com seu marido, Al, a cabeluda Margot investiu o que ganhou em um concurso de tevê na criação de uma revista que endeusava a Apple Computer.

Mark Duchaineau — o jovem Mestre do Jogo que protegia contra cópias os discos de programas da On-Line por diletantismo.

Marty Spergel — o homem do lixo, integrante do Homebrew Club que fornecia os circuitos e cabos e conseguia negociar qualquer coisa.

PDP-1 — primeiro minicomputador da Digital Equipment de 1961, uma dádiva interativa para os hackers do MIT e um tapa na face fascista da IBM.

PDP-6 — desenhado em parte por Kotok, esse computador mainframe foi um marco histórico no Laboratório de Inteligência Artificial com seu maravilhoso conjunto de instruções e seus dezesseis sensuais registros.

Peter Deutsch — péssimo nos esportes e brilhante em matemática, Peter ainda usava calças curtas quando tropeçou em um TX-0 no MIT — e mergulhou na máquina junto com seus mestres.

Peter Samson — hacker do MIT (um dos primeiros), que amava sistemas, trens, TX-0, música, procedimentos parlamentares, brincadeiras e computação.

Randy Wigginton — com 15 anos, ele fazia parte da equipe de Steve Wozniak e o ajudou a tocar o projeto do Apple II. Ainda no colégio, ele se tornou o primeiro empregado da Apple na área de software.

Richard Garriott — filho de astronauta, apelidado de Lord British, personagem do jogo *Ultima*, que ele próprio criou.

Richard Greenblatt — obsessivo, despenteado, prolífico e canônico hacker do MIT que entrou em "fase noturna" tantas vezes que detonou sua carreira acadêmica. O hacker dos hackers.

Richard Stallman — o último dos hackers, ele prometeu defender os princípios do hackerismo até o mais amargo fim. Ficou no MIT até não ter mais com quem dividir comida chinesa.

Roberta Williams — a esposa tímida de Williams, que descobriu a própria criatividade ao escrever *Mystery House*, o primeiro de seus sucessos em jogos para computadores.

Sol Computer — o terminal e computador de Felsenstein, construído em dois frenéticos meses, foi quase a máquina que fez a revolução acontecer. Mas quase não era o bastante.

Stephen "Woz" Wozniak — homem de coração aberto e hacker dos subúrbios de San José, Woz construiu a Apple Computer para o seu prazer e dos seus amigos.

Steve (Slug) Russell — discípulo de John McCarthy, criou o jogo *Spacewar*, o primeiro *video game*, com um PDP-1. Jamais ganhou um centavo com a atividade de hacker.

Steve Dompier — integrante do Homebrew Computer Club que fez um Altair tocar música pela primeira vez e depois escreveu o jogo *Target* para a Sol, que seduziu Tom Snyder.

Steven Jobs — visionário, focado, não hacker e mais jovem, que pegou o Apple II de Wozniak, fechou um monte de acordos e formou uma empresa para ganhar bilhões de dólares.

Tom Pittman — hacker do Homebrew Club que perdeu a esposa, mas manteve a fé em sua Tiny Basic.

Tom Swift Terminal — o legendário computador de Lee Felsenstein, que nunca foi construído, mas que daria ao usuário o poder de ter o mundo nas mãos.

TX-0 — era do tamanho de uma pequena sala, mas, no final da década de 1950, essa máquina de 3 milhões de dólares foi o primeiro computador pessoal do mundo — pelo menos, para a comunidade de hackers do MIT que se reunia em torno dele.

Warren Schwader — hacker alto e loiro da área rural de Wisconsin que foi da linha de montagem para o estrelato do software, mas nunca conseguiu conciliar o sucesso com sua devoção às testemunhas de Jeová.